Table IV Standard Normal Distribution Table

The entries in this table give the cumulative area under the standard normal curve to the left z of with the values of z equal to 0 or negative.

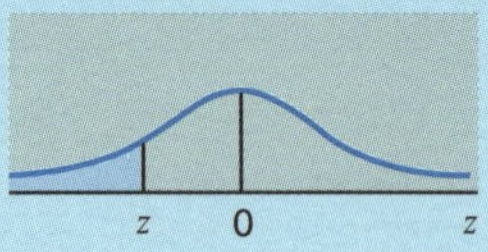

z	.00	.01	.02	.03	.04	.05	.06	.07	.08	.09
−3.4	.0003	.0003	.0003	.0003	.0003	.0003	.0003	.0003	.0003	.0002
−3.3	.0005	.0005	.0005	.0004	.0004	.0004	.0004	.0004	.0004	.0003
−3.2	.0007	.0007	.0006	.0006	.0006	.0006	.0006	.0005	.0005	.0005
−3.1	.0010	.0009	.0009	.0009	.0008	.0008	.0008	.0008	.0007	.0007
−3.0	.0013	.0013	.0013	.0012	.0012	.0011	.0011	.0011	.0010	.0010
−2.9	.0019	.0018	.0018	.0017	.0016	.0016	.0015	.0015	.0014	.0014
−2.8	.0026	.0025	.0024	.0023	.0023	.0022	.0021	.0021	.0020	.0019
−2.7	.0035	.0034	.0033	.0032	.0031	.0030	.0029	.0028	.0027	.0026
−2.6	.0047	.0045	.0044	.0043	.0041	.0040	.0039	.0038	.0037	.0036
−2.5	.0062	.0060	.0059	.0057	.0055	.0054	.0052	.0051	.0049	.0048
−2.4	.0082	.0080	.0078	.0075	.0073	.0071	.0069	.0068	.0066	.0064
−2.3	.0107	.0104	.0102	.0099	.0096	.0094	.0091	.0089	.0087	.0084
−2.2	.0139	.0136	.0132	.0129	.0125	.0122	.0119	.0116	.0113	.0110
−2.1	.0179	.0174	.0170	.0166	.0162	.0158	.0154	.0150	.0146	.0143
−2.0	.0228	.0222	.0217	.0212	.0207	.0202	.0197	.0192	.0188	.0183
−1.9	.0287	.0281	.0274	.0268	.0262	.0256	.0250	.0244	.0239	.0233
−1.8	.0359	.0351	.0344	.0336	.0329	.0322	.0314	.0307	.0301	.0294
−1.7	.0446	.0436	.0427	.0418	.0409	.0401	.0392	.0384	.0375	.0367
−1.6	.0548	.0537	.0526	.0516	.0505	.0495	.0485	.0475	.0465	.0455
−1.5	.0668	.0655	.0643	.0630	.0618	.0606	.0594	.0582	.0571	.0559
−1.4	.0808	.0793	.0778	.0764	.0749	.0735	.0721	.0708	.0694	.0681
−1.3	.0968	.0951	.0934	.0918	.0901	.0885	.0869	.0853	.0838	.0823
−1.2	.1151	.1131	.1112	.1093	.1075	.1056	.1038	.1020	.1003	.0985
−1.1	.1357	.1335	.1314	.1292	.1271	.1251	.1230	.1210	.1190	.1170
−1.0	.1587	.1562	.1539	.1515	.1492	.1469	.1446	.1423	.1401	.1379
−0.9	.1841	.1814	.1788	.1762	.1736	.1711	.1685	.1660	.1635	.1611
−0.8	.2119	.2090	.2061	.2033	.2005	.1977	.1949	.1922	.1894	.1867
−0.7	.2420	.2389	.2358	.2327	.2296	.2266	.2236	.2206	.2177	.2148
−0.6	.2743	.2709	.2676	.2643	.2611	.2578	.2546	.2514	.2483	.2451
−0.5	.3085	.3050	.3015	.2981	.2946	.2912	.2877	.2843	.2810	.2776
−0.4	.3446	.3409	.3372	.3336	.3300	.3264	.3228	.3192	.3156	.3121
−0.3	.3821	.3783	.3745	.3707	.3669	.3632	.3594	.3557	.3520	.3483
−0.2	.4207	.4168	.4129	.4090	.4052	.4013	.3974	.3936	.3897	.3859
−0.1	.4602	.4562	.4522	.4483	.4443	.4404	.4364	.4325	.4286	.4247
0.0	.5000	.4960	.4920	.4880	.4840	.4801	.4761	.4721	.4681	.4641

Table IV Standard Normal Distribution Table(continued)

The entries in this table give the cumulative area under the standard normal curve to the left z of with the values of z equal to 0 or positive.

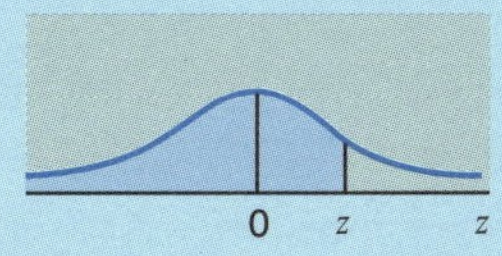

z	.00	.01	.02	.03	.04	.05	.06	.07	.08	.09
0.0	.5000	.5040	.5080	.5120	.5160	.5199	.5239	.5279	.5319	.5359
0.1	.5398	.5438	.5478	.5517	.5557	.5596	.5636	.5675	.5714	.5753
0.2	.5793	.5832	.5871	.5910	.5948	.5987	.6026	.6064	.6103	.6141
0.3	.6179	.6217	.6255	.6293	.6331	.6368	.6406	.6443	.6480	.6517
0.4	.6554	.6591	.6628	.6664	.6700	.6736	.6772	.6808	.6844	.6879
0.5	.6915	.6950	.6985	.7019	.7054	.7088	.7123	.7157	.7190	.7224
0.6	.7257	.7291	.7324	.7357	.7389	.7422	.7454	.7486	.7517	.7549
0.7	.7580	.7611	.7642	.7673	.7704	.7734	.7764	.7794	.7823	.7852
0.8	.7881	.7910	.7939	.7967	.7995	.8023	.8051	.8078	.8106	.8133
0.9	.8159	.8186	.8212	.8238	.8264	.8289	.8315	.8340	.8365	.8389
1.0	.8413	.8438	.8461	.8485	.8508	.8531	.8554	.8577	.8599	.8621
1.1	.8643	.8665	.8686	.8708	.8729	.8749	.8770	.8790	.8810	.8830
1.2	.8849	.8869	.8888	.8907	.8925	.8944	.8962	.8980	.8997	.9015
1.3	.9032	.9049	.9066	.9082	.9099	.9115	.9131	.9147	.9162	.9177
1.4	.9192	.9207	.9222	.9236	.9251	.9265	.9279	.9292	.9306	.9319
1.5	.9332	.9345	.9357	.9370	.9382	.9394	.9406	.9418	.9429	.9441
1.6	.9452	.9463	.9474	.9484	.9495	.9505	.9515	.9525	.9535	.9545
1.7	.9554	.9564	.9573	.9582	.9591	.9599	.9608	.9616	.9625	.9633
1.8	.9641	.9649	.9656	.9664	.9671	.9678	.9686	.9693	.9699	.9706
1.9	.9713	.9719	.9726	.9732	.9738	.9744	.9750	.9756	.9761	.9767
2.0	.9772	.9778	.9783	.9788	.9793	.9798	.9803	.9808	.9812	.9817
2.1	.9821	.9826	.9830	.9834	.9838	.9842	.9846	.9850	.9854	.9857
2.2	.9861	.9864	.9868	.9871	.9875	.9878	.9881	.9884	.9887	.9890
2.3	.9893	.9896	.9898	.9901	.9904	.9906	.9909	.9911	.9913	.9916
2.4	.9918	.9920	.9922	.9925	.9927	.9929	.9931	.9932	.9934	.9936
2.5	.9938	.9940	.9941	.9943	.9945	.9946	.9948	.9949	.9951	.9952
2.6	.9953	.9955	.9956	.9957	.9959	.9960	.9961	.9962	.9963	.9964
2.7	.9965	.9966	.9967	.9968	.9969	.9970	.9971	.9972	.9973	.9974
2.8	.9974	.9975	.9976	.9977	.9977	.9978	.9979	.9979	.9980	.9981
2.9	.9981	.9982	.9982	.9983	.9984	.9984	.9985	.9985	.9986	.9986
3.0	.9987	.9987	.9987	.9988	.9988	.9989	.9989	.9989	.9990	.9990
3.1	.9990	.9991	.9991	.9991	.9992	.9992	.9992	.9992	.9993	.9993
3.2	.9993	.9993	.9994	.9994	.9994	.9994	.9994	.9995	.9995	.9995
3.3	.9995	.9995	.9995	.9996	.9996	.9996	.9996	.9996	.9996	.9997
3.4	.9997	.9997	.9997	.9997	.9997	.9997	.9997	.9997	.9997	.9998

PREM S. MANN

INTRODUCTORY STATISTICS

Sixth Edition

제6판

통계학개론

김영주 · 김정일 · 유영호
이영경 · 이승수 · 주상열

자유아카데미

INTRODUCTORY STATISTICS

Sixth Edition

Prem S. Mann

저자 서문

5판에 이어 Introductory Statistics 6판을 출판하게 되어 영광으로 생각한다. 신판은 많은 개선과 변화를 꾀했으며, 다양한 최신정보를 포함한다.

이 교재는 통계학전공 1학기용 또는 2학기용 기초과정을 대상으로 한다. 그리고 수학적 배경이 강하지 않은 학생들을 위한 것이다. 이 교재가 요구하는 선행지식은 기초 대수학에 관한 지식 정도이다.

오늘날 많은 대학에서 통계학 과목 중 적어도 하나 정도는 이수하도록 요구하고 있다. 결과적으로 통계적 방법의 연구는 각 분야를 전공하는 학생들의 교육에 중요한 역할을 하고 있다.

이 교재의 목표는 통계학을 공부하지 않는 학생들에게 통계학에 대한 접근성을 높이고 흥미를 유발하는 데 있다. 이 교재의 중요한 특징 세 가지는 이 목표를 위한 것이다.

1. 인생에 대한 모든 것을 포괄적으로 나타내는 예제와 연습문제의 현실적인 내용
2. 표현의 명확함과 간결성
3. 교육학적 접근의 건실성

이러한 특성은 교재 특성의 상호작용을 통하여 중요하게 나타난다.

전판에 대한 독자들로부터 받은 반응은 큰 도움이 되었고 고무적이었다. 전판의 반응은 이 교재가 저자의 목표인, 독자들이 통계학을 흥미있고, 쉽게 받아들이고 있다는 증거가 되었다. 저자는 6판에서도 세밀함과 최신정보를 가지고 이 목표를 추구해왔다. 따라서 이 교재는 더 많은 학생들과 교수들에게 통계학에 있어서 성공적인 경험을 계속 제공해 줄 것이다.

http://www.wiley.com/college/mann를 통하여 교수와 학생들을 위한 추가 자료를 이용할 수 있도록 하였다.

감사의 글

이 교재의 6판과 이전 판을 검토해주신 분들께 감사드린다. 그들의 지적과 제안은 이 책을 개선하는 데 많은 도움이 되었다.

Alfred A. Akinsete
Marshall University
Scott S. Albert
College of DuPage
Michael R. Allen
Tennessee Technological University
Peter Arvanites
Rockland Community College
K. S. Asal
Broward Community College
Louise Audette
Manchester Community College
Nicole Betsinger
Arapahoe Community College
Joan Bookbinder
Johnson & Wales University
Dean Burbank
Gulf Coast Community College
Peter A. Carlson
Delta College
Jayanta Chandra
University of Notre Dame
C. K. Chauhan
Indiana-Purdue University at Fort Wayne
James Curl
Modesto Community College
Gregory Daubenmire
Las Positas Community College
Joe DeMaio
Kennesaw State University
Fred H. Dorner
Trinity University, San Antonio
William D. Ergle
Roanoke College, Salem, Virginia
Ruby Evans
Santa Fe Community College
Ronald Ferguson
San Antonio College
James C. Ford
Anda Gadidov
Kennesaw State University
Frank Goulard
Portland Community College
Robert Graham
Jacksonville State University, Jacksonville, Alabama
Larry Griffey
Florida Community College, Jacksonville
Arjun K. Gupta
Bowling Green State University
David Gurney
Southeastern Louisiana University
Daesung Ha
Marshall University
A. Eugene Hileman
Northeastern State University, Tahlequah, Oklahoma
John G. Horner
Cabrillo College
Virginia Horner
Diablo Valley College
Ina Parks S. Howell
Florida International University
Shana Irwin
University of North Texas
Gary S. Itzkowitz
Rowan State College
Jean Johnson
Governors State University
Michael Karelius
American River College, Sacramento
Dix J. Kelly

Central Connecticut State University
Jong Sung Kim
Portland State University
Linda Kohl
University of Michigan, Ann Arbor
Martin Kotler
Pace University, Pleasantville, New York
Marlene Kovaly
Florida Community College, Jacksonville
Hillel Kumin
University of Oklahoma
Carlos de la Lama
San Diego City College
Gaurab Mahapatra
The University of Akron
Richard McGowan
University of Scranton
Daniel S. Miller
Central Connecticut State University
Satya N. Mishra
University of South Alabama
Jeffrey Mock
Diablo Valley College
Luis Moreno
Broome Community College, Binghamton
Robert A. Nagy
University of Wisconsin, Green Bay
Sharon Navard
The College of New Jersey
Nhu T. Nguyen
New Mexico State University
Paul T. Nkansah
Florida Agricultural and Mechanical University
Joyce Oster
Johnson and Wales University
Lindsay Packer
College of Charleston
Mary Parker
Austin Community College
Roger Peck
University of Rhode Island, Kingston
Chester Piascik
Bryant College, Smithfield
Joseph Pigeon
Villanova University
Aaron Robertson
Colgate University
Gerald Rogers
New Mexico State University, Las Cruces
Emily Ross
University of Missouri-St. Louis
Phillis Schumacher
Bryant College, Smithfield
Kathryn Schwartz
Scottsdale Community College
Ronald Schwartz
Wilkes University, Wilkes-Barre
David Stark
University of Akron
Larry Stephens
University of Nebraska, Omaha
Bruce Trumbo
California State University, Hayward
Vasant Waikar
Miami University
Jean Weber
University of Arizona, Tucson
Terry Wilson
San Jacinto College, Pasadena
James Wright
Bucknell University
K. Paul Yoon
Fairleigh Dickinson University, Madison

여러 면에서 보다 나은 방향으로 이끌어주신 Maryanne Clifford 박사(Eastern Connecticut State University), Gerald Geissert 교수, Daniel S. Miller 교수(Central Connecticut State University), David Santana-Ortiz 박사(Rand Organization)에게 감사를 표한다. 중요한 면에서 이 판에 많은 기여를 한 Rowan 대학의 Christopher Lacke

박사에게 특별히 감사를 표한다. 그의 도움이 없었다면 이 교재는 이런 모양이 되지 못했을 것이다. 또한 많은 지원을 해준 Eastern Connecticut State University에 감사한다. 개정하는 동안에 도와준 근로학생 Jessica Vincent에게도 감사한다. 그녀는 나와 함께 일한 적이 있는 모든 근로학생들 중에서 가장 뛰어났다.

교재는 완전하고 정확한 부록을 수반하는 것이 무엇보다도 중요하다. 이 교재를 위하여 준비한 부록이 이것 이상이라고 감히 이야기할 수 있다. 부록을 해주신 저자들에게 진심으로 감사드린다.

개정기간 동안 즐거이 일해주신 John Wiley and Sons사의 모든 전문가, Martha Beyerlein (Full Service Manager), Danielle Amico와 Daniel Grace (Editorial Assistants), Jeanine Furino (Production Services Manger), Karin Kincheloe (Interior & Cover Designer), Stefanie Liebman (Media Editor), Amy Sell (Marketing Manaager), Valerie Vargas (Senior Production Editor)에게 감사드린다. 마지막으로 John Wiley사의 Angela Y. Battle (Acquisitions Editor)과 Jennifer Battista (Project Editor)에게 진심으로 감사드린다. 그들의 도움이 없었다면 이 책은 출판되지 못했을 것이다. 이들 모두와 함께 작업하는 것은 대단한 즐거움이었다.

차후 개정을 위한 독자들의 어떠한 제안도 감사히 생각한다. 제안사항은 mann@easternct.edu 또는 premmann@yahoo.com로 메일주시기 바란다.

Prem S. Mann
Willimantic, CT 06226
August 2005

편역자 서문

수집된 자료의 분석을 통하여 숨어 있는 규칙성이나, 법칙을 찾을 때 필요한 것이 통계학이다. 최근에는 많은 학과에서 전공이나 교양, 전공기초 또는 전공과목으로 통계학을 필수로 이수하게 하거나 선택과목으로 지정하고 있다. 또한 실험이나 조사를 통한 자료분석이 필요한 대학원 과정, 회사, 개인 등이 업무와 관련된 자료의 분석, 해석과 의사결정 등을 할 때 통계학을 필요로 한다.

통계학은 수학과 같이 엄밀하지는 않다. 만약 그 정도로 현실세계가 엄밀하다면 통계학은 필요 없게 될 것이다. 현실세계는 불확실하고, 애매하며, 딱 잘라지지 않는다. 그리고 결정도 내리기가 어렵기 때문에 통계학이 힘을 발휘하는 것이고, 도움이 되는 것이다. 통계학은 과학이고, 하나의 논리체계를 갖고 있다. 그래서 사람들로부터 신뢰를 받는 것이다.

이 교재는 수학적 지식을 그다지 요구하지 않으면서도, 기초 통계학에 관한 내용을 쉽게 이해할 수 있는 Prem S. Mann의 Introductory Statistics 6판을 편역한 것이다. 원서에 있는 중회귀분석과 비모수적 방법은 그 중요성을 고려해 포함시키지 않았다. 또한 원서에는 TI-84, 미니텝과 엑셀 등의 설명이 있지만, 이 교재에서는 다루지 않았다. 다른 곳도 편역자들이 임의로 수정하거나 선택한 부분이 많지만, 전체적으로는 저자의 의도를 제대로 전달하고자 노력하였다. 제대로 전달하지 못한 부분이 있다면 그것은 편역자들의 몫이다.

이 책은 대학의 자연계열, 공학계열, 상경계열 기초 통계학 1년 과정에 적합하다. 내용을 선별하면 한 학기용으로도 충분히 활용할 수 있다. 또한 통계학을 필요로 하는 모든 분야의 초보자들도 혼자서 공부할 수 있도록 자세히 설명하고 있다.

끝으로 이 책을 출판할 수 있도록 도와주신 자유아카데미 주정희 사장님, 임철석 상무님께 감사드린다. 특히 편집과 원고교정에 여러 가지 어려움이 많았을 편집부 여러분께 고마움을 표한다.

2009년 2월

편역자 일동

차 례

Chapter

1

서 론

감기로 몸이 아픈데도 불구하고 출근하도록 상사나 동료에게 압박을 받는다고 느낍니까? 혹은 상사나 동료가 이해심이 깊어 이런 압박을 느끼지 않습니까? 한 표본조사에서 응답자의 38%가 그런 압박을 느낀다고 대답하였다. 61%는 느끼지 않는다고 대답하였고 나머지 1%는 모르겠다고 하였다(사례1-2).

통계학은 여러 분야에서 점점 더 많은 인기를 누리고 있다. 컴퓨터와 통계 소프트웨어의 보급은 경험적 연구의 도구로서 통계학의 역할을 강화시켜 왔다. 결과적으로 통계학은 의학에서 스포츠에 이르기까지 거의 모든 전문 분야의 연구에 이용된다. 오늘날 거의 모든 전공의 대학생들은 적어도 한 강좌 이상의 통계학과목을 이수하고 있다. 요즘은 모든 신문과 잡지들도 통계적 연구나 조사 결과에 대한 그림과 기사를 싣고 있다. 이 장을 읽은 후에는 이런 그림이나 기사를 더 쉽게 이해할 수 있을 것이다

모든 연구 분야가 전문용어를 가지고 있듯이 통계학도 마찬가지이다. 이 장에서는 통계학의 기본 용어를 설명한다. 이 용어들은 이어지는 장에서 다룰 개념이나 기법을 이해하는 데 가교역할을 할 것이다.

1.1 통계학이란 무엇인가?

단어 **Statistics**는 두 가지 의미를 갖는다. 더 일반적인 의미에서 statistics란 **통계**라 하며 숫자로 나타낸 사실을 일컫는다. 한 가구의 수입, 학생의 나이, 농구선수의 슛 성공률, 대졸사원의 초임 등이 통계의 예이다. 2013년 한국시리즈에서 모 방송국의 중계방송에서 한 해설가가 타율이나 타점 등 야구선수들의 성적을 숫자로 설명하였다. 이에 동료 해설자가 "통계를 이야기해 주시니 참 좋네요"라고 응답하였다. 이 예에서 통계란 숫자를 의미한다.

Statistics의 두 번째 의미는 연구 또는 학문분야를 일컫는 말로 **통계학**이라고 한다.

정 의

통계학 : **통계학** (*statistics*) 이란 자료를 수집, 분석, 표현, 설명하고 의사결정을 하기 위한 일련의 방법이다.

매일 개인적이나 업무관련 혹은 여러 이유로 의사결정을 한다. 일반적으로 의사결정은 불확실성하에서 이루어진다. 일상생활에서 직면하는 많은 상황이나 문제들은 정확하거나 정해진 해를 갖고 있지 않다. 통계적 방법은 이런 상황에서 과학적이고 지적인 의사결정을 하는 데 도움이 된다. 통계적 (과학적) 방법을 이용한 의사결정을 **지식에 의한 추측** (*educated guess*) 이라고 한다. 통계적 (과학적) 방법을 이용하지 않은 결정을 **순전한 추측** (*pure guess*) 이라고 하고 믿을 수 없을지 모른다. 예를 들면, 어느 지역에서 대형마트의 성공은 수요 평가여부에 영향을 받을 것이다.

모든 분야 연구와 마찬가지로 통계학도 두 가지 관점, 즉 이론과 응용이 있다. **이론** 혹은 **수리 통계학** (*theoretical or mathematical statistics*) 은 통계이론의 증명, 공식, 규칙, 법칙 등의 개발과 유도문제를 다룬다. **응용 통계학** (*applied statistics*) 은 실제문제를 해결하기 위하여 이러한 이론, 공식, 규칙, 법칙 등을 응용하는 분야이다. 이 책은 이론보다는 응용 통계학에 초점을 맞춘다. 앞으로 통계적으로 어떻게 생각하고 어떻게 지식에 의한 추측을 하는지를 배울 것이다.

1.2 통계학의 종류

응용 통계학은 두 영역, **기술 통계학** (*descriptive statistics*) 과 **추측 통계학** (*inferential statistics*) 으로 나눌 수 있다.

TV 앞에서 30일

그림에서 보듯이 20세 이상의 성인들은 2010년도에 TV 시청에 평균 730시간, 즉 거의 30일을 소비하였다. 이것은 2009년도에 작성된 2010년도에 대한 추정값이었다는 점에 주목한다. 이 그림은 하나의 값, 평균을 사용하여 TV 시청에 관한 자료를 설명하고 있다. 제3장에서 평균에 관하여 배울 것이다.

1.2.1 기술 통계학

통계학 과목을 수강하는 학생들의 시험성적에 관한 정보를 가지고 있다고 가정하자. 통계 전문용어로 학생들의 성적을 나타내는 숫자의 전체 집합을 **자료집합(data set)**, 각 학생의 이름을 **원소(element)**, 각 학생의 성적을 **관측값(observation)**이라고 한다. 1.4절에서 더 상세하게 다룰 것이다.

원래 형태의 자료집합은 일반적으로 매우 크다. 결과적으로 그와 같은 자료집합은 결론을 이끌어 내거나 의사결정을 하는 데 그렇게 도움이 되지는 않는다. 원래의 자료집합보다는 요약한 표나 그림으로부터 결론을 이끌어 내는 것이 더 쉽다. 그래서 표를 만들거나, 그래프를 그리거나 혹은 평균과 같은 요약 값을 계산하여 처리하기 쉬운 크기로 자료를 축소시킨다. 이런 형태의 통계분석을 하는 데 도움이 되는 통계학의 영역을 **기술 통계학(descriptive statistics)**이라고 한다.

정 의

기술 통계학 : **기술 통계학**(*descriptive statistics*)은 표나 그림과 요약 값을 가지고 자료를 정리, 표현하고 설명하는 방법을 다룬다.

사례 1-2 아픈데도 불구하고 출근하도록 압박을 받는다고 느끼는가?

위 그림은 조사된 근로자의 61%가 감기로 아플 때 상사나 동료들로부터 출근하도록 압박을 받지 않고, 38%는 압박을 받는다고 느낀다고 대답하였고, 1%는 모르겠다고 대답한 결과를 보여 준다. 이 그림은 ±4%의 오차의 한계가 있다고 이야기한다. 8장에서 오차의 한계의 개념을 다룰 것이다. 그러나 간단히 설명하면 오차의 한계는 그림에 주어진 백분율을 모집단에 적용하면 ±4% 안에서 변동이 있을 수 있다는 것을 의미한다.

2장과 3장은 기술 통계적인 방법을 다룬다. 2장에서는 표를 작성하는 방법과 그래프를 그리는 방법을 배운다. 3장에서는 평균과 같이 수치적인 요약 측도를 구하는 방법을 배운다.

앞에서 설명한 사례 1-1은 기술 통계학의 예를 나타낸다.

1.2.2 추측 통계학

통계학에서 관심의 대상 전체 집합을 **모집단(population)**이라 부른다. 이 모집단으로부터 추출한 몇 개의 요소의 집합을 **표본(sample)**이라 부른다. 모집단과 표본은 1.3절에서 자세히 다룬다.

통계학의 목적은 주로 표본에서 얻은 결과를 가지고 모집단에 관한 의사결정, 추론이나 예측을 하는 것이다. 예를 들면, 몇 개 대학으로부터 뽑힌 1,000명의 학생의 정치적 견해를 가지고 대학생들의 정치적 견해에 관한 의사결정을 한다. 다른 예로 대학졸업생들의 초임을 알고 싶다고 하자. 그러기 위하여 2,000명의 졸업생들을 뽑아 초임을 알아보고 이 정보를 가지고 의사결정을 할 것이다. 이와 같은 의사결정과정을 다루는 통계학 영역을 **추측 통계학(inferential statistics)**이라고 한다. 통계학의 이 가지를 **귀납적 추론**(*inductive reasoning*) 또는 **귀납적 통계학**(*inductive statistics*)이라고 한다.

정 의

추측 통계학 : **추측 통계학**(*inferential statistics*)은 표본결과를 이용하여 모집단에 관한 의사결정을 하거나 예측을 하는 방법을 다룬다.

사례 1-2는 추측 통계학의 하나의 예이다. 사람들이 감기로 아픈데도 불구하고 출근하도록 압박을 느끼는지에 관한 조사결과이다.

8장에서 13장까지, 그리고 7장의 일부분이 추측 통계학을 다룬다.

어떤 결과가 일어날 것 같은 가능성에 대한 척도를 주는 확률은 기술 통계학과 추측 통계학을 이어주는 역할을 한다. 확률은 불확실한 조건하에서 어떤 사건의 발생여부에 관하여 이야기를 하는 데 이용된다. 확률과 확률분포는 4, 5, 6장과 7장의 일부분에서 다룬다.

연습문제

■ 개념과 절차

1.1 통계와 통계학의 의미를 간단히 설명하시오.

1.2 통계학의 종류에 관하여 간단히 설명하시오.

1.3 모집단 대 표본

이 책에서 자주 **모집단**(*population*)과 **표본**(*sample*)이라는 용어를 여러 곳에서 볼 것이다. 결과적으로 이 용어의 의미와 차이점을 이해하는 것이 중요하다.
다음 사항을 알고자 한다고 가정하자.

1. 어떤 도시에서 특정 후보를 지지하는 모든 유권자의 비율
2. 뉴욕시에 있는 모든 회사의 2013년도 매출액
3. 어느 도시에 있는 모든 주택의 가격

예에서 우리는 모든 유권자, 모든 회사, 모든 주택에 관심이 있다. 이 그룹을 각 예에서 모집단이라 부른다. 통계학에서 모집단은 반드시 사람들의 모임을 의미하지는 않는다. 사람뿐만 아니라 집, 책, 차 등과 같은 어떤 종류의 사물의 모임도 모집단이 될 수 있다. 관심의 대상이 되는 모집단을 일반적으로 **목표 모집단**(**target population**)이라고 한다.

정 의

모집단 또는 목표 모집단 : **모집단**(*population*)은 연구의 대상이 되는 개인, 사물 또는 대상의 전체 집합이다. 연구 대상이 되는 모집단을 또한 **목표 모집단**(*target population*)이라고 한다.

많은 경우 의사결정은 모집단의 일부분을 근거로 이루어진다. 예를 들면, 선거여론조사는 대통령 선거에서 여러 후보자들을 선호하는 유권자들의 비율을 추정하기 위하여 전국에서 뽑힌 수백 또는 수천 명의 유권자에 의존한다. 이 경우 모집단은 등록된 모든 유권자들로 구성된다. 표본은 여론조사에 포함된 수백 또는 수천 명의 유권자이다. 이렇게 모집단으로부터 뽑힌 원소의 모임을 **표본**(**sample**)이라고 한다.

정 의

표본 : 연구를 위하여 선택된 모집단의 일부분을 **표본**(*sample*)이라고 한다.

그림 1.1은 모집단으로부터 표본 선택을 예를 들어 설명한다.

모집단이나 표본의 원소로부터 정보를 수집하는 것을 **조사**(**survey**)라고 하며, 목표 모집단의 모든 원소를 포함하는 조사를 **전수조사**(**census**)라고 한다. 흔히 목표 모집단은 매우 크다. 따라서 실제로 전수조사는 많은 비용과 시간이 소요되므로 자주 시행하지는 않는다. 많은 경우 목표 모집단의 모든 원소를 확인하는 것은 불가능하다. 일반적으로 조사를 수행하기 위하여 우선 표본을 뽑고 이 표본에 포함된 원소로부터 요구된 정보를 수집한다. 이 표본정보를 가지고 의사결정을 한다. 표본을 가지고 수행하는 조사를 **표본조사**(**sample survey**)라고 한다. 예를 들면, 서울시에 거주하는 모든 가구들의 2013년도 수입에 관한 정보를 수집한다면 전수조사라고 한다. 반면에 서울시에 거주하는 500가구의 2013년도 수입에 관한 정보를 수집한다면 표본조사라고 한다.

그림 1.1 모집단과 표본

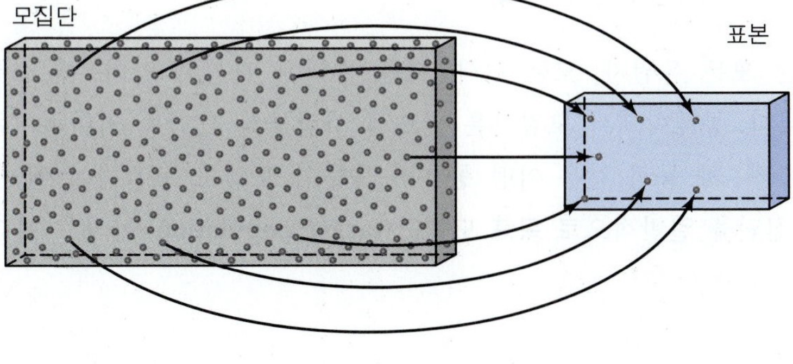

정 의

전수조사와 표본조사 : 모집단의 모든 개체를 포함하는 조사를 **전수조사**(*census*)라고 한다. 모집단의 일부분으로부터 정보를 수집하는 방법을 **표본조사**(*sample survey*)라고 한다.

표본조사를 하는 목적은 대응하는 모집단에 관한 의사결정을 위한 것이다. 표본조사로 얻은 결과는 전수조사에 의하여 얻을 결과와 밀접하게 어울려야 한다는 점이 중요하다. 그렇지 않으면 표본조사에 의거한 어떠한 결정도 대응하는 모집단에 적용되지 않을 것이다. 예를 들면, 표본조사로 서울시에 거주하는 가구들의 평균수입을 알아보고자 한다면, 표본은 서로 다른 수입그룹에 속하는 가구들을 모집단에서와 거의 같은 비율로 포함하여야만 한다. 그와 같은 표본을 **대표표본**(**representative sample**)이라 한다. 대표표본으로부터 유도된 추론은 더 신뢰받을 것이다.

정 의

대표표본 : 가능한 한 모집단의 특성을 잘 나타내 주는 표본을 **대표표본**(*representative sample*)이라고 한다.

표본은 **임의**(**random**) 또는 **비임의**(**nonrandom**)일 것이다. 임의표본(random sample)에서는 모집단의 각 원소가 표본에 포함될 기회를 갖지만 비임의표본에서는 그러하지 않다.

정 의

임의표본 : 모집단의 각 원소가 선택될 가능성을 갖는 방법으로 뽑힌 표본을 **임의표본**(*random sample*) 또는 확률표본이라 한다. 만약 어떤 모집단에서 선택된 같은 크기의 모든 표본들이 선택될 가능성이 같다면, 이를 **단순임의표집**(**simple random sampling**)이라 하고, 이 표본을 **단순임의표본**(**simple randon sample**)이라고 한다.

임의표본을 뽑는 하나의 방법을 예를 들어 설명한다. 한 반 50명의 학생 중에서 5명을 뽑고자 한다면 50매의 카드에 각 학생의 이름을 쓴 다음 상자 안에 넣고 골고루 섞는다. 그리고 상자 안에서 5매의 카드를 임의로 뽑는다. 뽑혀진 5명이 임의표본이다. 그 반면에 50명의 이름을 가나다순으로 재정렬하여 처음 5명을 뽑는다면 비임의표본이다. 왜냐하면 6번째부터 50번째까지 학생들은 표본으로 추출될 기회를 갖지 못하기 때문이다.

표본은 복원 또는 비복원으로 추출된다. **복원추출**(**sampling with replacement**)은 모집단에서 하나의 원소를 뽑았을 때 다음 원소를 뽑기 전에 다시 그 표본을 모집단에 되돌려 놓는다. 즉, 복원추출에서는 모집단은 추출을 할 때마다 같은 수의 개체를 포함한다. 결과적으로 어떤 표본에서는 같은 개체가 하나 이상 뽑힐 수 있다. 상자에 서로 다른 25가지 색의 공이 담겨있다고 하자. 하나의 공을 뽑아 색을 기록하고 다시 상자에 돌려놓고 다음 공을 뽑는다면 상자에는 언제나 25개가 들어있게 된다. 이것이 복원추출의 예이다.

비복원추출(sampling without replacement)은 뽑혀진 원소를 모집단에 되돌려 넣지 않는다. 이 경우 개체를 뽑을 때마다 모집단의 크기는 하나씩 감소한다. 비복원추출에서는 같은 표본이 한번 이상 뽑히지 않는다. 많은 경우 통계학에서 다루는 표본은 비복원추출에 의한 표본이다. 유권자로 이루어진 모집단에서 뽑힌 일정 수의 유권자에 의존하는 여론조사에서는 같은 유권자가 한번 이상 추출되지 않는다. 이것이 비복원추출의 예이다.

연습문제

■ 개념과 절차

1.3 모집단, 표본, 대표표본, 임의표본, 복원추출, 비복원추출에 대하여 간단히 설명하시오.

1.4 복원, 비복원추출의 예를 하나씩 들어 보시오.

1.5 전수조사와 표본조사의 차이점을 설명하시오. 왜 전수조사보다 표본조사가 더 바람직한가?

■ 응용

1.6 다음의 각각이 모집단을 구성하는지 표본을 구성하는지를 설명하시오.

a. 베스낚시대회에서 모든 참가자들에 의하여 잡힌 마릿수

b. 어떤 도시에서 추출된 100가구의 카드빚

c. 2013년 프로야구게임에서 모든 선수들이 친 홈런수

d. 대도시에 거주하는 200가구의 약처방에 사용된 금액

1.7 다음의 각각이 모집단을 구성하는지 표본을 구성하는지를 설명하시오.

a. 2012-2013시즌에서 프로농구 선수들이 범한 개인 반칙의 수

b. 어떤 회사의 모든 직원의 월급

c. 어느 지역의 감자밭 3.3m^2에서의 감자 생산량

d. 횡성의 100개 농가들이 키우고 있는 소의 마릿수

e. 용산에 있는 모든 전자상가에서 지난주 판매된 컴퓨터 대수

1.4 기본 용어

자주 사용될 기본용어의 의미를 이해하는 것이 매우 중요하다. 이 절에서는 **원소(element, member)**, **변수(variable)**, **관측(observation)**과 **자료집합(data set)**의 의미를 설명한다. 원소나 자료집합은 1.2절에서 간단히 정의하였다. 이 절에서 공식적으로 이들 용어를 정의하고 예제를 들어 설명한다.

표 1.1은 미국의 7개 회사의 2004년도 수익에 관한 정보이다. 이 회사들의 그룹을 7개 회사로 된 하나의 표본이라고 할 수 있다. 표에 열거된 각 회사를 표본의 **원소(element, 또는 member)**라고 한다. 즉, 표 1.1은 7개 원소에 대한 정보를 가지고 있다. 원소들을 관측 단위(observational units)라고 한다.

표 1.1 미국의 7개 회사의 2004년도 수익

회 사	수익(profits) 단위: 백만 달러 ← 변수
Wal-Mart Stores	10,267
Exxon	25,330
원소 → General Electric	16,593 ← 관측
Citigroup	17,046
Home Depot	5001
Pfizer	11,361
Target	3198

정 의

원소 : 표본이나 모집단의 **원소**(*element, member*)는 정보가 수집되는 특정한 개체나 대상(사람, 공장, 제품, 시, 도 등)을 일컫는다.

표 1.1의 예제에서 수익을 **변수(variable)**라고 한다. 수익은 조사하거나 연구하는 회사의 하나의 특성(characteristic)이다.

정 의

변수 : **변수**(*variable*)란 다른 원소에 대하여는 다른 값을 가정하는 관심 있는 특성이다. 변수와 대조적으로 상수값은 고정되어 있다.

변수의 다른 예는 가구당 수입, 어떤 도시에서 지난해에 지어진 월별 주택의 수, 회사들의 총수익, 지난 달 한 보험설계사에 의하여 계약된 일별 보험건수 등이다.

일반적으로 변수는 표 1.1의 7개 회사의 수익과 같이 다른 원소에 대하여 다른 값을 가정한다. 자료집합의 어떤 원소에 대하여는 변수의 값이 같을 수도 있다. 예를 들면, 만약 가구당 수입에 관한 정보를 수집한다면 각 가구들은 수입이 다를 것이지만 같을 수도 있다는 것이다.

변수를 x, y 또는 z로 나타낸다. 예를 들면, 표 1.1에서 수익을 x로 표현할 수도 있다. 1.8절부터 변수를 표현하기 위하여 이들 문자를 사용할 것이다.

표 1.1의 7개 회사의 수익을 나타내는 각각의 값을 **관측(observation)** 또는 **측정(measurement)**이라 한다.

정 의

관측 또는 측정 : 한 원소에 대한 한 변수의 값을 **관측**(*observation*) 또는 **측정**(*measurement*)이라 한다.

표 1.1에서 General Electric의 2004년도 수익은 16,593(백만 달러)이었다. 이 값을 관측이라 한다. 표 1.1은 7개의 각 회사에 대하여 하나씩 7개의 관측값을 포함하고 있다. 2004년도 수익에 대하여 표 1.1에 주어진 정보를 **자료(data)** 또는 **자료집합(data set)**이라고 한다.

정 의

자료집합 : 하나나 그 이상의 변수에 대한 관측값의 집합을 **자료집합**(*data set*)이라 한다.

자료집합의 다른 예로는 25건의 최근 매매된 주택 가격목록, 15명 학생의 성적, 100명의 유권자의 의견, 어떤 회사의 모든 사원의 나이 등을 들 수 있다.

연습문제

■ 개념과 절차

1.8 원소, 변수, 관측, 자료집합의 의미를 설명하시오.

■ 응용

1.9 다음 표는 6개 도시에서 지난해에 경찰서에 신고된 특정 사건수를 나타낸다.

도시	사건수
센터시티	47
엘름 그로브	32
플랭클린	51
베이 시티	44
오크대일	12
샌드 포인트	3

이 표를 가지고 원소, 변수, 관측, 자료집합의 의미를 설명하시오.

1.10 다음 표는 2004년 6월 기준으로 6개국의 원유 저장량을 열거한 것이다.

국가	원유 저장량(10억배럴)
사우디 아라비아	261.7
이라크	112.0
쿠웨이트	97.7
이란	94.4
아랍에미레이트	80.3
베네주엘라	64.0

이 표를 가지고 원소, 변수, 관측, 자료집합의 의미를 설명하시오.

1.11 연습문제 1.9의 자료집합을 가지고 물음에 답하시오.

a. 이 자료에서 변수는 무엇인가?

b. 이 자료에는 몇 개의 관측이 있는가?

c. 이 자료는 몇 개의 원소를 포함하고 있는가?

1.12 연습문제 1.10의 자료집합을 가지고 물음에 답하시오.

a. 이 자료에서 변수는 무엇인가?

b. 이 자료에는 몇 개의 관측이 있는가?

c. 이 자료는 몇 개의 원소를 포함하고 있는가?

1.5 변수의 종류

1.4절에서 변수란 서로 다른 원소에 대하여는 다른 값을 가정하는 특성이라는 것을 공부하였다. 가구의 수입, 사람의 키, 회사의 총매출, 대학교재 가격, 사고 건수, 어떤 대학에 등록한 학생의 학년 등이 변수의 예이다.

변수는 양적인 변수와 질적인 변수로 나눌 수 있다. 이 두 종류에 대하여 다음에서 설명한다.

1.5.1 양적변수

주택 가격 같이 어떤 변수는 숫자로 측정될 수 있지만 그렇게 못하는 것도 있다. 전자가 **양적변수 (quantitative variable)** 의 예이고, 후자가 질적변수 (qualitative variable) 의 예이다.

> **정 의**
>
> **양적변수** : 숫자로 측정될 수 있는 변수를 **양적변수** (*quantitative variable*) 라 한다. 양적변수에 대하여 수집된 자료를 **양적자료** (*quantitative data*) 라 한다.

수입, 키, 총매출, 주택가격, 사고 건수 등은 숫자로 표현될 수 있으므로 양적변수의 예이다. 예를 들면, 가구의 연 수입이 5,000만원, 지난해 어떤 회사의 총매출이 56억원과 같이 표현한다. 양적변수는 **이산형 변수** (*discrete variable*) 와 **연속형 변수** (*continuous variable*) 로 나눌 수 있다.

이산형 변수

어떤 양적변수가 가질 수 있는 값은 셀 수 있거나 혹은 셀 수 없을 것이다. 예를 들면, 가구당 자동차 대수는 셀 수 있지만 가족들의 키는 셀 수 없다. 셀 수 있는 값을 갖는 변수를 **이산형 변수 (discrete variable)** 라 한다.

> **정 의**
>
> **이산형 변수** : 가질 수 있는 값을 셀 수 있는 변수를 **이산형 변수** (*discrete variable*) 라고 한다.

예를 들면, 자동차 대리점에서 어느 날 판매된 자동차 대수는 0, 1, 2, …이고 셀 수 있다. 판매된 자동차 대수는 0과 1 사이의 값 또는 1과 2 사이의 값을 가질 수는 없다. 다른 예는 어느 날 은행을 방문하는 고객의 수, 주차장에 있는 자동차 대수, 어느 농가에서 기르고 있는 소의 마릿수, 한 반의 학생 수 등이다.

연속형 변수

어떤 변수는 가질 수 있는 값을 셀 수가 없고 두 수 사이의 값을 가질 수 있다. 그와 같은 변수를 **연속형 변수 (continuous variable)** 라고 한다.

> **정 의**
>
> **연속형 변수** : 어떤 구간 사이의 값을 가정할 수 있는 변수를 **연속형 변수**(*continuous variable*)라고 한다.

시험이 끝날 때까지의 시간이 연속형 변수의 예이다. 왜냐하면 30~60분 사이의 어떤 값도 가질 수 있기 때문이다. 그 시간은 42.6분, 42.67분 또는 42.674분일 수가 있다(이론적으로 원한다면 정확하게 측정할 수 있다). 유사하게 사람의 키도 mm 또는 cm로 측정할 수 있다. 그러나 시간이나 키는 이산 형태로는 셀 수가 없다. 연속형 변수의 다른 예는 사람의 체중, 단위 면적당 토마토 생산량과 같은 것이다. 화폐와 관련되어 있는 변수도 연속형 변수로 고려된다.

1.5.2 질적 또는 범주형 변수

숫자로 측정될 수는 없지만 여러 범주로 나눌 수 있는 변수를 **질적변수(qualitative variable)** 또는 **범주형 변수(categorical variable)**라고 한다.

> **정 의**
>
> **질적변수 또는 범주형 변수** : 수치적인 값은 가정할 수 없지만 두 개 이상의 비수치적 범주로 나눌 수 있는 변수를 **질적변수**(*qualitative variable*) 또는 **범주형 변수**(*categorical variable*)라고 한다. 그와 같은 변수에 대하여 수집된 자료를 **질적자료**(*qualitative data*)라고 한다.

예를 들면, 어떤 대학생의 학년은 4개의 범주, 1학년, 2학년, 3학년, 4학년 중의 어느 하나에 속하므로 질적변수이다. 다른 예는 사람의 성별, 머리카락의 색, 자동차 회사 등이다.

그림 1.2는 변수의 종류를 그림으로 나타낸 것이다.

그림 1.2 **변수의 종류**

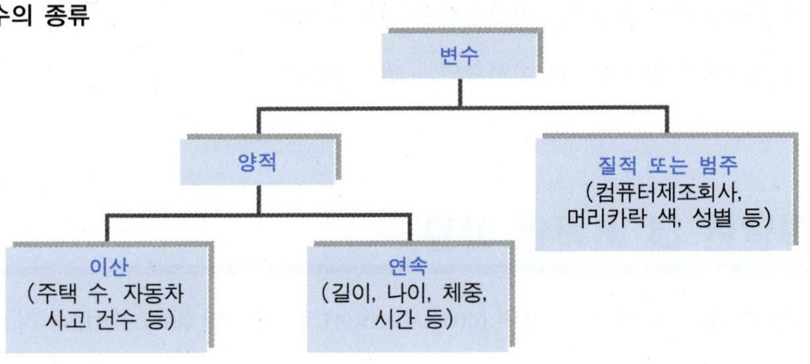

연습문제

■ 개념과 절차

1.13 다음 용어를 설명하시오.

- **a.** 양적변수
- **b.** 질적변수
- **c.** 이산형 변수
- **d.** 연속형 변수
- **e.** 양적자료
- **f.** 질적자료

■ 응용

1.14 다음 변수들은 양적변수인가, 질적변수인가?

- **a.** 가구당 사람수
- **b.** 자동차의 색깔
- **c.** 사람의 결혼 여부
- **d.** 개구리가 점프한 거리
- **e.** 어떤 사람의 신용평가서에 있어서 오류수

1.15 다음 변수들은 양적변수인가, 질적변수인가?

- **a.** 신문에서의 오식수
- **b.** 월별 유선 요금
- **c.** 대학생들이 선호하는 MT 장소
- **d.** 가구당 자동차 보유대수
- **e.** 복권 수입

1.16 연습문제 1.14에서 양적변수는 이산형인가 연속형인가?

1.17 연습문제 1.15에서 양적변수는 이산형인가 연속형인가?

1.6 횡단면 대 시계열 자료

수집되는 시간에 따라 자료는 횡단면(cross-section)과 시계열(time-series) 자료로 나눌 수 있다.

1.6.1 횡단면 자료

횡단면 자료(cross-section data)는 같은 시간 주기에 대하여 모집단이나 표본의 다른 원소에 대한 정보를 담고 있다. 2014년도 100가구의 수입에 관한 정보가 횡단면 자료이다. 이 장에서 나온 모든 자료의 예가 횡단면 자료이다.

> **정 의**
>
> **횡단면 자료** : 같은 시간이나 같은 시간 주기에서 다른 원소들에 대하여 수집된 자료를 **횡단면 자료**(*cross-section data*)라고 한다.

표 1.2는 2003년 9월부터 2004년 6월까지 일일평균시청자 수 기준으로 손꼽히는 주간대담 프로그램을 보여 준다. 이 표는 같은 시기의 7개 프로그램의 일일평균 시청자 수에 관한 자료를 나타내므로 횡단면 자료이다.

1.6.2 시계열 자료

시계열 자료(time-series data)는 같은 원소에 대한 다른 시점에서의 정보를 담고 있다. 1983년부터 2014년까지 한국의 수출에 관한 정보를 시계열 자료의 예라 할 수 있다.

표 1.2 손꼽히는 주간 토크쇼

토크쇼	일일평균 시청자수 (단위 : 백만)
The Oprah Winfrey Show	8.6
Dr. Phil	6.5
Live With Regis and Kelly	4.7
Maury	4.1
Jerry Springer	3.3
Montel Williams	3.2
Ellen	2.2

> **정 의**
>
> **시계열 자료** : 다른 시점이나 다른 시간 주기에서 같은 원소의 같은 변수에 대하여 수집된 자료를 **시계열 자료**(*time-series data*)라고 한다.

표 1.3에 주어진 자료는 시계열 자료의 예이다. 이 표는 1988, 2003, 2008, 2013년도에 보고된 민간 항공기와 야생동물의 충돌 건수를 나열한 것이다.

표 1.3 야생동물과 민간 항공기의 충돌 건수

년도	충돌 건수
1998	1,990
2003	2,775
2008	6,323
2013	6,556

연습문제

1.18 다음 표는 1999년부터 2004년 시즌 동안의 메이저리그의 게임당 평균 관중수를 나타낸다.

년도	평균 관중수
1999	33,352
2000	33,212
2001	33,692
2002	31,921
2003	30,894
2004	32,976

변수, 측정값, 자료집합의 의미를 설명하시오.

1.19 다음 표는 2002년부터 2011년까지 배로 여행한 미국인 여행자수를 나타낸다.

년도	전체 여행자수(단위 : 백만)
2002	4.4
2003	4.7
2004	5.1
2005	5.4
2006	5.9
2007	6.9
2008	6.9
2009	7.6
2010	8.2
2011	9.0

변수, 측정값, 자료집합의 의미를 설명하시오.

1.20 연습문제 1.18과 1.19의 자료가 횡단면 자료인지 시계열 자료인지를 설명하시오.

1.21 다음 예가 모집단인지 표본인지를 설명하시오.

a. 새로운 약을 시험하기 위하여 뽑힌 25명의 환자

b. 2004년부터 2014년까지 한 기계에서 생산된 전체 제품

c. 50명의 1년 간 지출한 옷값

d. 2014년 동안 어떤 부동산 회사에 근무하는 10명의 직원이 성사시킨 거래건수

1.22 다음 예가 모집단인지 표본인지를 설명하시오.

a. 서울시 소재의 모든 회사의 CEO 월급

b. 춘천에서 추출된 1,500명의 6학년 학생들의 용돈

c. 4개의 대형체인점의 2014년 매출액

d. 한 레스토랑의 전체 종업원 33명의 연소득

1.23 다음 예는 복원추출인가 비복원추출인가?

(1) 신약을 테스트하기 위하여 100명의 환자 중에서 10명을 뽑는다.

(2) 대학 평의원회 위원으로 한 명의 교수를 선출한다. 이어서 같은 그룹으로부터 교육과정 위원회의 위원을 선출한다.

Chapter

2

표와 그래프를 이용한 자료의 설명

당신은 카페인이 들어 있는 음료수를 전혀 마시지 않습니까? 아니면 하루 4잔(병) 이상 마십니까? 혹은 중간 정도입니까? 성인을 대상으로 한 여론조사에 따르면 22%는 전혀 마시지 않고, 25%는 하루에 4잔(병) 이상을 마신다고 대답했고, 16%는 하루에 한 잔 정도, 21%는 하루에 두 잔 정도, 16%는 하루에 세 잔 정도 마신다고 대답하였다고 한다(사례 2-4).

사설기관이나 개인뿐 아니라 수많은 정부기관에서 매년 수백 건의 조사를 하고 있다. 이런 각 조사로부터 얻어진 자료는 대단한 양일 것이다. 하지만 원자료의 형태로는 이 자료집합은 너무 방대하기 때문에 큰 의미가 없을지 모른다. 그러나 기술 통계학은 표, 그래프 또는 요약 값으로 큰 자료집합을 압축할 수 있는 방법을 제공해 준다. 매일 신문이나 잡지에서 그와 같은 표, 그래프와 요약 값들을 본다. 이러한 표나 그래프는 시각적으로 빠르게 정보를 전해준다. 결과적으로 기술 통계학은 정보를 요약하고 분석하는 효율적이고 효과적인 방법을 제공해주기 때문에 대단히 중요하다.

이 장은 표와 그래프를 이용하여 자료를 다루고 표현하는 방법을 설명한다. 질적자료와 양적자료에 사용되는 도수분포표, 막대그래프, 히스토그램, 도수다각형의 작성법과 줄기-잎 그림을 그리는 방법에 관하여 설명한다.

2.1 원자료

자료를 수집할 때 모집단이나 표본의 각 원소로부터 얻어진 정보는 차례차례로 기록된다. 그러나 자료를 기록한 이 수열은 임의이고 순서화되어 있지 않다. 그룹으로 나누어지거나 순서화하기 전의 자료를 **원자료 (raw data)** 라고 한다.

정 의

원자료 : 수집된 차례로 기록되어 처리되지 않고 순서화되지 않은 자료를 **원자료** (*raw data*) 라고 한다.

어떤 대학으로부터 추출된 50명의 학생들의 나이에 관한 정보를 수집하였다고 하자. 표 2.1은 이 자료를 수집된 순서대로 기록한 표이다. 예를 들면, 첫 번째 학생의 나이는 21살이고, 두 번째 학생의 나이는 19세이다. 표 2.1의 자료는 **양적 원자료 (quantitative raw data)** 이다.

표 2.1 **학생 50명의 나이**

21	19	24	25	29	34	26	27	37	33
18	20	19	22	19	19	25	22	25	23
25	19	31	19	23	18	23	19	23	26
22	28	21	20	22	22	21	20	19	21
25	23	18	37	27	23	21	25	21	24

같은 학생 50명의 학년도 조사하였다고 하자. 표 2.2가 그 결과를 기록한 것이다. 표에서 F, SO, J와 SE는 각각 freshman, sophomore, junior와 senior을 나타낸다. 이것은 **질적 원자료 (qualitative raw data)** 이다.

표 2.2 **학생 50명의 학년**

J	F	SO	SE	J	J	SE	J	J	J
F	F	J	F	F	F	SE	SO	SE	J
J	F	SE	SO	SO	F	J	F	SE	SE
SO	SE	J	SO	SO	J	J	SO	F	SO
SE	SE	F	SE	J	SO	F	J	SO	SO

표 2.1과 표 2.2의 자료를 **비그룹화 자료 (ungrouped data)** 라고도 한다. 비그룹화 자료집합은 표본이나 모집단의 원소 각각에 대한 정보를 포함한다.

2.2 질적자료의 정리와 표현

이 절에서는 질적자료를 어떻게 정리하고 표현하는지에 관하여 알아본다. 자료집합은 표로 정리되고 자료는 그래프로 표현된다.

2.2.1 도수분포

어느 대학에 등록한 학생 100명을 뽑아 졸업 후의 진로에 대하여 질문을 하였다. 44명은 대기업에 취직하고 싶다고 했고, 16명은 공무원, 23명은 개인 사업, 17명은 진학을 하겠다고 대답하였다. 표 2.3은 졸업 후 진로의 형태에 다른 학생들의 수를 열거한 표이다. 표에서 변수는 졸업 후 진로로 질적 변수이다. 첫째 열에 열거된 범주는 서로 배반이다. 다른 말로 표현하면 100명의 학생들은 오직 하나의 범주에 속한다. 어떤 범주에 속하는 학생들의 수를 해당 범주의 **도수**(*frequency*)라고 한다. **도수분포(frequency distribution)**는 도수들이 여러 범주에 걸쳐 어떻게 분포되어 있는지를 나타낸다. 표 2.3을 **도수분포표**(*frequency distribution table*) 또는 **도수표**(*frequency table*)라고 한다.

표 2.3 **졸업 후 진로**

졸업 후 진로 (← 변수)	학생 수 (← 도수열)
대기업	44
공무원 (← 범주)	16 (← 도수)
개인사업	23
진학	17
	합계 = 100

정 의

질적자료의 도수분포 : 질적자료의 **도수분포**(*frequency distribution*)는 모든 범주와 해당 범주 각각에 속하는 원소의 수를 열거한다.

예제 2-1은 질적자료에 대하여 도수분포표를 어떻게 작성하는지를 설명한다.

■ 예제 2-1 질적자료의 도수분포표 작성

어느 회사에서 30명의 종업원을 표본으로 뽑아 업무에 관련하여 얼마나 스트레스를 받는지를 물었다. 종업원들의 반응을 스트레스를 매우 많이 받는 경우를 “매우”, 보통 정도인 경우를 “보통”, 전혀 받지 않는 경우를 "받지 않음"으로 기록하였다.

보통	받지 않음	보통	매우	매우	받지 않음
매우	보통	보통	매우	보통	보통
매우	보통	받지 않음	매우	받지 않음	보통
보통	매우	보통	보통	매우	받지 않음
보통	매우	매우	보통	받지 않음	보통

이 자료를 이용하여 도수분포표로 작성하시오.

풀 이 이 예제에서 변수는 종업원들의 업무와 관련된 '스트레스 정도'이다. 이 변수는 세 개의 범주, "매우, 보통, 받지 않음"으로 나누어진다. 이 범주를 표 2.4의 첫째 열에 기록한다. 그런 다음 주어진 자료로부터 종업원들의 반응을 읽고 표 2.4의 두 번째 열에 대응하는 범주 다음에 "|"로 표시를 한다. 예를 들면, 첫 번째 종업원의 반응은 보통이었다. 그러면 범주 보통 다음의 두 번째 열에 계수 표시를 한다. 계수는 다섯 개 단위로 한다. 마지막으로 세 번째 열에 각 범주의 전체 계수를 더한 값을 기록한다. 이 열을 **도수 열**(*column of frequency*)이라 부르며, 일반적으로 f로 나타낸다. 도수열의 전체 합이 표본크기 또는 전체 도수이다. 표 2.4에서 표본크기는 30이 된다.

표 2.4 **업무에 관련된 스트레스의 도수분포**

스트레스 정도	계수	도수(f)
매우	~~||||~~ ~~||||~~	10
보통	~~||||~~ ~~||||~~ ||||	14
받지 않음	~~||||~~		6
		합계 = 30

■

2.2.2 상대도수와 백분율 분포

한 범주의 **상대도수(relative frequency)**는 전체도수로 해당도수를 나누면 된다. 이와 같이 상대도수는 전체에서 해당 범주가 차지하는 비율을 나타낸다. **상대도수분포**(*relative frequency distribution*)는 모든 범주의 상대도수를 열거한 것이다.

한 범주의 상대도수

$$\text{상대도수} = \frac{\text{해당 범주의 도수}}{\text{전체도수}}$$

한 범주에 대한 **백분율(percentage)**은 해당 범주의 상대도수에 100을 곱하면 된다. **백분율 분포**(*percentage distribution*)는 모든 범주에 대한 백분율을 열거한 것이다.

백분율

$$백분율 = 상대도수 \cdot 100$$

■ 예제 2-2 상대도수와 백분율 분포

표 2.4 자료를 이용하여 상대도수와 백분율 분포를 구하시오.

풀 이 표 2.4로부터 구한 상대도수와 백분율을 표 2.5에 열거하였다. 표로부터 종업원의 0.333 또는 33.3%가 업무 관련해서 매우 많은 스트레스를 받는다는 것을 알 수 있다. 처음 두 범주의 백분율을 더하여 종업원의 80%가 매우 많거나 보통의 스트레스를 받고 있다고 할 수 있다.

상대도수의 합은 언제나 1이고, 백분율의 합은 언제나 100이다.

표 2.5 **업무에 관련된 스트레스의 상대도수와 백분율 분포**

스트레스 정도	상대도수	백분율
매우	10/30 = 0.333	0.333(100) = 33.3
보통	14/30 = 0.467	0.467(100) = 46.7
받지 않음	6/30 = 0.200	0.200(100) = 20.0
	합계 = 1.000	합계 = 100

■

2.2.3 질적자료의 그래프 표현

"한 장의 그림이 천 마디 말보다 낫다"라는 격언을 들은 적이 있을 것이다. 그래프 표현은 자료집합의 주요 특성을 한눈에 나타낼 수 있다. **막대그래프**(*bar graph*)와 **원그래프**(*pie chart*)가 질적자료를 표현하는 데 사용된다.

막대그래프

막대그래프(bar graph)를 그리려면 그림 2.1과 같이 수평축에 범주를 표시한다. 모든 범주는 같은 폭의 구간으로 나타낸다. 수직축에는 도수를 표시한다. 그런 다음에 막대의 높이가 해당 범주의 도수를 나타내도록 각 범주에 대하여 막대를 그린다. 그림 2.1은 표 2.4의 도수분포표에 대한 막대그래프이다.

사례 2-1 미국인의 혼인 상태

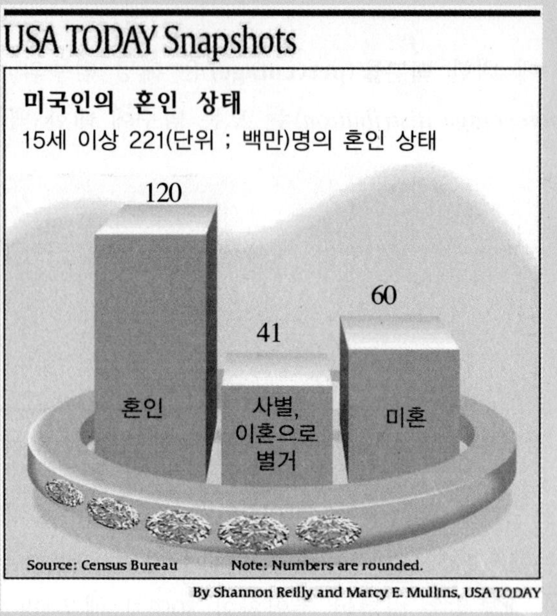

위 그림은 15세 이상의 미국인의 혼인 상태를 보여 주는 막대그래프이다. 조사국에 다르면 15세 이상이 인구가 이억 이천 백만 명이라 한다. 이 중 일억 이천만 명은 혼인생활 중이고, 사천 백만 명은 사별, 이혼 또는 별거 중이고, 육천만 명은 미혼이다. 이를 이용하여 도수표, 상대도수와 백분율을 구할 수 있다.

그림 2.1 **표 2.4 도수분포표의 막대그래프**

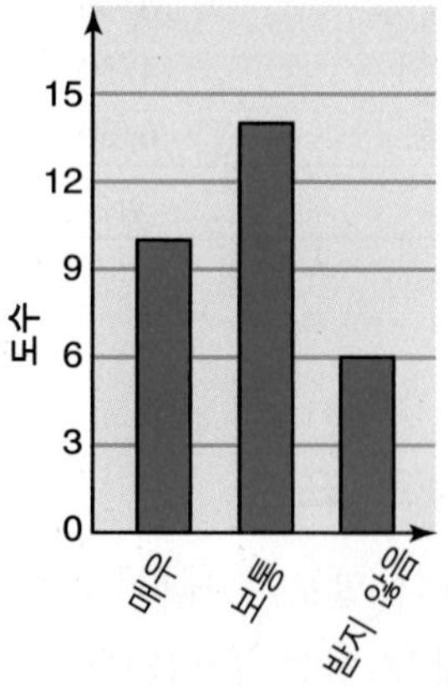

정 의

막대그래프 : 높이가 각 범주의 도수를 나타내는 막대로 그린 그래프를 **막대그래프**(*bar graph*)라 한다.

2-2 사례

미국인들의 1센트짜리 동전에 대한 의견

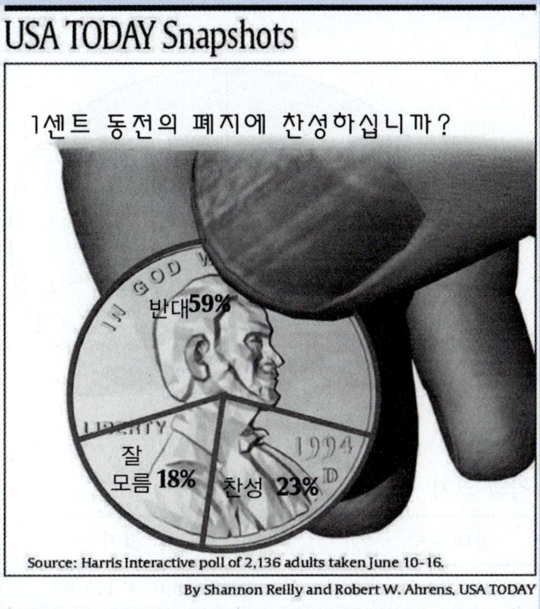

위의 원그래프는 1센트 동전의 폐지여부에 대한 사람들의 의견을 나타낸다. 성인 2,136명을 대상으로 2004년도 6월 10~16일 사이에 수행된 여론 조사에 따르면 응답자의 59%가 폐지를 반대하였고, 23%는 폐지를 주장하였으며, 18%는 잘 모르겠다고 하였다. 이들 범주와 백분율을 사용하여 백분율 분포표를 만들 수 있다.

상대도수와 백분율 분포의 막대그래프는 수직축에 계급도수 대신에 상대도수 또는 백분율을 표시하면 된다. 수평축과 수직축을 바꿔서 그리는 경우도 있다.

원그래프

원그래프 (pie chart) 는 백분율을 나타내기 위하여 일반적으로 많이 사용되지만 도수나 상대도수도 나타낼 수 있다. 전체 원이 전체 표본이나 모집단을 나타낸다. 원을 각 범주를 나타내는 여러 비율로 나눈다.

> **정 의**
>
> **원그래프** : 각 범주에 속하는 모집단이나 표본의 상대도수 또는 백분율을 나타내는 비율로 나눈 원을 **원그래프** (*pie chart*) 라고 한다.

원은 360도이다. 원그래프를 그리기 위하여 대응하는 범주의 각의 크기는 각 범주의 상대도수에 360을 곱하면 된다. 표 2.6은 표 2.5의 범주에 대한 각의 크기를 계산하는 방법을 보여 준다.

그림 2.2 **표 2.5 백분율 분포의 원그래프**

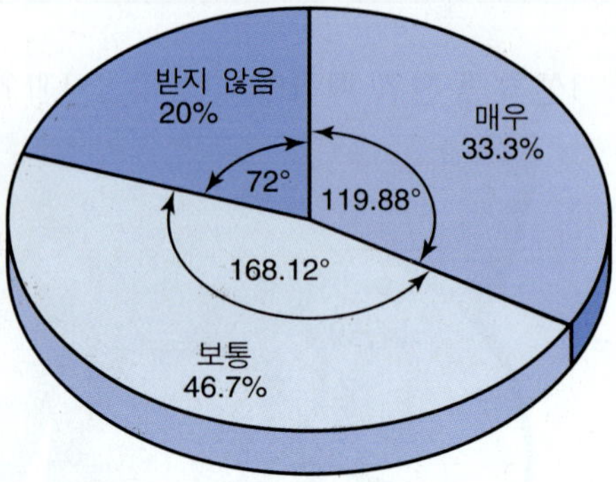

표 2.6 **원그래프를 위한 각의 크기**

스트레스 정도	상대도수	각의 크기
매우	0.333	360(0.333) = 119.88
보통	0.467	360(0.467) = 168.12
받지 않음	0.200	360(0.200) = 72.00
	합계 = 1.000	합계 = 360

그림 2.2는 표 2.6에서 구한 각의 크기를 이용하여 표 2.5의 백분율 분포에 대한 원그래프이다.

연습문제

■ 개념과 절차

2.1 왜 도수분포표의 형태로 자료를 정리할 필요가 있는지를 간단히 설명하시오.

2.2 각 범주의 상대도수와 백분율은 어떻게 구하는가?

2.3 다음 자료는 표본조사 결과이다. 문자 A, B, C는 세 가지 범주를 나타낸다.

A	B	B	A	C	B	C	C	C	A
C	B	C	A	C	C	B	C	C	A
A	B	C	C	B	C	B	A	C	A

a. 도수분포표를 작성하시오.

b. 모든 범주에 대한 상대도수와 백분율을 구하시오.

c. 이 표본에서 범주 B에 속하는 비율을 구하시오.

d. 이 표본에서 범주 A 또는 C에 속하는 비율을 구하시오.

e. 도수분포에 대하여 막대그래프를 그리시오.

2.4 다음 자료는 표본조사 결과이다. 문자 Y, N, D는 세 가지 범주를 나타낸다.

D	N	N	Y	Y	Y	N	Y	D	Y
Y	Y	Y	Y	N	Y	Y	N	N	Y
N	Y	Y	N	D	N	Y	Y	Y	Y
Y	Y	N	N	Y	Y	N	N	D	Y

a. 도수분포표를 작성하시오.

b. 모든 범주에 대한 상대도수와 백분율을 구하시오.

c. 이 표본에서 범주 Y에 속하는 비율을 구하시오.

d. 이 표본에서 범주 N 또는 D에 속하는 비율을 구하시오.

e. 도수분포에 대하여 원그래프를 그리시오.

■ 응용

2.5 다음은 2.1절의 표 2.2 자료이다.

J	F	SO	SE	J	J	SE	J	J	J
F	F	J	F	F	F	SE	SO	SE	J
J	F	SE	SO	SO	F	J	F	SE	SE
SO	SE	J	SO	SO	J	J	SO	F	SO
SE	SE	F	SE	J	SO	F	J	SO	SO

a. 도수분포표를 작성하시오.

b. 각 범주의 상대도수와 백분율을 구하시오.

c. 학생들 중 몇 %가 3학년 또는 4학년인가?

d. 도수분포에 대한 막대그래프를 그리시오.

2.6 성인 30명에게 텔레비전(T), 냉장고(R), 에어콘(A), 대중교통(P), 전자레인지(M) 중에서 없다면 가장 많이 불편을 느끼는 것은 무엇인가 라는 질문을 하였다. 다음과 같은 결과를 얻었다.

R	A	R	P	P	T	R	M	P	A
A	R	R	T	P	P	T	R	A	A
R	P	A	T	R	P	R	A	P	R

a. 도수분포표를 작성하시오.

b. 각 범주의 상대도수와 백분율을 구하시오.

c. 냉장고 또는 에어콘이라고 대답한 사람은 몇 %인가?

d. 상대도수분포에 대한 막대그래프를 그리시오.

2.7 다이어트 협회에 등록된 영양사 20명을 임의로 추출하여 사람들이 체중감소를 원하는 가장 주된 이유가 무엇인가를 물었다. 대답은 H(건강), C(미용), O(기타)로 나누었다.

H H C H O C C H C O
O H C H H C H H O H

a. 도수분포표를 작성하시오.

b. 각 범주의 상대도수와 백분율을 구하시오.

c. 건강이 주된 이유라고 대답한 사람은 전체의 몇 %인가?

d. 백분율 분포에 대한 원그래프를 그리시오.

2.8 최근의 한 조사에서 성인들에게 자신의 건강상태를 어떻게 생각하고 있는지를 물었다. 다음 표가 그 결과이다.

건강상태	반응비율
매우 건강	17.0
건강	36.2
보통	32.5
나쁘다	12.0
아주 나쁘다	2.3

백분율 분포에 대한 원그래프를 그리시오.

2.3 양적자료의 정리와 표현

이 절에서는 양적자료를 정리하고 표현하는 방법을 설명한다.

2.3.1 도수분포

표 2.7은 미국의 대기업에 다니고 있는 사원 100명의 주당 수입에 관한 것이다. 첫째 열에 변수 "주당 수입"을 나타내는 계급이 열거되어 있다. 양적자료에 대하여 두 값, 하한과 상한 사이에 속하는 모든 값을 포함하는 구간을 **계급(class)**이라고 한다. 계급은 언제나 변수를 나타낸다. 계급들은 겹치지 않는다. 즉, 각 값은 반드시 하나의 계급에 속한다. 표에서 두 번째 열에는 각 계급에 속하는 수입이 있는 사원의 숫자가 열거되어 있다. 예를 들면, 이 회사에서 9명의 사원이 주당 401달러에서 600달러를 받는다. 두 번째 열에 열거된 값을 **도수(frequency)**라고 하고 f로 표시한다.

표 2.7 100명의 사원의 주당 수입

	주당 수입 (dollars)	사원수 (f)	
변수 →			← 도수 열
	401 ~ 600	9	
	601 ~ 800	22	
셋째 계급 →	801 ~ 1000	39	← 셋째 계급 도수
	1001 ~ 1200	15	
	1201 ~ 1400	9	
하한 →	1401 ~ 1600 ← 상한	6	

양적자료에 대하여 한 계급의 도수는 자료집합에서 그 계급에 속하는 자료의 수를 나타낸다. 표 2.7은 6개의 계급을 가지고 있다. 각 계급은 **하한** (*lower limit*)과 **상한** (*upper limit*)이 있다. 401, 601, 801, 1001, 1201, 1401이 하한이고, 600, 800, 1000, 1200, 1400, 1600이 상한이다. 표 2.7에 제시된 자료가 양적자료의 도수분포표의 예시이다. 개별적인 값들이 열거된 자료를 **비그룹화 자료 (ungrouped data)** 라 하고, 도수분포표로 제시된 자료를 **그룹화 자료 (grouped data)** 라 한다.

> **정 의**
>
> **양적자료의 도수분포** : 양적자료에 대한 **도수분포** (*frequency distribution*)는 모든 계급과 각 계급에 속하는 자료값의 수를 열거한다. 도수분포 형태로 주어진 자료를 **그룹화 자료** (*grouped data*)라고 한다.

첫째 계급의 상한과 두 번째 계급의 하한의 중간점을 구하려면 두 값을 더하여 2로 나누면 된다. 즉, 중간점은

$$\frac{600 + 601}{2} = 600.5$$

값 600.5를 첫째 계급의 **상경계** (*upper boundary*), 둘째 계급의 **하경계** (*lower boundary*)라고 한다. 이 방법을 이용하여 계급한계를 **계급경계 (class boundary)** 로 바꿀 수 있다. 표 2.8의 두 번째 열이 표 2.7에 대한 경계를 열거한 것이다.

> **정 의**
>
> **계급경계** : **계급경계** (*class boundary*)는 한 계급의 상한과 다음 계급의 하한과의 중간값이다.

한 계급의 두 경계의 차가 **계급폭 (class width)** 이다. 계급간격을 **계급크기 (class size)** 라고도 한다.

계급폭

$$\text{계급폭} = \text{상경계} - \text{하경계}$$

표 2.8에서

$$\text{첫 번째 계급의 폭} = 600.5 - 400.5 = 200.$$

표 2.7의 도수분포에 대한 계급폭을 표 2.8의 세 번째 열에 열거하였다.

계급 중간값(class midpoint) 은 계급의 두 한계 또는 경계의 합을 2로 나누면 된다.

계급 중간값

$$\text{계급 중간값} = \frac{\text{하한} + \text{상한}}{2}$$

표 2.7이나 2.8에서 첫 번째 계급의 중간값은 다음과 같이 계산된다.

$$\text{첫 번째 계급의 중간값} = \frac{401 + 600}{2} = 500.5$$

표 2.7의 도수분포에 대한 계급 중간값이 표 2.8의 네 번째 열에 열거되어 있다.

표 2.8 **표 2.7에 대한 계급경계, 계급폭, 계급 중간**

계급한계	계급경계	계급폭	계급 중간값
401 ~ 600	400.5 ~ 600.5	200	500.5
601 ~ 800	600.5 ~ 800.5	200	700.5
801 ~ 1000	800.5 ~ 1000.5	200	900.5
1001 ~ 1200	1000.5 ~ 1200.5	200	1100.5
1201 ~ 1400	1200.5 ~ 1400.5	200	1300.5
1401 ~ 1600	1400.5 ~ 1600.5	200	1500.5

2.3.2 도수분포표의 작성

도수분포표를 작성할 때 다음 세 가지 중요한 결정이 필요하다.

계급의 수

도수분포표를 작성할 때 계급의 수는 자료집합의 크기에 의존하지만 5~20개 정도로 한다. 다음과 같은 Sturge's 공식을 사용하기도 한다. 여기서 c는 계급의 수이고 관측값의 수이다.

$$c = 1 + 3.3 \log n$$

하지만 계급의 수에 대한 객관적인 기준은 없고 작성자의 판단에 의존한다.

계급폭

다른 크기를 사용하기도 하지만 많은 경우 같은 크기의 계급폭을 일반적으로 선호한다. 우선 자료의 최댓값과 최솟값을 찾아 그 차이를 구한다. 그런 다음 정해진 계급의 수로 나누어 근사적으로 폭을 정한다. 즉,

계급폭

$$\text{근사적인 계급폭} = \frac{\text{최댓값} - \text{최솟값}}{\text{계급의 수}}$$

일반적으로 이 근사적인 폭은 계급폭으로 사용할 때는 사용하기 편하도록 반올림을 한다. 반올림을 하면 처음 의도하였던 계급의 수와 달라질 수도 있다.

첫 번째 계급의 하한

자료집합의 최솟값보다 작거나 같은 값을 첫 번째 계급의 하한으로 사용한다. 예제 2-3은 양적자료에 대한 도수분포를 작성하는 절차를 보여 준다.

■ 예제 2-3 양적자료의 도수분포표 작성

표 2.9는 2004년 시즌 30개의 메이저리그 야구팀별 팀 홈런수를 나타낸다. 도수분포표를 작성하시오.

표 2.9 **2004년 시즌 메이저리그 야구팀별 팀 홈런수**

팀 명	팀 홈런수	팀 명	팀 홈런수
애리조나	135	밀워키	135
애틀란타	178	미네소타	191
볼티모어	169	몬트리올	151
보스톤	222	뉴욕 메츠	185
시카고 컵스	235	뉴욕 양키즈	242
시카고 화이트삭스	242	오클랜드	189
신시내티	194	필라델피아	215
클리브랜드	184	피츠버그	142
콜로라도	202	세인트루이스	214
디트로이트	201	샌디애고	139
플로리다	148	샌프란시스코	183
휴스톤	187	시애틀	136
캔사스 시티	150	템파베이	145
애너하임 에인절스	162	텍사스	227
다저스	203	토론토	145

풀 이 자료에서 최솟값은 135이고 최댓값은 242이다. 계급의 수를 5로 하기로 한다. 그러면

$$\text{근사적인 계급폭} = \frac{\text{최댓값} - \text{최솟값}}{\text{계급의 수}} = \frac{242 - 135}{5} = 21.4 \ .$$

이 값을 편리하게 22로 반올림을 한다. 첫째 계급의 하한을 135나 이 값보다 작은 값으로 잡을 수 있다. 135로 정하기로 하자. 그러면 계급은

135~156, 157~178, 179~200, 201~222, 223~244

가 된다. 표 2.10의 첫째 열에 이들 다섯 개의 계급을 기록한다. 그런 다음 주어진 자료로부터 값을 읽어 표 2.10의 두 번째 열에 대응하는 계급 다음에 계수표시를 한다. 원자료의 첫 번째 값이 135로 135~156 계급에 속한다. 따라서 두 번째 열, 첫 번째 행에 "|" 표시를 한다. 이런 방법으로 계수를 완료한 다음에는 세 번째 열에 빈도를 써 넣는다. 다음 표 2.10이 완성된 도수분포표이다.

표 2.10 표 2.9 자료의 도수분포표

팀 홈런수	계수	빈도(f)
135–156	卌 卌	10
157–178	|||	3
179–200	卌 ||	7
201–222	卌 |	6
223–244	||||	4
		$\Sigma f = 30$

표 2.10에서 각 계급도수를 f_1, f_2, f_3, f_4, f_5라 하면

$$\Sigma f = f_1 + f_2 + f_3 + f_4 + f_5 = 10 + 3 + 7 + 6 + 4 = 30$$

표본의 관측값 수는 일반적으로 n으로 표기하고 모집단인 경우는 N으로 표기한다. 자료를 도수분포표로 표현하면 개별 관측값에 대한 정보는 잃는다. 표 2.10으로부터는 어느 한 팀이 친 홈런수를 정확하게는 알 수 없다. 우리가 알 수 있는 것은 2004 시즌 동안 135~156 개의 팀홈런을 친 팀 수가 10이라는 것이다. ■

2.3.3 상대도수와 백분율 분포

표 2.10을 이용하여 2.2.2절에서와 같은 방법으로 상대도수와 백분율을 계산할 수 있다. 양적자료에 대한 상대도수와 백분율은 다음과 같이 구한다.

상대도수와 백분율의 계산

$$상대도수 = \frac{f}{\Sigma f}$$

$$백분율 = 상대도수 \cdot 100$$

■ 예제 2-4 상대도수와 백분율 분포

표 2.10을 가지고 상대도수와 백분율을 계산하시오.

풀 이 표 2.10 자료에 대한 상대도수와 백분율을 표 2.11의 세 번째와 네 번째 열에 열거하였다.

표 2.11 **표 2.10의 상대도수와 백분율 분포**

팀 홈런수	계급 경계	상대도수	백분율
135–156	134.5 ~ 156.5	0.333	33.3
157–178	156.5 ~ 178.5	0.100	10.0
179–200	178.5 ~ 200.5	0.233	23.3
201–222	200.5 ~ 222.5	0.200	20.0
223–244	222.5 ~ 244.5	0.133	13.3
		합계 = 0.999	합계 = 99.9%

표 2.11을 사용하면 한 구간에 속하는 홈런을 친 팀의 백분율에 관하여 말할 수 있다. 예를 들면, 메이저리그 야구팀의 33.3%가 2004년 동안 135~156개 사이의 홈런을 쳤다는 것을 알 수 있다. 또한 전체 팀의 43.3%가 178 이하의 홈런을 쳤다는 것도 알 수 있다. ■

2.3.4 그룹화 자료의 그래프 표현

그룹화 자료(양적자료)는 **히스토그램**(*histogram*)이나 **다각형**(*polygon*)으로 표현할 수 있다. 이 절에서는 그와 같은 그래프를 어떻게 그리는지를 설명한다. 물론 양적자료집합의 백분율을 표현하기 위하여 원그래프도 이용할 수 있지만, 질적자료의 경우와 유사하므로 여기서는 설명하지 않는다.

히스토그램

히스토그램은 도수분포, 상대도수분포 또는 백분율 분포를 표현할 수 있다. 히스토그램을 그리려면 수평축에 계급을 표시하고, 수직축에 도수(상대도수, 백분율)를 표시한다. 다음에 높이가 그 계급의 도수를 나타내도록 막대를 그린다. 히스토그램에서 막대는 붙여서 그린다. 히스토그램은 수직축에 따라 **도수 히스토그램(frequency histogram)**, **상대도수 히스토그램(relative frequency histogram)** 또는 **백분율 히스토그램(percentage histogram)**이라고 한다.

> **정 의**
>
> **히스토그램** : **히스토그램**(*histogram*)은 계급이 수평축에 표시되고 도수, 상대도수 또는 백분율이 수직축에 표시되는 그래프이다. 도수, 상대도수, 백분율은 막대의 높이로 표현된다. 히스토그램에서 막대는 서로 붙여서 그린다.

그림 2.3과 2.4는 표 2.10과 2.11 자료에 대한 도수 히스토그램과 상대도수 히스토그램이다. 두 히스토그램은 같은 자료를 나타내기 때문에 서로 닮았다. 백분율 히스토그램도 수직축을 백분율로 표시하여 그릴 수 있다.

그림 2.3과 2.4에서 계급한계를 사용했지만 대신에 계급경계를 사용할 수도 있다.

다각형

다각형(polygon)은 양적자료를 그래프로 표현할 수 있는 또 하나의 방법이다. **도수다각형(frequency polygon)**을 그리려면 각 계급의 중간값에서 해당 계급도수에 해당하는 높이에 점을 표시한다. 이것은 히스토그램에서 각 막대의 위쪽 중간에 점을 표시하는 것과 같다. 각 계급에 대하여 같은 작업을 반복한 다음 인접한 점을 직선으로 연결한다. 처음과 마지막은 도수가 0이라는 점을 주의한다. 얻어진 선 그래프를 도수다각형 또는 다각형이라 한다.

그림 2.3 **표 2.10의 도수 히스토그램**

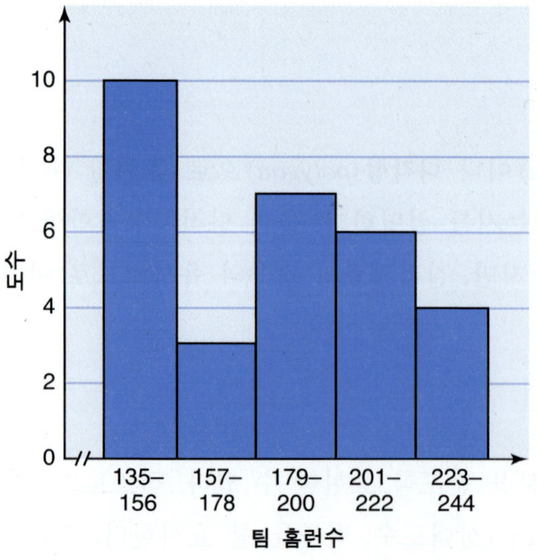

그림 2.4 **표 2.11의 상대도수 히스토그램**

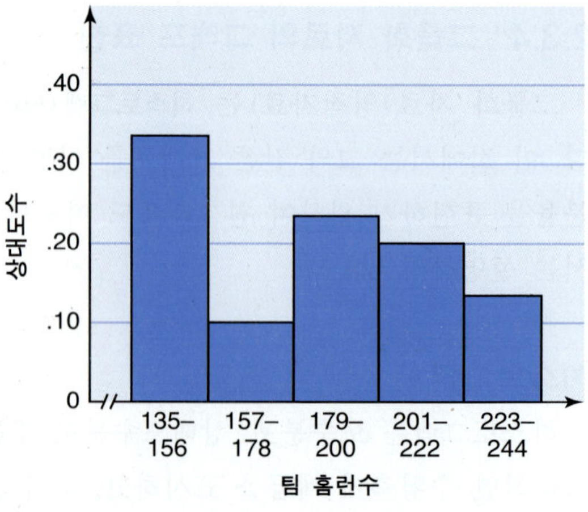

수직축이 상대도수인 다각형을 **상대도수 다각형**(*relative frequency polygon*)이라 한다. 유사하게 수직축이 백분율인 다각형을 **백분율 다각형**(*percentage polygon*)이라 한다.

정 의

다각형 : 히스토그램에서 막대의 위쪽 중간점을 직선으로 연결한 그래프를 **다각형**(*polygon*)이라 한다.

그림 2.5는 표 2.10의 도수분포에 대한 도수다각형이다.

그림 2.5 **표 2.10의 도수다각형**

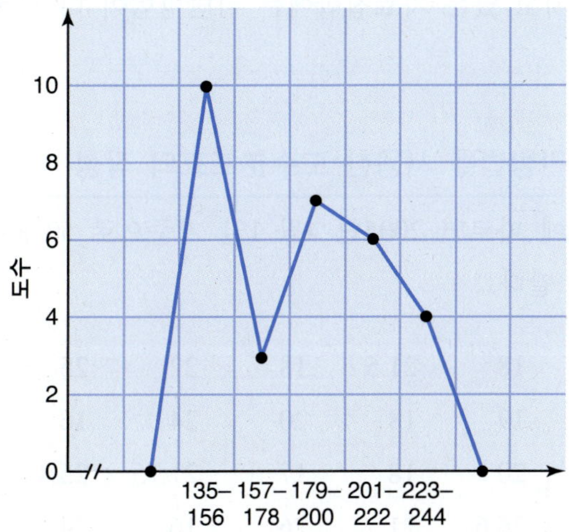

자료의 수가 많은 경우 계급의 수가 증가함에 따라 도수다각형은 실제로는 완만한 곡선이 된다. 그와 같은 곡선을 **도수분포곡선**(*frequency distribution curve*) 또는 **도수곡선**(*frequency curve*)이라고 한다. 그림 2.6은 많은 계급을 갖는 대단위 자료에 대한 도수곡선을 보여 준다.

그림 2.6 **도수분포곡선**

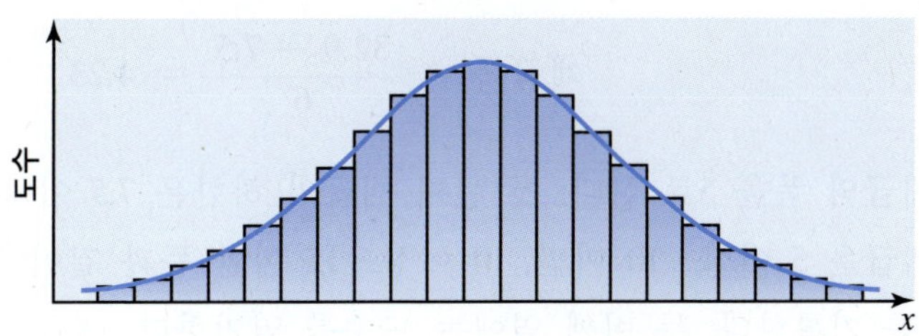

2.3.5 계급과 도수분포에 대한 추가 사항

이 절에서는 양적자료에 대한 도수분포표를 만들기 위하여 계급을 표기하는 다른 방법을 보여 준다.

계급 표기의 미만방법

홈런수 자료에 대한 표 2.10의 도수분포표의 계급은 135–156, 157–178 등과 같았다. 대안으로 **미만방법** (*less than method*) 을 사용하여 도수분포표의 계급을 쓸 수 있다. 표 2.10의 방법은 주로 분수값(소수점이 있는 자료)을 가지고 있지 않은 자료에 일반적으로 사용한다. 반면에 분수값을 가지고 있는 자료집합에는 미만방법이 더 적절하다. 예제 2–5는 이 방법을 설명한다.

■ 예제 2–5 미만방법을 사용한 도수분포표의 작성

미국 석유 연구소에 따르면 2005년 4월 1일 기준으로 50개 주의 가솔린 갤런당 세금(단위 : 센트)은 다음과 같다.

18	8	18	21.5	18	22	25	23	14.5	7.5
16	25	19	18	20	24	16	20	25.2	23.5
23.5	19	20	18	17	27.75	25.4	23	18	14.5
17	31.9	26.6	21	26	16	24	31.1	30	16
22	20	20	24.5	20	17.5	28	20.5	32.9	14

도수분포표를 작성하시오. 각 계급의 상대도수와 백분율을 계산하시오.

풀 이 자료에서 최솟값, 최댓값은 각각 7.5, 32.9이다. 계급의 수를 6으로 정하였다고 하자. 그러면

$$\text{계급폭} = \frac{32.9 - 7.5}{6} = 4.23$$

편리하게 계급의 폭을 5로 한다. 첫 번째 계급의 하한은 7.5 이하로 취할 수 있다. 5에서 시작한다면 계급은 5 이상~10 미만, 10 이상~15 미만 등과 같이 될 것이다. 표 2.12의 첫 번째 열에 이를 기록한다. 두 번째 열에는 도수를 열거한다. 예를 들어, 5 이상~10 미만의 값은 첫 번째 계급에 속한다. 세 번째 열과 네 번째 열에는 상대도수와 백분율을 기록한다.

표 2.12 **가솔린에 대한 세금의 도수분포표**

계급	도수	상대도수	백분율
5 이상 ~ 10 미만	2	0.04	4
10 이상 ~ 15 미만	3	0.06	6
15 이상 ~ 20 미만	15	0.30	30
20 이상 ~ 25 미만	18	0.36	36
25 이상 ~ 30 미만	8	0.16	16
30 이상 ~ 35 미만	4	0.08	8
	$\Sigma f = 50$	합계 = 1.00	합계 = 100%

단일값 계급

만약 자료집합의 관측값이 오직 몇 개의 정수값을 갖는다면 구간이 아니라 하나의 값으로 만들어진 계급을 갖는 **단일값 계급**(*single-valued classes*)을 이용하는 도수분포표를 작성하는 것이 적당하다. 이 방법은 특히 몇 가지 값만 갖는 이산형 자료인 경우에 유용하다. 예제 2-6에서 설명한다.

■ 예제 2-6 단일값 계급을 사용한 도수분포표의 작성

어느 구에서 그 지역의 가구들이 소유하고 있는 자동차 대수 분포를 알고 싶어서 40가구를 임의로 추출하여 다음 자료를 얻었다.

5	1	1	2	0	1	1	2	1	1
1	3	3	0	2	5	1	2	3	4
2	1	2	2	1	2	2	1	1	1
4	2	1	1	2	1	1	4	1	3

단일값 계급을 사용하여 도수분포표를 작성하시오.

풀 이 이 자료집합은 오직 6가지 값 0, 1, 2, 3, 4, 5 를 갖는다. 이 값을 계급으로 사용하여 표 2.13의 첫 번째 열에 열거하였다. 각 계급에 속하는 자료값의 수를 세어 두 번째 열에 기록한다.

사례 2-3 미국은 카페인 천국인가?

다음 그림은 USA TODAY로부터 발췌한 미국 성인들이 하루에 마시는 카페인 음료의 잔 수에 대한 백분율 분포이다. 이 분포는 1,506명의 표본을 가지고 만든 것이다. 여기서 마지막 계급을 제외한 나머지 계급은 단일값을 갖는다.

이 그림은 우리가 배운 전형적인 막대그래프와 다르다. 계급이 수평축에 표시되어 있지 않고, 백분율도 수직축에 표시되지 않았고, 막대의 높이도 백분율을 나타내지 않는다. 대신에 백분율을 수평축에 표시하였고, 막대는 대응하는 백분율에 속하는 잔 수를 나타낸다. 성인의 22%는 카페인 함유의 음료를 전혀 마시지 않으므로 컵이 없다. 16%는 하루 한잔을 마시므로 컵을 하나 그렸다.

표 2.13 **자동차 대수의 도수분포표**

자동차 대수	가구 수 (f)
0	2
1	18
2	11
3	4
4	3
5	2
	$\Sigma f = 40$

■

표 2.13의 자료는 그림 2.7과 같이 막대그래프로 표현할 수 있다. 막대그래프를 그리기 위하여 수평축에 계급을 표시하고, 막대의 높이가 계급의 도수를 나타내도록 한다.

그림 2.7 표 2.13의 막대그래프

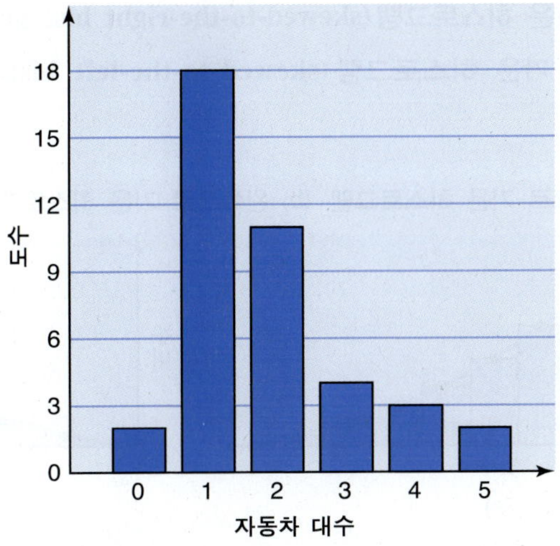

표 2.13의 도수는 표 2.11에서와 같은 방법으로 상대도수와 백분율로 바꿀 수 있다. 막대그래프는 수직축에 상대도수와 백분율을 표시하면 된다.

2.4 히스토그램의 모양

히스토그램은 다양한 모양을 갖지만 대다수의 모양은

1. 대칭형 (symmetric)
2. 기운형 (skewed)
3. 균일형 (uniform)

이다.

대칭형 히스토그램 (symmetric histogram) 은 중심점 양편으로 동일하다. 그림 2.8의 히스토그램들은 중심점을 나타내는 점선에서 대칭이다.

그림 2.8 대칭형 히스토그램

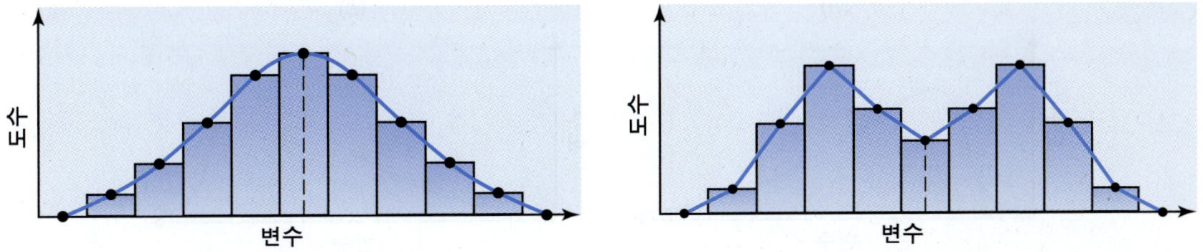

기운형 히스토그램 (skewed histogram) 은 비대칭으로 한쪽 꼬리가 다른 쪽 꼬리보다 더

길다. **오른쪽으로 기운 히스토그램 (skewed-to-the-right histogram)** 은 오른쪽 꼬리가 길다(그림 2.9a). **왼쪽으로 기운 히스토그램 (skewed-to-the-left histogram)** 은 왼쪽 꼬리가 더 길다(그림 2.9b).

그림 2.9 (a) 오른쪽으로 기운 히스토그램. (b) 왼쪽으로 기운 히스토그램

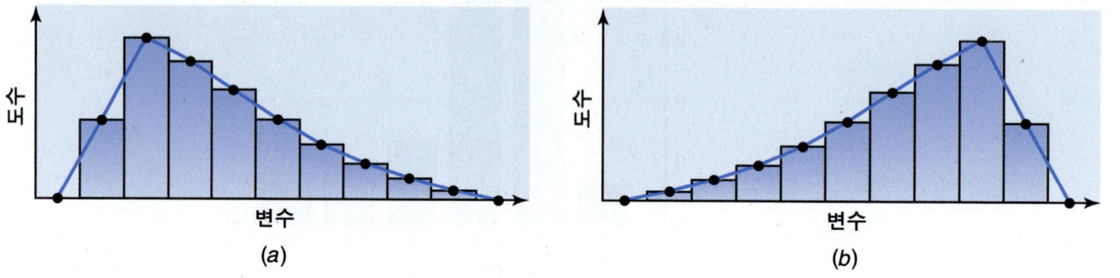

균일형 히스토그램 (uniform histogram) 은 각 계급에 대하여 같은 빈도를 갖는다. 그림 2.10이 그 예이다.

그림 2.10 **균일형 히스토그램**

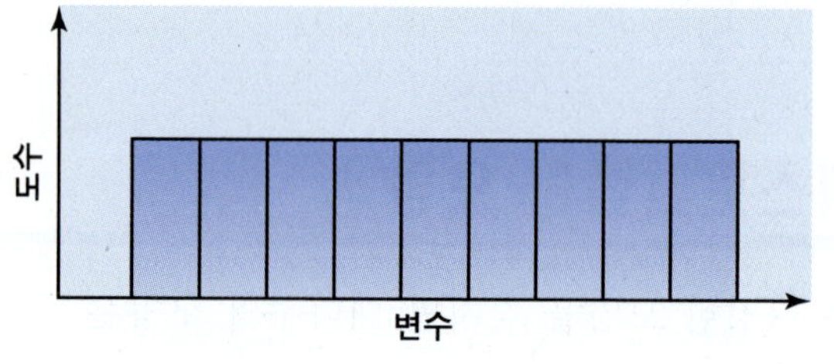

그림 2.11a와 2.11b는 대칭형 도수곡선을 보여 주고, 그림 2.11c와 2.11d는 각각 오른쪽 왼쪽으로 기운 도수곡선을 보여 준다.

그림 2.11 **대칭형 도수곡선과 기운형 도수곡선**

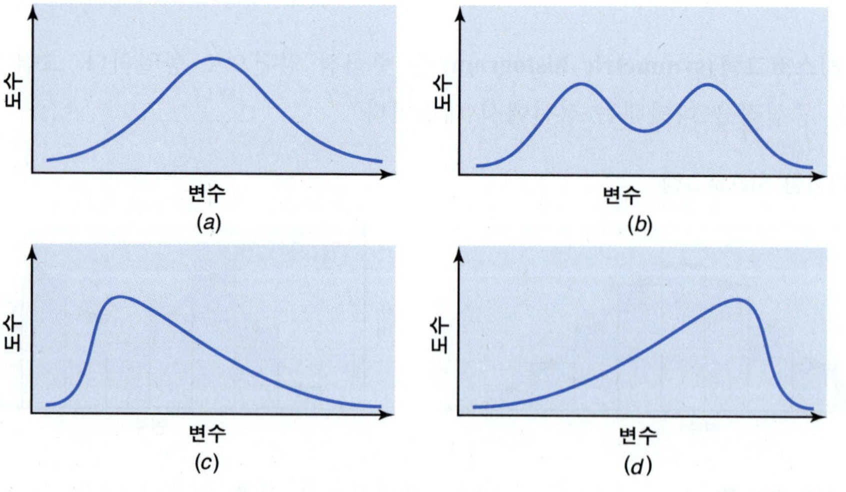

다음 표는 어느 해 1월에 검색엔진 구글, 야후, MSN 중 하나만의 웹사이트를 방문한 사람수(단위 : 백만)를 나타낸다.

검색엔진	방문자수(백만)
구글	344
야후!	399
MSN	412

다음 두 막대그래프는 위 표에서 주어진 자료를 가지고 그렸다. 보다시피 왼쪽 그림은 완전한 수직축을 보여 주고, 오른쪽 그림은 절단된 수직축을 보여 준다. 분명히 두 그림은 방문자 수에 대하여 서로 다른 느낌을 준다. 오른쪽 그림은 방문자 수에 대한 차이를 과장한다. 만약 수직축에 주의를 기울이지 않으면 세 웹사이트의 방문자 수에는 많은 차이가 있다고 생각할 수도 있다.

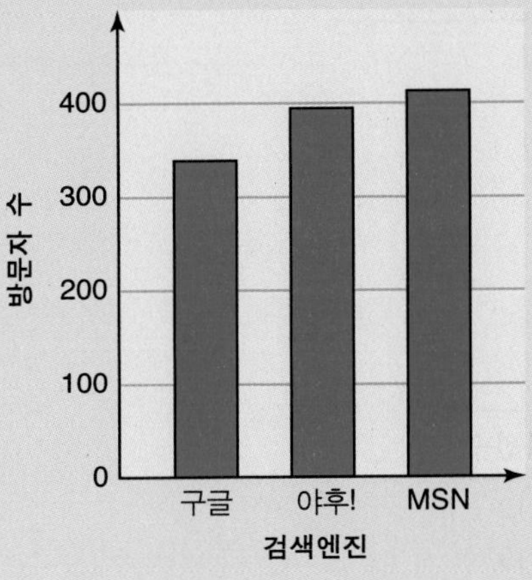

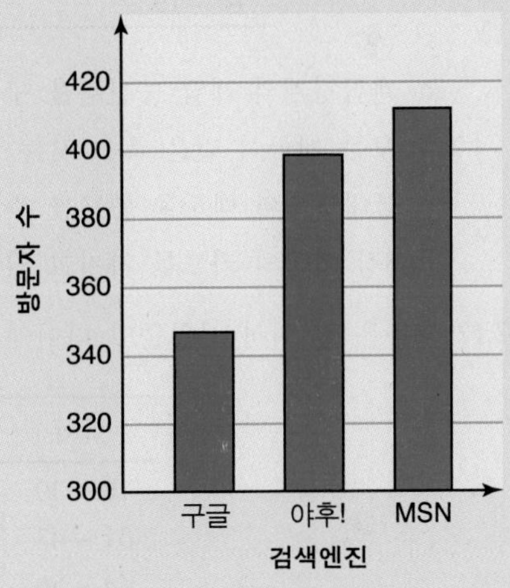

그래프는 자료의 특성에 관한 주요한 특성을 파악하는 데 도움이 된다. 하지만 불행하게도 그래프는 의도적이던 아니던 사실을 왜곡시키거나 독자를 속일 수 있다. 특별한 의견이나 느낌을 갖도록 그래프를 조작하는 방법으로는 축의 척도를 변경하거나, 축을 절단하여 그리는 방법이다. 따라서 그래프를 해석할 때는 주의를 하여야 한다. 즉, 도수축이 절단되어 있는지 또는 필요 이상으로 어느 축이 길거나 짧은지를 살펴보아야 한다.

연습문제

■ 개념과 절차

2.9 자료를 도수분포표로 작성하기 위하여 필요한 세 가지 결정사항에 관하여 설명하시오.

2.10 계급의 상대도수와 백분율은 어떻게 구하는가? 예를 들어 설명하시오.

■ 응용

2.11 80명의 성인을 대상으로 몇 장의 신용카드를 가지고 있는지를 물었다. 다음 표가 반응에 대한 도수분포표이다.

카드수	사람수
0 ~ 3	18
4 ~ 7	26
8 ~ 11	22
12 ~ 15	11
16 ~ 19	3

a. 계급경계와 계급 중간점을 구하시오.

b. 모든 계급이 같은 폭을 갖는가? 그렇다면 얼마인가?

c. 상대도수와 백분율 분포를 추가하시오.

d. 8장 이상의 카드를 가지고 있는 성인은 몇 %인가?

2.12 다음은 한 회사 사원들의 나이에 대한 도수분포표이다.

나이	사원수
18 ~ 30	12
31 ~ 43	19
44 ~ 56	14
57 ~ 69	5

a. 계급경계와 계급 중간점을 구하시오.

b. 모든 계급이 같은 폭을 갖는가? 그렇다면 얼마인가?

c. 상대도수와 백분율 분포를 추가하시오.

d. 나이가 43살 이하인 사원은 전체의 몇 %인가?

2.13 500가구를 표본으로 추출하여 패스트 푸드에 대한 월별 지출액을 조사하였더니 최솟값이 3,000원이었고, 최댓값이 147,000원이었다. 같은 폭을 갖는 6개의 계급으로 이 자료를 그룹화하려고 한다.

a. 첫 번째 계급의 하한을 1,000원으로 하고 6번째 계급의 상한을 150,000원으로 하는 경우 6개 계급의 계급한계를 열거하시오.

b. 계급경계와 계급폭을 결정하시오.

c. 계급 중간점을 구하시오.

2.14 Nixon 사는 컴퓨터 모니터를 생산한다. 다음 자료는 30일을 표본으로 조사한 일별 컴퓨터 모니터 생산 대수이다.

24	32	27	23	33	33	29	25	23	28
21	26	31	22	27	33	27	23	28	29
31	35	34	22	26	28	23	35	31	27

a. 계급 21–23, 24–26, 27–29, 30–32, 33–35를 사용하여 도수분포표를 작성하시오.

b. 상대도수와 백분율을 계산하시오.

c. 백분율에 대한 히스토그램과 다각형을 그리시오.

d. 모니터 생산 대수가 27–29에 속하는 날은 몇 %인가?

2.15 다음 자료는 어느 전자에서 25일 동안 조립된 컴퓨터 키보드수이다.

45	52	48	41	56	46	44	42	48	53	51	53	51
48	46	43	52	50	54	47	44	47	50	49	52	

a. 도수분포표를 작성하시오.

b. 상대도수를 구하시오.

c. 상대도수분포에 대한 히스토그램을 그리시오.

d. 상대도수분포에 대한 다각형을 그리시오.

2.16 다음 자료는 2004년도 시즌에 16개 내셔널리그 야구팀의 투수들의 ERA (earned run average)를 나타낸다.

팀명	ERA	팀명	ERA
애리조나	4.98	밀워키	4.24
애틀란타	3.74	몬트리올	4.33
시카고	3.81	뉴욕	4.09
콜로라도	5.54	필라델피아	4.45
신시내티	5.19	피츠버그	4.29
플로리다	4.10	세이트루이스	3.75
휴스톤	4.05	샌디에이고	4.03
로스엔젤레스	4.01	샌프란시스코	4.29

a. 도수분포표를 작성하시오. 3.50을 첫 번째 계급의 하한으로 하고 계급폭은 0.50으로 하시오.

b. 앞에서 만든 도수분포표에 상대도수와 백분율 분포도 넣으시오.

2.17 다음 자료는 어느 대학 축구팀의 지난 두 시즌 동안 각 게임에서의 턴오버 (turnover) 수이다.

3	2	1	4	0	2	2	1	0	3	2	3
0	2	3	1	4	1	3	2	4	0	1	2

a. 단일값 계급을 사용하여 도수분포표를 작성하시오.

b. 상대도수와 백분율을 계산하시오.

c. 얼마나 많은 게임에서 두 번 이상의 턴오버를 기록하였는가?

d. 도수분포를 막대그래프로 그리시오.

2.18 다음 자료는 어느 대학의 200명의 학생들이 지난 한 주 동안 발급받은 주차권수이다. 도수축을 절단하지 않은 막대그래프와 절단한 막대그래프를 그리시오. 두 번째의 경우 수직축을 25부터 시작하시오. 두 막대그래프에 관하여 간단히 설명하시오.

주차권수	학생수
0	59
1	44
2	37
3	32
4	28

2.19 80명의 성인에게 30분짜리 정보 광고를 끝날 때까지 보거나 지루해서 참을 수 없을 때까지 보도록 하였다. 다음 표는 이들이 정보 광고를 볼 수 있었던 시간의 도수분포이다.

시간(분)	성인수
0 이상 6 미만	16
6 이상 12 미만	21
12 이상 18 미만	18
18 이상 24 미만	11
24 이상 30 미만	14

두 개의 히스토그램을 그리는데 처음 것은 도수축을 절단하지 않고 그린다. 두 번째 것은 10에서 시작하는 수직축에 도수를 표시하시오. 두 히스토그램에 관하여 간단히 설명하시오.

2.5 누적도수분포

2.3.3절의 메이저리그 팀 홈런수에 관한 예제 2-3에서 얼마나 많은 팀들이 2004 시즌 동안 200개 이하의 팀홈런을 쳤는지를 알고 싶다고 가정하자. 그와 같은 질문에는 **누적도수분포(cumulative frequency distribution)**를 사용하면 된다. 누적도수분포표에서 각 계급은 어떤 값보다 작은 값의 전체 수를 나타낸다. 누적도수분포는 오직 양적자료에만 해당된다.

정 의

누적도수분포 : **누적도수분포** (*cumulative fequency distribution*) 는 각 계급의 상경계보다 작은 값의 전체 도수를 나타낸다.

누적도수분포표에서 각 계급은 같은 하한을 갖지만 서로 다른 상한을 갖는다. 예제 2-7은 누적도수분포를 만드는 절차를 설명한다.

■ 예제 2-7 누적도수분포표의 작성

아래에 주어진 표 2.10의 도수분포를 사용하여 누적도수분포표를 작성하시오.

팀 홈런수	빈도(f)
135–156	10
157–178	3
179–200	7
201–222	6
223–244	4

풀 이 표 2.14가 누적도수분포표이다. 표를 통해 알 수 있듯이 135가 모든 계급의 하한으로 사용되었다. 표 2.14의 모든 계급의 상한은 표 2.10의 상한과 같다. 한 계급의 누적도수를 구하려면 모든 앞 계급의 도수를 더한다. 누적도수를 표 2.14의 세 번째 열에 기록하였다. 이 표의 두 번째 열은 계급경계를 보여 준다.

표 2.14 **홈런수의 누적도수분포표**

계급한계	계급경계	누적도수
135–156	134.5 ~ 156.5	10
135–178	134.5 ~ 178.5	10 + 3 = 13
135–200	134.5 ~ 200.5	10 + 3 + 7 = 20
135–222	134.5 ~ 222.5	10 + 3 + 7 + 6 = 26
135–244	134.5 ~ 244.5	10 + 3 + 7 + 6 + 4 = 30

표 2.14로부터 각 계급의 상한이나 경계보다 작은 관측값의 수를 결정할 수 있다. 예를 들면, 20개의 메이저리그 팀이 200 이하의 팀 홈런을 기록하였다. ■

누적상대도수 (cumulative relative frequency) 는 누적도수를 자료의 전체도수로 나누면 된다. **누적백분율 (cumulative percentage)** 은 누적상대도수에 100을 곱하여 얻는다.

누적상대도수와 누적백분율의 계산

$$누적상대도수 = \frac{계급의\ 누적도수}{전체도수}$$

$$누적백분율 = 누적상대도수 \cdot 100$$

표 2.15는 누적상대도수와 누적백분율을 포함하고 있다. 예를 들면, 2004 시즌 동안 전체 팀의 66.7%가 200개 이하의 팀 홈런을 기록하였다는 것을 알 수 있다.

표 2.15 **팀 홈런수에 대한 누적상대도수와 누적백분율 분포**

계급한계	누적상대도수	누적백분율
135–156	10/30 = 0.333	33.3
135–178	13/30 = 0.433	43.3
135–200	20/30 = 0.667	66.7
135–222	26/30 = 0.867	86.7
135–244	30/30 = 1.000	100.0

누적도수곡선

누적도수를 그린 그림을 **누적도수곡선(ogive)**이라고 한다. 그림 2.12가 표 2.14의 누적도수분포에 대한 누적도수곡선이다. 그림 2.12의 누적도수곡선을 그리려면 변수인 홈런수를 수평축에 표시하고, 수직축에 누적도수를 표시한다. 그런 다음 각 계급의 상경계에 해당되는 점 위에 대응하는 누적도수의 높이에 점을 찍고, 직선으로 연결하면 된다. 첫 번째 계급의 하경계에서 시작되어 마지막 계급은 상경계에서 끝난다는 점에 주목한다.

그림 2.12 **표 2.14의 누적도수곡선**

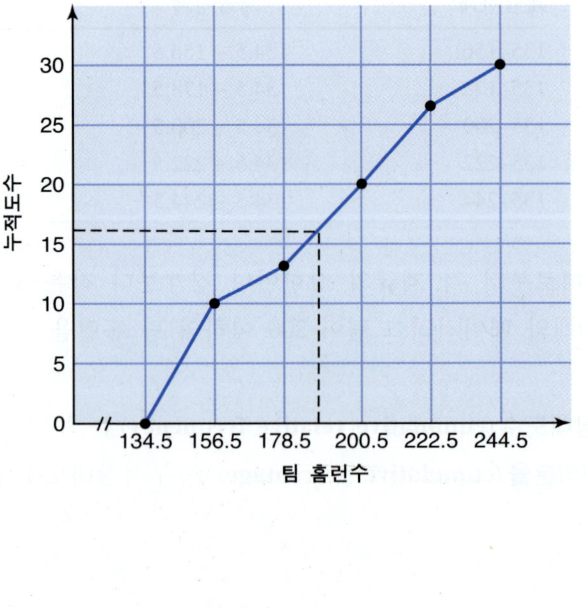

정 의

누적도수곡선 : **누적도수곡선**(*ogive*)은 누적도수분포를 각 계급의 누적도수에 대응하는 높이에 계급의 상경계에 점을 표시하여 직선으로 연결하여 그린다.

누적도수곡선의 하나의 장점은 임의의 구간에 대한 누적도수를 근사할 수 있다는 점이다. 예를 들면, 그림 2.12로부터 팀 홈런이 188개 이하인 팀 수를 알 수 있다. 먼저 수평축의 188에서 수선을 그어 누적도수곡선과 교점에서 다시 수평선을 그어 수직축과의 교점을 읽으면 된다. 누적도수는 16 정도이다.

같은 방법으로 누적상대도수와 누적백분율에 대하여도 누적도수곡선을 그릴 수 있다.

연습문제

■ 개념과 절차

2.20 누적도수분포의 개념을 간략히 설명하시오. 누적상대도수와 누적백분율은 어떻게 구하는가?

2.21 어떤 종류의 도수분포에 대하여 누적도수곡선을 그릴 수 있는가? 어떤 장점이 있는가?

■ 응용

2.22 다음 표는 성인 80명이 가지고 있는 신용카드수에 대한 도수분포표이다.

카드수	사람수
0 ~ 3	18
4 ~ 7	26
8 ~ 11	22
12 ~ 15	11
16 ~ 19	3

a. 누적도수분포를 작성하시오.

b. 누적상대도수와 누적백분율을 구하시오.

c. 7장 이하의 카드를 소유한 성인의 비율을 구하시오.

d. 누적백분율에 대하여 누적도수곡선을 그리시오.

e. 누적도수곡선을 이용하여 10장 이하의 카드를 소유한 성인의 비율을 구하시오.

2.23 다음은 어떤 회사에 다니고 있는 사원 50명의 나이에 관한 도수분포표이다.

나이	사원수
18 ~ 30	12
31 ~ 43	19
44 ~ 56	14
57 ~ 69	5

a. 누적도수분포를 작성하시오.

b. 누적상대도수와 누적백분율을 구하시오.

c. 나이가 44세 이상인 사원의 비율을 구하시오.

d. 누적백분율에 대하여 누적도수곡선을 그리시오.

e. 누적도수곡선을 이용하여 나이가 40세보다 적은 사원의 비율을 구하시오.

2.6 줄기-잎 그림

양적자료를 표현하는 다른 방법은 **줄기-잎 그림(stem-and-leaf display)**이다. 도수분포에 대한 줄기-잎 그림의 장점은 개별 관측값에 대한 정보를 잃지 않는다는 것이다. 줄기-잎 그림은 양적자료에만 사용된다.

정의

줄기-잎 그림 : 양적자료의 **줄기-잎 그림**(*stem-and-leaf display*)에서 각 값들은 두 부분, 줄기와 잎으로 나누어진다. 각 줄기에 대한 잎은 떨어뜨려 표현한다.

예제 2-8은 줄기-잎 그림을 작성하는 순서를 설명한다.

■ 예제 2-8 두 자릿수 자료의 줄기-잎 그림 작성

다음은 30명의 학생들의 통계학 시험성적이다.

75	52	80	96	65	79	71	87	93	95
69	72	81	61	76	86	79	68	50	92
83	84	77	64	71	87	72	92	57	98

줄기-잎 그림을 작성하시오.

풀 이 줄기-잎 그림을 그리기 위하여 점수를 두 부분으로 나눈다. 첫째 부분은 첫째 자릿수로 **줄기**(*stem*)라 부르고, 둘째 부분은 둘째 자릿수로 **잎**(*leaf*)이라 부른다. 첫 번째 학생의 점수는 75점이므로 7이 줄기이고 5가 잎이 된다. 두 번째 학생의 점수는 52점이므로 5가 줄기가 되고 2가 잎이 된다. 이 자료에서 줄기는 5, 6, 7, 8, 9가 된다. 줄기가 정해졌으면 그림 2.13과 같이 수직선을 그리고 왼쪽에 줄기를 쓴다.

그림 2.13 **줄기-잎 그림**

줄기 ↓	
5	2 ⟵ 52에 대한 잎
6	
7	5 ⟵ 75에 대한 잎
8	
9	

줄기를 열거한 다음 잎을 읽어서 수직선 오른편의 대응하는 줄기 다음에 잎을 기록한다. 예를 들면, 첫째 점수에 대하여 줄기 7 다음에 잎 5를 쓰고, 두 번째 점수는 줄기 5 다음에 잎 2를 쓴다. 모든 자료에 대하여 대응하는 줄기에 잎을 써서 완성한 줄기-잎 그림이 그림 2.14이다.

그림 2.14 **성적의 줄기-잎 그림**

5	2 0 7
6	5 9 1 8 4
7	5 9 1 2 6 9 7 1 2
8	0 7 1 6 3 4 7
9	6 3 5 2 2 8

그림 2.14를 보면 자료값들이 어떻게 분포되어 있는지를 알 수 있다. 예를 들면, 줄기 7은 가장 높은 빈도를 가졌고, 그 다음이 8, 9, 6, 5 순이다. 그림 2.14의 잎을 순서대로 정렬한 것이 그림 2.15이다.

그림 2.15 **순서화된 줄기-잎 그림**

5	0 2 7
6	1 4 5 8 9
7	1 1 2 2 5 6 7 9 9
8	0 1 3 4 6 7 7
9	2 2 3 5 6 8

■

앞서 이야기했듯이 줄기-잎 그림의 장점은 원자료값을 알 수 있다는 것이다. 그러나 자료를 도수표 형태로 그룹화하면 원자료값은 알 수 없다.

■ 예제 2-9 네 자릿수 자료의 줄기-잎 그림

다음 자료는 어느 도시에서 추출한 30가구의 월별 임대료(단위 : 달러)이다.

880	1081	721	1075	1023	775	1235	750	965	960
1210	985	1231	932	850	825	1000	915	1191	1035
1151	630	1175	952	1100	1140	750	1140	1370	1280

줄기-잎 그림을 작성하시오.

풀 이 자료값들은 네 자리 또는 세 자릿수이다. 먼저 세 자릿수인 경우는 첫 번째 자릿수, 네 자릿수의 경우는 처음 두 자릿수를 줄기로 택한다. 그런 다음 마지막 두 자릿수를 잎으로 택한다. 첫 번째 값은 880이므로 8을 줄기로 80을 잎으로 택하면 된다. 전체 자료에 대하여 줄기는 6, 7, 8, 9, 10, 11, 12, 13이다. 최종적으로 얻어진 것이 그림 2.16이다.

그림 2.16 **임대료의 줄기-잎 그림**

줄기	잎
6	30
7	75 50 21 50
8	80 25 50
9	32 52 15 60 85 65
10	23 81 35 75 00
11	91 51 40 75 40 00
12	10 31 35 80
13	70

■

때로는 자료 집합이 잎의 수는 적은데 너무 많은 줄기를 포함하고 있을 수도 있다. 그와 같은 경우에는 줄기를 그룹화하면 된다. 예제 2-10에서 이 과정을 설명한다.

■ 예제 2-10 그룹화 줄기-잎 그림

다음은 25명의 학생들의 지난 달 컴퓨터 사용시간에 대한 줄기-잎 그림이다.

줄기	잎
0	6
1	1 7 9
2	2 6
3	2 4 7 8
4	1 5 6 9 9
5	3 6 8
6	2 4 4 5 7
7	
8	5 6

줄기를 그룹화하여 줄기-잎 그림을 다시 그리시오.

풀 이 주어진 줄기-잎 그림을 그룹화하기 위하여 세 개의 줄기를 묶어 0-2, 3-5, 6-8줄기를 만든다. 각 그룹의 줄기에 대한 잎은 그림 2.17에서와 같이 '*' 표시로 구분한다. 즉, 첫 번째 열의 6은 줄기 0 에 해당되고, 1 7 9는 줄기 1에 해당되며, 2 6은 줄기 2에 해당된다.

그림 2.17 **그룹화 줄기-잎 그림**

줄기	잎
0-2	6 * 1 7 9 * 2 6
3-5	2 4 7 8 * 1 5 6 9 9 * 3 6 8
6-8	2 4 4 5 7 * * 5 6

만약 한 줄기가 하나의 잎도 갖고 있지 않다면 그룹화 줄기-잎 그림에서는 연속으로 두 개의 '*'으로 표시될 것이다. 예를 들면, 위의 줄기-잎 그림에서 줄기 7은 하나의 잎도 가지고 있지 않으므로 그림 2.17에서 두 개의 '*'로 표시되었다. ■

연습문제

■ 개념과 절차

2.24 자료에 대하여 줄기-잎 그림을 작성하는 방법에 관하여 예를 들어 설명하시오.

2.25 자료를 그룹화할 때 도수분포표에 비하여 줄기-잎 그림의 장점은 무엇인가?

■ 응용

2.26 다음 자료는 20명의 학생들이 서점에서 교재를 사고 계산하는 데 걸린 시간(분)에 관한 자료이다.

15	8	23	21	5	17	31	22	34	6
5	10	14	17	16	25	30	3	31	19

줄기-잎 그림을 그리시오. 각 줄기의 잎을 오름차순으로 정렬하시오.

2.27 다음은 14개 농구 팀의 최근 14경기에서의 전체 득점수이다.

745	921	1133	1024	848	775	800
1009	1275	857	933	1145	967	955

줄기-잎 그림을 그리시오. 각 줄기의 잎을 오름차순으로 정렬하시오.

2.28 다음 자료는 35명의 학생들이 지난 2년간 교과서 구입비용으로 지출한 금액(단위 : 만원)이다.

565	528	270	220	245	368	210	265	350
345	530	705	490	158	320	505	457	487
617	721	635	438	475	702	538	720	460
540	390	560	570	706	430	268	638	

a. 마지막 두 자릿수를 잎으로 하여 줄기-잎 그림을 그리시오.

b. 줄기를 1-3, 4-5, 6-7로 하여 줄기-잎 그림을 그리시오.

2.7 점도표

양적자료를 표현하는 단순한 방법 중의 하나가 **점도표(dotplot)** 이다. 통계 소프트웨어에 따라서는 점도표를 만들 수 있지만 여기서는 직접 만드는 방법을 설명한다.

점도표는 자료집합에서 **이상점(outlier)** 을 찾는 데 도움이 된다. 이상점이란 다른 자료값에 비하여 아주 크거나 작은 값을 말한다.

정 의

이상점 : 자료에 있는 대다수의 값에 비하여 매우 크거나 작은 값을 **이상점**(outlier) 또는 **극단값**(extreme value)이라 한다.

■ 예제 2-11 점도표 작성

표 2.16은 2004년 메이저리그 우승 결정전에서 보스턴 레드삭스 팀 선수들의 타점에 관한 자료이다. 점도표를 작성하시오.

표 2.16 **레드삭스 선수들의 타점**

타자	타점	타자	타점
D. Mientkiewicz	1	D. Mirabelli	0
D. Ortiz	19	J. Varitek	11
M. Ramirez	11	K. Millar	6
B. Mueller	3	G. Kapler	0
O. Cabrera	11	M. Bellhorn	8
J. Damon	9	P. Reese	0
T. Nixon	8	K. Youkilis	0

풀 이 점도표를 작성하는 방법을 설명한다.

단계 1. 자료 집합에서 최솟값과 최댓값은 각각 0과 19이다. 우선 수평축에 그림 2.18과 같이 모든 자료를 나타낼 수 있도록 수직선을 그린다.

그림 2.18 **수직선**

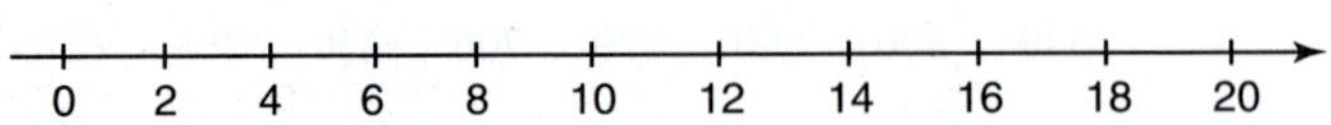

단계 2. 표에 열거된 타점을 나타내는 숫자 위에 점(dot)을 표시한다. 같은 값에 두 개 이상의 관측값이 있는 경우에는 같은 높이만큼 위에 표시하면 된다. 그림 2.19를 참조하면 된다.

그림 2.19 **타점의 점도표**

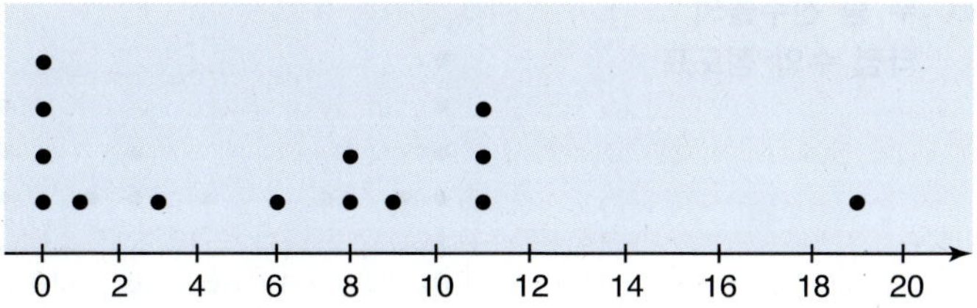

그림 2.19의 점도표를 보면 두 집락이 있다는 것을 볼 수 있다. 선수들이 반 정도가 3점 이하의 타점을 기록했고, 절반 정도가 6~11점까지를 기록했다. 유독 한 선수는 19타점을 기록하였다. 그림에서 보면 자료의 다른 값들과는 떨어져 있다. 이와 같은 경우 이 자료값은 이상점이 아닌가를 의심해 보아야 한다. ■

점도표는 두 개 이상의 자료집합을 비교하는 데 유용하다. 비교를 하려면 각 자료가 같은 수직선을 갖도록 한 다음 위 아래에 두 점도표를 그린다. 그런 점도표를 **쌓인 점도표(stacked dotplot)** 라 한다. 다음의 예제 2-12는 이러한 과정을 보여 준다.

■ 예제 2-12 점도표를 이용한 두 자료의 비교

표 2.17은 2004년 메이저리그 우승 결정전에서 세인트루이스 카디널스 팀 선수들의 타점에 관한 자료이다. 표 2.16의 자료를 참고하여 두 개의 점도표를 그려 두 팀을 비교하시오.

표 2.17 **카디널스 선수들의 타점**

타자	타점	타자	타점
A. Pujols	14	R. Sanders	1
L. Walker	11	M. Anderson	0
E. Renteria	7	S. Taguchi	1
R. Cedeno	1	S. Rolen	7
J. Edmonds	9	Y. Molina	0
T. Womack	2	J. Mabry	1
M. Matheny	7	H. Luna	0

풀 이 그림 2.20은 이들 두 팀의 타점에 대한 점도표를 그린 것이다.

그림 2.20 **두 팀 선수들의 타점 수의 점도표**

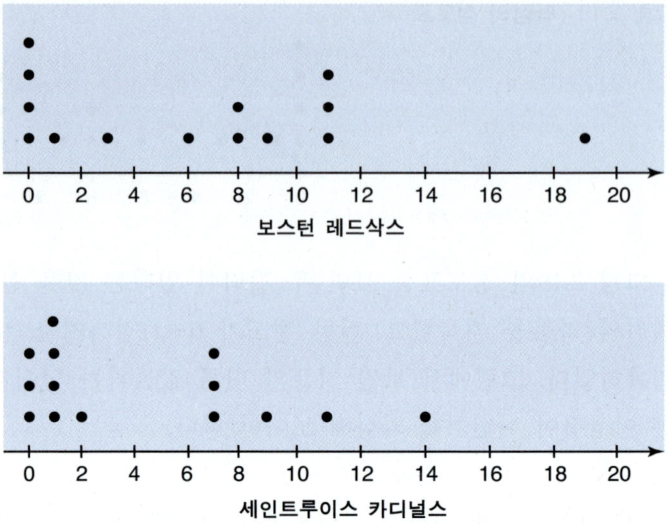

두 점도표를 보면 각 그룹은 두 개의 집락이 있고, 집락은 대략 같은 영역에 있다는 것을 알 수 있다. 그러나 카디널스가 레드삭스보다 낮은 타점을 기록한 선수들이 더 많다. 높은 타점을 기록한 집락에서도 레드삭스 선수들이 카디널스 선수들보다 더 높은 쪽으로 분포되어 있다. ■

연습문제

■ 개념과 절차

2.29 점도표를 작성하는 방법을 예를 들어 설명하시오.

2.30 쌓인 점도표의 장점은 무엇인가?

■ 응용

2.31 다음 자료는 30명의 은행 계좌 보유 고객이 지난 60일 동안 자동입출력기를 사용한 시간이다.

3	2	3	2	2	5	0	4	1	3
2	3	3	5	9	0	3	2	2	15
1	3	2	7	9	3	0	4	2	2

점도표를 작성하고 적절한 설명을 하시오.

2.32 다음 자료는 어느 대학에서 임의로 추출된 남학생과 여학생 각 20명이 일주일 동안 학교 식당을 이용한 횟수이다.

남학생	5	8	10	3	5	5	10	7	2	1
	10	4	5	0	10	1	2	8	3	5
여학생	0	0	4	2	4	10	2	5	0	5
	6	1	1	4	6	2	4	5	6	0

a. 남학생과 여학생 각각에 대하여 점도표를 작성하시오.

b. 점도표를 통하여 집락이나 이상점에 관하여 설명하시오.

c. 점도표를 사용하여 두 자료집합을 비교하시오.

2.33 다음 자료는 임의로 추출된 40가구의 가지고 있는 TV대수이다.

1	1	2	3	2	4	1	3	2	1
3	0	2	1	2	3	2	3	2	2
1	2	1	1	1	3	1	1	1	2
2	4	2	3	1	3	1	2	2	4

a. 단일값 계급을 사용하여 도수분포표를 작성하시오.

b. 상대도수와 백분율 분포를 구하시오.

c. 도수분포에 대한 막대 그래프를 그리시오.

d. 두 대 이상의 TV를 보유하고 있는 가구는 몇%인가?

2.34 다음 자료는 하루 30분씩 방송하는 홈쇼핑 회사가 30일 동안 받은 주문 건수이다.

34	44	31	52	41	47	38	35	32	39
28	24	46	41	49	53	57	33	27	37
30	27	45	38	34	46	36	30	47	50

a. 첫째 계급의 하한 23, 계급폭을 7로 하는 도수분포표를 작성하시오.

b. 상대도수와 백분율을 계산하시오.

c. 36건 이상이 주문을 받는 경우는 몇 %인가?

d. 줄기-잎 그림을 그리시오.

2.35 다음 자료는 교통사고가 난 자동차 수리비용 목록에서 임의로 추출한 30개의 자료이다. 단 단위는 달러이다.

2300	750	2500	410	555	1576
2460	1795	2108	897	989	1866
2105	335	1344	1159	1236	1395
6108	4995	5981	2309	3950	3950
6655	4900	1320	2901	1925	6896

a. 첫 번째 계급의 하한 1, 계급폭을 1400으로 하는 도수분포표를 작성하시오.

b. 상대도수와 백분율을 계산하시오.

c. 상대도수분포의 막대그래프와 다각형을 그리시오

d. 4번째 계급의 계급경계를 구하시오.

2.36 다음 표는 2005년부터 2012년까지 미국의 휘발유의 갤런당 평균가격을 열거한 것이다.

년도	평균가격(달러)
2005	1.234
2006	1.059
2007	1.165
2008	1.510
2009	1.461
2010	1.358
2011	1.591
2012	1.819

a. 휘발유 가격을 나타내는 축을 절단하지 말고 막대그래프를 그리시오.

b. 축을 절단하여 1달러부터 시작하는 막대그래프를 그리시오.

2.37 다음 자료는 어떤 병원에서 20명의 임의로 선택된 입원환자에게 오후 면회시간에 온 문병객 수를 나타낸다.

3	0	1	4	2	0	4	1	1	3
4	2	0	2	2	2	1	1	3	0

점도표를 작성하시오.

2.38 다음 도수분포표는 어느 도시에서 일주일 동안 자동차 사고를 낸 운전자의 나이분포에 관한 것이다.

나이	도수
18 이상 20 미만	7
20 이상 25 미만	12
25 이상 30 미만	18
30 이상 40 미만	14
40 이상 50 미만	15
50 이상 60 미만	16
60 이상	35

a. 상대도수 히스토그램을 그리시오.

b. 이 히스토그램이 오해를 불러오는 점은 무엇인가?

c. 히스토그램이 더 명확한 그림이 되도록 도수분포표를 어떻게 바꿀 수 있는가?

2.39 통계학에서 추측을 하려면 모집단의 형태를 알 필요가 있다. 모든 대학생들의 체중을 모집단으로 한다면 어떤 모양이겠느냐는 질문을 받았다고 가정하자.

a. 모든 대학생들의 체중을 나타낸다고 생각되는 그래프를 그리시오.

b. 다음은 임의추출된 44명의 대학생들의 체중(단위 : 파운드)과 성별(F : 여학생, M : 남학생)에 관한 자료이다.

123 F	195 M	138 M	115 F	179 M	119 F	148 F	147 F
180 M	146 F	179 M	189 M	175 M	108 F	193 M	114 F
179 M	147 M	108 F	128 F	164 F	174 M	128 F	159 M
193 M	204 M	125 F	133 F	115 F	168 M	123 F	183 M
116 F	182 M	174 M	102 F	123 F	99 F	161 M	162 M
155 F	202 M	110 F	132 M				

i. 체중에 대한 줄기-잎 그림을 그리시오.

ii. 그림을 보고 자료에 대한 설명을 하시오.

2.40 그림 2.21은 최근 전립선암으로 진단받은 남자들에 대한 나이의 백분율을 보여 주는 원그래프이다.

그림 2.21 **나이 그룹의 원그래프**

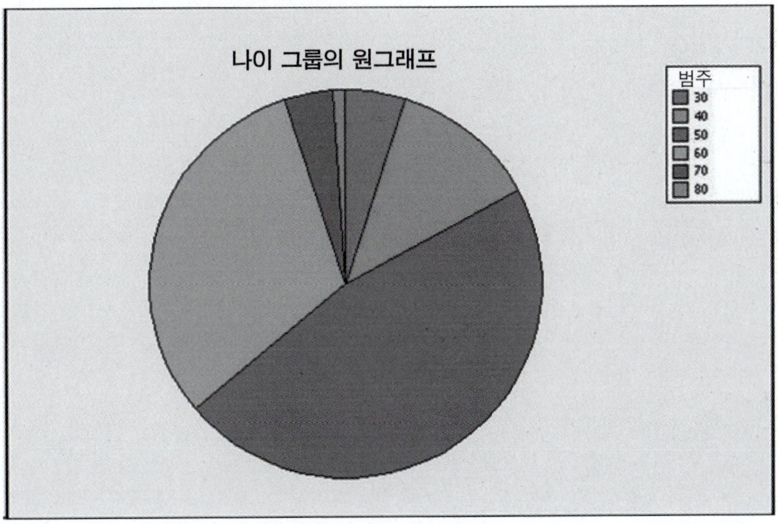

a. 50대 환자들은 50%보다 많은가 적은가? 이유는?

b. 50대와 60대 환자들이 75% 보다 많은가 적은가? 이유는?

c. 기자가 이 그림을 보고 "이 암을 가진 50대를 보세요. 50이 된 남자들의 가장 관심거리입니다"라고 이야기한다. 그림으로부터 반드시 전립선암을 갖고 있는 50대가 많다고 결론지을 수 있는지 없는지에 관하여 이유를 들어 설명하시오.

Chapter

3

수치적 측도를 사용한 자료의 설명

메이저리그 야구팀 중 어느 팀의 평균 입장료가 가장 비싸다고 생각합니까? 세계에서 가장 비싼 도시에서 게임을 하고 있으니 뉴욕의 두 팀, 메츠와 양키즈 중 하나라고 생각합니까? 아닙니다. 근처에도 못 왔습니다. 그러면 LA에서 게임을 하는 다저스와 앤젤스 중 한 팀이라 생각합니까? 아닙니다. 실제로 2004년도 모든 메이저리그 팀 중 평균 입장료가 가장 비싼 팀은 보스턴 레드삭스(40.77달러) 였고 그 다음이 시카고 컵스(28.45달러) 였습니다. 사례 3-1 참조.

2장에서 자료를 어떻게 요약하는지, 어떻게 표현하는지를 다루었다. 그래프는 통계학의 중요한 요소 중의 하나이지만 자료의 주요 특징을 숫자로 설명하는 것 또한 중요하다. 분포의 중심과 산포를 나타내는 숫자로 된 요약측도는 분포의 많은 중요한 특징을 알려준다. 예를 들면, 2장에서 배운 방법으로 가구당 수입에 관한 자료를 그래프로 나타낼 수 있다. 그러나 대표적인 가구의 수입(분포의 중심), 수입 분포의 산포, 특정 수입이 있는 어느 가구의 상대적 위치를 알고 싶다면, 수치적 요약측도가 더 자세한 정보를 제공할 것이다(그림 3.1 참조). 이 장에서는 (1) 중심경향, (2) 산포도, (3) 위치측도를 다룬다.

그림 3.1

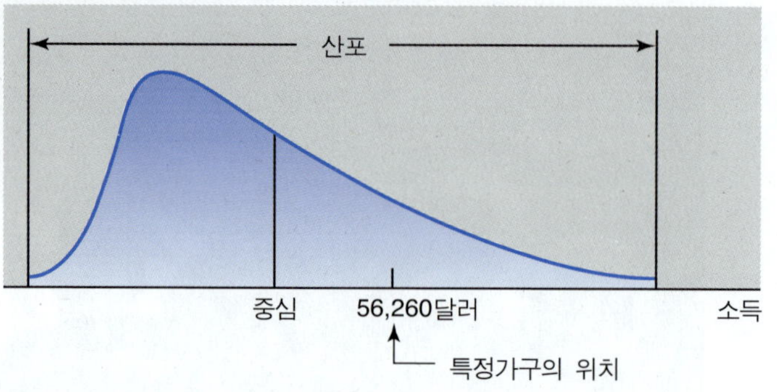

3.1 비그룹화 자료의 중심경향의 측도

흔히 **대푯값**(*typical values*)이라 불리는 수치적 요약측도를 가지고 자료를 나타낸다. **중심경향의 측도**(**measure of central tendency**)는 히스토그램이나 도수분포곡선의 중심을 일러준다. 이 절에서는 중심경향을 재는 세 가지 측도, 평균, 중앙값, 최빈값을 다룬다. 절사평균, 가중평균, 기하평균과 같은 다른 측도는 연습문제에서 설명한다. 비그룹화 자료에 대하여 이들 측도를 어떻게 계산하는지를 배울 것이다. **그룹화 자료**(*grouped data*)는 도수분포표 형태로 주어지는 자료이고, **비그룹화 자료**(*ungrouped data*)는 모집단이나 표본의 각 개체에 대한 정보를 주는 자료를 말한다.

3.1.1 평균

산술평균(*arithmetic mean*)이라고도 부르는 **평균**(**mean**)은 중심경향의 측도로 가장 많이 사용된다. 비그룹화 자료에 대하여 평균은 모든 자료의 합을 자료수로 나눈다. 즉,

$$\text{평균} = \frac{\text{모든 자료의 합}}{\text{자료의 수}}$$

표본자료인 경우에는 $\bar{x}$로 나타내고 모집단인 경우에는 μ로 표기한다. 다음과 같이 쓸 수 있다.

비그룹화 자료의 평균

$$\text{모평균} : \mu = \frac{1}{N}\sum_{i=1}^{N} x_i$$

$$\text{표본평균} : \bar{x} = \frac{1}{n}\sum_{i=1}^{n} x_i$$

여기서 N은 모집단의 크기이고, n은 표본크기이다.

■ 예제 3-1 비그룹화 자료의 표본평균의 계산

표 3.1은 어느 해 6개 주에 대한 신분사기 피해자수이다.

표 3.1 6개 주에 대한 어느 해 신분사기 피해자수

주	피해자수
캘리포니아	43,839
플로리다	16,062
일리노이	11,138
뉴욕	17,680
오하이오	6956
텍사스	26,454

평균 피해자수를 구하시오.

풀 이 희생자수를 변수 x로 놓으면

$$x_1 = 43{,}839,\ x_2 = 16{,}062,\ x_3 = 11{,}138,\ x_4 = 17{,}680,\ x_5 = 6{,}956,\ x_6 = 26{,}454$$

이므로

$$\sum_{i=1}^{n} x_i = 122{,}129$$

이다. 이 자료는 6개만 포함하므로 표본이다. 따라서

$$\bar{x} = \frac{1}{n}\sum_{i=1}^{n} x_i = \frac{122{,}129}{6} = 20{,}354.83.$$

■

■ 예제 3-2 비그룹화 자료의 모평균의 계산

다음은 작은 회사 전체 직원 8명의 나이이다.

53 32 61 27 39 44 49 57

전체 직원의 평균 나이를 구하시오.

풀 이 주어진 자료는 직원 모두를 포함하고 있으므로 모집단을 나타낸다. 따라서 평균은

$$\mu = \frac{1}{N}\Sigma x_i = \frac{362}{8} = 45.25$$

이다.

■

예제 3-2에서 3명의 종업원을 뽑아 평균 나이를 계산한다면 $\bar{x}$로 표기된다. 표본에 포함된 3개의 값이 32, 39, 57이라 하자. 그러면 이 표본에 대한 평균은

$$\bar{x} = \frac{32 + 39 + 57}{3} = 42.67$$

이다. 만약 이 회사에서 3명을 다시 뽑는다면 평균은 달라질 것이다. 두 번째 표본값이 53, 27, 44라면 표본평균은

$$\bar{x} = \frac{53 + 27 + 44}{3} = 41.33$$

이다. 결과적으로 모평균 μ의 값은 상수이지만 표본평균 $\bar{x}$의 값은 표본에 따라 변한다. 어떤 표본에 대한 $\bar{x}$값은 모집단의 어떤 값이 그 표본에 포함되었는지에 의존한다.

어떤 자료집합은 아주 작은 값 또는 아주 큰 값을 포함할 수도 있다. 2장에서 이야기했듯이 그러한 값을 **이상점** (*outliers*) 이라 한다.

중심경향의 측도로서 평균의 주요 단점은 평균은 이상점의 영향을 받는다는 것이다. 예제 3-3에서 이를 설명한다.

■ 예제 3-3 평균에 대한 이상점의 영향

표 3.2는 2004년까지 6명의 기부자에 의한 생애기부금 총액 (단위 : 백만 달러) 이다.

표 3.2 생애기부금 총액

기부자	금액
Bill and Melinda Gates	27,976
Warren Buffett	2,730
George Soros	5,171
Michael and Susan Dell	1,230
Walton Family	1,000
Ted Turner	1,200

Bill and Melinda Gates의 기부금이 다른 사람들에 비하여 매우 많다는 것을 주의하라. 즉, 이상점이다. 이 이상점의 포함이 평균값에 어떻게 영향을 끼치는지를 보이시오.

풀 이 만약 빌게이츠 (이상점) 를 제외하고 나머지 5명의 평균을 구하면

$$\text{평균} = \frac{2730 + 5171 + 1230 + 1000 + 1200}{5} = \frac{11{,}331}{5} = 2266.20$$

이다. 평균값에 대한 이상점의 영향을 알아보기 위하여 6명 모두의 평균을 구하면

거대 시장에서의 고가 입장료

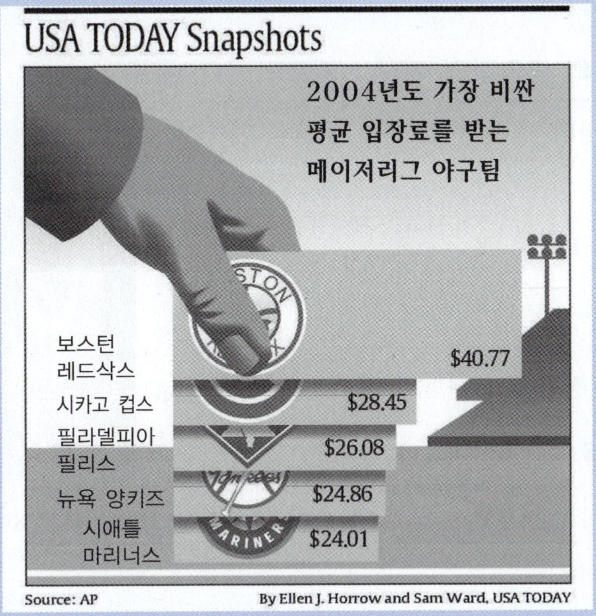

위 그림은 2004년도에 평균 입장료가 가장 비쌌던 5개 메이저리그 야구팀의 평균 입장료를 나타낸다. 평균 입장료가 가장 비싼 팀은 보스턴 레드삭스로 40.77달러이었고, 그 다음이 시카고 컵스로 28.45달러였다.

$$평균 = \frac{27976 + 2730 + 5171 + 1230 + 1000 + 1200}{6} = \frac{39,307}{6} = 6551.17$$

이다. 이와 같이 이상점을 포함하면 평균이 거의 3배 증가한다. ■

3.1.2 중앙값

중심경향의 다른 중요한 측도는 **중앙값(median)**이다. 다음과 같이 정의한다.

정 의

중앙값 : **중앙값**(*median*)은 자료를 크기순으로 정렬하였을 때 가운데 오는 값이다.

정의로부터 분명하듯이 중앙값은 순서화된 자료를 두 부분으로 나눈다. 중앙값은 다음과 같은 순서로 구한다.

1. 자료를 오름차순으로 정렬한다.

2. 가운데 오는 값을 찾으면 이 값이 중앙값이 된다. 자료집합에 있는 관측값의 수가 홀수라면 중앙값은 자료의 한 가운데 값이 되고, 짝수라면 가운데 오는 두 값의 평균이 중앙값이 된다.

■ 예제 3-4 비그룹화 자료의 중앙값의 계산 : 자료의 수가 홀수

다음은 헬스클럽에 등록한 5명의 표본의 12개월 동안의 체중감량에 관한 자료이다.

10 5 19 8 3

중앙값을 구하시오.

풀 이 우선 자료를 크기순으로 정렬하면 다음과 같다.

3 5 8 10 19

자료수가 5이므로 3번째 오는 값이 한가운데가 된다. 따라서 중앙값은 3번째 값인 8이 된다. ■

■ 예제 3-5 비그룹화 자료의 중앙값의 계산 : 자료의 수가 짝수

표 3.3은 미국의 12개시에서 발생한 자동차 절도사건수에 관한 것이다.

표 3.3 미국의 12개시에서 발생한 자동차 절도사건수

도시	건수
Phoenix-Mesa, Arizona	40,769
Washington, D.C.	33,956
Miami, Florida	21,088
Atlanta, Georgia	29,920
Chicago, Illinois	42,082
Kansas City, Kansas	11,669
Baltimore, Maryland	13,435
Detroit, Michigan	40,197
St. Louis, Missouri	18,215
Las Vegas, Nevada	18,103
Newark, New Jersey	14,413
Dallas, Texas	26,343

중앙값을 구하시오.

풀 이 먼저 주어진 자료를 크기순으로 정렬하면 다음과 같다.

11,669 13,435 14,413 18,103 18,215 21,088
26,343 29,920 33,956 40,197 40,759 42,082

자료수가 12이므로 중앙값은 가운데 오는 6번째와 7번째 값의 평균이다. 즉

3-2 사례

MBA 출신자들의 초임 연봉의 중앙값

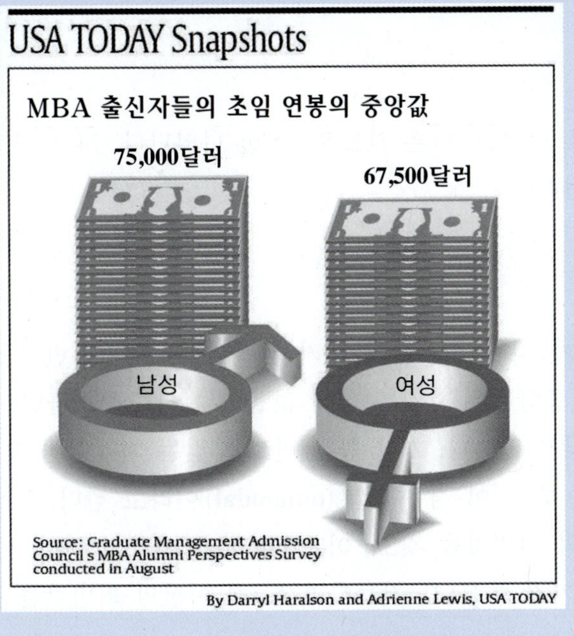

위 그림은 MBA 출신자들의 초임 연봉의 중앙값을 나타낸다. 연봉은 2003년 8월에 시행된 조사에 근거한 것이다. 이 조사에 따르면 MBA 출신 남성의 초임 연봉의 중앙값은 75,000달러이고, 여성은 67,500달러였다.

$$\text{중앙값} = \frac{21{,}088 + 26{,}343}{2} = \frac{47{,}431}{2} = 23{,}715.50. \quad ■$$

중심경향의 척도로 중앙값을 사용하는 장점은 이상점의 영향을 받지 않는다는 것이다. 결과적으로 중앙값은 이상점을 포함하는 자료의 중심위치의 척도로 평균보다 선호된다.

3.1.3 최빈값

최빈값 (mode) 은 프랑스어로 **유행** (*fashion*), 즉 가장 인기가 있거나 흔한 품목을 의미한다. 통계학에서 최빈값은 자료에서 가장 흔한 값을 나타낸다.

정 의

최빈값 : **최빈값** (*mode*) 은 자료에서 빈도가 가장 높은 값이다.

■ 예제 3-6 비그룹화 자료의 최빈값 계산

다음 자료는 속도위반에 단속된 8대의 자동차 속도(마일/시간)이다.

77 82 74 81 79 84 74 78

최빈값을 구하시오.

풀 이 이 자료에서 74는 두 번 나타나고, 다른 값들은 한 번 나타난다. 74가 가장 높은 빈도로 나타나기 때문에 최빈값이 된다. 즉

$$최빈값 = 74마일/시간$$ ■

최빈값의 가장 큰 단점은 자료가 최빈값을 갖지 않거나 하나 이상의 최빈값을 가질 수 있다는 것이다. 그런 반면 평균과 중앙값은 오직 하나의 값을 갖는다. 예를 들면, 모두 다른 값을 갖는 자료집합은 최빈값을 갖지 않는다. 가장 높은 빈도를 갖는 자료값이 오직 하나인 자료집합은 오직 하나의 최빈값을 갖고, 이 경우 **단봉(unimodal)** 이라고 한다. 가장 높은 빈도를 갖는 값이 두 개라면 두 개의 최빈값을 갖고, **이봉(bimodal)** 이라고 한다. 자료집합에서 두 개 이상의 값이 같은 빈도(가장 높은)를 갖는다면 두 개 이상의 최빈값을 갖고, **다봉(multimodal)** 이라고 한다.

■ 예제 3-7 최빈값을 갖지 않는 자료

임의로 추출된 5명의 어느 날 하루 수입이 46,150, 95,750, 64,985, 87,490, 53,740원이라 한다. 최빈값을 구하시오.

풀 이 자료의 각 값들이 오직 하나씩이므로 최빈값을 갖지 않는다. ■

■ 예제 3-8 두 개의 최빈값을 갖는 자료

8개의 상점에서 판매하고 있는 같은 회사의 같은 모델의 텔레비전 가격이다. 단위는 달러이다.

895 886 903 895 870 905 870 899

최빈값을 구하시오.

풀 이 자료에서 895와 870이 두 번 나타나므로 이 자료의 최빈값은 **895**와 **870**이다. ■

■ 예제 3-9 세 개의 최빈값을 갖는 자료

한 반에서 임의로 추출한 10명의 학생들의 나이이다.

21 19 27 22 29 19 25 21 22 30

최빈값을 구하시오.

풀 이 3개의 최빈값 19, 21, 22를 갖는다. 이들 값은 각각 빈도 2를 갖는다. ■

최빈값의 장점은 양적자료와 질적자료에 대하여 구할 수 있다는 점이다. 반면 평균과 중앙값은 오직 양적자료에 한하여 구할 수 있다.

■ 예제 3-10 질적자료의 최빈값

어느 대학의 학생회 임원으로 있는 5명의 학생들의 학년이 각각 4학년, 2학년, 4학년, 3학년, 4학년이었다. 최빈값을 구하시오.

풀 이 4학년이 다른 범주보다 빈도가 높으므로 최빈값은 4학년이다. 이 자료에 대하여 평균과 중앙값은 계산할 수 없다. ■

요약하면 3가지 중심경향의 척도 가운데 어느 것이 전반적으로 낫다고 할 수 없다. 각각이 더 나은 경우가 있기 때문이다. 아마 평균이 가장 많이 사용되는 중심경향의 척도이고 그 다음이 중앙값이다. 평균은 모든 자료값을 사용한다는 장점을 가지고 있다. 중앙값은 이상점이 포함된 자료에 대하여는 더 좋은 척도이다. 최빈값은 찾기는 쉽지만 실제로는 많이 사용하지 않는다.

3.1.4 평균과 중앙값과 최빈값의 관계

제2장에서 살펴보았듯이 히스토그램이나 도수분포곡선이 갖는 많은 모양 중 두 가지는 대칭과 비대칭이다. 이 절에서는 3가지 형태의 히스토그램과 도수분포곡선에서 평균과 중앙값과 최빈값의 관계를 설명한다. 평균과 중앙값과 최빈값을 알면 도수분포곡선의 모양을 짐작할 수 있다.

1. 하나의 정점을 갖는 대칭형 히스토그램이나 도수분포곡선 (그림 3.2) 에 대하여는 평균, 중앙값과 최빈값은 동일하고 분포의 중심에 놓인다.

그림 3.2 **대칭형 히스토그램, 도수분포곡선에 대한 평균, 중앙값, 최빈값**

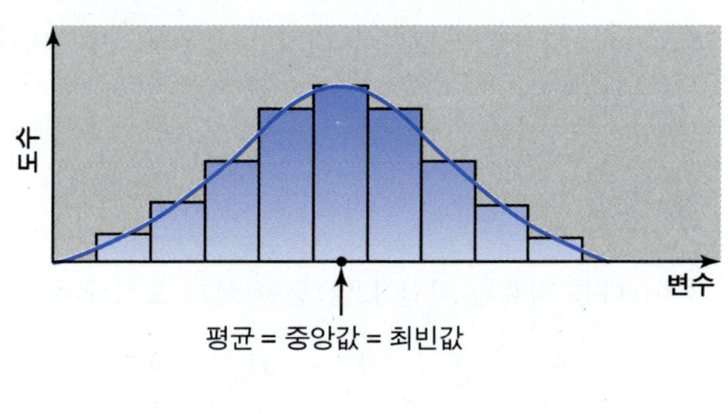

2. 오른쪽으로 기운 분포(그림 3.3)에 대하여는 평균이 가장 크고 최빈값이 가장 작다. 평균이 큰 값을 갖는 이유는 오른쪽 꼬리에 위치하는 이상점에 민감하기 때문이다. 이상점이 평균을 오른쪽으로 오게 한다.

그림 3.3 **오른쪽으로 기운 긴 히스토그램, 도수분포곡선에 대한 평균, 중앙값, 최빈값**

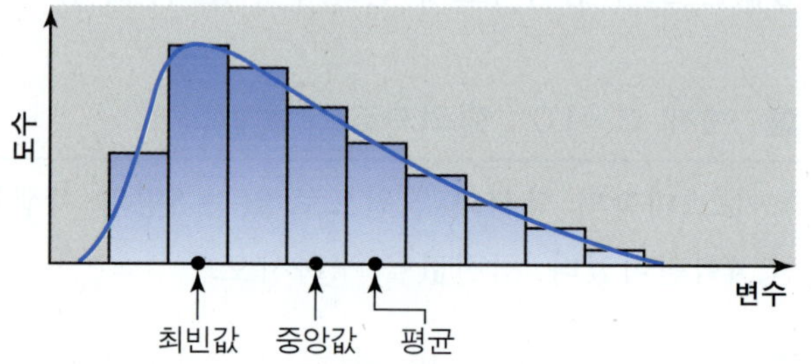

3. 왼쪽으로 기운 분포(그림 3.4)에 대하여는 평균이 가장 작고 최빈값이 가장 크다. 이 경우 왼쪽 꼬리에 있는 이상점이 평균을 왼쪽으로 오게 한다.

그림 3.4 **왼쪽으로 기운 긴 히스토그램, 도수분포곡선에 대한 평균, 중앙값, 최빈값**

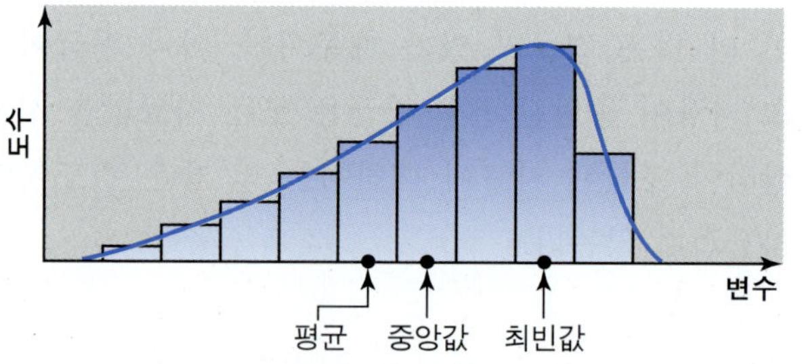

연습문제

■ 개념과 절차

3.1 관측값의 수가 짝수인 경우와 홀수인 경우에 중앙값을 구하는 방법을 설명하시오.

3.2 이상점의 의미를 간단히 설명하시오. 이상점을 포함하는 자료에 대하여 적당한 중심경향의 척도는 무엇인가?

3.3 히스토그램의 모양이 대칭인 경우와 비대칭인 경우에 평균, 중앙값과 최빈값의 관계를 설명하시오.

■ 응용

3.4 다음 자료는 지난 12일 동안 어느 도시에서 발생한 자동차 절도사건 수이다.

6 3 7 11 4 3 8 7 2 6 9 15

평균, 중앙값과 최빈값을 구하시오.

3.5 다음 자료는 어떤 회사의 10일을 표본으로 조사한 일별 컴퓨터 모니터 생산 대수이다.

24 32 27 23 35 33 29 40 23 28

평균, 중앙값과 최빈값을 구하시오.

3.6 다음 자료는 미국 11개 주에 있는 카지노장수이다.

44 9 10 13 18 3 29 11 256 12 38

a. 평균과 중앙값을 구하시오.

b. 이상점을 포함하고 있는가? 만약 존재한다면 그 값을 빼고 평균과 중앙값을 다시 계산하시오. 이상점의 영향을 많이 받는 것은 평균과 중앙값 중에서 어느 것인가?

c. 어느 것이 더 좋은 측도인지를 설명하시오.

3.7 두 자료집합의 평균과 표본크기를 안다면 두 자료집합의 **결합평균 (combined mean)** 을 계산할 수 있다. 두 자료의 결합평균은 다음 공식으로 정의한다.

$$\text{결합평균} = \frac{n_1\bar{x}_1 + n_2\bar{x}_2}{n_1 + n_2}$$

여기서 n_1과 n_2는 두 자료의 표본크기이고, $\bar{x}_1$과 $\bar{x}_2$는 각각의 평균이다. 10권의 통계학 교재 평균가격이 35,000원이고, 8권의 수학책의 평균가격이 37,000원이라 한다. 결합평균을 구하시오.

3.8 다음과 같은 두 자료를 고려하자.

자료 1 : 12 25 37 8 41

자료 2 : 19 32 44 15 48

자료 2의 각 값은 자료 1의 값에 7을 더한 값이다. 두 자료집합의 평균을 구하시오. 또한 두 평균 사이에는 어떤 관계가 있는지를 설명하시오.

3.9 다음과 같은 두 자료를 고려하자.

자료 1 : 4 8 15 9 11

자료 2 : 8 16 30 18 22

자료 2의 각 값은 자료 1의 값에 2를 곱한 값이다. 두 자료집합의 평균을 구하시오. 또한 두 평균 사이에는 어떤 관계가 있는지를 설명하시오.

3.10 **절사평균 (trimmed mean)** 이란 크기 순서로 정렬한 자료의 양끝에서 일정비율을 제외하고 구한 평균이다. 절사평균은 특히 양끝에 이상점이 있는 경우에 중심경향의 척도로 유용하다. 다음은 어떤 회사 종업원 10명의 나이에 관한 자료이다.

47 53 38 26 39 49 19 67 31 23

10% 절사평균이란 우선 자료를 오름차순으로 정렬한 다음 가장 큰 값 10%와 가장 작은 값

10%를 버리고 나머지 80%의 자료를 가지고 구한 평균을 의미한다. 이 자료집합은 10개의 값을 가지고 있으므로 10%는 $10 \times 0.10 = 1$이라는 점에 유의한다. 이 자료를 가지고 10% 절사평균을 구하시오.

3.11 다음 자료는 어느 도시에서 최근 거래된 주택가격(단위 : 천 달러)이다.

184	297	365	309	245	387	369	438	195	390
323	578	410	679	307	271	457	795	259	590

20% 절사평균을 구하시오.

3.12 한 교수가 학생들에게 성적을 부과하기 위하여 다른 시험에 비하여 기말고사에 두 배의 가중치를 주기로 하였다. 이와 같은 경우에는 산술평균보다 **가중평균(weighted mean)**을 사용하는 것이 더 적당하다. 일반적으로 n개의 자료값 $x_1, x_2, \cdots, x_n$에 각각 가중치 $w_1, w_2, \cdots, w_n$을 부여한다면 **가중평균**은

$$\text{가중평균} = \frac{\sum_{i=1}^{n} w_i x_i}{\sum_{i=1}^{n} w_i}$$

이다. 한 학생의 처음 두 시험성적이 73, 67점이고, 기말고사 성적이 85점인 경우 이 학생의 성적의 가중평균을 구하시오.

3.13 주기적인 증가나 감소를 포함하는 인플레이션이나 인구의 변화율 같은 현상을 연구하는 경우에 고려 중의 전 주기에 대한 평균변화율을 구하는 경우에는 **기하평균(geometric mean)**이 사용된다. n개의 자료값 $x_1, x_2, \cdots, x_n$의 기하평균은

$$\text{기하평균} = (x_1 \cdot x_2 \cdot \ldots \cdot x_n)^{1/n} = \sqrt[n]{x_1 \cdot x_2 \cdot \ldots \cdot x_n}$$

이다.

지난 5년간의 인플레이션 비율이 4%, 3%, 5%, 6%, 8%라 한다. 그렇다면 연말가격지수는 연초대비 1.04, 1.03, 1.05, 1.06, 1.08이 된다. 이 자료를 가지고 5년간의 인플레이션의 평균비율을 기하평균으로 구하시오. 힌트: 인플레이션의 평균비율은 기하평균에서 1을 빼면 된다.

3.2 비그룹화 자료의 산포의 측도

평균, 중앙값, 최빈값 같은 중심경향의 측도는 자료의 분포에 대한 전반적인 모양을 나타내지는 않는다. 평균이 같은 두 자료가 완전히 다른 산포를 가질 수도 있다. 한 자료집합의 관측값의 변동은 다른 자료집합보다 클 수도 있고 작을 수도 있다. 다음 자료는 두 개의 작은 회사에 근무하는 사원의 나이에 관한 것이다.

회사 1 : 47 38 35 40 36 45 39

회사 2 : 70 33 18 52 27

이 두 자료의 평균은 40으로 같다. 만약 이 두 회사 근로자 개개인의 나이를 모르고 평균이 같다고만 들었다면 이 두 회사 사원의 나이의 분포는 비슷할 것이라고 추측할 것이다. 그러나 보았듯이 이 두 회사 사원의 나이에 관한 변동은 매우 다르다. 그림에서 알 수 있듯이 두 번째 회사 사원의 나이가 더 큰 변동을 갖고 있다.

회사 1

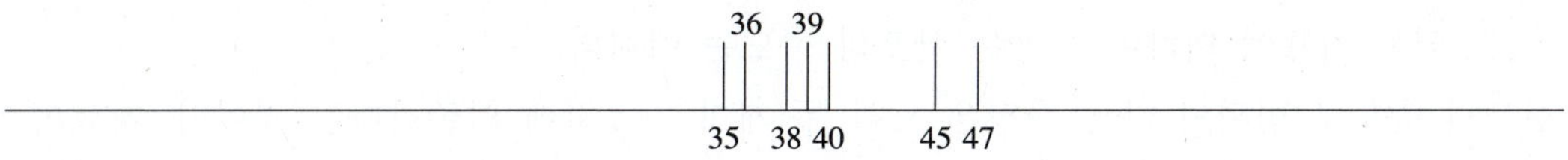

회사 2

이와 같이 평균, 중앙값과 최빈값은 자료의 분포 모양을 나타내기에는 일반적으로 불충분한 측도이다. 따라서 자료값 사이의 변동에 관한 정보를 주는 측도가 필요하다. 자료의 산포에 관하여 알 수 있도록 해 주는 측도를 **산포의 측도 (measures of dispersion)** 라 한다. 중심경향과 산포의 측도를 동시에 고려하는 것이 중심경향의 측도만 고려하는 것보다 자료를 잘 설며한다. 이 절에서는 3가지 산포의 측도로 범위, 분산과 표준편차에 관하여 알아본다.

3.2.1 범위

범위 (range) 는 계산하기 가장 쉬운 산포의 측도이다. 자료의 가장 큰 값과 가장 작은 값과의 차를 구하면 된다. 즉,

$$범위 = 최댓값 - 최솟값$$

■ 예제 3-11 비그룹화 자료의 범위계산

표 3.4는 미국의 서부 4개주의 면적 (단위 : 제곱 마일) 에 관한 것이다.

표 3.4

주	전체 면적
알칸사스	53,182
루이지애나	49,651
오클라호마	69,903
텍사스	267,277

범위를 구하시오.

풀 이 자료에서 최댓값은 267,277이고, 최솟값은 49,651이다. 따라서

$$\begin{aligned}\text{범위} &= \text{최댓값} - \text{최솟값} \\ &= 267{,}277 - 49{,}651 = 217{,}626\end{aligned}$$

■

평균과 마찬가지로 범위는 이상점을 영향을 받는다는 단점을 가지고 있다. 예제 3-11에서 텍사스주를 빼버린다면 범위는 217,626에서 20,252로 감소한다. 결과적으로 범위는 이상점을 갖고 있는 자료에 대하여는 좋은 산포의 측도는 아니다.

산포의 측도로 범위의 다른 단점은 오직 두 개의 자료값에 의존한다는 것이다. 자료의 나머지 값들은 무시된다. 이와 같은 이유로 범위는 산포에 대한 만족스러운 측도는 아니다.

3.2.2 분산과 표준편차

표준편차(**standard deviation**)는 가장 많이 사용되는 산포의 측도이다. 표준편차값은 자료가 평균 주위에 얼마만큼 밀접해 있는지를 이야기 해준다. 일반적으로 표준편차가 작다는 것은 자료가 평균 주위에 상대적으로 작은 범위에 퍼져있다는 것을 의미한다. 반대로 표준편차가 크다는 것은 자료가 평균 주위에 상대적으로 큰 범위에 퍼져있다는 것을 의미한다.

표준편차는 **분산**(**variance**)의 양의 제곱근이다. 모집단의 분산은 σ^2으로 나타내고 표본의 분산은 s^2으로 나타낸다. 결과적으로 모집단의 표준편차는 σ로 나타내고, 표본의 표준편차는 s로 나타낸다. 다음은 분산을 계산하는 기본 공식이다.

$$\sigma^2 = \frac{\Sigma(x-\mu)^2}{N}, \quad s^2 = \frac{\Sigma(x-\bar{x})^2}{n-1}$$

여기서 σ^2는 모분산이고, s^2는 표본분산이다.

위 공식에서 $x-\mu$, $x-\bar{x}$을 평균으로부터의 x값의 **편차**(*deviation*)라고 한다. 이 편차의 총합은 0이다. 즉, $\Sigma(x-\mu)=0$, $\Sigma(x-\bar{x})=0$.

예를 들면, 표본으로 뽑힌 4명의 학생들의 중간고사 성적이 82, 95, 67, 92점이라 하자. 그러면 이 4명의 학생들의 평균 점수는

$$\bar{x} = \frac{82+95+67+92}{4} = 84$$

이다. 평균으로부터 4개 점수의 편차를 표 3.5에 계산하였다.

표 3.5

x	$x - \bar{x}$
82	$82 - 84 = -2$
95	$95 - 84 = +11$
67	$67 - 84 = -17$
92	$92 - 84 = +8$
	$\Sigma(x - \bar{x}) = 0$

표로부터 알 수 있듯이 편차의 합은 0이다. 즉, $\Sigma(x - \bar{x}) = 0$. 이러한 이유로 분산이나 표준편차를 계산하기 위하여 편차를 제곱한다.

비그룹화 자료의 분산과 표준편차의 간편 공식

$$\text{모분산} : \sigma^2 = \frac{1}{N}\left\{\Sigma x^2 - \frac{1}{N}(\Sigma x)^2\right\}$$

$$\text{표본분산} : s^2 = \frac{1}{n-1}\left\{\Sigma x^2 - \frac{1}{n}(\Sigma x)^2\right\}$$

표준편차는 분산의 양의 제곱근이다.

$$\text{모표준편차} : \sigma = \sqrt{\sigma^2}$$

$$\text{표본표준편차} : s = \sqrt{s^2}$$

모분산의 공식에서 분모는 N이지만 표본분산의 공식에서는 $n - 1$임에 주의한다.

■ 예제 3-12 비그룹화 자료의 표본분산과 표본표준편차의 계산

다음 표는 2005년도 3월 기준으로 세상에서 가장 부유한 5명의 전체 재산에 관한 것이다.

억만장자	전 재산(단위 10억달러)
Bill Gates	46.5
Helen Walton	18.0
Michael Dell	16.0
Keith Rupert Murdoch	7.8
George Soros	7.2

분산과 표준편차를 구하시오.

풀 이 x를 전재산이라 하자. Σx와 Σx^2의 값을 표 3.6에서 계산하였다.

표 3.6

x	x^2
46.5	2162.25
18.0	324.00
16.0	256.00
7.8	60.84
7.2	51.84
$\Sigma x = 95.5$	$\Sigma x^2 = 2854.93$

따라서

$$s^2 = \frac{1}{n-1}\left\{\Sigma x^2 - \frac{1}{n}(\Sigma x)^2\right\} = \frac{1}{5-1}\left\{2854.93 - \frac{1}{5}95.5^2\right\} = 257.72$$

이다. 표준편차는

$$s = \sqrt{257.72} = 16.05366$$

이다. ■

■ 예제 3-13 비그룹화 자료의 모분산과 모표준편차의 계산

다음은 어느 회사 직원 6명의 2010년 총 소득금액(단위 : 천 달러)이다.

48.50 38.40 65.50 22.60 79.80 54.60

분산과 표준편차를 구하시오.

풀 이 x를 소득금액이라 하자. Σx와 Σx^2의 값을 표 3.7에서 계산하였다.

표 3.7

x	x^2
48.50	2352.25
38.40	1474.56
65.50	4290.25
22.60	510.76
79.80	6368.04
54.60	2981.16
$\Sigma x = 309.40$	$\Sigma x^2 = 17{,}977.02$

따라서

$$\sigma^2 = \frac{1}{N}\left\{\Sigma x^2 - \frac{1}{N}(\Sigma x)^2\right\} = \frac{1}{6}\left\{17{,}977.02 - \frac{1}{6}309.40^2\right\} = 337.0489$$

이다. 표준편차는

$$\sigma = \sqrt{337.0489} = 18.359$$

이다. ■

표준편차의 용도는 3.4절에서 설명한다. 평균과 표준편차를 이용하여 모집단에 관한 추론을 하는 방법을 뒷장에서 설명한다.

3.2.3 모수와 통계량

모집단 자료에 대하여 계산된 평균, 중앙값, 최빈값, 범위, 분산 혹은 표준편차를 **모수 (parameter)** 라고 한다. 표본에 대하여 계산된 요약측도는 **통계량 (statistic)** 이라고 한다. 즉, μ와 σ는 모수이고, $\bar{x}$와 s는 통계량이다.

연습문제

■ 개념과 절차

3.14 어떠한 경우에 표준편차가 0이 되는가? 예를 들어 설명하시오.

3.15 모수와 통계량의 차이를 간단히 설명하시오. 각각에 대하여 예를 드시오.

3.16 표준편차는 음수값을 가질 수 있는가?

■ 응용

3.17 다음 자료는 어느 백화점에서 지난 8주 동안 체포된 좀도둑수이다.

7 10 8 3 15 12 6 11

a. 평균을 구하시오.

b. 편차를 구하여 편차의 합을 구하시오.

c. 범위, 분산, 표준편차를 구하시오.

3.18 다음 자료는 지난 12일 동안 어느 도시에서 발생한 자동차 절도사건수이다.

6 3 7 11 4 3 8 7 2 6 9 15

범위, 분산, 표준편차를 구하시오.

3.19 다음 자료는 핫도그 먹기 대회에 참가한 10명이 먹은 핫도그수이다.

21 17 32 8 20 15 17 23 9 18

범위, 분산, 표준편차를 구하시오.

3.20 다음 자료는 2003년도 미국 11개주에 있는 카지노장수이다.

44 9 10 13 18 3 29 11 256 12 38

범위, 분산, 표준편차를 구하시오.

3.21 산포의 측도로 표준편차의 단점은 표준편차는 상대적 변동이 아니라 절대적 변동의 측도라는 점이다. 경우에 따라 측정단위가 다른 두 자료의 변동을 비교할 필요가 있을 수 있다. 그 경우에 사용하는 측도가 **변동계수(coefficient of variation)**이다. 변동계수(CV)는 표준편차를 평균에 대한 백분율로 나타내고 다음과 같이 계산한다.

$$\text{모집단}: \text{CV} = \frac{\sigma}{\mu} \times 100\%$$

$$\text{표본}: \text{CV} = \frac{s}{\bar{x}} \times 100\%$$

어떤 회사에 근무하는 전체 사원의 연봉은 평균이 6,235만원이고, 표준편차가 682만원이다. 또한 전체 사원의 근무경력은 평균이 15년, 표준편차가 2년이다. 상대적으로 분산이 큰 것은 연봉인가 아니면 근무경력인가?

3.22 100명의 학생들의 SAT 점수는 평균이 975, 표준편차 105이다. 또한 같은 100명의 학생들의 GPA 점수는 평균이 3.16, 표준편차가 0.22라 한다. 어느 것이 상대적으로 변동이 큰가?

3.23 다음과 같은 두 표본자료를 고려하자.

자료 1 :	12	25	37	8	41
자료 2 :	19	32	44	15	48

자료 2의 각 값은 자료 1의 값에 7을 더한 값이다. 두 자료집합의 표준편차를 구하시오. 또한 두 표준편차 사이에는 어떤 관계가 있는지를 설명하시오.

3.24 다음과 같은 두 표본자료를 고려하자.

자료 1 :	4	8	15	9	11
자료 2 :	8	16	30	18	22

자료 2의 각 값은 자료 1의 값에 2를 곱한 값이다. 두 자료집합의 표준편차를 구하시오. 또한 두 표준편차 사이에는 어떤 관계가 있는지를 설명하시오.

3.3 그룹화 자료의 평균, 분산, 표준편차

3.1.1절과 3.2.2절에서 비그룹화 자료의 평균, 분산과 표준편차를 계산하는 법을 다루었다. 이 절에서는 그룹화 자료의 평균, 분산과 표준편차를 계산하는 법을 배울 것이다.

3.3.1 그룹화 자료의 평균

평균은 모든 자료값을 더하여 자료수로 나누면 된다. 하지만 자료가 도수분포표 형태로 주어지면 개개의 관측값을 알 수 없다. 따라서 각 관측값의 합을 구할 수 없다. 이 경우에는 다음에서 설명하는 절차를 이용하여 관측값의 합을 근사할 수 있다. 그룹화 자료의 평균을 계산하는 공식은 다음과 같다.

그룹화 자료의 평균

$$\text{모집단 자료 : } \mu = \frac{1}{N}\Sigma mf$$

$$\text{표본 자료 : } \bar{x} = \frac{1}{n}\Sigma mf$$

여기서 m은 계급의 중간점(계급값)이고, f는 계급도수이다.

■ 예제 3-14 그룹화 자료의 모평균의 계산

표 3.8은 어떤 회사의 전체 사원 25명의 통근에 걸리는 시간(단위 : 분)에 대한 도수분포표이다.

표 3.8

시간(분)	사원수
0 이상 10 미만	4
10 이상 20 미만	9
20 이상 30 미만	6
30 이상 40 미만	4
40 이상 50 미만	2

평균을 구하시오.

풀 이 표 3.9는 평균을 구하기 위하여 필요한 사항을 기록한 표이다.

표 3.9

시간(분)	f	m	mf
0 이상 10 미만	4	5	20
10 이상 20 미만	9	15	135
20 이상 30 미만	6	25	150
30 이상 40 미만	4	35	140
40 이상 50 미만	2	45	90
	$N = 25$		$\Sigma mf = 535$

평균을 구하기 위하여 우선 먼저 각 계급의 중간점을 찾는다. 계급중간점은 표 3.9의 세 번째 열에 기록하였다. 중간점과 도수의 곱을 네 번째 열에 열거하였다. 네 번째 열의 합이 25명의 통근시간의 합에 대한 근삿값이 된다. 평균은 이 합을 전체 도수로 나누면 된다. 즉,

$$\mu = \frac{1}{N}\Sigma mf = \frac{535}{25} = 21.40\text{분}$$ ■

■ 예제 3-15 그룹화 자료의 표본평균의 계산

표 3.10은 어떤 통신판매회사에 접수된 과거 50일 동안의 일별 주문량에 관한 도수분포표이다.

표 3.10

주문량	일수
10–12	4
13–15	12
16–18	20
19–21	14

평균을 계산하시오.

풀 이 Σmf의 값을 표 3.11에서 계산하였다.

표 3.11

주문량	f	m	mf
10–12	4	11	44
13–15	12	14	168
16–18	20	17	340
19–21	14	20	280
	$n = 50$		$\Sigma mf = 832$

표본평균은

$$\bar{x} = \frac{1}{n}\Sigma mf = \frac{832}{50} = 16.64$$ ■

3.3.2 그룹화 자료의 분산과 표준편차

다음은 그룹화 자료의 모분산과 표본분산을 구하는 기본 공식이다.

$$\sigma^2 = \frac{1}{N}\Sigma f(m-\mu)^2$$

$$s^2 = \frac{1}{n-1}\Sigma f(m-\bar{x})^2$$

두 경우 모두 표준편차는 분산의 양의 제곱근을 취하면 된다. 다음은 분산의 간편 공식이다.

그룹화 자료의 분산과 표준편차의 간편 공식

$$\sigma^2 = \frac{1}{N}\left[\Sigma m^2 f - \frac{(\Sigma mf)^2}{N}\right],$$

$$s^2 = \frac{1}{n-1}\left[\Sigma m^2 f - \frac{(\Sigma mf)^2}{n}\right],$$

표준편차는

모표준편차 : $\sigma = \sqrt{\sigma^2}$

표본표준편차 : $s = \sqrt{s^2}$

■ 예제 3-16 그룹화 자료의 모분산과 모표준편차의 계산

예제 3-14의 표 3.8 자료의 분산과 표준편차를 구하시오.

풀 이 분산과 표준편차의 계산에 필요한 4단계를 설명한다.

표 3.12 원그래프를 위한 각의 크기

시간(분)	f	m	mf	m^2f
0 이상 10 미만	4	5	20	100
10 이상 20 미만	9	15	135	2025
20 이상 30 미만	6	25	150	3750
30 이상 40 미만	4	35	140	4900
40 이상 50 미만	2	45	90	4050
	$N = 25$		$\Sigma mf = 535$	$\Sigma m^2 f = 14{,}825$

단계 1. Σmf의 계산

각 계급의 중간점을 구하여 도수를 곱하여 더하면 된다. 그러면

$$\Sigma mf = 535$$

단계 2. $\Sigma m^2 f$의 계산

각 계급의 중간점을 제곱하여 도수를 곱하여 더하면 된다. 그러면

$$\Sigma m^2 f = 14{,}825$$

단계 3. 분산의 계산

$$\sigma^2 = \frac{1}{N}\left[\Sigma m^2 f - \frac{(\Sigma mf)^2}{N}\right] = \frac{1}{25}\left[14{,}825 - \frac{535^2}{25}\right] = \frac{3376}{25} = 135.04$$

단계 4. 표준편차의 계산

$$\sigma = \sqrt{\sigma^2} = \sqrt{135.04} = 11.62$$

■

■ 예제 3-17 그룹화 자료의 표본분산과 표준편차의 계산

예제 3-15의 표 3.10 자료의 분산과 표준편차를 구하시오.

풀 이 분산과 표준편차의 계산에 필요한 모든 정보를 표 3.13에 나타내었다.

표 3.13

주문량	f	m	mf	m^2f
10–12	4	11	44	484
13–15	12	14	168	2352
16–18	20	17	340	5780
19–21	14	20	280	5600
	$n = 50$		$\Sigma mf = 832$	$\Sigma m^2 f = 14{,}216$

따라서 표본분산은

$$s^2 = \frac{1}{n-1}\left[\Sigma m^2 f - \frac{(\Sigma mf)^2}{n}\right] = \frac{1}{50-1}\left[14{,}216 - \frac{832^2}{50}\right] = 7.5820$$

표준편차는

$$s = \sqrt{s^2} = \sqrt{7.5820} = 2.75$$

■

연습문제

■ 개념과 절차

3.25 그룹화 자료를 사용하여 계산된 평균과 분산은 정확한 값인가 아니면 근삿값인지를 설명하시오.

■ 응용

3.26 다음 표는 표본으로 뽑은 50가구의 지난달 전화요금의 도수분포표이다.

x(천원)	f
0 이상 4 미만	17
4 이상 8 미만	23
8 이상 12 미만	15
12 이상 16 미만	11
16 이상 20 미만	8
20 이상 24 미만	6

전화요금의 평균, 분산과 표준편차를 구하시오.

3.27 다음은 어떤 병원에서 2012년도에 태어난 전체 100명의 신생아의 체중에 관한 도수분포표이다.

체중(파운드)	신생아 수
3 이상 5 미만	5
5 이상 7 미만	30
7 이상 9 미만	40
9 이상 11 미만	20
11 이상 13 미만	5

체중의 평균, 분산과 표준편차를 구하시오.

3.4 표준편차의 이용

평균과 표준편차를 이용하여 평균에 관한 주어진 구간에 속하는 전체 관측값의 비율이나 퍼센트를 구할 수 있다. 이 절에서는 이런 용도로 표준편차를 이용하는 체비셰프의 정리와 경험법칙을 설명한다.

3.4.1 체비셰프의 정리

체비셰프의 정리 (Chebyshev's Theorem) 는 평균으로부터 같은 거리에 있는 양 끝점 사이의 곡선의 면적에 대한 하한을 제시해 준다.

정 의

체비셰프의 정리 임의의 수 $k>1$에 대하여 적어도 자료값의 $(1 - 1/k^2)$는 평균으로부터 k 표준편차 안에 놓인다.

그림 3.5는 체비셰프의 정리를 예시한다.

그림 3.5 **체비셰프의 정리**

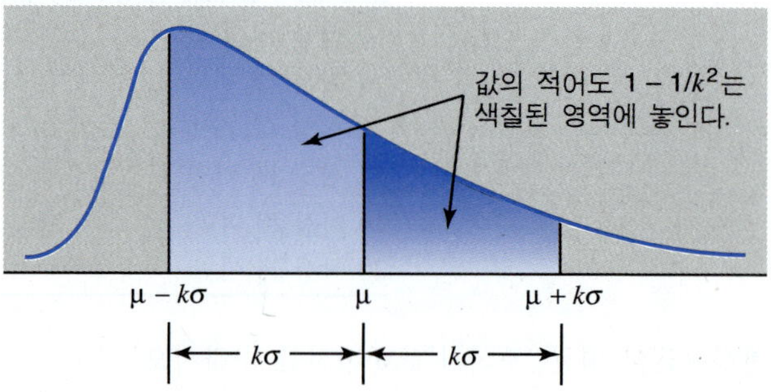

예를 들어, $k = 2$라면

$$1 - \frac{1}{k^2} = 1 - \frac{1}{2^2} = 0.75$$

그러므로 체비셰프의 정리에 따르면 자료값의 적어도 75%는 평균으로부터 2 표준편차 안에 놓인다. 그림 3.6을 참조하면 된다.

그림 3.6 **평균에서 2 표준편차 안에 놓이는 값의 비율**

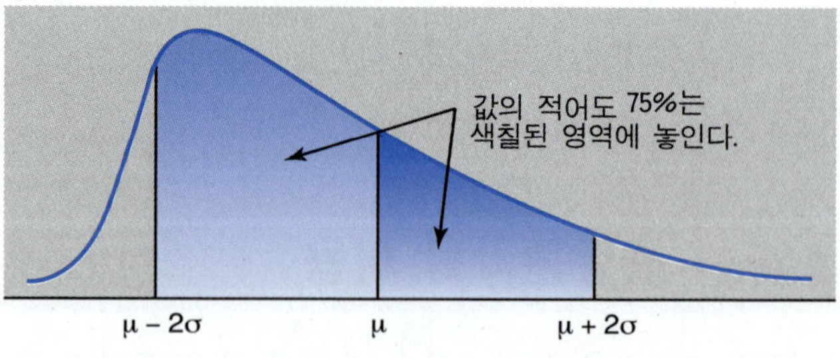

예를 들어, $k = 3$라면

$$1 - \frac{1}{k^2} = 1 - \frac{1}{3^2} = 0.89$$

그러므로 체비셰프의 정리에 따르면 자료값의 적어도 89%는 평균으로부터 3 표준편차 안에 놓인다. 그림 3.7을 참조하면 된다.

그림 3.7 **평균에서 3 표준편차 안에 놓이는 값의 비율**

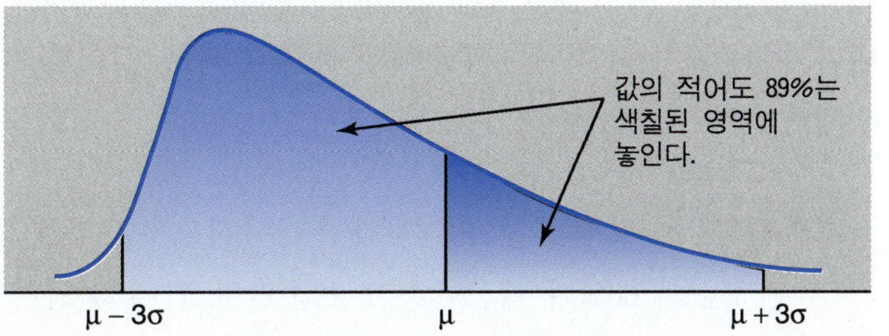

그림 3.5부터 3.7까지 평균과 표준편차에 대하여 모집단을 가정하였지만, 정리는 표본에 대하여도 성립한다. 체비셰프의 정리는 임의의 분포에 대하여도 적용할 수 있다.

■ 예제 3-18 체비셰프의 정리의 응용

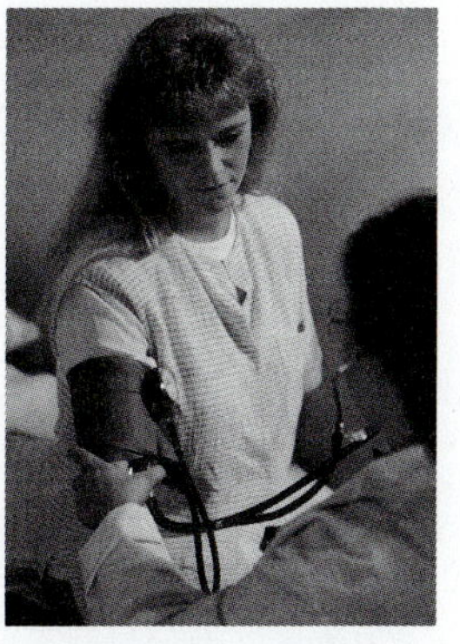

고혈압으로 판정된 4000명의 여성들의 평균 수축기 혈압이 187이고 표준편차가 22이었다. 체비셰프의 정리를 사용하여 이 그룹에 속하는 여성의 얼마가 수축기 혈압이 143과 231 사이에 속하는지를 구하시오.

풀 이 주어진 정보로부터

$$\mu = 187,\ \sigma = 22$$

그림 3.8 **143과 231 사이의 수축기 혈압을 갖는 여성의 비율**

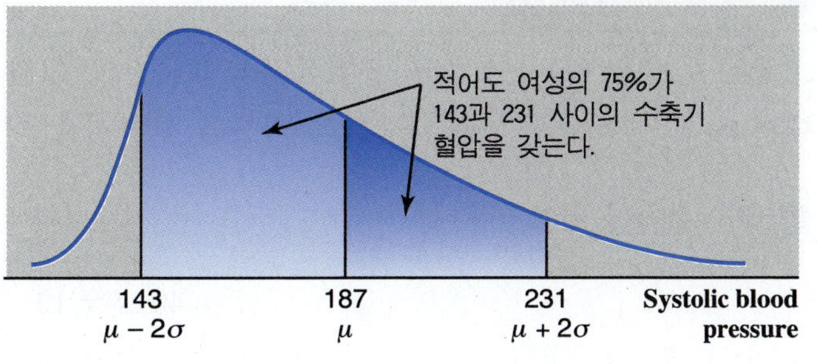

이다. $231 - 187 = 44$이므로 $k = 2$가 된다.

따라서 체비셰프의 정리를 적용하면

$$1 - \frac{1}{k^2} = 1 - \frac{1}{2^2} = 0.75$$

■

3.4.2 경험법칙

체비셰프의 정리는 어떤 종류의 분포에도 적용할 수 있는 반면에 **경험법칙(empirical rule)** 은 그림 3.9와 같이 **종모양의 분포**(*bell-shaped distribution*)라 부르는 특수한 분포형에만 적용된다. 이 분포에 대하여는 6장에서 자세히 다룰 것이다. 이 절에서는 다음의 세 가지 법칙을 소개한다.

경험법칙 종 모양의 분포에 대하여 근사적으로

1. 관측값의 68%가 평균에서 1 표준편차 안에 놓인다.
2. 관측값의 95%가 평균에서 2 표준편차 안에 놓인다.
3. 관측값의 99.7%가 평균에서 3 표준편차 안에 놓인다.

그림 3.9는 경험법칙을 설명한다. 경험법칙은 모집단뿐만 아니라 표본에 대하여도 적용된다.

그림 3.9 **경험법칙**

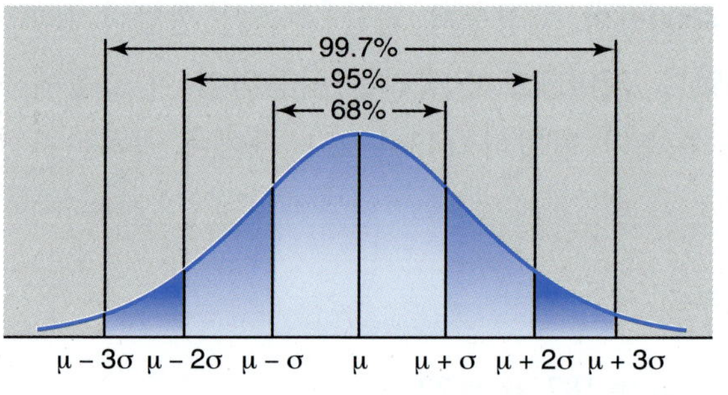

■ 예제 3-19 경험법칙의 응용

표본 5,000명의 나이 분포가 평균 40, 표준편차 12의 종모양의 분포를 갖는다고 한다. 16에서 64세 사이에 속하는 사람들의 비율을 구하시오.

풀 이 주어진 정보로부터

$$\bar{x} = 40,\ s = 12$$

이다. $64 - 40 = 24$이므로 $2s$와 같다. 결과적으로 그림 3.10에서와 같이 16에서 64까지의 면적은 $\bar{x} - 2s$부터 $\bar{x} + 2s$까지의 면적과 같다.

그림 3.10 16에서 64세까지의 사람들의 비율

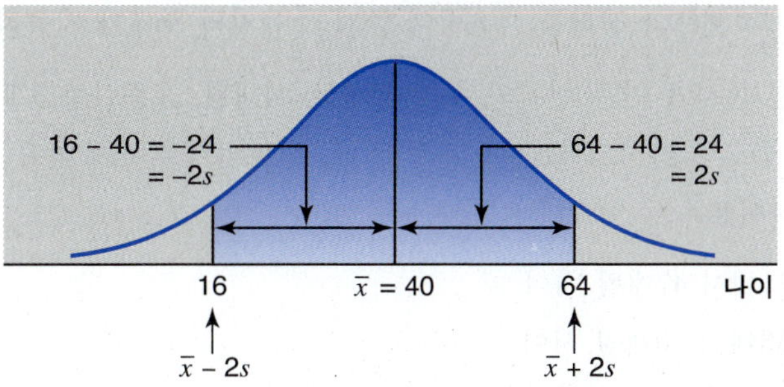

따라서 표본에 있는 약 95%의 사람들이 16세에서 64세 사이에 속한다. ■

연습문제

■ 개념과 절차

3.28 체비셰프의 정리를 간단히 설명하시오.

3.29 경험법칙을 간단히 설명하시오.

3.30 모집단의 평균이 230, 표준편차가 41이라 한다. 체비셰프의 정리를 사용하여 적어도 관측 값의 몇 %가 $\mu \pm 2\sigma$, $\mu \pm 2.5\sigma$에 속하는지를 구하시오.

3.31 3,000개의 관측값의 평균이 82, 표준편차가 16이다. 경험법칙을 사용하여 관측값의 몇 %가 $\bar{x} \pm 1s$, $\bar{x} \pm 2s$에 속하는지를 구하시오.

■ 응용

3.32 달리기 경기에 참가한 모든 사람들의 기록이 평균 220분이고, 표준편차 20분이라 한다. 체비셰프의 정리를 사용하여 기록이 다음 구간에 속하는 경주자들의 비율을 구하시오.

a. 180에서 260분 사이

b. 160에서 280분 사이

c. 170에서 270분 사이

3.33 어느 도시에서 주택을 소유하고 있는 사람들이 지불하는 월 대부금이 평균이 2,365달러, 표준편차가 340달러라 한다.

a. 체비셰프의 정리를 사용하여 지불하는 하는 대부금액이 다음 구간에 속하는 주택 소유자의 비율을 구하시오.

1. 1,685달러에서 3,045달러
2. 1,345달러에서 3,385달러

b. 체비셰프의 정리를 사용하여 주택 소유자의 84%가 지불하는 대부금액의 구간을 구하시오.

3.34 어떤 회사가 만든 전지의 수명이 평균 44개월, 표준편차 3개월이라 한다. 전지의 수명의 분포가 종모양을 하고 있다고 가정할 때, 경험법칙을 사용하여 수명이 다음 구간에 속할 비율을 구하시오.

a. 41에서 47개월 사이

b. 38에서 50개월 사이

c. 35에서 53개월 사이

3.35 대학 교재 가격이 평균 105달러, 표준편차 20달러의 종모양 분포를 따른다고 한다.

a. 경험법칙을 사용하여 가격이 다음 구간에 속할 비율을 구하시오.

1. 85달러에서 125달러
2. 65달러에서 145달러

b. 경험법칙을 사용하여 교재가격의 99.7%가 속하는 구간을 구하시오.

3.5 위치의 측도

위치의 측도 (a measure of position) 는 표본이나 모집단 자료에서 다른 값들과 비교하여 어떤 한 값의 위치를 결정한다. 많은 측도가 있지만 사분위수, 백분위수와 백분위수 순위만 설명한다.

3.5.1 사분위수와 사분위수 범위

사분위수 (quartiles) 는 순서화된 자료를 4등분하는 요약측도이다. 세 개의 측도가 자료를 4등분한다. 이 세 측도를 각각 **제1사분위수 (Q_1)**, **제2사분위수 (Q_2)** 와 **제3사분위수 (Q_3)** 라 한다. 사분위수를 구하려면 우선 자료를 오름차순으로 정렬하여야 한다. 사분위는 다음과 같이 정의한다.

정 의

사분위수 : **사분위수** (*quartiles*) 는 순서화된 자료를 4등분하는 세 가지 요약측도이다. 제2사분위수는 중앙값과 같다. 제1사분위수는 중앙값보다 작은 관측값들의 중간값이고, 제3사분위수는 중앙값보다 큰 관측값들의 중간값이다.

그림 3.11은 세 가지 사분위수의 위치를 설명한다.

그림 3.11 **사분위수**

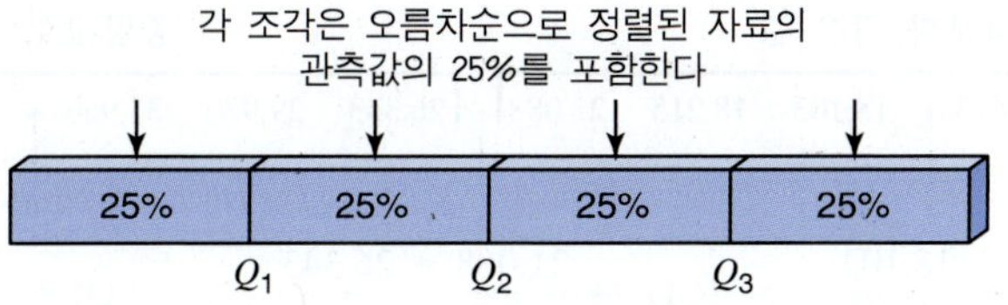

순서화된 자료에서 약 25%의 값들이 Q_1보다 작고, 75%이 값들이 Q_1보다 크다. 제2사분위수 Q_2는 순서화된 자료를 2등분한다. 따라서 Q_2와 중앙값은 같다. 자료값의 약 75%는 Q_3보다 작고, 25%는 Q_3보다 크다.

자료에서 제3사분위수와 제1사분위수와의 차를 **사분위수 범위 (interquartile range; IQR)** 라 한다. 즉,

$$\mathrm{IQR} = Q_3 - Q_1$$

■ 예제 3-20 사분위수와 사분위수 범위

예제 3-5의 표 3.3의 미국의 12개시에서 발생한 자동차 절도사건수에 관한 자료이다.

도시	건수
Phoenix-Mesa, Arizona	40,769
Washington, D.C.	33,956
Miami, Florida	21,088
Atlanta, Georgia	29,920
Chicago, Illinois	42,082
Kansas City, Kansas	11,669
Baltimore, Maryland	13,435
Detroit, Michigan	40,197
St. Louis, Missouri	18,215
Las Vegas, Nevada	18,103
Newark, New Jersey	14,413
Dallas, Texas	26,343

(a) 사분위수를 구하시오. 40,197은 사분위수로 보았을 때 어디에 속하는가?

(b) 사분위수 범위를 구하시오.

풀 이

(a) 먼저 자료를 크기순으로 재정렬한다. 그 다음으로 사분위수를 계산한다.

중앙값보다 작은 값 | **중앙값보다 큰 값**

11,669 13,435 14,413 ↑ 18,103 18,215 21,088 ↑ 26,343 29,920 33,956 ↑ 40,197 40,769 42,082

$$Q_1 = \frac{14{,}413 + 18{,}103}{2} = \mathbf{16{,}258} \qquad Q_2 = \frac{21{,}088 + 26{,}343}{2} = \mathbf{23{,}715.50} \qquad Q_3 = \frac{33{,}956 + 40{,}197}{2} = \mathbf{37{,}076.50}$$

↑ **중앙값**

중앙값인 Q_2는 순서화된 자료의 가운데 값으로 자료의 수가 12이므로 6번째와 7번째 자료값의 평균값이다. 따라서 Q_2는 23,715.50이 된다. Q_1은 Q_2보다 작은 6개 값의 중앙값이므로 3번째 값과 4번째 값의 평균으로 16,258이 된다. 마찬가지로 Q_3는 9번째와 10번째 값의 평균으로 37,076.50이 된다. 또한 40,197은 상위 25%에 속한다고 할 수 있다.

(b) $Q_3 = 37{,}076.50$, $Q_1 = 16{,}258$이므로

$$IQR = Q_3 - Q_1 = 37{,}076.50 - 16{,}258 = 20{,}818.50.$$

■

■ 예제 3-21 사분위수와 사분위수 범위

다음 어떤 보험회사 9명의 직원들의 나이이다.

47 28 39 51 33 37 59 24 33

(a) 사분위수를 구하시오. 28세는 어디에 속하는가?

(b) 사분위수 범위를 구하시오.

풀 이

(a) 자료를 크기순으로 정렬한 다음 사분위수를 구한다.

중앙값보다 작은 값 | **중앙값보다 큰 값**

24 28 ↑ 33 33 37 ↑ 39 47 ↑ 51 59

$$Q_1 = \frac{28 + 33}{2} = 30.5 \qquad Q_2 + 37 \qquad Q_3 = \frac{47 + 51}{2} = 49$$

↑ **중앙값**

그러므로

$$Q_1 = 30.5,\ Q_2 = 37,\ Q_3 = 49$$

이다. 28세는 하위 25%에 속한다.

(b) $Q_3 = 49$, $Q_1 = 30.5$이므로

$$IQR = Q_3 - Q_1 = 49 - 30.5 = 18.5.$$

■

3.5.2 백분위수와 백분위수 순위

백분위수 (percentiles) 는 순서화된 자료를 100등분하는 요약측도이다. 각 자료는 자료를 100등분하는 99개의 백분위수를 갖는다. 제 k 백분위수를 P_k로 표기한다. 예를 들어, 25 백분위수는 P_{25}로 표기한다. 그림 3.12는 99개의 백분위수를 나타낸다.

그림 3.12 **백분위수**

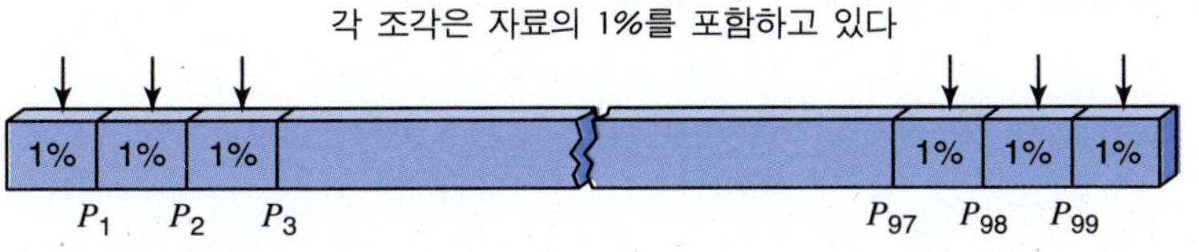

제 k 백분위수 P_k는 측정값의 k%가 P_k보다 작고, $(100-k)$%가 P_k보다 큰 값으로 정의할 수도 있다.

백분위수의 계산

제 k 백분위수 P_k는 순서화된 자료에서 제 $\left(\frac{kn}{100}\right)$번째 값이다.

■ 예제 3-22 백분위수 구하기

예제 3-20의 자료를 이용하여 제42백분위수를 구하시오.

풀 이 예제 3-20의 자료를 정렬하면

11,669 13,435 14,413 18,103 18,215 21,088 26,343 29,920 33,956 40,197 40,769 42,082

제42백분위수의 위치는

$$\frac{kn}{100} = \frac{42(12)}{100} = 5.04$$

이다. 5.04번째 값은 근사적으로 5번째 값이다. 따라서

$$P_{42} = 18,215$$

이다. ■

다음에 오는 식을 이용하여 특정한 값 x_i의 백분위수 순위를 구할 수 있다. x_i의 백분위수 순위는 자료에서 x_i보다 작은 값의 비율이다.

특정 값의 백분위수 순위

$$x_i\text{의 백분위수 순위} = \frac{x_i\text{보다 작은값의 수}}{\text{전체 자료수}} \times 100$$

■ 예제 3-23 백분위수 순위 구하기

예제 3-20 자료에서 자료 29,920의 백분위수 순위를 구하시오.

풀 이 12개의 자료값 중에서 7개가 이 값보다 작으므로

$$29{,}920\text{의 백분위수 순위} = \frac{7}{12} \times 100 = 58.33\%.$$ ■

연습문제

■ 개념과 절차

3.36 사분위수와 사분위수 범위를 구하는 법을 간단히 설명하시오.

3.37 백분위수와 백분위수 순위를 구하는 법을 간단히 설명하시오.

■ 응용

3.38 다음 자료는 25일간 한 전자회사에서 조립된 컴퓨터 자판 개수이다.

45	52	48	41	56	46	44	42	48	53
51	53	51	48	46	43	52	50	54	47
44	47	50	49	52					

a. 사분위수와 사분위수 범위를 구하시오.

b. 제53백분위수를 구하시오.

c. 50의 백분위수 순위를 구하시오.

3.39 다음 자료는 20일 동안 한 대리점에서 팔린 자동차 대수이다.

8	5	12	3	9	10	6	12	8	8
4	16	10	11	7	7	3	5	9	11

a. 사분위수와 사분위수 범위를 구하시오. 4는 어디에 속하는가?

b. 제25백분위수를 구하시오.

c. 10의 백분위수 순위를 구하시오.

3.6 상자그림

상자그림 (box-and-whisker plot) 은 자료의 5가지 측도, 중앙값, 제1사분위수, 제3사분위수, 아래쪽 안 울타리와 위쪽 안 울타리에 속하는 자료의 최솟값과 최댓값을 사용하여 자료를 그림으로 표현하는 방법이다. 안 울타리는 예제 3-24에서 설명할 것이다. 상자그림을 통하여 자료의 중심위치, 산포와 왜도를 알 수 있다. 또한 이상점을 찾을 수 있다. 상자그림을 통하여 서로 다른 분포를 비교할 수도 있다.

정 의

상자그림 : 자료의 중심위치, 산포 와 왜도를 나타내는 그림이다. 5가지 측도, 중앙값, 제1사분위수, 제3사분위수, 아래쪽 안 울타리와 위쪽 안 울타리에 속하는 자료의 최댓값, 최솟값을 사용하여 상자와 두 개의 수염으로 구성된다.

예제 3-24에서 상자그림을 그리는 모든 절차를 설명한다.

■ 예제 3-24 상자그림의 작성

다음 자료는 표본 12 가구의 수입 (단위, 천 달러) 을 나타낸다.

35 29 44 72 34 64 41 50 54 104 39 58

상자그림을 작성하시오.

풀 이 상자그림을 그리기 위하여 다음의 5 단계를 수행한다.

단계 1. 자료를 크기순으로 정렬하여 중앙값과 사분위수, 사분위수 범위를 구한다. 자료를 정렬하면

29 34 35 39 41 44 50 54 58 64 72 104

이다. 따라서

$$Q_2 = (44 + 50)/2 = 47,$$
$$Q_1 = (35 + 39)/2 = 37,$$

$$Q_3 = (58 + 64)/2 = 61,$$
$$\text{IQR} = Q_3 - Q_1 = 64 - 37 = 24.$$

단계 2. Q_1 아래쪽 $1.5 \times \text{IQR}$인 점과 Q_3 위쪽 $1.5 \times \text{IQR}$인 점을 찾는다. 이 두 점을 아래쪽 과 위쪽 안 울타리라 부른다.

$$1.5 \times \text{IQR} = 1.5 \times 24 = 36$$
$$\text{아래쪽 안 울타리} = Q_1 - 36 = 37 - 36 = 1$$
$$\text{위쪽 안 울타리} = Q_3 + 36 = 61 + 36 = 97$$

단계 3. 두 안 울타리 사이에 있는 자료값 중에서 최댓값과 최솟값을 찾는다.

$$\text{최솟값} = 29,$$
$$\text{최댓값} = 72.$$

단계 4. 수평선을 그리고 눈금을 표시한다. 수평선 위에 상자의 왼쪽 면이 제1사분위수가 되고 오른쪽 면이 제3사분위수가 되도록 상자를 그린다. 상자 안에 중앙값이 위치에 수직선을 그린다. 그림 3.13이 그 결과이다.

그림 3.13

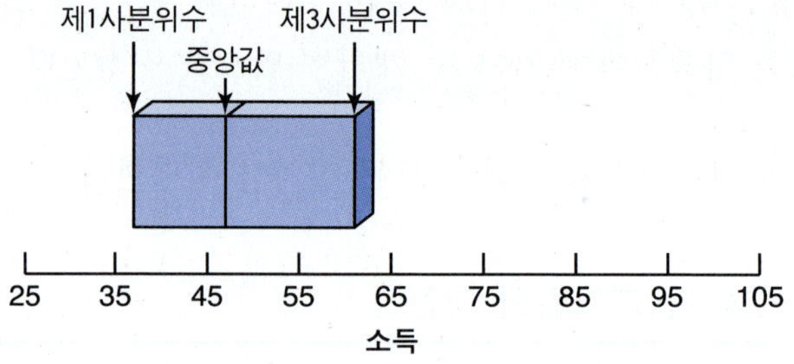

단계 5. 단계 3에서 구한 최댓값과 최솟값을 상자와 연결한다. 이 두 직선을 **수염**(**whisker**)이라 한다. 두 안 울타리 바깥에 놓이는 자료를 별표로 표시하고 이상점이라 부른다. 그림 3.14가 그 결과이다.

그림 3.14

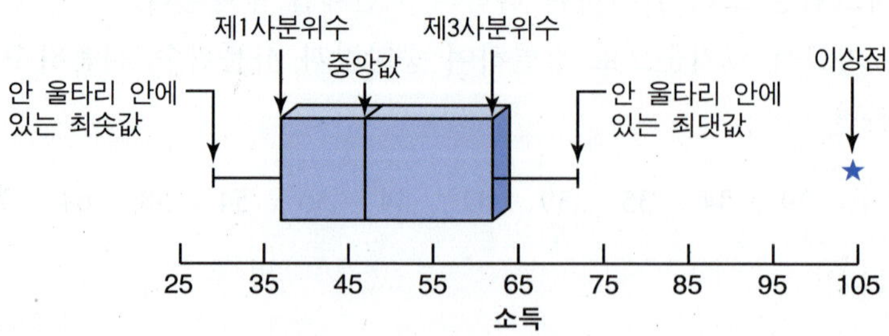

그림 3.14에서 자료값의 약 50%가 상자 안에 놓이고 25%가 왼쪽, 25%가 오른쪽에 놓인

다. 또한 50%가 중앙값의 왼쪽에 오고 50%가 오른쪽에 온다. 이 자료는 오른쪽 꼬리가 길다. 왜냐하면 아래쪽 50%의 자료의 범위가 위쪽 50%의 범위보다 작기 때문이다. ■

두 안 울타리 바깥에 놓이는 관측값을 이상점이라 부른다. 이 이상점을 보통 이상점과 특이 이상점으로 나눈다. 그러기 위하여 바깥 울타리, Q_1 아래쪽 3.0 × IQR인 점과 Q_3 위쪽 3.0 × IQR인 점을 정의한다. 관측값이 두 울타리 사이에 있으면 **보통 이상점(mild outlier)**, 바깥 울타리 바깥에 있으면 **특이 이상점(extreme outlier)**이라고 한다. 이 예에서 104가 보통 이상점이다.

대칭인 자료에 대하여는 중앙값을 나타내는 직선은 상자의 중심에 올 것이고, 자료는 상자의 양쪽에 거의 같은 범위로 산포되어 있을 것이다.

연습문제

■ 개념과 절차

3.40 상자그림을 작성하는 데 필요한 요약측도에 관하여 간단히 설명하시오.

3.41 다음 자료를 이용하여 상자그림을 작성하고 이상점이 있는지를 검토하시오.

36	43	28	52	41	59	47	61	24	55
63	73	32	25	35	49	31	22	61	42
58	65	98	34						

3.42 다음 자료를 이용하여 상자그림을 작성하고 이상점이 있는지를 검토하시오.

11	8	26	31	62	19	7	3	14	75
33	30	42	15	18	23	29	13	16	6

■ 응용

3.43 다음 자료는 2012학년도 1학기에 서점에서 책을 구입하기 위하여 기다리고 있는 대학생 20명의 대기시간이다.

15	8	23	21	5	17	31	22	34	6
5	10	14	17	16	25	30	3	31	19

상자그림을 작성하고 분포의 모양에 대하여 간단히 설명하시오.

3.44 다음 자료는 25일간 20세기 전자회사에서 조립된 컴퓨터 자판 개수이다.

45	52	48	41	56	46	44	42	48	53
51	53	51	48	46	43	52	50	54	47
44	47	50	49	52					

상자그림을 작성하고 분포의 모양에 대하여 간단히 설명하시오.

3.45 다음 자료는 20일 동안 한 대리점에서 팔린 자동차 대수이다.

8	5	12	3	9	10	6	12	8	8
4	16	10	11	7	7	3	5	9	11

상자그림을 작성하고 분포의 모양에 대하여 간단히 설명하시오.

3.46 다음은 미국 어느 대학교 교수진에서 성공할 것으로 기대된다고 추천받은 10명의 졸업생의 현재 연봉(단위, 천 달러)에 관한 자료이다.

59	68	44	68	57	104	56	44	47	40

a. 평균과 중앙값을 구하시오.

b. 이 자료에는 이상점이 포함되어 있는가? 만약 그렇다면 이상점을 빼버리고 다시 평균과 중앙값을 구하시오.

c. 대푯값으로 평균과 중앙값 중에서 어느 것이 더 좋은가? 그 이유는?

3.47 다음 자료는 12명의 운전자가 받은 교통위반 딱지수이다.

4	8	0	3	11	7	4	14	8	13	7	9

a. 평균, 중앙값과 최빈값을 구하시오.

b. 범위, 분산과 표준편차를 구하시오.

3.48 다음 표는 어느 해 6월 미국 50개시의 강우량(단위 : 인치)의 분포를 나타낸다.

강우량	도시 수
0 이상 2 미만	6
2 이상 4 미만	10
4 이상 6 미만	20
6 이상 8 미만	7
8 이상 10 미만	4
10 이상 12 미만	3

3.49 모든 학생들이 통계처리 프로그램의 기초를 배우는 데 걸린 시간이 평균 200분, 표준편차 20분이라 한다.

a. 체비셰프의 정리를 사용하여 배우는 데 걸리는 시간이 다음 구간에 속할 비율을 구하시오.

(1) 160에서 240분 사이

(2) 140에서 260분 사이

b. 체비셰프의 정리를 사용하여 전체 학생의 적어도 75%가 걸리는 시간의 구간을 구하시오.

3.50 예제 **3.49**에서 시간의 분포가 종모양의 분포를 따른다고 가정하고 다음을 구하시오.

a. 경험법칙을 사용하여 배우는 데 걸리는 시간이 다음 구간에 속할 비율을 구하시오.

(1) 180에서 220분 사이

(2) 160에서 240분 사이

b. 경험법칙을 사용하여 전체 학생의 적어도 99.7%가 걸리는 시간의 구간을 구하시오.

3.51 예제 **3.46**의 자료를 이용하여 다음 질문에 답하시오.

a. 사분위수와 사분위수 범위를 구하시오. 40은 어디에 속하는가?

b. 제70백분위수를 구하시오.

c. 47의 백분위수 순위를 구하시오.

3.52 다음 자료는 지방 대학을 졸업한 18명이 직장을 잡는 데 걸린 시간(단위 : 주)을 나타낸다.

10	3	12	21	15	8	4	2	16
8	9	14	33	7	24	11	42	15

상자그림을 작성하고 분포에 관하여 간단히 설명하시오.

Chapter

4

확 률

한국사람 중에 왼손잡이는 몇 퍼센트나 될까요? 최근의 전직 미국 대통령 6명 중에 왼손잡이가 4명(Gerald ford, Ronald Reagan, George H. Bush, Bill Clinton)이나 되는데, 실제로 표본조사를 한 결과 미국사람 중에 남자의 약 15%, 여자의 9%가 왼손잡이로 나타났습니다.

기상예보에서 '내일 비올 확률이 80%이다' 또는 건강코너에서 흡연자가 비흡연자보다 '암에 걸릴 확률이 높다' 라고 발표하는 등 일상생활에서 확률이란 말을 매우 자주 사용한다. 확률은 어떤 사건이 일어날 가능성을 수치로 나타내는 척도로서 통계학에서 매우 중요한 역할을 담당하고 있다. 즉, 확률은 앞으로 다루게 될 추측통계학의 핵심적 기본요소가 되고 있다. 통계적 추론에서 우리는 불확실한 상황하에서 어떤 결정을 내리게 되는데, 이때 수반되는 불확실성의 정도를 계산하는 데 확률이론이 사용된다.

4.1 실험, 결과, 표본공간

어떤 공장에서 생산되는 제품의 성능을 검사해서 합격품과 불합격품으로 판정한다고 할 때, 이 검사의 결과(합격품, 또는 불합격품)를 실험의 결과라 하고, 이 결과들을 모두 모으면 이 실험과 관련된 표본공간을 이루게 된다.

정 의

실험, 결과, 표본공간 : 관측 또는 조사를 수행하여 관측결과를 얻는 과정을 **실험**(*experiment*)이라 하고, 이때 얻어지는 관측결과를 실험의 **결과**(*outcome*)라 한다.

실험으로부터 나오는 모든 결과들의 모임을 **표본공간**(*sample space*)이라 하고, 대문자 ***S*** 로 나타낸다. 위의 성능검사와 관련된 표본공간은

$$S = \{\text{합격품, 불합격품}\}$$

으로 나타난다. 표본공간의 원소를 **표본점**(**sample point**)이라 한다.

표 4.1 **실험, 결과, 표본공간의 예**

실험	결과	표본공간
동전 한 번 던진다	H(앞면), T(뒷면)	S = {H, T}
주사위 한 번 던진다	1, 2, 3, 4, 5, 6	S = {1, 2, 3, 4, 5, 6}
동전 두 번 던진다	*HH*, *HT*, *TH*, *TT*	S = {*HH*, *HT*, *TH*, *TT*}
제비뽑기를 한다	승, 패	S = {승, 패}
시험을 본다	합격, 불합격	S = {합격, 불합격}
학생을 무작위 추출한다	남학생, 여학생	S = {남학생, 여학생}

실험에 대한 표본공간을 벤 다이어그램이나 수형도로 설명할 수 있다.

■ 예제 4-1 질적자료의 도수분포표 작성

동전 두 번 던지는 실험에 대해서 벤 다이어그램과 수형도를 그리시오.

풀 이 동전 두 번 던지는 실험에 대한 표본공간은

$$S = \{\text{ HH, HT, TH, TT}\}$$

이고 벤 다이어그램과 수형도는 아래와 같다.

그림 4.1 (a) **벤 다이어그램 (b) 수형도**

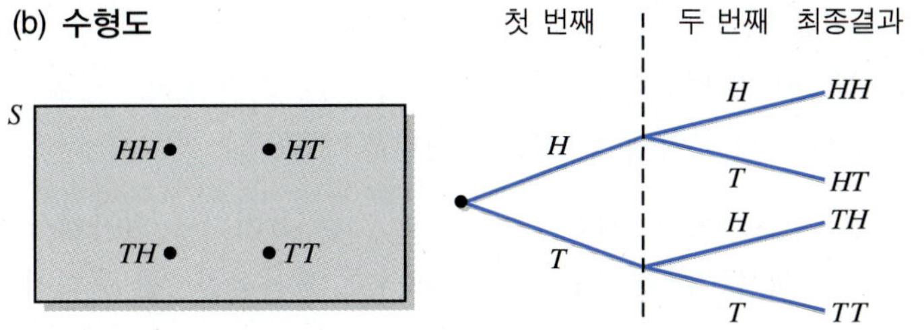

(*a*) 벤 다이어그램 (*b*) 수형도

4.1.1 사건

정 의

실험의 결과들의 모임을 **사건(events)**이라 하고, 대문자 $A, B, C, D...$ 등으로 나타낸다.

특히 단 한 개의 결과로 이루어지는 사건을 **단순사건(simple event)**이라 하고, 보통 E_i로 나타낸다. 이에 대응하여 두 개 이상의 결과로 이루어지는 사건을 **복합사건(compound event)**이라 하기도 한다.

■ 예제 4-2 단순사건과 복합사건

어떤 모임에서 두 사람을 뽑아서 남자인지 여자인지 관찰하면 4개의 결과 MM, MW, WM, WW가 나오는데 각각의 결과는 단순사건이 된다. 즉, 이 사건들을 E_1, E_2, E_3, E_4라 하면 다음과 같다.

$$E_1 = (MM),\ E_2 = (MW),\ E_3 = (WM),\ E_4 = (WW)$$

여기서 남자가 한 명 이하가 뽑힐 사건을 A라 하면

$$A = \{MW, WM, WW\}$$

이 되는데, A가 두 개 이상의 결과로 이루어지므로 복합사건이 된다. ■

그림 4.2 **사건 *A*에 대한 벤 다이어그램**

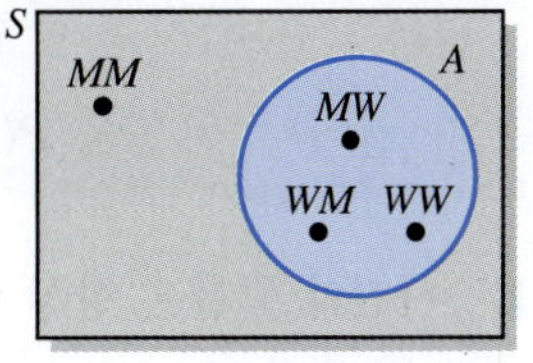

연습문제

4.1 다음 용어를 정의하시오.

실험, 결과, 표본공간, 단순사건, 복합사건.

4.2 다음 통계적 실험에 대한 표본공간을 구하시오.

a. 주사위를 한 번 던진다.

b. 동전을 세 번 던진다.

c. 동전 한 개와 주사위 한 개를 던진다.

4.3 흰공 (W), 빨간공 (R), 검은공 (B) 이 한 개씩 들어있는 상자에서 두 개를 비복원으로 임의추출할 때 출현가능한 결과를 모두 열거하고, 표본공간 S를 구하시오.

4.4 상자에 컴퓨터 부품이 들어있는데 그중 일부는 불량품이라 한다. 두 개를 임의추출해서 불량품인지 우량품인지 조사할 때 가능한 모든 결과의 개수를 답하고, 이 실험에 대한 수형도를 그리시오.

4.5 위 문제에서 아래의 사건을 구하고, 각각이 근원사건인지 복합사건인지 구분하시오.

a. 적어도 한 개가 우량품일 사건

b. 단 한 개가 불량품일 사건

c. 첫 번째가 우량품이고 두 번째가 불량품일 사건

d. 많아야 한 개가 우량품

4.6 동전 세 개를 던졌을 때 표본공간을 구하고 수형도를 그리시오.

4.2 확률 계산

정 의

확률 : 어떤 사건이 일어날 가능성의 수치적 측도를 **확률** (*probability*) 이라 하고, 사건 A가 일어날 확률을 $P(A)$로 나타낸다.

1. 사건의 확률은 항상 0과 1 사이에 있다.

임의의 사건에 대한 확률은 항상 0과 1 사이에 있다. 즉, A를 임의의 사건이라 하면 다음과 같이 된다.

$$0 \le P(A) \le 1$$

일어날 수 없는 사건의 확률은 0이 되고 항상 일어나는 사건의 확률은 1이 된다. 이러한 사건을 각각 **불가능사건 (impossible event)**, **확실사건 (sure event)** 이라 한다.

즉

$$M\text{이 불가능사건이면 } P(M) = 0$$

$$C\text{가 확실사건이면 } P(C) = 1$$

2. 실험에 대한 단순사건(또는 표본점)의 확률을 모두 합하면 항상 1이 된다.
어떤 실험에 대한 단순사건을 E_i로 표시하면 다음과 같은 성질을 얻는다.

$$\Sigma P(E_i) = P(E_1) + P(E_2) + P(E_3) + \cdots = 1$$

이 성질로부터 동전 한 개, 또는 두 개 던지는 실험을 하면 다음이 성립함을 알 수 있다.

$$P(H) + P(T) = 1$$
$$P(HH) + P(HT) + P(TH) + P(TT) = 1$$

마찬가지로 축구경기에 대해서는

$$P(\text{승}) + P(\text{패}) + P(\text{무승부}) = 1$$

4.2.1 확률에 대한 두 가지 개념적 접근방법

확률에 대한 개념적인 접근방법은 (1) 고전적 확률, (2) 상대도수 개념의 확률, (3) 주관적인 확률이 있다. 여기서 주관적인 확률에 대한 설명은 생략하기로 한다.

고전적 확률

실험의 모든 결과들이 일어날 확률이 같을 때, 그 결과들을 **등 가능성 결과(equally likely-outcomes)**라 한다. 고전적 확률법칙은 실험의 모든 결과들이 일어날 가능성이 같을 때 사건의 확률을 구하는 데 사용된다.

정 의

등 가능성 결과 : 두 개 이상의 실험결과들이 일어날 확률이 서로 같을 때, 그 결과들을 **등 가능성 결과**(*equally likely outcomes*) 라 한다.

고전적 확률법칙

$$P(E_i) = \frac{1}{\text{실험결과의 총 개수}}$$

$$P(A) = \frac{A\text{에 속하는 결과의 개수}}{\text{실험결과의 총 개수}}$$

다음 예제는 사건의 확률을 고전적 확률방법으로 구하는 예이다.

■ 예제 4-3 단순사건의 확률계산

동전 한 개 던졌을 때 앞면이 나올 확률을 구하시오.

풀 이 나올 수 있는 모든 결과는 H, T이고 각각은 나올 가능성이 같으므로

$$P(\mathrm{H}) = \frac{1}{\text{모든 결과의 개수}} = \frac{1}{2}$$ ■

■ 예제 4-4 복합사건의 확률계산

주사위 한 개 던졌을 때 짝수가 나올 확률을 구시오.

풀 이 모든 결과는 여섯 개{1, 2, 3, 4, 5, 6}이고, 모두 출현가능성이 같으므로 짝수가 나올 사건을 A라 하면, $A = \{2, 4, 6\}$이므로

$$P(A) = \frac{A\text{에 속하는 결과의 개수}}{\text{결과의 총 개수}} = \frac{3}{6} = \frac{1}{2}$$ ■

■ 예제 4-5 복합사건의 확률계산

어느 단체의 회원 500명 중에 120명이 골프를 친다고 한다. 한 명을 임의로 추출했을 때 골프치는 사람이 나올 확률을 구하시오.

풀 이 임의추출이므로 회원 500명은 모두 뽑힐 확률이 같으므로 골프치는 사람이 뽑힐 사건을 A라 하면

$$P(A) = \frac{120}{500} = 0.24$$ ■

확률의 근사치로서 상대도수를 사용

어떤 실험을 n번 반복했을 때 사건 A가 f번 나왔다면 A의 상대도수를 A의 확률의 근사치로 구하면

$$P(A) = \frac{f}{n}$$

상대도수는 확률이 아니라 확률의 근삿값이다. 그런데 실험을 계속 반복해 가면 사건 A의 상대도수는 사건 A의 확률에 근접해가는 경향이 있다. 이것을 **대수법칙 (Law of Large**

Numbers) 이라 한다.

정 의

대수법칙 : 실험을 계속 반복해 가면 어떤 사건의 상대도수는 그 사건의 확률에 근접해 간다. 이 법칙을 **대수법칙** (*law of large number*) 이라 한다.

아래의 예제는 상대도수를 이용하여 사건의 확률을 근사적으로 구하는 예이다.

■ 예제 4-6 상대도수에 의한 확률의 근삿값

서울의 한 가정을 임의로 추출하였을 때 그 가정이 집을 소유할 확률을 구하고자 한다. 어떻게 구하면 좋은지 답하시오.

풀 이 임의로 한 가정을 추출하는 실험을 하면 '소유', '비소유' 라는 두 개의 결과를 얻는데, 집을 소유한 가정이 정확히 전체의 절반이 아니라면 이 두 결과는 등 가능성 결과가 아니다. 따라서 고전적 확률을 적용할 수가 없다. 이러한 경우에는 같은 실험을 계속 반복해서 확률에 근접해 가는 상대도수를 이용하면 된다.
만일 1000개의 가정이라는 확률표본을 뽑았을 때, 670가정이 집을 소유하고 있다고 하면

$$n = \text{표본크기} = 1000$$
$$f = \text{집을 소유한 가정의 수} = 670$$

이므로 임의추출된 가정이 집을 소유할 사건을 A라 하면

$$P(A) = \frac{f}{n} = \frac{670}{1000} = 0.67$$

여기서 0.67이라는 숫자는 사건 A의 확률의 근삿값이고, 같은 실험을 또 다시 반복하면 다른 값을 얻게 된다. 그러나 여기서 표본크기 ($n = 1000$) 가 크기 때문에 그 차이는 무시해도 좋을 만큼 매우 작다. ■

연습문제

■ 개념과 절차

4.7 확률의 두 가지 성질을 간단히 설명하시오.

4.8 실험의 종류에 따라 사건의 확률을 구하는데 고전적 접근방법을 사용할 경우와 상대도수 접근방법을 사용할 경우를 간단히 설명하시오.

4.9 다음 값들 중에서 사건의 확률값이 될 수 없는 것을 선택하고 이유를 말하시오.

1/5 0.97 −0.55 1.56 5/3 0.0 −2/7 1.0

■ 응용

4.10 임의로 선정된 여행객이 인천공항에서 금속 탐지기를 통과하려고 한다. 통과하는 경우와 통과하지 못하는 경우의 두 가지 결과를 생각하면, 이 두 개의 결과는 일어날 가능성이 같은지 아닐지를 설명하시오. 또한 두 결과의 확률을 구하고자 할 때 고전적 접근방법을 사용할지, 상대도수 접근방법을 사용할지를 결정하고 그 이유를 말하시오.

4.11 항아리에 구슬 40개가 있는데, 18개는 빨간색이고 22개는 녹색이다. 이 항아리에서 구슬 한 개를 임의추출했을 때, (a) 빨간색일 확률, (b) 녹색일 확률을 구하시오.

4.12 주사위 한 개를 던졌을 때 다음 확률을 구하시오.

a. 윗면의 수가 5 이하일 사건

b. 윗면의 수가 3 이상일 사건

4.13 성인 2,000명을 확률표본으로 뽑아서 조사했더니 1,200명이 인터넷쇼핑을 이용했다고 응답하였다. 임의로 한명을 추출하였을 때 인터넷쇼핑을 이용했을 확률을 구하시오.

4.14 통계학 강좌를 수강하는 학생 42명 중에서 28명이 과거에 사회봉사를 지원했다고 한다. 이 중에서 임의로 뽑은 학생이 과거에 사회봉사를 지원했을 확률은?

4.15 50명의 전 직원 중에서 A타입 성격의 소유자가 29명이 있는 어느 회사에서 임의로 한명을 뽑았을 때, A 타입의 성격을 갖고 있을 확률은?

4.16 어떤 학생이 오지 선다형 객관식 시험에서 한 문제를 오로지 추측에 의존해서 답하였을 때 정답을 선택할 확률은?

4.17 성인 820명의 표본을 대상으로 카드 소지 여부를 조사하였더니, 80명은 카드를 갖고 있지 않았고, 116명은 한 개, 94명은 두 개, 77명은 세 개, 43명은 네 개, 410명은 다섯 개를 소지하고 있었다. 카드 소지에 대한 도수분포표를 작성하고, 모든 범주에 대한 상대도수를 구하시오. 성인 820명으로부터 한명을 임의로 뽑았을 때, 이 사람이

a. 카드 세 개

b. 카드 다섯 개 이상을 소지할 확률은?

4.18 춘천에 거주하는 성인 중에서 임의추출한 사람의 연봉이 5,000만원을 이상이 될 확률(근삿값)을 구하고자 할 때, 이 확률을 어떻게 구하면 좋을까? 과정을 간단히 설명하시오.

4.3 계산법

실험의 결과가 많지 않으면 나열하기가 쉽지만, 실험의 결과가 많을 경우에는 모든 결과를 나열하기가 쉽지 않다. 이런 경우에 결과들의 총개수를 알기 위한 계산법 (counting rule) 이 있다.

정 의

계산법 : 어떤 실험이 3단계로 되어 있고, 각 단계에서의 결과가 각각 m, n, k개이면 그 실험에 대한 총결과의 개수는 $m \cdot n \cdot k$이다.

■ 예제 4-7 계산법 적용 : 3단계

동전 3번 던지는 실험을 생각하자. 이 실험은 3단계로 되어 있고, 각 단계에서의 결과가 두 개 (H, T) 이므로 이 실험결과의 총개수는 $2 \times 2 \times 2 = 8$이 된다. 실제로 8개의 결과들은 HHH, HHT, HTH, THH, HTT, THT, TTH, TTT이다. ■

■ 예제 4-8 계산법 적용 : 16단계

K-리그의 한 축구팀이 정규시즌에 16경기를 치른다고 하면, 매경기마다 3개 (승, 패, 무승부) 의 결과가 나오므로, 출현 가능한 결과의 총개수는 $3^{16} = 43{,}046{,}721$이다. 따라서 16경기 모두 이기는 경우는 43,046,721개의 결과 중에 한 개이다. ■

4.4 주변확률과 조건부확률

어떤 회사 직원 100명을 대상으로 전문경영인에게 높은 임금을 지급하는 방안에 대한 찬성, 반대 의사를 조사한 결과 다음과 같이 표 4.2를 얻었다.

표 4.2 **직원 응답에 대한 이원분류표**

	찬성	반대
남	15	45
여	4	36

표 4.2는 성별 (남, 여) , 의견 (찬성, 반대) 이라는 두 개의 변수 (특성) 에 대한 직원 100명의

분포를 나타내고 있다. 예를 들면, 15명의 직원은 남성이면서 찬성하고, 45는 남성이면서 반대하는 직원의 수를 의미한다.
표 4.2에서 행과 열의 합을 각각 구해주면 표 4.3을 얻게 된다.

표 4.3 직원 응답에 대한 이원분류표

	찬성	반대	계
남자 (*M*)	15	45	60
여자 (*F*)	4	36	40
계	19	81	100

직원 100명 중에서 한 명을 임의로 뽑았을 때, 그 직원을 성별, 또는 의견 중 한 개의 특성만으로 분류한다면, "남자"와 "여자" 또는 "찬성"과 "반대"로 나올 수 있다. 이때 각 특성의 확률을 **주변확률(marginal probability)**이라 한다. 실제로 이 주변확률들은 각각 행과 열의 합을 총합으로 나누어서 계산된다.

정 의

주변확률 : 다른 사건을 고려하지 않고 단 한 개의 사건에 대한 확률을 **주변확률**(*marginal probability*)이라 한다.

표 4.3에서 각 사건의 주변확률은 다음과 같다.

$$P(\text{남자}) = \frac{\text{남자의 명수}}{\text{직원의 명수}} = \frac{60}{100} = 0.6$$

마찬가지로

$$P(\text{여자}) = 40/100 = 0.4$$
$$P(\text{찬성}) = 19/100 = 0.19$$
$$P(\text{반대}) = 81/100 = 0.81$$

이와 같은 네 개의 주변확률을 표 4.3에 추가하면 아래의 표 4.4가 된다.

표 4.4 주변확률을 추가함

	찬성(*A*)	반대(*B*)	계	
남자 (*M*)	15	45	60	$P(M) = 60/100 = 0.6$
여자 (*F*)	4	36	40	$P(F) = 40/100 = 0.4$
계	19	81	100	
	$P(A) = 19/100 = 0.19$	$P(B) = 81/100 = 0.81$		

100명의 직원들 중에서 한 명을 임의로 뽑을 경우 뽑힌 사람이 남자라고 할 때 전문경영인의 높은 임금에 찬성할 확률을 생각해 보자. 이 확률을 P(찬성|남자)로 나타내고 남자라는 전제하에 찬성의 **조건부확률 (conditional probability)** 이라 한다. 실제로 이 조건부확률은 남자들 중에서 찬성하는 비율이므로

$$P(\text{찬성}|\text{남자}) = \frac{\text{찬성하는 남자의 총수}}{\text{남자의 총수}}$$

로 구해진다.

정 의

조건부확률 : **조건부확률** (*conditional probability*)은 어떤 사건이 일어났다는 조건이 주어졌을 때 다른 사건이 일어날 확률이다. 즉, 사건 B가 일어났다는 조건하에 사건 A가 일어날 확률을 $P(A|B)$로 나타내고, 'B가 주어졌을 때 A의 조건부확률'이라 한다.

■ 예제 4-9 조건부확률 계산

표 4.3에서 조건부확률 P(찬성|남자)의 값을 계산하시오.

풀 이 (찬성|남자)은 임의로 추출된 직원이 남자이었다는 전제하에 그 직원이 찬성할 조건부확률이므로

$$P(\text{찬성}|\text{남자}) = \frac{\text{찬성하는 남자의 총수}}{\text{남자의 총수}} = \frac{15}{60} = 0.25$$

조건부확률 (찬성|남자)를 그림 4.3에서와 같이 수형도로 나타낼 수 있다. ■

그림 4.3 **수형도**

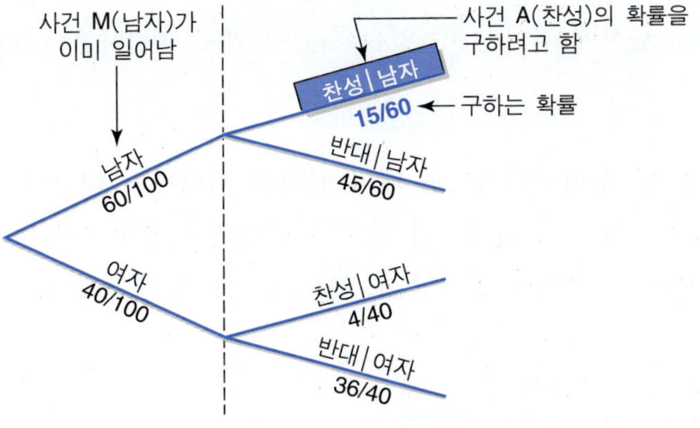

■ 예제 4-10 조건부확률 계산

표 4.3의 자료에서 임의추출된 직원이 경영진에게 높은 임금을 지급하는 데 찬성한다는 조건하에 그 직원이 여성일 확률을 구하시오.

풀 이 문제의 뜻으로부터 조건부확률 (여자|찬성) 을 구하면 된다.

$$P(\text{여자}|\text{찬성}) = \frac{\text{찬성하는 여자의 총수}}{\text{찬성하는 직원의 총수}} = \frac{4}{19} = 0.2105$$

수형도는 아래 그림 4.4와 같다.

그림 4.4 **수형도**

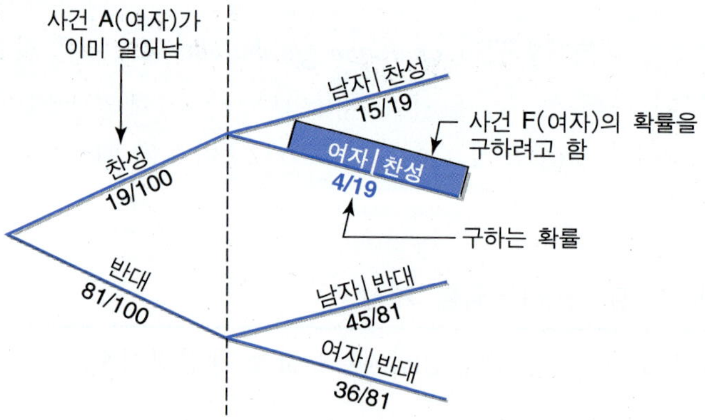

4.5 배반사건

정 의

배반사건 : 동시에 일어날 수 없는 사건을 서로 **배반사건**(*mutually exclusive event*) 이라 한다.

실험을 한 번 수행하면 단 한 개의 결과만 일어나기 때문에 실험의 결과들은 각각 서로 배반이다. 예를 들면, 동전 두 번 던지는 실험에서 출현 가능한 결과들은 HH, HT, TH, TT 인데, 이 결과들은 동시에 일어날 수 없으므로 서로 배반이다.

■ 예제 4-11 배반사건의 예

주사위 한 번 던지는 실험에서 다음의 사건 A와 B, A와 C는 서로 배반이 되는가?

$A =$ 짝수가 나옴 $= \{2, 4, 6\}$

$B =$ 홀수가 나옴 $= \{1, 3, 5\}$

$C = 5$보다 작은 수가 나옴 $= \{1, 2, 3, 4\}$

풀 이 사건 A와 B, A와 C의 다이어그램은 아래의 그림 4.5와 4.6과 같다.

그림 4.5 *A*와 *B*는 서로 배반

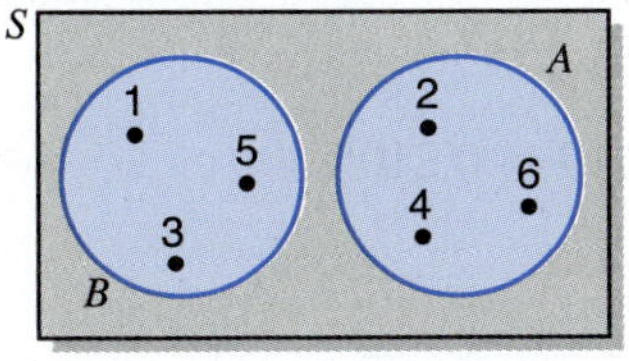

그림 4.6 *A*와 *C*는 서로 배반이 아님

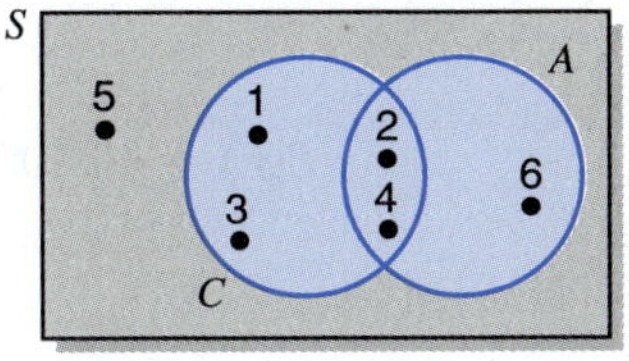

그림 4.5에서 보듯이 사건 A와 B는 공통 원소가 없으므로 주사위를 한 번 던지면 두 사건 A와 B중에 단 한 개의 사건만 일어날 수 있다.
따라서 사건 A와 B는 서로 배반사건이다.
그림 4.6에서 사건 A와 C는 두 개의 공통결과, 2와 4를 갖고 있으므로, 주사위 한 번 던져서 2 또는 4가 나오면 사건 A와 C가 동시에 일어나게 된다.
따라서 사건 A와 C는 서로 배반이 아니다.

4.6 독립사건, 종속사건

두 사건이 독립인 경우에는 한 사건이 일어났다는 것이 다른 사건이 일어날 확률을 변화시키지 않는다.

정 의

독립사건 : 한 사건이 일어났다는 것이 다른 사건이 일어날 확률에 영향을 끼치지 않을 때 두 사건을 **독립** (*independent*) 이라 한다. 다시 말해서 다음이 성립하면 A와 B는 **독립사건** (*independent events*) 이다.

$$P(A|B) = P(A) \text{ 또는 } P(B|A) = P(B)$$

위의 두 등식 중에 한 개만 성립하면 나머지 한 개도 성립한다. 만일 한 사건이 일어났다는 것이 다른 사건이 일어날 확률에 영향을 끼치면 두 사건은 **종속사건** (**dependent events**) 이라 한다. 따라서 $P(A|B) \neq P(A)$ 또는 $P(B|A) \neq (B)$이 되면 두 사건 A, B는 종속이다.

■ 예제 4-12 종속사건의 예

4.4절의 표 4.3에 있는 직원 100명에 대해서 두 사건 F(여자) 와 A(찬성) 는 독립인가?

풀 이 정의에서 두 사건 F와 A가 독립이 되려면

$$P(F) = P(F|A)$$

가 성립해야 하는데,

$$P(F) = 40/100 = 0.4,\quad P(F|A) = 4/19 = 0.2105$$

이므로 독립이 아니다. ■

■ 예제 4-13 독립사건의 예

상자에 CD 100개가 들어 있는데, 그중에서 60개는 기계 A에서 생산되었다고 한다. 전체 CD들 중에서 15개가 불량품이고, 기계 A에서 생산된 60개 중에 9개가 불량품이라 한다. 임의로 추출한 CD 한 개가 불량품일 사건을 D, 기계 A에서 생산되었을 사건을 A라 하면 D와 A는 독립인가?

풀 이 문제에서 주어진 조건으로부터

$$P(D) = 15/100 = 0.15,\quad (D|A) = 9/60 = 0.15$$

이므로

$$P(D) = P(D|A)$$

이 성립한다. 따라서 두 사건 D와 A는 독립이다.

4.7 여사건

서로 배반인 두 사건의 합이 실험의 가능한 모든 결과를 가질 때, **여사건 (complementary events)** 이라 한다.

정 의

여사건 : 사건 A에 속하지 않는 모든 결과들로 이루어지는 사건을 A의 여사건 (*complementary events*) 이라 하고 $\overline{A}$로 나타낸다.

사건 A와 $\overline{A}$는 서로 여사건 관계에 있는데, 이를 벤 다이어그램으로 나타내면 아래의 그림 4.7과 같다.

그림 4.7 **여사건의 벤 다이어그램**

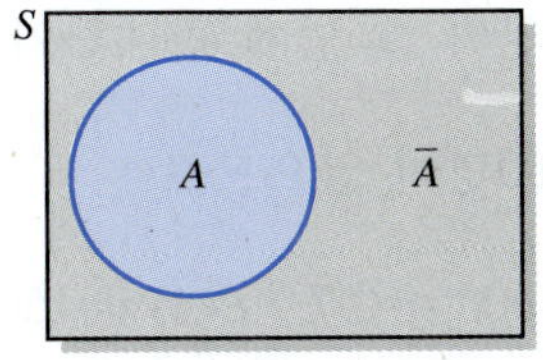

여사건인 두 사건을 합하면 실험의 모든 결과들을 모두 갖는 사건이 되고, 모든 결과들의 확률을 합하면 1이 된다. 따라서

$$P(A) + P(\overline{A}) = 1$$

이 성립한다. 이 식으로부터 다음의 관계식을 얻는다.

$$P(A) = 1 - P(\overline{A}), \quad P(\overline{A}) = 1 - P(A)$$

■ 예제 4-14 여사건의 확률

2,000명의 납세자 그룹을 조사했더니 400명이 적어도 한번 이상 독촉장을 받은 경험이 있다고 응답했다. 이 그룹에서 임의로 한 명을 선발했다고 할 때, 두 개의 여사건을 말하고 각각의 확률을 구하시오.

풀 이 이 실험에 대한 두 여사건은

A = 선발된 납세자가 적어도 한 번 이상 독촉장을 받은 경험이 있다.

$\overline{A}$ = 선발된 납세자는 독촉장을 받은 적이 없다.

사건 A에는 400명의 납세자가 있고 사건 $\overline{A}$에는 1,600명이 있으므로

$$P(A) = 400/2000 = 0.2$$

$$P(\overline{A}) = 1600/2000 = 0.8$$

■ 예제 4-15 여사건의 확률

성인 5,000명 중에 3,500명이 강화된 총기관리법을 찬성, 1,200명은 반대, 300명은 의견이 없는 것으로 나타났다. 이 그룹으로부터 임의로 한 명을 뽑았을 때, 그 사람이 강화된 총기관리법에 찬성할 사건을 A라 하면, A의 여사건을 말하시오. 두 사건의 확률을 구하시오.

풀 이 이 실험에 대한 두 여사건은

$$A = \text{뽑힌 성인이 강화된 총기관리법에 찬성한다.}$$
$$\overline{A} = \text{뽑힌 성인이 그 법에 반대하거나 의견이 없다.}$$

사건 A에는 3,500명이고 B에는 1,500명이 있으므로

$$P(A) = 3500/5000 = 0.7, \quad P(\overline{A}) = 1500/5000 = 0.3$$

두 확률의 합이 1이므로 $P(A)$를 알면 $P(\overline{A})$를 다음과 같이 구할 수 있다.

$$P(A) = 1 - P(A) = 1 - 0.7 = 0.3$$

이 예제에 대한 벤 다이어그램은 그림 4.8과 같다.

그림 4.8 **벤 다이어그램**

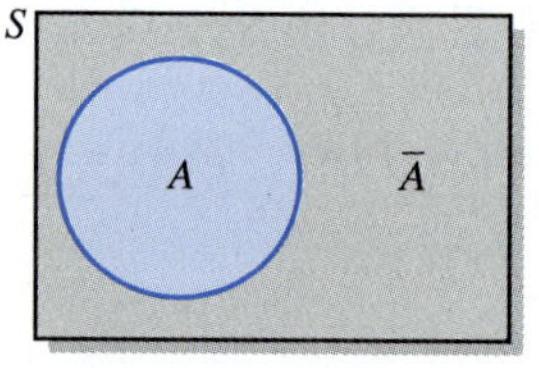

연습문제

■ 개념과 절차

4.19 주변확률과 조건부확률의 차이점을 간단히 설명하고, 각각의 예를 드시오.

4.20 배반사건의 의미를 말하고, 배반사건의 예와 배반이 아닌 사건의 예를 드시오.

4.21 독립사건과 종속사건의 의미를 간단히 설명하시오. 두 사건 A, B가 독립인지 종속인지 판정하기 위한 기준을 말하시오.

4.22 어떤 사건의 여사건이 무엇인가? 두 여사건의 확률을 합은 얼마인가?

4.23 네 개의 주사위를 던지면 몇 개의 결과가 나오는가?

4.24 10개의 동전을 던지면 가능한 결과들은 몇 개나 되는가?

4.25 어떤 통계적 실험으로부터 나오는 표본공간이 $S = \{1, 2, 3, 4, 5, 6, 7, 8\}$이고 모든 결과들의 출현 가능성이 같다고 한다. 두 사건을 $A = \{2, 5, 7\}$, $B = \{1, 2, 5\}$ 라 할 때,

a. A와 B는 서로 배반사건인가?

b. A와 B는 독립사건인가?

c. A와 B의 여사건을 각각 구하고 그들의 확률을 구하시오.

4.26 통계적 실험에서 10개의 출현 가능성이 동일한 결과들을 1, 2, 3, 4, 5, 6, 7, 8, 9, 10 이라 하고, 두 사건을 $A = \{3, 4, 6, 9\}$, $B = \{1, 2, 5\}$ 라 하자.

a. A와 B는 서로 배반사건인가?

b. A와 B는 독립사건인가?

c. A와 B의 여사건을 각각 구하고 그들의 확률을 구하시오.

■ 응용

4.27 양복 4벌과 와이셔츠 8개 넥타이 12개 갖고 있는 사람이 어느 날 외출하려고 옷 한 벌, 와이셔츠 한 개, 넥타이 한 개를 임의로 선택할 때, 가능한 방법은 몇 가지인가?

4.28 수프가 4가지, 요리가 8가지, 후식이 5가지, 포도주가 6가지 구비되어 있는 레스토랑에서 단골고객이 각 종류별로 한 개씩 임의로 선택해서 먹는다면 가능한 결과가 몇 개나 나오는가?

4.29 학생이 수강신청을 할 때, 경제학강좌 8개 반, 수학강좌 6개 반, 컴퓨터강좌 5개 반 중에서 각각 한 강좌씩 임의로 선택하여 3강좌를 신청할 때, 가능한 결과는 몇 개나 되는가?

4.30 성인 2,000명을 무작위로 뽑아서 과거에 인터넷 구매를 한 적이 있는지 물었더니 아래 표와 같았다.

	구매한 경험 있음	구매한 경험 없음
남자	500	700
여자	300	500

a. 위의 2,000명 그룹에서 임의로 한 사람을 뽑았을 때 다음의 확률을 구하시오.

i. 그 사람이 인터넷 구매를 한 적이 없을 확률

ii. 그 사람이 남자일 확률

iii. 그 사람이 여자라고 했을 때 인터넷 구매를 한 경험이 있을 확률

iv. 그 사람은 인터넷 구매를 한 경험이 없다고 했을 때 남자일 확률

b. "남자"와 "여자"라는 사건은 서로 배반인가? "구매한 경험이 있음"과 "남자"는 서로 배반사건이 되는가? 그 이유를 말하시오.

4.31 성인 2,000명을 랜덤으로 뽑아서 생물복제에 대한 의견을 조사해서 아래와 같은 응답표를 얻었다.

	찬성	반대	의견없음
남자	395	405	100
여자	300	680	120

a. 이 그룹에서 임의로 한 사람을 추출했을 때, 그 사람이

i. 복제에 찬성

ii. 반대

iii. 여자였을 때 찬성

iv. 의견이 없다고 응답했을 때 남자

일 확률을 구하시오.

b. 사건 "남자"와 사건 "찬성"은 서로 배반인가? 사건 "찬성"과 "반대"는 배반사건이 되는가? 그 이유를 말하시오.

c. 사건 "여자"와 "의견없음"은 독립인가? 그 이유를 말하시오.

4.32 아래 표는 성인 2,000명을 임의추출하여 그들의 부모세대보다 소득수준이 높아졌는지 여부를 조사해서 교육수준을 기준으로 정리한 결과이다.

	고졸 미만	고졸	고졸 이상
높아짐	140	450	420
변함없음	60	250	110
낮아짐	200	300	70

a. 성인 2,000명 중에서 임의로 한 명을 추출하였을 때, 그 사람이 다음과 같이 답할 확률을 구하시오.

i. 부모보다 소득수준이 높아졌을 확률

ii. 고졸 미만인 사람이 부모보다 소득수준이 높아졌을 확률

iii. 고졸인 사람이 부모보다 소득수준이 높아졌을 확률

iv. 고졸 이상의 사람이 변함없다고 답할 확률

b. 두 사건 "높아짐"과 "고졸"이 서로 배반인지, "고졸 미만"과 "고졸 이상"이 서로 배반인지 답하고 이유를 설명하시오.

c. 두 사건 "낮아짐"과 "고졸 이상"이 독립인지 답하고 이유를 설명하시오.

4.33 어느 도시에서는 개업의사 160명 중에서 75명이 여자이고, 25명이 소아과의사라고 한다. 여의사 75명 중에 20명이 소아과의사라고 할 때, 사건 "여자"와 "소아과"는 독립인지, 서로 배반인지 답하고 이유를 설명하시오.

4.34 두 대의 기계에서 생산된 CD 100개 중에서 20개가 불량품이라 한다. 이 중에서 기계 *A*에서 60개가 생산되었고, 이 60개 중에 10개가 불량품이라 할 때, 두 사건 "기계종류"와 "불량품"이 독립인가?

4.35 어떤 회사에서 지난주에 대졸 신입사원 30명을 채용했는데, 여자가 16명이고 경영학전공이 11명이었다. 여자 16명 중에 9명이 경영학전공이라고 할 때, 두 사건 "여자"와 "경영학전공"이 독립인지, 서로배반인지 답하고 이유를 말하시오.

4.36 동전 두 번 던지는 실험에서 다음과 같이 사건의 정의하자.

A = 앞면이 적어도 한 번 나오는 사건
B = 뒷면이 두 번 나오는 사건

a. 사건 A와 B는 독립인지, 서로배반인지 답하고 이유를 말하시오.

b. 사건 A와 B는 서로 여사건인가? 만일 여사건이라면 B의 확률을 먼저 구하고 여사건 법칙을 이용하여 A의 확률을 구하시오.

4.37 주사위 한 번 던져서 3보다 큰 수가 나오는 사건을 A라 할 때, A의 확률과 A의 여사건의 확률을 구하시오.

4.38 임의로 추출한 대학생이 작년에 K-리그 축구경기를 적어도 한 번 관람한 확률이 12%라고 할 때, 여사건을 구하고 여사건의 확률을 구하시오.

4.8 사건 곱과 곱셈법칙

이 절에서는 두 사건의 사건 곱과 사건 곱의 확률을 계산하는 방법을 다룬다.

4.8.1 사건 곱

사건 곱(intersection of events) 이란 사건들이 공유하는 공통결과들로 이루어지는 사건이다.

정 의

사건 곱 A와 B가 표본공간에서 정의된 사건이라 할 때, A와 B가 공유하는 모든 결과들의 모임을 A와 B의 **곱**(*intersection*) 이라 하고, 기호로는

$$A \text{ and } B,\ A \cap B \text{ 또는 } AB$$

로 나타낸다.

A = 어떤 가정이 DVD 플레이어를 소유할 사건
B = 어떤 가정이 디지털카메라를 소유할 사건

그림 4.9에서 색칠한 부분이 A and B이고, DVD플레이어와 디지털카메라를 모두 소유한 가정의 모임을 나타낸다.

그림 4.9 *A* and *B*

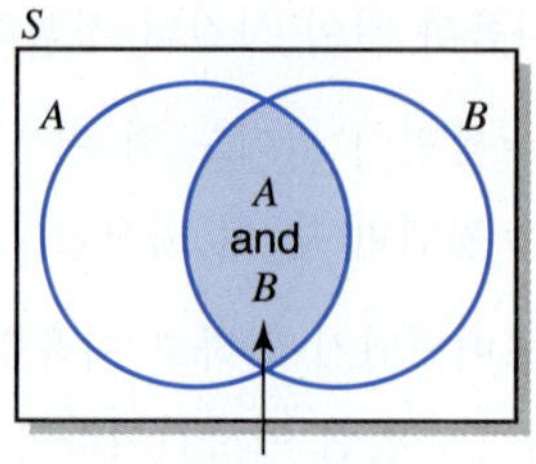

4.8.2 곱셈법칙

동시에 일어나는 두 개 이상의 사건들의 확률을 계산해야 하는 경우를 생각하자.

정 의

결합확률 : 두 사건 *A*와 *B*의 곱의 확률을 **결합확률**(*joint probability*)이라 하고, 기호로는 *P*(*A* and *B*) 로 나타낸다.

두 사건의 곱의 확률은 한 사건의 주변확률과 두 번째 사건의 조건부확률을 곱해서 얻어지는데, 이 법칙을 **곱셈법칙(multiplication rule)** 이라 한다.

결합확률을 구하는 곱셈법칙(multiplication rule to find joint probability) 두 사건 *A*와 *B*의 곱의 확률은 다음과 같다.

$$P(A \text{ and } B) = P(A)P(B|A)$$

사건 *A*와 *B*의 결합확률을 $P(A \cap B)$또는 $P(AB)$로 나타내기도 한다.

■ 예제 4-16 결합확률 계산

어느 회사의 모든 사원들을 성별과 교육수준별로 분류해 놓은 결과가 표 4.5와 같다.

표 4.5 **성별과 학위에 의한 사원들의 분류표**

	석사(*G*)	학사(*N*)	계
남자 (*M*)	7	20	27
여자 (*F*)	4	9	13
계	11	29	40

노사위원회 위원으로 임의로 사원 한 명을 추천했을 때, 추천된 사원이 여자이면서 석사일 확률은?

풀 이 두 사건 *F*(여자) 와 *G*(석사) 의 곱의 확률이므로 다음과 같이 구하면 된다.

$$P(F \text{ and } G) = P(F)P(G|F)$$

사원 40명 중에 여자가 13명이 있으므로 여자위원이 추천될 확률은

$$P(F) = 13/40$$

$P(G|F)$는 사건 F가 이미 일어난 상태에서 사건 G가 일어날 확률인데, 표 4.5에 의하면 여자 13명 중에 석사 4명이 있으므로

$$P(G|F) = 4/13$$

따라서 F와 G의 결합확률은

$$P(F \text{ and } G) = P(F)P(G|F) = (13/40)\,(4/13) = 0.1$$

그런데 이 결합확률은 곱셈법칙을 사용하지 않고 다음과 같이 구할 수도 있다. 표 4.5에 보면 전체 사원 40명 중에 여자이면서 동시에 석사인 사원이 4명이 있음을 알 수 있다. 따라서 구하는 확률은

$$P(F \text{ and } G) = 4/40 = 0.1$$ ■

마찬가지로 이 예제의 나머지 3개의 결합확률을 구하면 다음과 같다.

$$P(M \text{ and } G) = P(M)P(G|M) = (27/40)\,(7/27) = 0.175$$
$$P(M \text{ and } N) = P(M)P(N|M) = (27/40)\,(20/27) = 0.5$$
$$P(F \text{ and } N) = P(F)P(N|F) = (13/40)\,(9/13) = 0.225$$

지금까지 구한 4개의 결합확률을 그림 4.10에서와 같이 수형도로 나타낼 수 있다.

그림 4.10 **결합확률에 대한 수형도**

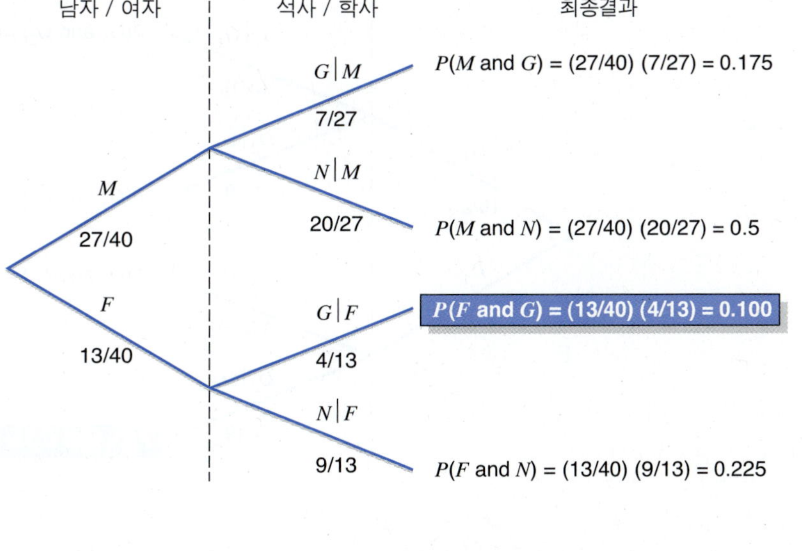

■ 예제 4-17 결합확률 계산

상자 안에 부품 20개가 들어있는데, 그중에서 4개가 불량품이라 한다. 이 상자에서 임의로 두 개를 비복원추출했을 때, 두 개 모두 불량품이 나올 확률은?

풀 이 부품 두 개를 임의로 추출할 때 일어나는 각각의 사건을 다음과 같이 정의한다.

G_1 = 첫 번째가 우량품이 나오는 사건
D_1 = 첫 번째가 불량품이 나오는 사건
G_2 = 두 번째가 우량품이 나오는 사건
D_2 = 두 번째가 불량품이 나오는 사건

구하고자 하는 확률은

$$P(D_1 \text{ and } D_2) = P(D_1)P(D_2|D_1)$$

전체 20개 중에 불량품이 4개이므로 첫 번째가 불량품이 나올 확률은

$$P(D_1) = 4/20$$

D_1이 일어난 상태에서는 상자 안에 전체 19개, 불량품이 3개 들어 있으므로

$$P(D_2|D_1) = 3/19$$

따라서 구하는 확률은

$$P(D_1 \text{ and } D_2) = P(D_1)P(D_2|D_1) = (4/20)(3/19) = 0.0316$$

그림 4.11에서와 같이 수형도를 그려보면 이 실험에 대한 추출과정과 최종결과 4개의 확률을 구할 수 있다.

그림 4.11 **부품 두 개 추출 (비복원)**

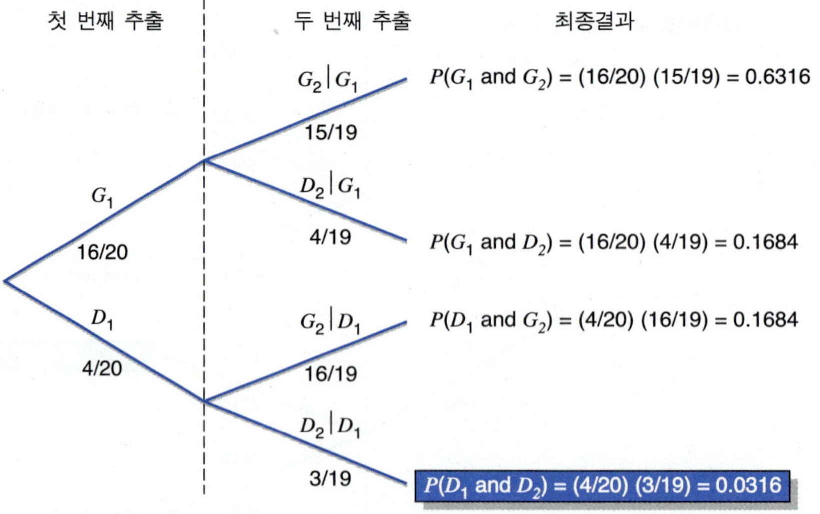

■

사건 A의 확률과 A와 B의 결합확률을 아는 경우 곱셈법칙으로부터 조건부확률을 구할 수 있다.

조건부확률의 계산 두 사건 A, B에 대하여

$$P(B|A) = \frac{P(A \text{ and } B)}{P(A)},\ P(A) \neq 0,\ P(A|B) = \frac{P(A \text{ and } B)}{P(B)},\ P(B) \neq 0$$

■ 예제 4-18 조건부확률 계산

어느 대학교에서 임의로 선발된 학생이 4학년일 확률이 0.2이고, 그 학생이 통계학전공인 동시에 4학년일 결합확률이 0.03이라 한다. 임의로 선발된 학생이 4학년이었다고 할 때, 그 학생이 통계학전공일 확률을 구하시오.

풀 이 두 개의 사건을 다음과 같이 정한다.

$A =$ 선발된 학생이 4학년일 사건

$B =$ 선발된 학생이 통계학전공일 사건

문제의 뜻에 의하여

$$P(A) = 0.2 \text{ and } P(A \text{ and } B) = 0.03$$

구하는 확률은

$$P(B|A) = \frac{P(A \text{ and } B)}{P(A)} = \frac{0.03}{0.2} = 0.15$$ ■

독립사건에 대한 곱셈법칙

두 사건 A, B가 독립이면

$$P(A) = P(A|B),\ P(B) = P(B|A)$$

이 성립하므로 $P(B|A)$대신에 $P(B)$를 대입하면

$$P(A \text{ and } B) = P(A)P(B).$$

■ 예제 4-19 독립사건의 결합확률

어떤 건물에 화재탐지기 2대를 설치해 놓았는데, 각각은 작동하지 않을 확률이 0.02라고 한

다. 이 건물에 화재가 났을 때 2대 모두 작동하지 않을 확률은?

풀 이 이 예제에서 화재탐지기가 독립적으로 작동한다고 볼 수 있으므로

A = 화재탐지기 (I) 이 작동하지 않을 사건

B = 화재탐지기 (II) 가 작동하지 않을 사건

이라 하면, A와 B의 결합확률은

$$P(A \text{ and } B) = P(A)\ P(B) = (0.02)\ (0.02)\ = 0.0004$$ ■

곱셈법칙은 두 개 이상의 사건의 결합확률을 계산하는 데 적용될 수 있는데, 독립인 경우의 예를 아래의 예제에서 볼 수 있다.

■ 예제 4-20

환자가 페니실린에 알레르기 반응일 확률이 0.2일 때, 이 약을 3명의 환자에게 투여하였다.

(a) 3명 모두 알레르기 반응일 확률을 구하시오.

(b) 3명 중 적어도 한명이 알레르기 반응이 아닐 확률을 구하시오.

풀 이

(a) A, B, C를 각각 첫 번째, 두 번째, 세 번째 환자가 페니실린에 알레르기 반응일 사건이라 하면, 이 세 사건은 서로 독립사건이다. 따라서

$$P(A \text{ and } B \text{ and } C) = P(A)\ P(B)\ P(C) = (0.20)\,(0.20)\,(0.20) = 0.008$$

이 실험의 모든 절차와 결과는 그림 4.12의 수형도에 잘 나와 있다. 수형도에서 사건 $\overline{A}, \overline{B}, \overline{C}$는 각각 A, B, C의 여사건으로서 환자가 알레르기 반응이 아닐 사건을 나타낸다. 또한 3개의 사건 A, B, C의 곱을 AB로 나타내기도 한다.

(b) 두 사건 G, H가 다음과 같다고 하자.

G = 환자 3명 모두 알레르기 반응일 사건

H = 적어도 한 명은 알레르기 반응이 아닐 사건

사건 G는 위의 사건 A, B, C의 곱이므로

$$P(G) = P(A \text{ and } B \text{ and } C) = 0.008$$

또한 G와 H는 여사건 관계에 있으므로

$$P(H) = 1 - P(G) = 1 - 0.008 = 0.992$$

그림 4.12 **결합확률에 대한 수형도**

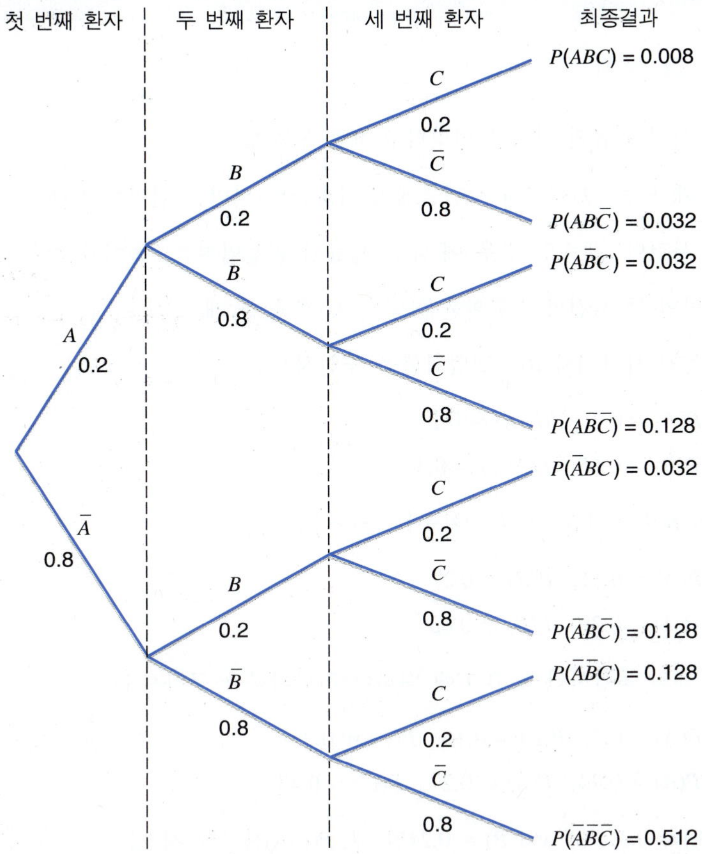

서로 배반인 사건들의 결합확률

서로 배반인 사건들은 동시에 일어날 수가 없으므로 결합확률은 0이다. 즉, A와 B가 서로 배반사건이면

$$P(A \text{ and } B) = 0$$

■ 예제 4-21 배반사건의 결합확률

어떤 사람이 은행에 대출신청을 했을 때,

$$A = \text{대출신청이 승인될 사건}$$
$$R = \text{대출신청이 거절될 사건}$$

이라 하면 A와 R의 결합확률은?

풀 이 두 사건 A와 R는 서로 배반이므로 $P(A \text{ and } R) = 0$

연습문제

■ 개념과 절차

4.39 두 사건의 곱의 의미를 설명하고 예를 드시오.

4.40 두 개 또는 그 이상의 사건들에 결합확률의 의미를 설명하고 예를 한 개 드시오.

4.41 두 사건이 '종속인 경우'에 대한 확률의 곱셈법칙은 '독립인 경우'에 비해서 어떻게 다른가?

4.42 배반인 두 사건의 결합확률을 구하고, 예를 한 개 드시오.

4.43 다음의 사건 A와 B의 결합확률을 구하시오.

a. $P(A) = 0.4,\ \ P(B|A) = 0.25$

b. $P(B) = 0.65,\ \ P(A|B) = 0.36$

4.44 A와 B가 독립일 때, 결합확률을 구하시오.

a. $P(A) = 0.61,\ \ P(B) = 0.27$

b. $P(A) = 0.39,\ \ P(B) = 0.63$

4.45 세 개의 독립사건 A, B, C에 대하여 결합확률을 구하시오.

a. $P(A) = 0.2,\ \ P(B) = 0.46,\ \ P(C) = 0.25$

b. $P(A) = 0.44,\ \ P(B) = 0.27,\ \ P(C) = 0.43$

4.46 $P(A) = 0.3$, $P(A \text{ and } B) = 0.24$일 때, $P(B|A)$를 구하시오.

4.47 $P(A) = 0.65$, $P(A \text{ and } B) = 0.45$일 때, $P(A|B)$를 구하시오.

4.48 $P(A|B) = 0.4$, $P(A \text{ and } B) = 0.36$일 때, $P(B)$를 구하시오.

4.49 $P(B|A) = 0.8$, $P(A \text{ and } B) = 0.58$일 때, $P(A)$를 구하시오.

■ 응용

4.50 노년층 1,800명을 대상으로 전화사기꾼에게 속은 적이 있는지 조사하여 아래 표와 같이 연령층별로 정리하였다.

		속은 적 있음(Y)	속은 적 없음(N)
나이	60–69 (A)	106	698
	70–79 (B)	145	447
	80 or over (C)	61	343

a. 노인 한명을 임의로 추출했을 때, $P(Y \text{ and } C)$, $P(N \text{ and } A)$를 구하시오.

b. $P(B \text{ and } C)$를 구하시오. 이 확률은 0이 되는지의 여부를 말하고, 그 이유를 설명하시오.

4.51 어떤 회사 종업원 500명을 뽑아서 회사로부터 퇴직금 혜택을 받는지 아닌지를 조사해서 아래 표와 같이 성별로 분류하였다.

	퇴직금 혜택을 받음	
	예	아니오
남자	225	75
여자	150	50

a. 500명 중에서 한 명을 임의로 선정했을 때,

i. 사건 "여자"와 "예"의 곱의 확률을 구하시오.

ii. 사건 "아니오"와 "남자"의 곱의 확률을 구하시오.

b. 위 표로부터 구할 수 있는 나머지 결합확률들을 구하시오. 이 확률들을 수형도를 사용해서 구하시오.

4.52 아래 표는 성인 2,000명을 임의추출하여 그들의 부모세대보다 소득수준이 높아졌는지 여부를 조사해서 교육수준을 기준으로 정리한 결과이다.

	고졸 미만	고졸	고졸 이상
높아짐	140	450	420
변함없음	60	250	110
낮아짐	200	300	70

a. 성인 2,000명 중에서 임의로 한 명을 추출하였을 때, 다음의 확률을 구하시오.

i. P(높아짐 and 고졸)

ii. P(고졸 이상 and 낮아짐)

b. 사건 "낮아짐"과 "높아짐"의 결합확률을 구하시오.

4.53 통계학 클래스 학생 42명 중에서 28명이 자원봉사를 한 경험이 있다고 한다. 이 클래스에서 임의로 두 명을 추출했을 때, 둘 다 자원봉사를 한 경험이 있을 확률을 구하고, 수형도를 그려서 확인하시오.

4.54 어느 단체의 회원 10명 중에 4명은 A형이고, 6명은 B형이라 한다, 이 단체에서 임의로 2명을 뽑을 때, 첫 번째가 A형이고 두 번째가 B형이 나올 확률을 구하고 수형도를 그려서 확인하시오.

4.55 어느 특정 약은 부작용을 일으킬 확률이 0.03이라 한다. 임의로 세 사람을 뽑아 이 약을 투여했을 때, 아무에게도 부작용을 일으키지 않을 확률을 구하시오. 단 세 사람 모두 독립이라고 가정한다.

4.56 어느 회사의 종업원이 여자일 확률은 0.36이고, 여자이면서 동시에 기혼자일 확률이 0.19라

고 한다. 이 회사에서 임의로 뽑은 종업원이 여자이었을 때, 이 종업원이 기혼자일 조건부확률을 구하시오.

4.57 어느 마을에 성인의 20%가 독신이고, 8%가 독신이면서 애완용동물을 키우고 있다. 이 마을에서 임의로 뽑은 성인 한명이 독신이라고 할 때, 그 사람이 애완용동물을 키우고 있을 확률은?

4.9 사건의 합과 덧셈법칙

이 절에서는 사건의 합과 덧셈법칙을 학습한다.

4.9.1 사건의 합

사건 A와 B의 **합(union of events)** 은 A 또는 B에 속하는 모든 결과들로 구성된다.

정 의

사건의 합 사건 A와 B에 대하여 ***A*와 *B*의 합**(*union of events*) 은 A 또는 B에 속하는 모든 결과들의 모임이다. 기호로는

$$A \text{ or } B, \text{ 또는 } A \cup B$$

로 나타낸다.

■ 예제 4-22 두 사건의 합 구하기

어떤 노인회의 회원 300명 중에 140명은 남자, 210명은 영양제를 복용하고, 95명은 남자이면서 영양제를 복용하는 것으로 나타났다. 사건 "남자"와 "영양제 복용"의 합을 설명하시오.

풀 이 다음과 같은 사건을 생각하자.

$M =$ "남자"
$F =$ "여자"
$A =$ "영양제 복용함"
$B =$ "영양제 복용 안 함"

사건 "남자"와 "영양제 복용함"의 합은 두 사건, M과 A 둘 중에 한 사건에만 속하거나 또는 두 사건 모두에 속하는 모든 노인들의 모임이다. 이러한 노인들의 수는

$$140 + 210 - 95 = 255$$

140과 210의 합에서 95를 빼는 이유는 사건 '*M* and *A*' (*M*과 *A*의 곱)에 속하는 사람 95명은 *M*에도 들어 있고 *A*에도 들어 있기 때문이다. 문제의 뜻에 따라 표 4.8을 작성하면 이유가 분명해 진다.

표 4.6

	A	*B*	Total
M	95	45	140
F	115	45	160
Total	210	90	300

→ 중복

아래 그림 4.13은 사건 *M*과 *A*의 합을 나타내주고 있다.

그림 4.13 **사건 *M*과 *A*의 합**

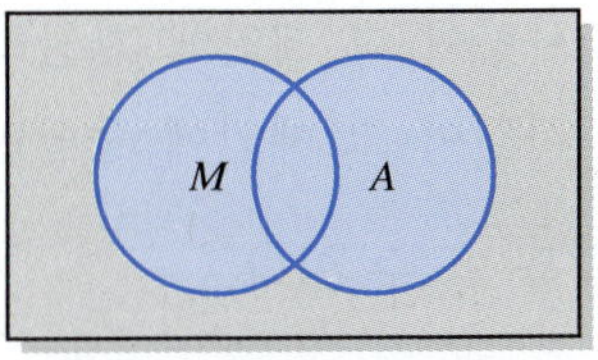

색칠한 부분이 *M*과 *A*의 합이고,
이 합에 255명이 속해 있다.

4.9.2 합의 법칙

사건들의 합의 확률을 계산하기 위해서 사용되는 방법을 **합의 법칙(addition rule)**이라 하는데, 사건 *A*와 *B*의 합의 확률은 다음과 같다.

$$P(A \text{ or } B) = P(A) + P(B) - P(A \text{ and } B)$$

특히 사건 *A*와 *B*가 서로 배반인 경우, $P(A \text{ and } B) = 0$ 이므로 합의 확률은 다음과 같다.

$$P(A \text{ or } B) = P(A) + P(B)$$

■ 예제 4-23 합사건 확률계산

대학총장이 윤리학을 모든 학생들의 필수과목으로 지정하는 안을 제시하였다. 이 대학의 교수와 학생 300명에게 이 제안에 대한 의견을 물어본 결과 표 4.7과 같이 나왔다.

표 4.7 **응답의 이원분류표**

	찬성	반대	중립	계
교수	45	15	10	70
학생	90	110	30	230
Total	135	125	40	300

이 300명으로부터 한 명을 임의로 뽑았을 때,

a. 그 사람이 교수이거나 또는 이 제안에 찬성할 확률을 구하시오.
b. 그 사람이 이 제안에 찬성하거나 또는 중립일 확률을 구하시오.

풀 이

A = 뽑힌 사람이 교수일 사건
B = 뽑힌 사람이 그 제안에 찬성하는 사건
C = 뽑힌 사람이 그 제안에 중립인 사건

이라 하면, 표 4.7에서 다음의 확률을 알 수 있다.

$$P(A) = \frac{70}{300} = 0.2333,\ P(B) = \frac{135}{300} = 0.45,\ P(C) = \frac{40}{300} = 0.1333$$

$$P(A \text{ and } B) = P(A)\,P(B|A) = \frac{70}{300}\,\frac{45}{70} = 0.15$$

덧셈법칙을 사용하면

$$P(A \text{ or } B) = P(A) + P(B) - P(A \text{ and } B) = 0.2333 + 0.45 - 0.15 = 0.5333$$

사건 B와 C는 서로 배반이므로

$$P(B \text{ or } C) = P(B) + P(C) = 0.45 + 0.1333 = 0.5333$$

이 예제의 확률은 덧셈법칙을 사용하지 않고서도 구할 수 있다. 표 4.9에서 '교수'와 '찬성'에 해당되는 수를 한 개씩만 쓰면

$$45 + 15 + 10 + 90 = 160$$

따라서 구하는 확률은

$$P(A \text{ or } B) = \frac{160}{300} = 0.5333$$

■

■ 예제 4-24 합사건 확률계산

전체 2,500명 중에 여자가 1,400명, 채식주의자가 600명이고 여성 채식주의자가 400명인 그룹에서 임의로 한 명을 선발할 때, 그 사람이 남자이거나 또는 채식주의자일 확률은?

풀 이 문제의 뜻에 따라 사건을 다음과 같이 정한다.

F = 임의로 선발된 사람이 여자일 사건
M = 임의로 선발된 사람이 남자일 사건
V = 임의로 선발된 사람이 채식주의자일 사건
N = 임의로 선발된 사람이 채식주의자가 아닐 사건

여자가 1,400명, 채식주의자 600명, 여자이면서 채식주의자는 400명이 있으므로 남자가 1,100명, 채식주의자가 아닌 사람이 1,900명, 남자이면서 채식주의자는 200명이 된다.
따라서 구하는 확률은

$$\begin{aligned} P(M \text{ or } V) &= P(M) + P(V) - P(M \text{ and } V) \\ &= \frac{1100}{2500} + \frac{600}{2500} - \frac{200}{2500} \\ &= 0.44 + 0.24 - 0.08 = 0.6 \end{aligned}$$

아래의 표 4.8을 사용해서 이 예제를 풀어도 마찬가지 결과가 나온다.

표 4.8 **이원분류표**

	채식주의자(V)	비 채식주의자(N)	계
여자 (F)	400	1000	1400
남자 (M)	200	900	1100
계	600	1900	2500

아래의 예는 합의 법칙이 두 개 이상의 사건에 대해서도 쉽게 적용됨을 보여 준다. ■

■ 예제 4-25 배반사건들의 합에 대한 확률

주사위를 두 번 던질 때, 두 눈의 합이 5, 7, 10이 될 확률을 구하시오.

풀 이 이 실험에서 나오는 표본공간은 36개의 결과들로 이루어진다.

표 4.9 주사위 두 번 던짐

		두 번째 눈					
		1	**2**	**3**	**4**	**5**	**6**
첫 번째 눈	1	(1,1)	(1,2)	(1,3)	(1,4)	(1,5)	(1,6)
	2	(2,1)	(2,2)	(2,3)	(2,4)	(2,5)	(2,6)
	3	(3,1)	(3,2)	(3,3)	(3,4)	(3,5)	(3,6)
	4	(4,1)	(4,2)	(4,3)	(4,4)	(4,5)	(4,6)
	5	(5,1)	(5,2)	(5,3)	(5,4)	(5,5)	(5,6)
	6	(6,1)	(6,2)	(6,3)	(6,4)	(6,5)	(6,6)

세 사건 {합이 5}, {합이 7}, {합이 10}은 서로 배반이므로

$$P(\text{합이 5 or 7 or 10}) = (\text{합이 5}) + (\text{합이 7}) + (\text{합이 10})$$
$$= 4/36 + 6/36 + 3/36 = 13/36 = 0.3611$$

■

■ 예제 4-26 배반사건들의 합에 대한 확률

임의로 한 학생을 뽑으면 그 학생이 유전공학에 적성이 있을 확률이 0.55이고, 없을 확률이 0.45이라고 할 때, 두 명을 임의로 뽑아서 유전공학에 적성이 있는지 없는지를 조사하였다.

(a) 이 실험에 대한 수형도를 그리시오.

(b) 적어도 한 사람이 유전공학에 적성이 있을 확률을 구하시오.

풀 이

(a) 두 사건을

F = 학생이 유전공학에 적성이 있을 사건

A = 학생이 유전공학에 적성이 없을 사건

이라 하면 수형도는 아래와 같다.

(b) 적어도 한 사람이 유전공학을 좋아할 사건은 FF, FA, AF의 합이고, 세 사건은 배반이므로

$$P(\text{적어도 한 사람이 좋아함}) = P(FF \text{ or } FA \text{ or } FA)$$
$$= P(FF) + P(FA) + P(AF)$$
$$= 0.3025 + 0.2475 + 0.2475 = 0.7975$$

그림 4.14 **수형도**

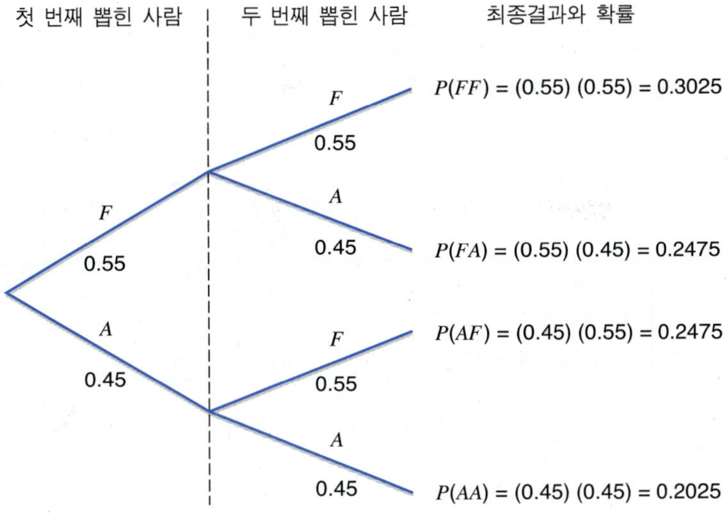

연습문제

■ 개념과 절차

4.58 두 사건의 합을 설명하고 예를 한 개 드시오.

4.59 서로 배반인 사건의 확률에 대한 합의 법칙이 배반이 아닌 두 사건에 대한 법칙과 다른 점을 말하시오.

4.60 다음의 합의 법칙에서 항을 빼는 이유를 말하고, 예를 한 개 드시오.

$$P(A \text{ or } B) = P(A) + P(B) - P(A \text{ and } B)$$

4.61 다음의 합의 법칙은 어떤 경우에 적용되는지 말하고 예를 한 개 드시오.

$$P(A \text{ or } B) = P(A) + P(B)$$

4.62 $P(A \text{ or } B)$를 계산하시오.

a. $P(A) = 0.58$, $P(B) = 0.66$ and $P(A \text{ and } B) = 0.57$

b. $P(A) = 0.72$, $P(B) = 0.42$ and $P(A \text{ and } B) = 0.39$

4.63 사건 A와 B가 서로 배반사건일 때, $P(A \text{ or } B)$를 계산하시오.

a. $P(A) = 0.47$ and $P(B) = 0.32$

b. $P(A) = 0.16$ and $P(B) = 0.59$

■ 응용

4.64 1,800명의 노인들을 대상으로 전화사기를 당한 경험이 있는지 조사하여 다음의 응답표를 작성했다.

		사기 당한 경험이 있음 (*Y*)	사기 당한 경험이 없음 (*N*)
나이	60–69 (A)	106	698
	70–79 (B)	145	447
	80 or over (C)	61	343

이 노인들 중에서 임의로 한명을 뽑았을 때, 다음의 확률을 구하시오.

a. $P(Y \text{ and } B)$

b. $P(N \text{ or } C)$

4.65 어떤 회사 종업원 500명을 뽑아서 회사로부터 퇴직금혜택을 받는지 아닌지를 조사해서 아래 표와 같이 성별로 분류하였다.

	퇴직금 혜택을 받음	
	예	아니오
남자	225	75
여자	150	50

500명 중에서 한 명을 임의로 선정했을 때,

a. 사건 "여자"와 "예"의 합의 확률을 구하시오.

b. 사건 "아니오"와 "남자"의 합의 확률을 구하시오.

4.66 성인 2,000명을 무작위로 뽑아서 과거에 인터넷 구매를 한 적이 있는지 물었더니 아래 표와 같았다.

	구매한 경험 있음(*Y*)	구매한 경험 없음(*N*)
남자(*M*)	500	700
여자(*W*)	300	500

성인 2,000명 중에서 임의로 한 사람을 뽑았을 때 다음의 확률을 구하시오.

a. $P(N \text{ or } M)$

b. $P(M \text{ or } Y)$

c. $P(Y \text{ or } N)$

4.67 아래 표는 성인 2,000명을 임의로 추출하여 그들의 부모세대보다 소득수준이 높아졌는지 여부를 조사해서 교육수준을 기준으로 정리한 결과이다.

	고졸 미만	고졸	고졸 이상
높아짐	140	450	420
변함없음	60	250	110
낮아짐	200	300	70

성인 2,000명 중에서 임의로 한 명을 추출하였을 때, 다음의 확률을 구하시오.

a. P(높아짐 또는 고졸)

b. P(고졸 이상 또는 낮아짐)

c. P(높아짐 또는 낮아짐)

4.68 실내 체육관 부근의 어느 구역에 불법 주차를 했을 때, 주차위반에 걸릴 확률이 0.35, 차가 손상 입을 확률이 0.15이고 주차위반에 걸리는 동시에 차가 손상 입을 확률이 0.1이라 한다. 이 구역에 주차했을 때, 주차위반에 걸리거나 또는 차가 손상 입을 확률을 구하시오.

4.69 통계학 강좌에서 학생이 A등급 받을 확률이 0.24이고 B등급 받을 확률이 0.28이라 할 때, 이 강좌를 듣는 학생이 A 또는 B를 받을 확률을 구하시오.

4.70 심장이식수술이 성공할 확률이 0.84라고 할 때, 심장이식수술을 두 번해서 적어도 한 번 성공할 확률을 구하고, 이 실험에 대한 수형도를 그리시오.

4.71 학생 35명이 있는 모임에서 4학년이 13명, 3학년이 9명, 2학년이 8명, 1학년이 5명이 있다. 이 모임에서 한 학생을 임의로 뽑을 때, 다음의 확률을 구하시오.

a. 3학년일 확률

b. 1학년일 확률

4.72 성인 250명을 임의로 뽑아서 TV를 볼 때 스포츠와 오페라 중 어느 것을 선호하는지 조사해서 다음의 이원분류표를 작성했다.

	스포츠 선호	오페라 선호
남자	96	24
여자	45	85

a. 이 그룹으로부터 한명을 임의로 추출했을 때, 그 사람에 대한 다음의 확률을 구하시오.

i. 오페라 선호할 확률

ii. 남자일 확률

iii. 여자라는 조건하에 스포츠를 선호할 확률

iv. 스포츠를 선호하는 조건하에 남자일 확률

v. 여자이면서 동시에 오페라를 선호일 확률

vi. 스포츠를 선호이거나 또는 남자일 확률

b. 사건 "여자"와 "스포츠 선호"는 독립인가? 배반인가? 그 이유를 설명하시오.

4.73 앞의 문제 4.71의 학급 35명 중에서 두 명을 임의로 뽑을 때, 첫 번째 뽑힌 학생이 3학년, 두 번째 뽑힌 학생이 2학년일 확률은?

4.74 빨간 공 10개, 파란공이 10개 들어있는 상자에서

a. 복원으로 추출한 5개가 모두 빨간공이라 할 때, 여섯 번째도 빨간공이 나올 확률은?

b. 비복원으로 추출한 5개가 모두 빨간공이라 할 때, 여섯 번째(비복원)도 빨간공이 나올 확률은?

c. 공정한 동전 5번 던져서 모두 앞면이 나왔다. 어떤 사람이 평균적으로 생각해볼 때 뒷면이 나올 때가 되었으므로 여섯 번째에 앞면이 나올 확률은 1/2보다 적다고 주장한다. 이 사람 주장이 옳은가? 동전던지기는 위의 a문항에서의 과정 또는 b문항에서의 과정과 수학적으로 일치되는지 답하고 이유를 설명하시오.

4.75 도둑이 현금카드를 훔쳤는데, 이 카드의 비밀번호 4자리 중 앞의 두 자리가 3과 5라는 것을 알고 뒤의 두 자리는 모른다. 따라서 3500에서 3599까지의 어느 수도 비밀번호가 될 수 있다. 고객보호를 위해서 비밀번호를 연속 3번 잘못 입력하면 카드는 현금지급기 안에 보관되고 더 이상 비밀번호를 입력할 수 없게 된다.

a. 도둑이 3번 이내에 정확한 비밀번호를 알아낼 확률은(단, 도둑은 한 번 입력한 번호가 틀렸을 때 그 번호를 다시 사용하지 않는다)?

b. 만일 도둑이 처음 두 자리가 3과 5이고, 세 번째 자리가 1 또는 7이라는 것을 안다고 할 때, 세 번째 입력 때까지 정확한 비밀번호를 입력할 확률은?

4.76 공정한 주사위 두 번 던지는 게임을 한다고 하자.

a. 주사위를 4번 던졌을 때, 6이 적어도 한번 나오면 5천원을 따고, 6이 한 번도 안 나오면 5천원을 잃게 된다. 이 게임에서 이길 확률을 구하시오.

b. 주사위 두 개를 24번 던져서 (6, 6)이 적어도 한 번 나오면 만원을 따고, (6, 6)이 한 번도 안 나오면 만원을 잃게 되는 게임을 생각해 보자. 만일 도박사가 이러한 게임을 당신에게 제의하면서 "매번 던질 때의 이길 확률이 1/36이고 24번 던지니까 당신이 만원을 벌 확률은 $24 \times 1/36 = 2/3$이므로 당신에게 유리한 게임이다"라고 말하면 당신은 이 주장에 동의하는가? 동의하면 그 이유를 말하고, 만일 동의하지 않는다면 상대방 주장의 잘못을 지적하고 그런 후에 당신이 이길 확률을 구하시오.

4.77 항아리 두 개에 구슬이 20개(빨간색 10개, 녹색 10개) 들어있는데 각 항아리에는 적어도 한 개가 들어있다. 눈을 가리고 무작위로 항아리 한 개를 택한 다음, 그 항아리에서 구슬 한 개를 임의로 꺼낸다.

a. 각 항아리에 빨간색 구슬 5개, 녹색 구슬 5개가 들어있다고 할 때, 임의로 꺼낸 공이 빨간색 구슬일 확률을 구하시오.

b. 한 항아리에 빨간색 2개, 녹색 2개 들어있고 나머지는 다른 항아리에 들어있다고 하면, 임의로 꺼낸 공이 빨간색일 확률은?

c. 임의로 꺼낸 공이 빨간색일 확률이 가장 크기 위해서는 20개의 구슬이 두 항아리에 어떻게 분포되어야 하는가?

Chapter

5

이산확률변수의 확률분포

확률에 대해 조금 알게 되었다는 사실에 만족하는가? 오늘 점심값으로 2만 원을 갖고 있다면 당첨 가능성을 높이기 위하여 그 돈 전부로 로또 20장을 사겠는가? 정해진 당첨확률을 가지려면 복권 수백만 장을 사야 한다는 것을 알고 있는가? 로또복권에서 나타날 수 있는 모든 결과와 각 결과의 확률은 어떻게 결정할 수 있을까?

4장에서 확률의 개념과 법칙을 살펴보았다. 이 장에서는 앞서 다룬 확률의 개념을 확장하여 확률분포의 설명을 한다. 4장에서와 마찬가지로 주어진 통계적 실험의 결과가 하나 이상인 경우를 다룬다. 실험을 시행했을 때 모든 가능한 결과는 알고 있지만 그 결과들 중 어떤 결과가 나타날지를 정확하게 예측하는 것은 불가능하다. 결과적으로 의사결정은 불확실한 상태에서 이루어지게 된다. 예를 들어 로또 구입자는 사전에 로또가 당첨될지의 여부를 알지 못한다. 만약 로또에 당첨되지 못할 것이란 사실을 안다면 로또를 사지 않을 것이다. 당첨에 대한 불확실성이 로또를 사게 만드는 것이다. 이 장에서는 어떤 통계적 실험의 결과와 그 결과가 일어날 확률을 안다면 그 실험을 무수히 시행한다면 평균적으로 어떤 결과가 일어날지 알 수 있다는 것을 보여 준다.

이 장에서는 확률변수와 확률변수의 형태에 대해 설명한다. 그리고 이산형 확률변수의 확률분포의 개념과 기댓값, 표준편차를 다룬다. 특히 이산형 확률변수의 세 가지 중요한 분포, 즉 이항분포, 초기하 분포, 포아송 분포에 대해 설명한다.

5.1 확률변수

표 5.1은 한 작은 마을에 살고 있는 2,000가구에 대해서 각 가구가 소유하고 있는 차의 수에 대한 상대도수분포표이다.

표 5.1 상대도수분포표(가구당 소유한 차의 수)

소유한 차의 수	도수	상대도수
0	30	30/2,000 = 0.015
1	470	470/2,000 = 0.235
2	850	850/2,000 = 0.425
3	490	490/2,000 = 0.245
4	160	160/2,000 = 0.080
	N = 2,000	합 = 1.000

위 모집단으로부터 임의로 한 가구를 선택한다고 가정하자. 한 가구를 임의적으로 뽑는 과정을 **임의실험**(*random experiment*) 또는 **확률실험**(*chance experiment*)이라 한다. 선택된 가구가 소유한 차의 수를 X라 하자. 그러면, X가 가질 수 있는 값들은 {0, 1, 2, 3, 4}일 것이고, 이는 위 표 5.1의 첫 번째 열의 값들이다. X가 가질 수 있는 값은 선택된 가구에 따라 달라진다. 그러므로 이 값은 확률실험의 결과에 따라 영향을 받는 것이다. 그래서 X를 **확률변수(random variable)** 라 부른다. 일반적으로 확률변수를 X 또는 Y로 표기한다.

정 의

확률변수 : **확률변수**(*random variable*)란 확률실험의 결과에 의해 결정되는 값들을 갖게 되는 변수이다.

다음에서 설명하겠지만, 확률변수는 이산형 또는 연속형으로 구분된다.

5.1.1 이산형 확률변수

이산형 확률변수 (discrete random variable) 는 가질 수 있는 값들을 하나씩 셀 수 있다.

> **정 의**
>
> **이산형 확률변수** : 셀 수 있는 값들을 갖는 확률변수를 **이산형 확률변수** (*discrete random variable*) 라 한다.

표 5.1에서 **한 가구가 소유한 차의 수**는 이산형 확률변수이다. 왜냐하면 확률변수 X의 값들이 0, 1, 2, 3, 4와 같이 셀 수 있기 때문이다.
여기서 이산형 확률변수들의 예를 살펴보자.

1. 한 달 동안 어떤 자동차 대리점에서 팔린 차의 수
2. 어떤 지역에 속한 집의 수
3. 어업기간 동안 잡힌 물고기의 수
4. 어떤 기간 동안 한 항공사에 접수된 민원의 수
5. 주어진 시간 동안 어떤 은행을 방문한 고객의 수
6. 한 개의 동전을 세 번 던졌을 때 나타난 앞면의 수

5.1.2 연속형 확률변수

셀 수 없는 값들을 가지는 확률변수를 **연속형 확률변수 (continuous random variable)** 라 부른다. 연속형 확률변수는 어떤 실수의 구간 (interval) 상의 값을 갖는다.

> **정 의**
>
> **연속형 확률변수** : 하나 또는 여러 실수의 구간 안에 속한 값들을 가지는 확률변수를 **연속형 확률변수** (*continuous random variable*) 라 한다.

어떤 실수의 구간에 속한 값들의 수는 무한하기 때문에 연속형 확률변수가 가질 수 있는 값들 또한 무수히 많다. 더욱이 이 값들을 셀 수가 없다. 어떤 건전지의 수명을 생각해 보자. 원하는 만큼 정확하게 그 수명을 측정할 수 있다. 예를 들어, 이 건전지의 수명은 40시간, 40.25시간 또는 40.247시간이 될 수 있다. 한 건전지의 최고 수명이 200시간이라고 가정하자. 그러면 X가 가질 수 있는 값은 구간 (0, 200)안의 어떤 값이라고 할 수 있다. 그러므로 X는 연속형 확률변수이다. 그림에서 볼 수 있듯이 구간 (0, 200) 선상의 모든 점들이 X가 가질 수 있는 값들이다.

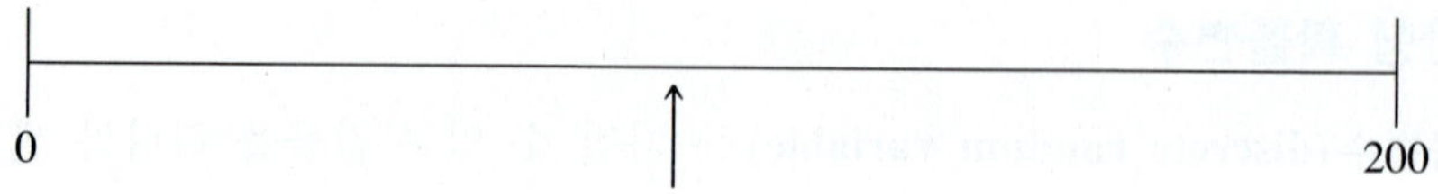

이 직선 위의 모든 점들은 건전지의 수명 X가 가질 수 있는 모든 값들을 나타낸다. 이 직선 위의 점들의 수는 무한히 많다. 이 직선 위의 점들로 대표되는 값들은 셀 수 없다.

다음은 연속형 확률변수들의 예들이다.

1. 사람의 키
2. 시험을 끝내는 데 걸린 시간
3. 1,000 mL 포장의 우유팩 안의 우유양
4. 물고기의 무게
5. 집의 가격

이 장에서는 이산형 확률변수와 그들의 확률분포에 대해서만 다룰 것이고, 연속형 확률변수는 6장에서 설명하기로 한다.

연습문제

■ 개념과 절차

5.1 확률변수, 이산형 확률변수, 연속형 확률변수의 의미를 설명하시오. 이산형 확률변수와 연속형 확률변수의 각 경우의 예를 하나씩 드시오.

5.2 다음에 주어진 확률변수를 이산형 또는 연속형으로 구분하시오.

a. 주차권에 남은 잔여 주차허용 시간
b. 한 프로야구 시즌동안 부러진 야구 방망이 개수
c. 한 연못 속에 있는 물고기의 수
d. 한 어업기간 동안 잡힌 물고기의 무게
e. 한 커피 자판기 안에 있는 빈 컵의 수
f. 한 의사가 한 명의 환자를 진료하는 데 걸린 시간

5.3 다음의 확률변수들 중 어떤 것이 이산형 확률변수이고, 어떤 것이 연속형 확률변수인지 구분하시오.

a. 한 달 동안 어떤 은행에서 개설된 계좌의 수
b. 마라톤을 완주하는 데 걸린 시간
c. 한 공연의 티켓 가격
d. 임의로 선택된 달걀상자 안에 상한 달걀의 수
e. 한 축구경기에서 득점수
f. 임의로 선택된 가방의 무게

■ 응용

5.4 한 가구에서는 세 개의 방송사 KBS, MBC, SBS 중에 어떤 방송사의 프로그램을 시청할 수 있다. 어느 날 임의로 독립적으로 5개의 가구를 선택해서 시청하고 있는 채널을 조사하였다. 이 5개의 가구 중 KBS 방송채널을 시청할 수를 X라 하자. X는 이산형인가, 연속형인가? 설명하시오.

5.5 4개의 주유소 중 하나의 주유소는 2개의 주요도로의 교차로에 위치해 있다. 6대의 차가 주유를 하려 한다면, 이 4개의 주유소 중 교차로에 위치한 주유소에서 주유를 하게 될 차의 수를 X라 하자. X는 이산형인가, 연속형인가? 설명하시오.

5.2 이산확률변수의 확률분포

X를 이산형 확률변수라 하자. X의 **확률분포(probability distribution)**는 X가 가질 수 있는 모든 값들에 대하여 확률이 어떻게 분포되어 있는지를 나타낸다.

정 의

이산형 확률변수의 확률분포 : **이산형 확률변수의 확률분포**(*probability distribution of a distcrete random variable*)는 확률변수가 가질 수 있는 모든 값들에 확률을 대응시켜 주는 관계를 나타낸다.

예제 5-1은 이산형 확률변수의 확률분포의 개념을 나타낸다.

■ 예제 5-1 이산확률변수의 확률분포 구하기

앞의 표 5.1에서 주어진 2,000가구에 대해서 각 가구가 소유하고 있는 차의 수에 대한 상대도수분포표를 떠올려 보자. 그 표를 아래 표 5.2처럼 다시 작성한다. X를 임의로 선택된 가구가 소유한 차의 수라고 하자. X의 확률분포를 구하시오.

표 5.2 상대도수분포(각 가구가 소유한 차의 수)

소유한 차의 수	도수	상대도수
0	30	0.015
1	470	0.235
2	850	0.425
3	490	0.245
4	160	0.080
	$N = 2000$	합 $= 1.000$

풀 이 4장에서 어떤 실험이나 표본으로부터 구해진 상대도수들은 근사확률로써 쓰일 수 있다는 것을 배웠다. 그러나 표 5.2에서와 같이 상대도수가 모집단을 대표할 때에는 상대도수가 실제 확률이다. 표 5.2의 상대도수분포를 이용하여, 표 5.3에서 이산형 확률변수 X의 **확률분포**(*probability distribution*)를 구할 수 있다.

표 5.3 가구당 소유한 차의 수의 확률분포

소유한 차의 수 $X = x$	확률 $P(X = x)$
0	0.015
1	0.235
2	0.425
3	0.245
4	0.080
	$\Sigma P(X=x) = 1.000$

■

이산형 확률변수의 확률분포는 다음의 **두 가지 성질**(*two characteristics*)을 갖고 있다.

1. 확률변수 X의 모든 값에 대한 확률은 0과 1 사이의 값을 갖는다. 즉, 모든 $X = x$에 대하여 $0 \le P(X = x) \le 1$
2. X가 가질 수 있는 모든 값들에 대응하는 확률의 합은 1이다. 즉, $\Sigma P(X = x) = 1$ (주의 : 확률이 반올림되었다면, 그 합은 정확히 1이 아닐 수도 있다).

확률분포의 두 가지 성질

이산형 확률변수의 확률분포는 다음의 두 성질을 만족한다.

1. 각 x값에 대하여 $0 \le P(X = x) \le 1$
2. $\Sigma P(X = x) = 1$

위의 두 가지 성질들은 또한 확률분포가 만족해야 할 **두 가지 조건**이라 불린다. 표 5.3에서 확률을 나타내는 열의 모든 값은 0과 1 사이의 값을 나타내고, 또한 그 합은 1이다. 이 두 가지 성질을 만족하기 때문에 표 5.3은 X의 확률분포를 나타낸다.

표 5.3으로부터 임의의 X의 값에 대한 확률을 알 수 있다. 예로 이 도시로부터 임의로 선택된 가구가 2대의 차를 소유할 확률은 0.425이다. 이 확률은 다음과 같이 표현한다.

$$P(X = 2) = 0.425$$

선택된 가구가 2대보다 많은 수의 차를 소유할 확률은 X가 3과 4일 때 대응하는 확률을 더한 값이 된다. 이 확률은 $0.245 + 0.080 = 0.325$, 이는 다음과 같이 표현할 수 있다.

$$P(X > 2) = P(X = 3) + P(X = 4) = 0.245 + 0.080 = 0.325$$

그림 5.1 **표 5.3의 확률분포 그래프 형식**

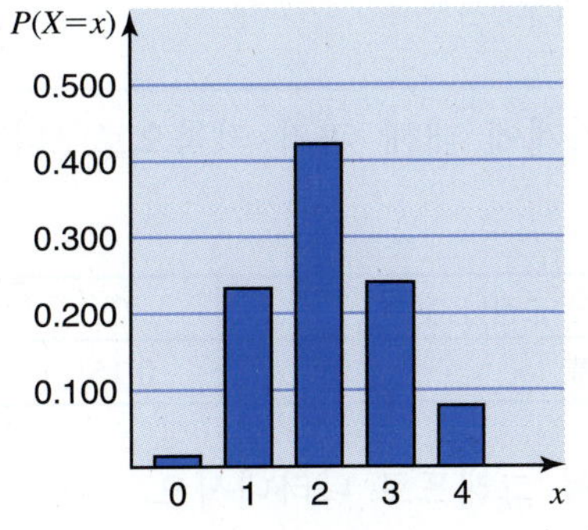

이산형 확률변수의 확률분포는 하나의 수학 공식, 표, 또는 그림으로 표현될 수 있다. 표 5.3은 표형식의 확률분포의 표현이다. 그림 5.1은 표 5.3의 확률분포를 그래프로 나타낸 것이다. 이 그림에서 X의 각 값들은 수평축에 표시되어 있다. 각 $X = x$값의 확률은 대응되는 막대의 높이로써 표현된다. 이러한 그림은 **선그래프 (line graph)** 또는 **막대그래프 (bar graph)** 라 부른다. 수학 공식을 이용한 확률분포의 표현은 다음에 다루기로 한다.

■ 예제 5-2 확률분포가 되기 위한 조건

다음의 각 표들은 X의 특정값과 확률을 열거한 것이다. 각 표들이 확률분포를 나타내는 것인지의 여부를 정하시오.

(a)

$X=x$	$P(X=x)$
0	0.08
1	0.11
2	0.39
3	0.27

(b)

$X=x$	$P(X=x)$
2	0.25
3	0.34
4	0.28
5	0.13

(c)

$X=x$	$P(X=x)$
7	0.70
8	0.50
9	−0.20

풀 이

(a) 이 표에 나타난 각각의 확률들은 0과 1 사이의 값이므로, 확률분포의 첫 번째 조건을 만족한다. 그러나 모든 확률들의 합은 $\Sigma P(X = x) = 0.08 + 0.11 + 0.39 + 0.27 = 0.85$로 1.0이 아니다. 따라서 두 번째 조건을 만족하지 않는다. 따라서 이 표는 확률분포가 아니다.

(b) 이 표에 나타난 각각의 확률들은 0과 1 사이의 값이고, 또한 $\Sigma P(X = x) = 0.25 + 0.34 + 0.28 + 0.13 = 1.0$이다. 그러므로 이 표는 확률분포를 나타낸다.

(c) 이 표에 나타난 값들의 합은 1.0이지만, 확률값 중 하나가 음수이므로 첫 번째 조건을 만족하지 않는다. 따라서 이 표는 확률분포가 아니다. ■

■ 예제 5-3

다음의 표는 한 기계에 대해 과거 기록으로부터 매 주당 고장난 횟수에 대한 확률분포를 작성한 것이다.

주당 고장난 횟수	0	1	2	3
확률	0.15	0.20	0.35	0.30

(a) 이 확률분포를 그래프로 나타내시오.

(b) 주어진 주 동안 이 기계가 고장난 횟수에 대응하는 확률을 구하시오.

i. 정확히 2회 ii. 0회부터 2회

iii. 1회 초과 iv. 많아야 1회

풀 이 주어진 주 동안 이 기계가 고장난 횟수를 X라 하자. 표 5.4는 x의 확률분포를 작성한 것이다.

표 5.4 **확률분포 형식**

$X=x$	$P(X=x)$
0	0.15
1	0.20
2	0.35
3	0.30
	$\Sigma P(X=x) = 1.00$

확률분포 그림그리기

(a) 그림 5.2는 표 5.4의 확률분포를 막대그래프로 나타낸 것이다.

그림 5.2 표 5.4의 확률분포의 그래프 형식

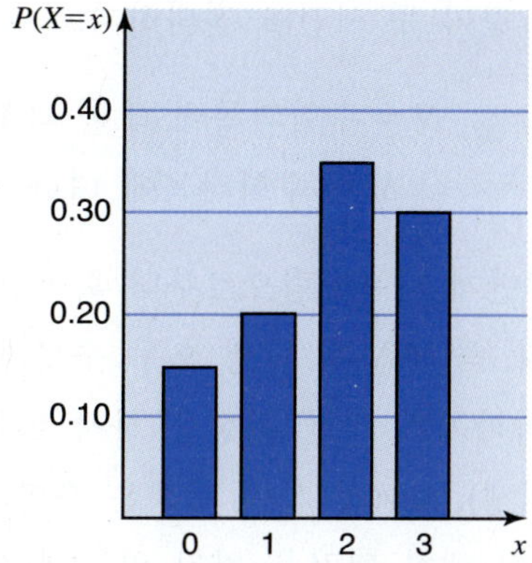

이산형 확률 변수에 대한 사건의 확률구하기

(b) 표 5.4를 이용하여 다음의 확률을 계산할 수 있다.

i. 정확히 2회 고장의 확률은

$$P(\text{정확히 2회}) = P(X = 2) = 0.35$$

ii. 0회부터 2회 고장날 확률은 고장난 횟수가 0, 1, 2회일 때의 확률의 합이다.

$$\begin{aligned} P(\text{0회부터 2회}) &= P(0 \le X \le 2) \\ &= P(X = 0) + P(X = 1) + P(X = 2) \\ &= 0.15 + 0.20 + 0.35 = 0.70 \end{aligned}$$

iii. 1회 넘게 고장날 확률은 고장난 횟수가 2, 3회일 때의 확률을 더해주면 된다.

$$\begin{aligned} P(\text{1회 초과}) &= P(X > 1) \\ &= P(X = 2) + P(X = 3) \\ &= 0.35 + 0.30 = 0.65 \end{aligned}$$

iv. 기껏해야 1회 고장날 확률은 고장난 횟수가 0, 1회일 때의 확률을 더하면 된다.

$$\begin{aligned} P(\text{많아야 1회}) &= P(X \le 1) \\ &= P(X = 0) + P(X = 1) \\ &= 0.15 + 0.20 = 0.35 \end{aligned}$$

■

■ 예제 5-4

어떤 조사에 따르면 한 대학의 전체 학생 중 60%가 수학과목에 대한 걱정을 하고 있는 것으로 드러났다. 이 대학에서 임의로 두 명의 학생을 선택하였다. 이 표본의 학생들 중 수학과목에 대한 걱정을 하는 학생의 수를 X라 하자. X의 확률분포를 완성하시오.

풀 이 다음과 같이 두 사건을 정의하자.

$$N = \text{수학과목에 대한 걱정을 하지 않는 학생을 선택}$$
$$M = \text{수학과목에 대한 걱정을 하는 학생을 선택}$$

그림 5.3의 3단계 나무그림으로부터 확인할 수 있듯이, 이 실험으로부터 얻을 수 있는 결과는 4가지이다. 즉, *NN*(두 학생 모두 수학과목에 대한 걱정을 하지 않는 학생), *NM*(첫 번째 학생은 수학과목에 대한 걱정을 하지 않는 학생이고, 두 번째 학생은 수학과목에 대한 걱정을 하는 학생), *MN*(첫 번째 학생은 수학과목에 대한 걱정을 하는 학생이고, 두 번째 학생은 수학과목에 대한 걱정을 하지 않는 학생), *MM*(두 학생 모두 수학과목에 대한 걱정을 하는 학생)이다. 이 4가지 결과에 대한 확률은 세 단계 나무그림을 통해 얻을 수 있다. 학생의 60%가 수학의 걱정에 시달리는 학생이고, 40%는 그렇지 않기 때문에, 남학생이든 여학생이든 임의의 학생을 선택했을 때, 수학의 걱정에 시달리는 학생은 60%이고, 아닌 학생은 40%이다.

그림 5.3 나무그림

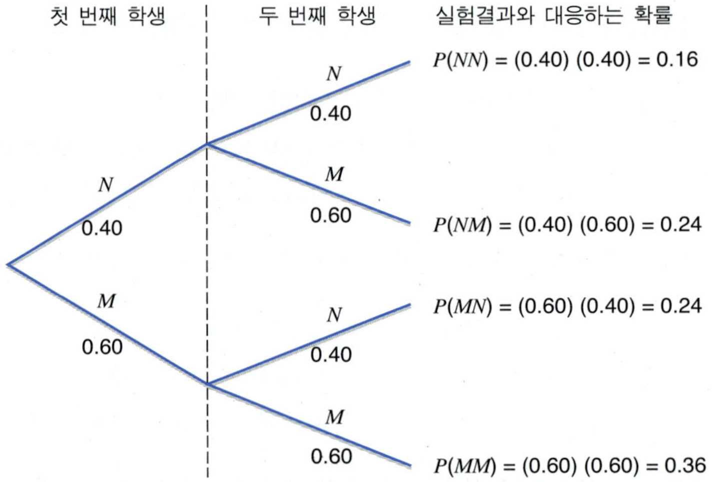

두 학생의 표본에서 수학의 걱정에 시달리는 학생수는 0(*NN*), 1(*NM* 또는 *MN*), 2(*MM*)이다. 그러므로 X가 가질 수 있는 값은 0, 1, 2이다. 이 3가지 결과에 대한 확률은 다음과 같이 계산할 수 있다.

$$P(X = 0) = P(NN) = 0.16$$
$$P(X = 1) = P(NM \text{ 또는 } MN) = \mathrm{P}(NM) + \mathrm{P}(MN) = 0.24 + 0.24 = 0.48$$
$$P(X = 2) = P(MM) = 0.36$$

이 확률을 이용하여 우리는 표 5.5와 같이 X의 확률분포를 구할 수 있다.

표 5.5 두 학생의 표본에서 수학과목의 걱정을 가진 학생수에 대한 확률분포

$X=x$	$P(X=x)$
0	0.16
1	0.48
2	0.36
	$\Sigma P(X=x) = 1.00$

■

연습문제

■ 개념과 절차

5.6 이산형 확률변수의 확률분포의 의미를 설명하시오. 그런 확률분포의 예를 한 가지 드시오. 이산형 확률변수의 확률분포를 나타내는 방법 3가지를 설명하시오.

5.7 이산형 확률변수의 확률분포의 2가지 특징(조건)을 간단하게 설명하시오.

5.8 다음의 각 표는 X의 값들과 그 값에 대응하는 확률을 나타낸 것이다. 다음의 표들이 확률분포인지 아닌지 구분하시오.

a.

$X=x$	$P(X=x)$
0	0.10
1	0.05
2	0.45
3	0.40

b.

$X=x$	$P(X=x)$
2	0.35
3	0.28
4	0.20
5	0.14

c.

$X=x$	$P(X=x)$
7	−0.25
8	0.85
9	0.40

5.9 다음의 각 표는 X의 값들과 그 값에 대응하는 확률을 나타낸 것이다. 다음의 표들이 확률분포의 2가지 조건을 만족하는지 살펴보시오.

a.

$X=x$	$P(X=x)$
5	−0.36
6	0.48
7	0.62
8	0.26

b.

$X=x$	$P(X=x)$
1	0.27
2	0.24
3	0.49

c.

$X=x$	$P(X=x)$
0	0.15
1	0.08
2	0.20
3	0.50

5.10 다음의 표는 이산형 확률변수 X의 확률분포를 나타낸다.

$X=x$	0	1	2	3	4	5	6
$P(X=x)$	0.11	0.19	0.28	0.15	0.12	0.09	0.06

다음의 확률을 구하시오.

a. $P(X = 3)$ **b.** $P(X \leq 2)$ **c.** $P(X \geq 4)$ **d.** $P(1 \leq X \leq 4)$

e. X가 4보다 작을 확률을 구하시오.

f. X가 2보다 클 확률을 구하시오.

g. X가 구간 [2, 5] 안에 속할 확률을 구하시오.

5.11 다음의 표는 이산형 확률변수 X의 확률분포를 나타낸다.

$X=x$	0	1	2	3	4	5
$P(X=x)$	0.03	0.17	0.22	0.31	0.15	0.12

다음의 확률을 구하시오.

a. $P(X = 1)$ **b.** $P(X \leq 1)$ **c.** $P(X \geq 3)$ **d.** $P(0 \leq X \leq 2)$

e. X가 3보다 작을 확률을 구하시오.

f. X가 3보다 클 확률을 구하시오.

g. X가 구간 [2, 4] 안에 속할 확률을 구하시오.

■ 응용

5.12 A 스포츠에서는 스포츠 용품뿐만 아니라 운동기구도 판다. 하루에 팔리는 운동기구의 양이 매번 다르다. 다음 표는 과거 자료를 이용하여 A 스포츠에서 하루 동안 팔린 운동기구의 개수에 대한 확률분포를 나타낸 것이다.

하루 동안 팔린 운동기구 개수	4	5	6	7	8	9	10
확률	0.08	0.11	0.14	0.19	0.20	0.16	0.12

a. 확률분포를 그래프로 나타내시오.

b. 주어진 날 A 스포츠에서 팔린 운동기구의 개수가 다음과 같이 주어졌을 때, 다음의 확률을 구하시오.

i. 정확히 6개 ii. 8개보다 많이 iii. 5개에서 8개 iv. 기껏해야 6개

5.13 베테랑 야구 심판인 홍길동은 자신의 판정에 대항하는 선수를 용인하지 않는다. 일주일 동안 홍길동이 심판을 선 게임에서 퇴장당한 선수와 감독의 수를 X라 하자. 다음의 표는 X의 확률분포를 나타낸 것이다.

$X=x$	0	1	2	3	4	5	6
$P(X=x)$	0.10	0.18	0.23	0.25	0.14	0.07	0.03

a. 확률분포를 그래프로 나타내시오.

b. 주어진 일주일 동안 홍길동이 심판을 선 게임에서 퇴장당한 선수와 감독의 수가 다음과 같이 주어졌을 때, 다음의 확률을 구하시오.

i. 정확히 3명 ii. 기껏해야 4명

iii. 3명보다 적게 iv. 2명에서 5명

5.14 한 소비자 보호단체에서는 작은 도시에 살고 있는 2,500의 가구에 대하여 그들이 보유하고 있는 TV의 수에 대한 자료를 수집하였다. 다음의 표는 이 단체에서 수집한 자료에 대한 도수분포표이다.

TV 보유수	0	1	2	3	4
가구수	120	970	730	410	270

a. 이 가구들이 보유하고 있는 TV의 수에 대한 확률분포표를 만드시오. 이 확률분포표를 막대그래프로 나타내시오.

b. a의 표에 열거된 확률들이 여러 결과들에 대한 정확한 확률인지, 아니면, 근사 확률인지 설명하시오.

c. 이 도시에서 임의로 선택된 가구가 소유하고 있을 TV의 수를 X라고 하자. 다음의 확률을 구하시오.

i. $P(X = 1)$ ii. $P(X > 2)$ iii. $P(X \leq 1)$ iv. $P(1 \leq X \leq 3)$

5.15 B 마트에서 수익이 높은 상품 중의 하나가 원격 시동 장치이다. 이 가게에서 어느 날 이 장치를 설치한 수를 X라고 하자. 다음의 표는 과거 80일 동안 X의 빈도수를 나타낸 것이다.

$X=x$	1	2	3	4	5
f	8	20	24	16	12

a. 주어진 날에 설치된 원격 시동 장치의 수에 대한 확률분포표를 만드시오. 이 확률분포표를 막대그래프로 나타내시오.

b. a의 표에 열거된 확률들이 여러 결과들에 대한 정확한 확률인가, 아니면, 근사 확률인가? 설명하시오.

c. 다음의 확률을 구하시오.

i. $P(X = 3)$ ii. $P(X \geq 3)$ iii. $P(2 \leq X \leq 4)$ iv. $P(X < 4)$

5.16 큰 자동차 회사에서 생산되는 모든 승용차의 5%가 레몬색이다. 이 회사는 한 생산라인에서 임의로 두 개의 승용차를 표본으로 선택하였다고 하자. 이 표본에서 레몬색의 승용차 수를 X라고 할 때, X의 확률분포를 쓰시오. 이 문제에 대한 나무그림(tree diagram)도 그리시오.

5.17 C 리서치의 기록에 따르면, 성인의 45%가 처방약을 정기적으로 복용한다고 한다. 임의로 성인 2명을 표본으로 선택했을 때, 이 표본에서 처방약을 정기적으로 복용하는 성인의 수를 X

라고 하자. X의 확률분포표를 작성하시오. 이 문제에 대한 나무그림(tree diagram)도 그리시오.

5.18 한 조사에 따르면 성인의 30%가 연구를 위해 동물을 이용하는 것을 반대한다고 한다. 2명의 성인으로 이뤄진 확률표본에 대하여 연구를 위해 동물을 이용하는 것을 반대하는 사람의 수를 X라 할 때, X의 확률분포를 구하시오. 이 문제에 대한 나무그림(tree diagram)도 그리시오.

5.19 D 여론조사 기관이 성인을 대상으로 실시한 투표에서, 응답자의 71%가 영화 관람료가 좀 더 낮아지면, 영화를 보기 위해 극장에 좀 더 많이 가겠다고 말했다고 한다. 임의로 선택된 성인 2명을 표본으로 삼는다. X를 이 표본에서 위와 같은 의견에 동의하는 사람의 수라고 할 때, X의 확률분포를 구하시오. 이 문제에 대한 나무그림(tree diagram)도 그리시오.

5.20 12명으로 이뤄진 한 모임에서 3명이 왼손잡이였다. 이 모임에서 임의로 2명을 표본으로 뽑았다. X를 이 표본에서 왼손잡이의 수라고 하자. X의 확률분포를 구하시오(힌트. 작은 모집단에서 비복원으로 뽑고 있다. 각각의 추출마다 결과들에 대한 확률은 항상 일정하지 않다).

5.21 20명의 육상선수 집단에서 6명이 불법약물을 복용한 적이 있다고 한다. 이 집단에서 임의로 2명을 표본으로 뽑았다. X를 이 표본에서 불법약물을 복용한 적이 있는 사람의 수라고 한다. X의 확률분포를 구하시오(힌트. 작은 모집단에서 비복원으로 뽑고 있다. 각각의 추출마다 결과들에 대한 확률은 항상 일정하지 않다).

5.3 이산형 확률변수의 평균

이산형 확률변수의 평균은 그 확률분포의 실제 평균이고 μ라고 표기한다. 이산형 확률변수 X의 평균을 **기댓값**(*expected value expectation*)이라 하고, $E(X)$로 표기한다. 이산형 확률변수의 평균(또는 기댓값)은 우리가 어떤 실험을 수없이 많이 시행했을 때, 평균적으로 각 반복 시행에서 관측될 거라 기대하는 값을 말한다. 예를 들어, 한 자동차 영업사원이 각 주당 팔 것이라 예상되는 판매 대수가 평균 2.4대일 수 있다. 이는 이 영업사원이 매주 정확히 2.4대의 자동차를 팔 것이란 것을 의미하는 것은 아니다. 이는 단지 여러 주를 관찰한다면 이 영업사원이 각각의 주 동안에 각기 다른 수의 차를 팔 것이지만, 이 모든 기간을 통해서 판 자동차의 수를 각 주당 평균으로 나타낸 값이 2.4대라는 의미다.

이산형 확률변수 X의 평균을 계산하기 위해 X의 각 값에 대응되는 확률을 곱하고, 그 합을 구하여 결과를 얻는다. 이 합이 이산형 확률변수 X의 평균(또는 기댓값)이 된다.

이산형 확률변수의 평균

이산형 확률변수의 평균은 한 실험을 수없이 반복하여 시행한다면 평균적으로 각 반복시행에서 평균적으로 일어날 거라 기대되는 값을 말한다. 이는 μ로 표기하고, 계산은 다음과 같이 한다.

$$\mu = \Sigma xP(X = x)$$

이산형 확률변수 X의 평균은 또한 기댓값이라 하며 $E(X)$라 표기한다. 즉,

$$E(X) = \sum_{x} xP(X = x)$$

예제 5-5는 이산형 확률변수의 평균의 계산을 나타낸 것이다.

■ 예제 5-5 이산형 확률변수의 평균에 대한 계산과 해석

5.2절의 예제 5-3을 다시 떠올려 보자. 예제로부터 얻은 확률분포 표 5.4를 다시 아래와 같이 얻을 수 있다. 이 표에서 $X = x$는 주어진 주 동안에 한 기계가 고장 날 횟수를 나타내고, $P(X = x)$는 X에 대응하는 확률을 나타낸다.

$X = x$	$P(X = x)$
0	0.15
1	0.20
2	0.35
3	0.30

이 기계의 각 주당 고장 날 횟수에 대한 평균을 구하시오.

풀 이 이 기계의 각 주당 고장 날 횟수에 대한 평균을 구하기 위해, X의 각 값에 대응하는 확률을 곱하고 그 결과들을 합한다. 이 합은 X의 확률분포의 평균이 된다. $xP(X = x)$의 결과가 표 5.6의 세 번째 열에 작성되어 있다. 이 결과들의 합이 $\Sigma xP(X = x)$로 X의 평균을 나타낸다.

표 5.6 **고장 횟수의 확률분포에 대한 평균계산**

$X = x$	$P(X = x)$	$xP(X = x)$
0	0.15	$0(0.15) = 0.00$
1	0.20	$1(0.20) = 0.20$
2	0.35	$2(0.35) = 0.70$
3	0.30	$3(0.30) = 0.90$
		$\Sigma xP(X = x) = 1.80$

그 평균은

$$\mu = \Sigma xP(X = x) = 1.80$$

이다. 그러므로 평균적으로 이 기계가 각 주당 고장 횟수가 1.80회일 것이라 기대된다. 다시 말해서, 이 기계를 오랫동안 사용한다면 어떤 기간 동안에는 고장이 없을 수도 있고, 어떤 주에는 고장이 1회 날 수도 있고, 또 다른 주에는 2회 또는 3회 날 수도 있다. 기계를 사용하는 전체 기간 동안에 고장의 횟수를 각 주당 1.80회라고 기대하는 것이다.

여기서 $\mu = 1.80$은 또한 X의 기댓값이 되고, 다음과 같이 쓸 수 있다.

$$E(X) = 1.80.$$

5.4 이산확률변수의 표준편차

이산형 확률변수의 표준편차는 σ로 표기하며, 그 확률분포의 퍼진 (spread) 정도를 나타낸 것이다. 이산형 확률변수의 표준편차가 큰 값이면, X가 그 평균에 대하여 넓은 범위에 안에 있을 가능성을 나타낸다. 반대로 표준편차의 값이 작으면, X값들의 대부분은 그 평균에 가까이 모여 있다는 것을 말한다. 이산형 확률변수의 표준편차의 기본 계산식은

$$\sigma = \sqrt{[\Sigma(x - \mu)^2 \cdot P(X = x)]}$$

이다.

그러나 이산형 확률변수의 표준편차를 보다 쉽게 계산하기 위한 간편 계산식은 다음과 같다.

이산형 확률변수의 표준편차

이산형 확률변수 X의 표준편차는 그 확률분포의 산포를 나타내며 계산식은 다음과 같다.

$$\sigma = \sqrt{\Sigma x^2 P(X = x) - \mu^2}$$

여기서 이산형 확률변수의 분산 σ^2는 표준편차를 제곱하면 그 값을 얻을 수 있다.

예제 5-6은 이산형 확률변수의 표준편차를 간편 계산식을 이용하여 계산하는 방법을 소개한다.

■ 예제 5-6 이산형 확률변수의 표준편차에 대한 계산과 해석

E 전기회사는 여러 컴퓨터 회사들에 컴퓨터 부품을 납품하는 업체이다. E 전기회사는 다른 업체에 부품 납품을 위해 선적하기 전, 자사 제품인 부품의 불량상태를 점검하기 위해 두 대의 불량품 탐지기를 작동시키고 있지만, 가끔 이들 탐지기를 그대로 통과하는 불량품이 발견되곤 하였다. 한 선적화물 안의 400개의 제품 중 불량품의 개수를 X라 할 때, 다음과 같은 X의 확률분포표를 얻었다.

$X=x$	0	1	2	3	4	5
$P(X=x)$	0.02	0.20	0.30	0.30	0.10	0.08

X의 표준편차를 구하시오.

풀 이 표 5.7은 X의 표준편차를 구하기 위한 계산결과들을 보여 주고 있다.

표 5.7 표준편차를 구하기 위한 계산

$X=x$	$P(X=x)$	$xP(X=x)$	x^2	$x^2P(X=x)$
0	0.02	0.00	0	0.00
1	0.20	0.20	1	0.20
2	0.30	0.60	4	1.20
3	0.30	0.90	9	2.70
4	0.10	0.40	16	1.60
5	0.08	0.40	25	2.00
		$\Sigma xP(X=x) = 2.50$		$\Sigma x^2P(X=x) = 7.70$

X의 표준편차를 구하기 위해 다음의 순서대로 계산한다.

단계 1. 이산형 확률변수의 평균을 계산한다.

표 5.7의 세 번째 열에 적혀 있는 $xP(X=x)$의 값들을 합을 구하면 $\mu = \Sigma xP(X=x) = 2.50$이 되고, 이는 400개의 제품 중 불량품의 개수가 2.50개임를 나타낸다.

단계 2. $\Sigma x^2P(x)$값들을 계산한다.

먼저 표 5.7의 네 번째 열에 $X=x$의 제곱한 값들을 적는다. 그 다음 이 x^2값과 대응하는 확률 $P(X=x)$를 곱한다. 표 5.7의 다섯 번째 열에 이 결과들을 적은 다음, 이 열의 합을 구하면 $\Sigma x^2P(X=x) = 7.70$이 된다.

단계 3. 위에서 얻은 결과를 X의 표준편차를 구하기 위한 공식에 대입하여 계산한다.

$$\sigma = \sqrt{\Sigma x^2P(X=x) - \mu^2} = \sqrt{7.70 - (2.50)^2} = \sqrt{1.45} = 1.204 \text{ 불량품}$$

그러므로 주어진 한 선적화물 안의 400개의 부품 중에 기대되는 불량품의 개수는 평균 2.50개이고, 표준편차는 1.204이다. ■

이산형 확률변수의 표준편차는 양의 제곱근이므로, 그 값은 음수가 나올 수 없다.

■ 예제 5-7 이산형 확률변수의 확률분포 구하기

F 회사는 새로운 화장품을 출시할 예정이다. 이 회사의 기획부 분석에 따르면 이 제품의 판매실적이 높으면, 연간 이익이 4,500만원, 판매실적이 중간이면 연간 이익이 1,200만원, 판매실적이 저조하면 2,300만원의 손실을 얻게 될 것이라고 한다. 이 세 가지 상황에 대한 확률이 각기 0.32, 0.52, 0.17이라 한다.

(a) 이 제품으로 회사가 벌어들이는 이익을 X(단위 : 백만원)라 하자. X의 확률분포를 구하시오.

(b) X의 평균과 표준편차를 구하시오.

풀 이

이산형 확률변수의 확률분포 구하기

(a) 아래 표는 X의 확률분포를 나타내고 있다. 여기서 X는 이 회사가 벌어들이는 이익이므로, 손실은 표에서 음수로 표현되어 있다.

$X=x$	$P(X=x)$
4.5	0.32
1.2	0.51
−2.3	0.17

이산형 확률변수의 평균과 표준편차 구하기

(b) 표 5.8은 X의 평균과 표준편차를 구하는 데 필요한 모든 계산과정이 나타나 있다.

표 5.8 평균과 표준편차를 구하기 위한 계산

$X=x$	$P(X=x)$	$xP(X=x)$	x^2	$x^2P(X=x)$
4.5	0.32	1.440	20.25	6.4800
1.2	0.51	0.612	1.44	0.7344
−2.3	0.17	−0.391	5.29	0.8993
		$\Sigma xP(X=x) = 1.661$		$\Sigma x^2P(X=x) = 8.1137$

X의 평균은

$$\mu = \Sigma xP(X=x) = 1.661(\text{백만원})$$

이다.

X의 표준편차는

$$\sigma = \sqrt{\Sigma x^2 P(X = x) - \mu^2} = \sqrt{8.1137 - (1.661)^2} = 2.314(\text{백만원})$$

이다.

그러므로 F 회사가 새로운 화장품을 출시하면 얻게 되는 회사의 연간 이익은 1.661백만원로 기대되고, 표준편차는 2.314백만원이다. ■

표준편차의 해석

이산형 확률변수의 표준편차는 해석과 쓰임은 3.4절에서 제시되었던 하나의 자료의 표준편차와 같다. 그 절에서 우리는 Chebyshev 이론에 따르면 확률분포곡선에서 평균으로부터 $k(k > 1)$배의 표준편차만큼 떨어진 영역까지의 넓이는 적어도 전체 영역의 $[1 - (1/k^2)] \times 100\%$라고 배웠다. 그러므로 $k = 2$이면 한 곡선에서 $\mu - 2\sigma$와 $\mu + 2\sigma$ 사이의 면적은 전체 곡선 면적의 적어도 75%가 된다. 예제 5-6에서

$\mu = 2.50$이고, $\sigma = 1.204$이므로,

$\mu - 2\sigma = 2.50 - 2(1.204) = 0.092$이고,

$\mu + 2\sigma = 2.50 + 2(1.204) = 4.908$이 된다.

Chebyshev 이론을 이용하면 각 선적화물(각 400개의 부품을 포함) 중 적어도 75% 0.092개에서 4.908개의 불량품을 포함하고 있다고 기대할 수 있다.

연습문제

■ 개념과 절차

5.22 이산형 확률변수의 평균과 표준편차에 대한 개념을 간단히 설명하시오.

5.23 다음의 각 확률분포에 대한 평균과 표준편차를 구하시오.

a.

$X = x$	$P(X = x)$
0	0.16
1	0.27
2	0.39
3	0.18

b.

$X = x$	$P(X = x)$
6	0.40
7	0.26
8	0.21
9	0.13

5.24 다음의 각 확률분포에 대한 평균과 표준편차를 구하시오.

a.

$X=x$	$P(X=x)$
3	0.09
4	0.21
5	0.34
6	0.23
7	0.13

b.

$X=x$	$P(X=x)$
0	0.43
1	0.31
2	0.17
3	0.09

■ 응용

5.25 한 권의 책에서 임의로 선택된 페이지에 나타난 오타의 수를 X라고 하자. 다음의 표는 X의 확률분포를 나타낸다.

$X=x$	0	1	2	3	4
$P(X=x)$	0.73	0.16	0.06	0.04	0.01

X의 평균과 표준편차를 구하시오.

5.26 X를 매주 성인 한 명이 읽는 잡지의 수라고 하자. 성인들을 대상으로 한 표본조사를 통해서 다음과 같은 확률분포를 얻었다.

$X=x$	0	1	2	3	4	5
$P(X=x)$	0.36	0.24	0.18	0.10	0.07	0.05

X의 평균과 표준편차를 구하시오.

5.27 다음의 표는 한 전자대리점에서 하루 동안 판매된 캠코더의 수에 대한 확률분포이다.

캠코더의 수	0	1	2	3	4	5	6
확률	0.05	0.12	0.19	0.30	0.20	0.10	0.04

이 확률분포에 대한 평균과 표준편차를 구하시오. 평균의 값에 대하여 간단히 해석하시오.

5.28 다음은 연습문제 5.12에서 나왔던 표로 A 스포츠에서 하루 동안 판매된 운동기구의 수에 대한 확률분포이다.

하루당 팔린 운동기구의 개수	4	5	6	7	8	9	10
확률	0.08	0.11	0.14	0.19	0.20	0.16	0.12

이 확률분포에 대한 평균과 표준편차를 구하시오. 평균의 값에 대하여 간단히 해석하시오.

5.29 하나의 동전을 두 번 던졌을 때, 나온 앞면의 수를 X라고 하자.

$X=x$	0	1	2
$P(X=x)$	0.25	0.50	0.25

X의 평균과 표준편차를 구하시오. 평균의 값에 대하여 간단히 해석하시오.

5.30 X를 어느 날 한 공항에서 금속 탐지기를 통해 탐지된 숨겨진 무기의 수라고 하자. 다음의 표는 X의 확률분포를 나타낸다.

$X=x$	0	1	2	3	4	5
$P(X=x)$	0.14	0.28	0.22	0.18	0.12	0.06

이 확률분포에 대한 평균과 표준편차를 구하시오. 평균의 값에 대하여 간단히 해석하시오.

5.31 연습문제 5.14를 참조하시오. 한 도시에 거주하는 2,500 가구 전체가 각기 소유하고 있는 TV의 수로 얻어진 확률분포에 대한 평균과 표준편차를 구하시오. 평균과 표준편차의 값에 대하여 간단히 설명하시오.

5.32 연습문제 5.15를 참조하시오. B 마트에서 과거 80일간 하루당 설치한 원격 시동 장치의 수로 얻어진 확률분포에 대한 평균과 표준편차를 구하시오. 평균과 표준편차의 값에 대하여 간단히 설명하시오.

5.33 연습문제 5.16에서 구한 레몬색 차의 수에 대한 확률분포를 참조하여, 확률변수 X의 평균과 표준편차를 구하시오.

5.34 연습문제 5.17에서 다룬 2명의 한 표본에서 정기적으로 처방 약을 복용하는 성인의 수에 대한 확률분포를 통해, 확률변수 X의 평균과 표준편차를 구하시오.

5.35 한 건설업자가 사무실 빌딩, 극장, 주차빌딩, 이 세 가지 일에 대한 입찰에 참여하였다. 주 법률은 한 건설업자가 이 세 가지 일 중 한 가지 일만 맡을 수 있도록 정하고 있다. 이 건설업자가 이 일들 중에서 입찰을 받게 된다면, 이 입찰을 통한 계약으로 벌게 되는 이익이 사무실 빌딩은 천만 달러, 극장은 5백만 달러, 주차빌딩은 2백만 달러이다. 그러나 계약을 하지 못하면 돈을 벌지 못하게 된다. 그 건설업자는 이 세 가지 일에 대한 입찰 받을 확률과 입찰 받지 못할 확률을 추정한 결과, 각기 0.15, 0.30, 0.45, 0.10을 얻었다. 그 건축업자가 벌 수 있는 이익을 백만 달러 단위로 한 확률변수 X라고 하자. X의 확률분포를 구하시오. X의 평균과 표준편차를 구하시오. 평균과 표준편차의 값에 대하여 간단히 설명하시오.

5.36 한 장의 즉석복권의 가격은 2달러이다. 발행된 이 복권 전체 10,000장 중에서 4등인 1,000장의 복권은 상금이 각 5달러, 3등인 100장의 복권은 상금이 각 10달러, 2등인 5장의 복권은 상금이 1,000달러, 그리고 1등인 1장의 복권은 상금이 5,000달러이다. 이 복권 당첨에서 당첨된 사람의 당첨 등수를 확률변수 X라고 하자. X의 확률분포를 구하시오. X의 평균과 표준편차를 구하시오. 평균과 표준편차의 값에 대하여 어떻게 해석할 것인가?

5.37 연습문제 5.20에서 확률표본의 2명의 사람들 중 왼손잡이인 사람의 수에 대한 확률분포를 이

용하여, X의 평균과 표준편차를 구하시오.

5.38 연습문제 5.21에서 확률표본의 2명의 선수들 중 이전에 불법약물 복용을 한 적이 있는 사람의 수에 대한 확률분포를 이용하여, X의 평균과 표준편차를 구하시오.

5.5 경우의 수, 순열과 조합

이 절에서는 계승 (factorials) , 조합 (combinations) 과 순열 (permutations) 에 대해 소개한다. 이들은 5.6절의 이항공식에서 사용될 개념들이다.

5.5.1 계승

계승 (factorials) 은 기호 !로써 표기하고 어떤 숫자에 !를 붙이면, 그 숫자와 1 사이의 모든 정수들의 곱을 의미한다. 예를 들어 7!은 7부터 1 사이의 모든 정수들을 곱하면 된다.

정 의

계승 : 기호 $n!$은 n의 **계승** (*factorial*) 이라 부르고, n부터 1까지의 모든 정수들의 곱을 나타낸다. 즉,

$$n! = n(n-1)(n-2)(n-3)\cdots 3\cdot 2\cdot 1$$

그리고,

$$0! = 1$$

로 정의한다.

■ 예제 5-8 계승 구하기

7!을 계산하시오.

풀 이 7!은 7부터 1 사이의 모든 정수들의 곱이다.

$$7! = 7\cdot 6\cdot 5\cdot 4\cdot 3\cdot 2\cdot 1 = 5{,}040$$

그러므로 7!의 값은 5,040. ■

■ 예제 5-9 계승 구하기

10!을 계산하시오.

풀 이 10!은 10부터 1 사이의 모든 정수들의 곱이다.

$$10! = 10 \cdot 9 \cdot 8 \cdot 7 \cdot 6 \cdot 5 \cdot 4 \cdot 3 \cdot 2 \cdot 1 = 3{,}628{,}800$$ ■

■ 예제 5-10 두 수의 차이에 대한 계승 구하기

(12 − 4)!을 계산하시오.

풀 이 (12 − 4)!의 값은

$$(12 - 4)! = 8! = 8 \cdot 7 \cdot 6 \cdot 5 \cdot 4 \cdot 3 \cdot 2 \cdot 1 = 40{,}320$$ ■

■ 예제 5-11 0의 계승 구하기

(5 − 5)!을 계산하시오.

풀 이 (5 − 5)!의 값은

$$(5 - 5)! = 0! = 1$$

여기서 0!의 값은 항상 1이다. ■

통계 소프트웨어와 대부분의 계산기로 계승을 구할 수 있다. 여러분의 계산기로 계승을 계산할 수 있는지 확인해 보자.

5.5.2 조합

종종 서로 구별되는 원소들로 이뤄진 집합으로부터 몇 개의 원소들을 선택하는 문제에 접하게 된다. 예를 들어, 한 학생이 시험에서 4개의 문제 중 2개의 문제를 골라 풀어야 하는 경우가 있다. 또 다른 예로는, 한 학과에서 20명의 교수들 중 3명의 교수를 뽑아 한 위원회를 구성할 경우도 있다. 또한 로또구입자는 45개의 숫자 중 6개의 숫자를 뽑아야 하는 경우도 있다. 그럼 이런 경우에 각 경우마다 선택의 가짓수를 어떻게 정해야 할까? 예로써, 한 학생이 시험에서 4개의 문제 중 2개의 문제를 선택해서 풀어야 할 때, 이 학생이 선택할 2개의 문제의 가짓수는 얼마나 될까? 그 답은 6가지이다. 4개의 문제를 각기 숫자 1, 2, 3, 4로 표기하자. 그러면, 이 선택의 6가지는

(1 과 2), (1 과 3), (1 과 4), (2 와 3), (2 와 4), (3 과 4)

가 된다. 그 학생이 선택할 수 있는 문제는 1번과 2번, 1번과 3번.... 등이다. 조합에서 모든 선택은 비복원으로 만들어진다.

목록에 있는 가능한 선택의 각각을 **조합(combination)**이라 한다. 6개의 조합 모두는 서로 구별된다. 다시 말해서, 각 조합들은 서로 다른 문제들의 모임이다. 여기서 중요한 것은 조합을 구성하는 원소들의 순서와는 상관없이 서로 다른 원소들로 이루어진 모임이여야 한다는 것이다. 그러므로 (1 과 2)와 (2 와 1)의 조합은 서로 다른 조합이 아닌 하나의 조합으로 여겨진다.

정 의

조합기호 : **조합**(*combinations*)은 n개의 원소로부터 x개의 원소를 뽑는 방법의 가짓수를 말한다. 전체 조합의 수를 기호로

$${}_nC_x$$

라 표기하며, n개에서 x개의 원소를 택할 가짓수라 한다.

전체 n개의 원소 중에서 x개의 원소만 선택해야 한다고 하자. 그러면,

n : 전체 원소의 수

${}_nC_x$ = n개에서 x개의 원소를 택할 가짓수

x : 각 선택에 뽑혀진 원소의 수

조합의 수 : **조합의 수**(*number of combinations*)는 서로 다른 n개의 원소 중 x개의 원소를 택할 가짓수는 다음의 공식을 통해 얻는다.

$${}_nC_x = \frac{n!}{x!(n-x)!}$$

단, 여기서 $n!$, $x!$, $(n-x)!$은 각기 계승을 의미한다.

조합의 공식에서,

$$n! = n(n-1)(n-2)(n-3)\cdots 3\cdot 2\cdot 1$$
$$x! = x(x-1)(x-2)(x-3)\cdots 3\cdot 2\cdot 1$$
$$(n-x)! = (n-x)(n-x-1)(n-x-2)\cdots 3\cdot 2\cdot 1$$

여기서 n은 항상 x보다 같거나 커야 한다. 만약 n이 x보다 작으면 n개의 원소로부터 서로 다른 x개의 원소를 뽑을 수 없다.

■ 예제 5-12 조합의 공식 이용

한 아이스크림 가게 진열장에 6가지 향의 아이스크림이 있다. 영희는 두 가지 향의 아이스

크림을 사려고 한다. 만약 영희가 임의로 6개의 향 중에 2가지 향의 아이스크림을 고른다면, 그 조합의 수는 몇 가지인가?

풀 이 이 예에서,

$$n = \text{전체 아이스크림의 수} = 6$$
$$x = \text{뽑을 아이스크림의 수} = 2$$

그러므로 영희가 6가지의 아이스크림 중에 2가지 향의 아이스크림을 뽑을 가짓수는

$$_6C_2 = \frac{6!}{2!(6-2)!} = \frac{6!}{2!4!} = 6\cdot5\cdot4\cdot3\cdot2\cdot1 = 15$$

따라서 영희가 6개 중 2개 향의 아이스크림을 선택할 가짓수는 15가지이다. ■

■ 예제 5-13 조합의 수를 구하고 열거

5명의 사람들 중에 3명으로 이뤄진 배심원단을 선정한다. 이 경우의 조합의 수는 얼마인가?

풀 이 모두 5명의 사람들 중에 3명을 뽑아야 한다. 그러므로,

$$n = 5\text{이고, } x = 3\text{이다.}$$

조합의 공식에 적용하면,

$$_5C_3 = \frac{5!}{3!(5-3)!} = \frac{5!}{3!2!} = \frac{120}{6\cdot2} = 10$$

을 얻게 된다.

만약 다섯 사람을 A, B, C, D, E라 하면, 3명으로 이뤄진 배심원단 조합들은

ABC ABD ABE ACD ACE ADE BCD BCE BDE CDE

이다. ■

■ 예제 5-14 조합공식 이용

G 회사는 금융분석가를 구하는 광고를 냈다. 이 회사는 같은 조건으로 보이는 10명의 응시자들로부터 응시원서를 받았다. 그 회사 부장은 인터뷰를 위해 이들 응시자들 중 3명을 선발하기로 했다. 임의로 10명 중 3명을 선택한다면, 이때 선택의 가짓수는 얼마인가?

풀 이 10명 중 3명을 선택할 총 가짓수는 $_{10}C_3$이 된다. 여기서 $n = 10$이고, $x = 3$이다. 선택의 가짓수는 다음과 같이 얻을 수 있다.

$$_{10}C_3 = \frac{10!}{3!(10-3)!} = \frac{10!}{3!7!} = \frac{3,628,800}{(6)(5,040)} = 120$$

그러므로 그 회사 부장이 10명의 응시자 중 3명을 뽑을 가짓수는 120가지이다. ■

통계 소프트웨어와 대부분의 계산기로 조합을 계산할 수 있다.

총 원소의 수와 선택하고자 하는 원소의 수가 같다면 오직 하나의 조합이 존재한다. 다시 말해서,

$$_nC_n = 1$$

이다.

또한 n개로부터 0개를 선택한다면 이 경우 조합의 총수는 1이다. 즉,

$$_nC_0 = 1$$

예를 들어,

$$_5C_5 = \frac{5!}{5!(5-5)!} = \frac{5!}{5!0!} = \frac{120}{(120)(1)} = 1$$
$$_8C_0 = \frac{8!}{0!(8-0)!} = \frac{8!}{0!8!} = \frac{40,320}{(1)(40,320)} = 1$$

5.5.3 순열

순열의 개념은 조합과 유사하지만 주요 차이점은 선택의 순서가 중요하다는 것이다. 한 항아리 안에 3개의 구슬(빨간, 초록, 자주)이 있고, 이 3개의 구슬 중 2개의 구슬을 뽑으려 한다. 선택의 순서가 중요하지 않을 땐 앞서 학습한 바와 같이 선택의 가짓수는 3가지이다. 그 3가지 선택 방법은 RG, RP, GP이다. 여기서 R은 빨간 구슬을, G는 초록 구슬을, P는 자주 구슬을 나타낸다. 이 3가지 조합에서는 선택의 순서가 중요하지 않기 때문에 RG와 GR는 같은 선택이다. 그러나 선택의 순서가 중요하다면 RG와 GR는 같은 선택이 아닌 서로 다른 선택인 것이다. 마찬가지로 RP와 PR도 2가지 다른 선택이고, GP와 PG 또한 다른 선택인 것이다. 그러므로 구슬이 뽑힌 순서가 중요하다면 6가지의 선택이 있을 수 있다. 즉, RG, GR, RP, PR, GP, PG 이렇게 6가지로 구분된다. 이들을 6개의 **순열(permutation)** 또는 **배열(arrangements)**이라 한다.

정 의

순열기호 : **순열**(*permutation*)은 서로 다른 n개의 원소로부터 x개의 원소를 뽑는데 순서를 중요시한 방법의 수를 말한다. 순열을 기호로

$$_{n}P_{x}$$

라 표기하며, n개에서 x개의 원소를 나열하는 순열의 수라 한다. **순열**은 **배열(arrangement)**이라고도 한다.

순열의 공식 : 서로 다른 n개의 원소 중 x개의 원소를 택하여 나열하는 순열은 다음의 공식을 통해 얻는다.

$$_{n}P_{x} = \frac{n!}{(n-x)!}$$

예제 5-15는 위 공식을 이용하는 방법을 보여 준다.

■ 예제 5-15 순열의 공식 이용

한 클럽에 20명의 회원이 있다. 그들은 다음 임기를 위한 3명의 임원, 즉 회장, 부회장, 총무를 선출하려고 한다. 그들은 항상 모든 회원의 이름 중에 임의로 3명의 이름을 뽑은 후에, 첫 번째 사람은 회장으로, 두 번째 사람은 부회장으로, 나머지 사람은 총무로 선출해 왔다. 그러므로 20명의 이름 중 3명의 이름을 뽑는 순서가 중요하다. 20명 중 3명의 이름을 뽑을 순열의 수를 계산하시오.

풀 이 이 예에서,

$$n = \text{그 클럽의 전체 회원수} = 20$$
$$x = \text{뽑을 회원 이름의 수} = 3$$

이다. 뽑는 순서가 중요하기 때문에 우리는 다음의 공식을 통해 순열 또는 배열의 가짓수를 구한다.

$$_{n}P_{x} = \frac{n!}{(n-x)!} = \frac{20!}{(20-3)!} = \frac{20!}{17!} = 6{,}840$$

그러므로 20명 중 3명의 이름을 뽑을 순열의 수는 6,840가지이다. ■

통계 소프트웨어와 대부분의 계산기로 순열을 계산할 수 있다.

연습문제

■ 개념과 절차

5.39 적당한 공식을 이용하여 다음의 값을 계산하시오.

$3! \quad (9-3)! \quad 9! \quad (14-12)! \quad {}_5C_3 \quad {}_7C_4 \quad {}_9C_3 \quad {}_4C_0 \quad {}_3C_3 \quad {}_6P_2 \quad {}_8P_4$

5.40 적당한 공식을 이용하여 다음의 값을 계산하시오.

$6! \quad 11! \quad (7-2)! \quad (15-5)! \quad {}_8C_2 \quad {}_5C_0 \quad {}_5C_5 \quad {}_6C_4 \quad {}_{11}C_7 \quad {}_9P_6 \quad {}_{12}P_8$

■ 응용

5.41 한 스키 순찰단은 9명이 임무를 수행하고, 그들 중 2명이 부상당한 스키어를 구조하는 데 투입된다. 이 9명의 구성원 중 2명을 어떤 방법으로 선발할까? 선발 순서가 중요하다고 가정하자. 이 경우의 배열의 가짓수는 얼마인가?

5.42 한 아이스크림 가게에서는 25가지 맛의 아이스크림을 판다. 이 25가지 맛 중에서 서로 다른 2개의 맛을 선택한다면, 이때 선택의 가짓수는 얼마인가? 이 경우의 순열은 얼마인가?

5.43 한 경마장에 소속된 한 수의사는 세 번째 경주에서 12마리의 말 중 1마리 이상의 말이 흥분제를 맞았다는 소식을 들었다. 그녀는 오직 3마리의 말을 검사할 시간밖에 없다. 이 12마리의 말 중 임의로 3마리의 말을 선택할 수 있는 방법은 얼마나 많은가? 어떤 말을 먼저 뽑느냐가 중요하다면 순열은 얼마인가?

5.44 한 환경단체에서 25가구로 구성된 한 구역에서 임의로 4개의 가구를 선택해, 라돈의 양을 점검할 것이다. 이때 가능한 전체 선택의 수는 얼마인가? 가능한 순열은 얼마인가?

5.45 한 투자자는 한 번의 투자를 위해 20개의 주식 중 임의로 6개의 주식을 선택한다. 얼마나 많은 조합이 가능한가? 만약 주식을 뽑는 순서가 중요하다면 순열은 얼마인가?

5.46 한 회사는 전체 16명의 근로자를 고용하고 있다. 경영진은 고용인들에게 새로운 노동 계약 협상을 위해 그들 중 2명의 근로자와 협상하려고 한다고 전했다. 이 고용인들은 임의로 2명의 근로자를 뽑기로 했다. 전체 선택방법은 얼마인가? 선택의 순서가 중요하다고 생각하고, 순열을 구하시오.

5.47 한 표본에서 비복원으로 20개의 제품 중 9개의 상품을 뽑을 경우의 수를 구하시오.

5.48 한 표본에서 비복원으로 15개의 제품 중 5개의 상품을 뽑을 경우의 수를 구하시오.

5.6 이항 확률분포

이항 확률분포(binomial probability distribution)는 이산형 확률분포에서 가장 널리 이용되는 분포 중 하나이다. 한 실험에서 n번의 시행 중에 어떤 결과가 x번 일어날 확률을 찾는 데 이용이 된다. 예를 들어, 한 회사에서 생산된 DVD 플레이어의 불량률은 0.05로 주어져 있을 때, 이 회사에서 생산된 DVD 플레이어 중 3개를 표본으로 뽑았을 때, 정확히 하나의 제품이 불량품일 확률을 구하려는 경우이다. 두 번째 예로는, 한 타자의 평균 타율이 0.250일 때 10타석에서 안타를 치지 못할 확률을 알고 싶은 경우가 있다.

이항 확률분포를 적용하기 위해서 확률변수 X는 이산형으로 성공 또는 실패의 결과만을 갖는 확률변수여야 한다. 다시 말해서 변수는 이산형 확률변수여야 하고, 시행마다 나타날 수 있는 결과가 두 가지 중 하나여야 한다. 이항분포는 **이항실험**(*binomial experiment*)의 4가지 조건을 만족하는 통계적 실험에 적용할 수 있다(5.6.1절 참조). 이항실험의 각 반복은 **시행(trial)** 또는 **베르누이 시행(Bernoulli trial)**이라 부른다. 예를 들어, 한 실험이 하나의 동전을 한 번 던지는 것이라 하고, 이 실험을 10번 반복한다면, 각 반복(던지기)을 시행이라 한다. 그러므로 이 실험에는 총 10번의 시행이 있다.

5.6.1 이항실험

다음의 4가지 조건을 만족하는 실험을 **이항실험(binomial experiment)**이라 한다.

1. 같은 시행을 n번 한다. 다시 말해서 주어진 실험을 n번 반복한다. 여기서 n은 양의 정수이다. 이 모든 시행은 같은 조건하에서 실행된다.
2. 매시행마다 2가지 또는 오직 2가지의 결과만이 나타난다. 이 결과들을 **성공**(*success*) 또는 **실패**(*failure*)라 부른다.
3. 성공의 확률을 p라고 표기하고, 실패의 확률을 q라 하면, $p + q = 1$이다. 이 확률 p와 q는 매시행마다 항상 일정하다.
4. 시행들은 독립이다. 다시 말해서 이 시행의 결과가 다른 시행의 결과에 영향을 미치지 않는다.

이항실험의 조건 이항실험은 다음의 4가지 조건을 만족해야 한다.

1. 같은 시행을 n번 한다.
2. 각 시행의 결과는 오직 2가지이다.
3. 두 결과에 대한 확률은 일정하다.
4. 시행들은 독립이다.

한 시행의 2가지 결과는 **성공** 또는 **실패**로 부른다. 여기서 성공은 대응되는 결과가 호의적이거나 바람직하다는 것을 의미하는 것이 아니다. 마찬가지로 실패도 또한 대응되는 결과가 비호의적이거나 바람직하지 않다는 것을 의미하는 것이 아니다. 성공과 실패는 단지 한 시행의 두 가지 결과를 부르는 이름일 뿐이다. 보통 질문에서 묻는 결과를 성공, 그렇지 않은 결과를 실패라 한다.

■ 예제 5-16 이항실험의 조건

하나의 동전을 10번 던지는 실험을 고려해 보시오. 이 실험이 이항실험인지 아닌지 결정하시오.

풀 이 하나의 동전을 10번 던지는 실험은 이항실험의 4가지 조건을 만족한다.

1. 동전을 모두 10번 던진다. 그리고 이는 모두 같은 시행이다. 같은 조건하에서 동전을 10번 모두 던진다. 여기서 $n = 10$
2. 각 시행은 오직 2가지의 결과를 가진다. 즉, 앞면, 뒷면. 앞면을 성공, 뒷면을 성공이라 부르자.
3. 매 시행에서 앞면(성공)이 나올 확률은 1/2이고, 뒷면(실패)이 나올 확률은 1/2이다. 즉,

$$p = P(H) = 1/2\text{이고 } q = P(T) = 1/2\text{이다.}$$

   이 두 확률의 합은 1이다. 또한 이 확률은 각 시행에서 변하지 않는다.
4. 시행들은 독립이다. 앞서 동전을 던져 얻은 결과가 다른 연속적인 시행의 결과에 영향을 미치지 않는다. ■

그러므로 동전을 10번 던지는 시행은 이항실험이다.

■ 예제 5-17 이항실험의 조건

한 대형 전자회사에서 생산하는 DVD 플레이어의 불량률은 5%이다. 이 회사의 한 생산라인으로부터 임의로 3개의 DVD 플레이어를 뽑았다. 선택한 제품이 불량품인지 아닌지 검사하였다. 이 실험은 이항실험인가?

풀 이

1. 이 예는 3개의 동일시행으로 이뤄진다. 각 시행은 하나의 DVD 플레이어를 뽑는 것이다.
2. 각 시행의 결과는 2가지이다. 즉, DVD 플레이어가 불량품이거나, DVD 플레이어가 양품이다. 불량인 DVD 플레이어는 성공이고, 정상인 DVD 플레이어는 실패라고 하자.
3. 모든 DVD 플레이어에 대한 불량률은 5%이다. 그래서 확률 p는 불량률인 0.05이고,

확률 q는 양품일 확률 0.95이다. 이 두 확률의 합은 1이 된다.

4. 각 시행(DVD 플레이어)은 독립이다. 즉, 하나의 DVD 플레이어가 불량이라면 또 다른 DVD 플레이어가 양품이거나 불량품인 결과에 영향을 미치지 않는다. 이는 모집단의 개수가 표본의 개수와 비교하여 매우 클 때 적용될 수 있다.

이항실험의 4가지 조건을 모두 만족하기 때문에 이 예는 이항실험이다. ■

5.6.2 이항 확률분포와 이항공식

이항실험에서 n번의 시행 중 성공의 수를 나타내는 확률변수 X를 **이항 확률변수**(*binomial random variable*)라 부른다. 이 시행에서 X의 확률분포를 **이항 확률분포**(**binomial probability distribution**) 또는 간단히 **이항분포**(*binomial distribution*)라 한다. 그러므로 이항 확률분포는 이항실험에서 n번의 시행 중 성공이 x일 확률을 구하는 데 이용된다. 이런 실험에서 성공의 수 X는 이산형 확률변수이다. 예제 5-17을 살펴보자. 3개로 이뤄진 하나의 표본에서 X를 불량품인 DVD 플레이어라 하자. 이 표본에서 불량품인 DVD 플레이어의 개수는 0, 1, 2, 3이라 할 수 있다. 그러면 X의 값은 셀 수 있기 때문에 이산형 확률변수이다.

이항공식

이항실험에서 n번의 시행 중 정확히 x번 성공을 할 확률은 다음의 공식을 통해서 얻을 수 있다.

$$P(X = x) = {}_nC_x p^x q^{n-x}, x = 0, 1, \cdots, n$$

단, n = 전체 시행의 수

p = 성공의 확률

$q = 1 - p$ = 실패의 확률

x = n번의 시행 중 성공의 수

$n - x$ = n번의 시행 중 실패의 수

이항공식에서 n은 전체 시행의 횟수를 x는 전체 성공의 수를 나타낸다. 전체 시행 횟수와 전체 성공의 수와의 차이인 $n - x$는 n번의 시행에서 실패의 수를 말한다. ${}_nC_x$의 값은 n번의 시행에서 x번의 성공을 얻게 될 가짓수를 나타낸다. 앞서 말한 바와 같이 p와 q는 각기 성공과 실패의 확률을 의미한다. 2가지 결과는 아무런 의미 없이 성공과 실패라고 부르는데, 흔히 문제에서 묻는 결과를 성공이라고 한다.

이항분포의 문제를 풀기 위해서는 이항공식의 n, x, $n - x$, p, q의 값을 정해야 한다. ${}_nC_x$의 값을 얻기 위해서는 5.5.2절의 조합의 공식을 이용하면 된다.

이항실험에서 n번의 시행 중 정확히 x번 성공을 할 확률을 구하기 위해서 오직 n, p의 값만이 필요하다. 이를 **이항 확률분포의 모수** 또는 **이항모수**(**binomial parameters**)라 한다. q값은 1에서 p의 값을 뺌으로써 얻게 된다. 그러므로 $q = 1 - p$.

다음은 이항분포 문제를 푸는데, 먼저 이항공식을 이용하지 않고 풀고, 그 다음에는 이항공식을 이용할 것이다.

■ 예제 5-18 나무그림과 이항공식을 이용한 확률계산

큰 전자회사에서 생산하는 DVD 플레이어의 불량률이 5%이다. 품질관리기사가 생산라인으로부터 임의로 3개의 DVD 플레이어를 선택한다. 이 3개의 DVD 플레이어 중 정확히 1개만이 불량품일 확률을 구하시오.

풀 이

$$D = \text{선택된 DVD 플레이어가 불량품}$$
$$G = \text{선택된 DVD 플레이어가 양품}$$

그림 5.4처럼 3단계 나무그림을 보면, 전체 8가지의 결과가 나오고, 3개의 제품이 정확히 하나의 불량인 DVD 플레이어를 포함할 결과도 포함되어 있다. 그 3가지 결과가

그림 5.4 **3개의 DVD 플레이어 선택을 위한 3단계 나무그림**

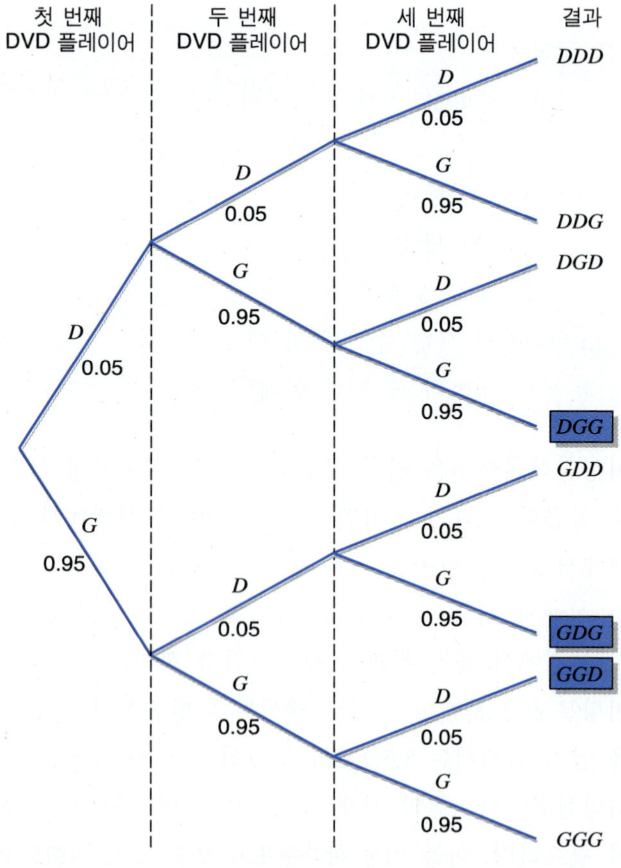

$$DGG, GDG, GGD$$

이다.

이 회사에서 생산된 모든 DVD 플레이어는 불량률이 5%라는 사실을 알고 있다. 결과에 따르면 모든 DVD 플레이어의 95%가 양품이다. 그래서 불량인 DVD 플레이어를 임의로 뽑을 확률은 0.05이고, 그것이 양품일 확률은 0.95이다.

$$P(D) = 0.05\text{이고 } P(G) = 0.95$$

모집단의 크기가 크기 때문에(큰 전기회사), DVD 플레이어를 뽑는 시행은 독립이다. 위의 세 결과, 즉 정확히 하나의 DVD 플레이어가 불량품일 사건에 대한 각각의 확률은 다음과 같이 계산할 수 있다.

$$P(DGG) = P(D)\cdot P(G)\cdot P(G) = (0.05)(0.95)(0.95) = 0.0451$$
$$P(GDG) = P(G)\cdot P(D)\cdot P(G) = (0.95)(0.05)(0.95) = 0.0451$$
$$P(GGD) = P(G)\cdot P(G)\cdot P(D) = (0.95)(0.95)(0.05) = 0.0451$$

여기서 DGG는 단지 세 사건 D, G, G의 합사건이다. 다시 말해서 $P(DGG)$는 세 사건들의 결합확률이다. 즉, 첫 번째 DVD 플레이어가 불량품, 두 번째 DVD 플레이어는 양품이고, 세 번째 DVD 플레이어도 양품일 세 사건의 합사건이다. 이 확률을 계산하기 위해 4장에서 배웠던 독립사건에 대한 곱셈법칙을 이용한다. 또한 나머지 두 사건 GDG, GGD도 마찬가지의 결과를 얻을 수 있다.

사건 DGG, GDG, GGD들의 합사건이 일어난다면, 정확히 하나의 불량인 DVD 플레이어를 뽑게 된다. 또한 이 사건들은 배반이다. 그러므로 4장의 덧셈법칙을 이용하여 이 세 결과들의 합사건의 확률은 각 사건의 확률의 합으로써 얻을 수 있다.

$$\begin{aligned} P(\text{3개중 1의 DVD 플레이어가 불량}) &= P(DGG \text{ 또는 } GDG \text{ 또는 } GGD) \\ &= P(DGG) + P(GDG) + P(GGD) \\ &= 0.0451 + 0.0451 + 0.0451 = 0.1353 \end{aligned}$$

이제 이항공식을 이용하여 이 확률을 계산해 보자. 불량인 DVD 플레이어를 뽑는 사건을 **성공**, 양품인 DVD 플레이어를 뽑는 사건을 **실패**라 하자. 문제에서 불량인 DVD 플레이어를 정확히 1개 뽑을 사건을 요구하기 때문에 불량인 DVD 플레이어를 뽑을 사건을 성공이라 부른다. 그러면,

$$n = \text{전체 시행의 수} = \text{3개의 DVD 플레이어}$$
$$x = \text{성공의 수} = \text{불량인 DVD 플레이어의 수} = 1$$
$$n - x = \text{실패의 수} = \text{양품인 DVD 플레이어의 수} = 3 - 1 = 2$$

$$p = P(\text{성공}) = 0.05$$
$$q = P(\text{실패}) = 0.95$$

한 번의 성공의 확률을 $P(X = 1)$로 표기한다. 이항공식에 위의 모든 값들을 대입하면,

성공의 수

3번의 시행 중 1번의 성공을 얻을 가짓수 → $_3C_1$; 성공의 수 → $(0.05)^1$; 실패의 수 → $(0.95)^2$

$$P(X = 1) = {}_3C_1(0.05)^1(0.95)^2 = (3)(0.05)(0.9025) = 0.1354$$

성공의 확률 → (0.05) ; 실패의 확률 → (0.95)

위 공식에서 $_3C_1$의 값은 계산기를 이용하거나 다음과 같이 계산하면 된다.

$$_3C_1 = \frac{3!}{1!(3-1)!} = \frac{3\cdot2\cdot1}{1\cdot2\cdot1} = 3$$

위 계산에 따르면 $_3C_1$은 3개의 제품 중 하나의 불량인 DVD 플레이어를 선택하는 경우의 수인 3을 나타낸다. 앞서 열거한 바와 같이 3개의 제품 중 하나의 불량인 DVD 플레이어를 선택하는 사건은 DGG, GDG, GGD이다. 위에서 얻은 확률 0.1354와 앞서 얻은 확률인 (0.1353)과 차이가 나는 것은 단지 반올림의 문제이다.

■ 예제 5-19 이항공식을 이용한 확률계산

한 택배회사에서는 최고 경영진에서 고객에게 최고 품질의 서비스를 제공하기로 했다. 그 회사는 만약 물건이 지정한 시간까지 목적지에 도착하지 못하면 고객에게 전액 환불을 해주기로 하였다. 각고의 노력에도 불구하고 과거의 자료에 따르면, 제시간 안에 도착하지 못한 화물배달 비율이 2%였다. 그럼 이 택배회사를 통해서 10개의 화물배달을 요청했다고 가정하자.

(a) 이 10개의 화물 중 제시간 안에 목적지에 도착하지 못한 화물이 정확히 1개일 확률을 구하시오.

(b) 이 10개의 화물 중 제시간 안에 목적지에 도착하지 못한 화물이 많아야 1개일 확률을 구하시오.

풀 이 화물이 제시간 안에 목적지에 도착하지 못한 사건을 성공으로, 제시간 안에 도착한 사건을 실패라고 하자. 그러면,

$$n = \text{배달된 전체 화물의 수} = 10$$
$$p = P(\text{성공}) = 0.02$$

$$q = P(\text{실패}) = 0.98$$

이다.

(a) 이 문제에서,

$$x = \text{성공의 수} = 1$$
$$n - x = \text{실패의 수} = 10 - 1 = 9$$

이 된다.

모든 값을 이항공식에 대입하면,

$$\begin{aligned} P(X = 1) &= {}_{10}C_1(0.02)^1(0.98)^9 = \frac{10!}{1!(10-1)!}(0.02)^1(0.98)^9 \\ &= (10)(0.02)(0.83374776) = 0.1667 \end{aligned}$$

을 얻게 된다.

그러므로 10개의 화물 중 1개의 화물이 제시간 안에 목적지에 도착하지 못할 확률은 0.1667이다.

(b) 이 10개의 화물 중 제시간 안에 목적지에 도착하지 못한 화물이 많아야 1개일 확률은 $X = 0$과 $X = 1$일 때의 확률을 더하면 된다.

$$\begin{aligned} P(X \le 1) &= P(X = 0) + P(X = 1) \\ &= {}_{10}C_0(0.02)^0(0.98)^{10} + {}_{10}C_1(0.02)^1(0.98)^9 \\ &= (1)(1)(0.81707281) + (10)(0.02)(0.83374776) \\ &= 0.8171 + 0.1667 = 0.9838 \end{aligned}$$

따라서 10개의 화물 중 제시간 안에 목적지에 도착하지 못한 화물이 많아야 1개일 확률은 0.9838이다. ■

■ 예제 5-20 이항 확률분포와 그래프

한 여론조사기관의 조사에 따르면 미국의 성인 64%가 "하루라는 시간은 일을 마무리하기엔 충분한 시간이 아니다"라는 생각을 갖고 있다고 한다. 이 조사 결과를 현재 미국 성인들에게도 적용된다고 가정하자. 임의로 3명의 성인을 선택하여, 이들 중 위 의견에 동의하는 성인의 수를 X라 하자. X의 확률분포를 구하고, 이를 이용하여 막대그래프를 그리시오.

풀 이 $X = x$를 3명의 성인 중 위의 의견에 동의하는 성인의 수라고 하자. 그러면 $n - x$는 이 의견에 동의하지 않는 성인의 수가 된다. 주어진 문제로부터

$$n = \text{선택된 성인의 수} = 3$$
$$p = P(\text{의견에 동의하는 성인}) = 0.64$$
$$q = P(\text{의견에 동의하지 않는 성인}) = 1 - 0.64 = 0.36$$

X가 가질 수 있는 값들은 0, 1, 2, 3이다. 다시 말해서 3명의 성인 중 위 의견에 동의하는 성인의 수는 0, 1, 2, 3일 수 있다는 것이다. 이 4가지 각 사건에 대한 확률을 다음과 같이 구할 수 있다.

$X = 0$이면 $n - x = 3$이 되므로, 이항공식으로부터 $X = 0$의 확률은

$$P(X = 0) = {}_3C_0(0.64)^0(0.36)^3 = (1)(1)(0.046656) = 0.0467$$

이 된다. 여기서 ${}_3C_0$의 값은 1이고, 어떤 수의 지수가 0이면 그 값은 항상 1이 되므로, $(0.64)^0 = 1$이다.

$X = 1$이면 $n - x = 2$이 되므로 이항공식으로부터 $X = 1$의 확률은

$$P(X = 1) = {}_3C_1(0.64)^1(0.36)^2 = (3)(0.64)(0.1296) = 0.2488$$

이 된다.

마찬가지로 $X = 2$면 $n - x = 1$이 되고, $x = 3$일 때는 $n - x = 0$이 되므로, $X = 2$와 $X = 3$의 확률은 각각

$$P(X = 2) = {}_3C_2(0.64)^2(0.36)^1 = (3)(0.4096)(0.36) = 0.4424$$
$$P(X = 3) = {}_3C_3(0.64)^3(0.36)^0 = (1)(0.2621)(1) = 0.2621$$

이 된다.

이 확률들을 표 5.9에 나타냈다. 그림 5.5는 표 5.9의 확률분포를 그림으로 나타낸 것이다.

표 5.9 X의 확률분포

$X=x$	$P(X=x)$
0	0.0467
1	0.2488
2	0.4424
3	0.2621

그림 5.5 X의 확률분포에 대한 막대그래프

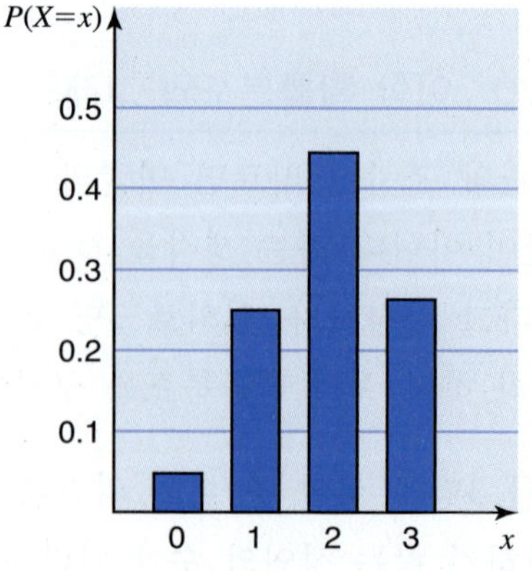

5.6.3 이항확률표 이용 방법

부록 B의 표 I은 이항확률이 제시되어 있는 이항분포표이다. 이 표에는 주어진 p에 따라 $n = 1$부터 $n = 25$까지의 확률이 나타나 있다. 예제 5-21은 부록 B의 표 I을 사용하는 방법을 알려 준다.

■ 예제 5-21 이항 확률표를 이용한 확률분포와 그래프

J 통신회사의 조사에 따르면 미국 성인의 30%가 핸드폰을 싫어하지만, 핸드폰 없이는 살 수 없다고 했다. 이 결과가 현재 미국 성인들에게도 적용이 된다고 가정한다. 6명의 성인을 표본으로 선택하자. 부록 B의 표 I를 이용하여 다음 물음에 답하시오.

(a) 이 표본에서 정확히 3명의 성인이 위 의견에 동의할 확률을 구하시오.

(b) 이 표본에서 많아야 2명의 성인이 위 의견에 동의할 확률을 구하시오.

(c) 이 표본에서 적어도 3명의 성인이 위 의견에 동의할 확률을 구하시오.

(d) 이 표본에서 1명에서 3명의 성인이 위 의견에 동의할 확률을 구하시오.

(e) 이 표본에서 위 의견에 동의하는 성인의 수를 X라 하자. X의 확률분포를 구하고, 이를 이용하여 막대그래프를 그리시오.

풀 이

(a) 부록 B의 표 I를 이용하여 물음의 확률을 구하기 위해서는 먼저 n, x, p값들을 정해야 한다. 이 예에서는,

$$n = \text{표본의 성인의 수} = 6$$
$$x = \text{이 표본에서 위 의견에 동의한 성인의 수} = 3$$
$$p = P(\text{의견에 동의하는 성인}) = 0.30$$

그러면, 표 I에서 n의 열의 값 중 $n = 6$인 위치를 찾는다. 표 5.10은 표 I에서 $n = 6$인 부분에 해당하는 확률을 모아 놓은 것이다. $X = x$의 열에서 $X = 3$인 위치의 행을 따라 $p = 0.30$과 만나는 점의 확률을 찾으면, 이는 성공의 확률 p가 0.30이라 주어져 있을 때, 6번의 시행 중 3번의 성공을 할 확률을 의미한다. 표 I 또는 표 5.10으로부터

$$P(X = 3) = 0.1852$$

을 얻을 수 있다.

표 5.10 n = 6이고, p = 0.30일 때 P(X = 3) 구하기

		p					
n	x	0.05	0.10	0.20	0.30	···	0.95
6	0	0.7351	0.5314	0.2621	0.1176	···	0.0000
	1	0.2321	0.3543	0.3932	0.3025	···	0.0000
	2	0.0305	0.0984	0.2458	0.3241	···	0.0001
	3	0.0021	0.0146	0.0819	0.1852	···	0.0021
	4	0.0001	0.0012	0.0154	0.0595	···	0.0305
	5	0.0000	0.0001	0.0015	0.0102	···	0.2321
	6	0.0000	0.0000	0.0001	0.0007	···	0.7351

$n = 6$ →, $x = 3$ →, $p = 0.30$, $P(X = 3) = 0.1852$

표 I 또는 표 5.10을 이용하여 이 예제의 물음을 위한 표 5.11을 작성할 수 있다.

표 5.11 표 I의 일부분(n = 6이고, p = 0.30일 때)

		p
n	x	0.30
6	0	0.1176
	1	0.3025
	2	0.3241
	3	0.1852
	4	0.0595
	5	0.0102
	6	0.0007

(b) 이 표본에서 많아야 2명의 성인이 이 의견에 동의할 사건은 $X = 0, 1, 2$일 때이다. 부록 B의 표 I 또는 표 5.11로부터 물음의 확률은

$$P(\text{많아야 } 2) = P(0 \text{ 또는 } 1 \text{ 또는 } 2) = P(X=0) + P(X=1) + P(X=2)$$
$$= 0.1176 + 0.3025 + 0.3241 = 0.7442$$

이다.

(c) 이 표본에서 적어도 3명의 성인이 위 의견에 동의할 확률은 $X = 3, 4, 5, 6$일 때의 확률을 더하면 된다. 부록 B의 표 I 또는 표 5.11를 이용하면,

$$P(\text{적어도 } 3) = P(3 \text{ 또는 } 4 \text{ 또는 } 5 \text{ 또는 } 6)$$
$$= P(X=3) + P(X=4) + P(X=5) + P(X=6)$$
$$= 0.1852 + 0.0595 + 0.0102 + 0.0007 = 0.2556$$

을 얻을 수 있다.

(d) 이 표본에서 1명에서 3명의 성인이 위 의견에 동의할 확률은 X가 1, 2, 3일 때의 확률을 더하면 된다. 그러면 부록 B의 표 I 또는 표 5.11을 통해서,

$$P(1\text{부터 } 3) = P(X=1) + P(X=2) + P(X=3)$$
$$= 0.3025 + 0.3241 + 0.1852 = 0.8118$$

(e) 부록 B의 표 I 또는 표 5.11을 이용하여 표 5.12의 확률을 얻을 수 있다. 그림 5.6은 X의 확률분포를 그림으로 나타낸 것이다.

표 5.12 **X의 확률분포** ($n = 6$, $p = 0.30$)

$X = x$	$P(X = x)$
0	0.1176
1	0.3025
2	0.3241
3	0.1852
4	0.0595
5	0.0102
6	0.0007

그림 5.6 **X의 확률분포에 대한 막대그래프**

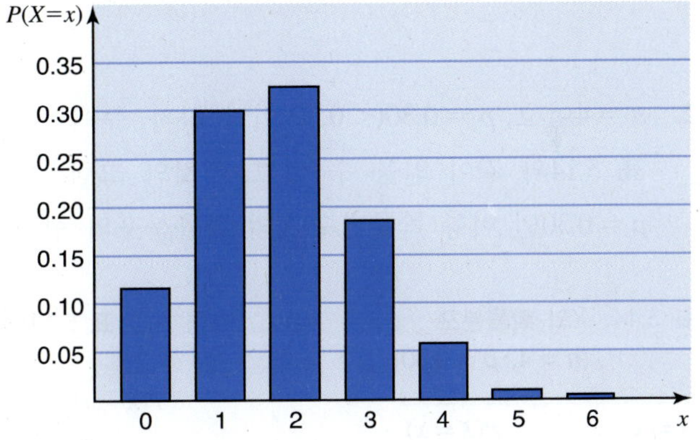

5.6.4 성공의 확률과 이항분포의 모양

임의의 n번의 시행에 대하여

1. $p = 0.50$이면, 이항 확률분포의 형태는 대칭이다.

2. $p < 0.50$이면, 이항 확률분포의 형태는 오른쪽이 기울어진 모양이다.

3. $p > 0.50$이면, 이항 확률분포의 형태는 왼쪽이 기울어진 모양이다.

다음의 예와 그래프를 통해서 이 세 가지 경우를 살펴본다.

1. $n = 4$이고, $p = 0.50$이라 하자. 부록 B의 표 I을 통해서 우리는 X의 확률분포를 표 5.13과 같이 얻고, 이것을 그림으로 표현한 것이 그림 5.7이다. 표 5.13과 그림 5.7을 통해서 우리는 X의 확률분포의 형태가 대칭임을 확인할 수 있다.

표 5.13 X의 확률분포 ($n = 4,\ p = 0.50$)

$X=x$	$P(X=x)$
0	0.0625
1	0.2500
2	0.3750
3	0.2500
4	0.0625

그림 5.7 표 5.13의 확률분포에 대한 막대그래프

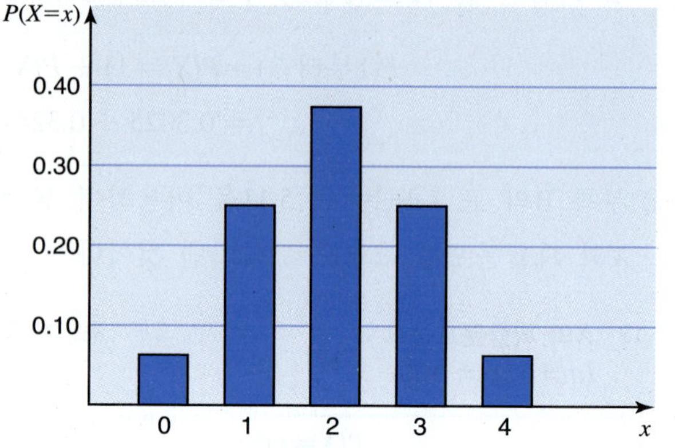

2. $n = 4$이고, $p = 0.30(< 0.50)$이라 하자. 부록 B의 표 I을 통해서 우리는 X의 확률분포를 표 5.14와 같이 얻을 수 있고, 이것의 그림 표현이 그림 5.8이다. 이 그림은 $n = 4$이고, $p = 0.30$인 이항 확률변수 X의 확률분포의 형태로 오른쪽으로 기울어져 있다.

표 5.14 X의 확률분포 ($n = 4,\ p = 0.30$)

$X=x$	$P(X=x)$
0	0.2401
1	0.4116
2	0.2646
3	0.0756
4	0.0081

그림 5.8 표 5.14의 확률분포에 대한 막대그래프

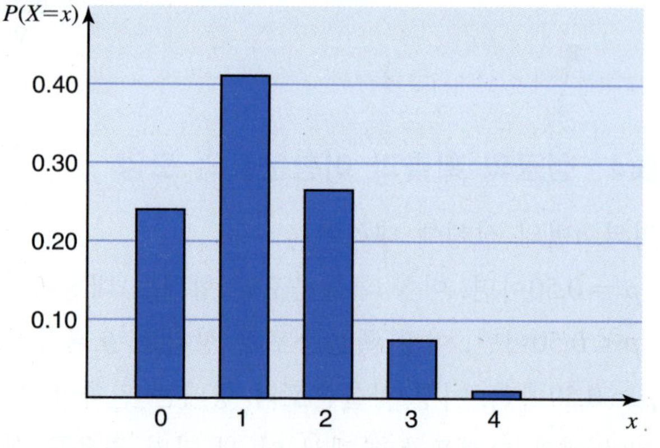

3. $n = 4$이고, $p = 0.80(> 0.50)$이라 하자. 부록 B의 표 I을 통해서 우리는 X의 확률분포를 표 5.15과 같이 얻을 수 있고, 이것의 그림 표현이 그림 5.9이다. 이 그림은 $n = 4$이고, $p = 0.80$인 이항 확률변수 X의 확률분포의 형태로 왼쪽으로 기울어져 있다.

표 5.15 X의 확률분포 (n = 4, p = 0.80)

$X=x$	$P(X=x)$
0	0.0016
1	0.0256
2	0.1536
3	0.4096
4	0.4096

그림 5.9 표 5.15의 확률분포에 대한 막대그래프

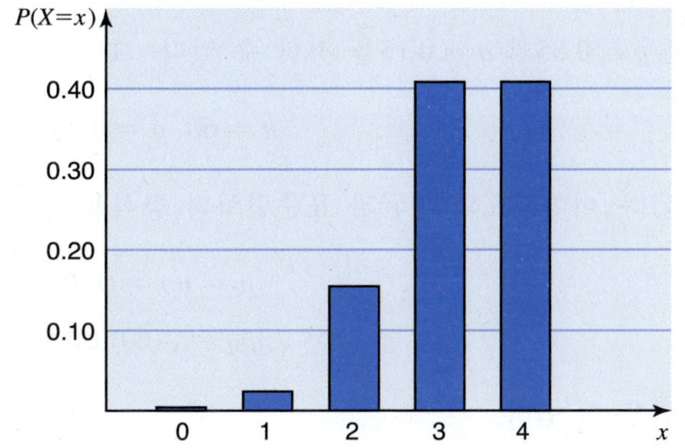

5.6.5 이항분포의 평균과 표준편차

5.3과 5.4절에서 이산형 확률변수의 평균과 표준편차를 구하는 방법에 대해 설명하였다. 이산형 확률변수가 이항 확률변수일 때도 5.3절과 5.4절에서 배운 공식을 이용하여 평균과 표준편차를 계산할 수 있다. 그러나 이항 확률변수인 경우에는 좀 더 간단하고 쉽게 아래의 공식을 이용하여 평균과 표준편차를 얻을 수 있다.

이항분포의 평균과 표준편차

이항분포의 평균과 표준편차는

$$\mu = np\text{이고, } \sigma = \sqrt{npq}$$

이다. 단 n은 총 시행 횟수, p는 성공확률, q는 실패확률을 말한다.

예제 5-22는 이항분포의 평균과 표준편차의 계산을 설명한 것이다.

■ 예제 5-22 이항 확률변수의 평균과 분산

한 여론조사회사는 모든 계층의 우리나라 성인을 대상으로 돈에 대한 의식조사를 통해 "돈으로 행복을 살 수는 없지만, 도움을 준다" 라는 의견을 가진 사람이 85%라고 주장하였다. 이 주장이 현재 우리나라 성인 모두에게도 인정된다고 가정한다. 우리나라의 성인 60명을 선택하여 위의 의견에 동의하는 사람의 수를 X라 하자. X의 확률분포의 평균과 표준편차를 구하시오.

풀 이

이것은 총 시행 횟수가 60인 이항실험이다. 각 시행마다 2가지의 결과, 즉 (1) 주어진 의견에 동의하는 사람을 뽑을 사건, (2) 주어진 의견에 동의하지 않는 사람을 뽑을 사건만이 일어날 수 있다. 각 한 명의 성인마다 2가지 사건만을 예상할 수 있다. 이 2가지 사건에 대한 확률 $p = 0.85$와 $q = 0.15$을 정할 수 있다. 그러므로,

$$n = 60,\ p = 0.85,\ q = 0.15$$

이 된다. 이항분포의 평균과 표준편차의 공식을 이용하면,

$$\mu = np = 60(0.85) = 51$$
$$\sigma = \sqrt{npq} = \sqrt{(60)(0.85)(0.15)} = 2.766$$

을 얻을 수 있다.

그러므로 X의 확률분포의 평균은 51이고, 표준편차는 2.766이다. 평균값은 각 실험당 평균적으로 얻을 것이라 예상되는 값을 의미한다. 이 예에서는 우리나라의 성인 60명의 여러 표본을 뽑았을 때, 각 표본당 평균적으로 51명, 표준편차가 2.766명의 성인이 위 의견에 동의한다고 예상한다.

연습문제

■ 개념과 절차

5.49 다음 용어에 대하여 간단히 설명하시오.

a. 이항 실험 **b.** 시행 **c.** 이항 확률변수

5.50 이항확률분포의 모수들을 나열하고, 각 모수를 설명하시오.

5.51 다음 중 이항실험을 선택하고 그 이유를 설명하시오.

a. 1개의 주사위를 수없이 굴리면서, 나타난 눈의 수를 관찰하는 실험

b. 1개의 주사위를 수없이 굴리면서, 나타난 눈이 짝수인지 홀수인지 관찰하는 실험

c. 매우 큰 유권자들의 모집단에서 유권자 모두가 어떤 조례에 대한 선호도가 54%라고 알려져 있을 때, 이 모집단에서 몇 명을 선발해 한 선거에서 그들이 이 조례에 대해 선호하는지의 여부를 조사하는 실험

5.52 다음 중 이항실험을 선택하고 그 이유를 설명하시오.

a. 한 상자 안에 빨간공이 6개, 파란공이 4개, 즉 10개의 공이 있는데 이 상자에서 3개의 공을 복원추출 방법으로 뽑아내고, 뽑혀진 공의 색깔을 관찰한다.

b. 한 상자 안에 빨간공이 6개, 파란공이 4개, 즉 10개의 공이 있는데 이 상자에서 3개의 공을 비복원추출 방법으로 뽑아내고, 뽑혀진 공의 색깔을 관찰한다.

c. 뉴욕시에 거주하는 몇 가구를 선택하여 그들이 주식을 소유하고 있는지를 관찰한다. 단 뉴욕시에 거주하는 모든 가구들 중 주식을 소유하는 가구는 28%라고 알려져 있다.

5.53 이항분포를 따르는 이산형 확률변수를 X라 하자. 이항 공식을 이용하여 다음의 확률을 구하시오.

a. $n = 8$이고, $p = 0.70$일 때, 확률 $P(X = 5)$

b. $n = 4$이고, $p = 0.40$일 때, 확률 $P(X = 3)$

c. $n = 6$이고, $p = 0.30$일 때, 확률 $P(X = 2)$

부록 B의 표 I을 이용하여 답하시오.

5.54 이항분포를 따르는 이산형 확률변수를 X라 하자. 이항 공식을 이용하여, 다음의 확률을 구하시오.

a. $n = 5$이고, $p = 0.05$일 때, 확률 $P(X = 0)$

b. $n = 7$이고, $p = 0.90$일 때, 확률 $P(X = 4)$

c. $n = 10$이고, $p = 0.60$일 때, 확률 $P(X = 7)$

부록 B의 표 I을 이용하여 답하시오.

5.55 이항분포를 따르는 이산형 확률변수를 X라 하자.

a. 부록 B의 표 I을 이용하여 $n = 7$이고, $p = 0.30$일 때, 확률분포를 구하고 그래프로 나타내시오.

b. a의 확률분포에 대한 평균과 표준편차는 무엇인가?

5.56 이항분포를 따르는 이산형 확률변수를 X라 하자.

a. 부록 B의 표 I을 이용하여 $n = 5$이고, $p = 0.80$일 때, 확률분포를 구하고 그래프로 나타내시오.

b. a의 확률분포에 대한 평균과 표준편차는 무엇인가?

5.57 이항 확률분포는 $p = 0.50$일 때는 대칭이고, $p < 0.50$일 때는 오른쪽으로 꼬리가 길며, $p > 0.50$일 땐 왼쪽으로 꼬리가 길다. 이 3가지 경우에 대하여 확률분포표를 구하고 그래프로 나타내시오. 임의로 n과 p의 값을 선택하고, 이항확률분포표(부록 B의 표 I)를 이용하여 확률분포표를 구하시오.

■ 응용

5.58 한 여론조사기관의 조사에 따르면 성인의 49%는 연중 연말에 가장 심한 스트레스를 느낀다고 한다.

a. 임의로 선정된 성인 12명으로 이뤄진 표본에 대하여, 위 의견에 동의하는 사람의 수를 X라고 하자. X가 가질 수 있는 값은 무엇인가?

b. 12명의 표본 중 정확히 8명이 연중 연말에 가장 심한 스트레스를 느낀다고 말할 확률을 구하시오.

5.59 어떤 여론조사기관의 조사에 따르면 18세 이상 24세 이하의 여성들의 63%가 그들이 선호하는 가게에서만 쇼핑을 한다고 한다. 이 백분율이 현재 전체 18세 이상 24세 이하의 여성들에게도 적용이 된다고 가정한다.

a. 대상 연령대의 여성 중 10명을 임의 선정하여 표본을 구성하였을 때, X를 그 표본에서 여성의 수를 나타내는 이항 확률변수라고 하자. 확률변수 X가 가질 수 있는 값은 무엇인가?

b. 임의로 선정된 대상 연령대의 10명의 여성의 표본에서 정확히 7명이 그들이 선호하는 가게에서만 쇼핑을 한다고 말할 확률을 구하시오.

5.60 성인들을 대상으로 조사한 어떤 설문조사에서, 응답자 중 40%가 건강유지협회에 대해 신뢰가 미약하거나, 불신한다고 대답했다고 한다. 임의로 18명의 성인을 선정했을 때, 이항확률표(부록 B의 표 I)를 이용하여 이 표본에서 위와 같은 의견에 동의한 성인의 수가 다음과 같을 확률을 구하시오.

a. 적어도 10명 **b.** 많아야 6명 **c.** 7명에서 10명

5.61 한 언론사에 따르면 국내 기업의 60%는 최근 5년간 중앙정부세금을 내지 않은 것으로 밝혀졌다. 이항확률표(부록 B의 표 I)를 이용하여 임의로 선정된 16개의 국내 기업 가운데 최근 5년간 중앙정부세금을 납부하지 않은 기업의 수에 대한 확률을 구하시오.

a. 많아야 7개 **b.** 적어도 10개 **c.** 8개에서 11개

5.62 MRI는 강한 자기장을 이용하여 인체 내부의 영상을 만들어 내는 장치이다. MRI 검사를 하는 동안 좁고, 폐쇄된 공간 안에 누워있어야 하기 때문에, 검사 전 폐소공포증이 있는 환자들은 진정을 시켜야 한다. MRI 검사가 필요한 모든 환자들의 20%가 폐소공포증으로 인해 검사 전 안정이 필요하고 한다. 임의로 5명의 환자를 선정했을 때 이 5명의 환자들 중 안정을 필요로 하는 환자의 수가 다음과 같을 확률을 구하시오.

a. 정확히 2명 **b.** 0명 **c.** 정확히 4명

5.63 정부의 조사에 따르면 아이들 중 68%가 부모가 모두 있는 가정에서 살고 있다고 한다. 임의로 12명의 아이들을 표본으로 할 때 부모가 모두 있는 가정에서 살고 있는 아이들의 수에 대한 다음의 확률을 구하시오.

a. 정확히 6명 **b.** 아무도 없다 **c.** 정확히 9명

5.64 한 조사에서 이 선수의 평균 타율이 0.250이라고 할 때, 이 야구선수가 10번 타석에 나가 공을 한번도 치지 못할 확률이 0.056이라고 한다. 이항공식을 이용하여 이 확률이 실제로 0.056임을 보이시오.

5.65 한 프로 농구선수는 그가 던진 자유투의 성공률이 85%라고 한다. 이 비율이 앞으로의 시도에도 똑같이 적용된다면, 다음의 8번의 자유투 시도에서 성공의 수가 다음과 같을 때의 확률을 구하시오.

a. 정확히 8번 **b.** 정확히 5번

5.66 한 연구소에 따르면 국내에서 최소 20%의 근로자들이 소음공해 작업환경에 노출되어 있다고 한다.

a. 이항공식을 이용하여 15명의 국내 근로자 표본에서 그런 근로환경에 노출되어 있는 근로자의 수가 다음과 같을 확률을 구하시오.

i. 정확히 5명 ii. 0명

b. 이항분포표(부록 B의 표 I)를 이용하여, 임의의 15명의 국내 근로자 표본에서 그런 근로환경에 노출되어 있는 근로자의 수가 다음과 같을 확률을 구하시오.

i. 적어도 5명 ii. 많아야 4명 iii. 1명에서 5명

5.67 한 사무용품 관련 회사에서 집에서 사용하기 좋게 디자인된 새로운 종이 절단기 제품에 대한 마케팅 전에 한 조사를 실시하였다. 이 조사에서 그 제품을 사용한 사람들의 80%가 만족한다고 하였다. 이 높은 만족비율로 그 회사는 새로운 절단제품을 판매하기로 결정했다. 모든 사람들 중 80%가 이 절단기에 만족할 거라고 가정을 해 보자. 어느 날 7명의 고객이 이 종이 절단기를 구입했다.

a. X를 이 7명의 표본에 대하여 이 종이 절단기에 만족할 고객의 수라 하자. 이항분포표(부록 B의 표 I)를 이용하여 X의 확률분포를 구하고 확률분포를 그래프로 나타내시오. X의 평균과 표준편차를 구하시오.

b. a의 확률분포를 이용하여 7명의 고객 중 정확히 4명의 고객이 만족할 확률을 구하시오.

5.68 L 전자는 계산기를 생산한다. 이 회사의 경영진들이 가장 중요하게 여기는 것 중 하나가 고객의 만족도이다. 이 회사는 이 계산기를 구입한 날로부터 2년 이내에 오작동이 시작되면, 구입한 고객에게 환불을 해 주거나 새 제품으로 교환해 주는 품질 보증을 실시하고 있다. 회사의 온갖 노력에도 불구하고 과거의 자료에 따르면, 생산된 계산기의 5%가 2년 이내에 오작동을 시작한 것으로 나타났다. 그 회사는 한 매장에 임의로 선택된 10개의 계산기를 발송하였다.

a. X를 이 10개의 계산기들 중 2년 안에 환불되거나 새 제품으로 교환될 계산기의 수라고 하자. 이항확률표를 이용하여 X의 확률분포를 구하고, 확률분포를 그래프로 나타내시오. X의 평균과 표준편차를 구하시오.

b. a의 확률분포를 이용하여, 10개의 계산기들 중 2년 안에 환불되거나 새 제품으로 교환될 계산기의 수가 정확히 2개일 확률을 구하시오.

5.69 한 패스트푸드 체인점에서는 새로운 햄버거를 출시하기 전에 맛에 대한 조사를 벌였다. 그 조사결과 사람들 중 70%가 새 햄버거의 맛이 좋아했다고 한다. 이 결과에 힘을 얻은 회사는 새 햄버거를 출시하기로 결정했다. 모든 사람들 중 70%가 이 햄버거를 좋아할 것이라고 가정하자. 어느 날 처음으로 이 햄버거를 8명의 고객이 구입했다.

a. 이 8명의 표본에 대하여 이 햄버거를 좋아할 사람의 수를 X라고 하자. 이항확률표를 이용하여 X의 확률분포를 구하고, 확률분포에 대한 그래프를 그리시오. X의 평균과 표준편차

를 구하시오.

b. a의 확률분포를 이용하여 8명의 고객 중 정확히 3명이 이 햄버거를 좋아할 확률을 구하시오.

5.7 초기하 확률분포

5.6절에서 이항 확률분포를 적용할 수 있는 조건 중의 하나가 각 시행은 독립이여서 두 결과(성공과 실패)에 대한 확률은 일정했다. 만약 각 시행이 독립이 아니라면 n번의 시행 중 성공 $X = x$의 확률을 찾는데 이항 확률분포를 이용할 수 없다. 그런 경우에는 **초기하 확률분포 (hypergeometric probability distribution)** 를 이용한다. 유한인 모집단으로부터 비복원(without replacement)으로 표본을 뽑는 경우가 이에 해당한다.

한 예로, 한 회사에서 생산된 자동차 부품의 불량률이 20%라고 하자. 임의로 자동차 부품 4개를 뽑자. 이 4개의 자동차 부품 중 3개가 정품일 확률은 얼마일까? 여기서 4개의 부품 중 3개가 양품이고, 나머지 1개가 불량품일 확률을 구해야 한다. 이 경우 모집단은 매우 크고, 첫 번째, 두 번째, 세 번째, 네 번째 부품이 불량품일 확률은 모두 0.20으로 같다. 마찬가지로 4개의 부품이 양품일 확률은 모두가 0.80이다. 그러므로 우리는 4개의 부품 중 3개의 부품이 불량품일 확률은 이항 확률분포를 이용하여 구할 수 있다.

이제 이 회사가 한 구입업자로부터 25개의 부품을 선적했다고 하자. 나중에 그 부품 중 5개가 불량품이었다는 것을 알게 되었다. 그 회사의 경영자가 구입업자와 연락할 때, 이미 그 선적물 중 4개의 부품이 팔려 나갔다. 그 4개의 부품 중 3개가 불량품일 확률은 얼마일까? 여기서 적은 모집단으로부터 비복원으로 4개의 부품이 선택되었기 때문에, 첫 번째, 두 번째, 세 번째, 네 번째 부품이 양품일 확률은 변한다. 그래서 이 경우에는 이항 확률분포를 적용할 수가 없다. 이런 예에서 요구된 확률을 구하는 데 초기하 확률분포를 이용한다.

초기하 확률분포

$N =$ 모집단을 구성하는 원소의 개수

$r =$ 모집단에서 성공의 개수

$N - r =$ 모집단에서 실패의 개수

$n =$ 시행의 횟수(표본의 크기)

$x =$ 표본에서 성공의 개수

$n - x =$ 표본에서 실패의 개수

라 하자.

n개의 표본에서 $X = x$개 성공의 확률은

$$P(X=x) = \frac{{}_rC_x \, {}_{N-r}C_{n-x}}{{}_NC_n}, \ x = 0,\ 1,\ \cdots,\ min\{n,\ r\}$$

이다.

예제 5-23과 예제 5-24는 초기하 확률분포의 응용에 관한 문제이다.

■ 예제 5-23 초기하 확률분포 공식을 이용한 확률 계산

M 회사는 자동차 부품을 생산하고 판매하는 회사이다. 지난 주 이 회사는 한 구입업자로부터 25개의 부품을 선적했다. 며칠 후 이 선적물 중 5개가 불량품이란 사실을 알았다. 하지만 그 회사의 담당자가 구입업자에게 연락을 했지만, 이미 그 선적물의 4개의 제품을 팔려나간 후였다. 그 4개의 제품 중 3개는 양품이고, 1개는 불량품일 확률을 구하시오.

풀 이 양품을 성공, 불량품을 실패라고 하자. 그러면 주어진 문제로부터

N = 모집단을 구성하는 원소(자동차 부품)의 개수 = 25

r = 모집단에서 성공(양품)의 개수 = 20

$N - r$ = 모집단에서 실패(불량품)의 개수 = 5

n = 시행의 횟수(표본의 크기) = 4

x = 표본에서 성공의 개수 = 3

$n - x$ = 표본에서 실패의 개수 = 1

을 얻을 수 있다.

초기하 확률공식을 통해서 질문의 확률을 계산하면 다음과 같다.

$$P(X=3) = \frac{{}_rC_x \, {}_{N-r}C_{n-x}}{{}_NC_n} = \frac{{}_{20}C_3 \, {}_5C_1}{{}_{25}C_4} = \frac{\dfrac{20!}{3!(20-3)!} \cdot \dfrac{5!}{1!(5-1)!}}{\dfrac{25!}{4!(25-4)!}}$$

$$= \frac{(1{,}140)(5)}{12{,}650} = 0.4506$$

그러므로 4개의 제품 중 3개는 양품이고, 1개는 불량품일 확률은 0.4506이다. 위의 계산에서조합의 값은 5.2.2절에서 배운 공식을 이용하거나 계산기를 통해서 계산을 할 수 있다.

■ 예제 5-24 초기하 확률공식을 이용한 확률계산

N 회사는 12명의 관리직 사원을 고용하고 있다. 그들 중 7명은 여성이고, 5명은 남성이다.

그 회사는 이 12명의 부장들 중 3명을 어떤 회의에 보내려고 한다. 이들 12명 중 3명을 임의로 뽑는다고 할 때,

(a) 그들 3명 모두가 여성일 확률을 구하시오.

(b) 그들 3명 중 많아야 1명이 여성일 확률을 구하시오.

풀 이 여성을 뽑을 사건을 성공으로 남성을 뽑을 사건을 실패라고 하자.

(a) 주어진 정보에 따라,

$$N = \text{모집단을 구성하는 부장들의 수} = 12$$
$$r = \text{모집단에서 성공(여성)의 수} = 7$$
$$N - r = \text{모집단에서 실패(남성)의 수} = 5$$
$$n = \text{시행의 횟수(표본의 크기)} = 3$$
$$x = \text{표본에서 성공(여성)의 수} = 3$$
$$n - x = \text{표본에서 실패(남성)의 수} = 0$$

을 얻을 수 있다.

초기하 확률공식을 통해서 질문의 확률을 계산하면 다음과 같다.

$$P(X=3) = \frac{{}_rC_x\,{}_{N-r}C_{n-x}}{{}_NC_n} = \frac{{}_7C_3\,{}_5C_0}{{}_{12}C_3} = \frac{(35)(1)}{220} = 0.1591$$

따라서 3명 모두가 여성일 확률은 0.1591이다.

(b) 그들 세 명 중 많아야 1명이 여성일 확률은 여성이 뽑히지 않은 경우와 1명의 여성이 뽑힌 경우의 확률을 더하면 된다.

3명의 부장들 중 여성이 뽑히지 않은 경우의 확률을 계산하려면,

$$N = \text{모집단을 구성하는 부장들의 수} = 12$$
$$r = \text{모집단에서 성공(여성)의 수} = 7$$
$$N - r = \text{모집단에서 실패(남성)의 수} = 5$$
$$n = \text{시행의 횟수(표본의 크기)} = 3$$
$$x = \text{표본에서 성공(여성)의 수} = 0$$
$$n - x = \text{표본에서 실패(남성)의 수} = 3$$

임을 알 수 있다.

초기하 확률공식을 통해서 질문의 확률을 계산하면 다음과 같다.

$$P(X=0) = \frac{{}_rC_x\,{}_{N-r}C_{n-x}}{{}_NC_n} = \frac{{}_7C_0\,{}_5C_3}{{}_{12}C_3} = \frac{(1)(10)}{220} = 0.0455$$

3명의 부장들 중, 1명의 여성이 뽑힐 경우의 확률을 계산하려면,

$$N = \text{모집단을 구성하는 부장들의 수} = 12$$
$$r = \text{모집단에서 성공(여성)의 수} = 7$$
$$N - r = \text{모집단에서 실패(남성)의 수} = 5$$
$$n = \text{시행의 횟수(표본의 크기)} = 3$$
$$x = \text{표본에서 성공(여성)의 수} = 1$$
$$n - x = \text{표본에서 실패(남성)의 수} = 2$$

임을 알 수 있다.

초기하 확률공식을 통해서 질문의 확률을 계산하면 다음과 같다.

$$P(X = 1) = \frac{{}_rC_x \, {}_{N-r}C_{n-x}}{{}_NC_n} = \frac{{}_7C_1 \, {}_5C_2}{{}_{12}C_3} = \frac{(7)(10)}{220} = 0.3182$$

3명의 부장들 중 많아야 1명이 여성일 확률은

$$P(X \leq 1) = P(X = 0) + P(X = 1) = 0.0455 + 0.3182 = 0.3637$$

연습문제

■ 개념과 절차

5.70 초기하 분포를 설명하시오. 무슨 조건 아래서 이산형 확률변수 X의 확률를 구하는데 이 확률분포가 이용되는가? 초기하 확률분포를 이용할 수 있는 예를 하나 드시오.

5.71 $N = 8$, $r = 3$이고, $n = 4$라 하자. 초기하 확률분포 공식을 이용하여 다음의 확률을 구하시오.

a. $P(X = 2)$ **b.** $P(X = 0)$ **c.** $P(X \leq 1)$

5.72 $N = 14$, $r = 6$이고, $n = 5$라 하자. 초기하 확률분포 공식을 이용하여 다음의 확률을 구하시오.

a. $P(X = 4)$ **b.** $P(X = 5)$ **c.** $P(X \leq 1)$

5.73 $N = 11$, $r = 4$이고, $n = 4$라 하자. 초기하 확률분포 공식을 이용하여 다음의 확률을 구하시오.

a. $P(X = 2)$ **b.** $P(X = 4)$ **c.** $P(X \leq 1)$

5.74 $N = 16$, $r = 10$이고, $n = 5$라 하자. 초기하 확률분포 공식을 이용하여 다음의 확률을 구하시오.

a. $P(X = 5)$ **b.** $P(X = 0)$ **c.** $P(X \leq 1)$

■ 응용

5.75 한 국세청 감찰관이 조세보고를 위한 15개의 주식회사 목록에서 3개의 회사를 선정하려 한

다. 15개의 주식회사 중 세금환급 보고 기간 중 6개의 회사는 흑자를 9개의 회사는 적자를 보았다고 보고되었다. 만약 국세청 감찰관이 임의로 3개의 회사를 선정하였다면, 이 3개의 회사들 중 세금환급 보고 기간 중 적자낸 회사의 수가 다음과 같을 확률을 구하시오.

a. 정확히 2개의 회사 **b.** 0개의 회사 **c.** 많아야 1개의 회사

5.76 6명의 배심원은 두 가족들 간의 소송과 관련된 민사사건에 대해 알고 있는 20명의 지원자 집단 중에서 선정될 것이다. 판사와 변호사들에게도 알려지지 않은, 배심원으로 뽑힐 가능성이 유력한 20명 사이에 4명은 소송과 관계된 사람들 누구와도 대면하는 것을 싫어한다. 그들은 배심원 선정 과정 동안에 이것을 폭로하지 않을 것이다. 만약 이 20명의 집단에서 6명의 배심원을 임의로 선정한다면, 선정된 6명의 배심원 중 대면하는 것을 싫어하는 배심원의 수가 다음과 같을 확률을 구하시오.

a. 정확히 1명 **b.** 0명 **c.** 많아야 2명

5.77 한 가게에 11개의 비디오 게임기가 있는데, 그중 4개는 매우 폭력적인 내용의 게임기이다. 한 고객이 이들 11개의 게임기 중 임의로 3개를 골랐다. 고객이 고른 3개의 게임기 중 매우 폭력적인 내용의 게임기의 수가 다음과 같을 확률을 구하시오.

a. 정확히 2개 **b.** 1개 이상 **c.** 0개

5.78 O 전자는 다른 회사의 컴퓨터를 위한 키보드를 구매한다. 그 키보드는 100개의 상자 단위의 선적물을 받는데, 각 상자에는 20개의 키보드가 포함되어 있다. O 전자의 품질관리부에서는 먼저 각 선적물로부터 임의로 하나의 상자를 선택한 다음, 그 상자에서 임의로 5개의 키보드를 선정한다. 만약 그 5개의 키보드 중 불량품이 1개보다 많지 않으면, 그 선적물을 받아들인다. O 전자의 품질관리 검사관이 최근 납품 받은 키보드 선적물에서 한 개의 상자를 선정하였다. 이 상자 안에 6개의 불량 키보드가 있다는 사실을 검사관이 모른다면,

a. 이 선적물이 받아들여질 확률을 구하시오.

b. 이 선적물이 반송될 확률을 구하시오.

5.8 포아송 확률분포

포아송 확률분포(Poisson probability distribution)는 프랑스의 수학자 Simeon D. Poisson의 이름에서 유래한 것으로, 많이 응용되는 이산형 확률변수의 중요한 분포들 중 하나이다. 한 빨래방에 있는 세탁기는 평균적으로 한 달에 세 번 고장이 발생한다. 그 다음 한 달동안에 정확히 2번 고장이 발생할 확률을 알고 싶다. 이 예는 포아송 확률분포의 문제가 된다. 포아송 확률분포 용어에서는 고장을 사건의 **발생**(*occurrence*)이라 부른다. 포아송 확률분포는 사건의 발생이 임의적이고 독립인 실험들에 적용한다. 사건의 발생은 어떠한 규칙도 따르지 않고, 예측이 불가능하다는 면에서 임의적이라 한다. 사건 발생의 독립성은 연이은 사건의

발생들이 또 다른 사건에 어떠한 영향도 미치지 않는 성질을 의미한다. 사건의 발생은 어떤 구간(interval)의 범위 안에서만 생각한다. 세탁기의 예에서 그 구간은 한 달이다. 그 구간은 시간단위(time)나 공간단위(space) 또는 분량단위(volume)도 될 수 있다. 어떤 구간 내에서 실제 사건 발생의 수는 임의적이고 독립이다. 주어진 구간 안에서의 평균 사건 발생의 수를 알고 있다면, 포아송 확률분포를 이용하여 그 구간 안에서 어떤 사건 발생의 수 X의 확률을 계산할 수 있다. 한 구간 안에서의 실제 사건 발생의 수를 X라고 한다.

포아송 확률분포를 적용하기 위한 조건

다음의 3가지 조건을 만족하면 포아송 확률분포를 적용할 수 있다.

1. X는 이산형 확률변수이다.

2. 사건의 발생은 임의적이다.

3. 사건의 발생은 독립이다.

다음은 사건 발생이 임의적이고 독립인 이산형 확률변수의 3가지 예다. 그래서 이들은 포아송 확률분포를 이용할 수 있는 예가 된다.

1. 정해진 날 동안 한 가구에 걸려온 전화주문 통화의 수를 생각해 보자. 이 예에서 한 가구에서 받은 전화주문의 통화를 받는 것이 사건의 발생이고, 구간은 하루(시간단위)이며, 사건의 발생들은 임의적이다(즉, 그런 전화가 걸려오는 특정 시간이 없다). 정해진 날 동안 한 가구에 걸려온 전화주문 통화의 총수는 0, 1, 2, 3, 4 ....이 될 수 있다. 이 예의 사건발생의 독립성은 전화주문 통화는 개별적으로 걸려 오고, 연관된 전화가 2번 이상 걸려오지 않음을 의미한다.

2. 한 기계에서 생산된 100개의 제품들 중 불량품의 개수를 생각해 보자. 이 경우 구간은 분량간격(100개의 제품)이다. 사건의 발생(불량품의 수)은 100개의 제품 중에 0, 1, 2, 3, ..., 100도 될 수 있기 때문에 임의적이다. 불량품의 발생은 다른 제품과는 독립(무관)이라고 가정할 수 있다.

3. 하나의 5피트 길이의 쇠지팡이에 난 흠집의 수를 생각을 한다. 이 예에서 구간은 공간단위(5피트)이다. 사건의 발생(흠집)은 하나의 5피트 길이의 쇠지팡이에는 몇 개의 흠집이 있을 수 있기 때문에 임의적이다. 이 흠집들은 다른 흠집과 독립이라 할 수 있다.

다음의 예들도 또한 포아송 확률분포를 이용할 수 있다.

1. 일주일 동안 지정된 고속도로에서 발생한 교통사고의 수

2. 한 시간 동안 어떤 식품점에 들어간 고객의 수

3. 지정된 주 동안 한 백화점에서 팔린 TV의 수

반대로 한 의사 진료실에 들어간 환자의 수를 생각해 보자. 환자들은 의사에게 진료를 받기 위해서는 예약을 해야 하기 때문에 이들 진료는 임의적이 아니다. 한 공항에 착륙한 민항기의 수도 특정시간에 착륙하기 위해서는 모든 비행기는 스캐줄을 잡아야 하고, 공항 당국은 어떤 기간 동안 착륙할 민항기의 수를 정확히 알고 있기 (비록 지연 또는 이른 도착 등으로 착륙하는 항공기의 수가 공항에서 예상하는 항공기의 수와 약간 차이가 있을 수도 있지만) 때문에 임의적이 아니다. 따라서 위의 예에는 포아송 확률분포를 적용할 수 없다.

포아송 확률분포의 용어에서는 어떤 구간 내에서의 평균 사건의 발생 수를 λ로 표기한다. 그 구간에서의 실제 사건 발생수는 X로 표현한다. 그러면 포아송 확률분포를 이용하여 어떤 구간 내에서의 평균 사건 발생수가 λ라고 주어진 사건의 발생수 x에 대한 확률을 찾는다.

포아송 확률분포 공식

포아송 확률분포 (*Poisson probability distribution*) 에 따른 일정 구간 내에서의 사건 발생 수 X의 확률은

$$P(X=x)=\frac{\lambda^x e^{-\lambda}}{x!},\ x=0,\ 1,\ 2,\ \cdots$$

이다. 단 λ는 그 구간 내에서의 평균 발생수이고, e는 자연 상수로 값은 근사적으로 2.71828이다.

일정 구간 내에서의 평균 사건 발생수를 λ로 나타내며, 이를 **포아송 확률분포의 모수** 또는 **포아송 모수 (Poisson parameter)** 라 부른다. 포아송 확률분포 공식을 이용하여 주어진 X의 확률을 계산하기 위해서는 λ의 값을 알아야 한다. $e^{-\lambda}$의 값은 부록 B의 표 II를 참조하면 된다. 예제 5-25부터 예제 5-27에는 포아송 확률분포의 공식을 사용하는 방법이 설명되어 있다.

■ 예제 5-25 포아송 공식 이용

평균적으로 매주당 한 가구에 걸려오는 전화주문에 관한 통화는 9.5통화이다. 포아송 확률분포 공식을 이용하여 임의로 선정된 가구에 대하여 정해진 주 동안에 받은 전화주문에 관한 통화가 정확히 6번일 확률을 구하시오.

풀 이 매주당 한 가구에 걸려오는 전화주문에 대한 평균 통화수를 λ라 하자. 그러면 $\lambda=9.5$이다. 정해진 주 동안에 한 가구가 받은 전화주문에 관한 통화의 수를 $X=x$라 하자. 우리는 $X=6$의 확률을 구하면 된다. 포아송 확률분포 공식이 이 값들을 대입하면,

$$P(X=6)=\frac{\lambda^x e^{-\lambda}}{x!}=\frac{(9.5)^6 e^{-9.5}}{6!}=\frac{(735{,}091.8906)(0.00007485)}{720}=0.0764$$

를 얻을 수 있다.

이 계산을 하기 위해서 6!은 계산기를 이용하거나 6부터 1까지의 모든 양의 정수를 곱하여 값을 얻고, $e^{-9.5}$의 값은 계산기 또는 부록 B의 표 II를 이용하여 찾을 수 있다.

■ 예제 5-26 포아송 공식 이용한 확률계산

매달 동안 한 빨래방의 세탁기는 평균 3번꼴로 고장이 발생한다. 포아송 확률분포 공식을 이용하여 다음 달 동안에 이 기계의 고장 발생수가 다음과 같을 때의 확률을 구하시오.

(a) 정확히 2번의 고장 (b) 많아야 1번의 고장

풀 이 매달 동안 평균 고장 발생수를 λ라 하고, 다음 달 동안에 이 기계의 실제 고장 발생수를 X라 하자. 그러면,

$$\lambda = 3$$

이 된다.

(a) 다음 달 동안 정확히 2번 고장이 발생할 확률은

$$P(X=2)=\frac{\lambda^x e^{-\lambda}}{x!}=\frac{(3)^2 e^{-3}}{2!}=\frac{(9)(0.04978707)}{2}=0.2240$$

이 된다.

(b) 다음 달 동안 많아야 1번 고장이 발생하는 확률은 고장이 발생하지 않은 경우와 고장이 1번 발생한 경우의 확률을 더하면 된다. 그러므로,

$$\begin{aligned} P(\text{많아야 1번 고장 발생}) &= P(0 \text{ 또 } 1\text{번의 고장}) = P(X=0)+P(X=1) \\ &= \frac{(3)^0 e^{-3}}{0!}+\frac{(3)^1 e^{-3}}{1!} \\ &= \frac{(1)(0.04978707)}{1}+\frac{(3)(0.04978707)}{1} \\ &= 0.498+0.1494=0.1992 \end{aligned}$$

이다.

포아송 확률분포에서 중요한 것은 λ와 X에 대한 구간 단위가 동일해야 한다는 것이다. 이들이 일치하지 않다면 평균 λ를 X의 구간 단위에 맞게 다시 정의해야 한다. 이것에 대한 설명이 예제 5-27에 나와 있다.

■ 예제 5-27

한 우편주문회사는 7일 동안 무료반송 서비스를 실시하고 있다. 고객이 그 기간 내에 주문 상품이 만족스럽지 않다면, 상품을 반송할 수 있을 뿐만 아니라, 상품을 위해 지불한 돈도 되돌려 주기로 했다. 이 회사의 과거 자료를 살펴보면 판매된 10개의 상품당 평균 2개의 상품이 반송 처리되었다. 포아송 확률분포 공식에 통해 어느 날 이 회사에서 40개의 상품이 팔렸을 때, 정확히 6개의 상품이 반송 처리될 확률을 구하시오.

풀 이 판매된 40개의 제품 중 반송될 상품의 개수를 X라 하자. 우리는 확률 $P(X=6)$을 구해야 한다. 주어진 평균은 판매된 10개의 상품에 대해 정의되었지만, X는 판매된 40개의 상품에 대해 정의되어 있다. 따라서 우리는 먼저 판매된 40개의 상품에 대한 평균 반송될 상품의 수를 구해야 한다. 10개의 상품에 대한 평균이 2이므로, 40개의 상품에 대한 평균은 8이 된다. 그러므로 여기에서 $\lambda=8$이다. 포아송 확률분포 공식에 $\lambda=8$, $\lambda=6$을 대입하면,

$$P(X=6)=\frac{\lambda^x e^{-\lambda}}{x!}=\frac{(8)^6 e^{-8}}{6!}=\frac{(262{,}144)(0.00033546)}{720}=0.1221$$

이다.

따라서 주어진 날에 판매된 40개의 상품 중 정확히 6개의 상품이 반송될 확률은 0.1221이다.

■

예제 5-27은 이항 확률분포에서 $p=2/10=0.20$, $n=40$이고, $x=6$일 때의 확률을 묻는 문제와 같다. 다시 말해서 성공의 확률(즉, 한 상품이 반송될 확률)이 0.20이고, 시행 횟수(팔린 상품의 수)가 40인 이항확률문제이다. 우리는 6번의 성공(6개의 반송)에 대한 확률을 구하면 된다. 하지만 우리는 이 문제를 푸는 데 포아송 분포를 이용하였다. 이는 포아송 확률이 이항분포의 근사분포이기 때문이다. 우리는 또한 다음과 같이 이항분포를 이용하여 물음의 확률을 구할 수 있다.

$$P(X=6)={}_{40}C_6(0.20)^6(0.80)^{34}=\frac{40!}{6!(40-6)!}(0.20)^6(0.80)^{34}$$

$$=(3{,}838{,}380)(0.000064)(0.0050706)=0.1246$$

그러므로 이항분포를 이용했을 때 확률 $P(X=6)$은 0.1246이다.

위에서 알 수 있듯이 n이 크면 이항공식을 이용한 확률은 계산은 단순하지 않다. 이런 경우에는 포아송 확률공식을 이용하면 보다 쉽게 확률을 계산할 수 있다. 일반적으로 $n>25$이고, $\mu\le 25$인 이항확률 문제는 이항확률의 근사확률로 포아송 확률을 이용을 선호한다. $n>25$이고, $\mu>25$라면 이항확률에 대한 근사로 정규분포를 선호한다. 더 자세한 내용은 6장에서 다루기로 한다.

5.8.1 포아송 확률표 이용

포아송 분포의 확률은 부록 B의 포아송 분포표인 표 III를 이용하면 된다. 다음의 예는 그 표를 사용하는 방법을 설명한다.

■ 예제 5-28 포아송 확률표 이용

한 은행의 한 지점에서는 평균적으로 하루에 2개의 신규 계좌가 개설된다. 부록 B의 표 III을 이용하여 지정된 날에 개설된 다음의 계좌의 수에 대한 확률을 구하시오.

(a) 정확히 6개 (b) 많아야 3개 (c) 적어도 7개

풀 이 먼저 다음과 같이 정의하자.

λ = 이 은행에 하루에 개설된 평균 신규 계좌의 수

X = 지정된 날에 이 은행에 개설된 신규 계좌의 수

(a) λ와 $X = x$의 값은 각각

$$\lambda = 2\text{이고}, X = 6$$

이다. 부록 B의 표 III에서 먼저 $\lambda = 2$에 대응하는 열을 찾는다. 이 열 안에서 $X = 6$에 대한 값을 읽는다. 아래 표 5.16은 위 문제와 관련된 표 III의 일부분이다. $\lambda = 2$인 열과 $X = 6$인 행이 만나는 위치의 값이 0.0120이다. 따라서,

$$P(X = 6) = 0.0120$$

이다.

표 5.16 λ = 2.0에 해당하는 표 III의 일부분

x	1.1	1.2	…	2.0 ← λ = 2.0
0				0.1353
1				0.2707
2				0.2707
3				0.1804
4				0.0902
5				0.0361
x = 6 → 6				0.0120 ← $P(X = 6)$
7				0.0034
8				0.0009
9				0.0002

실제로 표 5.16은 $\lambda - 2.0$에 대한 X의 확률분포표이다. 여기서 표 5.16에 나타난 10개의 확률에 대한 합은 0.9999로 1.0이 아니다. 그 이유를 2가지로 설명할 수 있다. 첫째는 이 확률들은 소수점 아래 4자리로 표현되어 반올림의 문제가 발생한다. 둘째는 지정된 날이 이 은행에서 개설된 신규 계좌의 수가 9를 넘을 수도 있다. 그러나 10, 11, 12....에 대한 확률은 매우 작기 때문에 표에 표현되지 않은 것이다.

(b) 지정된 날에 개설된 계좌의 수가 많아야 3개일 확률은 0, 1, 2, 3에 대한 확률을 더함으로써 얻을 수 있다. 따라서 부록 B의 표 III나 표 5.16을 이용하면,

$$P(\text{많아야 3개}) = P(X=0) + P(X=1) + P(X=2) + P(X=3)$$
$$= 0.1352 + 0.2707 + 0.2707 + 0.1804 = 0.8571$$

이 된다.

(c) 지정된 날에 개설된 계좌의 수가 적어도 7개의 확률은 7, 8, 9에 대한 확률을 더하면 된다. 여기서 $\lambda = 2.0$일 때 부록 B의 표 III나 표 5.16에서는 9보다 큰 수에 대한 확률이 적혀 있지 않다. 따라서 우리는 9까지의 확률을 더하면 된다. 하지만 이는 개설된 계좌의 수가 9보다 클 확률이 없다는 것을 의미하는 것이 아니다. 9보다 큰 경우의 포아송 확률의 값은 0에 가까운 값이고, 무시할 수 있을 정도로 매우 작기 때문에 9까지의 확률만을 더하는 것이다. 따라서,

$$P(\text{적어도 7개}) = P(X=7) + P(X=8) + P(X=9)$$
$$= 0.0034 + 0.0009 + 0.0002 = 0.0045$$

이다.

■ 예제 5-29 포아송 확률분포와 그래프

한 자동차 영업사원은 평균 하루에 0.9대의 자동차를 판다. 주어진 날에 이 영업사원이 팔 자동차의 수를 X라고 하자. 포아송 확률분포표를 이용하여 X의 확률분포표를 구하시오. 이 확률들의 그래프를 그리시오.

풀 이 이 영업사원의 하루당 평균 자동차 판매 대수를 λ라 하면 $\lambda = 0.9$이다. 부록 B의 표 III에서 $\lambda = 0.9$에 해당하는 부분이 표 5.17이 되고, 이 표가 X의 확률분포표가 된다. 그림 5.10이 표 5.17의 확률분포에 대한 막대 그림이다.

표 5.17 λ = 0.9일 때, X의 확률분포

$X = x$	$P(X = x)$
0	0.4066
1	0.3659
2	0.1647
3	0.0494
4	0.0111
5	0.0020
6	0.0003

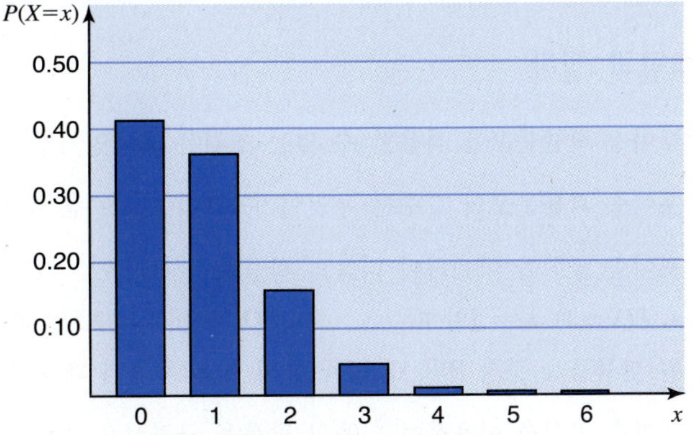

그림 5.10 표 5.17의 확률분포에 대한 막대 그래프

표 5.17에서는 $\lambda = 0.9$일 때 x의 가장 큰 값인 6까지만의 확률이 나타나 있다. 이것은 한 영업사원이 주어진 날에 차를 6대보다 많이 팔 수 없다는 것을 의미하는 것이 아니다. 단지 6대보다 많은 수의 차를 팔 확률이 매우 작음을 나타내는 것이다. 실제로 $\lambda = 0.9$일 때, $\lambda = 7$의 확률은 0.000039이다. 이 확률은 소수점 아래 4자리까지만 나타낼 때, 반올림하면 0.0000으로 나타나기 때문에 위 확률표에서 빠진 것이다.

5.8.2 포아송 확률분포의 평균과 표준편차

포아송 확률분포에서 평균과 분산은 모두 λ로 같고, 표준편차는 $\sqrt{\lambda}$이다. 즉, 포아송 확률분포는

$$\mu = \lambda,\ \sigma^2 = \lambda \text{이고},\ \sigma = \sqrt{\lambda}$$

이다.

예제 5-29에서 $\lambda = 0.9$이므로 표 5.17에 나타난 X의 확률분포의 평균, 분산, 그리고 표준편차는 다음과 같다.

$$\mu = \lambda = 0.9\text{대}$$
$$r^2 = \lambda = 0.9$$
$$\sigma = \sqrt{\lambda} = \sqrt{0.9} = 0.949\text{대}$$

연습문제

■ 개념과 절차

5.79 포아송 확률분포를 적용할 수 있는 조건은 무엇인가?

5.80 포아송 확률분포의 모수는 무엇인가? 그리고 모수는 무엇을 의미하는가?

5.81 포아송 공식을 이용하여 다음의 확률을 구하시오.

a. $P(X \le 1)$, $\lambda = 5$일 때 **b.** $P(X = 2)$, $\lambda = 2.5$일 때

위 확률들을 부록 B의 표 III을 통해 찾은 확률과 대조확인하시오.

5.82 포아송 공식을 이용하여 다음의 확률을 구하시오.

a. $P(X > 2)$, $\lambda = 3$일 때 **b.** $P(X = 8)$, $\lambda = 5.5$일 때

위 확률들을 부록 B의 표 III을 통해 찾은 확률과 대조확인하시오.

5.83 X를 포아송 확률변수라 하자. 포아송 확률표를 이용하여 다음의 각 경우에 대한 X의 확률분포를 구하시오. 이 확률분포표 각각에 대하여 평균과 표준편차를 구하시오. 이 확률분포에 대한 그래프를 그리시오.

a. $\lambda = 1.3$ **b.** $\lambda = 2.1$

5.84 X를 포아송 확률변수라 하자. 포아송 확률표를 이용하여, 다음의 각 경우에 대한 X의 확률분포를 구하시오. 이 확률분포표 각각에 대하여 평균과 표준편차를 구하시오. 이 확률분포에 대한 그래프를 그리시오.

a. $\lambda = 0.6$ **b.** $\lambda = 1.8$

■ 응용

5.85 한 가구는 하루당 평균 1.7통의 스팸메일을 받는다. 이 가구가 어느 날 정확히 3통의 스팸메일을 받을 확률을 구하시오. 포아송 확률분포 공식을 이용하시오.

5.86 어느 지방 항공사는 하루에 승객들로부터 평균 9.7건의 불편신고를 받는다. 포아송 공식을 이용하여 어느 날 이 항공사가 정확히 6건의 불편신고를 받을 확률을 구하시오.

5.87 한 전자제품 매장에 일주일당 물건을 사는 체하고 훔치는 들치기 사건이 평균 5.4건 벌어진다. 주어진 일주일 동안 이 매장에서 그런 들치기 사건이 정확히 3건 일어날 확률을 구하시오.

5.88 어떤 도시의 큰 호텔에 하루당 빈방의 수가 평균 12.5개이다. 어느 날 정확히 3개의 방이 빌 확률을 구하시오. 포아송 공식을 이용하시오.

5.89 한 대학 치안부서는 일주일당 학생카드 분실에 관해 평균 3.7건 보고받고 있다.

a. 어느 일주일 동안 대학 치안부서에 그런 사건 보고가 기껏해야 1건 보고될 확률을 구하시오. 포아송 확률분포 공식을 이용하시오.

b. 포아송 확률표를 이용하여, 어느 일주일 동안 이 대학 치안부서에 보고된 그런 사건의 수가 다음과 같을 때, 각 확률을 구하시오.

i. 1건에서 4건　ii. 적어도 6건　iii. 기껏해야 3건

5.90 미국의 중소기업의 대다수가 구조조정 첫해에 파산을 했다. 한 대도시에서 하루당 파산한 기업의 수가 평균 1.6개이다.

a. 포아송 공식을 이용하여, 어느 날 이 도시에서 파산한 기업의 수가 정확히 3개일 확률을 구하시오.

b. 포아송 확률표를 이용하여, 어느 날 이 도시에서 파산한 기업의 수가 다음과 같을 때, 각 확률을 구하시오.

i. 2개에서 3개　ii. 3개 초과　iii. 3개 미만

5.91 품질관리부서의 갖고의 노력에도 불구하고, P 회사에서 생산된 직물에는 항상 몇 개의 흠집이 있다. 이 회사에서 생산된 한 종류의 직물은 500야드당 평균 0.5개의 흠집이 있다.

a. 포아송 공식을 이용하여, 주어진 이 직물의 길이 500야드 안에 정확히 1개의 흠집을 갖고 있을 확률을 구하시오.

b. 포아송 확률표를 이용하여, 주어진 이 직물의 길이 500야드 안에 있을 흠집의 수가 다음과 같을 때, 각 확률을 구하시오.

i. 2개에서 4개　ii. 3개 초과　iii. 2개 미만

5.92 한 자급식의 주유소에서는 일주일당 주유한 후 돈을 지불하지 않은 채로 가버리는 승용차가 평균 1.6대라고 한다.

a. 포아송 확률분포 공식을 이용하여, 주어진 일주일 동안 주유 후 돈을 지불하지 않고 가버린 승용차가 정확히 2대일 확률을 구하시오.

b. 포아송 확률표를 이용하여, 주어진 일주일 동안 주유 후 돈을 지불하지 않고 가버린 승용차의 수가 다음과 같을 때, 각 확률을 구하시오.

i. 3대 미만　ii. 5대 초과　iii. 2대에서 5대

5.93 한 금융회사에 30분당 들어오는 평균 고객의 수가 4.8명이다.

a. 주어진 한 시간 동안 이 금융회사에 정확히 2명의 고객이 들어올 확률을 구하시오.

b. 주어진 한 시간 동안 이 금융회사에 들어올 고객의 수가 다음과 같을 때, 각 확률을 구하시오.

i. 2명 이하　ii. 10명 이상

5.94 한 전기회사는 아직 개업하지 않았음에도 불구하고, 매주 직업을 구하는 사람들로부터의 이력서를 평균 3.2통 받는다고 한다.

a. 포아송 공식을 이용하여 이 회사가 다음 주에 한 통의 이력서도 받지 않을 확률을 구하시오.

b. X를 이 회사가 주어진 일주일 동안 받을 이력서의 수라고 하자. 부록 B의 포아송 확률분포표를 이용하여 X의 확률분포표를 구하시오.

c. b의 확률분포표에 대한 평균과 분산, 그리고 표준편차를 구하시오.

5.95 한 보험 영업사원은 하루에 평균 1.4건의 보험상품을 판매한다고 한다.

a. 포아송 공식을 이용하여 이 영업사원이 어느 날 한 건의 보험상품도 팔지 못할 확률을 구하시오.

b. 어느 날 이 영업사원이 팔 보험상품의 수를 x라고 하자. 포아송 확률분포표를 이용하여 X의 확률분포표를 구하시오.

c. b의 확률분포표에 대한 평균과 분산, 그리고 표준편차를 구하시오.

5.96 한 대도시에서는 하루에 평균 0.8건의 사고가 발생한다.

a. 어느 날 이 도시에 사건이 발생하지 않을 확률을 구하시오.

b. 어느 날 이 도시에 발생할 사건의 수를 x라고 하자. 포아송 확률포표를 이용하여 X의 확률분포표를 구하시오.

c. b의 확률분포표에 대한 평균과 분산, 그리고 표준편차를 구하시오.

5.97 50개의 가구당 평균 20개의 가구가 자동응답기를 가지고 있다.

a. 포아송 공식을 이용하여, 임의의 표본 50개의 가구 중에 정확히 25개의 가구가 자동응답기를 가지고 있을 확률을 구하시오.

b. 포아송 확률분포표를 이용하여, 50개의 가구 중에서 다음과 같은 수의 가구가 자동응답기를 가지고 있을 확률을 구하시오.

i. 많아야 12가구　　ii. 13가구에서 17가구　　iii. 적어도 30가구

5.98 한 학교구역을 통과하는 차량의 20%는 시간당 10마일의 제한 속도보다 더 빠른 속도를 내고 있다.

a. 포아송 공식을 이용하여 이 학교구역을 통과하는 임의로 표본 100대의 차량에 대하여, 정확히 25대의 차량이 시간당 10마일의 제한 속도보다 과속을 할 확률을 구하시오.

b. 포아송 확률표를 이용하여 이 학교구역을 통과하는 임의로 표본 100대의 차량들 중에, 시간당 10마일의 제한 속도보다 과속을 할 차량의 수가 다음과 같을 때, 각 확률을 구하시오.

i. 많아야 8대　　ii. 15대에서 20대　　iii. 적어도 30대

Chapter

6

정규분포와 연속확률변수

약속시간보다 늦게 나타나 흔히 하는 변명은 "미안합니다. 차가 막혀서요"입니다. 올해 지역주민끼리 차 함께 타기 프로그램에 참가한 한 지역주민들을 대상으로 한 조사에 따르면, 참가자의 73.8%가 작년에 극심한 교통체증을 느꼈다고 합니다. 2년 전 58.2%와 비교하여 그 수치가 더 크게 나타났습니다. 특히 자동차 사고나 날씨로 인한 통근시간 정체는 예상했던 주행시간보다 훨씬 오래 걸리기 때문에, 이로 인한 스트레스가 심한 경향을 보입니다. 여러분이 심한 교통체증으로 발이 묶일지도 모른다고 가정하면, 직장에 또는 약속시간에 늦지 않기 위해서 얼마나 일찍 집에서 출발해야 할까요?

5장에서는 이산형 확률변수와 이들의 확률분포에 대하여 살펴보았다. 5.1절에서 정의했던 연속형 확률변수는 어떤 실수의 구간 상의 값을 갖는다.

연속형 확률변수가 갖는 값들은 무한이고 셀 수가 없다. 예를 들어, 어떤 사람이 집에서 직장으로 출근하는 데 걸리는 시간을 확률변수라 하면, 이는 연속형 확률변수이다. 모든 근로자가 집에서 직장으로 출근하는 데 걸리는 시간이 최소 5분, 최대 130분이라 가정하자. 임의로 선택한 한 근로자의 출근하는 데 걸린 시간을 X인 연속형 확률변수라 하자. 그러면 X는 구간 (5, 130) 안의 어떤 값을 가질 수 있다. 이 구간은 무한히 많은 수의 셀 수 없는 실수값들을 포함한다.

연속형 확률변수는 여러 확률분포 중의 하나다. 이 장에서는 정규확률분포와 이항분포의 근사분포인 정규분포를 다룬다.

6.1 연속확률분포

5장에서 우리는 **연속형 확률변수(continuous random variable)**를 셀 수 없는 값을 갖는 변수라 정의하였다. 연속형 확률변수는 하나의 실수구간 또는 여러 실수구간 상에서 어떤 값을 가진다고 가정한다. 어떤 구간 안에 포함된 값들의 수는 무한히 많기 때문에, 한 연속형 확률변수가 가질 수 있는 값이라 생각되는 값들 또한 무한하다. 더욱이 우리는 이 값들을 셀 수 없다. 5장에서 언급한 사람의 키, 어떤 시험이 종료될 때까지 걸린 시간, 1,000 mL짜리 팩 안에 든 우유의 양, 물고기의 무게, 주택가격 등은 연속형 확률변수의 예가 된다. 비록 돈은 셀 수 있지만, 돈을 포함하는 모든 변수들 또한 연속형 확률변수라 간주한다. 이는 돈을 포함하는 변수들은 종종 매우 많은 수의 사건들을 갖고 있기 때문에, 연속형 확률변수라 하는 것이다.

5,000명의 여학생들이 한 대학교에 등록했다고 가정했을 때, 이 학생들의 키를 나타내는 연속형 확률변수를 X라 하자. 표 6.1은 X의 도수와 상대도수의 분포를 나타낸 표이다.

표 6.1 여학생들의 키에 대한 상대도수분포표

아이들의 키(인치) X	f	상대도수
$60 \leqq X < 61$	90	0.018
$61 \leqq X < 62$	170	0.034
$62 \leqq X < 63$	460	0.092
$63 \leqq X < 64$	750	0.150
$64 \leqq X < 65$	970	0.194
$65 \leqq X < 66$	760	0.152
$66 \leqq X < 67$	640	0.128
$67 \leqq X < 68$	440	0.088
$68 \leqq X < 69$	320	0.064
$69 \leqq X < 70$	220	0.044
$70 \leqq X < 71$	180	0.036
	$N = 5{,}000$	합 = 1.0

표 6.1의 상대도수들이 각 계급에 대한 확률로 이용될 수 있다. 여기서 여학생 모두에 대한 모집단에서 얻어진 상대도수들이기 때문에 이는 정확한 확률이다.

그림 6.1은 표 6.1에 나타난 상대도수분포를 히스토그램과 다각형으로 나타낸 것이다. 그림 6.2는 표 6.1 자료에 대한 평활 다각형이다.

그림 6.1 **표 6.1의 히스토그램과 다각형그래프**

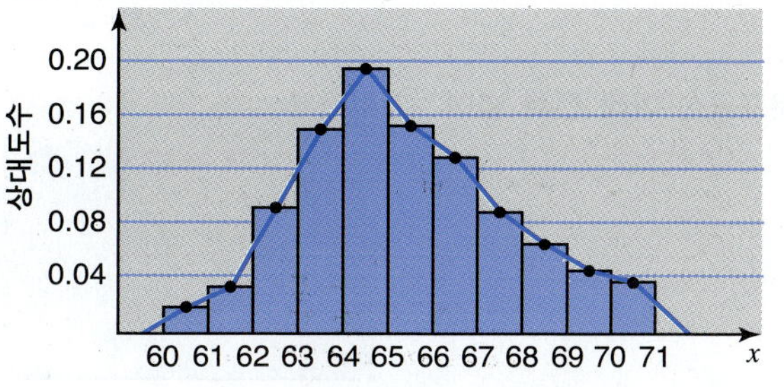

그림 6.2 **키에 대한 확률분포곡선**

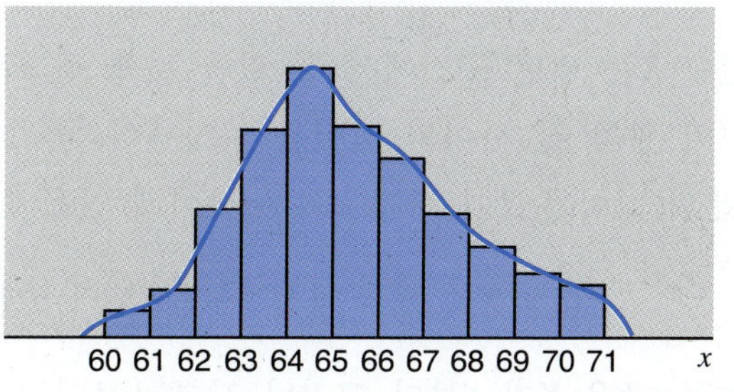

평활 다각형은 연속형 확률변수 X의 **확률분포곡선**(*probability distribution curve*)의 근사형태이다. 표 6.1의 각 계급은 폭이 1인치로 같다. 만약 계급의 폭이 단위인 1보다 크다면, 우리는 먼저 **상대도수밀도함수**(*relative frequency density*)를 구하고 분포함수를 그리는 데 이 상대도수밀도함수를 이용해야 한다. 한 계급의 상대도수밀도는 그 계급에 해당하는 상대도수를 그 계급의 폭으로 나누면 구할 수 있다. 계산한 상대도수밀도는 히스토그램의 모든 직사각형의 넓이의 합을 1로 만들어 준다. 한 연속형 확률변수의 **확률밀도함수**(*probability density function*)를 또한 확률분포함수라 부른다.

연속형 확률변수의 확률분포는 다음과 같은 2가지 특성(two characteristics)을 가진다.

1. 어떤 구간에서 정의된 X의 확률은 0과 1 사이에 존재한다.

2. 서로 배반(mutually exclusive)인 실수구간에서 정의된 X들의 확률의 총합은 1.0이다.

첫 번째 특징은 그림 6.3에서와 같이 연속형 확률변수의 확률분포곡선에서 X가 어떤 두 점 사이에 있을 확률이 0과 1 사이의 값이란 것을 의미한다. 두 번째 특징은 그림 6.4와 같이 연속형 확률변수의 확률분포곡선의 전체 넓이가 1.0 또는 100%라는 것을 나타낸다.

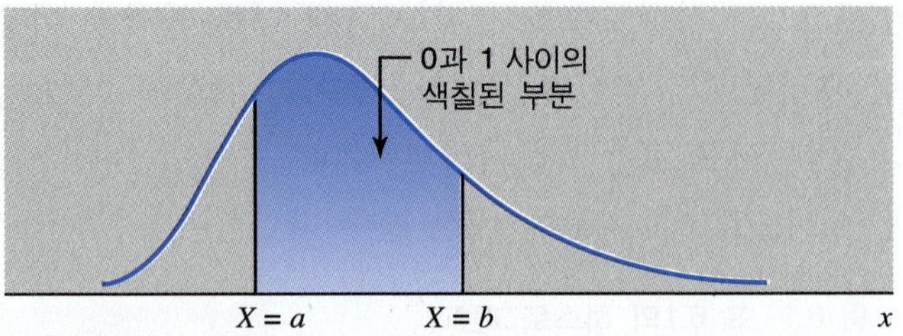

그림 6.3 **확률분포곡선 아래 두 점 사이의 넓이**

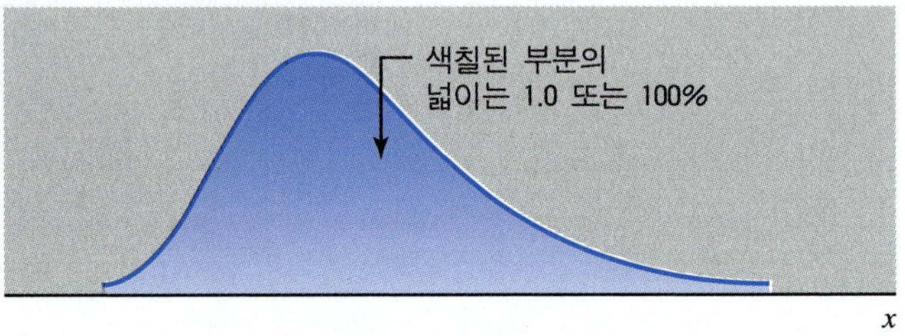

그림 6.4 **확률분포곡선 아래 전체 넓이**

연속형 확률변수 X는 어떤 구간에서 한 값을 갖게 될 확률은 그림 6.5에서와 같이, 그 곡선 아래 그 구간의 양쪽 끝 사이의 넓이를 나타낸다. 이 그림에서 그 곡선 아래 a부터 b까지의 색칠된 부분의 넓이가 X가 구간 a와 b 사이에 있을 확률이 된다. 즉,

$$P(a \leq X \leq b) = \text{곡선 아래 } a\text{부터 } b\text{까지의 넓이}$$

여기서 구간 $a \leq X \leq b$은 X가 a보다 크거나 같고, b보다는 작거나 같음을 나타낸다.

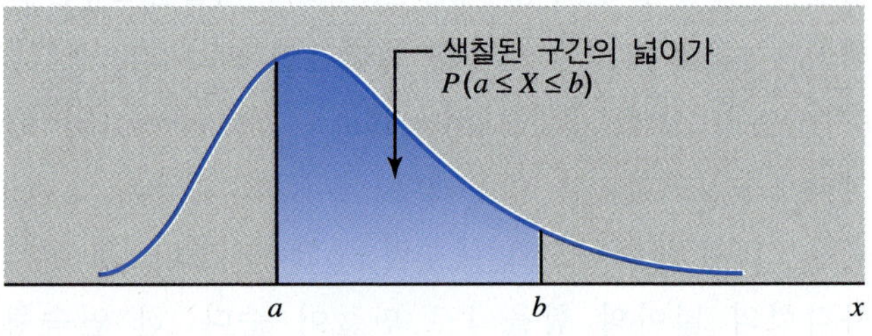

그림 6.5 **확률로써 곡선의 넓이**

한 대학교의 모든 여학생의 키의 예제를 떠올려 보자. 이 대학교에서 임의로 선발된 여학생의 키가 구간 65인치부터 68인치 사이에 있을 확률은 그림 6.6에서와 같이, 모든 여학생들의 키의 분포곡선 아래 $x = 65$부터 $x = 68$ 사이의 면적이 된다. 이 확률은 다음과 같이

$$P(65 \leq X \leq 68)$$

표현하고, 이는 X가 65보다는 크거나 같고, 68보다는 같거나 작을 확률을 의미한다.

그림 6.6 X가 구간 65부터 68 사이에 있을 확률

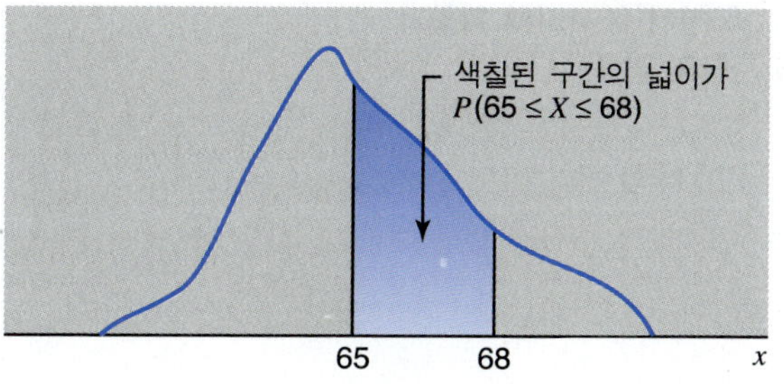

연속확률분포에서 확률은 항상 한 구간에 대하여 계산한다. 예를 들어, 그림 6.6에서 색칠된 구간은 65부터 68까지를 나타낸다. 따라서 그림에서 색칠된 구간의 넓이가 구간 $65 \leq X \leq 68$의 확률이다.

연속형 확률변수 X가 하나의 값을 갖을 확률은 항상 0이다. 이것은 하나의 값을 나타내는 하나의 선의 면적은 0이기 때문이다. 예를 들어, 그 대학교에서 임의로 선택된 여학생의 키를 X라 하면, 이 학생의 키가 정확히 67인치일 확률은 0이다. 즉,

$$P(X = 67) = 0$$

이다. 그림 6.7에서 나타내는 확률이다. 마찬가지로 X가 또다른 어떤 한 값일 확률도 0이다.

일반적으로 X가 두 값 a와 b일 때도 역시 그 확률은

$$P(X = a) = 0 \text{ 이고, } P(X = b) = 0$$

이다.

그림 6.7 X가 한 값일 때의 확률은 0이다.

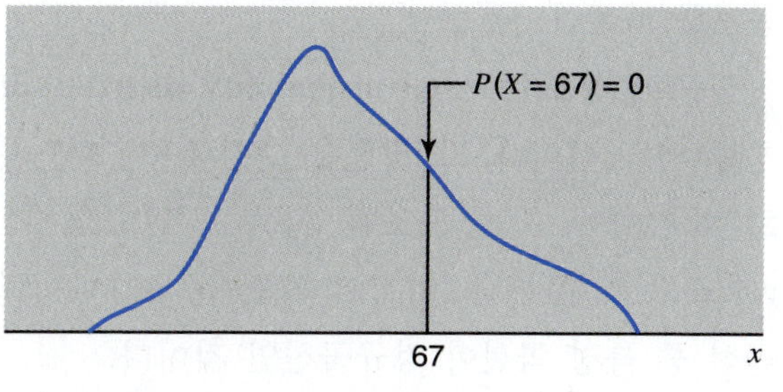

이로부터 연속형 확률변수에 대하여,

$$P(a \leq X \leq b) = P(a < X < b)$$

임을 짐작할 수 있다. 다시 말해서 구간 a에서 b 안의 한 값이 X일 확률은 그 구간에 포함되지 않은 값에 대한 확률과 같다는 것이다. 여학생의 키에 대한 예에서, 임의로 선택된 여학생의 키가 65와 68인치 사이에 있을 확률은 이 학생이 65부터 68인치까지일 확률과 같다. 이는 그림 6.8에 나타나 있다.

그림 6.8 **65부터 68까지의 확률과 65와 68 사이의 확률**

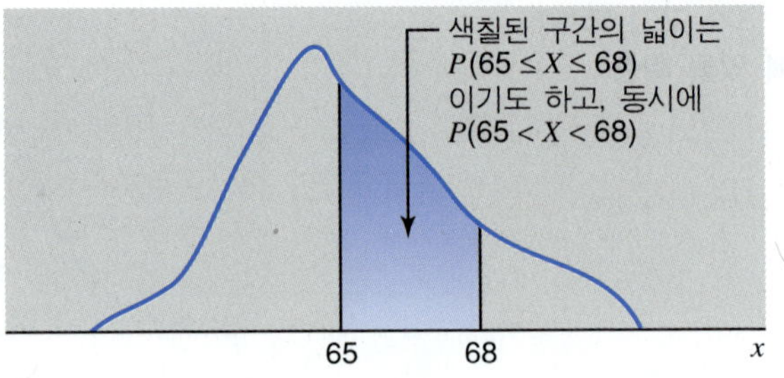

여기서 구간 "65와 68 사이"는 "$65 < X < 68$"이고, 65와 68을 포함하지 않는다. 한편, 구간 "65부터 68까지"는 "$65 \le X \le 68$"을 나타내고, 이는 65와 68을 포함한다. 그러나 앞서 언급한 바와 같이, 연속형 확률변수인 경우 이 두 구간이 포함하는 확률 또는 곡선 아래 면적은 같다.

6.2 정규분포

정규분포는 연속형 확률변수의 많은 확률분포 중의 하나이다. 정규분포는 이용되는 모든 확률분포 중 가장 중요하고 널리 쓰이는 분포이다. 일상에서 일어나는 많은 현상들이 정규분포를 따르거나 근사적으로 정규분포를 따른다. 사람들의 키와 몸무게, 한 시험의 점수, 가방의 무게(시리얼 상자, 쿠키 상자 등), 한 팩 안의 우유의 양, 한 제품의 수명(전구 또는 TV), 어떤 일을 마무리하는 데 걸린 시간 등을 나타내는 연속형 확률변수는 (근사적으로) 정규분포를 따른다.

정규확률분포(normal probability distribution) 또는 **정규곡선**(*normal curve*)은 종모양(대칭형)의 곡선이다. 그 곡선은 그림 6.9에 나타나 있다. 이 곡선의 평균은 μ로, 표준편차는 σ로 표기한다. 정규분포를 따르는 연속형 확률변수 X를 **정규확률변수**(*normal random variable*)라 부른다. 여기서 모든 종모양의 곡선이 모두 정규분포곡선은 아니다. 종모양의 곡선 중 특정 곡선이 정규곡선인 것이다.

그림 6.9 **평균 μ와 표준편차 σ를 갖는 정규분포**

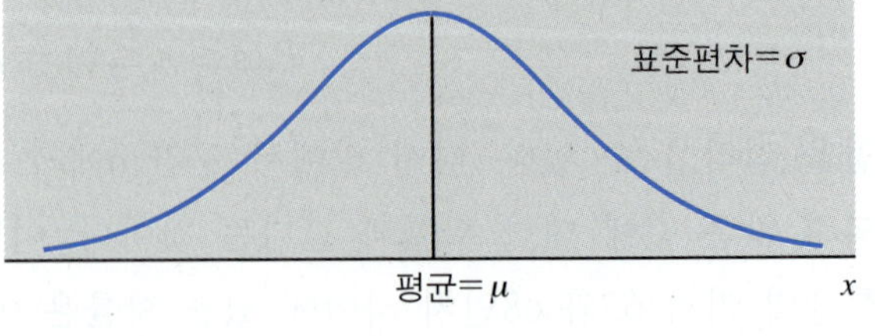

정규확률분포

정규확률분포를 그림으로 그리면 종모양의 곡선으로 다음의 조건을 만족한다.

1. 이 곡선 아래 총 면적은 1이다.

2. 이 곡선은 평균에 대하여 대칭이다.

3. 이 곡선의 양쪽 꼬리는 무한히 길다.

정규분포는 다음의 3가지 특징을 가지고 있다.

1. 정규분포곡선 아래 전체 넓이는 1.0 또는 100%이다(그림 6.10 참조).

그림 6.10 **정규곡선 아래 총 넓이**

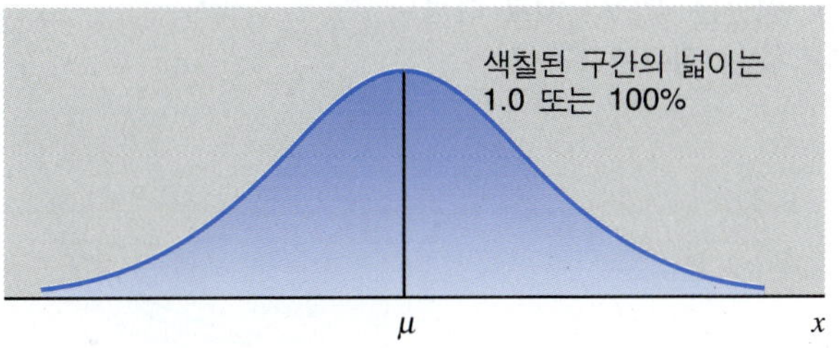

2. 정규분포곡선은 평균에 대하여 대칭이다(그림 6.11 참조). 따라서 평균의 왼쪽에 해당하는 정규분포곡선 아래 넓이는 전체 넓이의 50%이고, 나머지 50%는 평균의 오른쪽부분의 넓이다.

그림 6.11 **정규곡선은 평균에 대하여 대칭이다.**

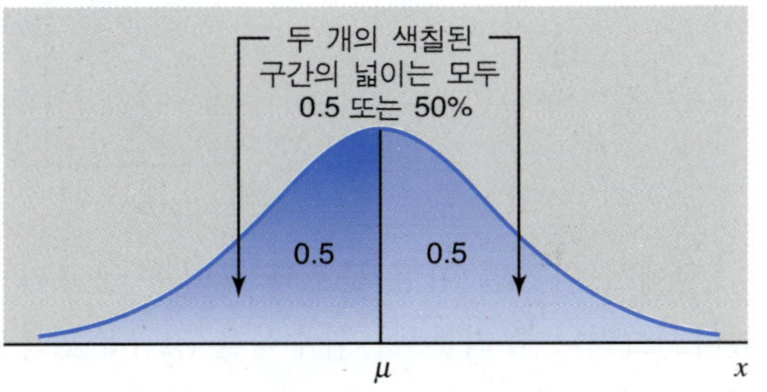

3. 정규분포곡선의 꼬리는 양방향으로 수평축과 닿거나 지나지 않으며, 무한대까지 길게 늘어져 있다. 비록 정규분포곡선이 수평축과 만나지 않지만, $\mu - 3\sigma$와 $\mu + 3\sigma$을 넘어선 꼬리의 넓이는 거의 0에 가깝다(그림 6.12 참조).

그림 6.12 **정규분포곡선의 $\mu \pm 3\sigma$을 넘어선 부분의 넓이**

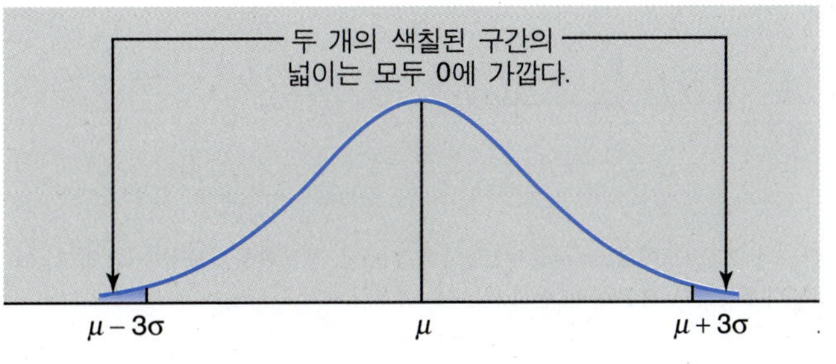

평균 μ와 표준편차 σ는 정규분포의 **모수**(*parameter*)이다. 이 두 모수의 값이 주어지면 우리는 어느 구간에 대한 정규분포곡선 아래 넓이를 구할 수 있다. 기억해야 할 것은 정규분포는 오직 하나의 정규분포곡선을 가리키는 것이 아니라, 정규분포곡선의 **모임**(*family*, 족)을 나타낸다는 것이다. μ와 σ의 값에 따라 서로 다른 정규분포곡선이 생성된다. 여기서 μ의 값은 정규분포곡선의 수평축에서 중심의 위치를 결정하고, σ는 정규분포곡선의 산포(spread)를 나타낸다. 그림 6.13에서는 평균은 같으나 표준편차는 각기 다른 3개의 정규분포곡선을 보여 주고 있다. 이에 반해 그림 6.14는 평균은 각기 다르나, 표준편차는 같은 3개의 정규분포곡선을 보여 준다.

그림 6.13 **평균은 같으나 서로 다른 표준편차를 갖는 정규분포곡선**

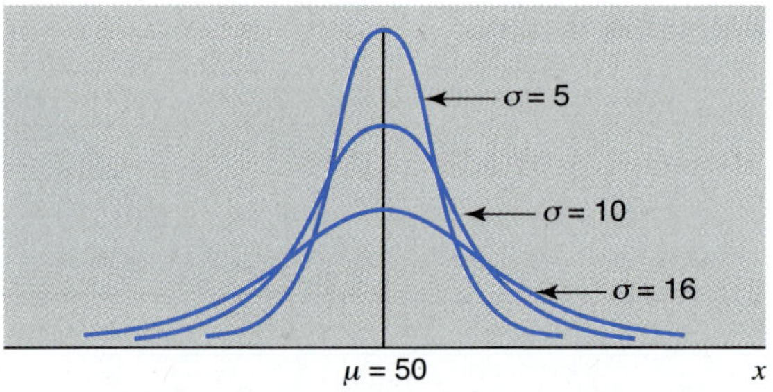

그림 6.14 **평균은 서로 다르나 같은 표준편차를 갖는 정규분포곡선**

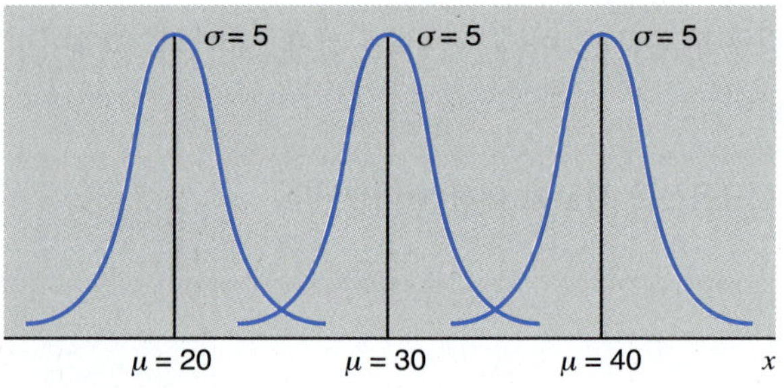

5장에서 다뤘던 이항 분포와 포아송 분포와 같이, 정규확률분포도 함수식으로 표현될 수 있다.[1] 그러나 우리는 이 함수식을 정규분포곡선 아래 넓이를 찾는 데 사용하지 않는다. 그 대신 부록 B의 표 IV를 이용한다.

---

[1] 정규분포 함수

$$f(x) = \frac{1}{\sigma\sqrt{2\pi}} e^{-(1/2)[(x-\mu)/\sigma]^2}, \quad -\infty < x < \infty$$

단, $e = 2.71828$이고, $\pi = 3.14159$이다. $f(x)$를 정규확률밀도함수라 하고, 이 함수를 a부터 b까지 적분한 값을 정규확률변수의 a부터 b까지의 확률이라 한다.

6.3 표준정규분포

표준정규분포 (standard normal distribution) 는 정규분포의 특별한 경우의 분포로 평균이 0이고, 표준편차가 1인 정규분포를 말한다.

> **정 의**
>
> **표준정규분포** : **표준정규분포** (*standard normal distribution*) 은 $\mu = 0$이고, $\sigma = 1$인 정규분포이다.

그림 6.15는 표준정규분포의 그림이다. 표준정규분포 확률변수는 Z로 표기한다. 다시 말해서 정규분포곡선은 z로 표현되고, 이 곡선의 단위를 **z값 (value)** 또는 **z점수 (score)** 라고 부르기도 한다.

그림 6.15 **표준정규분포곡선**

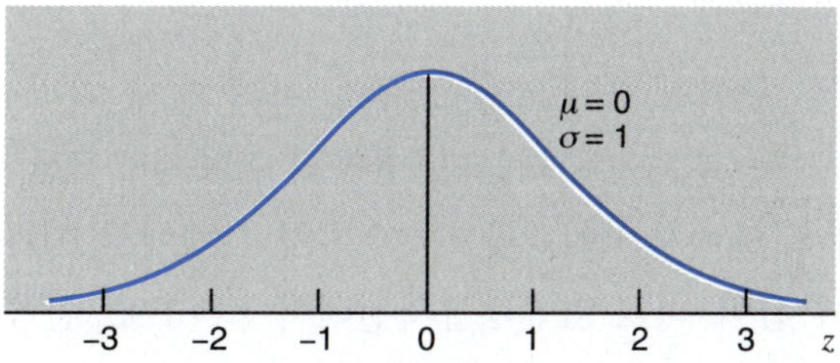

> **정 의**
>
> **z값 또는 z점수** : 표준정규곡선의 수평축의 단위는 z로 표현하고, 이 단위를 **z값** (*value*) 또는 **z점수** (*score*) 라 부른다. 특정 z의 값은 평균과 z로 표현된 점 사이의 거리는 표준편차로 나타낸 것이다.

그림 6.15에서 수평축은 z축으로 나타나 있다. 평균의 오른쪽에 위치한 z값은 양수로, 평균의 왼쪽에 위치한 z의 값은 음수로 나타낸다. **수평축의 한 점에 대한 z값은 평균과 그 점과의 거리를 표준편차로 나타낸다.** 예를 들어, $z = 2$의 값을 갖는 점은 평균의 오른쪽에 위치하며, 2배의 표준편차 거리에 있음을 나타낸다. 마찬가지로 $z = -2$의 값을 갖는 점은 평균의 왼쪽으로 2배의 표준편차의 거리에 위치한다.

부록 B의 표 IV는 표준정규분포표로 표준정규곡선 아래 넓이를 Z의 왼쪽 넓이 값으로, Z가 −3.49부터 3.49까지 변화할 때를 나타낸 것이다. 표준정규분포표를 읽기 위해서는 표에서 주어진 z값에 대하여, 그 z값에 대응하는 z값을 찾아야 한다. 그림 6.16에서 확인할 수 있듯이 표 IV는 임의의 z값의 왼쪽까지의 누적 확률값을 나타낸다.

그림 6.16 **표준정규곡선의 넓이**

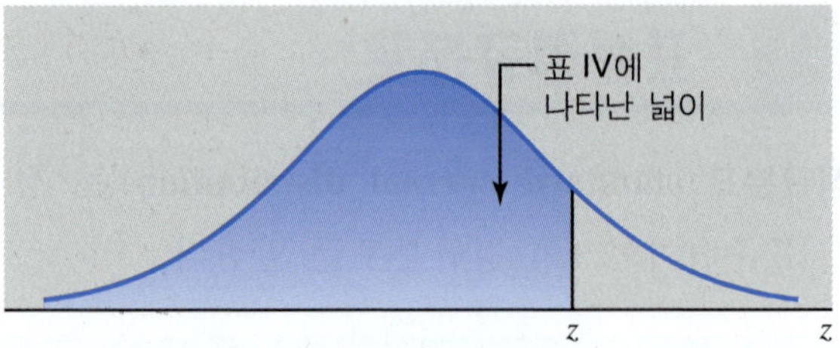

평균의 왼쪽에 있는 z값은 음수이지만, 곡선 아래 넓이는 항상 양수이다.

두 점 사이의 표준정규곡선 아래 넓이는 그 구간 안에 z의 값이 있을 확률로 해석한다. 예제 6-1부터 6-4는 표준정규곡선 아래 넓이를 찾기 위한 부록 B의 표 IV를 읽는 방법을 위한 것이다.

■ 예제 6-1 양수 Z의 왼쪽 넓이 구하기

표준정규곡선에서 $z = 1.95$까지의 왼쪽 넓이를 구하시오.

풀 이 주어진 수 1.95를 소수점 아래 첫째 자리까지인 1.9와 소수점 아래 둘째자리 0.05, 이렇게 두 부분으로 나눈다. 물음의 표준정규곡선 아래 넓이를 찾기 위해서 표 IV 또는 표 6.2에서, 열에서 1.9를 찾고, 그 위치의 행에서 0.05를 찾으면, 만나는 위치의 값이 0.9744이다. 이 값이 바로 표준정규곡선에서 $z = 1.95$ 왼쪽 넓이가 된다. 그 넓이는 그림 6.17에서 확인할 수 있다.

표 6.2 **표준정규곡선의 z = 1.95의 왼쪽 넓이**

z	**0.00**	**0.01**	. . .	**0.05**	. . .	**0.09**
−3.4	0.0003	0.0003	. . .	0.0003	. . .	0.0002
−3.3	0.0005	0.0005	. . .	0.0004	. . .	0.0003
−3.2	0.0007	0.0007	. . .	0.0006	. . .	0.0005
.	.	.	. . .	.	. . .	.
.	.	.	. . .	.	. . .	.
.	.	.	. . .	.	. . .	.
1.9	0.9713	0.9719	. . .	0.9744	. . .	0.9767
.	.	.	. . .	.	. . .	.
.	.	.	. . .	.	. . .	.
.	.	.	. . .	.	. . .	.
3.4	0.9997	0.9997	. . .	0.9997	. . .	0.9998

문제의 넓이

그림 6.17 z = 1.95의 왼쪽 넓이

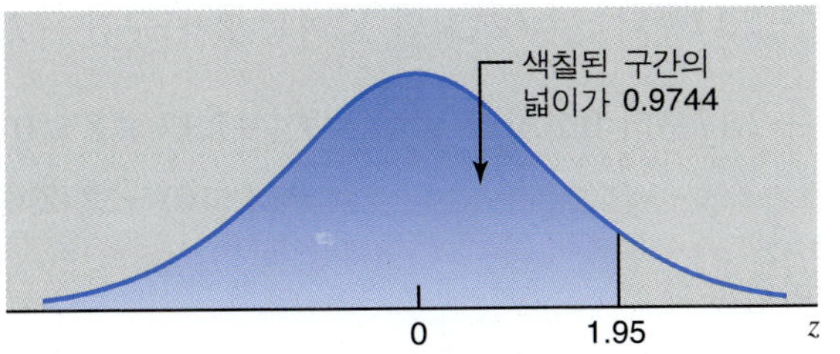

$z = 1.95$의 왼쪽 넓이로 Z가 1.95보다 작을 확률로 해석할 수 있다. 즉,

$$1.95\text{의 왼쪽 넓이} = P(Z < 1.95) = 0.9744$$

이다.

6.1절에서 언급했듯이 연속확률변수가 하나의 값을 가질 확률은 0이다. 그러므로,

$$P(Z = 1.95) = 0$$

이다. 따라서,

$$P(Z < 1.95) = P(Z \leq 1.95) = 0.9744$$

가 된다. ■

■ 예제 6-2 Z가 음수와 0 사이에 있을 때의 넓이 구하기

표준정규곡선에서 $z = -2.17$부터 $z = 0$까지의 넓이를 구하시오.

풀 이 $z = -2.17$부터 $z = 0$까지의 넓이을 구하기 위해 먼저, 표준정규분포표(표 IV)에서 $z = 0$의 왼쪽 넓이와 $z = -2.17$의 왼쪽 넓이를 구해야 한다. 표 6.3에서 보는 바와 같이, 이 두 넓이는 각각 0.5와 0.0150이다. 다음에는 0.5에서 0.0150을 빼면 문제에서 원하는 구간의 넓이가 된다.

표 6.3 표준정규곡선 아래 넓이

z	00	0.01	...	0.07	...	0.09
−3.4	0.0003	0.0003	...	0.0003	...	0.0002
−3.3	0.0005	0.0005	...	0.0004	...	0.0003
−3.2	0.0007	0.0007	...	0.0005	...	0.0005
.	.	.	...	.	...	.
−2.1	0.0179	0.0174	...	0.0150	...	0.0143
.	.	.	...	.	...	.
0.0	0.5000	0.5040	...	0.5279	...	0.5359
.	.	.	...	.	...	.
3.4	0.9997	0.9997	...	0.9997	...	0.9998

$z = 0$의 왼쪽 넓이 (0.5000) ; $z = -2.17$의 왼쪽 넓이 (0.0150)

$z = -2.17$부터 $z = 0$까지의 넓이는 Z가 구간 -2.17로부터 0 안에 있을 확률이다. 즉,

$$-2.17\text{부터 }0\text{까지의 넓이} = P(-2.17 \leq Z \leq 0)$$
$$= P(Z \leq 0) - P(Z \leq -2.17) = 0.5000 - 0.0150 = 0.4850$$

을 의미한다.

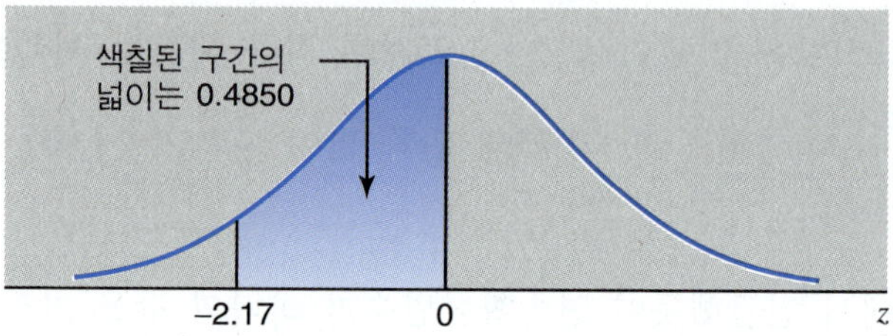

그림 6.18 $z = -2.17$부터 $z = 0$까지의 넓이

■ 예제 6-3 오른쪽과 왼쪽 꼬리의 넓이 구하기

표준정규곡선에서 다음의 넓이를 구하시오.

(a) $z = 2.32$의 오른쪽

(b) $z = -1.54$의 왼쪽

풀 이

(a) 앞서 언급한 바와 같이 정규분포표는 z값의 왼쪽 넓이를 나타낸다. $z = 2.32$의 오른쪽 넓이를 구하기 위해서는, 먼저 $z = 2.32$의 왼쪽 넓이를 찾은 후, 그 곡선 아래 영역 전체의 넓이인 1.0부터 그 값을 빼면 된다. 표 IV로부터 $z = 2.32$의 왼쪽 넓이가 0.9898임을 알 수 있다. 따라서 문제 구간의 넓이는 $1.0 - 0.9898 = 0.0102$이고, 이 구간은 그림 6.19에서 확인할 수 있다.

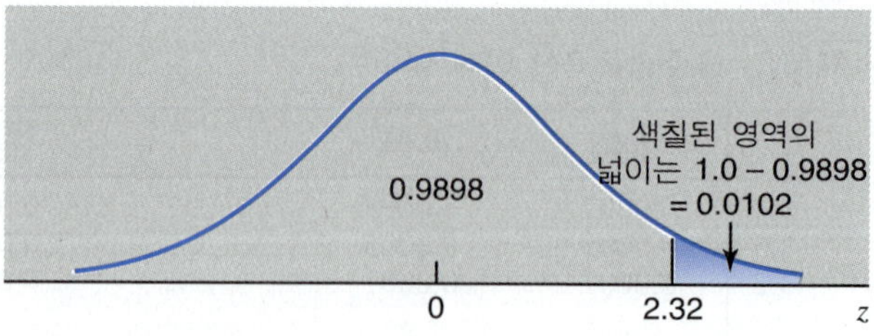

그림 6.19 $Z = 2.32$의 오른쪽 넓이

$z = 2.32$의 오른쪽은 Z가 2.32보다 클 확률이다. 그러므로,

$$2.32\text{의 오른쪽 넓이} = P(Z > 2.32) = 1.0 - 0.9898 = 0.0102$$

이다.

(b) 표준정규곡선 아래 $z = -1.54$의 왼쪽 넓이를 구하기 위해, 표 Ⅳ로부터 $Z = z$열 중 -1.5의 행에서 0.04의 행과 만나는 부분의 값을 찾는다. 이 넓이는 0.0618이다. 이 영역은 그림 6.20과 같다.

그림 6.20 $z = -1.54$의 왼쪽 넓이

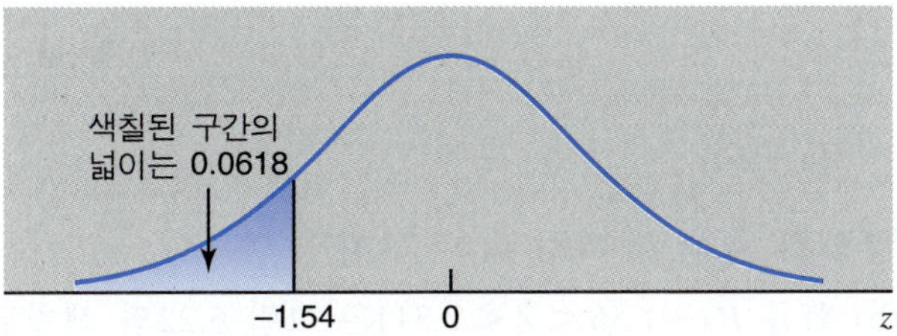

$z = -1.54$의 왼쪽 넓이는 Z가 -1.54보다 작을 확률이다. 그러므로,

$$-1.54\text{의 왼쪽 넓이} = P(Z < -1.54) = 0.0618$$

이다. ■

■ 예제 6-4

표준정규곡선에 대하여 다음의 확률을 구하시오.

(a) $P(1.19 < Z < 2.12)$ (b) $P(-1.56 < Z < 2.31)$ (c) $P(Z > -0.75)$

풀 이

z가 두 개의 양수 사이에 있을 때의 넓이 구하기

(a) 확률 $P(1.19 < z < 2.12)$은 그림 6.21의 색칠된 구간과 같이 표준정규곡선에서 $z = 1.19$와 $z = 2.12$ 사이의 넓이가 된다.

$z = 1.19$와 $z = 2.12$ 사이의 넓이를 구하기 위해, 먼저 $z = 1.19$와 $z = 2.12$의 왼쪽 넓이부터 구하고, 큰 넓이($z = 2.12$의 왼쪽 넓이)로부터 작은 넓이($z = 1.19$의 왼쪽 넓이)를 빼면 된다.

그림 6.21 $P(1.19 < z < 2.12)$ 구하기

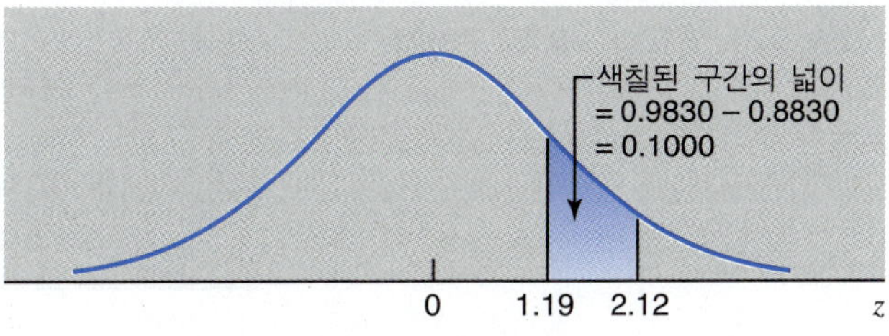

표 Ⅳ의 표준정규분포표로부터,

$$1.19\text{의 왼쪽 넓이} = 0.8830$$

$$2.12\text{의 왼쪽 넓이} = 0.9830$$

을 얻는다. 그러면 물음의 확률은

$$\begin{aligned} P(1.19 < Z < 2.12) &= 1.19\text{와 } 2.12 \text{ 사이의 넓이} \\ &= 0.9830 - 0.8830 = 0.1000 \end{aligned}$$

가 된다.

양수와 음수 사이의 넓이 구하기

(b) 확률 $P(-1.56 < Z < 2.31)$은 그림 6.22의 색칠된 부분으로 표준정규곡선에서 $z = -1.56$과 $z = 2.31$ 사이의 넓이가 된다.

표 IV의 표준정규분포표로부터,

$$-1.56\text{의 왼쪽 넓이} = 0.0594$$
$$2.31\text{의 왼쪽 넓이} = 0.9896$$

을 얻는다. 그러면 문제의 확률은

$$\begin{aligned} P(-1.56 < Z < 2.31) &= -1.56\text{와 } 2.31 \text{ 사이의 넓이} \\ &= 0.9896 - 0.0594 = 0.9302 \end{aligned}$$

이다.

그림 6.22 $P(-1.56 < Z < 2.31)$ 구하기

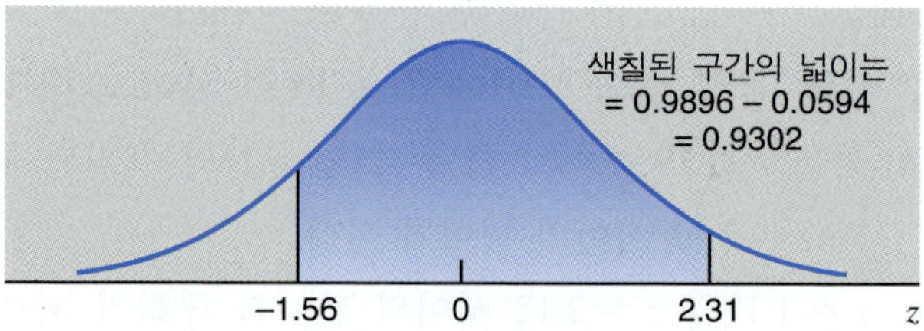

음수의 왼쪽 넓이 구하기

(c) 확률 $P(Z > -0.75)$은 그림 6.23의 색칠된 부분으로 $z = -0.75$의 오른쪽 넓이다.

그림 6.23 $P(Z > -0.75)$ 구하기

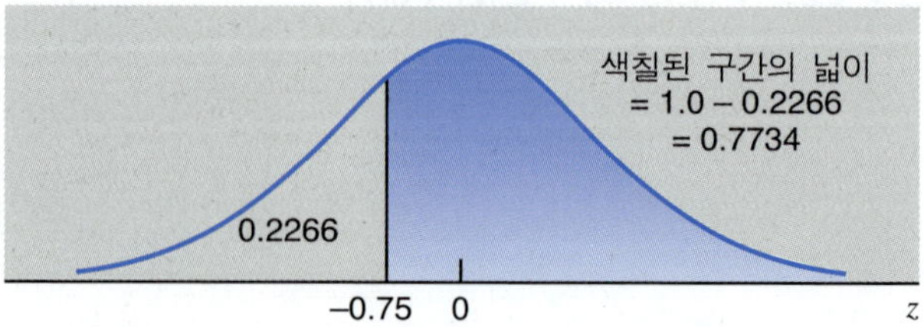

표 IV의 표준정규분포표로부터,

$$-0.75\text{의 왼쪽 넓이} = 0.2266$$

를 얻는다. 질문의 확률은

$$P(Z > -0.75) = -0.75\text{의 오른쪽 넓이} = 1.0 - 0.2266 = 0.7734$$

가 된다. ■

3.4절에서 배운 종모양(bell-shaped)의 곡선에 대한 경험법칙(empirical rule)에서 표준편차의 이용을 떠올려 보자. 이 법칙은 표준정규분포에 근거한 것이다. 정규분포표를 이용하여 우리는 다음의 경험법칙을 확인할 수 있다.

1. 평균을 중심으로 표준편차 거리 이내의 넓이는 전체의 68.26%이다. 이 넓이는 $z = 1.0$의 왼쪽 넓이와 $z = -1.0$의 왼쪽 넓이의 차로써 얻을 수 있다. 그림 6.24에서 보는 바와 같이 이 넓이는 $0.8413 - 0.1587 = 0.6826$ 또는 68.26%가 된다.

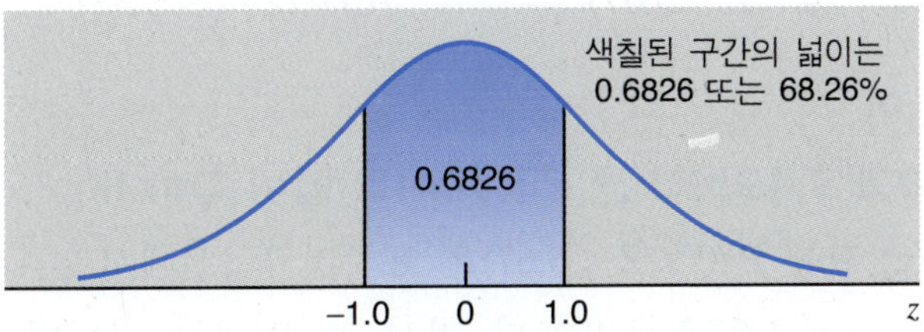

그림 6.24 **평균의 표준편차 거리 이내의 넓이**

2. 평균을 중심으로 2배의 표준편차 거리 이내의 넓이는 전체의 95.44%이다. 이 넓이는 $z = 2.0$의 왼쪽 넓이와 $z = -2.0$의 왼쪽 넓이의 차로써 얻을 수 있다. 그림 6.25에서 보는 바와 같이 이 넓이는 $0.9772 - 0.0228 = 0.9544$ 또는 95.44%가 된다.

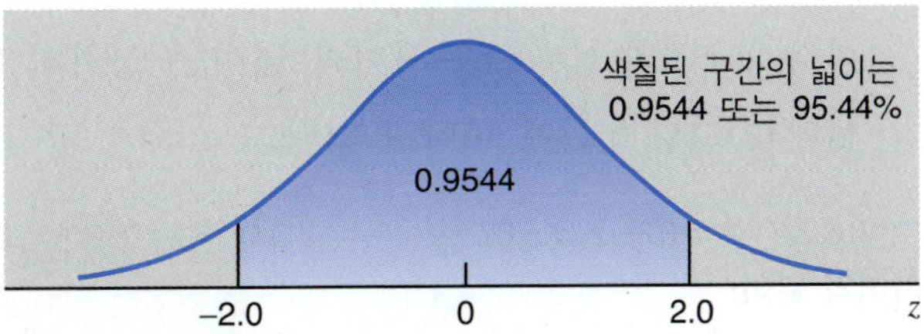

그림 6.25 **평균의 2배의 표준편차 거리 이내의 넓이**

3. 평균을 중심으로 3배의 표준편차 거리 이내의 넓이는 전체의 99.74%이다. 이 넓이는 $z = 3.0$의 왼쪽 넓이와 $z = -3.0$의 왼쪽 넓이의 차로써 얻을 수 있다. 그림 6.26에서 보는 바와 같이 이 넓이는 $0.9987 - 0.0013 = 0.9974$ 또는 99.74%가 된다.

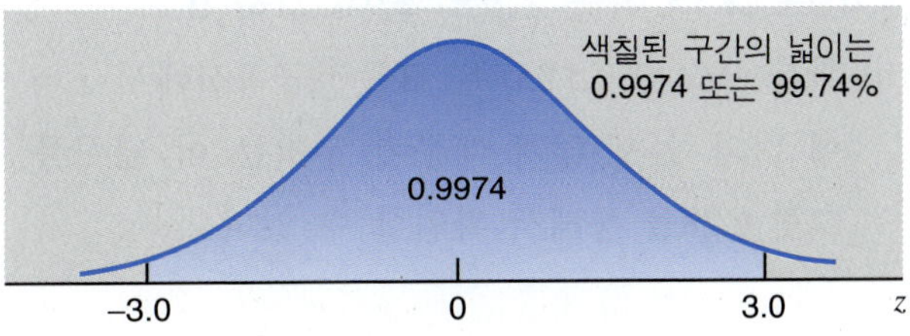

그림 6.26 **평균의 3배의 표준편차 거리 이내의 넓이**

여기서 언급한 종모양 곡선의 특별한 경우가 바로 정규분포이다. 이제 평균을 중심으로 표준편차 이내의 넓이는 전체 넓이의 (약) 68.26%를 포함하고, 평균에서 2배의 표준편차 이내의 넓이는 전체 넓이의 (약) 95.44%를, 평균에서 3배의 표준편차 이내의 넓이는 전체 넓이의 (약) 99.74%를 포함하는 종모양의 곡선이 정규분포곡선이라 할 수 있다.

표준정규분포표(부록 B의 표 IV)는 $z = -3.49$로부터 $z = 3.49$까지의 값들을 나타내고 있다. 만약 $z = -3.50$ 또는 이보다 더 작은 z값의 왼쪽 넓이를 구한다면, 그 넓이는 매우 작아 근사적으로 0.0이다. 만약 $z = 3.50$ 또는 이보다 더 큰 z값의 왼쪽 넓이를 구한다면, 그 넓이는 근사적으로 1.0이다. 예제 6-5는 이 내용을 설명해 주고 있다.

■ 예제 6-5

표준정규곡선에서 다음의 확률을 찾으시오.

(a) $P(0 < Z < 5.67)$ (b) $P(Z < -5.35)$

풀 이

0과 3.49보다 큰 Z값 사이의 넓이 구하기

(a) 확률 $P(0 < Z < 5.67)$은 표준정규곡선에서 $z = 0$과 $z = 5.67$ 사이의 넓이를 의미한다. $z = 5.67$은 3.49보다 커서 표 IV에는 나타나 있지 않기 때문에, 표준정규곡선에서 $z = 5.67$의 왼쪽 넓이는 근사적으로 1.0이 된다. 또한 $z = 0$의 왼쪽의 넓이는 0.5이다. 그러므로, 물음의 확률은

$$P(0 < Z < 5.67) = 0\text{과 } 5.67 \text{ 사이의 넓이} = 1.0 - 0.5 = 0.5 \quad (\text{근사적으로})$$

이다. $z = 0$과 $z = 5.67$ 사이의 넓이는 정확히 0.5는 아니지만, 0.5에 매우 가깝다. 이 넓이는 그림 6.27에 나타나 있다.

그림 6.27 $z = 0$과 $z = 5.67$ 사이의 넓이

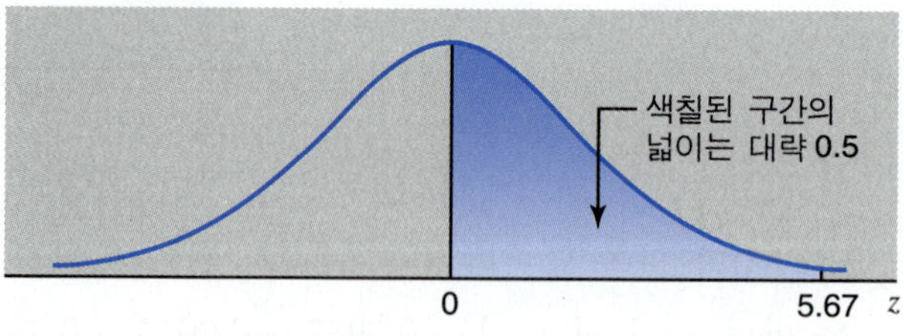

3.49보다 더 작은 Z값의 넓이 구하기

(b) 확률 $P(Z < -5.35)$은 표준정규곡선에서 $z = -5.35$의 왼쪽 넓이다. $z = -5.35$는 표에 나와 있지 않기 때문에 우리는 이 넓이를 근사적으로 0.00이라 할 수 있다. 이는 그림 6.28을 통해서 확인할 수 있다.

그림 6.28 $z = -5.35$의 왼쪽 넓이

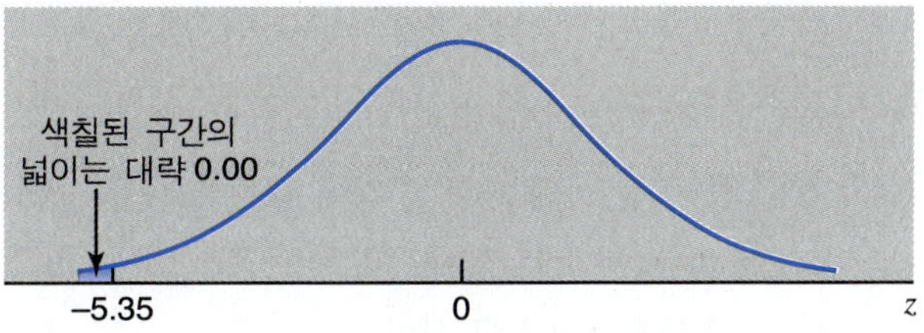

질문의 확률은

$$P(Z < -5.35) = -5.35\text{의 왼쪽 넓이} = 0.00\ (\text{근사적으로})$$

이다. 다시 말해, $z = -5.35$의 왼쪽 넓이는 정확히 0.00은 아니지만, 0.00에 매우 가깝다. ■

연습문제

■ 개념과 절차

6.1 이산형 확률변수와 연속형 확률변수의 확률분포의 차이가 무엇인지 설명하시오.

6.2 X를 연속형 확률변수라 하자. X가 어떤 값이라고 가정할 때, 즉 $X = a$의 확률은 무엇인가?

6.3 연속형 확률분포에 대하여 확률 $P(a < X < b)$와 확률 $P(a \leqq X \leqq b)$가 같은 이유는 무엇인가?

6.4 정규분포의 특징에 대하여 간단히 설명하시오(그림을 그려가며 설명하시오).

6.5 표준정규분포곡선을 간단히 설명하시오.

6.6 정규분포의 모수는 무엇인가?

6.7 정규분포에서 평균은 같고, 표준편차가 감소할 때 정규분포의 폭과 높이는 어떻게 변화하는가?

6.8 정규분포에서 평균은 증가하고, 표준편차는 같을 때 정규분포의 폭과 높이는 어떻게 변화하는가?

6.9 표준정규분포에서 Z는 무엇을 나타내는가?

6.10 표준정규분포에 대하여, 평균을 중심으로 표준편차 거리 이내의 넓이, 즉 $(\mu - \sigma,\ \mu + \sigma)$의 넓이를 구하시오.

6.11 표준정규분포에 대하여 평균을 중심으로 1.5배의 표준편차 거리 이내의 넓이, 즉 $(\mu - 1.5\sigma,\ \mu + 1.5\sigma)$의 넓이를 구하시오.

6.12 표준정규분포에서 평균을 중심으로 2배의 표준편차 거리 이내의 넓이를 구하시오.

6.13 표준정규분포에서 평균을 중심으로 2.5배의 표준편차 거리 이내의 넓이를 구하시오.

6.14 표준정규분포에서 평균을 중심으로 3배의 표준편차 거리 이내의 넓이를 구하시오.

6.15 표준정규곡선 아래 다음 구간에 대한 넓이를 구하시오.

a. $z = 0$과 $z = 1.95$ 사이
b. $z = 0$과 $z = -1.85$ 사이
c. $z = 1.15$과 $z = 2.37$ 사이
d. $z = -1.53$부터 $z = -2.88$까지
e. $z = -1.67$부터 $z = 2.44$까지

6.16 표준정규곡선 아래 다음 구간에 대한 넓이를 구하시오.

a. $z = 0$부터 $z = 2.34$까지
b. $z = 0$과 $z = -2.78$ 사이
c. $z = 0.84$부터 $z = 1.95$까지
d. $z = -0.57$과 $z = -2.39$ 사이
e. $z = -2.15$와 $z = 1.67$ 사이

6.17 표준정규곡선 아래 다음 구간에 대한 넓이를 구하시오.

a. $z = 1.56$의 오른쪽
b. $z = -1.97$의 왼쪽
c. $z = 2.05$의 오른쪽
d. $z = 1.86$의 왼쪽

6.18 표준정규곡선 아래 다음 구간에 대한 넓이를 구하시오.

a. $z = 1.73$의 오른쪽
b. $z = -1.55$의 왼쪽
c. $z = -0.65$의 오른쪽
d. $z = 0.89$의 왼쪽

6.19 표준정규곡선 아래 다음 구간에 대한 넓이를 구하시오.

a. $z = 0$과 $z = 4.28$ 사이
b. $z = 0$부터 $z = -3.75$까지
c. $z = 7.43$의 오른쪽
d. $z = -4.49$의 왼쪽

6.20 표준정규곡선 아래 다음 구간에 대한 넓이를 구하시오.

a. $z = 0$부터 $z = 3.94$까지
b. $z = 0$과 $z = -5.16$ 사이
c. $z = 5.42$의 오른쪽
d. $z = -3.68$의 왼쪽

6.21 표준정규분포에 대하여 다음의 확률을 구하시오.

a. $P(-1.83 \leq Z \leq 2.57)$
b. $P(0 \leq Z \leq 2.02)$
c. $P(-1.99 \leq Z \leq 0)$
d. $P(Z \geq 1.48)$

6.22 표준정규분포에 대하여 다음의 확률을 구하시오.

a. $P(-2.46 \leq Z \leq 1.68)$
b. $P(0 \leq Z \leq 1.86)$
c. $P(-2.58 \leq Z \leq 0)$
d. $P(Z < 0.83)$

6.23 표준정규분포에 대하여 다음의 확률을 구하시오.

a. $P(Z < -2.14)$
b. $P(0.67 \leq Z \leq 2.49)$
c. $P(-2.07 \leq Z \leq -0.93)$
d. $P(Z < 1.78)$

6.24 표준정규분포에 대하여 다음의 확률을 구하시오.

a. $P(Z < -1.31)$　　**b.** $P(1.03 \leq Z \leq 2.89)$

c. $P(-2.24 \leq Z \leq -1.09)$　　**d.** $P(Z < 2.12)$

6.25 표준정규분포에 대하여 다음의 확률을 구하시오.

a. $P(Z > -0.98)$　　**b.** $P(-2.47 \leq Z \leq 1.19)$

c. $P(0 \leq Z \leq 4.25)$　　**d.** $P(-5.36 \leq Z \leq 0)$

e. $P(Z > 6.07)$　　**f.** $P(Z < -5.27)$

6.26 표준정규분포에 대하여 다음의 확률을 구하시오.

a. $P(Z > -1.06)$　　**b.** $P(-0.68 \leq Z \leq 1.84)$

c. $P(0 \leq Z \leq 3.85)$　　**d.** $P(-4.34 \leq Z \leq 0)$

e. $P(Z > 4.82)$　　**f.** $P(Z < -6.12)$

6.4 정규분포의 표준화

앞에서 보았듯이 부록 B의 표 IV는 표준정규곡선의 넓이를 찾는 데 이용될 수 있다. 그러나 실제 적용에 있어서 (연속) 확률변수가 평균이 0, 표준편차가 1이 아닌 값을 갖는 정규분포를 따를 수도 있다. 그런 경우에는 먼저 정규분포를 표준정규분포로 변환시켜야 한다. 이 과정을 **정규분포의 표준화**(*standardizing a normal distribution*)라 한다. 정규분포(표준정규분포가 아닌)의 단위를 x라 표기한다. 우리는 6.3절로부터 표준정규분포의 단위는 z로 표기함을 알고 있다.

> **x값의 z값으로의 변환** : 정규확률변수 X에 대하여 다음의 공식을 이용하여 X의 특정 값 x를 대응하는 z값인 z로 변환할 수 있다.
>
> $$z = \frac{x - \mu}{\sigma}$$
>
> 단, μ와 σ는 각각 정규확률변수 X의 평균과 표준편차이다.

그러므로 X의 값에 대응하는 z값 z를 찾기 위해서는 주어진 값 x와 평균 μ와의 차이를 표준편차 σ로 나눈다. 만약 X의 값 x가 μ와 같다면, Z의 값은 0이 된다. 여기서부터 Z의 값을 반올림한 소수점 아래 둘째자리까지 표현한다.

예제 6-6부터 6-10까지는 $X = x$의 값을 대응하는 $Z = z$의 값으로 변환하는 방법과 정규분포곡선의 넓이를 찾는 방법을 보여 준다.

■ 예제 6-6 값 x를 z로 변환

X를 평균이 50이고 표준편차가 10인 정규분포를 따르는 연속형 확률변수라 하자. 다음의 $X = x$값에 대응하는 z값으로 변환하고, 이 값들의 왼쪽 확률을 구하시오.

(a) $x = 55$ (b) $x = 35$

풀 이 $\mu = 50, \sigma = 10$인 정규분포를 고려하자.

(a) $x = 55$에 대한 $Z = z$값은 다음과 같이 계산된다.

$$z = \frac{x - \mu}{\sigma} = \frac{55 - 50}{10} = 0.50$$

따라서 $x = 55$에 대한 z값은 0.50이다. 그림 6.29에 $\mu = 50$에 대한 z값과 $x = 55$가 나와 있다. 여기에서, $\mu = 50$에 대한 z값은 0이다. $x = 55$에 대한 $z = 0.50$은 $\mu = 50$와 $x = 55$ 사이의 거리가 표준편차 10의 1/2임을 나타낸다. 따라서 z값은 μ와 x 사이의 거리를 표준편차로 나타낸 것이라 할 수 있다. $x = 55$는 $\mu = 50$보다 크기 때문에 z값은 양수이다.

그림 6.29 x = 55에 대한 z값

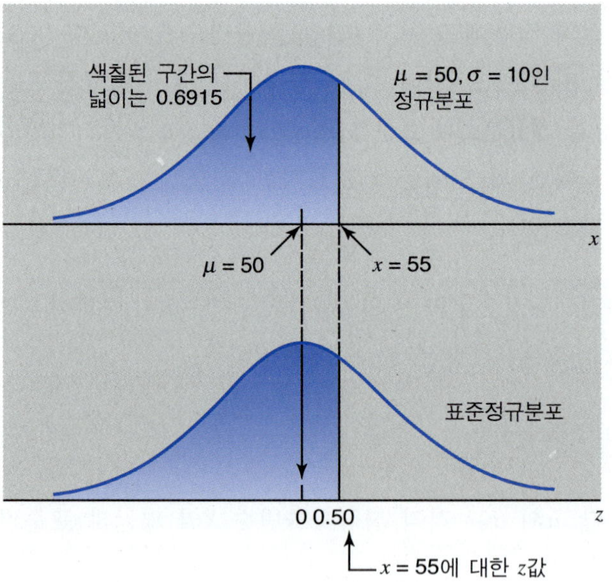

이 **z값**의 위치는 표준정규곡선이 아닌 위쪽의 **x축** 위에서가 아니라 표준정규곡선인 아래쪽의 **z축** 위에서 확인할 수 있을 것이다.

$x = 55$의 왼쪽 확률을 찾기 위해 표 IV에서 $z = 0.50$의 왼쪽 확률을 찾는다. 이 확률은 0.6915이다. 그러므로,

$$P(X < 55) = P(Z < 0.50) = 0.6915$$

이다.

(b) $x = 35$에 대한 z값은 다음과 같이 계산할 수 있고, 이는 그림 6.30에서 보여 주고 있다.

$$z = \frac{x - \mu}{\sigma} = \frac{35 - 50}{10} = -1.50$$

$x = 35$는 평균의 왼쪽에 위치하기 때문에 (즉, 35는 $\mu = 50$보다 작다) z값이 음수이다. 일반적으로 X의 값이 x가 μ보다 작으면, z값은 항상 음수이다.

$x = 35$의 왼쪽 확률을 구하기 위해 표준정규곡선에서 $z = -1.50$의 왼쪽 면적을 구한다. 이 면적은 표 IV로부터 0.0668이다. 그러므로,

$$P(X < 35) = P(Z < -1.50) = 0.0668$$

이 된다.

그림 6.30 x = 35에 대한 z값

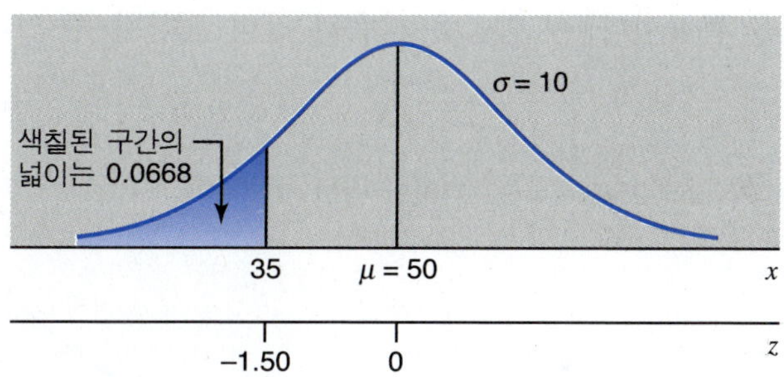

한 $X = x$의 값에 대응하는 $Z = z$값은 X의 값이 μ보다 작으면, 음의 값을 갖고, X의 값이 μ와 같으면 $Z = z$의 값은 0이 되며, X의 값이 μ보다 크면 $Z = z$의 값은 양의 값을 갖는다.

정규분포를 따르는 확률변수 X의 두 값 x 사이의 넓이를 구하기 위해서는 먼저, 두 값 x를 모두 z로 변환한다. 그러면 그 두 값에 대응하는 z값들 사이의 넓이를 표준정규분포에서 얻을 수 있다. 두 x값들 사이의 넓이가 대응하는 두 z값 사이의 넓이다. 예제 6-7이 이 경우에 대해 설명해 주고 있다.

■ 예제 6-7

X를 평균이 25이고 표준편차가 4인 정규분포를 따르는 연속형 확률변수라 하자. 다음의 넓이를 구하시오.

(a) $x = 25$와 $x = 32$사이 (a) $x = 18$와 $x = 34$와 사이

풀 이 $\mu = 25$, $\sigma = 4$인 정규분포를 고려하자.

평균과 평균 오른쪽 값으로 이뤄진 구간의 넓이 구하기

(a) 먼저, $x = 25$와 $x = 32$를 각기 다음의 공식을 이용하여 z값으로 변환함으로써, 문제의

정규분포의 구간을 표준정규분포의 구간으로 표현한다.

$$Z = \frac{X - \mu}{\sigma}$$

$x = 25$는 평균과 일치하기 때문에 이에 대응하는 z값은 0이다. $x = 32$에 대응하는 z값은

$$z = \frac{32 - 25}{4} = 1.75$$

이다. 주어진 정규분포 아래 $x = 25$와 $x = 32$ 사이의 구간은 표준정규곡선 아래에서는 $z = 0$과 $z = 1.75$ 사이의 구간이 된다. 표 IV로부터 $z = 1.75$의 왼쪽 확률은 0.9599이고, $z = 0$의 왼쪽 확률은 0.50이다. 그러므로 질문의 넓이는 $0.9599 - 0.50 = 0.4599$이며, 그림 6.33과 같다.

정규곡선 아래 $x = 25$와 $x = 32$ 사이의 넓이는 확률변수 X의 값이 25와 32 사이에 있을 확률이다. 이 확률은 다음과 같이 표현할 수 있다.

$$P(25 < X < 32) = P(0 < Z < 1.75) = 0.4599$$

그림 6.31 x = 25와 x = 32 사이의 넓이

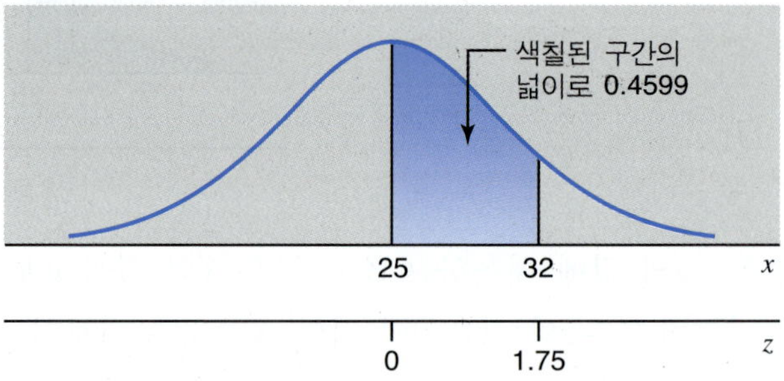

평균을 포함하는 구간의 넓이 구하기

(b) 먼저, $x = 18$와 $x = 32$에 대한 z값을 다음과 같이 계산한다:

$$x = 18\text{일 때, } z = \frac{18 - 25}{4} = -1.75$$

$$x = 34\text{일 때, } z = \frac{34 - 25}{4} = 2.25$$

주어진 정규분포곡선 아래, $x = 18$와 $x = 34$ 사이의 넓이는 표준정규곡선 아래에서는 $z = -1.75$과 $x = 2.25$ 사이의 넓이가 된다. 표 IV로부터 $z = -1.75$의 왼쪽 확률은 0.0401이고, $x = 2.25$의 왼쪽 확률은 0.9878이다. 그러므로 질문의 확률은

$$P(18 < X < 34) = P(-1.75 < Z < 2.25) = 0.9878 - 0.0401 = 0.9477$$

이 된다. 이 넓이는 그림 6.32에서 확인할 수 있다.

그림 6.32 x = 18와 x = 34 사이의 넓이

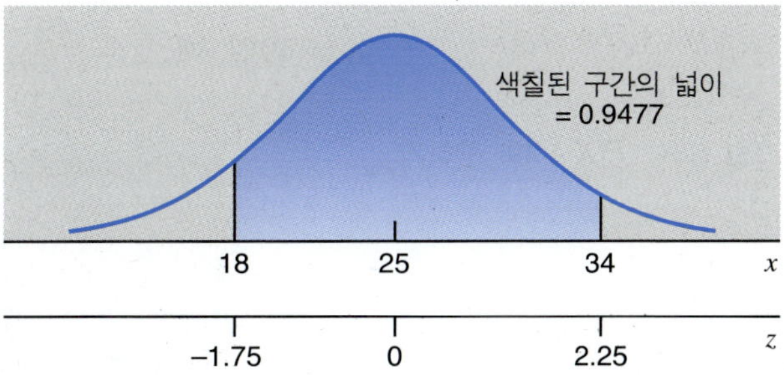

■ 예제 6-8

X를 평균이 40이고 표준편차가 5인 정규확률변수라 하자. 이 정규분포의 다음의 확률을 구하시오.

(a) $P(X > 55)$ (b) $P(X < 49)$

풀 이 $\mu = 40$, $\sigma = 5$인 정규분포를 고려한다.

오른쪽 꼬리의 확률 구하기

(a) X가 55보다 큰 값을 가질 확률은 그림 6.35와 같이 정규분포곡선에서 $x = 55$의 오른쪽 넓이를 나타낸다. 이 넓이는 1.0에서 $x = 55$의 왼쪽 넓이를 빼면 된다.

$$x = 55\text{일 때, } z = \frac{55 - 40}{5} = 3.00$$

그림 6.33 P(X> 55) 구하기

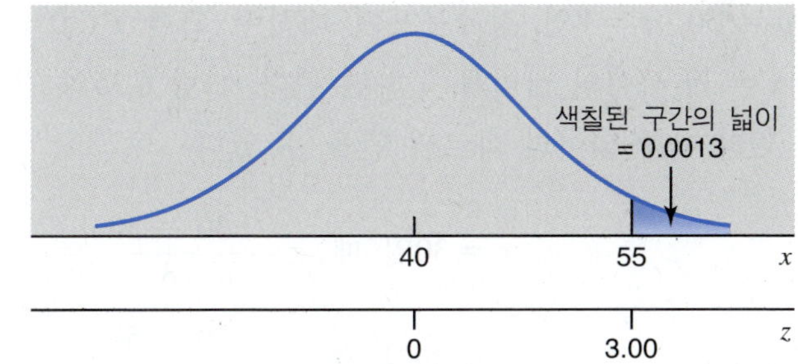

질문의 확률은 $z = 3.00$의 오른쪽 넓이다. 이 넓이를 찾기 위해, 먼저 $z = 3.00$의 왼쪽 넓이를 구하면 0.9987이다. 그 다음 이 넓이를 1.0에서 뺀다. 그러므로,

$$P(X > 55) = P(Z > 3.00) = 1.0 - 0.9987 = 0.0013$$

이다.

평균의 오른쪽 점보다 작은 구간의 넓이 구하기

(b) X가 49보다 작은 값을 가질 확률은, 그림 6.34와 같이 정규분포곡선에서 49의 왼쪽 넓이를 나타낸다. 이 넓이를 표 IV로부터 얻을 수 있다.

$$x = 49\text{일 때, } z = \frac{49 - 40}{5} = 1.80$$

그림 6.34 $P(X < 49)$ 구하기

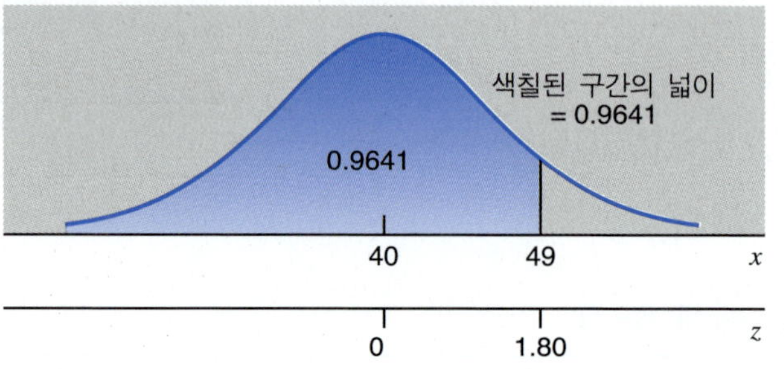

질문의 확률은 $z = 1.80$의 왼쪽 면적이다. 표 IV로부터 이 넓이는 0.9641임을 알 수 있다. 그러므로 질문의 확률은

$$P(X < 49) = P(Z < 1.80) = 0.9641$$

이다.

■ 예제 6-9 평균보다 작은 두 값으로 이뤄진 구간의 확률 구하기

X를 $\mu = 50$, $\sigma = 8$인 정규분포를 따르는 연속형 확률변수라 하자. 확률 $P(30 \leq X \leq 39)$을 구하시오.

풀 이 $\mu = 50$, $\sigma = 8$인 정규분포에 대하여 확률 $P(30 \leq X \leq 39)$은 정규분포곡선 아래, $x = 30$과 $x = 39$ 사이의 넓이를 구하면 된다. 그림 6.35와 같이 이 넓이는 $x = 30$의 왼쪽 넓이와 $x = 39$의 왼쪽 넓이의 차로써 얻을 수 있다.

$$x = 30\text{일 때, } z = \frac{30 - 50}{8} = -2.50$$

$$x = 39\text{일 때, } z = \frac{39 - 50}{8} = -1.38$$

그림 6.35 $P(30 \leq X \leq 39)$ 구하기

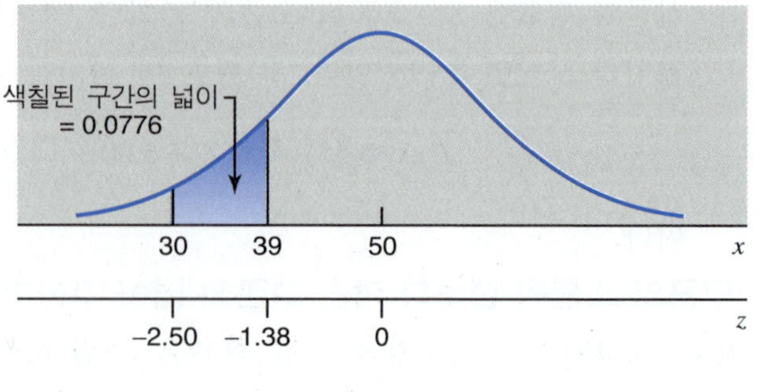

질문의 넓이를 찾기 위해 먼저 $x = -2.50$의 왼쪽 넓이인 0.0062를 찾는다. 그런 다음

$x = -1.38$의 왼쪽 넓이 0.0838을 찾는다. 이 두 넓이 간의 차이가 질문의 확률이다. 즉,

$$P(30 \le X \le 39) = P(-2.50 \le Z \le -1.38) = 0.0838 - 0.0062 = 0.0776.$$

■ 예제 6-10

X를 평균이 80이고 표준편차가 12인 정규분포를 따르는 연속형 확률변수라 하자. 정규분포 곡선 아래 다음의 넓이를 구하시오.

(a) $x = 70$부터 $x = 135$ (b) 27의 왼쪽

풀 이 $\mu = 80$, $\sigma = 12$인 정규분포를 고려한다.

평균을 포함한 구간의 넓이 구하기

(a) $x = 70$와 $x = 135$에 대응하는 값은

$$x = 70\text{일 때}, \ z = \frac{70 - 80}{12} = -0.83$$

$$x = 135\text{일 때}, \ z = \frac{135 - 80}{12} = 4.58$$

이다. 그러므로 질문의 넓이를 구하기 위해서 표준정규곡선 상에서 $x = -0.83$의 왼쪽 넓이와 $x = 4.58$의 넓이를 구한다. 표 IV로부터 $z = -0.83$의 왼쪽 넓이는 0.2033이고, $x = 4.58$의 왼쪽 넓이는 근사적으로 1.0임을 얻을 수 있다.

그림 6.36 x = 70와 x = 135 사이의 넓이

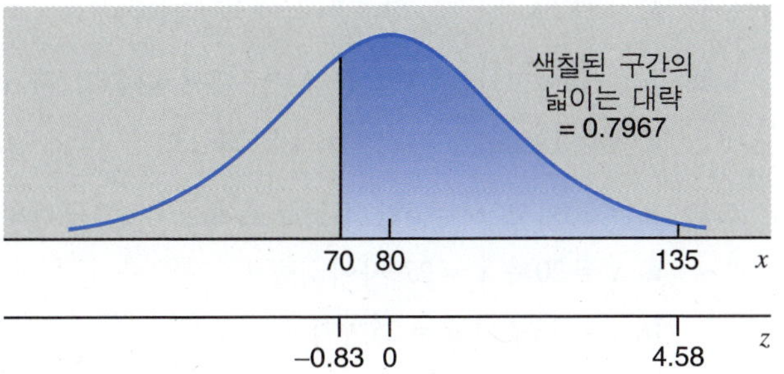

여기서 $x = 4.58$의 경우는 표 IV에 나타나 있지 않다.

그러므로,

$$P(70 \le X \le 135) = P(-0.83 \le Z \le 4.58) = 1.0 - 0.2033 = 0.7967 \text{ (근사적으로)}$$

그림 6.36은 이 확률을 나타낸다.

왼쪽꼬리의 넓이 구하기

(b) 먼저, $x = 27$에 대한 z값을 찾는다.

$$x = 27\text{일 때}, \ z = \frac{27 - 80}{12} = -4.42$$

그림 6.37에서 보는 바와 같이 질문의 넓이는 표준정규 곡선상에서 $z = -4.42$의 왼쪽 넓이가 된다. 이 넓이는 근사적으로 0이다.

$$P(X < 27) = P(Z \leq -4.42) = 0.00 \text{ (근사적으로)}$$

그림 6.37 x = 27의 왼쪽 넓이

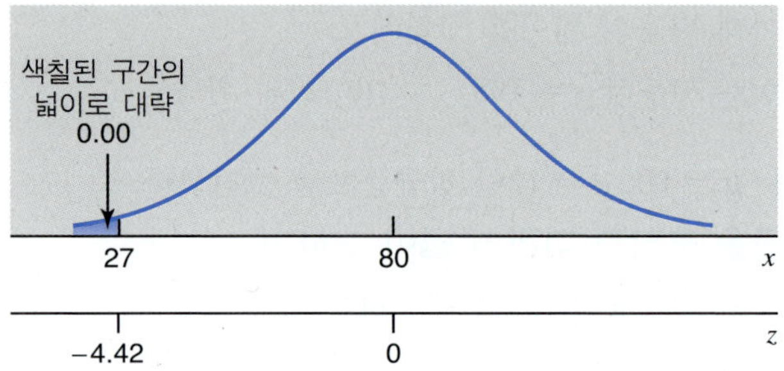

연습문제

■ 개념과 절차

6.27 $\mu = 30$이고, $\sigma = 5$인 정규분포에서 다음의 각 x값에 대한 z값을 찾으시오.

a. $x = 39$ **b.** $x = 17$ **c.** $x = 22$ **d.** $x = 42$

6.28 $\mu = 16$이고, $\sigma = 3$인 정규분포에서 다음의 각 x값에 대한 z값을 찾으시오.

a. $x = 12$ **b.** $x = 21$ **c.** $x = 19$ **d.** $x = 13$

6.29 $\mu = 20$이고, $\sigma = 4$인 정규분포에서 다음 구간의 넓이를 구하시오.

a. $x = 20$과 $x = 27$ 사이

b. $x = 23$부터 $x = 25$까지

c. $x = 9.5$와 $x = 17$ 사이

6.30 $\mu = 12$이고, $\sigma = 2$인 정규분포에서 다음 구간의 넓이를 구하시오.

a. $x = 7.76$과 $x = 12$ 사이

b. $x = 14.48$과 $x = 16.54$ 사이

c. $x = 8.22$부터 $x = 10.06$까지

6.31 $\mu = 55$이고, $\sigma = 7$인 정규분포에서 다음 구간의 넓이를 구하시오.

a. $x = 58$의 오른쪽 **b.** $x = 43$의 오른쪽

c. $x = 67$의 왼쪽 **d.** $x = 24$의 왼쪽

6.32 $\mu = 37$이고, $\sigma = 3$인 정규분포에서 다음 구간의 넓이를 구하시오.

a. $x = 30$의 왼쪽 **b.** $x = 52$의 오른쪽

c. $x = 44$의 왼쪽 **d.** $x = 32$의 오른쪽

6.33 X를 평균이 25이고, 표준편차가 6인 정규분포를 따르는 연속형 확률변수라고 하자. x의 범위가 다음과 같을 때의 확률을 구하시오.

a. 29와 36 사이 **b.** 22와 33 사이

6.34 X를 평균이 40이고, 표준편차가 4인 정규분포를 따르는 연속형 확률변수라고 하자. x의 범위가 다음과 같을 때의 확률을 구하시오.

a. 29와 35 사이 **b.** 34부터 51까지

6.35 X를 평균이 80이고, 표준편차가 12인 정규분포를 따르는 연속형 확률변수라고 하자. x가 다음과 같을 때의 확률을 구하시오.

a. 69보다 클 때 **b.** 74보다 작을 때

c. 101보다 클 때 **d.** 88보다 작을 때

6.36 X를 평균이 65이고, 표준편차가 15인 정규분포를 따르는 연속형 확률변수라고 하자. x가 다음과 같을 때의 확률을 구하시오.

a. 43보다 작을 때 **b.** 74보다 클 때

c. 56보다 클 때 **d.** 71보다 작을 때

6.5 정규분포의 응용

6.2절부터 6.4절까지 정규분포에 대하여 다루며, 정규분포를 표준정규분포로 변환하는 방법과 정규분포의 확률을 구하는 방법을 살펴보았다. 이 절에서는 정규분포의 응용에 대하여 살펴보기로 한다.

■ 예제 6-11 정규분포를 이용하여 평균을 포함하는 구간의 넓이 구하기

한 조사에 따르면, 가구당 평균 소비자 부채(승용차의 할부금, 신용카드 등)가 작년 17,989달러라고 한다. 전체 가구의 현 소비자 부채가 평균이 17,898달러, 표준편차가 3,750달러인 정규분포를 따른다고 한다. 임의로 선정된 한 가구의 소비자 부채가 13,000달러와 20,000달러 사이에 있을 확률을 구하시오.

풀 이 확률변수 X를 임의로 선정된 가구의 소비자 부채라고 하자. 그러면 X는 $\mu =$ 17,989이고, $\sigma = 3{,}750$인 정규분포를 따른다. 임의로 선정된 한 가구의 소비자 부채가 13,000달러와 20,000달러 사이에 있을 확률은 그림 6.40과 같이, X의 정규곡선에서

$x = 13{,}000$과 $x = 20{,}000$ 사이의 넓이를 구하면 된다. 이 넓이를 구하려면 먼저 $x = 13{,}000$과 $x = 20{,}000$의 각 왼쪽 넓이를 구해야 하고, 이 두 넓이의 차이를 구한다.

$$x = 13{,}000\text{일 때, } z = \frac{13{,}000 - 17{,}989}{3{,}750} = -1.33$$

$$x = 20{,}000\text{일 때, } z = \frac{20{,}000 - 17{,}989}{3{,}750} = 0.54$$

그러므로 질문의 확률은 표준정규분포에서 $z = -1.33$과 $z = 0.54$의 왼쪽 넓이의 차가 된다.

그림 6.38 **x = 13,000과 x = 20,000 사이의 확률**

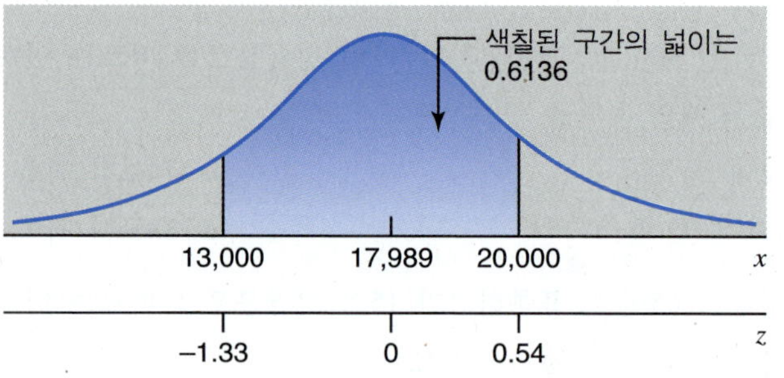

부록 B의 표 IV로부터 $z = -1.33$의 왼쪽 확률은 0.0918이고, $z = 0.54$의 왼쪽 확률은 0.7054이다. 따라서 질문의 확률은

$$P(13{,}000 < X < 20{,}000) = P(-1.33 < Z < 0.54) = 0.7054 - 0.0918 = 0.6136$$

이다. 그러므로 임의로 선정된 한 가구의 소비자 부채가 13,000달러와 20,000달러 사이에 있을 확률이 0.6136이다. 이 확률을 백분율로 나타내면 전체 가구의 61.36%가 13,000달러와 20,000달러 사이의 소비자 부채를 갖고 있다는 것이다. ■

■ 예제 6-12 정규분포를 이용하여 평균보다 큰 값보다 작을 확률 구하기

한 완구회사에서 생산하는 장난감 중의 하나가 경주용 자동차이다. 이 장난감을 만드는 데 걸리는 시간이 평균 55분이고, 표준편차가 4인 정규분포를 따른다고 한다. 이 회사는 매일 오후 5시에 폐점을 한다. 한 근로자가 경주용 자동차를 오후 4시에 만들기 시작했다면, 이 근로자가 회사가 폐점하기 전까지 이 일을 끝낼 확률을 구하시오.

풀 이 확률변수 X를 하나의 경주용 자동차를 만드는 데 걸리는 시간이라고 하자. 그러면 X는 $\mu = 55$분이고, $\sigma = 4$분인 정규분포를 따른다. 따라서 우리는 이 근로자가 이 경주용

차를 만드는 데 걸린 시간이 60분보다 작거나 같을 때의 확률을 구해야 한다. 이 확률은 그림 6.41과 같이 정규분포곡선에서 $x = 60$의 왼쪽 넓이를 구하면 된다.

그림 6.39 x = 60의 왼쪽 확률

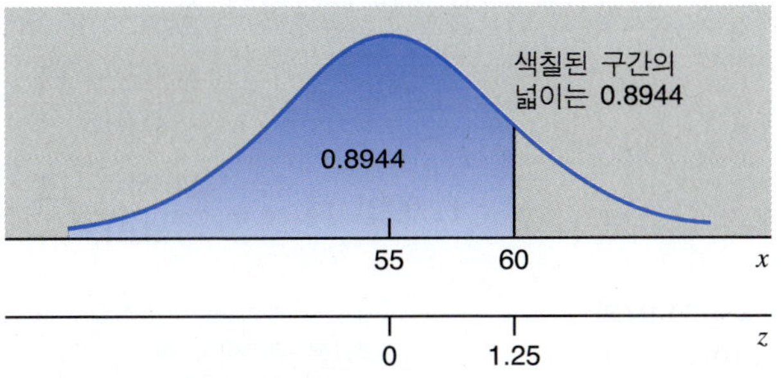

$$x = 60\text{일 때, } z = \frac{60 - 55}{4} = 1.25$$

질문의 확률은 표준정규분포에서 $z = 1.25$의 왼쪽 확률이므로, 부록 B의 표 IV로부터 얻은 값 0.8944이 된다. 즉, 이 확률은

$$P(Z \leq 60) = P(Z \leq 1.25) = 0.8944$$

이다. 그러므로 그날 이 근로자가 폐점하기 전까지 이 경주용 자동차를 만드는 일을 끝낼 확률은 0.8944이다. ■

■ 예제 6-13 정규분포 이용

한 음료회사는 오렌지 콜라를 비롯한 많은 종류의 음료수를 생산하고 있다. 이 오렌지 콜라 12온스 캔에 소다 12온스를 채우는 데 기계를 사용하고 있다. 그러나 이 기계는 각 캔에 대한 작업의 변동 요인이 있어, 각 캔 안의 실제 소다의 양을 정확히 12온스로 채우지 못하고 있다. 한 캔에 채워지는 소다의 양이 평균이 12온스이고 표준편차가 0.015온스인 정규분포를 따른다고 한다.

(a) 임의로 오렌지 콜라 캔을 뽑았을 때, 그 캔의 내용물인 소다가 11.97온스부터 11.99온스까지가 들어 있을 확률을 구하시오.

(b) 12.02온스에서 12.07온스의 소다로 채워진 오렌지 콜라 캔이 차지하는 비율은 전체의 몇 퍼센트인가?

풀 이 오렌지 콜라 한 캔 안의 소다의 양을 X라 하자. 그러면, X는 $\mu = 12$온스이고, $\sigma = 0.015$온스인 정규분포를 따른다.

평균 왼쪽에 위치한 구간의 확률 구하기

(a) 임의로 오렌지 콜라 캔을 뽑았을 때, 그 캔의 내용물인 소다가 11.97온스부터 11.99온스까지가 들어 있을 확률은 이 정규분포곡선에서 $x = 11.97$과 $x = 11.99$ 사이의 넓이가 된다. 이 넓이는 그림 6.42에 나타나 있다.

$$x = 11.97\text{일 때, } z = \frac{11.97 - 12}{0.015} = -2.00$$

$$x = 11.99\text{일 때, } z = \frac{11.99 - 12}{0.015} = -0.67$$

그림 6.40 $x = 11.97$과 $x = 11.99$ 사이의 넓이

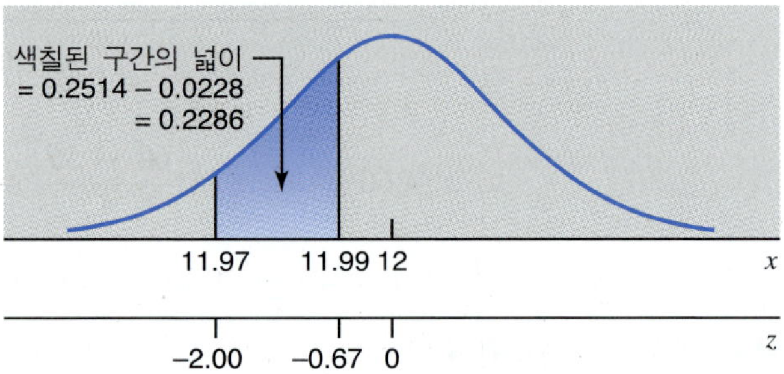

질문의 확률은 표준정규분포에서 $z = -2.00$과 $z = -0.67$의 왼쪽 넓이의 차가 된다. 부록 B의 표 IV로부터 $z = -2.00$의 왼쪽 확률은 0.0228이고, $z = -0.67$의 왼쪽 확률은 0.2514이다. 따라서 질문의 확률은

$$P(11.97 \le X \le 11.99) = P(-2.00 \le Z \le -0.67) = 0.2514 - 0.0228 = 0.2286$$

이 된다.

그러므로 임의로 오렌지 콜라 캔을 뽑았을 때, 그 캔의 내용물인 소다가 11.97온스부터 11.99온스까지가 들어 있을 확률은 0.2286이다. 또한 이는 오렌지 콜라 캔의 22.86%가 11.97온스부터 11.99온스의 소다를 포함하고 있다고 할 수 있다.

평균의 오른쪽에 위치한 구간의 확률 구하기

(b) 12.02온스에서 12.07온스의 소다로 채워진 오렌지 콜라 캔이 차지하는 백분율은 그림 6.41과 같이 정규분포곡선에서 $x = 12.02$와 $x = 12.07$ 사이의 넓이를 나타낸다.

$$x = 12.02\text{일 때, } z = \frac{12.02 - 12}{0.015} = 1.33$$

$$x = 12.07\text{일 때, } z = \frac{12.07 - 12}{0.015} = 4.67$$

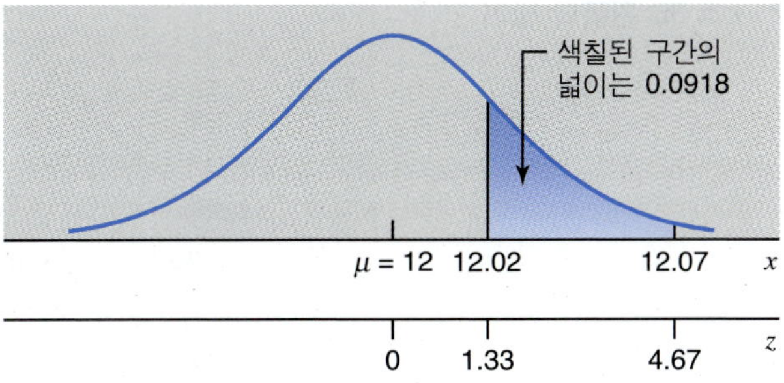

그림 6.41 x = 12.02와 x = 12.07 사이의 넓이

질문의 확률은 표준정규분포에서 $z = 1.33$과 $z = 4.67$의 사이의 넓이가 된다. 부록 B의 표 IV로부터 왼쪽 확률은 0.9082이고 $z = 4.67$의 왼쪽 확률은 근사적으로 1.0이다. 따라서 질문의 확률은

$$P(12.02 \le X \le 12.07) = P(1.33 \le Z \le 4.67) = 1.0 - 0.9082 = 0.0918$$

이 된다.

이 확률을 백분율로 환산하면, 12.02온스에서 12.07온스의 소다로 채워진 오렌지 콜라 캔이 차지하는 비율은 9.18%이다. ■

■ 예제 6-14 평균보다 작은 x의 왼쪽 꼬리의 넓이 구하기

한 제조사에서 생산된 계산기의 수명은 평균이 54개월이고, 표준편차가 8개월인 정규분포를 따른다고 한다. 이 회사는 임의의 자사의 계산기에 대하여 구입한지 36개월 이내에 제 기능을 못하는 제품은 새 제품으로 바꿔줄 것을 보증하고 있다. 이 회사에서 생산된 계산기의 몇 퍼센트가 새 제품으로 교환되겠는가?

풀 이 이 계산기의 수명을 X라 하자. 그러면, X는 $\mu = 54$개월이고, $\sigma = 8$개월인 정규분포를 따르게 된다. 임의로 선정된 계산기가 36개월 이내에 오작동할 확률은 그림 6.42와 같이 위에 가정한 정규분포곡선에서 $x = 36$의 왼쪽 확률이 된다.

$$x = 36\text{일 때, } z = \frac{36 - 54}{8} = -2.25$$

그림 6.42 $x = 36$ 왼쪽의 넓이

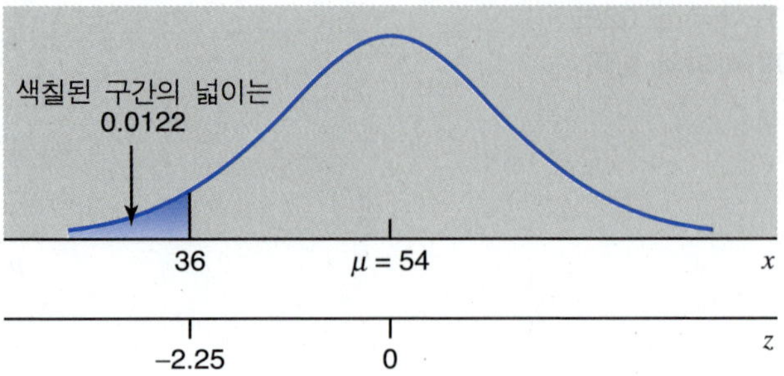

질문의 백분율은 표준정규분포에서 $x = -2.25$의 왼쪽 확률이다. 부록 B의 표 IV로부터 이 확률은 0.0122이다. 그러므로 질문의 확률은

$$P(X < 36) = P(Z < -2.25) = 0.0122$$

이다.

이 제조사에서 생산된 계산기 중 임의로 선정된 한 계산기가 36개월 이내에 오작동을 할 확률은 0.0122이다. 이 확률을 백분율로 환산하면, 이 회사에서 생산한 모든 계산기에 대하여 대략 1.22%가 36개월 이내에 오작동을 할 거라 주장할 수 있다. 그러므로 그 계산기들 중 1.22%가 새 제품으로 바뀔거라 예상된다. ■

연습문제

■ 응용

6.37 X를 한 달리기 경주에서 걸린 시간이라고 하자. X는 대략 평균이 190분이고, 표준편차가 21분인 정규분포를 따른다고 가정한다. 한 주자를 임의로 선택했을 때 이 주자는 달리기 경주를 다음의 시간 안에 완주할 확률을 구하시오.

a. 150분 이내 **b.** 205분과 245분 사이

6.38 고용노동부의 통계조사에 따르면, 25세부터 54세에 이르는 기혼의 성인 남자는 하루 평균 7.43시간 동안 잠을 잔다고 한다. 현재 위 대상의 남자들이 하루 잠자는 시간이 평균 7.43시간, 표준편차가 0.80시간인 정규분포를 따른다고 가정한다. 다음의 시간동안 취침하는 사람들은 위 대상자들 중 몇 퍼센트인가?

a. 6.5시간과 8.5시간 사이 **b.** 6시간 미만

6.39 어떤 자료에 따르면 소비자들이 작년 명절을 위해서 655달러의 지출을 예상했었고, 다음 명절을 위해 예상하고 있는 지출이 평균이 810달러, 표준편차가 155달러인 정규분포를 따른다고 가정한다. 임의로 선택된 구매자의 다음 명절을 위해 예상하고 있는 지출이 다음과 같을 확률을 구하시오.

a. 1000달러 이상 b. 620달러와 940달러 사이

6.40 야구 마이너리그 투수 A는 공을 던지는 사이의 시간이 과도하게 오래 걸리는 것으로 악명이 높다. 사실 그가 공을 던지는 사이에 걸리는 시간이 평균 36초이고, 표준편차가 2.5초인 정규분포를 따른다. 그가 공을 던지는 간격 시간이 다음과 같은 경우는 전체의 몇 퍼센트에 해당되는가?

a. 40초보다 더 긴 경우 b. 30초와 34초 사이인 경우

6.41 한 고속도로의 공사구간에서는 제한 속도가 시속 40마일이다. 이 공사구간을 통과하는 차량들의 속도는 평균 시속 46마일, 표준편차 시속 4마일이다. 다음의 속도로 이 공사구간을 통과하는 차량들은 전체의 몇 퍼센트인가?

a. 제한 속도를 넘는 차량

b. 시속 50마일과 55마일의 차량

6.42 한 은행은 신용카드 A와 B를 발행한다. 이 은행에서 발행된 모든 A 신용카드들의 거래액이 하루 평균 845달러, 표준편차 270달러인 정규분포를 따른다고 가정한다.

a. 임의로 선정된 이 은행에서 발행된 A 카드의 거래액이 1,000달러에서 1,400달러일 확률은 무엇인가?

b. 이 은행에서 발행된 A 카드 중 거래액이 750달러 이상인 경우는 전체의 몇 퍼센트인가?

6.43 한 언론사에 따르면 근로자들은 가족을 위해 하루에 평균 48분을 소비한다고 한다. 현재 근로자들이 가족을 위해 할애하는 시간이 평균 48분, 표준편차가 11분인 정규분포를 따른다고 가정하자.

a. 임의로 뽑은 근로자가 하루에 그의 가족을 위해 할애하는 시간이 68분 이상일 확률을 구하시오.

b. 근로자들 중 하루에 그들의 가족을 위해서 소비하는 시간이 30분에서 73분인 사람들은 전체 근로자의 몇 퍼센트인가?

6.44 한 특정 모델 승용차의 변속기는 40,000마일 보증에 걸려 있다. 이 변속기의 수명이 평균이 72,000마일이고, 표준편차가 12,000마일인 정규분포를 따른다고 한다.

a. 보증기간 전에 고장날 변속기들은 전체 중 몇 퍼센트인가?

b. 10만 마일이 넘어도 성능이 지속될 변속기들은 전체 중 몇 퍼센트인가?

6.45 한 지역의 전기회사의 기록에 따르면 겨울 동안 모든 가구들의 전력소비량이 월평균 1,650킬로와트라고 한다. 이 지역은 모든 가구들이 겨울 동안 전력소비량이 월평균이 1,650킬로와트이고, 표준편차가 320킬로와트인 정규분포를 따른다고 가정한다.

a. 겨울 동안 이 지역에서 임의로 선택된 가구의 월간 전력소비량이 1,850킬로와트보다 작을 확률을 구하시오.

b. 이지역 가구들 중 월간 전력소비량이 900킬로와트에서 1,340킬로와트일 가구는 전체 몇 퍼센트인가?

6.46 한 마트의 경영진은 이 매장의 방문수가 많은 고객들에게 선물을 증정하는 행사를 기획하고 있다. 경영진들은 이 행사를 광고한 뒤에, 이 매장을 방문하는 고객들의 지출 금액이 방문마다 평균 95달러이고, 표준편차가 21달러인 정규분포를 따를 것이라고 예상하고 있다. 경영진들이 이 마트에서 한 번의 방문에서 130달러 이상 구매한 모든 손님들에게 무료 경품을 주기로 한다면, 경품을 받을 거라 예상되는 고객은 전체의 몇 퍼센트인가?

6.47 어떤 자동차 매장에서 가장 잘 팔리는 차는 소형자동차인 티니이다. 이 차의 기본 모델의 거래 가격은 영업사원의 판매기술과 고객의 성향에 따라 약간의 변동이 있다. 이 차의 거래 가격이 평균 19,800달러이고, 표준편차가 300달러인 정규분포를 따른다고 가정하자.

a. B양이 소형차 티니를 위해 19,445달러 지불하였다. 이 매장에서 차를 구매한 사람들 중 B양이 티니를 위해 지불한 돈보다 적은 돈으로 구매한 사람들은 몇 퍼센트인가?

b. A군은 티니를 20,300달러에 구매했다. 이 매장에서 차를 구매한 사람들 중 A군보다 더 많은 돈을 지불하고 구매한 사람들은 몇 퍼센트인가?

6.48 한 심리학자가 대기실에 앉아 있는 치과 환자들의 스트레스에 대한 실험을 하였다. 이 실험에 의하면 치아의 신경치료를 기다리는 환자들의 스트레스지수(1부터 10까지)는 대략 평균 7.59에서 표준편차 0.73인 정규분포를 따랐다.

a. 그런 환자의 스트레스지수가 6.0보다 작을 환자는 전체 몇 퍼센트인가?

b. 임의로 선정된 대기실에서 신경치료를 기다리는 환자의 스트레스지수가 7.0과 8.0 사이일 확률은 무엇인가?

c. 그 심리학자는 스트레스지수가 9.0보다 큰 환자는 이 치료 전에 진정이 필요하다고 주장했다. 이 주장을 받아들인다면 신경치료를 기다리는 환자들 중 몇 퍼센트가 진정이 필요한가?

6.49 한 조사에 따르면 하루에 8세부터 18세의 아이들이 평균 231분 동안 TV를 시청하고 있다고 한다. 현재 8세부터 18세의 아이들의 TV 시청시간이 평균 231분, 표준편차 45분의 정규분포를 따른다고 가정한다. 다음에 해당하는 아이들은 전체 8세부터 18세의 아이들 중 몇 퍼센트에 해당되는가?

a. 하루에 290분 이상

b. 하루에 150분 이하

c. 하루에 180분과 320분 사이

d. 하루에 270분부터 350분

6.50 한 정비업체는 고객의 차에 오일과 윤활유를 교체하는 시간을 20분 이내로 보증하고 있다. 또한 이 서비스에 한해 20분 이상 걸리는 경우엔 고객에게 수수료를 반으로 할인해 준다는 보장도 하고 있다. 이 정비업체에서 차의 오일과 윤활유 교체 시 걸리는 시간은 매 차량당 평균 15분, 표준편차 2.4분인 정규분포를 따른다고 추정하고 있다.

a. 고객들 중 그들의 요금을 50% 할인받는 고객은 전체 몇 퍼센트에 해당되는가?

b. 한 차량에 대해서 오일과 윤활유 교체시간이 25분 이상 걸릴 가능성이 있는가? 설명하시오.

6.51 한 기계에서 생산된 3인치 길이의 못은 평균 3.0인치, 표준편차 0.009인치인 정규분포를 따르는

다. 못들 중 2.98인치보다 짧거나 3.02인치보다 긴 못은 사용할 수 없다. 이 기계에서 생산된 모든 못들에 대하여 사용할 수 없는 못들은 전체 몇 퍼센트를 차지하는가?

6.52 국제하키대회에서는 아이스하키 경기에서 무게 5.5온스와 6.0온스 사이의 퍽(puck)만을 사용하도록 규정하고 있다. 한 공장에서 생산된 퍽의 무게가 평균이 5.75온스이고, 표준편차가 0.11온스인 정규분포를 따른다고 가정하자. 이 공장에서 생산된 퍽들 중 국제하키대회에서 사용할 수 없는 퍽은 몇 퍼센트가 되는가?

6.6 정규분포곡선을 알 때, z값과 x값 결정

지금까지 이 장에서는 표준 정규 확률변수 Z 또는 정규 확률변수 X가 한 구간에 있을 확률을 구하는 방법을 다루었다. 이제 이 방법을 역으로 이용하여 어떤 확률(넓이)이 정규분포곡선 아래 정의되어 있을 때, 이 확률에 대응되는 z 또는 x의 값을 찾는 방법에 대해 살펴볼 것이다. 예제 6-15부터 6-17은 확률에 대응하는 z값을 찾는 방법을 설명한다.

■ 예제 6-15 Z의 왼쪽 넓이를 알 때

표준 정규 곡선에서 Z의 왼쪽 넓이가 0.9251인 점 z를 찾으시오.

풀 이 그림 6.45에서처럼 Z의 왼쪽 넓이가 0.9251인 Z의 값을 찾아야 한다. 이 넓이는 0.50보다 크기 때문에 z는 양수이고, 0의 오른쪽에 위치한다.

그림 6.43 z값 찾기

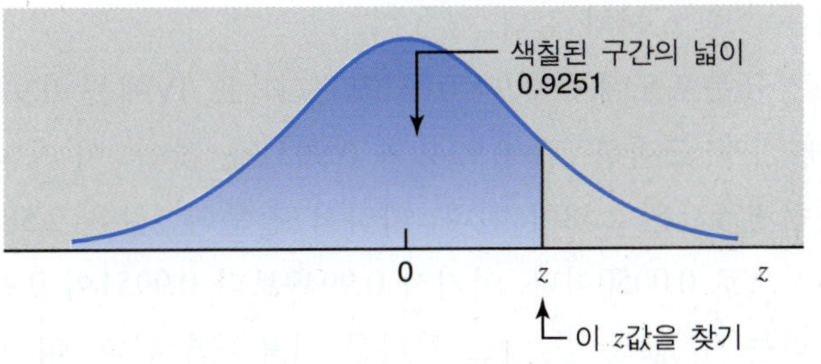

질문의 z값을 찾기 위해, 정규분포표(부록 B의 표 IV)에서 0.9251의 위치를 파악한다. 아래 표 6.4는 이 정규분포표에서 문제와 관련된 부분만 축소하여 나타낸 것이다. 그 다음 0.9251에 대응하는 z의 행과 열의 숫자를 읽는다. 표 6.4를 보면 행의 숫자는 1.4이고, 열의 숫자는 0.04이다. 이 두 숫자를 결합하면 문제의 z값이 $z = 1.44$임을 구하게 된다.

표 6.4 넓이가 주어졌을 때 z값 찾기

z	**0.00**	**0.01**	···	**0.04**	···	**0.09**
−3.4	0.0003	0.0003	···		···	0.0002
−3.3	0.0005	0.0005	···		···	0.0003
−3.2	0.0007	0.0007	···		···	0.0005
·	·	·	···		···	·
·	·	·	···		···	·
·	·	·	···		···	·
1.4				0.9251	···	···
·	·	·	···	·	···	·
·	·	·	···	·	···	·
·	·	·	···	·	···	·
3.4	0.9997	0.9997	···	0.9997	···	0.9998

표 IV에서 이 값을 찾을 수 있다.

■ 예제 6-16 오른쪽 꼬리의 넓이를 알 때

표준정규곡선에서 오른쪽 꼬리의 넓이가 0.0050인 z값을 찾으시오.

풀 이 질문의 z값을 찾기 위해 먼저 z의 왼쪽의 넓이를 찾는다.

$$z\text{의 왼쪽의 넓이} = 1.0 - 0.0050 = 0.9950$$

이 넓이는 그림 6.44와 같다.

이제 정규분포표에서 0.9950을 찾는다. 표 IV에는 0.9950이 나타나 있지 않다. 그래서 0.9950에 가장 근접한 z값 0.9949와 0.9951을 찾아, 이 두 값들 중 하나를 이용한다. 0.9951을 선택하면 z값은 2.58이 된다. 따라서 질문의 z값은 2.58이 되고, $z = 2.58$의 오른쪽 넓이가 근사적으로 0.0050이다. 여기서 0.9949보다 0.9951이 0.9951에 더 근접하다고 할 수 없다. 단지 우리는 두 값들 중 어느 하나를 이용하면 된다. 따라서 우리가 0.9949를 택하면 이에 대응하는 z값은 2.57이 된다.

그림 6.44 z값 찾기

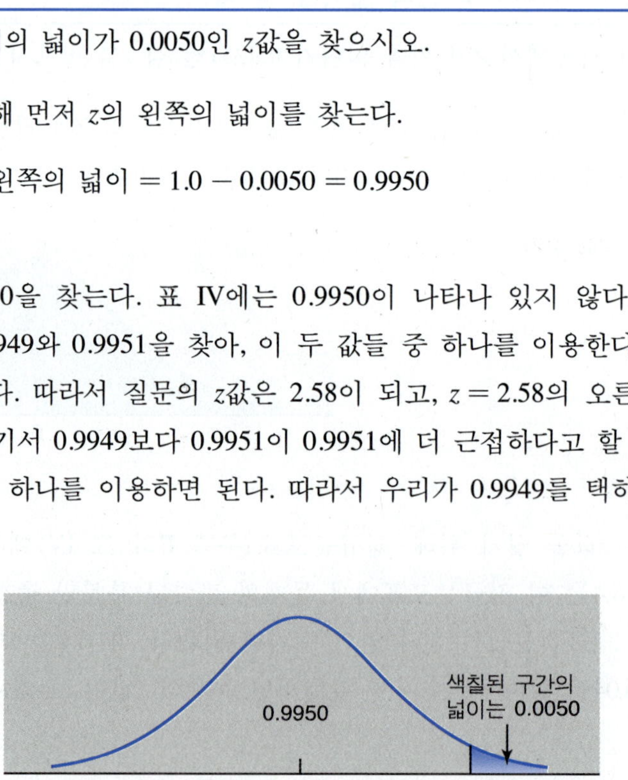

■ 예제 6-17 왼쪽 꼬리의 넓이를 알 때

표준정규곡선에서 왼쪽 꼬리의 넓이가 0.05인 z의 값을 구하시오.

풀 이 0.05는 0.5보다 작고, 왼쪽 꼬리의 구간이기 때문에, z값은 음수이다. 이 넓이는 그림 6.45와 같이 나타낼 수 있다.

그림 6.45 **z값 찾기**

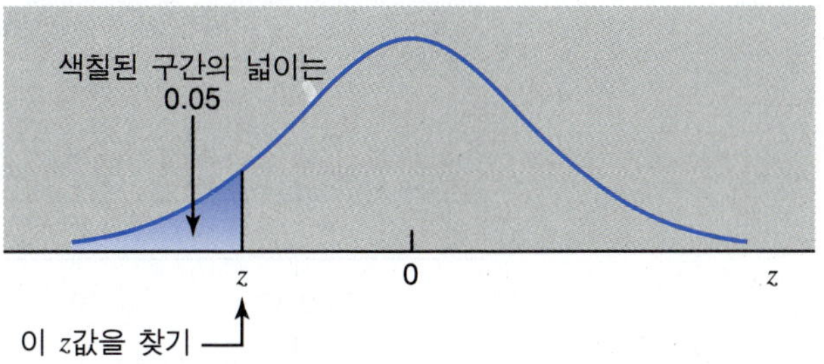

다음으로 정규분포표에서 0.0500을 찾는다. 정규분포표에서 0.0500에 가장 근접한 값이 0.0505 또는 0.0495이다. 우리가 0.0495를 이용한다면 대응하는 z값은 -1.65이다. 그러므로 질문의 z값은 -1.65가 되고, $z = -1.65$의 왼쪽 넓이는 근사적으로 0.05이다. ■

정규분포곡선 아래 넓이가 주어졌을 때 x의 값을 찾기 위해서는, 먼저 정규분포표로부터 $X = x$에 대응하는 z의 값을 찾는다. 그런 다음 X의 값을 찾기 위해서 $z = (x - \mu)/\sigma$에서 얻어진 다음의 공식에 μ, σ, z를 대입한다. 또한 x, z, σ를 알고 있을 때, 이 공식을 이용하면 μ를 구할 수 있다.

정규분포에서 x값 구하기

μ와 σ를 알고 있는 정규곡선과 그 곡선에서 평균과 x 사이의 넓이가 주어진 경우, X의 값은 다음과 같이 구한다.

$$x = \mu + z\sigma$$

예제 6-18과 6-19는 정규분포곡선 아래 넓이가 주어졌을 때 값 x를 찾는 방법을 설명하고 있다.

■ 예제 6-18 왼쪽 꼬리 넓이를 알 때

예제 6-14를 다시 떠올리자. 한 제조사에서 생산된 계산기의 수명이 평균이 54개월 표준편차가 8개월인 정규분포를 따른다고 한다. 이 회사가 판매된 모든 계산기들 중 교환되는 계산기가 1%가 넘지 않기를 원한다면, 생산 계산기 교환의 보증 기간을 얼마로 해야 하는가?

풀 이 계산기의 수명을 확률변수 X라 하자. 그러면 X는 $\mu = 54$개월이고, $\sigma = 8$개월인 정규분포를 따른다. 계산기들은 보증기간 내에 오작동을 시작하면, 교환될 것이다. 이 회사의 목표는 판매된 모든 계산기들 중 많아야 1%가 교환되는 것이다. 그림 6.46의 색칠된 영역이 교환된 계산기의 비율을 가리킨다. 우리는 정규곡선 아래에서 X의 왼쪽 넓이가 1% 또는 0.01인 X의 값을 찾아야 한다.

그림 6.46 **X의 값 찾기**

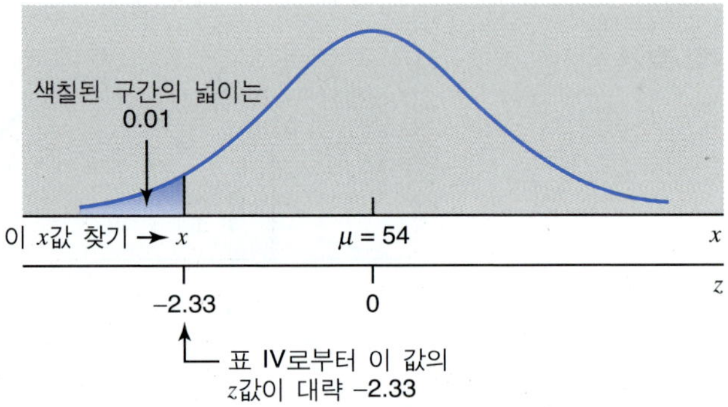

첫 번째로, 질문의 x값에 대응하는 Z의 값을 찾아야 한다.

정규분포표에서 0.0100에 대한 z값을 찾는다. 부록 B의 표 IV는 정확한 값 0.0100을 포함하지 않는다. 그 표에서 0.0100에 가장 근접한 값은 0.0099이고, 0.0099에 대한 z는 -2.33이다. 그러므로,

$$z = -2.33$$

이다.

공식 $x = \mu + z\sigma$에 μ, σ, z을 차례로 대입하면,

$$x = \mu + z\sigma = 54 + (-2.33)(8) = 54 - 18.64 = 35.36$$

이 된다.

그러므로 이 회사가 교환되는 계산기가 1%가 넘지 않기를 원한다면, 그들은 구입한 날로부터 35.36개월 (반올림한 35개월) 내에 오작동을 시작한 모든 계산기들을 바꿔줘야 한다.

■ 예제 6-19 오른쪽 꼬리의 넓이를 알 때

미국에서 대학 진학을 하려는 거의 모든 고등학생들은 SAT시험을 봐야 한다. 최근 시험에서 모든 학생들의 평균 SAT점수 (어휘와 수학) 는 1,020이었다. A군은 곧 이 시험을 치루려고 한다. A군을 포함하여 SAT시험을 치루려는 모든 학생들의 시험 점수가 평균이 1,020점이고, 표준편차가 153점인 정규분포를 따른다고 가정한다. A군이 이 시험에서 상위 10% 이내에 들려고 한다면, 그의 시험 점수는 얼마 이상이어야 하는가?

풀 이 응시생들의 SAT시험 점수를 확률변수 X라 하자. 그러면 X는 $\mu = 1{,}020$점이고, $\sigma =$

153점인 정규분포를 따른다. 우리는 그림 6.47과 같이 정규분포곡선에서 오른쪽 꼬리의 넓이가 10%인 값 x를 찾아야 한다.

그림 6.47 **x의 값 찾기**

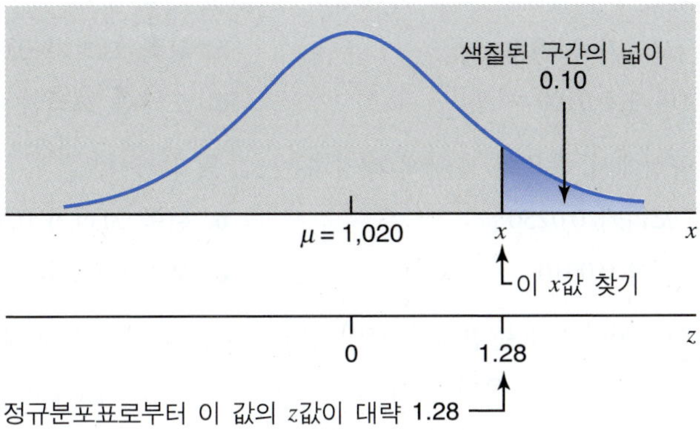

먼저, 정규분포곡선에서 x의 왼쪽의 넓이를 구해야 한다.

$$x\text{의 왼쪽의 넓이} = 1.0 - 0.01 = 0.9000$$

질문의 값 x에 대응하는 값 z를 찾으려면 정규분포표에서 0.9000을 찾는다. 표 IV에서 0.9000에 가장 가까운 값이 0.8997이고, 대응하는 값 z는 1.28이다. 그러면 다음과 같이 값 x가 계산된다.

$$x = \mu + z\sigma = 1{,}020 + 1.28(153) = 1{,}020 + 195.84 = 1{,}215.84 \approx 1{,}216$$

그러므로 A군이 SAT시험에서 1,216점을 획득하면 응시생 중 상위 10% 이내에 들 수 있다고 예상된다.

연습문제

■ 개념과 절차

6.53 표준정규곡선에서 다음의 넓이에 해당하는 z값을 찾으시오.

a. 0부터 z까지 0.4772이고, z는 양수

b. 0과 z 사이 (대략) 0.4785이고, z는 음수

c. 왼쪽 꼬리가 (대략) 0.3565

d. 오른쪽 꼬리가 (대략) 0.1530

6.54 표준정규곡선에서 다음의 넓이에 해당하는 값을 찾으시오.

a. 0부터 z까지 (대략) 0.1965이고, z는 양수

b. 0과 z 사이가 (대략) 0.2740이고, z는 음수

c. 왼쪽 꼬리가 (대략) 0.2050

d. 오른쪽 꼬리가 (대략) 0.1053

6.55 표준정규곡선에서 다음의 확률에 해당하는 z값을 정하시오.

a. 오른쪽 꼬리가 0.0500

b. 왼쪽 꼬리가 0.0250

c. 왼쪽 꼬리가 0.0100

d. 오른쪽 꼬리가 0.0050

6.56 표준정규곡선에서 다음의 넓이에 해당하는 z값을 정하시오.

a. 오른쪽 꼬리가 0.0250

b. 왼쪽 꼬리가 0.0500

c. 왼쪽 꼬리가 0.0010

d. 오른쪽 꼬리가 0.0100

6.57 X가 평균이 200이고 표준편차가 25인 정규분포를 따르는 연속형 확률변수라 하자.

a. 정규곡선에서 X의 왼쪽의 넓이가 대략 0.6330인 값 x를 구하시오.

b. 정규곡선에서 X의 오른쪽의 넓이가 대략 0.05인 값 x를 구하시오.

c. 정규곡선에서 X의 오른쪽의 확률이 0.8051인 값 x를 구하시오.

d. 정규곡선에서 X의 왼쪽의 확률이 0.0150인 값 x를 구하시오.

e. 정규곡선에서 μ와 X 사이의 넓이가 0.4525이고, μ보다 작은 값 x를 구하시오.

f. 정규곡선에서 μ와 X 사이의 넓이가 대략 0.4800이고, μ보다 큰 값 x를 구하시오.

6.58 X가 평균이 550이고 표준편차가 75인 정규분포를 따르는 연속형 확률변수라 하자.

a. 정규곡선에서 X의 왼쪽의 넓이가 0.0250인 값 x를 구하시오.

b. 정규곡선에서 X의 오른쪽의 넓이가 0.9345인 값 x를 구하시오.

c. 정규곡선에서 X의 오른쪽의 넓이가 대략 0.0275인 값 x를 구하시오.

d. 정규곡선에서 X의 왼쪽의 넓이가 대략 0.9600인 값 x를 구하시오.

e. 정규곡선에서 μ와 X 사이의 넓이가 대략 0.4700이고, μ보다 작은 값 x를 구하시오.

f. 정규곡선에서 μ와 X 사이의 넓이가 대략 0.4100이고, μ보다 큰 값 x를 구하시오.

■ 응용

6.59 한 정비업체는 차량의 오일과 윤활유 교체를 하는 업체이다. 이 정비업체에서는 차량당 평균 오일과 윤활유 교체 시 걸린 시간이 15분이고, 표준편차가 2.4분이라고 알려져 있다. 경영진은 고객들이 서비스를 받는 데 기다리는 시간에 대한 보증광고를 하고 싶어 한다. 한 고객이 업체에서 정한 시간 이내에 서비스를 받지 못하면, 그는 이 서비스에 대한 수수료의 50%를 할인 받는다는 내용이다. 이 회사가 이 할인을 받는 고객들을 최대 5%로 제한하고 싶다면, 보증에 정해진 시간을 최대 몇 분이라고 정해야 하는가? 모든 차량에 대한 오일과 윤활유 교체 시간이 정규분포를 따른다고 가정하시오.

6.60 한 마트의 경영진은 이 마트에서 방문마다 어떤 금액 이상 물품을 구입하면 선물을 주는 행사를 실시할 생각이다. 그들은 이 행사를 광고한 후, 이 매장에의 모든 고객들의 지출이 매

방문당 평균 95달러, 표준편차가 21달러인 정규분포를 따를거라 예상하고 있다. 경영진이 고객들 중 최고 10%에 한해 선물을 받을 수 있기를 원한다면, 고객이 선물을 받을 수 있는 방문당 지출한도 금액을 얼마로 정해야 하는가?

6.61 한 지역에 전력을 공급하는 회사의 기록에 따르면, 겨울 동안 모든 가구들의 전력소비량이 한 달 평균 1,650킬로와트라고 한다. 이 지역 모든 가구들이 겨울 동안의 월간 전력소비량 평균이 1,650킬로와트이고, 표준편차가 320킬로와트인 정규분포를 따른다고 가정하자. 이 회사가 B가구에 청구서를 보냈는데, 그 금액은 그 가구의 소비량보다 적게 사용한 가구가 전체 약 90%에 해당되는 금액이었다. 그러면 B가구가 한 달 동안 소비한 전력량은 얼마인가?

6.62 C사는 전기면도기 생산 업체이다. 이 업체에서 생산하는 전기면도기 모델 J795의 수명(큰 수리 없이 면도기를 사용할 수 있는 시간)이 평균 70개월이고, 표준편차가 8개월인 정규분포를 따르다고 한다. 이 업체는 이 면도기에 대한 품질보증기간을 정하려고 한다. 이 업체는 그들이 정한 품질보증기간 이내에 이 제품을 사용하다가, 전기면도기에 큰 수리가 필요하다면, 누구나 새 제품으로 바꿔 주려고 한다.

a. 이 업체가 전체 사용자들 중 1%에 한해, 기존의 사용제품을 새 제품으로 바꿀 수 있는 기회를 주려고 한다면, 품질보증기간을 얼마로 정해야 하는가?

b. 이 업체가 전체 사용자들 중 5%에 한해, 기존의 사용제품을 새 제품으로 바꿀 수 있는 기회를 주려고 한다면, 품질보증기간을 얼마로 정해야 하는가?

6.63 한 조사에서는 모든 대학교재 중 20%의 가격이 90달러 이상이라고 한다. 모든 대학교재의 가격은 표준편차가 9.50달러로 알려져 있다. 모든 대학교재의 가격이 정규분포를 따른다고 가정할 때, 모든 대학교재의 가격의 평균은 얼마인가?

6.64 D사의 한 기계는 64온스 세제병에 내용물을 주입하는 데 사용되고 있다. 이 기계가 세제병에 주입하는 내용물의 양의 평균을 조절할 수 있다. 그러나 이 기계는 각 세제병에 내용물의 정확한 양을 주입하지 못해서 약간의 변이가 발생하고 있다. 각 세제병에 주입하는 내용물의 양이 표준편차 0.35온스인 정규분포를 따른다고 한다. 품질관리자가 세제병에 내용물이 64온스가 넘는 경우가 전체의 95% 이상이 되게 조정을 하려고 한다. 이 기계가 세제병에 주입하는 내용물의 평균이 얼마로 조정되어야 하는가?

6.7 이항분포의 정규근사

5장의 내용을 다시 살펴보면,

1. 이항분포는 이산형 확률변수에 이용한다.

2. 이항실험에서 매시행마다 성공 또는 실패의 이 두 가지 결과만 나온다.

3. 실험의 매시행마다 성공의 확률은 같다.

4. 매시행들은 서로 독립이다.

n번의 시행 중 번의 성공의 확률을 구하기 위한 이항공식은 다음과 같다.

$$P(X = x) = {}_nC_x p^x q^{n-x}$$

n이 클 때 이항공식을 통해 확률을 구하는 것이 그리 수월치가 않다. 그런 경우는 이항확률의 근사값을 위해 정규분포를 이용한다. 이항확률문제에서 정확한 확률은 이항 공식을 이용하여 얻는다. 우리가 이항확률문제를 풀기 위해 정규분포를 사용한다면, 우리가 정규분포로부터 얻은 확률은 이항확률의 근삿값이다. n이 크고, 성공률 p가 0.50에 가까울 때, 이항확률은 정규분포를 이용한 근사확률과 거의 일치한다. 그러나 이것은 p가 0.50에 가까울 때에만 정규근사확률을 사용해야 한다는 것을 의미하지 않는다. $p = 0.50$일 때 이항분포는 대칭이므로, p가 0.50에 가까울 때 이항분포의 확률은 정규근사확률과 보다 더 가깝다. 정규분포는 항상 대칭이다. 그러므로 이 두 분포는 n이 크고, 성공률 p가 0.50에 가까울 때 좀 더 닮아 있다. 그러나 모든 대칭이고, 종모양의 곡선이 정규분포곡선이 아니듯이, $p = 0.50$이면, 항상 이항분포와 정규분포가 일치한다는 것을 의미하는 것은 아니다.

이항분포의 정규근사

보통 np와 nq가 모두 5보다 클 때, 이항분포의 근사분포로 정규분포를 이용한다. 즉,

$$np > 5\text{이고, } nq > 5$$

표 6.5는 $n = 12$이고, $p = 0.50$인 이항확률분포표이다. 이 표는 부록 B의 표 I를 이용하여 얻은 것이다. 그림 6.48은 표 6.5의 확률분포에 대한 히스토그램과 다각형그래프를 곡선화한 것이다. 우리가 보는 것처럼 그림 6.48의 히스토그램은 대칭이고, 히스토그램의 직사각형의 윗변의 중점을 연결하여 얻은 곡선은 근사적으로 종모양이다.

표 6.5 $n = 12$이고, $p = 0.50$인 이항확률분포표

$X=x$	$P(X=x)$
0	0.0002
1	0.0029
2	0.0161
3	0.0537
4	0.1208
5	0.1934
6	0.2256
7	0.1934
8	0.1208
9	0.0537
10	0.0161
11	0.0029
12	0.0002

그림 6.48 표 6.5의 확률분포표에 대한 히스토그램

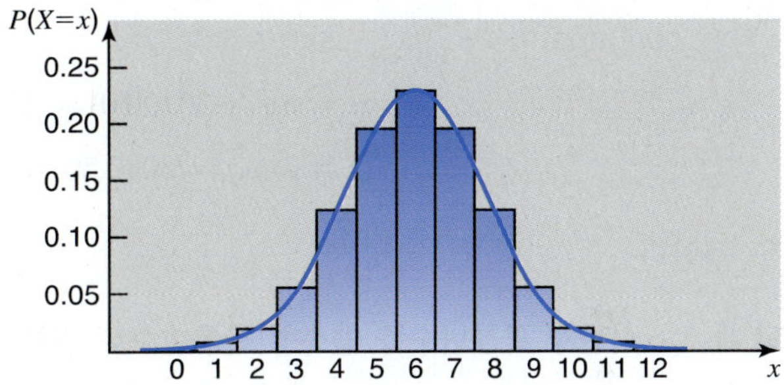

예제 6-20부터 6-22는 이항분포의 근사분포로 정규분포를 이용하는 요령을 나타낸다.

■ 예제 6-20 정규분포를 이용한 이항확률값의 조사

한 조사에 따르면, 미국 국민의 50%가 적어도 하나의 신용카드를 갖고 있다고 한다. 30명의 확률표본을 선정했을 때, 그들 중 19명이 적어도 1개 이상의 신용카드를 가지고 있을 확률을 구하시오.

풀 이 표본에서 총 인원수를 n으로 표본에서 적어도 1개 이상의 신용카드를 갖고 있는 사람의 수를 X로 하고, p는 한 사람이 적어도 1개 이상의 신용카드를 갖고 있을 확률이라 하자. 그러면 이는 다음과 같은 이항확률문제가 된다.

$$n = 30,\ p = 0.50,\ q = 1 - p = 0.50,$$
$$x = 19,\ n - x = 30 - 19 = 11.$$

이항공식으로부터 표본 30명 중 19명이 적어도 1개 이상의 신용카드를 갖고 있을 확률은

$$P(X = 19) = {}_{30}C_{19}(0.50)^{19}(0.50)^{11} = 0.0509$$

이다.

이제 이 문제를 이항분포의 근사분포로 정규분포를 이용하여 풀어 보자. 이 예제에서는,

$$np = 30\ (0.50) = 15\text{이고},\ np = 30\ (0.50) = 15$$

이다. np와 nq가 모두 5보다 크기 때문에, 이 이항확률문제를 근사분포로 정규분포를 이용

하여 풀 수 있다. 우리는 다음의 세 단계를 통해서 확률을 구한다.

단계 1. 이항분포의 μ와 σ를 구한다.

정규분포를 사용하기 위해서는 그 분포의 평균과 표준편차가 필요하다. 그러므로 첫 번째 단계에서 이항분포의 정규근사분포를 위해 이항분포의 평균과 표준편차를 구한다. 5장에서 배웠듯이 이항분포의 평균과 표준편차는 각각 np와 $\sqrt{npq}$임을 알고 있다. 이 공식을 이용하여,

$$\mu = np = 30\,(0.50) = 15$$
$$\sigma = \sqrt{npq} = 30\,(0.50)\,(0.50) = 2.73861279$$

을 구한다.

단계 2. 이산형 확률변수를 연속형 확률변수로 변환한다.

정규분포는 연속형 확률변수에 이용하고, 반면에 이항분포는 이산형 확률변수에 이용한다. 이항분포의 정규근사분포를 위해 두 번째 단계에서는 **연속성 수정 (correction for continuity)** 을 해줌으로써 이산형 확률변수를 연속형 확률변수로 변환한다.

> **정의**
>
> **연속성 수정인수** : 정규분포를 이항분포의 근사분포로 이용할 때, X의 값에서 0.5를 더하거나 빼주는 것을 **연속성 수정인수** (*continuity correction factor*) 라 한다. 단, X는 n번의 시행에서 성공의 수

그림 6.49에서 보듯이 30번의 시행 중 19번 성공의 확률은 $X = 19$에 대한 직사각형의 넓이다. 연속성 수정을 하면, 19명에 대하여 구간 [18.5, 19.5]를 이용한다. 이 구간은 실제로 $X = 19$에 대한 직사각형의 두 경계값으로 19에 0.5를 빼주고, 더해줌으로써 얻은 값을 나타낸다. 그러므로 이항확률문제에서 $P(X = 19)$은 정규분포의 $P(18.5 \le X \le 19.5)$와 근사적으로 같다.

그림 6.49

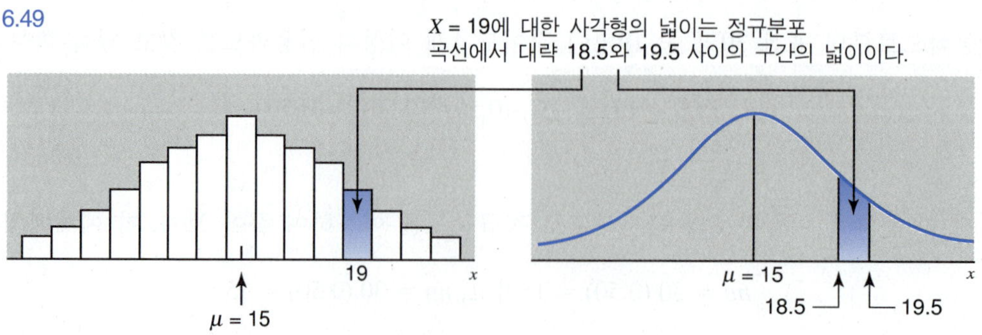

단계 3. 정규분포를 이용하여 질문의 확률을 계산한다.

그림 6.50에서처럼 정규분포곡선에서 $x = 18.5$와 $x = 19.5$ 사이의 넓이가 19명이 적어도 1개 이상의 신용카드를 갖고 있을(근사) 확률이 된다. 우리는 다음과 같이 이 확률을 계산한다.

$$x = 18.5\text{일 때}, z = \frac{18.5 - 15}{2.73861279} = 1.28$$

$$x = 19.5\text{일 때}, z = \frac{19.5 - 15}{2.73861279} = 1.64$$

그림 6.50 $x = 18.5$와 $x = 19.5$ 사이의 넓이

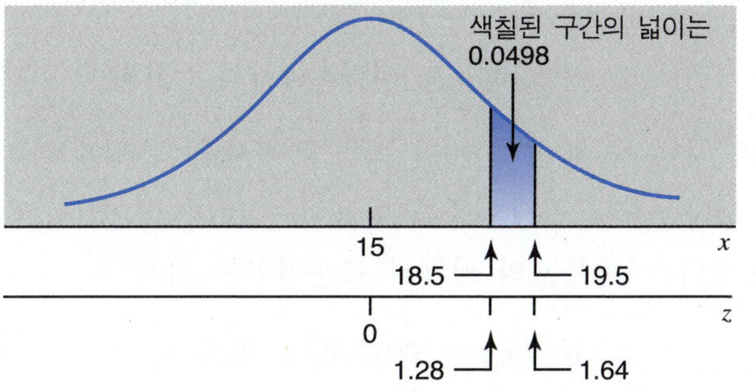

질문의 확률은 표준정규곡선에서 $z = 1.28$과 $z = 1.64$ 사이의 넓이를 말한다. 이 넓이는 $z = 1.28$의 왼쪽 확률을 $z = 1.64$의 왼쪽 확률에서 빼주면 된다. 부록 B의 표 IV에서 $z = 1.28$의 왼쪽 확률은 0.8997이고, $z = 1.64$의 왼쪽 확률은 0.9495임을 얻는다. 그러므로 물음의 확률은

$$P(18.5 \le X \le 19.5) = P(1.28 \le Z \le 1.64) = 0.9495 - 0.8997 = 0.0498$$

이다. 그러므로 정규근사분포를 이용한 표본 30명에서 19명이 적어도 1개 이상의 신용카드를 갖고 있을 확률은 근사적으로 0.0498이다. 이 전에 이항공식을 사용하여 우리는 정확한 확률 0.0509를 얻었었다. 정규근사분포를 이용한 경우와의 오차는 $0.0509 - 0.0498 = 0.0011$이다. 그러므로 정규근사분포를 이용하면 정확한 확률이 0.0011 더 작게 추정된다. ■

이항분포의 정규근사분포를 이용할 때는 반드시 **연속성 수정**(*correction for continuity*)을 해주어야 한다. 연속성 수정은 구간의 하한(lower limit)에서 0.5를 빼주고, 구간의 상한(upper limit)에서 0.5를 더해주면 된다. 예를 들어, 이항확률 $P(7 \le X \le 12)$은 근사적으로 정규확률 $P(6.5 \le X \le 12.5)$이 되고, 이항확률 $P(X \ge 9)$은 근사적으로 정규확률 $P(X \ge 8.5)$가 되며, 이항확률 $P(X \le 10)$은 근사적으로 정규확률 $P(X \le 10.5)$가 된다. 여기서 확률 $P(X \ge 9)$은 상한 없이 오직 9를 하한으로 갖고, 확률 $P(X \le 10)$은 하한 없이 오직 10을 상한으로 갖는다.

■ 예제 6-21 이항분포의 정규근사를 이용

한 연구소의 조사에 따르면 미국 근로자의 48%는 65세 이상이 되어도 여전히 일을 할 것이라는 생각을 갖고 있다고 한다. 임의로 선택된 미국 근로자 200명의 표본에 대하여 그들 중 80명에서 90명의 근로자가 65세 이상이 되어도 여전히 일을 할 것이란 생각을 갖고 있을 확률은 무엇인가?

풀 이 그 표본의 총 인원수를 n로, 표본에서 65세 이상이 되어도 여전히 일을 할 것이라고 말한 근로자의 수를 X로 하고, p는 근로자 중 65세 이상이 되어도 여전히 일을 할 것이라고 말할 확률이라 하자. 그러면, 이는 다음과 같은 이항확률문제가 된다.

$$n = 200,\ p = 0.48,\ q = 1 - 0.48 = 0.52$$

우리는 200번의 시행 중 80에서 90번 성공할 확률을 구해야 한다. n이 크기 때문에 이항공식을 이용하기보다는 정규근사확률을 이용하는 것이 더 쉽다. 우리는 np와 nq가 모두 5보다 큼을 알 수 있다. 이항분포의 평균과 표준편차는 각각

$$\mu = np = 200\,(0.48) = 96\text{와}$$
$$\sigma = \sqrt{npq} = \sqrt{200\,(0.48)\,(0.52)} = 7.06540869$$

이다.

연속성 수정을 하기 위해 80에서 0.5를 빼주고, 90에 0.5를 더해줌으로써, 구간 [79.5, 90.5]을 구한다. 그러므로 200명의 근로자 중 80에서 90명이 65세 이상이 되어도 여전히 일을 할 것이라 말할 확률은 정규분포곡선에서 $x = 79.5$부터 $x = 90.5$까지의 넓이로 근사한다. 이 확률은 그림 6.51에 나타나 있다.

$$x = 79.5\text{일 때, } z = \frac{79.5 - 96}{7.06540869} = -2.34$$

$$x = 90.5\text{일 때, } z = \frac{90.5 - 96}{7.06540869} = -0.78$$

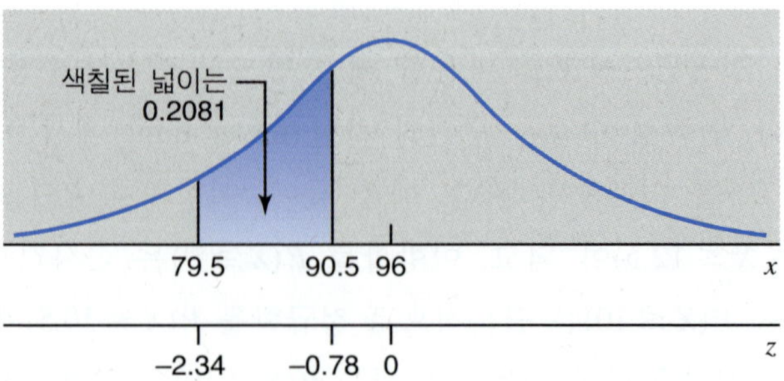

그림 6.51 $x = 79.5$부터 $x = 90.5$까지의 넓이

질문의 확률은 표준정규곡선에서 $x = -2.34$와 $x = -0.78$ 사이의 넓이다. 이 넓이는 표준정규곡선에서 $z = -2.34$의 왼쪽 넓이와 $z = -0.78$의 왼쪽 넓이와 차로써 얻을 수 있다. 부록 B의 표 IV로부터 $z = -2.34$의 왼쪽 넓이는 0.0096이고, $x = -0.78$의 왼쪽 넓이는 0.2177임을 얻는다. 그러므로 질문의 확률은 다음과 같다.

$$P(79.5 \leq X \leq 90.5) = P(-2.34 \leq Z \leq -0.78) = 0.2177 - 0.0096 = 0.2081$$

따라서 임의로 선택된 미국 근로자 200명의 표본에 대하여 그들 중 80명에서 90명의 근로자가 65세 이상이 되어도 여전히 일을 할 것이란 생각을 갖고 있을 확률은 근사적으로 0.2081이다. ■

■ 예제 6-22 이항분포의 정규근사

한 조사에 따르면 미국 성인의 44%는 미국 우편서비스에 일반적으로 만족한다고 한다. 임의로 선택된 미국 성인 300명의 표본에 대하여 이들 가운데 140명 이상이 위와 같은 생각을 갖고 있을 확률을 구하시오.

풀 이 그 표본의 총 성인수를 n로, 표본에서 위와 같은 생각을 갖고 있는 성인의 수를 X로 하고, p는 미국 성인들 중 위와 같은 생각을 갖고 있을 확률이라 하자. 그러면 이는 다음과 같은 이항확률문제가 된다.

$$n = 300,\ p = 0.44,\ q = 1 - 0.44 = 0.56$$

우리는 300번의 시행 중 140번 이상 성공할 확률을 구해야 한다. 이항분포의 평균과 표준편차는 각각

$$\mu = np = 300\,(0.44) = 132\text{와}$$
$$\sigma = \sqrt{npq} = \sqrt{300\,(0.44)\,(0.56)} = 8.59767410$$

이다. 연속성 수정을 하기 위해 140에서 0.5를 빼주면 139.5를 얻는다. 그러므로 그림 6.52와 같이 임의로 선택된 미국 성인 300명의 표본에 대하여, 이들 가운데 140명 이상이 위와 같은 생각을 갖고 있을 확률은 정규분포곡선에서 $x = 139.5$의 오른쪽 넓이로 근사한다.

$$x = 139.5\text{일 때, } z = \frac{139.5 - 132}{8.59767410} = -0.87$$

그림 6.52 x = 139.5의 오른쪽 넓이

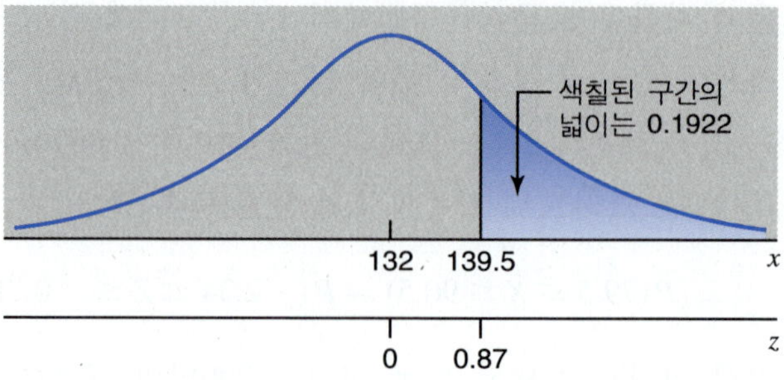

질문의 확률을 찾기 위해 $x = 0.87$의 왼쪽 넓이를 구하고, 1.0에서 이 넓이를 빼준다. 부록 B의 표 IV로부터 $x = 0.87$의 왼쪽 넓이는 0.8078이다.

그러므로,

$$P(X \geq 139.5) = P(Z \geq 0.87) = 1.0 - 0.8078 = 0.1922$$

이다. 그러므로 임의로 선택된 미국 성인 300명의 표본에 대하여, 이들 가운데 140명 이상이 미국 우편서비스에 일반적으로 만족한다고는 의견을 갖고 있을 확률은 근사적으로 0.1922이다. ■

연습문제

■ 개념과 절차

6.65 어떤 조건하에서 이항분포의 근사분포로 정규분포를 이용할 수 있는가?

6.66 $n = 20$, $p = 0.60$인 이항분포에 대하여,

a. 이항분포표(부록 B의 표 I)를 이용하여 확률 $P(X = 12)$을 구하시오.

b. 이항분포의 근사분포로 정규분포를 사용하고 표준정규분포표(부록B의 표 IV)를 이용하여, 확률 $P(X = 12)$을 구하시오. 이 확률과 a에서 구한 정확한 이항확률 사이의 차이는 얼마인가?

6.67 $n = 25$, $p = 0.40$인 이항분포에 대하여,

a. 이항분포표(부록 B의 표 I)를 이용하여, 확률 $P(8 \leq X \leq 13)$을 구하시오.

b. 이항분포의 근사분포로 정규분포를 사용하고 표준정규분포표(부록B의 표 IV)를 이용하여, 확률 $P(8 \leq X \leq 13)$을 구하시오. 이 확률과 a에서 구한 정확한 이항확률 사이의 차이는 얼마인가?

6.68 $n = 80$, $p = 0.50$인 이항분포에 대하여 확률변수 X를 80번의 시행 중 성공의 횟수라 하자.

a. 이 이항분포의 평균과 표준편차를 구하시오.

b. 정규근사를 이용하여 확률 $P(X \geq 40)$을 구하시오.

c. 정규근사를 이용하여 확률 $P(41 \leq X \leq 48)$을 구하시오.

6.69 $n = 120$, $p = 0.60$인 이항분포에 대하여 확률변수 X를 120번의 시행 중 성공의 횟수라 하자.

a. 이 이항분포의 평균과 표준편차를 구하시오.

b. 정규근사를 이용하여 확률 $P(X \leq 72)$을 구하시오.

c. 정규근사를 이용하여 확률 $P(67 \leq X \leq 73)$을 구하시오.

6.70 정규근사를 통해 다음의 이항확률을 구하시오.

a. $n = 140$, $p = 0.45$, $P(X = 67)$

b. $n = 100$, $p = 0.55$, $P(52 \leq X \leq 60)$

c. $n = 90$, $p = 0.42$, $P(X \geq 40)$

d. $n = 104$, $p = 0.75$, $P(X \leq 72)$

6.71 정규근사를 통해 다음의 이항확률을 구하시오.

a. $n = 70$, $p = 0.30$, $P(X = 18)$

b. $n = 200$, $p = 0.70$, $P(133 \leq X \leq 145)$

c. $n = 85$, $p = 0.40$, $P(X \geq 30)$

d. $n = 150$, $p = 0.38$, $P(X \leq 62)$

■ 응용

6.72 한 조사에서는 매출이 50만 달러에서 1백만 달러에 이르는 회사들의 재무담당 최고 책임자(chief financial officer)들은 그 다음 12개월 동안 그들의 회사에서 가장 큰 비용 증가 부문을 예측해야 한다. 이 CFO들 중 45%가 근로자의 건강 보험에 대한 부문이 가장 큰 비용 증가부문이라고 생각했다. 위 규모의 회사에 속한 CFO들 중 임의로 400명을 선정했을 때, 187명에서 196명이 그 다음 12개월 동안 그들의 회사에서 가장 큰 비용 증가부문이 근로자의 건강 보험에 대한 부문이라고 생각할 확률을 구하시오.

6.73 어떤 모임의 조사에 따르면 미국 교사의 34%가 그들의 학교에서 훈육문제으로 학교를 그만둘 결심을 한 적이 있다고 한다. 임의로 300명의 교사들을 표본으로 뽑았을 때, 84명에서 94명이 그들 학교에서 훈육문제로 학교를 그만둘 결심을 한 적이 있을 확률을 구하시오.

6.74 많은 미국인들은 질병을 치료하기 위해 기도, 약초, 침술, 마사지 또는 요가 등의 대체요법에 관심을 돌리고 있다. 정부가 성인 31,000명을 조사한 결과 이들 중 36%가 위에서 열거한 것들과 같은 다양한 대체요법을 실행하고 있다고 한다. 국가 건강 연구소의 국가 대체 의학센터가 이 조사를 위임하여, 질병관리본부의 국가 건강통계센터에서 이를 실시하였다. 이 조사가 현재 미국 성인 전체에 대해서도 위 결과를 적용할 수 있다고 가정한다. 임의로 미국 성인 600명을 표본으로 선정하였을 때, 이들 중 다음의 인원이 이런 대체요법 중의 한 가지를

실행하고 있을 확률을 구하시오.

a. 정확히 200명 **b.** 225명에서 240명 **c.** 많아야 230명

6.75 한 언론사에서는 2004년 4월 전자상거래 보안 서비스를 하는 회사들의 보안대장들을 대상으로 한 전자상거래 범죄에 대한 조사에 따르면, 그들 중 43%가 그들 회사에서 전년대비 전자상거래 범죄가 증가했다고 한다. 이 비율이 현 보안대장들 전체에도 적용된다고 한다. 임의로 400명의 보안대장들을 표본으로 선정했을 때, 위와 같은 의견을 갖고 있는 사람의 수가 다음과 같을 확률을 구하시오.

a. 정확히 175명 **b.** 184명 이상 **c.** 160명에서 180명

6.76 한 리서치회사에서 실시한 전화조사에서 성인들을 대상으로 음식점에서 판매하는 메뉴판에 모든 음식의 열량을 표기해야 하는 법을 지지하는지를 조사하였다고 했다. 응답자의 61%가 그 법률을 지지한다고 밝혔다. 임의로 성인 600명을 표본으로 뽑았을 때, 위 음식점에 관한 법률을 지지한다고 밝힐 다음의 성인의 수에 대한 확률을 구하시오.

a. 정확히 350명 **b.** 많아야 360명 **c.** 345명에서 375명

6.77 한 사무용품 관련 회사에서 집에서 사용하기 좋게 디자인된 새로운 종이 절단기 제품에 대한 마케팅 전에 한 조사를 실시하였다. 이 조사에서 그 제품을 사용한 사람들의 80%가 만족한다고 하였다. 이 높은 만족비율로 그 회사는 새로운 절단제품을 판매하기로 결정했다. 모든 사람들 중 80%가 이 절단기에 만족할 거라고 가정을 해 보자. 어느 한 달 동안 100명이 이 제품을 구입했다. 이 100명의 고객 중 이 제품에 만족한 인원이 다음과 같을 확률을 구하시오.

a. 정확히 75명 **b.** 73명 이하 **c.** 74명에서 85명

6.78 C 전자는 계산기를 생산한다. 소비자 만족도는 그 회사 경영진들이 최우선으로 여기는 요건 중의 하나이다. 그 회사는 구입한 날로부터 2년 안에 계산기의 오작동이 시작되면 돈으로 환불해 주거나, 새제품으로 바꿔주는 품질보증을 실시하고 있다. 과거 자료에 의하면 각고의 노력에도 불구하고, 이 회사에서 생산된 계산기 중 2년 안에 오작동을 하는 계산기는 5%였다. 그 회사가 최근 500개의 계산기를 소비자들에게 배달했다.

a. 500개의 계산기 중 정확히 29개의 계산기가 2년 안에 오작동으로 소비자에게 환불을 해주거나, 새제품으로 교환해 줬을 확률을 구하시오.

b. 500개의 계산기 중 27개 이상의 계산기가 2년 안에 오작동으로 소비자에게 환불을 해주거나, 새제품으로 교환해 줬을 확률을 구하시오.

c. 500개의 계산기 중 15개부터 22개의 계산기가 2년 안에 오작동으로 소비자에게 환불을 해주거나, 새제품으로 교환해 줬을 확률을 구하시오.

6.79 D 주식회사는 레이저 프린터의 폰트 카트리지를 만들어 E 전자회사에 판다. 이 카트리지는 E 전자에 대량으로 선적되고 있다. E 전자의 품질관리부에서 각 선적물로부터 임의로 100개의 카트리지를 선별해 불량품인지를 조사한다. 이 표본에서 불량 카트리지가 7개 이상 나온

다면, 그 선적물 전체를 반송하고 있다. D 주식회사는 그들이 생산한 카트리지의 불량률이 단 5%라고 약속한다.

a. E 전자가 받은 카트리지 선적물이 받아들여질 확률은 얼마인가?

b. E 전자가 받은 카트리지 선적물이 반송될 확률은 얼마인가?

Chapter

7

표본추출 및 표본분포

2002년 11월 중간 선거가 있기 전의 주중에, 대부분의 여론 조사 기관들은 하원 의원 선거를 박빙으로 예측했다. 실제 선거 결과는 공화당 후보자 51.7%, 민주당 후보자 45%였다. 주요한 여론 조사 기관은 아래와 같이 예상했다. CBS-New York Times는 47%대 40%, USA Today-CNN-Gallup은 51%대 45%, ABC-Washington Post는 48%대 48%, Ipsos-Reid는 44%대 45%, Zogby는 49%대 51%, 그리고 PSRA-Pew는 42%대 46%. 이 자료는 여론 조사 기관들마다 공화당과 민주당을 지지하는 비율이 다른 것을 보였다. 실제 지지율과 여론 조사 지지율과는 왜 다를까? 또한 왜 여론 조사 기관들마다 서로 다를까?(사례 7-1)

5장과 6장에서는 이산과 연속 확률변수의 확률분포에 관해서 설명하였다. 이 장에서는 표본통계량의 확률분포의 개념으로 확장한다. 3장에서 설명한 것처럼 표본통계량은 표본자료에 대해서 계산한 수치적 요약 측도이다. 표본자료로 계산된 평균, 중앙값, 최빈값 그리고 표준편차를 표본통계량(sample statistic)이라 부른다. 한편, 모집단자료에 대해서 계산된 동일한 수치요약 측도는 모집단모수(population parameter)라 부른다. 모집단모수는 항상 상수이고, 표본통계량은 항상 확률변수이다. 모든 확률변수들은 확률분포를 가지기 때문에 각 표본통계량은 확률분포를 갖게 된다. 표본통계량의 확률분포를 표본분포

(sampling distribution)라고 부른다. 이 장에서는 표본 평균과 표본 비율의 표본분포를 설명한다. 이 장에서 설명하는 개념은 다음 장에서 설명하는 추측 통계학의 기초가 된다.

7.1 모집단과 표본분포

이 절은 모집단분포와 표본분포의 개념을 소개한다. 7.1.1절은 모집단분포를 설명하고, 7.1.2절은 $\bar{X}$의 표본분포를 설명한다.

7.1.1 모집단분포

모집단분포 (population distribution) 는 모집단의 모든 원소에 대한 정보로부터 유도된 확률분포이다.

정 의

모집단분포 : **모집단분포** (*population distribution*) 는 모집단 자료에 대한 확률분포이다.

고급 통계학 강좌를 5명의 학생이 수강했는데 중간고사의 성적이 다음과 같다.

70 78 80 80 95

x를 학생들의 점수라고 하자. 단일 계급값 (오직 5개의 자료만이 존재하므로, 이 자료들을 그룹화할 필요가 없기 때문에) 을 사용하면, 계급값의 도수를 모집단의 크기로 나누어 구한 계급값의 상대도수에 따라 표 7.1에 주어진 것처럼 점수의 도수분포를 만들 수 있다. 다양한 x값에 대한 확률분포의 목록인 표 7.2는 모집단의 확률분포를 제공하고 있다. 이 확률들은 상대도수와 동일하다는 사실에 주의하라.

표 7.1 모집단 도수와 상대도수분포

계급값	도수	상대도수
70	1	1/5 = 0.20
78	1	1/5 = 0.20
80	2	2/5 = 0.40
95	1	1/5 = 0.20
	$N = 5$	합계 = 1.00

표 7.2 모집단 확률분포

x	$P(X=x)$
70	0.20
78	0.20
80	0.40
95	0.20
	$\Sigma P(X=x) = 1.00$

표 7.2의 확률분포를 사용해서 계산된 평균과 표준편차는 모집단모수인 μ와 σ의 값이다. 이 값들은 $\mu = 80.60$과 $\sigma = 8.09$이다. 표 7.2의 확률분포에 대한 μ와 σ의 값은 5장의 5.3절과 5.4절에 주어진 공식을 이용해서 구할 수 있다.

7.1.2 표본분포

이 장의 앞에서 언급한 것처럼 모수의 값은 항상 상수이다. 예를 들면, 어떤 모집단자료집합에서 모평균 μ의 값은 오직 하나가 존재한다. 그러나 우리들은 표본평균 $\bar{X}$는 동일하다고 할 수 없다. 표본평균 $\bar{X}$의 다른 값들을 만들기 위하여 동일 모집단으로부터 동일 크기의 다른 표본들을 기대할 수 있다. 어떤 한 표본에 대한 표본평균의 값은 그 표본에 포함된 원소들에 의존할 것이다. 결과적으로 표본평균 $\bar{X}$는 확률변수이다. 그러므로 다른 확률변수처럼 확률분포를 갖는 표본평균은 일반적으로 $\bar{X}$의 **표본분포 (sampling distribution)** 라고 부른다. 중앙값, 최빈값, 그리고 표준편차와 같은 다른 통계량들도 또한 표본분포를 갖는다.

정 의

$\bar{X}$의 표본분포 : $\bar{X}$의 확률분포를 $\bar{X}$의 표본분포라 부른다. $\bar{X}$의 확률분포는 $\bar{X}$가 가질 수 있는 값과 그 값에 대응하는 확률을 열거한다.

일반적으로 표본통계량에 대한 확률분포를 표본통계량의 **표본분포** (*sampling distribution*) 라고 부른다.

표 7.1에 주어진 5명의 학생들에 대한 중간고사 성적에 대한 모집단을 다시 생각하자. 그리고 이 모집단으로부터 비복원추출로 각각 3명의 점수를 선택하는 모든 가능한 표본을 생각하자. 가능한 표본들의 수를 5장에서 논의된 조합 공식에 의해서 구하면 10이 된다. 즉,

$$\text{표본수} = \binom{5}{3} = \frac{5!}{3!(5-3)!} = \frac{5 \cdot 4 \cdot 3 \cdot 2 \cdot 1}{3 \cdot 2 \cdot 1 \cdot 2 \cdot 1} = 10$$

$$A = 70,\ B = 78,\ C = 80,\ D = 80,\ E = 95,$$

이 되도록 5명의 학생들의 점수에 문자 A, B, C, D, E를 각각 할당한다고 가정하자.
그러면 각각 3명씩 10개의 가능한 표본은 다음과 같다.

ABC, ABD, ABE, ACD, ACE, ADE, BCD, BCE, BDE, CDE

이들 10개의 표본과 이에 대응하는 평균을 표 7.3에 나타냈다. 처음 2개의 표본은 동일한 3개의 점수를 가진다는 사실에 주의하라. 두 명의 학생 (C와 D) 은 동일한 점수를 받았기 때문에 표본 ABC와 ABD는 동일한 값을 갖게 된 이유이다. 각 표본의 평균은 표본에 포함된 3명의 점수를 합계한 후에 3으로 나누어 얻은 값이다. 예를 들면, 처음 표본의 평균을 계산

하면 (70 + 78 + 80)/3 = 76이 된다. 표 7.3에서 표본의 평균값들은 소수점 둘째자리까지 반올림해서 구한 값이다.

표 7.3에 주어진 $\bar{x}$의 값을 사용해서 표 7.4에 $\bar{x}$의 도수분포를 표시한다. 각 $\bar{x}$값의 도수를 모든 도수의 합으로 나누면, 표 7.4의 세 번째 열에 있는 계급값들에 대한 상대도수를 얻을 수 있다. 이들 상대도수는 표 7.5에 나타난 확률로서 사용된다. 이 표는 $\bar{X}$의 표본분포로 된다.

만약에 우리들이 5명의 점수로 구성된 모집단에서 3명의 점수를 표본으로 추출한다면, 우리들은 가능한 10개의 표본을 뽑을 수 있다. 그러므로 표본평균 $\bar{X}$는 대응되는 확률을 가진 표 7.5의 목록에서 어떤 값으로 가정할 수 있다. 예를 들면, 3명의 점수가 임의로 뽑힌 표본의 평균이 81.67일 확률은 0.20이다. 이 확률은 다음과 같이 쓸 수 있다.

$$P(\bar{X} = 81.67) = 0.2$$

표 7.3 표본 크기가 3일 때 모든 가능한 표본과 그들의 평균

표본	표본 점수	$\bar{x}$
ABC	70, 78, 80	76.00
ABD	70, 78, 80	76.00
ABE	70, 78, 95	81.00
ACD	70, 80, 80	76.67
ACE	70, 80, 95	81.67
ADE	70, 80, 95	81.67
BCD	78, 80, 80	79.33
BCE	78, 80, 95	84.33
BDE	78, 80, 95	84.33
CDE	80, 80, 95	85.00

표 7.4 표본 크기가 3일 때 $\bar{X}$의 도수와 상대도수분포

$\bar{x}$	도수	상대도수
76.00	2	2/10 = 0.20
76.67	1	1/10 = 0.10
79.33	1	1/10 = 0.10
81.00	1	1/10 = 0.10
81.67	2	2/10 = 0.20
84.33	2	2/10 = 0.20
85.00	1	1/10 = 0.10
	$\Sigma f = 10$	합계 = 1.00

표 7.5 표본 크기가 3일 때 $\bar{X}$의 표본분포

$\bar{x}$	$P(\bar{X}=\bar{x})$
76.00	0.20
76.67	0.10
79.33	0.10
81.00	0.10
81.67	0.20
84.33	0.20
85.00	0.10
	$\Sigma P(\bar{X}=\bar{x}) = 1.00$

7.2 표집오차와 비표집오차

일반적으로 같은 모집단에서 선택된 여러 표본들은 다른 원소들을 포함하고 있기 때문에 다른 결과를 갖게 된다. 표 7.3에서 보듯이 표본 3명의 점수의 평균은 5명의 점수에서 표본에 포함된 3명의 점수에 의존한다는 것을 알 수 있다. 어느 한 표본에서 얻어진 결과는 대응하는 모집단에서 얻은 결과와 일반적으로 다르다. 표본에서 얻은 표본통계량의 값과 모집단에서 얻은 대응하는 모수값과의 차이를 **표집오차(sampling error)**라고 한다. 이 차이는 표본이 임의이고 비표집오차가 없어야만 표집오차를 나타낸다는 점에 주목한다. 그렇지 않으면 이 차이의 일부분이 표집오차에 기인한다.

정 의

표집오차 : **표집오차** (*sampling error*) 는 표본통계량의 값과 대응되는 모수값과의 차이이다. 평균의 경우에 표본이 임의이고 비표집오차가 없다는 가정하에

$$\text{표집오차} = \bar{x} - \mu$$

이다..

표집오차는 우연성 때문에 발생된다는 점을 기억하는 것이 중요하다. 자료수집, 기록이나 표를 만드는 과정에서 생기는 오차 등을 **비표집오차 (nonsampling error)** 라고 한다. 이 오차는 우연히 아니라 사람들의 실수 때문에 발생한다. 우연에 기인하는 오차는 표집오차 하나뿐이다. 그러나 여러 가지 이유로 발생하는 많은 비표집오차가 있다.

정 의

비표집오차 : 자료수집, 기록이나 표를 만드는 과정에서 생기는 오차 등을 **비표집오차** (*nonsampling error*) 라고 한다.

다음은 미국인구조사국의 보고서에서 발췌한 것으로 비표집오차가 어떻게 생기는지를 설명한다.

비표집오차에는 많은 원인이 있다. 예를 들면, 표본에 속하는 모든 개체에 대한 정보를 얻기가 불가능, 정의의 어려움, 문항에 대한 해석의 차이, 일부 응답자들의 옳은 정보 제공에 대한 무의지, 정보회상의 무능력, 자료의 기록이나 부호화 같이 수집과정에서 생기는 오차, 자료의 처리과정에서 생기는 오차, 결측 자료값을 추정하는 과정에서 생기는 오차, 면접방식에 기인하는 회상기간의 차이로부터 얻어지는 편차와 모집단의 모든 개체가 표본으로 선택될 확률을 갖지 못하는 실패를 들 수 있다.

다음은 비표집오차 발생의 주된 이유이다.

1. 표본이 임의가 아니라면 표본결과는 전수조사결과와 너무 다를 것이다. 다음은 U.S. News & World Report지에서 인용한 것으로 표본에 포함된 몇몇의 구성원들을 접촉할 수 없다면 임의로 선택한 표본도 임의가 아닐 수 있다는 것을 설명한다.

1984년 대통령 선거에서 실시된 시험여론조사는 첫 번째 시도에서 연결된 사람들만

대상으로 하면 레이건이 몬데일을 3% 앞선다는 결과를 보였다. 그러나 조사원들이 임의로 선택된 모든 개체들을 조사하자고 노력한 결과 실제 선거결과와 가깝게 레이건이 13%를 앞섰다. 밝혀졌듯이 공화당에 투표하려고 하는 사람들이 집에 적게 있었을 것이다.

2. 표본 또는 모집단의 구성원이 완전하게 이해하기 어렵게 문항이 표현되었다. 결과적으로 얻어진 대답들은 정확하지 않다.
3. 응답자들이 민감한 문항에 반응하여 의도적으로 거짓 정보를 준다. 예를 들어, 사람들은 음주습관, 수입 또는 소수파에 관한 의견에 관해서 진실을 말하지 않는다. 때로는 응답자들은 무지 때문에 그릇된 대답을 한다. 예를 들어, 지난해 지출한 옷값 총액이 얼마인지를 기억하지 못한다. 질문을 하면 부정확한 대답을 할 것이다.
4. 질문자가 실수를 하여 기록지에 잘못된 숫자를 입력하거나 컴퓨터에 자료를 입력하는 과저에서 오류를 범한다.

비표집오차는 표본조사와 전수조사 모두에서 발생할 수 있지만, 표집오차는 오직 표본조사를 할 때만 발생한다. 비표집오차는 설문지를 꼼꼼히 만들고 자료를 주의하여 다루면 최소화될 수 있다. 그러나 표집오차를 피하는 것은 불가능하다.

예제 7-1은 평균을 사용해서 표집오차와 비표집오차를 설명한다.

■ 예제 7-1 표집오차와 비표집오차

표 7.1에 주어진 5명 점수의 모집단을 생각하자. 3명 점수의 표본은 이 모집단으로부터 뽑혔다고 가정하고, 이들 표본은 70, 80, 그리고 95점이라고 하자. 표집오차를 계산하시오.

풀 이 5명 학생의 점수는 70, 78, 80, 80, 그리고 95점이다. 모평균은

$$\mu = \frac{70 + 78 + 80 + 80 + 95}{5} = 80.60$$

그럼 이 모집단에서 3명 점수의 확률표본을 뽑았는데 70, 80, 그리고 95점이었다. 이들 표본에 대한 평균은

$$\bar{x} = \frac{70 + 80 + 95}{3} = 81.67$$

결과적으로

$$\text{표집오차} = \bar{x} - \mu = 81.67 - 80.60 = 1.07$$

즉, 표본으로부터 추정된 평균 점수는 모집단의 평균보다 1.07점이 높다는 의미이다. 이 차이는 우연에 기인한다. 왜냐하면, 모집단 대신에 표본을 사용했기 때문이다. ■

3명의 점수를 추출했을 때, 두 번째 점수를 80 대신에 82로 잘못 기록했다고 가정하자. 결과적으로 표본평균은

$$\bar{x} = \frac{70 + 82 + 95}{3} = 82.33$$

그럼, 이들 표본평균과 모평균의 차이는

$$\bar{x} - \mu = 82.33 - 80.60 = 1.73$$

그러나 표본평균과 모평균의 차이는 표집오차를 의미하지 않는다. 이들 차이 중에 앞에서 계산된 1.07만이 표집오차이다. 나머지 부분인 $1.73 - 1.07 = 0.66$은 비표집오차이다. 왜냐하면, 이 값은 표본에서 두 번째 점수를 잘못 기록했기 때문이다. 그래서 이러한 경우에

$$\text{표집오차} = 1.07$$
$$\text{비표집오차} = 0.66$$

그림 7.1은 이들 계산에 대한 표집오차와 비표집오차를 보여 주고 있다.

표집오차는 올바른 $\bar{x}$값과 μ의 차이다. 여기서 올바른 $\bar{x}$값은 비표집오차를 포함하지 않는 $\bar{x}$의 값이다. 대조적으로 비표집오차는 틀린 $\bar{x}$값에서 올바른 $\bar{x}$값을 뺀 값에서 얻는다. 앞의 예에서

그림 7.1 표집오차와 비표집오차

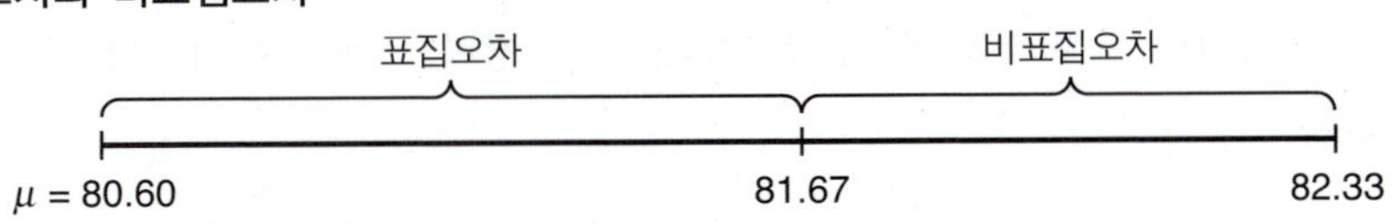

$$\text{표집오차} = \bar{x} - \mu = 81.67 - 80.60 = 1.07$$
$$\text{비표집오차} = \text{틀린 } \bar{x} - \text{올바른 } \bar{x} = 82.33 - 81.67 = 0.66$$

실제로는 모평균을 알지 못한다. 그러므로 모평균의 추정값으로 표본평균을 사용하기 위해서 표본을 선택한다. 결과적으로 결코 표집오차의 크기를 전혀 알지 못한다.

연습문제

■ 개념과 절차

7.1 모집단분포와 표본분포의 의미를 각각 예를 들어 간략하게 설명하시오.

7.2 표집오차의 의미를 예를 들어 간략히 설명하시오. 표집오차는 표본조사에서만 발생하는지 또는 표본조사와 전수조사에서 모두 발생하는가?

7.3 비표집오차의 의미를 예를 들어 간략히 설명하시오. 비표집오차는 표본조사에서만 발생하는지 또는 표본조사와 전수조사에서 모두 발생하는가?

7.4 모집단이 아래와 같은 6개 숫자로 되었다고 하자.

15 13 8 17 9 12

a. 모평균을 구하시오.

b. 갑돌이는 이 모집단에서 4개의 숫자를 선택하여 표본을 만들었다. 표본은 13, 8, 9 그리고 12이다. 이 표본에 대해서 표본평균과 표집오차를 계산하시오.

c. b의 표본에서 갑돌이가 표본평균을 계산할 때, 13, 8, 6 그리고 12로 잘못 사용해서 계산하였다고 하자. 이런 경우에 표집오차와 비표집오차를 계산하시오.

d. 이 모집단에서 비복원추출로 4개의 숫자를 뽑는 경우 모든 표본을 열거하시오. 이들 표본의 각각에 대해서 표본평균과 비표집오차를 계산하시오.

7.5 이산확률변수의 평균과 표준편차에 대한 5장의 5.3 절과 5.4 절의 공식을 사용하여, 표 7.2의 모집단 확률분포에 대한 평균과 표준편차가 각각 80.60과 8.09임을 증명하시오.

■ 응용

7.6 대학의 한 학과에 모두 5명인 전임교수들의 강의 경력의 햇수가 아래의 자료와 같이 주어졌다고 하자.

7 8 14 7 20

a. 이 학과의 전임 교수들의 강의 경력의 햇수를 X라고 하자. X에 대한 모집단의 분포를 기록하시오.

b. 이 모집단에서 비복원추출로 4개의 숫자를 뽑는 모든 표본을 열거하시오. 이들 표본의 각각에 대해서 표본평균을 계산하시오. 그리고 $\bar{X}$의 표본분포를 기록하시오.

c. 모집단의 자료에 대한 평균을 계산하시오. 크기가 4인 표본을 뽑아서 표본평균 $\bar{X}$를 계산하시오. 그리고 표집오차를 계산하시오.

7.3 $\overline{X}$의 평균과 표준편차

$\overline{X}$의 표본분포에서 계산된 평균과 표준편차를 $\overline{X}$의 **평균 (mean)** 과 **표준편차 (standard deviation)** 라 부른다. 실제적으로 $\overline{X}$의 평균과 표준편차는 모집단에서 동일한 크기로 선택된 모든 표본들의 평균과 표준편차이다.

정 의

$\overline{X}$의 평균과 표준편차 : $\overline{X}$의 표본분포에 대한 평균과 표준편차는 $\overline{X}$의 **평균** (*mean*) 과 **표준편차** (*standard deviation*) 라 부르며 $\mu_{\overline{X}}$와 $\sigma_{\overline{X}}$로 표시한다.

만약에 표 7.3의 목록에서 10개의 $\overline{X}$의 값에 대한 평균과 표준편차를 계산한다면, $\overline{X}$의 평균 $\mu_{\overline{X}}$와 표준편차 $\sigma_{\overline{X}}$를 얻을 수 있다. 대안적으로 표 7.5의 목록에서 $\overline{X}$의 표본분포에 대한 평균과 표준편차를 계산할 수 있다. 이들 계산에서 $\mu_{\overline{X}} = 80.60$과 $\sigma_{\overline{X}} = 3.30$을 얻을 수 있다. $\overline{X}$의 표본분포의 평균은 항상 모집단의 평균과 일치한다.

정 의

$\overline{X}$의 표본분포에 대한 평균 : $\overline{X}$의 **표본분포에 대한 평균** (*mean of the sampling distribution*) 은 항상 모집단의 평균과 일치한다.

$$\mu_{\overline{X}} = \mu$$

그러므로 모집단으로부터 동일한 크기의 가능한 모든 표본들을 뽑아서 그들의 평균들을 계산한다면, 모든 표본들의 평균 ($\mu_{\overline{X}}$) 는 모집단의 평균 (μ) 과 같다. 만약에 표 7.2의 모집단 확률분포에 대한 평균과 5.3절에서 배운 공식을 사용해서 표 7.5의 표본분포에 대한 평균을 계산하면 우리들은 μ와 $\mu_{\overline{X}}$에 대한 동일한 값 80.60을 얻을 수 있다.

표본평균 $\overline{X}$는 모평균 μ에 대한 **추정량 (estimator)** 이라 부른다. 표본통계량의 기댓값 (평균) 이 대응되는 모집단의 모수와 일치할 때 표본통계량을 **불편추정량 (unbiased estimator)** 이라 부른다. 표본평균 $\overline{X}$에 대해서, $\mu_{\overline{X}} = \mu$이다. 그러므로 $\overline{X}$는 μ에 대한 불편추정량이다.

그러나 $\overline{X}$의 표준편차 $\sigma_{\overline{X}}$는 모집단의 표준편차와 같지 않다. $\overline{X}$의 표준편차는 모집단의 표준편차를 표본크기의 제곱근으로 나누어준 값과 같다. 즉,

$$\sigma_{\overline{X}} = \frac{\sigma}{\sqrt{n}}$$

$\overline{X}$의 표준편차에 대한 공식은 유한모집단에서의 복원추출과 무한모집단에서의 복원추출 또는 비복원추출할 때 성립한다. 이들 두 가지 조건은 표본의 크기가 모집단의 크기에 비교해

서 작다면 위 공식이 참이라는 조건으로 대신할 수 있다. 만약에 표본의 크기가 모집단의 크기의 5%보다 작거나 같다면 모집단의 크기에 비교해서 작다고 생각한다. 즉,

$$\frac{n}{N} \leq 0.05$$

만약 이 조건이 만족되지 않으면 $\sigma_{\bar{x}}$를 계산하기 위해서 아래 공식을 사용한다.

$$\sigma_{\bar{X}} = \frac{\sigma}{\sqrt{n}}\sqrt{\frac{N-n}{N-1}}$$

여기서, 계수

$$\sqrt{\frac{N-n}{N-1}}$$

을 **유한모집단수정인수 (finite population correction factor)** 라 부른다.

대부분의 실제 응용에서는 표본크기가 모집단의 크기에 비교해서 작다. 결과적으로 대부분의 경우에 $\sigma_{\bar{X}}$를 계산하기 위해 사용되는 공식은 $\sigma_{\bar{X}} = \sigma/\sqrt{n}$이다.

정 의

$\bar{X}$의 표본분포에 대한 표준편차 : $\bar{X}$의 표본분포에 대한 표준편차는

$$\sigma_{\bar{X}} = \frac{\sigma}{\sqrt{n}}$$

여기서 σ는 모집단의 표준편차이고 n은 표본크기이다. 이 공식은 $n/N \leq 0.05$일 때 사용한다. 여기서 N은 모집단 크기이다.

아래는 $\bar{X}$의 표본분포에 관한 두 가지 중요한 의견이다.

1. **$\bar{X}$의 표본분포의 퍼짐은 대응되는 모집단분포의 퍼짐보다 더 적다.** 다시 말하면, $\sigma_{\bar{X}} < \sigma$이다. 이것은 $\sigma_{\bar{X}}$의 공식에서 분명하다. n이 1 보다 클 때, $\sigma/\sqrt{n}$의 분모는 1보다 크므로 $\sigma_{\bar{X}}$는 σ보다 더 작다.
2. **$\bar{X}$의 표본분포에 대한 표준편차는 표본크기가 증가할 때 감소한다.** $\bar{X}$의 표본분포에 대한 이런 특징은 아래의 공식에서 분명하다.

$$\sigma_{\bar{X}} = \frac{\sigma}{\sqrt{n}}$$

만일 표본크기가 증가할 때 표본통계량의 표준편차가 감소한다면 표본통계량은 **일치추정량 (consistent estimator)** 이라 부른다. 이것은 추정량이 갖는 다른 중요한 성질이다. $\sigma_{\bar{X}}$에 대

한 공식에서 n이 증가하면 또한 $\sqrt{n}$의 값은 증가하므로 $\sigma/\sqrt{n}$의 값이 감소하는 것은 분명하다. 그러므로 표본평균 $\bar{X}$는 모평균 μ의 일치추정량이다. 예제 7-2는 이 특징을 설명한다.

■ 예제 7-2 $\bar{x}$의 평균과 표준편차 발견

대기업에 근무하는 5,000명의 노동자들의 시간당 평균 임금은 27.50달러, 표준편차는 3.70달러이다. 이 회사에서 선발된 어떤 노동자들의 확률표본에 대한 시간당 평균임금을 $\bar{X}$라고 하자. 아래의 표본 크기일 때 $\bar{X}$에 대한 평균과 표준편차를 구하시오.

(a) 30 (b) 75 (c) 200

풀 이 모든 노동자들에 대한 모집단에 대한 정보로부터

$$N = 5000,\ \mu = 27.50\text{달러},\ \ \text{그리고}\ \sigma = 3.70\text{달러}$$

(a) $\bar{X}$의 표본분포에 대한 평균 $\mu_{\bar{X}}$는

$$\mu_{\bar{X}} = \mu = 27.50\text{달러}$$

이 경우에 $n = 30$, $N = 5000$, 그리고 $n/N = 30/5000 = 0.006$이라 하자. n/N이 0.05보다 작기 때문에 $\bar{X}$의 표준편차는 공식 $\sigma/\sqrt{n}$을 사용해서 얻은 수 있다. 그러므로

$$\sigma_{\bar{X}} = \frac{\sigma}{\sqrt{n}} = \frac{3.70}{\sqrt{30}} = 0.676\text{달러}$$

그래서 우리들은 이 회사의 모든 노동자들의 모집단에서 표본크기 30인 가능한 표본들을 택해서 $\bar{X}$의 표본분포를 만든다면, $\bar{X}$의 표본분포에 대한 평균과 표준편차는 각각 27.50달러와 0.676달러이다.

(b) 이 경우에 $n = 75$이고, $n/N = 75/5000 = 0.015$는 0.05보다 작다. $\bar{X}$의 표본분포에 대한 평균과 표준편차는

$$\mu_{\bar{X}} = \mu = 27.50\text{달러와}\ \sigma_{\bar{X}} = \frac{\sigma}{\sqrt{n}} = \frac{3.70}{\sqrt{75}} = 0.427\text{달러}$$

(c) 이 경우에 $n = 200$이고, $n/N = 200/5000 = 0.04$는 0.05보다 작다. 그러므로 $\bar{X}$의 표본분포에 대한 평균과 표준편차는

$$\mu_{\bar{X}} = \mu = 27.50\text{달러와}\ \sigma_{\bar{X}} = \frac{\sigma}{\sqrt{n}} = \frac{3.70}{\sqrt{200}} = 0.262\text{달러}$$

앞의 계산에서 우리들은 $\bar{X}$의 표본분포에 대한 평균은 모집단의 평균이므로 표본 크기와는 상관없이 항상 같다. 그러나 $\bar{X}$의 표준편차의 값은 표본크기가 30에서 75로, 그리고 200으로 증가할 때 0.676달러에서 0.427달러, 그리고 0.262달러로 감소한다. ■

연습문제

■ 개념과 절차

7.7 $\bar{X}$를 모집단에서 뽑은 표본의 평균이라 하자.

a. $\bar{X}$의 표본분포의 평균은 무엇과 같은가?

b. $\bar{X}$의 표본분포의 표준편차는 무엇과 같은가? $n/N \le 0.05$라고 가정하자.

7.8 추정량이란 무엇인가? 어떤 경우에 불편추정량인가? 표본평균 $\bar{X}$는 μ의 불편추정량인가를 설명하시오.

7.9 추정량이 어떤 경우에 일치추정량이라 할 수 있는가? 표본평균 $\bar{X}$는 μ의 일치추정량인가를 설명하시오.

7.10 표본크기가 증가할 때 $\sigma_{\bar{x}}$의 값은 어떻게 되는가를 설명하시오.

7.11 $\mu = 125$와 $\sigma = 36$인 모집단에서

a. 이 모집단에 표본을 뽑았을 때, $\mu_{\bar{x}} = 125$와 $\sigma_{\bar{x}} = 3.6$이라 하자. $n/N \le 0.05$라 가정할 때 표본크기를 구하시오.

b. 이 모집단에 표본을 뽑았을 때, $\mu_{\bar{x}} = 125$와 $\sigma_{\bar{x}} = 2.25$이라고 하자. $n/N \le 0.05$라 가정할 때 표본크기를 구하시오.

■ 응용

7.12 한 도시의 모든 가정에서 생활 공간은 평균이 2,300제곱피트이고, 표준편차가 450제곱피트이다. 이 도시에서 추출한 임의표본 25가구에 대한 평균 생활 공간을 $\bar{X}$라고 하자. $\bar{X}$의 표본분포에 대한 평균과 표준편차를 구하시오.

7.13 표 7.5에 주어진 $\bar{x}$의 표본분포를 생각하자.

a. 공식 $\mu_{\bar{X}} = \Sigma \bar{X} P(\bar{X} = \bar{x})$을 사용하여 $\mu_{\bar{X}}$의 값을 계산하시오. 연습문제 7.5에서 계산된 μ의 값과 여기서 계산된 $\mu_{\bar{X}}$의 값은 동일한가?

b. 공식 $\sigma_{\bar{X}} = \sqrt{\Sigma \bar{X}^2 P(\bar{X} = \bar{x}) - (\mu_{\bar{x}})^2}$을 사용하여 $\sigma_{\bar{X}}$의 값을 계산하시오.

c. 연습문제 7.5으로부터 $\sigma = 8.09$. 또한, 우리의 표본 크기는 3이므로 $n = 3$이 된다. 그러므로 $\sigma/\sqrt{n} = 8.09/\sqrt{3} = 4.67$이 된다. b에서 우리들은 $\sigma_{\bar{X}} = 3.30$을 얻을 수 있다. 이 경우에

왜 $\sigma/\sqrt{n}$는 $\sigma_{\bar{X}}$와 같지 않은가?

d. 7.1.1절의 시작 부분에서 주어진 점수의 예제에서 $N = 5$와 $n = 3$이다. 그러므로 $n/N = 3/5 = 0.60$이 된다. n/N이 0.05보다 크므로 $\sigma_{\bar{X}}$을 알기 위한 적당한 공식은

$$\sigma_{\bar{X}} = \frac{\sigma}{\sqrt{n}}\sqrt{\frac{N-n}{N-1}}$$

이 된다. 이 공식을 사용해서 계산된 $\sigma_{\bar{X}}$의 값이 위의 b에서 계산된 값과 동일한 값이 됨을 보이시오.

7.4 $\bar{X}$의 표본분포에 대한 모양

$\bar{X}$의 표본분포에 대한 모양은 아래의 두 경우와 관련있다.

1. 표본들이 정규모집단에서 추출되었다.
2. 표본들이 정규분포가 아닌 모집단에서 추출되었다.

7.4.1 정규모집단으로부터 표본추출

어떤 표본이 평균 μ, 표준편차 σ인 정규모집단분포로부터 추출되었을 때

1. $\bar{X}$의 평균 $\mu_{\bar{X}}$는 모평균 μ와 일치한다.
2. $\bar{X}$의 표준편차 $\sigma_{\bar{x}}$는 $n/N \le 0.05$라 가정할 때 $\sigma/\sqrt{n}$와 일치한다.
3. $\bar{X}$의 표본분포에 대한 모양은 어떤 n의 값이라도 정규분포를 한다.

모집단이 정규분포를 할 때 $\bar{X}$의 표본분포 : 만일 평균이 μ이고 표준편차가 σ인 정규모집단에서 표본이 추출되었을 때, 표본크기에 상관없이 표본평균 $\bar{X}$의 표본분포는 아래의 평균과 표준편차를 갖는 정규분포를 한다.

$$\mu_{\bar{X}} = \mu \text{와 } \sigma_{\bar{X}} = \frac{\sigma}{\sqrt{n}}$$

단, $\sigma_{\bar{X}} = \sigma/\sqrt{n}$가 되기 위해서는 n/N이 0.05보다 작거나 같아야만 된다는 사실을 기억한다.

그림 7.2*a*는 모집단에 대한 확률분포곡선을 보인다. 그림 7.2*b*에서 그림 7.2*e*까지의 분포곡선은 그림 7.2*a*의 모집단에서 표본크기가 다르게 추출한 $\bar{X}$의 표본분포를 보인다. 우리들이 관찰했듯이 모집단은 정규분포를 한다. 이 이유 때문에 $\bar{X}$의 표본분포는 그림 7.2의 *b*에

그림 7.2 **모집단과 $\bar{X}$의 표본분포**

(a) 모집단 분포

(b) $n = 5$인 $\bar{X}$의 표본분포

(c) $n = 16$인 $\bar{X}$의 표본분포

(d) $n = 30$인 $\bar{X}$의 표본분포

(e) $n = 100$인 $\bar{X}$의 표본분포

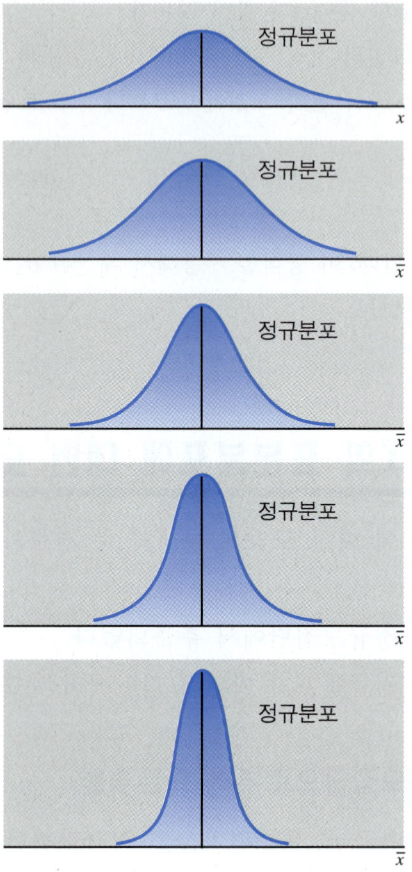

서 *e*까지 설명된 네 가지 경우에도 각각 정규분포를 한다. 표본크기가 증가할 때 $\bar{X}$의 표본분포의 산포가 감소함을 그림 7.2*b*에서 그림 7.2*e*까지를 통해서 알 수 있다.

예제 7-3은 $\bar{X}$의 평균과 표준편차의 계산, 그리고 $\bar{X}$의 표본분포의 모양을 설명한다.

■ 예제 7-3 $\bar{X}$의 평균, 표준편차 그리고 표본분포의 발견(정규모집단인 경우)

최근의 SAT에서 모든 수험자들의 평균점수는 1,020이었다. 모든 수험자들의 SAT 점수에 대한 분포는 평균 1,020, 표준편차 153인 정규분포를 한다고 가정하자. 정해진 수험자들의 확률표본에 대한 평균 SAT 점수를 $\bar{X}$라고 하자. $\bar{X}$의 평균과 표준편차를 계산하고, 표본 크기가 아래와 같을 때 표본평균의 표본분포의 모양을 설명하시오.

(a) 16 (b) 50 (c) 1000

풀 이 μ와 σ를 모든 시험에 대한 SAT 점수의 평균과 표준편차라 하자. $\mu_{\bar{X}}$와 $\sigma_{\bar{X}}$를 $\bar{X}$의 표본분포에 대한 평균과 표준편차라 하자. 그러면 주어진 정보에서 $\mu = 1020$과 $\sigma = 153$을 얻는다.

(a) $\overline{X}$의 평균과 표준편차는

$$\mu_{\overline{x}} = \mu = 1020\text{와 } \sigma_{\overline{x}} = \frac{\sigma}{\sqrt{n}} = \frac{153}{\sqrt{16}} = 38.250.$$

왜냐하면 모든 수험자들의 SAT 점수는 정규분포를 하기 때문에 16명의 수험자들을 표본으로 하는 $\overline{X}$의 표본분포는 또한 정규분포를 한다. 그림 7.3은 모집단과 $\overline{X}$의 표본분포를 보인다. σ가 $\sigma_{\overline{x}}$보다 더 크므로, 그림 7.3에서 모집단의 분포는 $\overline{X}$의 표본분포보다 넓게 퍼져있지만 더 작은 높이를 가진다.

그림 7.3

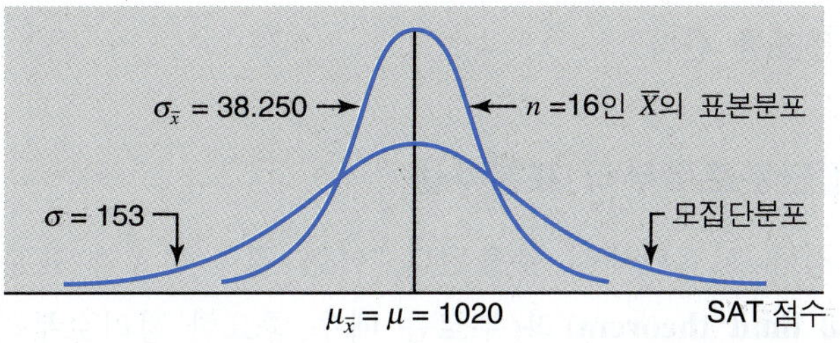

(b) $\overline{X}$의 평균과 표준편차는

$$\mu_{\overline{x}} = \mu = 1020\text{와 } \sigma_{\overline{x}} = \frac{\sigma}{\sqrt{n}} = \frac{153}{\sqrt{50}} = 21.637$$

왜냐하면 모든 수험자들의 SAT 점수는 정규분포를 하기 때문에 50명의 수험자들을 표본으로 하는 $\overline{X}$의 표본분포는 또한 정규분포를 한다. 그림 7.4는 모집단과 $\overline{X}$의 표본분포를 나타낸다.

그림 7.4

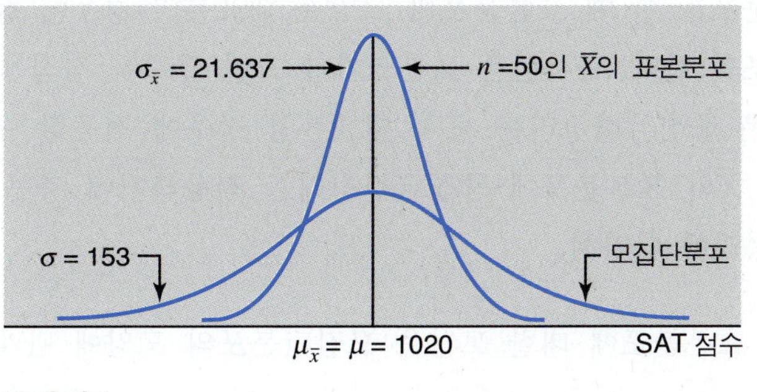

(c) $\overline{X}$의 평균과 표준편차는

$$\mu_{\overline{x}} = \mu = 1020\text{와 } \sigma_{\overline{x}} = \frac{\sigma}{\sqrt{n}} = \frac{153}{\sqrt{1000}} = 4.838$$

모든 수험자들의 SAT 점수는 정규분포를 하기 때문에 1,000명의 수험자들을 표본으로 하는 $\overline{X}$의 표본분포 또한 정규분포를 한다. 두 분포를 그림 7.5에 나타내었다.

그림 7.5

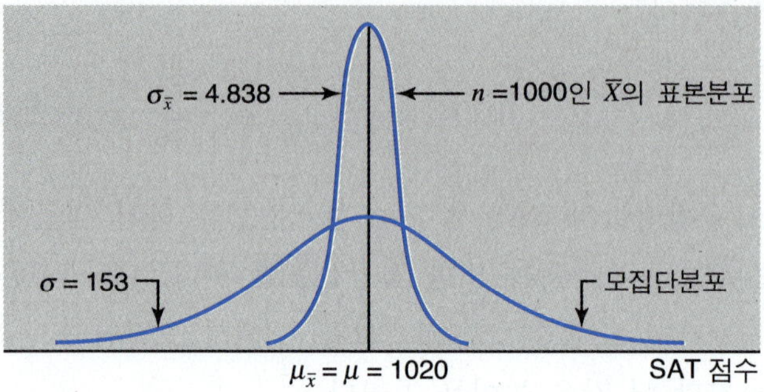

그러므로 표본크기에 관계없이, 정규분포인 모집단에서 추출한 표본에 대한 $\bar{X}$의 표본분포는 정규분포를 한다. ■

7.4.2 비정규 모집단분포로부터 표본추출

대부분의 표본은 비정규 모집단에서 추출된다. 이런 경우에 $\bar{X}$의 표본분포에 대한 모양은 **중심극한정리 (central limit theorem)** 라 부르는 매우 중요한 정리로부터 추론된다.

> **중심극한정리** : 대표본 크기인 경우에 $\bar{X}$의 표본분포는 모집단분포의 모양에 관계없이 근사적으로 정규분포를 한다. $\bar{X}$의 표본분포에 대한 평균과 표준편차는
>
> $$\mu_{\bar{X}} = \mu \text{와 } \sigma_{\bar{X}} = \frac{\sigma}{\sqrt{n}}$$
>
> 표본크기는 $n \geq 30$이라면 크다고 생각한다.

모집단이 비정규분포를 할 때 표본분포의 모양은 대표본인 경우에 정확한 정규분포는 아니지만 근사정규분포를 한다. 근사성은 표본크기가 크면 클수록 점점 더 정확하게 된다. 기억해야 할 다른 점은 중심극한정리는 오직 대표본인 경우에 적용할 수 있다. 보통 표본의 크기가 30 이상이면 $\bar{X}$의 표본분포에 중심극한정리를 적용하기에 충분히 크다고 생각한다. 그러므로 중심극한정리에 따라서,

1. $n \geq 30$일 때 $\bar{X}$의 표본분포에 대한 모양은 모집단분포의 모양에 관계없이 근사적으로 정규분포를 한다.

2. $\bar{X}$의 평균 $\mu_{\bar{X}}$은 모평균 μ와 같다.

3. $\bar{X}$의 표준편차는 $\sigma_{\bar{X}}$는 $\sigma/\sqrt{n}$와 같다.

다시금 n/N이 0.05 이하이면 $\sigma_{\bar{x}} = \sigma/\sqrt{n}$를 적용한다는 사실을 기억한다.

그림 7.6*a*는 모집단에 대한 확률분포곡선을 나타낸다. 그림 7.6*b*에서 7.6*e*까지의 분포곡선

은 그림 7.6*a*의 모집단에서 추출한 다른 표본의 크기에 대한 $\bar{X}$의 표본분포를 나타낸다.

그림 7.6 모집단분포와 $\bar{X}$의 표본분포

(*a*) 모집단분포

(*b*) $n = 4$인 $\bar{X}$의 표본분포

(*c*) $n = 15$인 $\bar{X}$의 표본분포

(*d*) $n = 30$인 $\bar{X}$의 표본분포

(*e*) $n = 80$인 $\bar{X}$의 표본분포

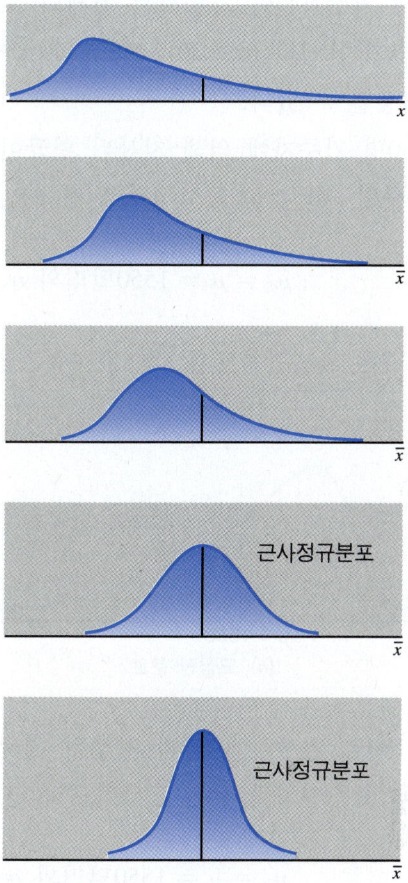

우리들이 관찰한 것처럼, 모집단은 정규분포를 하지 않는다. $n < 30$일 때 *b*와 *c*에서 보여진 $\bar{X}$의 표본분포는 정규분포가 아니다. 그러나 $n \geq 30$일 때 *d*와 *e*에서 보여진 $\bar{X}$의 표본분포는 근사적으로 정규분포를 한다. 또한 $\bar{X}$의 표본분포의 퍼짐은 표본의 크기가 증가할 때 감소한다.

예제 7-4에서는 $\bar{X}$의 평균과 표준편차를 계산하고 표본크기가 클 때의 표본분포의 모양을 설명한다.

■ 예제 7-4 $\bar{X}$의 평균, 표준편차 그리고 표본분포 구하기(비정규모집단인 경우)

대도시에서 살고 있는 모든 거주자들이 지불하는 평균 집세는 1,550달러이고, 표준편차는 225달러이다. 그러나 이 도시에 살고 있는 거주자들의 모집단은 오른쪽으로 기운 분포를 한다. $\bar{X}$의 평균과 표준편차를 계산하고 표본크기가 아래와 같은 때 $\bar{X}$의 표본분포의 모양을 설명하시오.

(a) 30 (b) 100

풀 이 모든 거주자들이 지불하는 집세의 모집단분포는 정규분포를 하지 않지만, 각 경우에 표본의 크기가 크다 ($n \geq 30$). 그러므로 $\bar{X}$의 표본분포의 모양을 추론하기 위해서 중심극한정리를 적용할 수 있다.

(a) $\bar{X}$는 30명 거주자에 의해 지불된 평균이라 하자. 그러면 $\bar{X}$의 표본분포는 아래의 평균과 표준편차를 갖는 근사적으로 정규분포를 한다.

$$\mu_{\bar{x}} = \mu = 1550\text{달러와 } \sigma_{\bar{x}} = \frac{\sigma}{\sqrt{n}} = \frac{225}{\sqrt{30}} = 41.079\text{달러}$$

그림 7.7은 모집단분포와 $\bar{X}$의 표본분포를 나타낸다.

그림 7.7

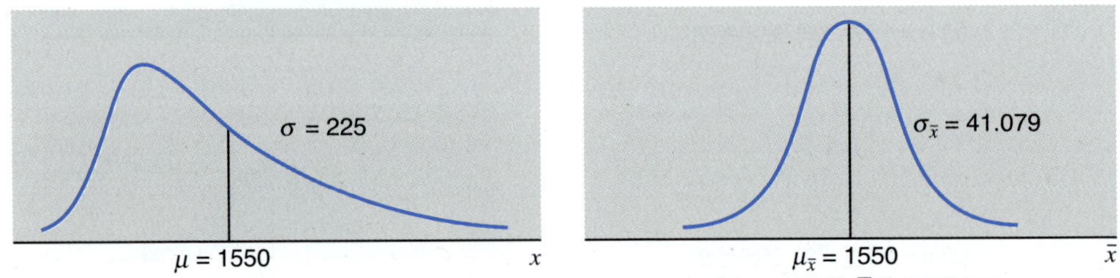

(a) 모집단 분포 (b) $n = 30$인 $\bar{X}$의 표본분포

(b) $\bar{X}$는 100명 거주자에 의해 지불된 평균이라고 하자. 그러면 $\bar{X}$의 표본분포는 아래의 평균과 표준편차를 갖는 근사적으로 정규분포를 한다.

$$\mu_{\bar{x}} = \mu = 1550\text{달러와 } \sigma_{\bar{x}} = \frac{\sigma}{\sqrt{n}} = \frac{225}{\sqrt{100}} = 22.500\text{달러}$$

그림 7.8은 모집단분포와 $\bar{X}$의 표본분포를 나타낸다.

그림 7.8

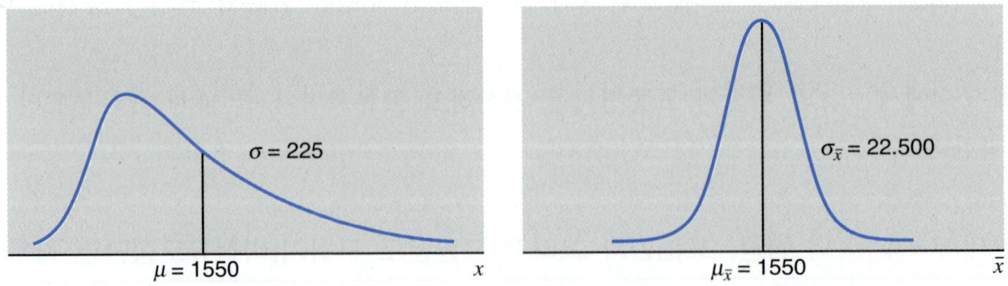

(a) 모집단분포 (b) $n = 100$인 $\bar{X}$의 표본분포 ■

연습문제

■ 개념과 절차

7.14 중심극한정리를 설명하시오.

7.15 모집단은 왼쪽으로 기운 분포를 한다고 하자. 아래의 각 경우에 표본평균의 표본분포를 설명하기 위해서 중심극한정리를 적용할 수 있는지를 설명하시오.

a. $n = 400$ **b.** $n = 25$ **c.** $n = 36$

7.16 모집단은 오른쪽으로 기운 분포를 한다고 하자. 이 모집단에 크기 n인 표본을 추출했다고 하자. 아래의 각 경우에 대한 표본평균의 표본분포의 모양을 설명하시오.

a. $n = 25$ **b.** $n = 80$ **c.** $n = 29$

■ 응용

7.17 어떤식당의 점심시간에는 모든 음식 주문에 대한 배달 시간은 평균 6.7분, 표준편차 2.1분인 정규분포를 한다. 이 식당에서 16개 주문한 임의표본에 대한 평균 배달 시간을 $\bar{X}$라고 하자. $\bar{X}$의 평균과 표준편차를 계산하고 표본분포의 모양을 설명하시오.

7.18 시간당 40마일의 지역 제한속도를 갖는 간선도로 건설 지역에서 모든 자동차들의 평균속도 46 mph이고 표준편차 3 mph인 정규분포를 한다고 하자. 이 건설 지역을 통과하여 여행하는 임의표본 20대의 자동차에 대한 평균 속도를 $\bar{X}$라고 하자. $\bar{X}$의 평균과 표준편차를 계산하고 표본분포의 모양을 설명하시오.

7.5 $\bar{X}$의 표본분포에 대한 응용

중심극한정리에 따라 대표본인 경우에 $\bar{X}$의 표본분포는 평균 μ와 표준편차 $\sigma_{\bar{x}} = \sigma/\sqrt{n}$인 근사정규분포를 한다. 이 결과에 기초해서 대표본의 경우에 아래와 같은 상황을 만들 수 있다. 이런 상황에서 언급된 $\bar{X}$의 곡선하의 면적은 정규분포표로부터 알 수 있다.

1. 모집단에서 동일한(대표본) 크기의 모든 가능한 표본을 얻고 이들 표본으로부터 각각의 평균을 계산하면, 표본평균의 약 68.26%가 모평균의 1표준편차 내에 있다. 또는 모집단에서 $n \geq 30$인 표본을 택해서 표본평균을 계산한다면, 이 표본평균이 모평균의 1표준편차 내에 있을 확률은 0.6826이다. 즉,

$$P(\mu - 1\sigma_{\bar{X}} \leq \bar{X} \leq \mu + 1\sigma_{\bar{X}}) = 0.8413 - 0.1587 = 0.6826.$$

이 확률을 그림 7.9에 나타낸다.

그림 7.9 $P(\mu - 1\sigma_{\bar{x}} \leq \bar{X} \leq \mu + 1\sigma_{\bar{x}})$

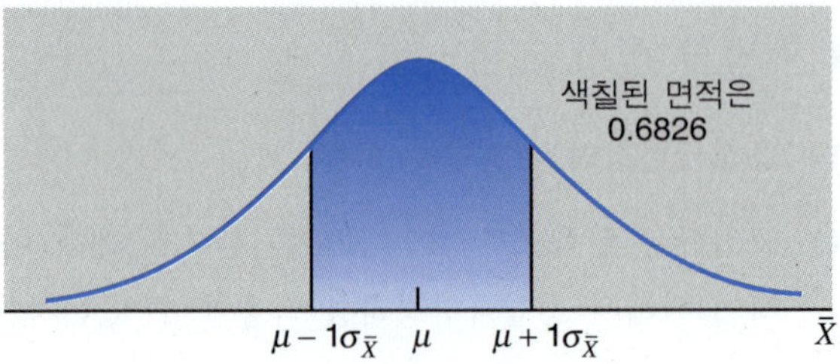

2. **모집단에서 동일한 대표본 크기의 모든 가능한 표본을 얻고 이들 표본으로부터 각각의 평균을 계산하면, 표본평균의 약 95.44%가 모평균의 2표준편차 내에 있다.** 또는 모집단에서 $n \geq 30$ 인 표본을 택해서 표본평균을 계산한다면, 이 표본평균이 모평균의 2표준편차 내에 있을 확률은 0.9544이다. 즉,

$$P(\mu - 2\sigma_{\bar{X}} \leq \bar{X} \leq \mu + 2\sigma_{\bar{X}}) = 0.9772 - 0.0228 = 0.9544$$

이 확률을 그림 7.10에 나타낸다.

그림 7.10 $P(\mu - 2\sigma_{\bar{x}} \leq \bar{X} \leq \mu + 2\sigma_{\bar{x}})$

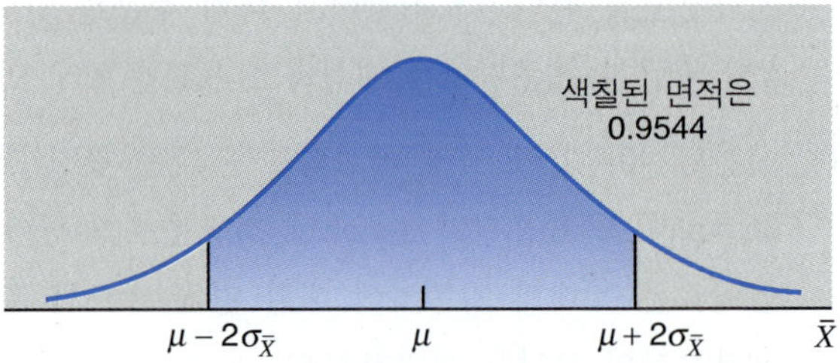

3. **모집단에서 동일한 대표본 크기의 모든 가능한 표본을 얻고 이들 표본으로부터 각각의 평균을 계산하면, 표본평균의 약 99.74%가 모평균의 3표준편차 내에 있다.** 또는 모집단에서 $n \geq 30$ 인 표본을 택해서 표본평균을 계산한다면, 이 표본평균이 모평균의 3표준편차 내에 있을 확률은 0.9974이다. 즉,

$$P(\mu - 3\sigma_{\bar{X}} \leq \bar{X} \leq \mu + 3\sigma_{\bar{X}}) = 0.9987 - 0.0013 = 0.9974$$

이 확률을 그림 7.11에 나타낸다.

그림 7.11 $P(\mu - 3\sigma_{\bar{x}} \leq \bar{X} \leq \mu + 3\sigma_{\bar{x}})$

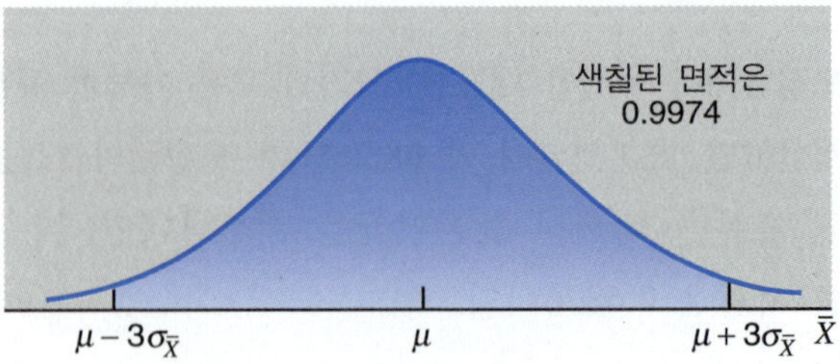

조사를 수행할 때 우리들은 하나의 표본을 선택해서 그 표본에 기초하여 $\bar{x}$의 값을 계산한다. 동일한 표본크기의 모든 가능한 표본의 추출과 $\bar{X}$의 표본분포를 준비할 수 없다. 오히려 하나의 표본에서 계산된 $\bar{x}$이 값이 주어진 구간 내에 떨어질 확률을 찾는 일에 더 관심이 있다. 예제 7-5와 7-6은 이 과정을 설명한다.

■ 예제 7-5 구간 내에서 $\bar{x}$의 확률계산(정규모집단)

어떤 상표에 대한 과자의 모든 상자에 대한 무게는 평균 32온스, 표준편차 0.3온스인 정규분포를 한다고 가정하자. 이 상표의 과자 상자 중에 20개를 임의추출했을 때 평균 무게 $\bar{X}$가 31.8과 31.9 사이에 있을 확률은 얼마인가?

풀 이 표본크기 $(n < 30)$ 가 작을지라도 모집단분포가 정규분포를 하므로, $\bar{X}$의 표본분포의 모양은 정규분포를 한다. $\bar{x}$의 평균과 표준편차는

$$\mu_{\bar{x}} = \mu = 32\text{온스와 } \sigma_{\bar{x}} = \frac{\sigma}{\sqrt{n}} = \frac{0.3}{\sqrt{20}} = 0.06708204\text{온스}$$

20개 상자 중 임의로 하나를 추출해서 계산한 $\bar{x}$의 값이 31.8과 31.9 사이에 있을 확률을 계산하라. 즉,

$$P(3.18 < \bar{X} < 31.9)$$

이 확률은 두 점 $\bar{x} = 31.8$과 $\bar{x} = 31.9$ 사이의 $\bar{X}$에 대한 정규분포곡선하의 면적으로 주어진다. 이 면적을 계산하기 위한 첫 번째 단계는 두 표본평균값을 그들에 대응하는 z값으로 바꾸는 일이다.

$\bar{X}$에 대한 Z값 : $\bar{X}$에 대한 값은 다음과 같이 계산한다.

$$Z = \frac{\bar{X} - \mu}{\sigma_{\bar{x}}}$$

$\bar{x} = 31.8$과 $\bar{x} = 31.9$에 대한 z값은 다음과 같이 계산되고, 그림 7.12처럼 $\bar{X}$에 대한 정규분포곡선 아래 z 눈금 위에서 나타낸다.

$$\bar{x} = 31.8\text{에 대해 } z = \frac{31.8 - 32}{0.06708204} = -2.98$$

$$\bar{x} = 31.9\text{에 대해 } z = \frac{31.9 - 32}{0.06708204} = -1.49.$$

그림 7.12 $P(31.8 < \bar{X} < 31.9)$

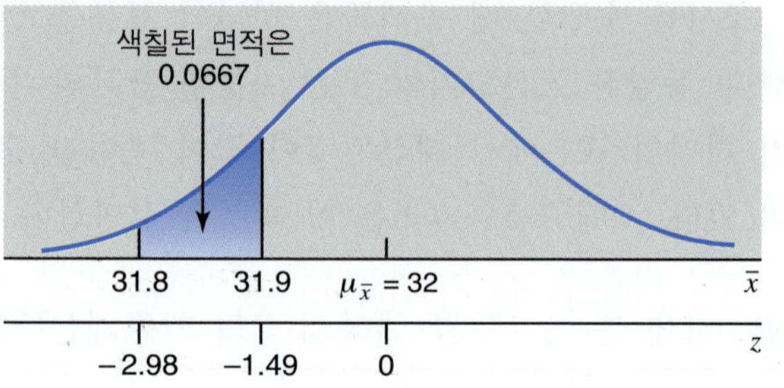

이 31.8과 31.9 사이에 있을 확률은 $z = -2.98$과 $z = -1.49$ 사이의 표준정규곡선하의 면적으로 주어진다. 그러므로 요구되는 확률은

$$\begin{aligned} P(31.8 < \bar{X} < 31.9) &= P(-2.98 < Z < -1.49) \\ &= P(Z < -1.49) - P(Z < -2.98) \\ &= 0.0681 - 0.0014 = 0.0667 \end{aligned}$$

그러므로 20개의 상자 중에 하나의 표본에 대한 평균무게가 31.8과 31.9온스 사이에 있을 확률은 0.0667이다. ■

■ 예제 7-6 구간내에서 $\bar{x}$의 확률계산($n > 30$)

웹사에 따르면 한국 소비자들은 작년도에 그들의 신용카드 부채가 평균적으로 7,868달러라고 한다. 한국의 모든 소비자들의 현재 신용카드 빚의 확률분포의 모양은 알지 못하지만 평균 7,868달러이고, 표준편차는 2,160달러라고 가정하자. 81명의 한국 소비자의 확률표본에 대한 평균 신용카드 빚을 $\bar{x}$라고 하자.

(a) 이 표본에 대한 현재신용카드 빚의 평균이 모평균의 440달러 이내에 있을 확률은 얼마인가?

(b) 이 표본에 대한 현재신용카드 빚의 평균이 모평균보다 320달러 이하일 확률은 얼마인가?

풀 이 주어진 정보로부터, 한국의 모든 소비자들의 현재 신용카드 빚은

$$\mu = 7868\text{달러와 } \sigma = 2160\text{달러}$$

모집단의 확률분포(한국의 모든 소비자들의 신용카드 빚)에 대한 모양은 알려지지 않았지만, 표본의 크기($n > 30$)가 크므로 $\bar{X}$의 표본분포는 근사정규분포를 한다. 표본의 크기가 클 때 중심극한정리에 적용할 수 있다는 사실을 기억하라. $\bar{X}$의 표본분포에 대한 평균과 표준편차는

$$\mu_{\bar{x}} = \mu = 7868\text{달러와 } \sigma_{\bar{x}} = \frac{\sigma}{\sqrt{n}} = \frac{2160}{\sqrt{81}} = 240\text{달러}$$

(a) 이 표본에 대한 현재 신용카드 빚의 평균이 모평균의 440달러 내에 있을 확률은 아래와 같이 쓴다.

$$P(7428 \le \bar{X} \le 8308)$$

이 확률은 그림 7.13에서처럼 $\bar{x} = 7428$달러와 $\bar{x} = 8308$달러 사이의 $\bar{x}$에 대한 정규곡선하의 면적으로 주어진다.

$$\bar{x} = 7428\text{달러에 대해 } z = \frac{\bar{x} - \mu}{\sigma_{\bar{x}}} = \frac{7428 - 7868}{240} = -1.83$$

$$\bar{x} = 8308\text{달러에 대해 } z = \frac{\bar{x} - \mu}{\sigma_{\bar{x}}} = \frac{8308 - 7868}{240} = 1.83$$

그림 7.13 $P(7428 < \bar{X} < 8308)$

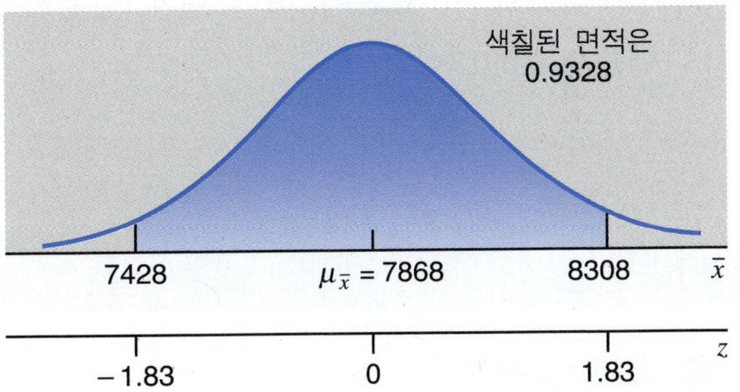

그러므로 요구되는 확률은

$$\begin{aligned} P(7428 \le \bar{X} \le 8308) &= P(-1.83 \le Z \le 1.83) \\ &= P(Z \le 1.83) - P(Z \le -1.83) \\ &= 0.9664 - 0.0336 = 0.9328 \end{aligned}$$

그러므로 이 표본에 대한 현재 신용카드 빚의 평균은 모평균의 440달러 내에 있을 확률은 0.9328이다.

(b) 이 표본에 대한 현재 신용카드 빚의 평균이 모평균보다 320달러 이하일 확률은 아래와 같이 쓴다.

$$P(\bar{X} \le 7548)$$

이 확률은 그림 7.14에서처럼 $\bar{x} = 7548$달러의 왼쪽에 있는 $\bar{x}$에 대한 정규곡선하의 면적으로 주어진다.

$$\bar{x} = 7548\text{달러에 대해 } z = \frac{\bar{x} - \mu}{\sigma_{\bar{x}}} = \frac{7548 - 7868}{240} = -1.33$$

그림 7.14 $P(\bar{X} \leq 7548)$

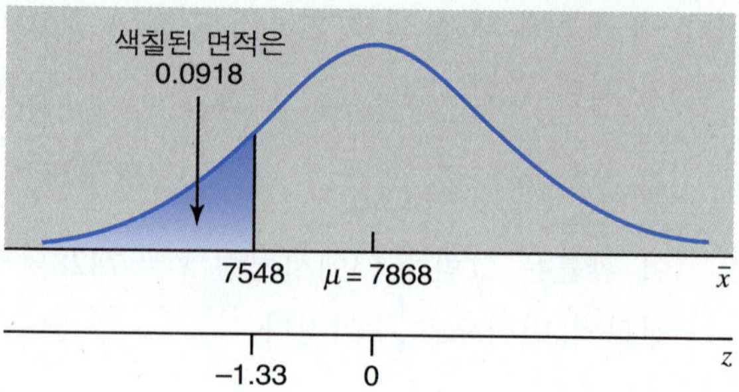

그러므로 요구되는 확률은

$$P(\bar{X} \leq 7548) = P(Z \leq -1.33) = 0.0918$$

그러므로 이 표본에 대한 현재 신용카드 빚의 평균은 모평균보다 320달러 이하일 확률은 0.0918이다. ■

연습문제

■ 개념과 절차

7.19 모집단에 대해서 $N = 10{,}000$, $\mu = 124$, 그리고 $\sigma = 18$이라 하자. $n = 36$일 때 아래의 값에 대해서 z값을 계산하시오.

a. $\bar{x} = 128.60$ **b.** $\bar{x} = 119.30$ **c.** $\bar{x} = 116.80$ **d.** $\bar{x} = 132.05$

7.20 x를 $\mu = 75$와 $\sigma = 14$인 정규분포를 갖는 연속 확률변수라 하자. $n/N \leq 0.05$를 가정할 때, 이 모집단으로부터 20개 임의표본에 대해서 표본평균 $\bar{X}$의 값이 아래와 같을 때 확률을 계산하시오.

a. 68.5에서 77.3 사이일 때 **b.** 72.4보다 작을 때

7.21 x를 $\mu = 60$과 $\sigma = 10$인 오른쪽으로 꼬리가 긴 분포를 하는 연속 확률변수라고 하자. $n/N \leq 0.05$를 가정할 때, 이 모집단으로부터 40개 임의표본에 대해서 표본평균 $\bar{X}$의 값이 아래와 같을 때 확률을 계산하시오.

a. 62.20보다 작을 때 **b.** 61.4와 64.2 사이에 있을 때

■ 응용

7.22 시간당 40마일의 지역 제한속도를 갖는 간선도로 건설 지역에서, 모든 자동차들의 속도는 평균이 46 mph, 표준편차 3 mph인 정규분포를 한다고 하자. 이 건설 지역을 통과하여 여행하는

임의표본 20대의 자동차에 대한 평균 속도가 아래와 같을 때 확률을 계산하시오.

a. 45 mph보다 빠를 때 **b.** 45.5 mph보다 늦을 때 **c.** 44.5와 47 mph 사이일 때

7.6 모비율과 표본비율

비율에 관한 개념은 2장에 논의한 상대도수의 개념과 이항실험에서 성공의 확률에 대한 개념과 동일하다. 범주 또는 계급의 상대도수는 범주 또는 계급에 속하는 표본 또는 모집단의 비율로 주어진다. 마찬가지로 이항 실험에서 성공의 확률은 주어진 특성을 가진 표본 또는 모집단의 비율로 설명한다.

p로 나타내는 **모비율(population proportion)**은 모집단에서 총 원소들의 수에 대해 특정한 특성을 가진 원소들의 비로 나타낸다. **표본비율(sample proportion)**은 $\hat{p}$으로 나타내고 표본에 대한 비율로 주어진다.

모비율 또는 표본비율 : 모비율(*population proportion*) 또는 **표본비율**(*sample proportion*)은 p와 $\hat{p}$로 각각 나타내며, 다음과 같이 계산된다.

$$p = \frac{X}{N} \text{와 } \hat{p} = \frac{x}{n}$$

여기서 $N =$ 모집단에서 전체 원소 수

$n =$ 표본에서 전체 원소들의 수

$X =$ 모집단에서 특정한 특성을 가진 원소들의 수

$x =$ 표본에서 특정한 특성을 가진 원소들의 수

예제 7-7은 모비율과 표본비율의 계산을 설명한다.

■ 예제 7-7 모비율과 표본비율의 계산

어떤 도시에 789,654 가구가 살고 있는데, 그중에 563,282 가구가 자신의 집을 소유하고 있다고 가정하자. 이 도시에서 선택된 240 가구를 표본으로 하고, 그중에 158 가구가 집을 소유하고 있다고 가정하자. 모집단과 표본에서 자신의 집을 소유한 가구의 비율을 계산하시오.

풀 이 이 도시의 모집단에 대해서

$N =$ 모집단의 크기 $= 789{,}654$

$X =$ 모집단에서 자신의 집을 소유한 가구수 $= 563{,}282$

이 도시에서 자신의 집을 소유한 가구들의 비율은

$$p = \frac{X}{N} = \frac{563{,}282}{789{,}654} = 0.71$$

그럼 이 도시에서 240 가구를 표본으로 뽑으면 그중에 158 가구가 집을 소유하고 있다. 그러면,

$$n = \text{표본의 크기} = 240$$
$$x = \text{표본에서 자신의 집을 소유한 가구수} = 158$$

표본비율은

$$\hat{p} = \frac{x}{n} = \frac{158}{240} = 0.66$$

평균의 경우처럼 표본비율과 대응하는 모비율 사이의 차를 표집오차라 하며, 표집오차와 비표집오차는 만들어진다고 가정하자. 즉, 비율의 경우에서

$$\text{표집오차} = \hat{p} - p$$

예를 들면, 예제 7-7에 대해서

$$\text{표집오차} = \hat{p} - p = 0.66 - 0.71 = -0.05$$

7.7 $\hat{p}$에 대한 표본분포의 평균, 표준편차와 모양

이 절에서는 표본비율에 대한 표본분포와 이들 표본분포에 대한 평균, 표준편차, 그리고 모양을 설명한다.

7.7.1 $\hat{p}$에 대한 표본분포

표본평균 $\bar{x}$와 같이 표본비율 $\hat{p}$는 확률변수이므로 표본비율의 **표본분포 (sampling distribution)** 라 부르는 확률분포를 가진다.

정 의

표본비율 $\hat{p}$의 표본분포 : 표본비율 $\hat{p}$의 확률분포는 표본비율의 **표본분포**(*sampling distribution*)라 부른다. 표본분포는 표본비율 $\hat{p}$이 가질 수 있는 값과 대응되는 확률로 나타낸다.

특정 표본에 대해서 계산된 $\hat{p}$의 값은 표본에 포함된 모집단 원소에 의존한다. 예제 7-8은 $\hat{p}$의 표본분포에 대한 개념을 설명한다.

■ 예제 7-8 $\hat{p}$의 표본분포 설명

컨설턴트 연합회는 5명을 고용하고 있다. 표 7.6은 이들 5명의 이름과 그들의 통계학 지식에 관한 정보를 나타낸다.

표 7.6 컨설턴트 연합회의 5명에 대한 정보

이름	통계학 지식여부
김갑돌	안다
김을순	모른다
홍길동	모른다
이사랑	안다
박순돌	안다

만약 통계학을 알고 있는 사람들의 비율로 모집단 비율을 정의하면

$$p = 3/5 = 0.60$$

이다. 3명의 고용인을 뽑는 모든 가능한 표본으로부터 각각의 표본에 대해 통계학을 알고 있는 고용인의 비율을 계산한다고 가정하자. 5명의 고용인에서 3명의 고용인을 뽑을 수 있는 전체 표본수는

$$\text{전체 표본 수} = \binom{5}{3} = \frac{5!}{3!(5-3)!} = \frac{5 \cdot 4 \cdot 3 \cdot 2 \cdot 1}{3 \cdot 2 \cdot 1 \cdot 2 \cdot 1} = 10$$

가지이다. 표 7.7은 10개의 가능한 표본들과 그들 각각의 표본에서 통계학을 알고 있는 고용인의 비율에 대한 목록이다. 소숫점 둘째 자리까지 반올림하였다.

표 7.7 표본크기 3인 모든 가능한 표본과 각각의 표본에 대한 $\hat{p}$의 비율

이름	통계학을 알고 있는 비율
김갑돌, 김을순, 홍길동	1/3 = 0.33
김갑돌, 김을순, 이사랑	2/3 = 0.67
김갑돌, 김을순, 박순돌	2/3 = 0.67
김갑돌, 홍길동, 이사랑	2/3 = 0.67
김갑돌, 홍길동, 박순돌	2/3 = 0.67
김갑돌, 이사랑, 박순돌	3/3 = 1.00
김을순, 홍길동, 이사랑	1/3 = 0.33
김을순, 홍길동, 박순돌	1/3 = 0.33
김을순, 이사랑, 박순돌	2/3 = 0.67
홍길동, 이사랑, 박순돌	2/3 = 0.67

표 7.7을 이용해서 계급값들의 도수를 모집단의 크기로 나눈 계급의 상대도수에 따라 표 7.8에 기록된 것과 같이 $\hat{p}$의 도수분포를 만들었다. 표 7.9에서 상대도수는 확률로서 나타냈다. 이 표가 $\hat{p}$의 표본분포이다.

표 7.8 표본크기 3인 도수와 상대도수분포

$\hat{p}$	도수	상대도수
0.33	3	3/10 = 0.30
0.67	6	6/10 = 0.60
1.00	1	1/10 = 0.10
	$\Sigma f = 10$	합계 = 1.00

표 7.9 표본크기 3인 $\hat{p}$의 표본분포

$\hat{p}$	$P(\hat{p})$
0.33	0.30
0.67	0.60
1.00	0.10
	$\Sigma P(\hat{p}) = 1.00$

7.7.2 $\hat{p}$에 대한 평균과 표준편차

$\bar{X}$의 표본분포의 평균은 모평균 μ와 같은 것처럼, $\hat{p}$의 표본분포의 평균인 **$\hat{p}$의 평균 (mean of $\hat{p}$)** 은 항상 모비율 p와 같다.

표본비율의 평균 : **표본비율 $\hat{p}$의 평균** (*mean of the sample proportion*) 은 $\mu_{\hat{p}}$로 나타내고, 모비율 p와 같다. 그러므로,

$$\mu_{\hat{p}} = p$$

표본비율 $\hat{p}$을 모비율 p의 **추정량 (estimator)** 이라고 부른다. 앞에서 다룬 것처럼, 표본통계량의 기댓값 (평균) 이 대응되는 모집단의 모수값과 일치할 때 표본통계량을 **불편추정량 (unbiased estimator)** 이라 부른다. 표본비율 $\mu_{\hat{p}} = p$이기 때문에 $\hat{p}$은 p의 불편추정량이다.

$\hat{p}$에 대한 표준편차 (standard deviation of $\hat{p}$) 는 $\sigma_{\hat{p}}$으로 표시하며, 아래의 공식으로 주어진

다. 표본크기가 모집단의 크기와 비교해서 작다면 이 공식은 성립한다. 7.3절에서 알고 있는 것 처럼 $n/N \leq 0.05$이면 표본크기는 모집단 크기와 비교해서 작다고 한다.

표본비율에 대한 표준편차 : **표본비율 $\hat{p}$에 대한 표준편차**는 $\sigma_{\hat{p}}$으로 나타내고 공식은 아래와 같다.

$$\sigma_{\hat{p}} = \sqrt{\frac{pq}{n}}.$$

여기서 p는 모비율이고, $q = 1 - p$, 그리고 n은 표본크기이다. 이 공식은 $n/N \leq 0.05$일 때 사용하며, 여기서 N은 모집단 크기이다.

그러나 n/N이 0.05보다 크다면 $\sigma_{\hat{p}}$는 아래와 같이 계산한다.

$$\sigma_{\hat{p}} = \sqrt{\frac{pq}{n}} \sqrt{\frac{N-n}{N-1}}.$$

여기서 계수

$$\sqrt{\frac{N-n}{N-1}}$$

을 유한모집단수정계수라고 부른다.

거의 대부분의 경우에 표본크기는 모집단과 비교해서 작으므로 $\sigma_{\hat{p}}$를 계산하기 위한 공식은 $\sqrt{pq/n}$이다.

앞에서 언급한 것처럼, 표본크기가 증가할 때 표본통계량의 표준편차가 감소한다면, 표본통계량을 **일치추정량(consistent estimator)**이라 한다. n이 증가할 때 $\sqrt{pq/n}$이 감소한다는 사실은 $\sigma_{\hat{p}}$에 대한 위 공식에서 자명하다. 그러므로 표본비율 $\hat{p}$는 모비율 p에 대한 일치추정량이다.

7.7.3 $\hat{p}$에 대한 표본분포의 모양

$\hat{p}$에 대한 표본분포의 모양은 중심극한정리로부터 추론된다.

표본비율에 대한 중심극한정리 : 중심극한정리에 따라서, **$\hat{p}$에 대한 표본분포**는 표본크기가 충분히 크다면 근사적으로 정규분포를 한다. 비율의 경우에 np와 nq가 5보다 크면 표본크기는 충분히 크다고 할 수 있다. 즉,

$$np > 5\text{와 } nq > 5.$$

$\hat{p}$에 대한 표본분포는 $np>5$와 $nq>5$이면 근사적으로 정규분포를 한다. 이것은 6장의 이항확률분포에 근사정규분포를 적용을 하기 위해서 요구한 조건과 동일하다.

예제 7-9는 $\hat{p}$에 대한 평균과 표준편차의 계산과 $\hat{p}$에 대한 표본분포의 모양을 설명한다.

■ 예제 7-9 $\hat{p}$의 평균, 표준편차 그리고 표본분포의 모양 발견

직업능력협회의 조사에 따르면, 한국인의 50%가 그들의 직업에 만족한다고 한다. 이 결과는 한국인의 현재 모집단에 관해서 진실이라고 가정한다. 한국인 1,000명의 임의표본에서 $\hat{p}$를 직업에 만족하는 비율이라고 하자. $\hat{p}$에 대한 평균과 표준편차의 계산과 $\hat{p}$에 대한 표본분포의 모양을 설명하시오.

풀 이 모든 한국인 중에서 직업에 만족하는 비율을 p라고 하자. 그러면,

$$p = 0.50 \text{ 그리고 } q = 1 - p = 1 - 0.50 = 0.50.$$

이다. $\hat{p}$의 표본분포에 대한 평균은

$$\mu_{\hat{p}} = p = 0.50$$

이고, $\hat{p}$에 대한 표준편차는

$$\sigma_{\hat{p}} = \sqrt{\frac{pq}{n}} = \sqrt{\frac{(0.50)(0.50)}{1000}} = 0.0158$$

이다. np와 nq의 값은

$$np = 1000(0.50) = 500\text{과 } np = 1000(0.50) = 500$$

이다. np와 nq가 5보다 크므로 $\hat{p}$의 표본분포 모양에 관해서 추론을 하기 위해 중심극한정리를 적용할 수 있다. 그러므로 $\hat{p}$의 표본분포는 그림 7.15와 같이 평균 0.50 표준편차 0.0158인 근사적으로 정규분포를 한다.

그림 7.15

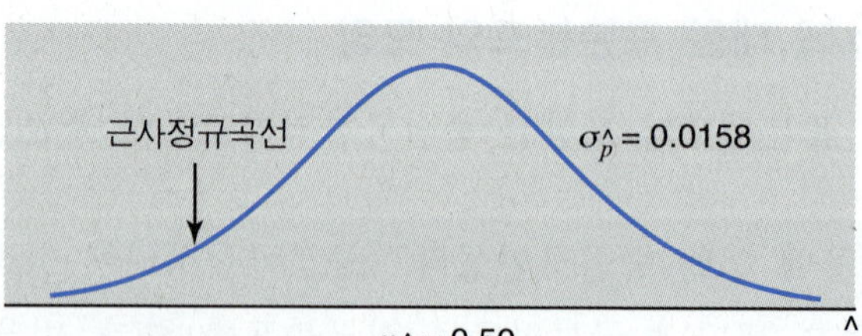

■

하원을 뽑는 투표 결과

선거운동 기간 마지막 주에 대부분의 여론조사기관들은 하원 의석을 위한 박빙의 선거를 예측했다. CBS-New York Times는 하원 선거에서 전국적으로 공화당 후보자가 7% 정도 앞선다고 예측했다. USA Today/CNN/Gallup은 또한 유의적으로 공화당 후보가 유리하다는 예측을 했다.

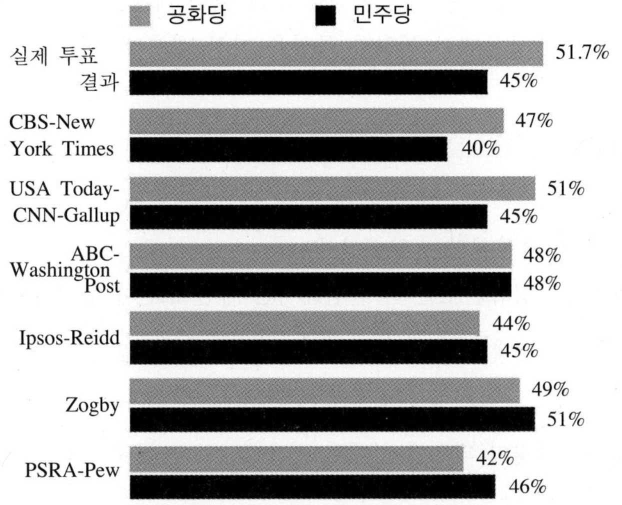

soucce : USA TODAY research　　By Quin Tian, TODAY

다시금 회상해 보면, 하원의원과 일부의 상원의원과 일부 주의 주지사를 뽑는 중간 선거가 2002년 11월에 열렸다. USA Today지가 보도한 위 도표는 하원선거에서 대표적인 두 정당의 후보자를 위해 투표한 실제결과와 선거를 하기 전의 주중에 만들어진 다양한 여론조사기관들에 의한 예측을 보여 주고 있다. 도표에서 위에 있는 막대그래프를 보면 모든 투표를 한 사람들 중 공화당 후보자에게 51.7%, 민주당 후보자에게는 45% 지지를 보였다. 분명하게 나머지 3.3%는 공화당 또는 민주당이 아닌 후보자에게 투표했다. 나머지 막대그래프들은 하원선거에서 공화당과 민주당 후보자를 투표에서 지지할 것이라고 다양한 여론조사기관들이 예측했다. 예를 들면, CBS-New York Times는 투표자들 중에 47%가 공화당 후보자, 민주당 후보자를 위해서는 40%가 투표할 것이다.

그럼 하원선거에서 공화당 후보자에게 투표한 투표자의 비율을 생각해 보자. 맨 위의 막대는 모비율 $p = 0.517$을 나타낸다. 각 여론조사기관마다 공화당 후보자를 지지하는 예측한 비율이 $\hat{p}$으로 주어진다. 예를 들면, CBS-New York Times에서는 공화당 후보자의 지지율인 47%는 $\hat{p} = 0.47$로 주어진다. p와 $\hat{p}$ 사이의 차이는 비표집오차가 없다고 하면 이 여론조사기관의 표집오차이다. 그러므로 이런 경우에 표집오차는 $0.47 - 0.517 = -0.047$이 된다. 우리들이 본 것처럼 많은 여론조사기관들로부터 얻은 $\hat{p}$은 모비율 $p = 0.517$에 가깝다.

그럼 하원선거에서 민주당 후보자들을 생각해 보자. 그들은 투표에서 45%의 지지율을 얻었다. 그러므로 지지율은 $p = 0.45$이다. 각 여론조사기관마다 민주당 후보자를 지지하는 예측한 비율은 $\hat{p}$로 주어진다. 이들 기관에서 구한 표본비율과 모비율 사이의 차이는 대응되는 여론조사기관의 표집오차로 주어진다.

연습문제

■ 개념과 절차

7.23 1,000개의 개체들로 구성된 모집단에서 어떤 특성을 갖고 있는 개체들이 640개이다. 이 모집단으로부터 뽑은 40개 개체의 표본에서 동일한 특성을 가진 개체가 24개가 있다. 모비율과 표본비율은 얼마인가?

7.24 $\hat{p}$을 표본에서 어떤 특성을 가진 원소들의 비율이라 하자.

a. $\hat{p}$의 평균은 무엇인가?

b. $n/N \le 0.05$를 가정하면 $\hat{p}$의 표준편차는 얼마인가?

c. $\hat{p}$의 표본분포가 근사적으로 정규분포를 하기 위해서는 어떤 조건이 성립해야 하는가?

7.25 $N = 12{,}000$와 $p = 0.71$인 모집단에 대해서 900개의 원소들에 대한 임의표본은 $\hat{p} = 0.66$이다. 표본오차를 구하시오.

7.26 표본비율은 모비율의 일치추정량이 되는가에 대한 이유 또는 되지 않는다면 되지 않는 이유를 설명하시오.

■ 응용

7.27 한 회사는 주어진 날에 6개의 TV를 제작하였다. TV가 좋은 제품 (G) 인지 불량품 (D) 인지를 조사하였다. 조사 결과는 아래와 같다.

G G D D G G

a. 이 회사의 TV는 좋은 제품의 비율이 얼마인가?

b. 이 모집단으로부터 크기 5인 표본을 비복원추출할 때 전체 표본은 몇 개인가?

c. 이 모집단으로부터 크기 5인 모든 가능한 표본을 열거하고, 각 표본의 좋은 제품의 표본비율 $\hat{p}$을 계산하시오. $\hat{p}$의 표본분포를 준비하시오.

d. c 부분에서 열거된 각 표본에 대하여 표집오차를 계산하시오.

7.8 $\hat{p}$에 대한 표본분포의 응용

7.5절에서와 같이 연구할 때 오직 하나의 표본을 택해서 이 표본의 결과에 기초해서 모든 결정과 추론을 한다. 하나의 표본에서 계산된 $\hat{p}$값이 주어진 구간 내에 있을 확률을 결정하기 위해서 $\hat{p}$에 대한 평균, 표준편차의 개념과 표본분포의 모양을 이용한다. 예제 7-10과 7-11에서 이러한 응용을 설명한다.

■ 예제 7-10 구간 내의 $\hat{p}$의 확률계산

연합 신문 조사에 따르면, 수입, 교육, 그리고 혼인 상태와 같은 환경들이 한국인들의 삶에 대해서 만족도에 영향을 미친다. 2014년 8월 16-18일 사이의 투표에서 한국 성인의 38%가 그들의 삶에 매우 만족한다고 답하였다. 이 결과는 현재 모집단인 한국 성인에 대해서 사실이라 가정하자. 1,000명의 임의표본에서 그들의 삶이 만족한다는 비율을 $\hat{p}$이라고 하자. $\hat{p}$의 값이 0.40과 0.42의 사이에 있을 확률을 계산하시오.

풀 이 주어진 정보로부터

$$n = 1000,\ p = 0.38\text{과 } q = 1 - p = 1 - 0.38 = 0.62$$

여기서 p는 그 당시에 그들의 삶에 매우 만족한다고 생각하는 모든 미국 성인의 비율이다. 표본비율 $\hat{p}$에 대한 평균은

$$\mu_{\hat{p}} = p = 0.38$$

이고, $\hat{p}$에 대한 표준편차는

$$\sigma_{\hat{p}} = \sqrt{\frac{pq}{n}} = \sqrt{\frac{(0.38)(0.62)}{1000}} = 0.01534927$$

이다. np와 nq의 값은

$$np = 1000(0.38) = 380\text{과 } np = 1000(0.62) = 620$$

이다. np와 nq가 5보다 크고 $\hat{p}$의 표본분포가 근사적으로 정규분포를 하므로 중심극한정리에서 추론할 수 있다. 그러므로 이 0.40과 0.42 사이에 있을 확률은 그림 7.16과 같이 $\hat{p}$ = 0.40와 $\hat{p}$ = 0.42 사이에서 $\hat{p}$에 대한 정규곡선하의 면적으로 주어진다.

그림 7.16

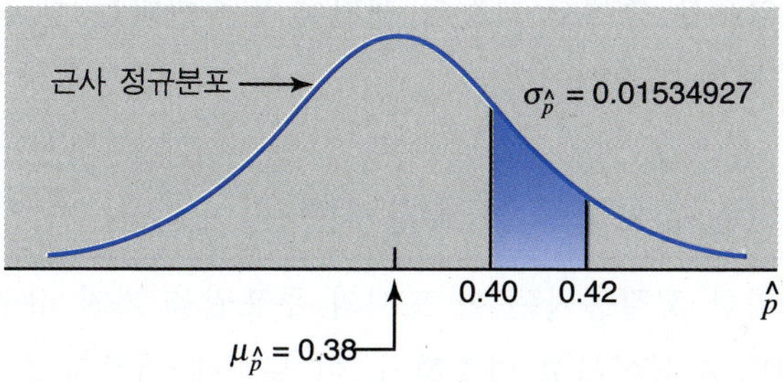

$\hat{p}$ = 0.40와 $\hat{p}$ = 0.42 사이에서 $\hat{p}$에 대한 정규곡선하의 면적을 계산하기 위한 첫 번째 단계는 이 두 값을 각각의 z값으로 변환하는 일이다. $\hat{p}$의 값에 대한 z값은 다음의 공식을 이용하여 계산한다.

$\hat{p}$의 값에 대한 z값 : **$\hat{p}$의 값에 대한 z값**은 아래와 같이 계산된다.

$$Z = \frac{\hat{p} - p}{\sigma_{\hat{p}}}$$

$\hat{p}$의 두 값을 각각 대응하는 값으로 변환하고, 정규분포표를 사용해서 구한 두 점 사이의 정규곡선하의 면적을 구하면 된다.

$$\hat{p} = 0.40\text{에 대해 } z = \frac{0.40 - 0.38}{0.01534927} = 1.30$$

$$\hat{p} = 0.42\text{에 대해 } z = \frac{0.42 - 0.38}{0.01534927} = 2.61$$

$\hat{p}$이 0.40과 0.42 사이에 있을 확률은 그림 7.17과 같이 $z = 1.30$과 $z = 2.61$ 사이의 정규곡선하의 면적으로 주어진다.

요구되는 확률은

$$P(0.40 < \hat{p} < 0.42) = P(1.30 < Z < 2.61) = P(Z < 2.61) - P(Z \le 1.30)$$
$$= 0.9955 - 0.9032 = 0.0923$$

그림 7.17 $P(0.40 < \hat{p} < 0.42)$

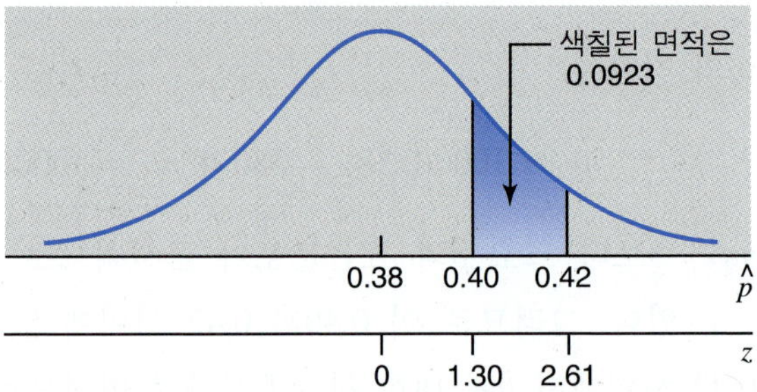

그러므로 1,000명의 임의표본 중에서 그들의 생활에 만족한다는 한국 성인의 비율이 0.40에서 0.42 사이에 있을 확률은 0.0923이다.

■ 예제 7-11 $\hat{p}$이 어떤 값보다 작을 확률계산

대도시 시장 선거에 출마한 홍길동씨는 이 도시의 투표권을 가진 유권자들의 53%가 지지한다고 주장한다. 이 주장이 사실이라고 가정하자. 이 도시에 거주하고 있는 400명의 임의표본에서 홍길동씨를 49% 미만이 지지할 확률은 얼마인가?

풀 이 p는 홍길동씨를 지지하는 모든 유권자들의 비율이라고 하자. 그러면,

$$p = 0.53 \text{ 그리고 } q = 1 - p = 1 - 0.53 = 0.47$$

표본비율 $\hat{p}$에 대한 표본분포의 평균은

$$\mu_{\hat{p}} = p = 0.53$$

모든 유권자들의 모집단은 대도시이므로 크고 표본크기는 모집단에 비해서 작다. 결과적으로, 우리들은 $n/N \le 0.05$라고 가정한다. 그러므로 $\hat{p}$에 대한 표준편차는 아래와 같이 계산한다.

$$\sigma_{\hat{p}} = \sqrt{\frac{pq}{n}} = \sqrt{\frac{(0.53)(0.47)}{400}} = 0.02495496$$

중심극한정리로부터 $\hat{p}$의 표본분포의 모양은 근사적으로 정규분포를 한다. 그러므로 $\hat{p}$이 0.49보다 작을 확률은 그림 7.18과 같이 $\hat{p} = 0.49$보다 왼쪽에서 $\hat{p}$에 대한 정규곡선하의 면적으로 주어진다.

$$z = \frac{\hat{p} - p}{\sigma_{\hat{p}}} = \frac{0.49 - 0.53}{0.02495496} = -1.60$$

그림 7.18 $P(\hat{p} < 0.49)$

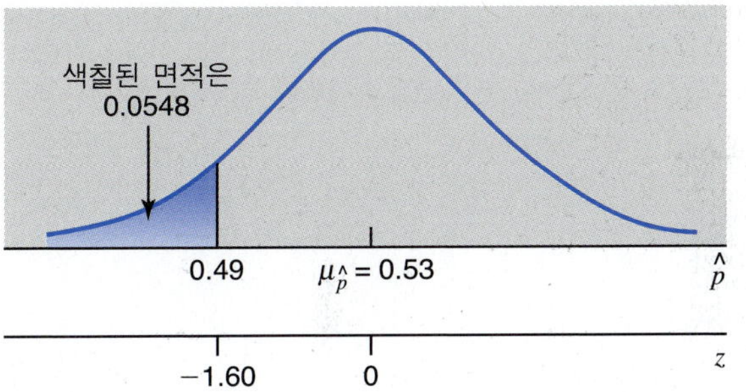

그래서 표 IV로부터 요구되는 확률은

$$P(\hat{p} < 0.49) = P(Z < -1.60) = 0.0548$$

이다. 그러므로 400명의 임의표본 중에서 유권자의 49% 미만이 홍길동씨를 지지할 확률은 0.0548이다. ■

연습문제

■ 개념과 절차

7.28 $N = 30{,}000$, $p = 0.59$의 모집단에 대하여 $n = 100$에 대하여 각각의 아래 값에 대하여 z값을 구하시오.

a. $\hat{p} = 0.56$ **b.** $\hat{p} = 0.68$ **c.** $\hat{p} = 0.53$ **d.** $\hat{p} = 0.65$

■ 응용

7.29 모든 중규모 회사와 대규모 회사의 조사에서 약 64%가 고용자들의 은퇴 계획을 제공하고 있음을 보여 주고 있다. 고용자들의 은퇴 계획을 제공하는 임의표본인 50개 회사들 중에 비율을 $\hat{p}$라고 하자. $\hat{p}$의 값이 아래와 같을 때 확률을 구하시오.

a. 0.54와 0.61 사이일 때 **b.** 0.71보다 클 때

Chapter

8

추정 : 단일모집단

여러분은 대졸 이상 근로자의 소득이 고졸 이하 근로자의 소득과 비교하여 평균 얼마나 더 많은지를 아는가? 고졸 미만의 근로자는 평균 연 18,734달러, 고졸은 평균 연 27,915달러이다. 이와 비교하여 대졸은 평균 연 51,206달러, 그 이상은 평균 연 74,602달러를 번다(사례 8-1 참조). 혹은 여러분의 구매습관은? 목록 작성자, 자발적 구매자, 할인판매 구매자, 윈도쇼핑자 혹은 그 이외인가? 이 주제에 대한 조사결과로 사례 8-3을 참조하시오

추측통계학(inferential statistics)이라고 하는 통계학 영역에 들어간다. 1장에서 추측통계학은 표본정보를 가지고 모집단의 몇 가지 특성에 관한 결정을 하는 영역으로 정의하였다. 다시 말하면, 추측통계학은 표본결과를 사용하여 모집단에 대한 의사결정을 하고 결론을 이끌어낸다. 추정이 추측통계학에서 다룰 첫 번째 주제이다. 추정과 가설검정(9장에서 논의됨)을 일반적으로 추론이라고 한다. 이 장은 하나의 모집단에 대하여 모평균과 모비율을 추정하는 방법을 설명한다.

8.1 추정 : 서론

추정(estimation)은 표본으로부터 수집된 정보를 가지고 수치적인 값을 모수에 할당하는 절차이다.

> **정 의**
>
> **추정** : 대응하는 표본통계량의 값을 가지고 모수에 대한 값의 할당을 **추정**(*estimation*)이라고 한다.

추측통계학에서 μ를 **참의 모평균**(*true population mean*), p를 **참의 모비율**(*true population proportion*)이라고 한다. 중앙값, 최빈값, 분산과 표준편차 같은 여러 모수들이 있다.

다음은 추정의 몇 가지 예이다: 자동차 회사는 특정한 모델의 자동차에 대한 평균 연비를 추정하기를 원한다; 경영자는 신입사원들이 일을 배우는 데 걸리는 평균시간을 추정하기를 원한다; 미국 인구조사국에서는 가구별 월평균 가계지출액을 구하기를 원한다; 한 여성연합회는 알콜중독 남편의 비율(백분율)을 구하기를 원한다.

평균연비 추정, 신입사원이 일을 배우는 데 걸리는 평균시간추정, 가구별 월평균 가계지출액을 추정하는 예제는 **참의 모평균**(*true population mean*) μ를 추정하는 예이다. 알콜중독인 남편의 비율(혹은 백분율)을 추정하는 예제는 **참의 모비율**(*true population proportion*) p를 추정하는 예이다.

만약 모수의 값을 구하기 위하여 매번 센서스(전체모집단을 포함하는 조사)를 실시한다면 8장 이후의 장은 필요가 없다. 예를 들어, 미국 인구조사국이 가구별 월 평균가계지출액을 구하려고 모든 가구를 조사한다면 조사결과는 μ의 값이 되므로 이 장에서 배울 절차는 필요가 없을 것이다. 그러나 모수의 실제 값을 구하기 위하여 정보를 수집하려고 모집단의 모든 개체를 조사하는 것은 비용이 많이 들고, 시간이 걸리거나 실질적으로 불가능하다. 그러므로 일반적으로 모집단으로부터 표본을 뽑아 적당한 표본통계량의 값을 계산한다. 그리고 표본통계량의 값을 가지고 대응하는 모수에 값을 할당한다. 이 장(그리고 다음 장)에서는 표본통계량의 값을 가지고 어떻게 모수에 값들을 할당하는가를 설명한다.

예를 들어, 신입사원들이 업무를 배우는 데 걸리는 평균시간을 추정하려면 신입사원의 표본을 뽑아 업무를 배우는 데 걸리는 시간을 기록한다. 이 정보를 사용하여 표본평균 $\bar{x}$를 계산할 것이다. 그리고 $\bar{x}$를 가지고 μ에 어떤 값을 할당할 것이다. 유사하게 남편의 표본을 뽑아 알콜중독인 남편의 표본비율 $\hat{p}$의 값을 구할 것이다. 이 표본비율 $\hat{p}$의 값을 사용하여 협회는 모비율 p에 값을 할당할 것이다.

표본통계량의 값을 가지고 모수에 할당한 값을 모수의 **추정값(estimate)**이라고 한다. 예를 들어, 경영자가 40명의 신입사원의 표본을 뽑아 업무를 익히는 데 걸리는 평균시간 $\bar{x}$를 구하였더니 5.5시간이라고 가정하자. 만약 이 값을 모평균으로 할당한다면 5.5시간을 μ의 추정값이라고 한다. 어떤 모수를 추정하는 데 사용된 표본통계량을 **추정량(estimator)** 이라고 한다. 표본평균 $\bar{X}$는 모평균 μ의 추정량이고, 표본비율 $\hat{p}$은 모비율 p의 추정량이다.

정 의

추정값과 추정량 : 표본통계량의 값을 가지고 모수에 할당된 값을 **추정값**이라고 한다. 모수를 추정하기 위하여 사용된 표본통계량을 **추정량**이라고 한다.

추정절차는 다음 단계를 포함한다.

1. 표본을 뽑는다.
2. 표본으로부터 필요한 정보를 수집한다.
3. 표본통계량의 값을 계산한다.
4. 대응하는 모수에 값을 할당한다.

이 장에서 배울 절차는 추출된 표본이 단순임의표본이라 가정한다. 표본이 단순임의표본이 아니라면 모평균이나 모비율의 추정에 사용되는 절차는 더 복잡해진다. 이 절차는 책의 범위를 벗어난다.

8.2 점추정값과 구간추정값

추정값은 점추정값이거나 구간추정값이다. 이 두 가지 형태의 추정값을 이 절에서 설명한다.

8.2.1 점추정값

표본을 추출하여 표본통계량의 값을 계산한다면 이 값은 대응하는 모수의 **점추정값(point estimate)** 이 된다.

정 의

점추정값 : 모수를 추정하기 위하여 사용된 표본통계량의 값을 **점추정값**이라 한다.

따라서 표본평균 $\bar{X}$에 대해 계산된 값은 대응하는 모평균 μ의 점추정값이다. 앞서 다룬 예제에 대하여 인구조사국이 10,000가구의 표본을 뽑아 월평균 가계지출액 $\bar{x}$를 구하였더니 1,370달러였다고 가정하자. 그러면 μ의 점추정값으로 $\bar{x}$를 사용하여 인구조사국은 모든 가

구에 대한 월평균 가계지출액 μ가 약 1,370달러라 할 수 있다. 이와 같이

$$\text{모수의 점추정값} = \text{대응하는 표본통계량의 값}$$

이다. 모집단으로부터 선택된 각 표본에 따라 표본통계량의 값은 다를 것이다. 그러므로 점추정값으로 모평균 μ에 할당된 값은 추출된 표본에 의존한다. 결과적으로, μ에 대한 값으로 할당된 점추정값은 일반적으로 모평균의 참값과 차이가 있다.

8.2.2 구간추정값

모수에 하나의 값을 할당하는 대신에 **구간추정(interval estimation)**의 경우에는 점추정값을 중심으로 하나의 구간을 만들고, 이 구간이 대응하는 모수를 포함하는 확률적인 설명을 한다.

정 의

구간추정 : **구간추정**(*interval estimation*)에서 구간은 점추정값을 중심으로 만들어지고, 이 구간은 대응하는 모수를 포함할 것이라고 말한다.

평균 가계지출액에 관한 예제에서 전 가구에 대한 월평균 가계지출액이 1,370달러라고 하는 대신에 1,370달러에서 같은 값을 빼고 더하여 하나의 구간을 구할 수 있다. 그러면, 이 구간은 모평균 μ를 포함한다고 한다. 예를 들어, 1,370달러에서 240달러를 빼고 더한다고 가정한다. 결과적으로 구간 $(1370 - 240,\ 1370 + 240)$, 혹은 (1130, 1,610)을 얻는다. 그러면 구간 (1,130, 1,610)은 모평균 μ를 포함하고, 미국의 모든 가구에 대한 월평균 가계지출액은 1,130달러에서 1,610달러 사이에 있다고 한다. 이 절차를 **구간추정**(*interval estimation*)이라고 한다. 값 1,130달러를 구간의 **하한**(*lower limit*)이라 하고, 1,610달러를 구간의 **상한**(*upper limit*)이라 한다. 점추정값에 더하고 빼는 숫자를 **오차의 한계(margin of error)**라고 한다. 그림 8.1은 구간추정의 개념을 설명한다.

그림 8.1 **구간추정**

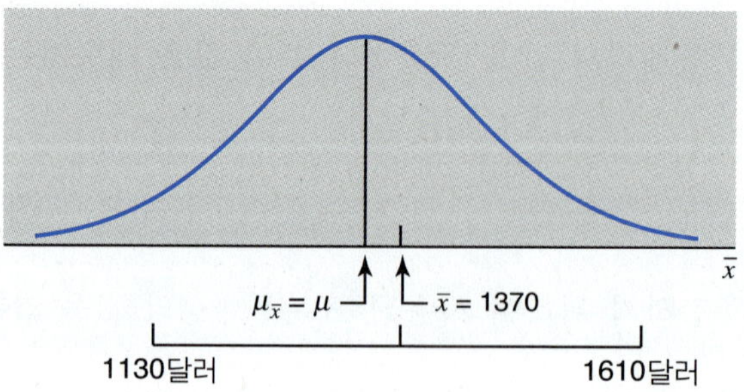

구간추정값을 얻기 위하여 점추정값에서 어떤 수를 빼고 더하여야 하는가? 이 질문에 대한 대답은 두 가지 사항에 의존한다 :

1. 표본평균 $\bar{X}$의 표준편차 $\sigma_{\bar{x}}$
2. 구간에 부여되는 신뢰수준

첫째, $\bar{X}$의 표준편차가 클수록, 점추정값에서 빼고 더해주는 수가 더 커진다. 그러므로 만약 $\bar{X}$가 가질 수 있는 값의 범위가 더 크다면, $\bar{X}$를 중심으로 만들어진 구간은 μ를 포함하기 위하여 더 넓어야 하는 것이 분명하다.

둘째, 더 높은 신뢰도를 가지려면 빼주고 더한 양은 더 커야만 한다. 언제나 구간추정에 대한 확률적인 설명을 부여한다. 확률적 설명은 **신뢰수준(confidence level)**에 의해 주어진다. 이 신뢰수준을 가지고 만들어진 구간을 **신뢰구간(confidence interval)**이라고 한다.

정 의

신뢰수준과 신뢰구간 : 각 구간은 주어진 **신뢰수준**에서 만들어지고 **신뢰구간**이라고 한다. 신뢰구간은 다음과 같이 주어진다:

$$\text{점추정값} \pm \text{오차의 한계}$$

신뢰구간과 연관된 신뢰수준은 이 구간이 참의 모수를 포함한다고 얼마만큼 신뢰하는지를 말한다. 신뢰수준은 $(1-\alpha)100\%$로 정의한다.

신뢰수준은 $\mathbf{(1-\alpha)100\%}$로 표기하는데 α는 그리스문자 알파이다. 확률로 표현할 때는 **신뢰계수**(*confidence coefficient*)라고 하고 $1-\alpha$로 표기한다. α는 **유의수준**(*significance level*)이라고 하고 9장에서 자세하게 설명할 것이다.

신뢰수준의 일반적인 값들은 90%, 95%, 99% 들이다. 해당하는 신뢰계수는 0.90, 0.95와 0.99이다.

다음 절에서는 대표본에 대한 모평균의 신뢰구간을 어떻게 만드는가를 설명한다.

8.3 모평균의 추정 : σ를 알 때

이 절은 모표준편차 σ를 알고 있을 때 모평균 μ에 대한 신뢰구간을 어떻게 만드는가를 설명한다. 아래와 같이 세 가지 가능한 경우가 있다.

경 우 I : 만약 다음과 같은 세 가지 조건들이 만족된다면

1. 모표준편차 σ를 알고 있고,
2. 표본크기가 작고(즉, $n < 30$이다),

3. 표본이 뽑힌 모집단이 정규분포를 한다

7장의 7.4.1절에서 $n/N \le 0.05$를 가정하여, $\bar{X}$의 표본분포가 평균 μ와 표준편차 $\sigma_{\bar{x}} = \sigma/\sqrt{n}$인 정규분포를 따르기 때문에 μ에 대한 신뢰구간을 만드는 데 정규분포를 사용한다.

경 우 II : 만약 다음과 같은 두 가지 조건을 만족한다면

1. 모표준편차 σ를 알고 있고,
2. 표본크기가 크다(즉, $n \ge 30$이다)

7장의 7.4.2절의 중심극한정리에 따라 $n/N \le 0.05$를 가정하여 $\bar{X}$의 표본분포가 평균 μ와 표준편차 $\sigma_{\bar{x}} = \sigma/\sqrt{n}$인 근사적인 정규분포를 따르기 때문에 μ에 대한 신뢰구간을 만드는 데 정규분포를 사용한다.

경 우 III : 만약 다음과 같은 세 가지 조건을 만족한다면

1. 모표준편차 σ를 알고 있고,
2. 표본크기가 작고(즉, $n < 30$이다),
3. 표본이 뽑힌 모집단이 정규분포를 하지 않는다(혹은 분포를 모른다)

μ에 대한 신뢰구간을 만들기 위하여 비모수적 방법을 사용한다. 이 책에서는 다루지 않는다.

이 절은 처음 두 경우를 다룰 것이다. μ에 대한 신뢰구간을 만드는 절차는 두 경우 모두 같다. 경우 I에서 모집단은 정확하게 정규분포를 따라야 하는 것은 아니라는 점에 주목한다. 이상점 없이 정규분포에 가깝다면 정규분포절차를 사용할 수 있다. 경우 II에서 30을 대표본으로 고려하지만 모집단 분포가 정규분포와 많이 다르다면, $\bar{X}$의 표본분포가 정규라고 하고 정규분포를 사용하기에는 30은 충분히 큰 표본크기가 되지 못한다.

다음의 도표는 위의 3가지 경우를 요약한 것이다.

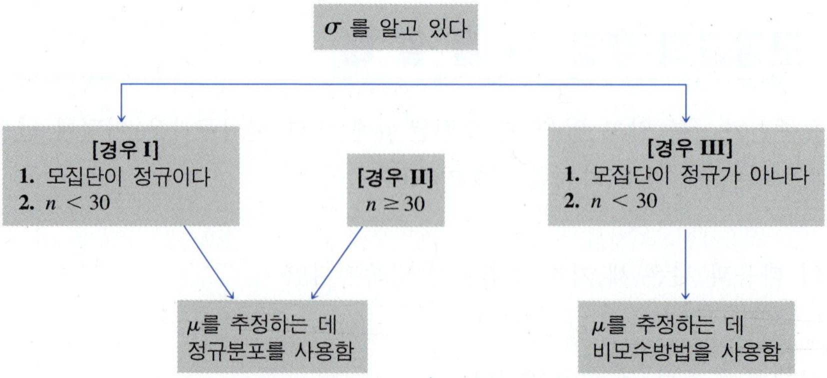

μ에 대한 신뢰구간 : 위의 경우 I과 경우 II 하에서 μ에 대한 $(1-\alpha)100\%$ 신뢰구간은

$$\bar{X} \pm z\sigma_{\bar{x}}, \; \sigma_{\bar{x}} = \sigma/\sqrt{n}$$

이다. z의 값은 주어진 신뢰수준에 대해 부록 B의 (표 IV)의 표준정규분포표에서 얻는다.

신뢰구간 공식에서 $z\sigma_{\bar{x}}$를 **오차의 한계(margin of error)** 라고 하고, E로 표기한다.

정 의

오차의 한계 : E로 정의된 μ에 대한 오차의 한계는 μ에 대한 신뢰구간을 얻기 위하여 $\bar{X}$에서 빼고, 더한 양이다. 즉,

$$E = z\sigma_{\bar{x}}$$

이다.

신뢰구간 공식에서 z값은 표준정규분포표(부록 B의 표 IV)로부터 구한다. μ에 대한 95% 신뢰구간을 구한다고 가정한다. 95% 신뢰수준은 μ를 중심으로 같은 거리에 있는 두 점 사이의 $\bar{X}$에 대한 정규곡선아래의 전체면적이 그림 8.2와 같이 95% 혹은 0.95라는 것을 의미한다. 그림 8.2에서 이 두 점을 z_1과 z_2로 표기한다. 95% 신뢰수준에 대한 z을 구하기 위하여 먼저 두 점 z_1과 z_2의 왼쪽 면적을 구한다. 그런 다음 정규분포표로부터로 두 면적에 대한 값을 찾는다. z의 두 값은 같지만 부호가 다르다. z의 값을 구하기 위하여 다음 두 단계를 수행한다.

그림 8.2 95% 신뢰수준에 대한 z값 구하기

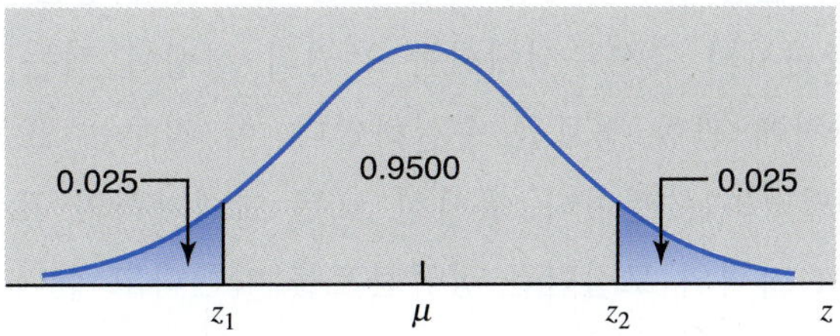

1. 첫 번째 단계는 z_1과 z_2의 왼쪽 면적을 구하는 것이다. z_1과 z_2 사이의 면적을 $1-\alpha$로 표기한다. 따라서 곡선 아래의 전체면적이 1.0이기 때문에 두 꼬리의 면적은 α이다. 그러므로 그림 8.3에서와 같이 각 꼬리면적은 $\frac{\alpha}{2}$이다. 예제에서 $1-\alpha = 0.95$이다. 따라서 양쪽 꼬리전체면적은 $\alpha = 1 - 0.95 = 0.05$이다. 결과적으로, 각 꼬리면적은 $\frac{\alpha}{2} = \frac{0.05}{2} = 0.025$

이다. 따라서 z_1 왼쪽의 면적은 0.025, z_2의 왼쪽의 면적은 $0.025 + 0.95 = 0.975$가 된다.

2. 부록 B의 표 IV로부터 z_1과 z_2의 왼쪽 면적이 각각 0.025와 0.975인 z값을 찾는다. z값은 각각 -1.96과 1.96이다.

따라서 95%의 신뢰수준에 대하여 신뢰구간공식에서 $z = 1.96$을 사용할 것이다.

그림 8.3 **꼬리 면적**

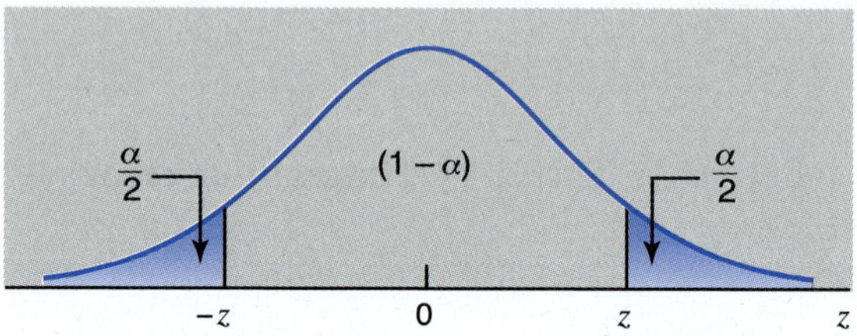

표 8.1은 가장 많이 사용되는 몇 가지 신뢰수준에 대하여 z값을 열거한 것이다.

표 8.1 **신뢰수준에 대한 z의 값**

신뢰수준	(표 IV)의 면적	z 값
90%	0.0500 과 0.9500	1.64 혹은 1.65
95%	0.0250 과 0.9750	1.96
96%	0.0200 과 0.9800	2.05
97%	0.0150 과 0.9850	2.17
98%	0.0100 과 0.9900	2.33
99%	0.0050 과 0.9950	2.57 혹은 2.58

■ 예제 8-1 μ에 대한 점추정값과 신뢰구간 구하기 : σ를 알고 $n < 30$, 정규모집단

한 출판사가 신간 대학교재를 출판하였다. 출판사가 이 교재의 판매가를 결정하기 전에 유사한 모든 교재들의 평균가격을 알려고 한다. 출판사의 조사부서에서는 25권의 경쟁이 되는 교재 표본을 뽑아 가격에 관한 정보를 수집하였다. 이 정보는 표본의 평균가격이 90.50달러라는 것이다. 유사한 모든 교재가격의 표준편차는 7.50달러이고 가격의 모집단은 정규분포를 따른다고 한다.

(a) 유사한 모든 대학교재의 평균가격의 점추정값은 얼마인가?

(b) 유사한 모든 대학교재의 평균가격에 대한 90% 신뢰구간을 구하시오.

풀 이 σ를 알고 있고, $n < 30$이지만 모집단이 정규분포를 한다. 따라서 정규분포를 사용할 수 있다. 주어진 정보로부터

$$n = 25,\ \bar{x} = 90.50\,(\text{달러})\,,\ \sigma = 7.50\,(\text{달러})$$

$\bar{x}$의 표준편차는

$$\sigma_{\bar{x}} = \frac{\sigma}{\sqrt{n}} = \frac{7.50}{\sqrt{25}} = 1.50 \text{ (달러)}$$

이다.

(a) 유사한 모든 대학교재 평균가격의 점추정값은 90.50달러이다. 즉,

$$\mu\text{의 점추정값} = \bar{x} = 90.50 \text{ (달러)}$$

(b) 신뢰수준은 90% 혹은 0.90이다. 먼저 90% 신뢰수준에 대한 z값을 찾는다.

정규분포곡선의 각 꼬리면적은 $\frac{\alpha}{2} = \frac{(1-0.90)}{2} = 0.05$이다. 표 IV에서 면적 0.05과 0.95를 찾고 대응하는 z의 값을 찾는다. 이들 값은 $z = -1.65$와 $z = 1.65$이다.

다음으로 μ에 대한 신뢰구간 공식에 모든 값을 대입한다. μ에 대한 90% 신뢰구간은

$$\bar{x} \pm z\sigma_{\bar{x}} = 90.50 \pm 1.65(1.50) = 90.50 \pm 2.48$$
$$\Rightarrow (90.50 - 2.48) \sim (90.50 + 2.48) = 88.02 \sim 92.98$$

이다. 그러므로 유사한 모든 대학교재의 평균가격이 88.02달러부터 92.98달러 사이라고 90% 확신한다. 구간 (88.02, 92.98) 에 참의 모평균을 포함하는지 안하는지를 확실하게 이야기할 수 없다. μ는 상수이므로 μ를 포함하는 확률이 0.90이라고 말할 수 없다. 왜냐하면 이 구간은 μ를 포함하거나 혹은 포함하지 않거나 하기 때문이다. 결과적으로 구간이 μ를 포함할 확률은 1.0이거나 혹은 0이다. 말할 수 있는 것은 유사한 모든 대학교재의 평균가격이 88.02달러부터 92.98달러 사이에 있다고 90% 확신한다는 것이다.

위의 추정값에서 2.48달러를 오차의 한계라고 한다. ■

90% 신뢰수준을 어떻게 해석하는가? 예제 8-1에서, 만약 대학교재 25권의 모든 가능한 표본을 뽑아 각각의 표본평균을 중심으로 μ에 대한 90% 신뢰구간을 만든다면, 이 구간 중 90%는 μ를 포함할 것이고, 10%는 포함하지 않을 것이라고 기대할 수 있다. 그림 8.4에서 $\bar{x}_1$, $\bar{x}_2$, $\bar{x}_3$는 같은 모집단에서 추출한 같은 크기의 세 가지 다른 표본의 평균이다. 또한 이 그림에서 세 개의 표본평균을 중심으로 만들어진 90% 신뢰구간을 볼 수 있다. $\bar{x}_1$과 $\bar{x}_2$를 중심으로 만들어진 90% 신뢰구간은 μ를 포함하지만, $\bar{x}_3$를 중심으로 만들어진 신뢰구간은 그렇지 않다. 90% 신뢰구간에 대하여 만약 모집단으로부터 같은 크기의 많은 표본을 뽑는다면 신뢰구간의 90%는 그림 8.4에서 $\bar{x}_1$과 $\bar{x}_2$ 중심으로 하는 것과 비슷하게 μ를 포함할 것이고, 10%는 $\bar{x}_3$를 중심으로 하는 것과 비슷하게 μ를 포함하지 않을 것이다.

그림 8.4 **신뢰구간**

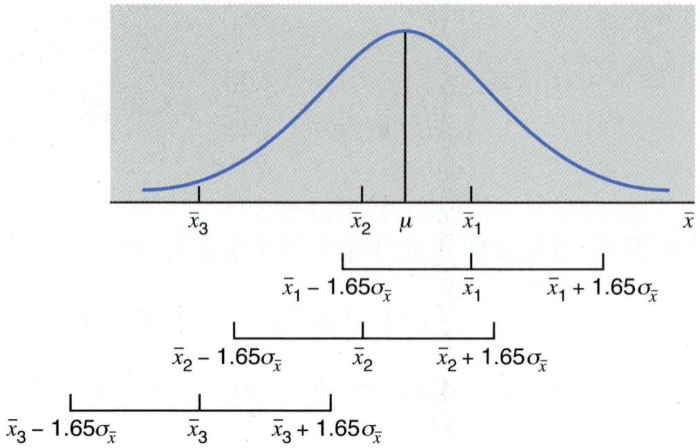

예제 8-2는 σ를 알고, 표본크기가 클 때 ($n \geq 30$), μ에 대한 신뢰구간을 구하는 방법을 설명한다.

■ 예제 8-2 μ에 대한 신뢰구간 구하기 : σ를 알고 $n \geq 30$

한 조사에 따르면, 조사년도에 가구당 신용카드 평균부채액이 7,868달러였다. 이 평균은 900가구의 임의표본에 근거한 것이었고, 그해 모든 가구에 대한 신용카드 부채액의 표준편차는 2,070달러였다고 가정한다. 모든 가구에 대한 신용카드 평균부채액에 대한 99% 신뢰구간을 구하시오.

풀 이 주어진 정보로부터,

$$n = 900,\ \bar{x} = 7{,}868\text{달러},\ \sigma = 2{,}070\text{달러}$$
$$\text{신뢰수준} = 99\%\ \text{혹은}\ 0.99.$$

여기서 모표준편차 σ를 알고 있다. 모집단분포의 모양을 모르지만 표본크기는 크다($n \geq 30$). 따라서 μ에 대한 신뢰구간을 만들기 위하여 정규분포를 사용할 수 있다. 이 신뢰구간을 만들기 위하여 먼저 $\bar{X}$의 표준편차를 구한다. $\sigma_{\bar{x}}$의 값은

$$\sigma_{\bar{x}} = \frac{\sigma}{\sqrt{n}} = \frac{2{,}070}{\sqrt{900}} = 69\text{달러}$$

이다. 신뢰수준 99%에 대한 z를 구하기 위하여 먼저 두 꼬리 각각의 면적을 구하면 $(1 - 0.99)/2 = 0.005$이다. 정규분포표에서 0.005과 $0.005 + 0.99 = 0.995$ 면적을 찾아 두 개의 z값을 찾는다. 이 두 z값은 (근사적으로) -2.58과 2.58이다. 이렇게 신뢰구간 공식에서 $z = 2.58$을 사용한다. 공식에 모든 값을 대입하면 μ에 대한 99% 신뢰구간은

$$\bar{x} \pm z\sigma_{\bar{x}} = 7{,}868 \pm 2.58(69) = 7{,}686 \pm 178.02$$
$$\Rightarrow (7{,}686.98,\ 8{,}046.02)$$

이다.

따라서 모든 가구에 대한 신용카드 평균부채액이 7,689.98달러부터 8,046.02달러 사이에 있다고 99% 확신을 갖고 말할 수 있다. 위의 계산에서 178.02달러를 오차의 한계라고 한다. ■

신뢰구간의 너비(width of a confidence level)는 오차의 한계 $z\sigma_{\bar{x}}$의 크기에 의존하는데, $\sigma_{\bar{x}} = \sigma/\sqrt{n}$이므로 z, σ, n에 의존한다. 그런데 σ의 값은 조사자의 통제하에 있지 않다. 따라서 신뢰구간의 너비는

1. 신뢰수준에 의존하는 z의 값
2. 표본크기 n

에 의존한다.

신뢰수준은 z의 값을 결정하므로 오차의 한계의 크기를 결정한다. z의 값은 신뢰수준이 증가함에 따라 증가하고, 신뢰수준이 감소함에 따라 감소한다. 예를 들어, z값은 90% 신뢰수준에 대해서는 근사적으로 1.65, 95% 신뢰수준은 1.96, 99% 신뢰수준에 대해서는 근사적으로 2.58이다. 따라서 다른 것들이 일정하다면 신뢰수준이 높아지면 신뢰구간의 너비는 더 넓어진다.

같은 σ값에 대하여 표본크기의 증가는 $\sigma_{\bar{x}}$의 값을 감소시켜 신뢰수준이 그대로라면 오차의 한계의 크기를 감소시킨다. 그러므로 표본크기의 증가는 신뢰구간의 너비를 감소시킨다.

이와 같이 신뢰구간의 너비를 감소시키길 원한다면 다음의 두 가지 선택이 있다:

1. 더 낮은 신뢰수준
2. 표본크기의 증가

그러나 신뢰수준을 낮추는 것은 좋은 선택은 아니다. 왜냐하면 낮은 신뢰수준은 신뢰도가 낮은 결과를 초래한다. 그러므로 일반적으로 신뢰구간의 너비를 감소시키려고 한다면 표본크기를 증가시키는 것을 선호한다.

❶ 신뢰수준과 신뢰구간의 너비

예제 8-2를 다시 고려한다. 예제에서 주어진 모든 정보가 같다고 가정한다. 먼저 신뢰수준을 95%로 감소시킨다. 정규분포표로부터 95% 신뢰수준에 대하여 $z = 1.96$이다. 예제 8-2의 신뢰구간에서 $z = 1.96$을 사용하면,

$$\bar{x} \pm z\sigma_{\bar{x}} = 7{,}868 \pm 1.96(69) = 7{,}868 \pm 135.24$$
$$\Rightarrow (7{,}732.76,\ 8{,}003.24)$$

를 얻는다.

예제 8-2에서 얻은 구간과 비교하면 95% 신뢰수준에 대한 신뢰구간의 너비가 99% 신뢰수준에 대한 신뢰구간보다 작다는 것을 알 수 있다.

❷ 표본크기와 신뢰구간의 너비

예제 8-2를 다시 고려한다. 예제에서 주어진 정보가 표본크기 2,500에 의한 것이라 가정한다. 예제에서 신뢰수준을 포함한 주어진 다른 모든 정보는 같다고 가정한다. 먼저 $n = 2{,}500$을 사용하여 표본평균의 표준편차를 계산한다:

$$\sigma_{\bar{x}} = \frac{\sigma}{\sqrt{n}} = \frac{2{,}070}{\sqrt{2500}} = 41.40\text{달러}$$

그러면 μ에 대한 99% 신뢰구간은

$$\bar{x} \pm z\sigma_{\bar{x}} = 7{,}868 \pm 2.58(41.40) = 7{,}868 \pm 106.81$$
$$\Rightarrow (7{,}761.19,\ 7{,}974.81)$$

이 된다.

이 신뢰구간을 예제 8-2에서 얻은 것과 비교하면, $n = 2500$에 대한 99% 신뢰구간의 너비가 $n = 900$에 대한 99% 신뢰구간보다 더 작다는 것을 알 수 있다.

8.3.1 평균의 추정에 대한 표본크기의 결정

일반적으로 센서스가 아닌 표본조사를 하는 한 가지 이유는 한정된 자원을 갖고 있기 때문이다. 이런 관점에서 만약 더 작은 표본이 목적을 달성한다면 더 많은 표본을 뽑는 것은 자원을 낭비하는 것이다. 예를 들어, 어떤 자동차 배터리의 평균수명을 추정한다고 하자. 만약 40개 배터리의 표본이 구하고자 하는 신뢰구간을 준다면 더 큰 크기의 표본 즉, 500개 배터리를 뽑는다면 돈과 시간을 낭비하는 것이다. 그와 같은 경우에 신뢰수준과 원하는 신뢰구간의 너비를 안다면 요구된 결과를 가져오는 표본의 (근사적인) 크기를 구할 수 있다.

앞에서 $E = z\sigma_{\bar{x}}$를 μ에 대한 추정값의 오차의 한계라고 하였다. 알고 있듯이 표본평균의 표준편차는 $\sigma/\sqrt{n}$이다. 그러므로 μ에 대한 추정값의 오차의 한계를

$$E = z \cdot \frac{\sigma}{\sqrt{n}}$$

로 쓸 수 있다.

오차의 한계의 크기 E를 미리 결정하고 이 오차의 한계를 만드는 표본크기를 구하길 원한다고 한다. 위의 식으로부터 요구된 표본크기 n을 결정하는 다음 공식을 얻는다.

최근의 인구조사국 자료에 근거한 위 그림은 서로 다른 교육수준을 갖는 18세 이상의 근로자들의 평균 연봉을 나타낸다. 예를 들어, 고졸 미만의 18세 이상의 근로자들의 평균 연봉은 18,734달러이고, 고졸 근로자들은 27,915달러이다. 물론 이들 평균은 근로자의 표본조사에 의한 것이지만 조사국은 매우 큰 표본을 가지고 조사를 수행한다. 만약 다른 교육수준을 갖는 근로자들에 대한 표본크기와 모표준편차를 알고 있다면 다음의 표와 같이 집단별로 모든 근로자의 평균연봉에 대한 신뢰구간을 구할 수 있다.

범주	평균봉급액	신뢰구간
고졸 미만	18,734달러	$18,734 \pm z\sigma_{\bar{x}}$
고졸	27,915달러	$27,915 \pm z\sigma_{\bar{x}}$
대졸	51,206달러	$51,206 \pm z\sigma_{\bar{x}}$
대학원졸	74,602달러	$74,602 \pm z\sigma_{\bar{x}}$

표에 열거된 각 신뢰구간에 대해 z값과 $\sigma_{\bar{x}}$의 값, $\sigma/\sqrt{n}$을 대체할 수 있다. 예를 들어, 고졸 미만의 18세 이상의 근로자의 평균연봉은 4,900명의 표본에 기초한 것으로 근로자의 급여의 모표준편차가 2,100달러라고 가정한다. 그러면 대응하는 모평균에 대한 98% 신뢰구간은 다음과 같이 계산된다.

$$\sigma_{\bar{x}} = \frac{\sigma}{\sqrt{n}} = \frac{2,100}{\sqrt{4900}} = 30.00\text{달러}$$

$$\bar{x} \pm z\sigma_{\bar{x}} = 18,734 \pm 2.33(30.00) = 18,734 \pm 69.90$$
$$\Rightarrow (18,664.10,\ 18,803.90)$$

같은 방법으로 그림과 표에서 언급된 다른 교육수준을 갖는 근로자들의 모평균에 대한 신뢰구간을 구할 수 있다. 표에 주어진 표본평균은 대응하는 모평균의 점추정값임을 주목한다.

μ의 추정에 대한 표본크기의 결정 : 신뢰수준과 모집단의 표준편차가 주어진다면 μ의 신뢰구간 추정값의 미리 정해진 오차의 한계 E가 되는 표본크기는

$$n = \frac{z^2\sigma^2}{E^2}$$

이다.

만약 σ를 모른다면 사전 표본(임의로 정한 크기)을 뽑아 표본표준편차 s를 구할 수 있다. 그리고 공식에서 σ 대신에 s를 사용할 수 있다. 그러나 σ 대신에 s를 사용하는 것은 사전에 정해진 오차의 한계보다 더 큰 오차(혹은 더 작은)를 만드는 표본크기가 구해진다. 이것은 s와 σ가 얼마나 가까운가에 의존한다.

■ 예제 8-3 μ의 추정을 위한 표본크기의 결정

어떤 동문회에서 금년 대학졸업자의 평균부채액을 추정하고자 한다. 금년 대학졸업자의 부채액의 모표준편차가 11,800달러라고 알려져 있다. 99% 신뢰수준을 갖는 추정값이 모평균의 800달러 내에 있도록 하려면 얼마나 많은 표본을 뽑아야만 하는가?

풀 이

동문회는 금년 대학졸업자의 평균부채액에 대한 99% 신뢰구간이

$$\bar{x} \pm 800$$

이 되길 원한다. 따라서 추정값의 오차의 한계의 최대크기는 800달러, 즉 $E = 800$이다. 99% 신뢰수준에 대한 z값은 2.58이다. σ의 값이 11,800달러로 주어진다. 그러므로 모든 값을 공식에 대입하여 정리하면

$$n = \frac{z^2\sigma^2}{E^2} = \frac{(2.58)^2\,(11{,}800)^2}{(800)^2} = 1448.18 \approx 1449$$

을 얻는다.

이와 같이 요구된 표본크기는 1,449이다. 만약 동문회가 금년 대학졸업자 중 1,449명의 표본을 선택하여 평균부채액을 계산하고 99% 신뢰구간을 구한다면, 추정값의 오차의 한계는 근사적으로 800달러일 것이다. ■

연습문제

■ 개념과 절차

8.1 추정량과 추정값의 의미를 간단하게 설명하시오.

8.2 점추정값과 구간추정값의 의미를 설명하시오.

8.3 모평균 μ의 점추정량은 무엇인가? μ의 추정값에 대한 오차의 한계를 어떻게 계산하는가?

8.4 신뢰구간의 너비를 감소시키는 여러 대안을 설명하시오. 가장 좋은 대안은 어느 것인가?

8.5 신뢰구간의 너비가 표본크기의 증가에 따라 어떻게 감소하는지를 간단하게 설명하시오. 예를 들으시오.

8.6 신뢰구간의 너비가 신뢰수준의 감소에 따라 어떻게 감소하는지를 간단하게 설명하시오. 예를 들으시오.

8.7 신뢰수준과 신뢰구간의 차이를 간단하게 설명하시오.

8.8 σ를 알고 있을 때 μ의 추정값의 오차의 한계는 무엇인가? 어떻게 계산되는가?

8.9 μ에 대한 99% 신뢰구간을 어떻게 해석하는가?

8.10 다음 신뢰수준에 대한 z값을 구하시오.

a. 90% **b.** 95% **c.** 96% **d.** 97% **e.** 98% **f.** 99%

8.11 표본으로부터 $n = 20$과 $\bar{x} = 24.5$이다. $\sigma = 3.1$임이라 알려져 있다. 모집단은 정규분포를 따른다.

a. μ의 점추정값은 얼마인가?
b. μ에 대한 99% 신뢰구간을 만드시오.
c. (b) 번에 대한 추정값의 오차의 한계는 얼마인가?

8.12 모집단의 표준편차가 $\sigma = 15.3$이다. 이 모집단으로부터 뽑은 36개 관측값의 표본평균이 74.8이었다.

a. μ에 대한 90% 신뢰구간을 만드시오.
b. μ에 대한 95% 신뢰구간을 구성하시오.
c. μ에 대한 99% 신뢰구간을 결정하시오.
d. 만들어진 신뢰구간의 너비가 신뢰수준이 증가함에 따라 증가하는가?

8.13 어떤 모집단의 표준편차가 $\sigma = 6.30$이다. 이 모집단으로부터 추출한 확률표본이 평균이 81.90이었다. 모집단은 정규분포를 한다고 알려져 있다.

a. $n = 16$인 경우 μ에 대한 99% 신뢰구간을 만드시오.

b. $n = 20$인 경우 μ에 대한 99% 신뢰구간을 구성하시오.

c. $n = 25$인 경우 μ에 대한 99% 신뢰구간을 결정하시오.

d. 만들어진 신뢰구간의 너비가 표본크기가 증가함에 따라 감소하는가?

8.14 한 모집단에 대하여 표준편차가 2.65이다. 다음 자료는 이 모집단으로부터 추출한 35개 관측값이다.

42	51	42	31	28	36	49
29	46	37	32	27	33	41
47	41	28	46	34	39	48
26	35	37	38	46	48	39
29	31	44	41	37	38	46

a. μ의 점추정값은 얼마인가?

b. μ에 대한 98% 신뢰구간을 구하시오.

c. 추정값의 오차의 한계는 얼마인가?

8.15 모집단 자료집합에 대하여 $\sigma = 12.5$이다.

a. μ에 대한 99% 신뢰구간에 대한 추정값의 오차의 한계가 2.50이 되도록 하려면 얼마나 많은 표본을 추출하여야 하는가?

b. μ에 대한 96% 신뢰구간에 대한 추정값의 오차의 한계가 3.20이 되도록 하려면 얼마나 많은 표본을 추출하여야 하는가?

8.16 다음에 대하여 μ의 추정값에 대한 표본크기를 정하시오.

a. $E = 2.3$ $\sigma = 15.40$ 신뢰수준 99%

b. $E = 4.1$ $\sigma = 23.45$ 신뢰수준 95%

c. $E = 25.9$ $\sigma = 122.25$ 신뢰수준 90%

■ 응용

8.17 어느 주에서 최근에 매매된 1,500주택의 평균주택가격이 269,720달러이다. 이 주의 주택가격의 모표준편차가 68,650달러이다. 이 주의 모든 주택의 평균가격에 대한 99% 신뢰구간을 만드시오.

8.18 한 회사가 우편으로 컴퓨터와 컴퓨터부품을 판매한다. 회사는 주문이 오면 가능한 한 빨리 제품을 우편으로 배송한다고 고객에게 보장한다. 최근 25개 주문의 표본으로부터 주문받은 제품을 배송하는 데 걸린 평균시간이 70시간이었다. 모표준편차가 16시간이고 모집단분포는 정규분포라고 가정한다.

a. 주문받은 모든 제품을 우편으로 배송하는 데 걸린 기간의 평균에 대한 95% 신뢰구간을 구하시오.

b. 왜 신뢰구간을 만들 필요가 있는지를 설명하시오. 왜 주문받은 모든 제품을 우편으로 배송하는 데 걸리는 평균시간이 70시간이라고 할 수 없는가?

8.19 Farmer's Dairy사는 기계가 우유팩에 32온스를 채우도록 설정하였다. 그러나 이 기계는 팩에 정확하게 32온스를 담지 못하고 양이 상자마다 조금씩 달라진다. 기계가 정상적으로 작동할 때, 팩의 평균 순무게가 32온스라 한다. 모든 팩의 우유 양의 표준편차는 항상 0.15온스라 한다. 품질관리부서는 매주 25개 팩을 표본으로 뽑아 평균 순무게를 계산하고 모평균에 대한 99% 신뢰구간을 구한다. 만약 신뢰구간의 상한이 32.15온스보다 크거나 신뢰구간의 하한이 31.85온스보다 작다면 기계는 멈춰지고 조정된다. 최근에 뽑은 25개 표본의 평균 순무게가 31.94온스였다. 이 표본을 가지고 기계가 조정이 필요하다고 하겠는가? 모든 팩에 들어가는 우유의 양은 정규분포를 한다고 가정한다.

8.20 은행관리자가 어느 지역의 주택소유자가 매월 지불하는 평균융자금을 알고자 한다. 이 지역에서 추출한 120명의 주택소유자의 확률표본은 매월 평균 1,575달러를 지불하고 있음을 보인다. 융자금에 대한 모표준편차가 215달러이다.

a. 이 지역 모든 주택소유자가 매월 지불하는 융자금의 평균액에 대한 97% 신뢰구간을 구하시오.

b. (a)에서 얻은 신뢰구간이 너무 넓다고 가정하자. 이 신뢰구간의 너비를 어떻게 감소시킬 수 있는가? 모든 가능한 대안을 논의하시오. 어느 대안이 가장 좋은가?

8.21 세제를 생산하는 한 회사가 99% 신뢰수준으로 64온스 병에 들어있는 세제의 평균량을 추정하고자 한다. 이 회사는 모든 병에 들어있는 세제의 표준편차가 0.20온스임을 알고 있다. 추정값이 모평균의 0.04온스 이내에 있도록 하려면 얼마나 많은 표본을 뽑아야만 하는가?

8.22 어느 대학교 관계자는 학생들이 자동차를 유지하고 옷을 구입하는 등등을 하려고 일하는 시간에 관심을 가지고 있다. 학생들이 주당 일하는 평균시간을 추정하려 한다. 모든 학생들이 일하는 데 보낸 시간의 표준편차가 2.5시간이다. 추정값이 모평균의 0.75시간 이내에 있도록 하는 표본크기는 얼마인가? 99% 신뢰수준을 사용한다.

8.23 미국에 있는 모든 사람들이 소유하고 있는 차의 평균연수 추정에 관심이 있다. 이 과제를 수행하기 위한 절차를 간단하게 설명하시오. 30대 이상의 차의 표본에서 요구된 자료를 수집하고 95% 신뢰수준에서 모평균을 추정한다. 모표준편차는 2.4년이라고 가정한다.

8.4 모평균의 추정 : σ를 모를 때

이 절은 모표준편차 σ를 모를 때 모평균 μ에 대한 신뢰구간을 어떻게 만드는지를 설명한다. 세 가지 가능한 경우가 있다.

경 우 I : 만약 다음과 같은 세 가지 조건들이 만족된다면

1. 모표준편차 σ를 모르고,
2. 표본크기가 작고 (즉, $n < 30$이다) ,
3. 표본이 뽑힌 모집단이 정규분포를 한다

μ에 대한 신뢰구간을 만들기 위하여 8.4.1절의 t분포를 사용한다.

경 우 II : 만약 다음과 같은 두 가지 조건을 만족한다면

1. 모표준편차 σ를 모르고,
2. 표본크기가 크다 (즉, $n \geq 30$이다)

μ에 대한 신뢰구간을 만들기 위하여 다시 t분포를 사용한다.

경 우 III : 만약 다음과 같은 세 가지 조건을 만족한다면

1. 모표준편차 σ를 모르고,
2. 표본크기가 작고 (즉, $n < 30$이다) ,
3. 표본이 뽑힌 모집단이 정규분포를 하지 않는다 (혹은 분포를 모른다)

μ에 대한 신뢰구간을 만들기 위하여 비모수적 방법을 사용한다. 이 책에서는 다루지 않는다.

다음의 도표는 위의 세 가지 경우를 요약한 것이다.

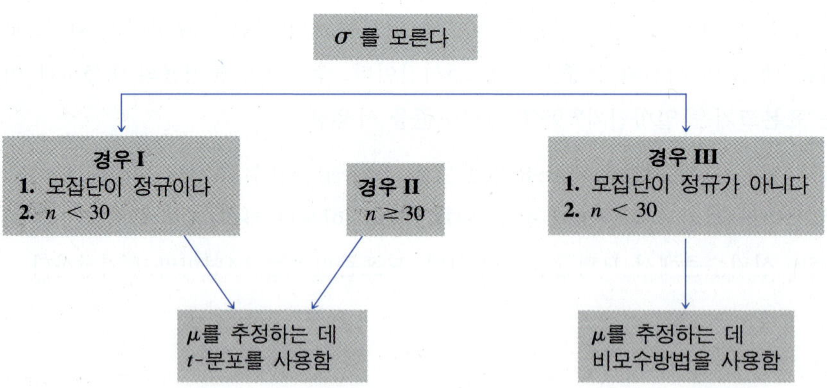

다음 8.4.1절에서 t분포를 논의하고 8.4.2절에서 σ를 모르고, 경우 I과 경우 II의 조건을 만족할 때 μ에 대한 신뢰구간을 만들기 위하여 분포를 어떻게 사용하는지를 배운다.

8.4.1 t분포

t분포는 1908년 고셋(W.S. Gosset)에 의해 제안되고 필명 Student로 출판되었다. 결과적으로 t분포를 **스튜던트 t분포**(*Student's t distribution*)라고도 한다. t분포는 몇 가지 면에서 정규분포와 유사하다. 정규분포곡선과 같이 분포곡선은 평균에 관하여 대칭이고(종모양의) 수평축에 닿지 않는다. t분포곡선 아래의 전체면적은 1.0 또는 100%이다. 그러나 t분포곡선은 표준정규분포곡선보다 더 평편하다. 즉, t분포곡선은 표준정규분포보다 더 낮은 높이와 더 넓은 산포(혹은 더 큰 표준편차)를 갖는다. 그러나 표본크기가 증가함에 따라 t분포는 표준정규분포에 접근한다. t분포의 단위는 t로 표기한다.

t분포곡선의 모양은 **자유도**(***df*** **: degree of freedom**)에 의존한다. 8장과 9장에서 다룰 분포의 자유도는 표본크기-1 즉, $df = n - 1$이다. 자유도는 t분포의 유일한 모수이다. 자유도에 따라 다른 t분포가 된다. 표준정규분포와 같이 t분포의 평균은 0이다. 그러나 정규분포와 달리 t분포의 표준편차는 $\sqrt{df/(df-2)}$로 1보다 크다. 따라서 t분포의 표준편차는 표준정규분포의 표준편차보다 더 크다.

정 의

t분포 : t분포는 표준정규분포보다 다 낮은 높이와 더 넓은 산포로 된 종모양의 분포의 특별한 형태이다. 표본크기가 커짐에 따라 t분포는 표준정규분포에 접근한다. t분포는 자유도(df : degree of freedom)라고 하는 단 하나의 모수를 갖는다. t분포의 평균은 0이고, 표준편차는 $\sqrt{df/(df-2)}$이다.

그림 8.5는 표준정규분포와 자유도 9인 t분포를 보여 준다. 표준정규분포의 표준편차는 1.0이고, t분포의 표준편차는 $\sqrt{df/(df-2)} = \sqrt{9/(9-2)} = 1.134$이다.

그림 8.5 df = 9인 t분포와 표준정규분포

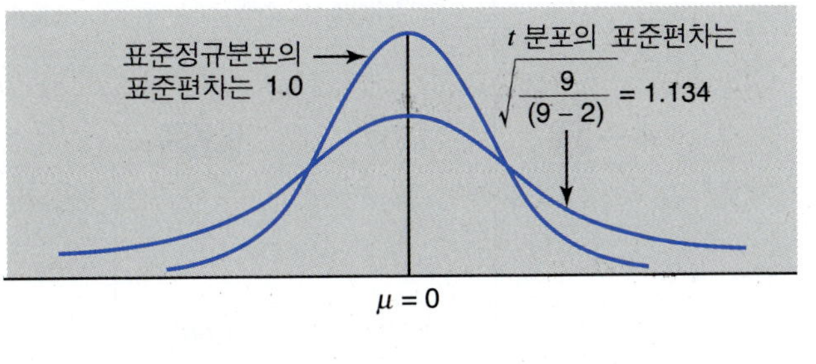

앞서 언급했듯이 이 장에 나오는 t분포의 자유도는 $n-1$이다. 자유도는 마음대로 선택할 수 있는 관측값의 개수로 정의한다. 예로 4개의 값의 평균이 20이라는 것을 안다고 한다. 결과적으로 4개의 값의 합은 $20(4) = 80$이다. 4개 값의 합이 80이 되도록 하기 위하여 4개 중에서 몇 개의 값을 마음대로 선택할 수 있는가? 대답은 마음대로 선택할 수 있는 것은 $4-1=3$개 값이다. 세 개 값으로 27, 8, 19를 선택한다고 한다. 세 개의 값과 네 개 값의

평균이 20이라는 정보가 주어지면 네 번째 값은 80 − 27 − 8 − 19 = 26이다. 즉, 세 개의 값을 선택하면 네 번째의 값은 자동으로 결정된다. 결과적으로 예제에 대한 자유도는

$$df = n - 1 = 4 - 1 = 3$$

이다. 평균을 계산하기 위하여 자유도 1을 잃게 되기 때문에 n에서 1을 뺀다.

부록 B의 표 V는 주어진 자유도와 분포의 오른쪽 꼬리면적에 대한 t값을 보여 준다. t분포가 대칭이므로 같은 자유도의 t분포의 왼쪽 꼬리의 같은 면적에 대하여는 $-t$값이 된다. 예제 8-4는 부록 B의 표 V를 읽는 방법을 설명한다.

■ 예제 8-4 t분포표 읽기

자유도 16인 t분포곡선의 오른쪽 꼬리면적이 0.05인 t값을 구하시오.

풀 이 부록 B의 표 V에서 자유도의 열의 16과 표의 상단의 t분포곡선의 오른쪽 꼬리면적 행에 있는 0.05에 놓인다. 16의 열과 0.05의 행의 교차점에 있는 값이 1.746으로 구하려는 t값이 된다. 부록 B 표 V의 일부분을 표 8.2로 보여 준다. 그림 8.6은 분포표로부터 읽은 t값을 보여 준다.

표 8.2 자유도 16이고 오른쪽 꼬리면적이 0.05인 t의 결정

오른쪽 꼬리의 면적

	t-분포 곡선 아래의 오른쪽 꼬리의 면적				
df	**0.10**	**0.05**	**0.025**	**...**	**0.001**
1	3.078	6.314	12.706	...	318.309
2	1.886	2.920	4.303	...	22.327
3	1.638	2.353	3.182	...	10.215
.	...	...	...	...	...
.	...	...	...	...	...
.	...	...	...	...	...
$df \rightarrow$ **16**	1.337	**1.746**	2.120	...	3.686
.	...	...	...	...	...
.	...	...	...	...	...
.	...	...	...	...	...
75	1.293	1.665	1.992	...	3.202
	1.282	1.645	1.960	...	3.090

자유도 16이고 오른쪽 꼬리의 0.05면적에 대한 t의 값

그림 8.6 **자유도 16이고 오른쪽 꼬리면적이 0.05인 t값**

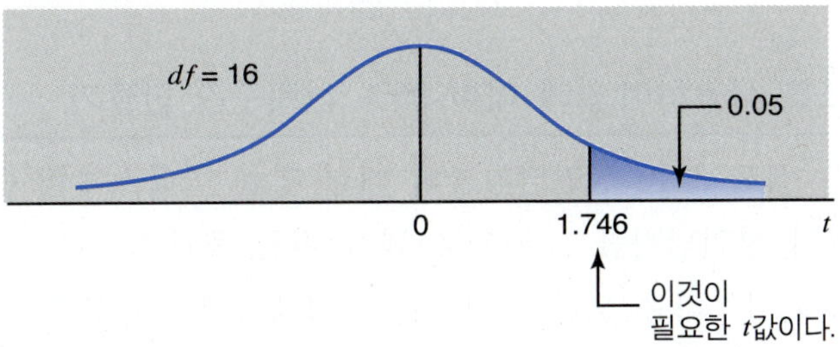

t분포곡선이 대칭이므로 자유도 16이고 왼쪽 꼬리면적이 0.05인 값은 -1.746이다. 그림 8.7은 이 경우를 설명한다.

그림 8.7 **자유도 16이고 왼쪽 꼬리면적이 0.05인 t값**

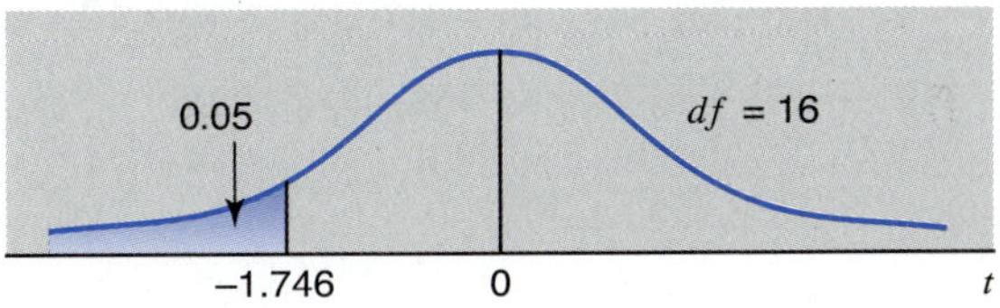

8.4.2 t분포를 사용한 μ에 대한 신뢰구간

8.4절 도입부분의 경우 I과 경우 II 조건들이 참일 때 모평균 μ에 대한 신뢰구간을 구하기 위하여 t분포를 사용한다.

모표준편차 σ를 모를 때는 모표준편차의 추정량인 표본표준편차 s로 대체한다. 결과적으로 $\bar{X}$의 표준편차 $\sigma_{\bar{x}} = \sigma/\sqrt{n}$에 대하여

$$s_{\bar{x}} = \frac{s}{\sqrt{n}}$$

을 사용한다. $s_{\bar{x}}$의 값은 $\sigma_{\bar{x}}$의 점추정값이다.

t분포를 사용한 μ에 대한 신뢰구간 : μ에 대한 $(1-\alpha)100\%$ **신뢰구간**은

$$\bar{X} \pm ts_{\bar{x}}$$

이며 $s_{\bar{x}} = s/\sqrt{n}$이다. t값은 자유도 $n-1$과 주어진 신뢰수준에 대하여 t분포표로부터 구한다. 여기서 $ts_{\bar{x}}$가 추정값의 오차의 한계 즉,

$$E = ts_{\bar{x}}$$

이다.

예제 8-5와 예제 8-6은 t분포를 사용하여 μ에 대한 신뢰구간을 만드는 절차를 설명한다.

■ 예제 8-5 t분포를 사용하여 μ에 대한 95% 신뢰구간 만들기

핫포드(Hartford)에 거주하는 모든 성인남자들의 대한 평균 콜레스테롤 수준을 추정하고자 한다. 핫포드에서 25명의 성인남자를 표본으로 뽑아 평균 콜레스테롤 수준 186, 표준편차 12를 구하였다. 핫포드에 거주하는 모든 성인남자의 콜레스테롤 수준은 정규분포를 한다고 가정하자. 모평균 μ에 대한 95% 신뢰구간을 구하시오.

풀 이 σ는 모르고 $n < 30$이며 모집단은 정규분포를 한다. 그러므로 μ에 대한 신뢰구간을 구하기 위하여 t분포를 사용한다. 주어진 정보로부터

$$n = 25, \qquad \bar{x} = 186, \qquad s = 12$$
$$\text{신뢰수준} = 95\% \text{ 혹은 } 0.95$$

의 $s_{\bar{x}}$값은

$$s_{\bar{x}} = \frac{s}{\sqrt{n}} = \frac{12}{\sqrt{25}} = 2.40$$

이다.

t값을 구하기 위하여 자유도와 각 꼬리면적을 알아야 한다.

$$\text{자유도} = n - 1 = 25 - 1 = 24$$

각 꼬리면적을 구하기 위하여 신뢰수준을 2로 나누고 0.5에서 뺀다. 따라서

$$\text{각 꼬리에서의 면적} = 0.5 - \left(\frac{0.95}{2}\right) = 0.5 - 0.475 = 0.025$$

부록 B의 표 V의 t분포표로부터 $df = 24$와 오른쪽 꼬리면적 0.02에 대한 t값은 2.064이다. 그림 8.8은 이 t의 값을 보여 준다.

그림 8.8 t값

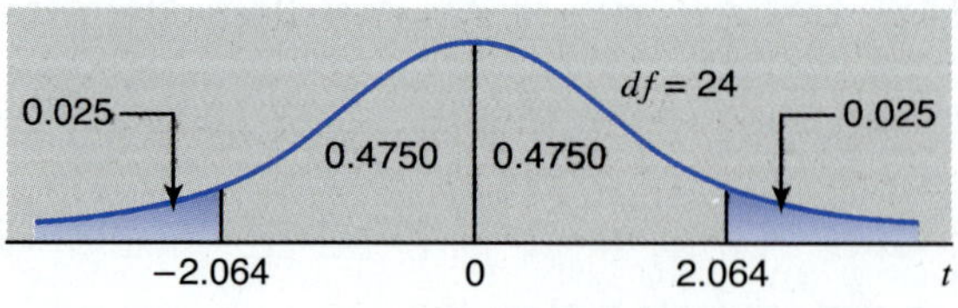

μ에 대한 신뢰구간 공식에 모든 값들을 대입하면 95% 신뢰구간은

$$\bar{x} \pm ts_{\bar{x}} = 186 \pm 2.064(2.40) = 186 \pm 4.95$$
$$\Rightarrow (181.05,\ 190.95)$$

이다. 따라서 핫포드에 거주하는 모든 성인남자들에 대한 평균콜레스테롤 수준이 181.05에서 190.95 사이에 놓인다고 95% 신뢰를 갖고 말할 수 있다.

$\bar{x}=186$이 μ에 대한 점추정값이고 4.95는 오차의 한계이다. ■

■ 예제 8-6 t분포를 사용하여 μ에 대한 99% 신뢰구간 만들기

소설책을 구입하는 64명의 성인을 임의로 추출하여 일년에 책을 얼마나 구입하는지를 물었다. 연간 비용의 표본평균은 1,450달러이고 표준편차는 300달러였다. 대응하는 모평균에 대한 99% 신뢰구간을 결정하시오.

풀 이 주어진 정보로부터

$$n=64, \qquad \bar{x}=1{,}450\,, \qquad s=300,$$
$$\text{신뢰수준}=99\% \text{ 혹은 } 0.99$$

이다. σ는 모르지만 표본크기가 크다 $(n>30)$. 따라서 μ에 대한 신뢰구간을 구하기 위하여 t분포를 사용한다. 먼저, $\bar{X}$의 표준편차, 자유도와 t분포의 각 꼬리면적을 계산한다.

$$s_{\bar{x}}=\frac{s}{\sqrt{n}}=\frac{300}{\sqrt{64}}=37.50,$$
$$df=n-1=64-1=63,$$
$$\text{각 꼬리의 면적}=0.5-\left(\frac{0.99}{2}\right)=0.5-0.4950=0.005.$$

t분포표로부터 자유도 63과 오른쪽 꼬리면적 0.005 대하여 $t=2.656$이다. μ에 대한 99% 신뢰구간은

$$\bar{x}\pm ts_{\bar{x}}=1{,}450\pm 2.656(37.50)=1{,}450\pm 99.60$$
$$\Rightarrow (1{,}350.40,\ 1{,}549.60)$$

이다. 그러므로 99% 확신을 갖고 소설책을 구입하는 모든 성인들이 1년에 책을 구입하는데 지불하는 비용이 1,350.40달러에서 1,549.60달러 사이에 놓인다고 할 수 있다. ■

8.3절에서와 같이 신뢰수준을 낮추거나 표본크기를 증가시켜 μ에 대한 신뢰구간의 너비를 감소시킬 수 있다. 그러나 표본크기를 증가시키는 것이 더 나은 대안이다.

사례 8-2

제설 시의 심장수요

겨울철 신문들은 제설하는 동안 발생하는 급사사건을 보도한다. 프랭클린(Barry A. Franklin) 박사 등은 남자들을 대상으로 제설작업의 효과를 측정하는 통제된 실험을 행하였다. 건강문제를 검증한 후 박사는 평균 나이 32.4살인 10명의 남자를 실험에 참여시켰다. 이들은 트레드밀과 arm-crank 에르그 측정기로 알려진 장치에서 운동검사를 마쳤다. 그런 다음 이들은 제설실험에 참여하였다. 각각은 삽과 전기눈치우기를 사용하여 깊이 3인치에서 5인치인 무겁고 젖은 눈으로 덮인 15미터(49.2피트)의 두 트랙을 치웠다. 순서는 각자 임의로 정하였다. 한번에 10분 동안 눈을 치우고 10~15분은 쉬었다. 10분간의 작업시간 동안에 심박수가 2분 간격으로 기록되었다. 실험에서 네 개의 변수, 심박수, 수축기혈압, 산소소모, 개체의 노력 수준의 비율이 측정되었다.

다음 표는 삽과 전기눈치우기를 이용한 제설작업에 대한 남자들의 반응을 비교한 것이다. 평균과 표준편차는 실험하는 동안 각 변수의 최댓값을 기초로 하였으며 신뢰구간은 평균과 표준편차 값을 이용하여 계산되었다. 각 변수의 모집단은 정규분포를 한다고 가정한다.

여기서 심박수는 분당, 수축기혈압은 수은의 밀리미터, 산소소모는 대사량, 인식된 노력 비율은 6부터 20까지 범위에서 수치로 측정된다.

	삽			자동제설		
변수	$\bar{x}$	s	90% 신뢰구간	$\bar{x}$	s	90% 신뢰구간
심박수	175	15	175 ± 1.833(4.7434)	124	18	124 ± 1.833(5.6921)
수축기혈압	198	17	198 ± 1.833(5.3759)	161	14	161 ± 1.833(4.4272)
산소소모	5.7	0.8	5.7 ± 1.833(0.2530)	2.4	0.7	2.4 ± 1.833(0.2214)
노력비율	16.7	1.7	16.7 ± 1.833(0.5376)	9.9	1.0	9.9 ± 1.833(0.3162)

표에 주어진 신뢰구간은 8.4.2절에서 논의된 방법을 사용하였다. 예를 들어, 수동으로 삽을 사용하는 동안 심박수 변수에 대하여

$$\bar{x} = 175, \qquad s = 15, \qquad n = 10$$

이다. $n < 30$이므로 대응하는 모집단이 정규분포를 한다고 가정하여 신뢰구간을 구하는 데 t분포를 사용한다. 90% 신뢰수준과 $df = 9$에 대해서 t값은 1.833이다. $\bar{X}$의 표준편차는

$$s_{\bar{x}} = \frac{\sigma}{\sqrt{n}} = \frac{15}{\sqrt{10}} = 4.7434$$

이다. 그러므로 대응하는 모평균의 90% 신뢰구간은

$$\bar{x} \pm ts_{\bar{x}} = 175 \pm 1.833(4.7434) = 175 \pm 8.69$$
$$\Rightarrow (166.31,\ 183.69)$$

이다. 이 결과를 가지고 이 연령집단의 건강한 남자들의 평균심박수가 삽으로 제설하는 동안 분당 166.31비트와 183.69비트 사이라고 90% 신뢰를 갖고 말할 수 있다.

유의사항 : 만약 표본크기가 크다면?

σ를 모를 때 경우 I과 경우 II에서 μ에 대한 신뢰구간을 구하기 위하여 t분포를 사용하였다. 경우 II에서 표본크기가 크다는 데 주목한다. 기술적으로 표본크기가 얼마나 큰지 (30개 이상)는 문제가 아니므로 t분포를 사용할 수 있다. 그러나 만약 t-분포표 (부록 B의 표 V)를 사용한다면 한 가지 문제가 제기된다. 일반적으로 그런 표는 일부 자유도까지만 실려 있다. 예를 들어, 부록 B의 표 V는 자유도가 75개까지만 있다. 그러므로 만약 표본크기가 76보다 크다면 이 절의 신뢰구간을 구하기 위하여 주어진 신뢰수준에 대한 t값을 구하는 데 표 V를 이용할 수 없다. n이 아주 클 때 (예를 들어 500개) 와 t분포표에 포함되지 않을 때는 두 가지 선택사항이 있다 :

1. 표 V에서 마지막 열 (∞의 열) 의 t값을 사용한다.

2. t분포에 대한 근사로 정규분포를 사용한다.

연습문제

■ 개념과 절차

8.24 표준정규분포와 t분포 사이의 유사점과 차이점을 간단하게 설명하시오.

8.25 정규분포와 t분포의 모수는 무엇인가? 설명하시오.

8.26 t분포에 대한 자유도의 의미를 간단하게 설명하시오. 예를 하나 드시오.

8.27 μ에 대한 신뢰구간을 구하기 위하여 t분포를 사용하는 데 반드시 성립하여야 할 가정은 무엇인가?

8.28 다음의 각각의 t분포에 대하여 값을 구하시오.

a. 오른쪽 꼬리면적 $= 0.05$, $df = 12$ **b.** 왼쪽 꼬리면적 $= 0.025$, $n = 66$

c. 왼쪽 꼬리면적 $= 0.001$, $df = 49$ **d.** 오른쪽 꼬리면적 $= 0.005$, $n = 24$

8.29 **a.** 표본크기 21인 t분포에 대하여 왼쪽 꼬리면적이 0.10인 t값을 구하시오.

b. 표본크기 14인 t분포에 대하여 오른쪽 꼬리면적이 0.025인 t값을 구하시오.

c. 자유도 45인 t분포에 대하여 오른쪽 꼬리면적이 0.001인 t값을 구하시오.

d. 자유도 37인 t분포에 대하여 왼쪽 꼬리면적이 0.005인 t값을 구하시오.

8.30 다음의 각각에 대해서 t분포의 적절한 꼬리면적을 구하시오.

a. $t = -1.302$, $df = 42$ **b.** $t = 2.797$, $n = 25$

c. $t = 1.397$, $n = 9$ **d.** $t = -2.383$, $df = 67$

8.31 다음의 각각에 대하여 t분포표로부터 t값을 구하시오.

a. 신뢰수준 $= 99\%$, $df = 13$　　**b.** 신뢰수준 $= 95\%$, $n = 36$

c. 신뢰수준 $= 90\%$, $df = 16$

8.32 **a.** 표본크기 22와 95% 신뢰수준에 대하여 t분포표로부터 t값을 구하시오.

b. 자유도 60과 90% 신뢰수준에 대하여 t분포표로부터 t값을 구하시오.

c. 표본크기 24와 99% 신뢰수준에 대하여 t분포표로부터 t값을 구하시오.

8.33 다음은 정규분포를 하는 모집단으로부터 뽑은 10개 관측값이다.

44　52　31　48　46　39　47　36　41　57

a. μ의 점추정값은 무엇인가?

b. μ에 대한 95% 신뢰구간을 구하시오.

c. (b)에서 μ에 대한 추정값의 오차의 한계는 무엇인가?

8.34 정규분포를 따르는 모집단으로부터 추출한 표본에 대해서 $\bar{x} = 68.50$과 $s = 8.9$를 얻었다.

a. $n = 16$일 때, μ에 대한 95% 신뢰구간을 구하시오.

b. $n = 16$일 때, μ에 대한 90% 신뢰구간을 구하시오. 90% 신뢰구간의 너비가 (a)에서 계산한 95% 신뢰구간의 너비보다 더 작은가? 그렇다면 이유를 설명하시오.

c. $n = 25$일 때, μ에 대한 95% 신뢰구간을 구하시오. $n = 25$일 때 μ에 대한 95% 신뢰구간의 너비가 (a)에서 얻은 $n = 16$일 때 μ에 대한 95% 신뢰구간의 너비보다 더 작은가? 그렇다면 이유를 설명하시오.

8.35 어떤 모집단으로부터 추출한 표본에서 $\bar{x} = 25.5$와 $s = 4.9$를 얻었다.

a. $n = 47$일 때, μ에 대한 95% 신뢰구간을 만드시오.

b. $n = 47$일 때, μ에 대한 99% 신뢰구간을 만드시오. 99% 신뢰구간의 너비가 (a)에서 구한 95% 신뢰구간의 너비보다 더 큰가? 그렇다면 이유를 설명하시오.

c. $n = 32$일 때, μ에 대한 95% 신뢰구간을 구하시오. $n = 32$인 μ에 대한 95% 신뢰구간의 너비가 (a)에서 계산한 $n = 47$일 때 μ에 대한 95% 신뢰구간의 너비보다 더 큰가? 그렇다면 이유를 설명하시오.

8.36 **a.** 한 모집단으로부터 추출한 400개 관측값의 표본평균이 92.45, 표준편차가 12.20이었다. μ에 대한 98% 신뢰구간을 만드시오.

b. 같은 모집단으로부터 다시 추출한 400개 관측값의 표본평균이 91.75, 표준편차가 14.50이었다. μ에 대한 98% 신뢰구간을 만드시오.

c. 같은 모집단으로부터 또 다시 추출한 400개 관측값의 표본평균이 89.63, 표준편차가 13.40이었다. μ에 대한 98% 신뢰구간을 만드시오.

d. 이 모집단의 참의 모평균이 90.65이다. (a)부터 (c)에서 만들어진 신뢰구간 중에서 어느 신뢰구간이 모평균을 포함하는가?

■ 응용

8.37 20에이커의 확률표본에서 밀의 평균생산량이 에이커당 41.2부셸, 표준편차 3부셸이었다. 에이커당 밀의 생산량이 정규분포를 한다고 가정하고 모평균 μ에 대한 90% 신뢰구간을 구하시오.

8.38 한한 회사가 시리얼 상자의 평균 순무게를 추정하고자 한다. 36개의 상자의 표본으로부터 평균 순무게 31.98온스, 표준편차 0.26온스를 얻었다. 모든 시리얼 상자의 평균 순무게에 대한 95% 신뢰구간을 구하시오.

8.39 자동차보험회사 고객들은 고객서비스 담당자에게 불만사항에 대하여 통화하려면 긴 시간을 대기하여야만 한다. 25건의 통화 확률표본에서 평균대기시간이 22분, 표준편차가 6분이었다. 대기시간의 모평균에 대한 99% 신뢰구간을 구하시오. 모집단에 대한 대기시간은 정규분포를 따른다고 가정한다.

8.40 40명의 건축사가 주거계획을 설계하는 데 걸린 시간의 평균이 23시간이고 표준편차가 3.75시간이었다.

a. 모평균 μ에 대한 98% 신뢰구간을 만드시오.

b. (a)에서 얻은 신뢰구간이 너무 넓다고 가정한다. 어떻게 이 신뢰구간의 너비를 감소시킬 수 있는가? 가능한 모든 대안을 설명하시오. 어느 대안이 최선이가? 그 이유는?

8.41 다음의 자료는 어느 고속도로를 주행하는 10대의 자동차의 속도(마일/시간)를 측정한 것이다.

76 72 80 68 76 74 71 78 82 65

이 고속도로를 주행하는 모든 차량의 속도는 정규분포를 한다고 가정할 때, 이 고속도로를 주행하는 모든 차량의 평균속도에 대한 90% 신뢰구간을 구하시오.

8.42 한 조사에 따르면 전형적인 30분 지방 TV 뉴스방송은 스포츠와 날씨에 대해 381초를 할당한다. 30분 뉴스의 80개 확률표본으로부터 스포츠와 날씨에 할당된 시간이 평균 381초, 표준편차는 30초를 얻었다.

a. 대응하는 모평균의 점추정값은 무엇인가?

b. 대응하는 모평균에 대한 90% 신뢰구간을 만드시오. 추정값에 대한 오차의 한계는 얼마인가?

8.5 모비율의 추정 : 대표본

우리는 가끔 모비율 혹은 백분율을 추정하길 원한다. 예를 들어, 회사의 생산관리자는 어떤 기계에서 생산되는 제품의 불량률을 추정하고자 한다. 은행관리자는 은행이 제공한 서비스에 만족하는 고객의 백분율을 알고 싶어 한다.

모비율의 값을 구하기 위하여 매번 센서스를 할 수 있다면 이 절에서 다룰 절차는 배울 필요가 없다. 그러나 일반적으로 표본조사에서 결과를 이끌어낸다. 따라서 표본조사로부터 얻어진 결과의 변동을 고려하기 위하여 모비율을 추정하는 절차를 알 필요가 있다.

모비율 (population proportion) 을 p로 표기하고, 표본비율은 $\hat{p}$으로 표기한다. 이 절은 표본비율 $\hat{p}$을 이용하여 모비율 p를 추정하는 절차를 설명한다. 표본비율 $\hat{p}$은 표본통계량으로 표본분포를 갖는다. 7장으로부터 대표본에 대해 다음을 안다:

1. 표본비율 $\hat{p}$의 표본분포는 (근사적으로) 정규분포이다.
2. $\hat{p}$의 표본분포의 평균 $\mu_{\hat{p}}$는 모비율 p와 같다.
3. 표본비율 $\hat{p}$의 표본분포의 표준편차 $\sigma_{\hat{p}}$는 $\sqrt{pq/n}$, $q = 1 - p$이다.

비율의 경우에 np와 nq가 둘 다 5보다 크면 표본이 큰 것으로 고려한다. 만약 p와 q를 모른다면 $n\hat{p}$과 $n\hat{q}$가 5보다 크면 표본이 크다고 한다.

모비율의 값을 추정할 때 p와 q값을 모른다. 결과적으로 $\sigma_{\hat{p}}$를 계산할 수 없다. 그러므로 모비율의 추정에서 $\sigma_{\hat{p}}$의 추정값으로 $s_{\hat{p}}$의 값을 사용한다. $s_{\hat{p}}$의 값은 다음 공식을 사용하여 계산한다.

$\hat{p}$의 표준편차의 추정량 : $\sigma_{\hat{p}}$의 점추정값을 주는 $s_{\hat{p}}$의 값은 다음과 같이 계산된다. 여기서, $s_{\hat{p}}$는 $\sigma_{\hat{p}}$의 추정량이라고 한다.

$$s_{\hat{p}} = \sqrt{\frac{\hat{p}\hat{q}}{n}}$$

표본비율 $\hat{p}$은 대응하는 모비율 p의 점추정량이다. p에 대한 신뢰구간을 구하기 위하여 $\hat{p}$에 오차의 한계 E를 더하고 빼준다.

모비율 p에 대한 신뢰구간 : 모비율 p에 대한 $(1 - \alpha)100\%$ 신뢰구간은

$$\hat{p} \pm z s_{\hat{p}}$$

이다. 여기서 사용된 z값은 주어진 신뢰수준에 대하여 표준정규분포표로부터 얻고, $s_{\hat{p}} = \sqrt{\hat{p}\hat{q}/n}$이다. $zs_{\hat{p}}$을 오차의 한계 E라고 부른다.

예제 8-7과 예제 8-8은 p에 대한 신뢰구간을 만드는 절차를 설명한다.

■ 예제 8-7 p에 대한 점추정값과 99% 신뢰구간 구하기 : 대표본

최근 국가수면재단에 의하여 수행된 1,506명의 성인 미국인 조사에 따르면 75%가 밤에 자주 깨거나 코골이 같은 수면문제의 증상을 가지고 있다고 한다.

(a) 모비율의 점추정값은 얼마인가?

(b) 99% 신뢰수준으로 밤에 자주 깨거나 혹은 코골이 같은 수면문제의 증상을 갖고 있는 모든 성인 미국인의 백분율을 구하시오. 이 추정값의 오차의 한계는 얼마인가?

풀 이 p를 밤에 자주 깨거나 혹은 코골이 같은 수면문제의 증상을 갖고 있는 모든 성인 미국인의 비율이라 하고, $\hat{p}$을 대응하는 표본비율이라 한다. 주어진 정보로부터,

$$n = 1506, \qquad \hat{p} = 0.75, \qquad \hat{q} = 1 - \hat{p} = 1 - 0.75 = 0.25$$

이다. 우선 다음과 같이 표본비율의 표준편차의 값을 계산한다:

$$s_{\hat{p}} = \sqrt{\frac{\hat{p}\hat{q}}{n}} = \sqrt{\frac{(0.75)\,(0.25)}{1506}} = 0.01115805.$$

$n\hat{p}$과 $n\hat{q}$이 모두 5보다 크다는 점에 주목한다. 결과적으로 중심극한정리에 의하여 $\hat{p}$의 표본분포는 근사적으로 정규분포로 p에 대한 신뢰구간을 계산하기 위하여 정규분포를 사용한다.

(a) 밤에 자주 깨거나 혹은 코골이 같은 수면문제의 증상을 갖고 있는 모든 성인 미국인의 비율의 점추정값은 0.75이다. 즉,

$$p\text{의 점추정값} = \hat{p} = 0.75.$$

(b) 신뢰수준은 99% 혹은 0.99이다. 99% 신뢰수준에 대한 z를 구하기 위하여 먼저 두 꼬리 면적을 구하면 $(1 - 0.99)/2 = 0.005$이다. 그런 다음 두 개의 z값을 구하기 위하여 정규분포표에서 0.005와 $0.005 + 0.99 = 0.995$ 면적을 찾는다. 두 개의 z값은 -2.58과 2.58이다. 그러므로 신뢰구간 공식에서 $z = 2.58$을 사용한다. p에 대한 신뢰구간 공식에 모든 값들을 대입하면

$$\hat{p} \pm zs_{\hat{p}} = 0.75 \pm 2.58(0.01115805) = 0.75 \pm 0.029$$
$$\Rightarrow (0.721,\ 0.779) \text{ 혹은 } 72.1\% \sim 77.9\%$$

를 얻는다. 그러므로 모든 성인 미국인의 0.721에서 0.779 또는 72.1%에서 77.9%가 밤에 자주 깨거나 혹은 코골이 같은 수면문제의 증상을 갖고 있다고 99% 신뢰를 가지고 말할 수 있다. p의 위 추정값에서 0.721 혹은 2.9%가 오차의 한계이다. ■

■ 예제 8-8 p에 대한 97% 신뢰구간 구하기 : 대표본

한 여론조사에 의하면 소득, 교육과 결혼 상태 같은 환경이 미국인들의 삶의 만족여부에 영향을 미친다고 한다. 최근에 수행된 여론조사에 따르면, 51%의 대학졸업자들이 자신의 삶에 아주 만족한다고 대답하였다. 이 여론조사는 700명의 대학졸업자를 대상으로 한 것이다. 대응하는 모비율에 대한 97% 신뢰구간을 구하시오.

풀 이 p를 자신의 삶에 만족하는 대학 졸업자의 비율이라 하고, $\hat{p}$을 대응하는 표본비율이라 한다. 주어진 정보로부터,

$$n = 700, \qquad \hat{p} = 0.51\,, \qquad \hat{q} = 1 - \hat{p} = 1 - 0.51 = 0.49$$
$$\text{신뢰수준} = 97\% \text{ 혹은 } 0.97$$

이다. 표본비율의 표준편차는

$$s_{\hat{p}} = \sqrt{\frac{\hat{p}\hat{q}}{n}} = \sqrt{\frac{(0.51)\,(0.49)}{700}} = 0.01889444$$

이다. 정규분포표로부터 97% 신뢰구간에 대한 z값은 2.17이다. z값을 구하기 위하여 부록 B의 표 IV에서 면적 0.015와 0.985를 찾는다. 공식에 모든 값들을 대입하면 p에 대한 97% 신뢰구간은

$$\hat{p} \pm z s_{\hat{p}} = 0.51 \pm 2.71(0.01889444) = 0.51 \pm 0.041$$
$$\Rightarrow (0.469,\ 0.551) \text{ 혹은 } 46.9\% \sim 55.1\%$$

이 된다.

그러므로 자신의 삶에 만족하는 모든 대학 졸업자의 비율이 0.469에서 0.551 사이에 있다고 97% 신뢰를 갖고 할 수 있다. 신뢰구간은 백분율구간 46.9%에서 55.1% 까지로 변환할 수 있다. 위의 추정값에서 0.51은 p의 점추정값이고, 0.041은 오차의 한계이다. ■

신뢰수준을 낮추거나 표본크기를 증가시켜 p에 대한 신뢰구간의 너비를 감소시킬 수 있다. 그러나 신뢰수준을 낮추는 것은 좋은 선택이 아니다. 왜냐하면 그것은 단순히 신뢰구간이 p를 포함하는 가능성을 감소시키기 때문이다. 따라서 p에 대한 신뢰구간의 너비를 감소시키려면 항상 표본크기를 늘려야 한다.

8.5.1 비율 추정을 위한 표본크기의 결정

평균추정과 마찬가지로 모비율 p를 추정에서 표본크기를 결정할 수 있다. 이 표본크기는 미리 정해진 오차의 한계보다 더 크지 않은 추정값의 오차를 가져올 것이다. 요구된 결과를

가져올 표본크기를 안다면 불필요하게 대표본을 뽑지 않으므로 부족한 자원을 절약할 수 있다. 8.5절로부터 모비율의 구간추정의 오차의 한계 E는

$$E = zs_{\hat{p}} = z \times \sqrt{\frac{\hat{p}\hat{q}}{n}}$$

이다. 이 식을 대수적으로 다루어 $E, \hat{p}, \hat{q}, z$이 주어졌을 때 요구된 표본크기를 구하는 다음 공식을 얻는다.

> **p의 추정에 대한 표본크기의 결정** : 신뢰수준과 $\hat{p}$와 $\hat{q}$가 주어지면 p의 신뢰구간 추정값의 미리 정해진 오차의 한계 E가 되는 표본크기는
>
> $$n = \frac{z^2\hat{p}\hat{q}}{E^2}$$
>
> 이다.

공식으로 n을 구하려면 $\hat{p}$과 $\hat{q}$값을 알아야 한다. 그러나 $\hat{p}$와 $\hat{q}$의 값들은 미지이다. 이런 상황에서 다음 대안 중의 하나를 선택할 수 있다.

1. $\hat{p} = 0.50$와 $\hat{q} = 0.50$을 사용하여 가장 보수적인 표본크기 n의 추정값을 만든다. 주어진 E에 대하여 $\hat{p} = 0.50$와 $\hat{q} = 0.50$의 곱이 $\hat{p}$와 $\hat{q}$에 대한 임의의 다른 쌍의 값의 곱보다 더 크기 때문에 가장 큰 표본크기를 준다.
2. 사전표본(임의로 정해진 크기)을 뽑아 이 표본을 가지고 $\hat{p}$와 $\hat{q}$을 계산한다.

예제 8-9와 예제 8-10은 미리 정해진 오차의 한계 안에 모비율에 대한 추정의 오차가 있도록 하는 표본크기를 구하는 방법을 예시한다. 예제 8-9는 n의 가장 보수적인 추정값을 주고, 예제 8-10은 요구된 표본크기를 정하는 데 사전표본의 결과를 사용한다.

■ 예제 8-9 p추정을 위한 n의 가장 보수적인 추정값의 결정

한 전자회사는 시계에 사용되는 부품을 만드는 새로운 기계를 바로 설치하였다. 회사는 이 기계로 생산된 부품의 불량률을 추정하고자 한다. 회사관리자는 95% 신뢰수준에서 추정값이 모비율의 0.02 내에 있기를 원한다. 오차의 한계가 모비율의 0.02 내에 있도록 하는 가장 보수적인 표본크기의 추정값은 무엇인가?

풀 이 회사관리자는 95% 신뢰구간이 $\hat{p} \pm 0.02$이기를 원한다. 따라서 $E = 0.02$이다. 95% 신뢰수준에 대한 z값은 1.96이다. 가장 보수적인 표본크기의 추정값은 $\hat{p} = 0.50$와 $\hat{q} = 0.50$을 사용한다. 따라서 요구된 표본크기는

사례 8-3 소비자의 구매습관

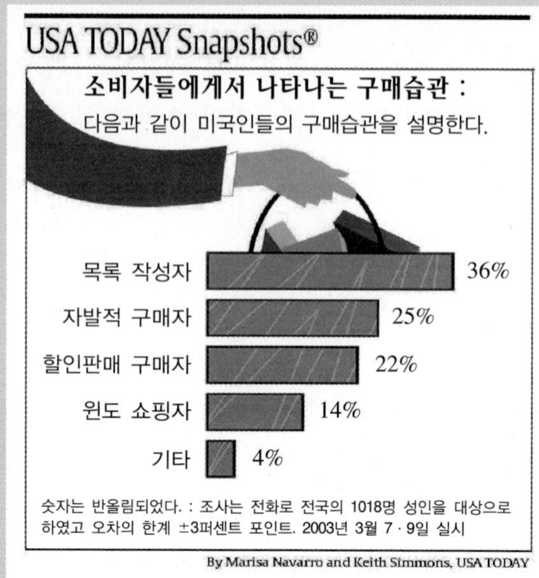

위의 그림은 미국인의 구매습관을 나타낸다. Opinion Research Corporation에 의하여 2003년 3월에 수행된 1,018명 성인의 전화조사를 가지고 성인 미국인들의 구매형태를 열거하였다. 예를 들어 조사에 의하면, 성인의 36%가 목록 작성자라고 한다. 즉, 쇼핑을 가기 전에 구입할 것의 목록을 만든다. 성인의 25%는 자발적 구매자라 말한다. 즉, 어떤 것을 보고 좋거나 필요하다고 생각하여 그것을 산다. 이 절에서 배운 절차를 사용하여 아래의 표와 같이 여러 비율에 대한 신뢰구간을 구할 수 있다. 표에 있는 백분율은 반올림 때문에 더하면 101%임에 유의한다.

구매성향	표본비율	신뢰구간
목록 작성자	0.36	$0.36 \pm zs_{\hat{p}}$
자발적 구매자	0.25	$0.25 \pm zs_{\hat{p}}$
할인판매 구매자	0.22	$0.22 \pm zs_{\hat{p}}$
윈도 쇼핑자	0.14	$0.14 \pm zs_{\hat{p}}$
기타	0.04	$0.04 \pm zs_{\hat{p}}$

표에 주어진 각각의 신뢰구간에 대하여 z값을 $\sqrt{\frac{\hat{p}\hat{q}}{n}}$로 계산하는 $s_{\hat{p}}$의 값을 대입할 수 있다. 예를 들어, 목록 작성의 구매성향을 가진 모든 성인들의 비율에 대한 96% 신뢰구간을 구한다고 한다. 그러면 대응하는 모비율에 대한 96% 신뢰구간은

$$s_{\bar{x}} = \sqrt{\frac{\hat{p}\hat{q}}{n}} = \sqrt{\frac{(0.36)(0.64)}{1018}} = 0.01504414$$

$$\hat{p} \pm zs_{\hat{p}} = 0.36 \pm 2.05(0.01504414) = 0.36 \pm 0.03$$

$$\Rightarrow (0.33,\ 0.39)$$

이다. 그러므로 모든 구매자의 33%에서 39%가 목록 작성자라고 기대한다. 같은 방법으로 다른 범주의 모비율에 대한 신뢰구간도 구할 수 있다.

$$n = \frac{z^2 \hat{p}\hat{q}}{E^2} = \frac{(1.96)^2(0.50)(0.50)}{(0.02)^2} = 2401$$

이다. 이렇게 만약 회사가 2,401개의 부품을 뽑는다면 p의 추정값이 모비율의 0.02 내에 있을 95% 기회가 있다. ■

■ 예제 8-10 사전표본결과를 사용한 p의 추정을 위한 n 결정

예제 8-9를 다시 고려한다. 이 기계에 의해 생산된 200개 부품의 사전표본은 제품의 7%가 불량이라는 것을 나타냈다. p에 대한 95% 신뢰구간이 모비율의 0.02 이내에 있도록 하려면 얼마나 많은 표본을 뽑아야 하는가?

풀 이 회사는 p에 대한 95% 신뢰구간이 $\hat{p} \pm 0.02$이기를 원한다. 따라서 $E = 0.02$이다. 95% 신뢰수준에 대한 z값은 1.96이다. 사전표본으로부터

$$\hat{p} = 0.07, \qquad \hat{q} = 1 - 0.07 = 0.93$$

이다. $\hat{p}$와 $\hat{q}$의 값을 사용하여

$$n = \frac{z^2 \hat{p}\hat{q}}{E^2} = \frac{(1.96)^2(0.07)(0.93)}{(0.02)^2} = \frac{(3.8416)\,(0.07)\,(0.93)}{0.0004}$$
$$= 625.22 \approx 626$$

을 얻는다.

만약 회사가 626개 부품의 표본을 뽑는다면 p의 추정값은 모비율의 0.02 내에 있을 95% 기회가 있다. 그러나 이 표본크기는 새로운 표본에 대하여 $\hat{p} \leq 0.7$ 때만 0.02 이내의 오차의 한계를 가져온다는 점에 유의한다. 만약 새로운 표본에 대한 $\hat{p}$이 0.07보다 더 높은 일이 생긴다면 오차의 한계는 0.02 이내가 아닐 것이다. 그러므로 이런 상황을 피하기 위하여 좀 더 보수적으로 626개보다 더 많은 부품을 표본으로 뽑는다. ■

연습문제

■ 개념과 절차

8.43 모비율 p에 대한 신뢰구간을 만들기 위하여 정규분포를 사용하는 데 어떠한 가정들이 성립하여야 하는가?

8.44 다음의 각 경우에 대하여 p에 대한 신뢰구간을 만드는 데 정규분포를 사용하기에 표본 크기

가 충분한지를 검토하시오.

a. $n = 120$, $\hat{p} = 0.04$ **b.** $n = 60$, $\hat{p} = 0.08$
c. $n = 40$, $\hat{p} = 0.50$ **d.** $n = 900$, $\hat{p} = 0.15$

8.45 **a.** 한 모집단으로부터 추출한 900개의 관측값 표본에서 표본비율 0.32를 구하였다. p에 대한 90% 신뢰구간을 만드시오.

b. 같은 모집단으로부터 다시 900개의 관측값 표본에서 표본비율 0.36을 구하였다. p에 대한 90% 신뢰구간을 만드시오.

c. 같은 모집단으로부터 다시 900개의 관측값 표본에서 표본비율 0.30을 구하였다. p에 대한 90% 신뢰구간을 만드시오.

d. 이 모집단의 참의 모비율이 0.34이다. (a) 부터 (c) 에서 구한 신뢰구간 중 어느 것이 모비율을 포함하고 어느 것이 포함하고 있지 않는가?

8.46 한 모집단으로부터 선택된 200개 관찰값의 표본이 0.27과 같은 표본비율을 주었다.

a. p에 대한 99% 신뢰구간을 만드시오.
b. p에 대한 97% 신뢰구간을 만드시오.
c. p에 대한 90% 신뢰구간을 만드시오.
d. 신뢰수준이 감소함에 따라 (a) 부터 (c) 에서 구한 신뢰구간의 너비가 감소하는가? 그렇다면 이유를 설명하시오.

8.47 한 모집단으로부터 추출한 표본의 표본비율이 0.31이었다.

a. $n = 1200$일 때, p에 대한 95% 신뢰구간을 만드시오.
b. $n = 500$일 때, p에 대한 95% 신뢰구간을 만드시오.
c. $n = 80$일 때, p에 대한 95% 신뢰구간을 만드시오.
d. 표본크기가 감소함에 따라 (a) 부터 (c) 에서 구한 신뢰구간의 너비는 증가하는가? 그렇다면 이유를 설명하시오.

8.48 **a.** 사전표본으로부터 얻은 표본비율의 값이 0.29일 때, p에 대한 99% 신뢰구간에 대한 추정값의 오차의 한계가 0.035가 되도록 하려면 얼마나 많은 표본을 뽑아야만 하는가?

b. p의 99% 신뢰구간에 대한 오차의 한계가 0.035가 되도록 하는 가장 보수적인 표본크기를 구하시오.

8.49 다음에 대하여 모비율의 추정을 위한 가장 보수적인 표본크기를 결정하시오.

a. $E = 0.03$ 신뢰수준 = 99% **b.** $E = 0.04$ 신뢰수준 = 95%
c. $E = 0.01$ 신뢰수준 = 90%

8.50 $\hat{p}$가 사전표본에서 구한 표본비율일 때 다음에 대하여 모비율의 추정을 위한 표본크기를 결정하시오.

a. $E = 0.03,\quad \hat{p} = 0.32\quad$ 신뢰수준 = 99%

b. $E = 0.04,\quad \hat{p} = 0.78\quad$ 신뢰수준 = 95%

c. $E = 0.02,\quad \hat{p} = 0.64\quad$ 신뢰수준 = 90%

■ 응용

8.51 한 슈퍼마켓의 빠른 계산대는 12개 이하의 품목을 구입한 고객으로 제한한다. 이 슈퍼마켓에서 출납원은 빠른 계산대를 이용하는 많은 고객들이 12개 이상의 품목이라고 불평을 한다. 최근에 이 슈퍼마켓에서 빠른 계산대로 들어가는 200명의 고객의 확률표본에서 74%가 12개 이상의 품목을 가지고 있는 것을 알았다.

a. 12개 이상의 품목을 갖고 빠른 계산대에 들어가는 모든 고객의 백분율에 대한 98% 신뢰구간을 구하시오.

b. (a)에서 얻은 신뢰구간이 너무 넓다고 한다. 이 구간의 너비를 어떻게 감소시킬 수 있는가? 모든 가능한 대안을 논의하시오. 어느 대안이 가장 좋은가?

8.52 행복하고 건강한 근로자가 효율적이고 생산적이라고 한다. 운동기구를 제조하는 한 회사는 현장에 헬스클럽시설을 제공하는 큰 회사의 백분율을 알고자 한다. 240개 회사 표본에서 96개 회사가 현장에 그와 같은 시설을 제공하였다.

a. 현장에 그와 같은 시설을 제공하는 모든 회사의 백분율의 점추정값은 무엇인가?

b. 현장에 그와 같은 시설을 제공하는 모든 회사의 백분율에 대한 97% 신뢰구간을 만드시오. 이 추정값에 대한 오차의 한계는 얼마인가?

8.53 어느 지역에서 추출한 50명의 주택소유자의 확률표본에서 19명이 이웃과 지나친 소음으로 심각한 문제를 갖고 있다고 말했다.

a. 이 지역에서 그런 문제를 갖고 있는 모든 주택소유자의 백분율에 대한 99% 신뢰구간을 구하시오.

b. (a)에서 얻은 신뢰구간이 너무 넓다고 한다. 이 구간의 너비를 어떻게 감소시킬 수 있는가? 모든 가능한 대안을 논의하시오. 어느 대안이 가장 좋은가?

8.54 2010년 10월에 수행된 7,861명의 소비자를 대상으로 한 조사에서 응답자의 18%가 그 해의 9월 이전에 축제를 위한 쇼핑을 시작했다고 한다.

a. 9월 이전에 축제를 위한 쇼핑을 시작한 모든 소비자의 비율에 대한 99% 신뢰구간을 만드시오.

b. 왜 신뢰구간을 만들 필요가 있는지를 설명하시오. 간단하게 모든 소비자의 18%가 9월 이전에 축제를 위한 쇼핑을 시작했다고 할 수 없는가?

8.55 건강보험회사의 관리자는 대안적인 치료(침술, 한방치료 등)를 시도한 피보험자의 백분율을 알고자 한다. 회사의 피보험자 중 24명의 확률표본을 추출하여 그와 같은 치료를 시도한 적

이 있는지를 물었다. 다음이 그들의 대답이다.

Yes	No	No	Yes	No	Yes	No	No
No	Yes	No	No	Yes	No	Yes	No
No	No	Yes	No	No	No	Yes	No

a. 대응하는 모비율의 점추정값은 얼마인가?

b. 대안적인 치료를 시도한 피보험자들의 백분율에 대한 99% 신뢰구간을 구하시오.

8.56 한 피자회사는 모든 피자를 주문한 곳에 30분 이내 배달을 보증한다. 한 기관이 피자회사에 의해 30분 이내에 배달된 피자의 비율을 추정하고자 한다. 99% 신뢰구간에 대해 오차의 한계가 모비율의 0.02 내에 되도록 하는 가장 보수적인 표본크기의 추정값은 무엇인가?

8.57 예제 8-92를 참고하시오. 사전연구에서 모든 Tony의 피자의 93%가 30분 내에 배달되었음을 보였다고 가정한다. 모비율의 99% 신뢰구간이 오차의 한계 0.02를 가지려면 표본이 얼마나 많아야 하는가?

Chapter

9

가설검정 : 단일 모집단

예를 들어, 어느 한 회사가 다음과 같은 조건을 제시한다고 가정합니다. "당신은 아침에 공짜 커피를 마시거나 또는 직장에서 개인적인 용무로 인터넷을 사용할 수 있습니다." 당신을 무엇을 선택하겠습니까? 다른 사람들은 어떤 선택을 할 거라고 생각합니까? 한 조사에 따르면 회사원들의 52%가 아침 공짜 커피를 포기하고 인터넷을 사용하겠다고 답하였고, 44%는 인터넷을 포기하고 커피를 마시겠다고 하였으며, 나머지 4%는 잘 모르겠다고 답하였습니다.

이 장에서는 추측 통계학의 두 번째 주제인 가설검정을 소개한다. 가설검정에서 우리는 모집단의 모수에 대한 어떤 주어진 이론이나 믿음 등을 검정한다. 우리는 표본의 정보를 이용하여 모수에 대한 주장이나 서술이 옳은지를 알아내고자 한다. 이 장에서는 모평균 μ와 모비율 p에 대한 가설 검정방법에 대하여 다룬다. 예를 들어, 탄산음료 회사에서 만드는 탄산음료에는 평균적으로 12온스의 음료가 들어있다고 주장한다. 정부기관에서는 이러한 주장이 맞는지를 검정하고 싶어할 것이다. 또 다른 예제로, 인구조사기관에서 조사한 올해의 인구 중 15.6%의 인구가 건강보험을 가지고 있지 않다고 주장한다. 한 경제학자가 이러한 주장이 올해에도 여전히 맞는지 알아보고자 한다. 첫 번째 예제는 모평균에 대한 가설검정이 되고, 두 번째 예제는 모비율에 대한 가설검정이 된다.

9.1 가설검정 : 머리말

우리는 왜 이러한 가설검정을 할 필요가 있는가? 앞의 탄산음료 예제를 다시 생각해 보자. 만약 100개의 탄산음료 캔을 표본으로 선택하여 평균 함량을 계산한 결과, 11.89온스를 얻었다고 하자. 이러한 표본의 결과를 토대로 하여 모든 탄산음료의 함량이 12온스보다 낮으며 탄산음료회사가 대중에게 거짓말을 하고 있다고 할 수 있겠는가? 아니다. 왜냐하면 평균 11.89온스라는 값은 표본에서 나온 값이기 때문이다. 12온스와 11.89온스의 차이는 단지 표집오차 때문에 발생하였을 수도 있다. 다른 표본 100개의 캔을 뽑아서 평균을 구해보면 12.04온스일 수도 있다. 그러므로 가설검정을 시행하여 이러한 차이가 우연에 의하여 발생한 것인지 아닌지를 알아내야 한다. 만약 11.89온스가 단지 100개의 캔이 아니라 모든 캔의 평균이었다면 가설검정을 할 필요가 없다. 대신 모든 캔의 탄산음료 평균함량이 12온스보다 낮다고 발표하면 된다. 우리는 표본통계량의 값에 근거하여 모수에 대한 결정을 내릴 때 가설검정을 시행한다.

9.1.1 2가지 가설

만약 어떤 사람이 죄를 저질렀다는 기소를 당하여 법정에서 재판을 받고 있다고 하자. 적절한 증거에 근거하여 판사는 다음의 2가지 중 하나의 결정을 내릴 것이다.

1. 이 사람은 유죄가 아니다.

2. 이 사람은 유죄이다.

재판을 시작하기 전에는 이 사람은 유죄가 아니라고 가정한다. 검사는 이 사람이 죄를 저질렀다는 것을 증명하고자 노력하게 된다.

통계학에서 "이 사람은 유죄가 아니다"는 **귀무가설 (null hypothesis)** 에 해당되고, "이 사람은 유죄이다"는 **대립가설 (alternative hypothesis)** 에 해당된다. 귀무가설은 H_0로 표시되고, 대립가설은 H_1으로 표시된다. 재판이 시작될 때에는 이 사람은 유죄가 아니라고 가정된다. 귀무가설은 주로 처음에 옳다고 가정되는 가설이다. 재판의 경우에 2가지 가설은 다음과 같이 적을 수 있다.

귀무가설 H_0 : 이 사람은 유죄가 아니다.

대립가설 H_1 : 이 사람은 유죄이다.

통계학 예제에서 귀무가설은 모수에 대한 가설이나 주장이 옳다는 가설이다. 탄산음료의 예제를 다시 생각해 보자. 탄산음료 회사는 캔의 함량이 평균적으로 12온스라고 주장한다. 가설검정을 시작할 때에는 회사의 주장이 옳다고 가정한다. 즉, 귀무가설은 회사의 주장이

옳다는 가설이다. 따라서 귀무가설은

$$H_0 : \mu = 12$$

이다. 이때 귀무가설은 $\mu \geq 12$로 적어도 무방하다. 그러나 귀무가설에 $=$이나 $\geq$을 써도 검정에는 영향을 미치지 않는다. 단, 귀무가설은 표본통계량이 아니라 모수에 대한 가설이라는 점을 기억하시오.

정 의

귀무가설 : **귀무가설** (*null hypothesis*) 은 모수에 대한 주장이며, 거짓이라고 판명될 때까지는 참이라고 가정되는 가설이다.

위의 예제에서 대립가설은 회사의 주장이 옳지 않다는 주장으로 캔 함량이 평균적으로 12온스보다 낮을 것이라는 주장이다. 즉, $\mu < 12$이다. 따라서 대립가설은

$$H_1 : \mu < 12$$

가 된다.

정 의

대립가설 : **대립가설** (*alternative hypothesis*) 은 모수에 대한 주장이며, 귀무가설이 거짓일 때 참이 되는 가설이다.

다시 재판예제를 생각해 보자. 재판은 이 사람이 유죄가 아니라는 귀무가설이 옳다고 가정하고 시작된다. 검사는 모든 가능한 증거를 수집하여 귀무가설이 거짓이고, 대립가설이 옳다고 주장한다. 판사는 검사가 제시한 모든 증거의 양에 근거하여 결정을 내리게 된다. 재판의 마지막에 판사는 검사가 제시한 증거가 이 사람을 유죄로 판결하기에 충분한지를 고려하여 마지막 판결을 내리게 된다.

9.1.2 기각역과 비기각역

재판 예제에서 검사가 제시한 증거가 얼마만큼의 양이어야 유죄 판결에 충분한지를 알아야 한다. 판사가 이 정도의 양까지라면 충분하다고 생각하는 양을 통계학에서는 **임계값 (critical value)** 이라고 한다. 따라서 임계값보다 더 많은 양의 증거라면 유죄 판결에 충분하다고 볼 수 있으며, 임계값보다 적은 양의 증거는 유죄 판결에 충분하지 않다고 본다. 통계학에서는 이 사람은 유죄가 아니라는 판결을 "**귀무가설을 기각하지 않는다** (*do not reject* H_0)" 라고 한다. 이것은 귀무가설이 거짓이라고 하기에 증거가 충분하지 않다는 말과 동일하다. 임계값

보다 작은 값의 영역을 **비기각역**(*nonrejection region*)이라 부르며, 귀무가설이 기각되지 않는 영역을 말한다. 그러나 증거의 양이 임계값보다 큰 영역에 속하면 이 사람이 유죄라는 충분한 증거가 있다고 할 수 있다. 통계학에서는 이 사람이 유죄라는 판결을 "**귀무가설을 기각한다**(*reject H_0*)"라고 한다. 귀무가설을 기각한다는 것은 대립가설이 참이라는 것과 동일하다. 임계값보다 큰 영역을 **기각역**(*rejection region*)이라고 하며, 귀무가설이 기각되는 영역을 말한다.

그림 9.1 **재판 예제에서 기각역과 비기각역**

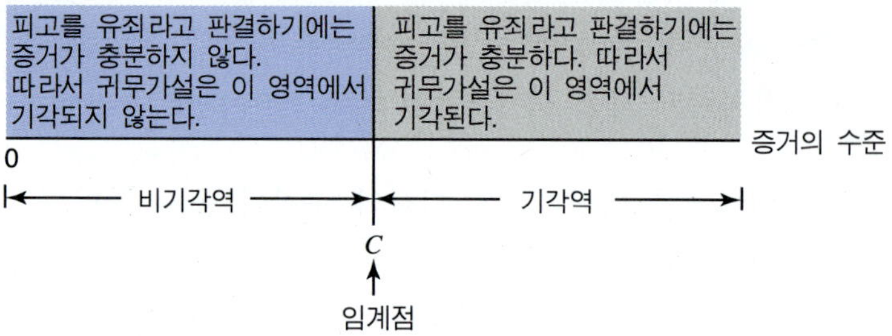

9.1.3 2가지 오류

우리는 판사의 결정이 항상 옳은 것은 아니다라는 것을 잘 알고 있다. 만약 이 사람이 유죄라고 판결났다고 하면 여기에는 2가지 가능성이 있다.

1. 이 사람이 실제로 죄를 저지르지 않았는 데도 불구하고 유죄로 판결났을 경우
2. 이 사람이 실제로 죄를 저질렀고, 유죄로 제대로 판결났을 경우

첫 번째 경우는 판사가 오류를 범하여 죄가 없는 사람에게 유죄판결을 한 경우이다. 통계학에서는 이러한 오류를 **제1종 오류**(**type I error**) 또는 **α 오류**(**alpha error**)라고 한다. 두 번째 경우는 판사가 제대로 유죄판결을 한 경우이다. 위의 두 경우는 표 9.1의 두 번째 행의 경우에 해당된다.

표 9.1

		실제 상황	
		이 사람은 유죄가 아니다	이 사람은 유죄이다
판사의 판결	이 사람은 유죄가 아니다	옳은 결정	제2종 오류
	이 사람은 유죄이다	제1종 오류	옳은 결정

α의 값은 검정에서 **유의수준**(**significance level**)이라고 하며, 제 1 종 오류를 범할 확률을

나타낸다. 다시 말하면 α는 귀무가설이 참일 때 귀무가설을 기각하게 되는 확률이다.

정 의

제 1 종 오류 : **제 1 종 오류** (*type I error*) 는 귀무가설이 참일 때 귀무가설이 기각될 때 발생한다. α 값은 이러한 오류를 범할 확률을 나타낸다. 즉,

$$\alpha = P(H_0\text{가 기각된다} \mid H_0\text{가 참})$$

의 값은 검정의 **유의수준** (*significance level*) 을 말한다.

가설검정에서 기각역의 크기는 α의 값에 따라 달라진다. α의 값은 가설검정을 하기 전에 결정된다. α는 어떤 값도 다 취할 수 있지만, 주로 많이 사용하는 값은 0.01, 0.025, 0.05, 0.10이다. 보통 α의 값은 0.10 (10%) 을 넘지 않는다.

이제는 재판에서 이 사람이 유죄가 아니라고 판결이 났다고 하자. 그러나 이 사람은 실제 유죄이며 단지 유죄를 입증할 증거가 충분하지 않았을 수도 있다. 다음의 두 경우를 생각해 보자.

1. 이 사람은 죄를 저지르지 않았는데 유죄가 아니라고 판결이 난 경우
2. 이 사람은 실제 죄를 저질렀는데도 불구하고 유죄가 아니라고 판결이 난 경우

첫 번째 경우는 판사의 결정이 옳은 경우이다. 그러나 두 번째 경우는 유죄인 사람을 자유롭게 풀어준 오류의 경우이다. 통계학에서는 이러한 오류를 **제 2 종 오류** (**type II error**) 또는 **β 오류** (**beta error**) 라고 한다. 표 9.1의 첫 번째 행의 경우이다.

β의 값은 제 2 종 오류를 범할 확률을 나타낸다. 즉, 귀무가설이 거짓일 때 귀무가설을 기각하지 않을 확률을 나타낸다. $1 - \beta$는 **검정력** (**power of the test**) 이라 하며, 제 2종 오류를 범하지 않을 확률을 나타낸다.

정 의

제 2 종 오류 : **제 2 종 오류** (*type II error*) 는 귀무가설이 거짓일 때 귀무가설을 기각하지 않을 때 발생한다. β의 값은 제 2종 오류를 범할 확률을 나타낸다. 즉,

$$\beta = P(H_0\text{가 기각되지 않는다} \mid H_0\text{가 거짓})$$

$1 - \beta$의 값은 **검정력** (**power of the test**) 이라고 하며, 제 2 종 오류를 범하지 않을 확률을 나타낸다.

가설검정에서 발생하는 2가지 오류는 서로 의존적으로 나타난다. 표본의 크기가 고정되

어 있을 때, 가설검정에서 α와 β의 값을 동시에 줄일 수는 없다. α의 값을 낮추면 β의 값이 증가하고, 반대로 β의 값을 낮추면 α의 값이 증가한다. 그러나 표본의 크기를 증가시키면 α와 β의 값을 동시에 줄일 수 있다. α와 β가 어떻게 관련되어 있는지와 β를 계산하는 방법에 대한 설명은 이 책의 범위를 벗어나므로 생략한다.
표 9.2는 표 9.1과 비슷하며, 가설검정에서의 2가지 오류를 설명한다.

표 9.2

<table>
<tr><th></th><th></th><th colspan="2">실제 상황</th></tr>
<tr><th></th><th></th><th>H_0가 참</th><th>H_0가 거짓</th></tr>
<tr><td rowspan="2">결정</td><td>H_0를 기각하지 않는다</td><td>옳은 결정</td><td>제2종 오류</td></tr>
<tr><td>H_0를 기각한다</td><td>제1종 오류</td><td>옳은 결정</td></tr>
</table>

9.1.4 검정의 꼬리

통계적 가설검정 절차는 재판 과정과 비슷하지만, 다음의 2가지 차이점이 있다. 첫 번째 차이점은 통계적 가설검정에서는 기각역과 비기각역을 나누는 것은 검정의 유의수준인 α의 값에 따라 달라진다. 두 번째 차이점은 기각역은 한쪽 영역에만 존재하는 것이 아니라 양쪽 영역에 다 있을 수 있다는 점이다. 2개의 기각역을 가진 검정을 **양쪽 꼬리검정(two-tailed test)**이라고 하며, 하나의 기각역을 가진 검정을 **한쪽 꼬리검정(one-tailed test)**이라고 한다. 한쪽 꼬리검정에서 기각역이 분포곡선의 왼쪽 꼬리에 있을 경우 **왼쪽 꼬리검정(left-tailed test)**이라고 하고, 기각역이 분포곡선의 오른쪽 꼬리에 있을 경우 **오른쪽 꼬리검정(right-tailed test)**이라고 한다.

정 의

검정의 꼬리 : **양쪽 꼬리검정**(*two-tailed test*)은 양쪽 꼬리에 기각역을 가지며, **왼쪽 꼬리검정**(*left-tailed test*)은 왼쪽 꼬리에 기각역을 가지고, **오른쪽 꼬리검정**(*right-tailed test*)은 오른쪽 꼬리에 기각역을 가진다.

양쪽 꼬리검정

어떤 가족협회에서 2년 전에 실시한 조사에서 8살에서 10살 사이의 어린이들이 하루에 TV를 시청하는 시간이 250분이라고 발표하였다. 한 아동전문가는 이러한 수치가 2년 후에 어떻게 변하였는지를 알아보고자 한다. 이러한 어린이들의 평균 TV 시청시간이 2년 후에 증가하였는지 또는 감소하였는지를 알아보고자 하는 것이므로, 이 예제는 양쪽 꼬리검정이 된다. 8살에서 10살 사이의 어린이들의 하루 평균 TV 시청시간을 μ로 두자. 이 가설검정의 귀무가설과 대립가설은 각각 다음과 같이 나타낼 수 있다.

H_0 : $\mu = 250$ (평균 TV 시청시간이 변하지 않았다)

H_1 : $\mu \neq 250$ (평균 TV 시청시간이 변하였다)

이 검정이 한쪽 꼬리검정인지 양쪽 꼬리검정인지는 대립가설의 부호에 의하여 결정된다. 만약 대립가설에 ≠ 부호가 있으면 양쪽 꼬리검정이 된다. 그림 9.2에서 보는 바와 같이 양쪽 꼬리검정은 2개의 기각역을 가지며 각각 양쪽 꼬리에 있다. 그림 9.2는 $\bar{X}$가 정규분포를 따른다는 가정하에 $\bar{X}$의 표본분포를 나타내고 있다. 귀무가설 H_0가 참이라는 가정하에 $\bar{X}$는 정규분포를 가지며, 평균은 귀무가설에서의 μ의 값인 250분과 같다. 그림 9.2의 각각의 기각역의 넓이는 $\alpha/2$이며 기각역의 총넓이는 α와 같다. 표본에서 얻은 $\bar{x}$의 값이 2개의 기각역 중 하나에 속하면 귀무가설 H_0는 기각된다. $\bar{x}$값과의 비기각역에 떨어지면 귀무가설 H_0는 기각되지 않는다. H_0를 기각하면 표본오차만으로는 발생되기에는 H_0의 μ의 값과 표본에서 얻은 $\bar{x}$값과의 차이가 너무 크며, 따라서 이 차이는 실제 차이가 된다고 말할 수 있다. H_0를 기각하지 않으면 H_0의 μ의 값과 표본에서 얻은 $\bar{x}$의 값과의 차이가 작으며, 표집오차만으로도 발생할 수 있다고 볼 수 있다.

그림 9.2 **양쪽 꼬리검정**

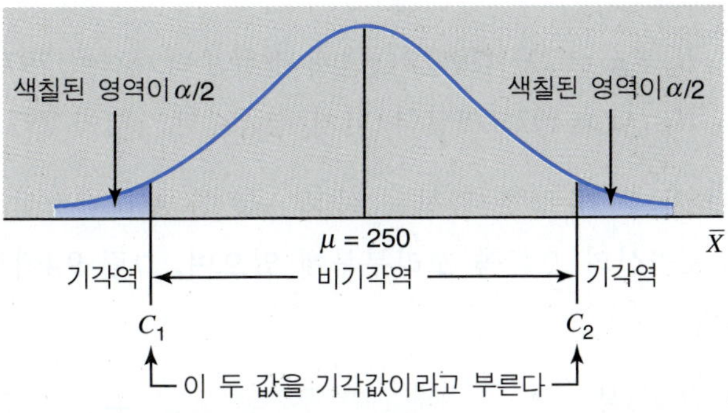

왼쪽 꼬리검정

탄산음료 예제를 생각해 보자. 탄산음료회사는 캔의 평균음료함량이 12온스라고 주장하며 소비자연맹에서는 캔의 평균음료함량이 12온스보다 적은지를 알아보고자 한다. 이 회사의 모든 캔의 평균함량을 μ로 두자. 이 가설검정의 귀무가설과 대립가설은 각각 다음과 같다.

H_0 : $\mu = 12$ (평균함량이 12온스와 같다.)

H_1 : $\mu < 12$ (평균함량이 12온스보다 적다.)

대립가설의 부호가 < 인 경우 검정은 항상 왼쪽 꼬리검정이 된다. 왼쪽 꼬리검정에서는 기각역이 분포곡선의 왼쪽 꼬리부분에 있으며, 그림 9.3에서 보는 바와 같이 기각역의 넓이는

α와 같다.

그림 9.3 **왼쪽 꼬리검정**

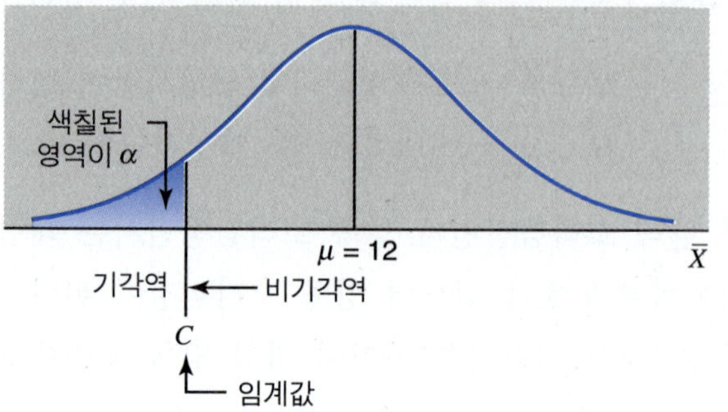

H_0가 참이라고 가정하면 $\bar{X}$의 표본분포의 평균은 H_0의 μ값인 12온스와 같다. 표본에서 얻은 $\bar{X}$의 값이 기각역에 떨어지면 귀무가설 H_0는 기각된다. $\bar{x}$의 값이 기각역에 속하지 않으면 귀무가설 H_0는 기각되지 않는다.

오른쪽 꼬리검정

작년 미국 어느 지역의 평균주택가격이 797,479달러로 조사되었다. 어떤 부동산 중개업자가 이 지역의 현재 평균주택가격이 797,479달러보다 올랐는지 알고 싶어한다. 이 지역의 현재 평균주택가격을 μ로 두자. 이 가설검정의 귀무가설과 대립가설은 각각 다음과 같다.

H_0 : $\mu = 797{,}479$달러 (현재 평균주택가격이 797,479달러와 같다)

H_1 : $\mu > 797{,}479$달러 (현재 평균주택가격이 797,479달러보다 높다)

대립가설의 부호가 $>$인 경우 검정은 항상 오른쪽 꼬리검정이 된다. 오른쪽 꼬리검정에서는 기각역이 분포곡선의 오른쪽 꼬리부분에 있으며, 그림 9.4에서 보는 바와 같이 기각역의 넓이는 α와 같다.

그림 9.4 **오른쪽 꼬리검정**

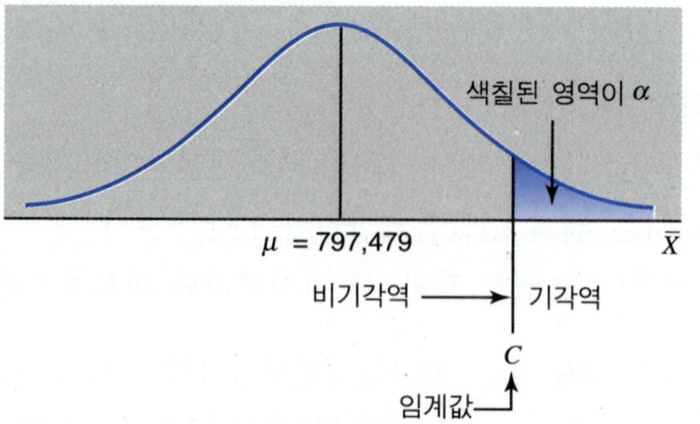

H_0가 참이라고 가정하면 $\bar{X}$의 표본분포의 평균은 H_0의 μ값인 797,479달러와 같다. 표본에서 얻은 $\bar{X}$의 값이 기각역에 떨어지면 귀무가설 H_0는 기각된다. $\bar{X}$의 값이 기각역에 떨어지지 않으면 귀무가설 H_0는 기각되지 않는다.

표 9.3은 H_0와 H_1의 부호와 검정의 꼬리 사이의 관계에 대한 설명을 요약하고 있다.

표 9.3

	양쪽 꼬리검정	왼쪽 꼬리검정	오른쪽 꼬리검정
H_0의 부호	=	= 또는 ≥	= 또는 ≤
H_1의 부호	≠	<	>
기각역	양쪽 꼬리부분	왼쪽 꼬리부분	오른쪽 꼬리부분

연습문제

■ 개념과 절차

9.1 다음 중 어떤 검정이 양쪽 꼬리검정, 왼쪽 꼬리검정, 또는 오른쪽 꼬리검정인지 설명하시오.

a. $H_0 : \mu = 12, H_1 : \mu < 12$

b. $H_0 : \mu \leq 85, H_1 : \mu > 85$

c. $H_0 : \mu = 33, H_1 : \mu \neq 33$

9.2 $H_0 : \mu = 20, H_1 : \mu < 20$을 생각해 보자.

a. 만약 귀무가설이 실제로 거짓이고 귀무가설을 기각하지 않았다면, 어떤 종류의 오류를 범한 것인가?

b. 만약 귀무가설이 실제로 참이고 귀무가설을 기각했다면, 어떤 종류의 오류를 범한 것인가?

■ 응용

9.3 다음의 각 예제에 대한 귀무가설과 대립가설을 적으시오. 각 검정이 양쪽 꼬리검정, 왼쪽 꼬리검정, 또는 오른쪽 꼬리검정인지 설명하시오.

a. 직장을 가진 대학생들이 주당 보내는 평균시간이 20시간과 다른지 검정하는 것

b. 어떤 은행의 현금지급기가 매달 평균적으로 10시간 이상 고장나는지 검정하는 것

c. 공항의 안전요원의 평균 경험년수가 3년과 다른지를 검정하는 것

d. 고학년 대학생의 신용카드 빚이 1,000만원보다 작은지 검정하는 것

e. 한 고객이 인터넷 쇼핑회사의 대표와 전화로 통화될 때까지 기다리는 평균 시간이 12분 이상인지 검정하는 것

9.2 μ에 대한 가설검정 : σ가 알려져 있는 경우

이 장에서는 모표준편차 σ가 알려져 있는 경우 모평균 μ에 대한 가설을 검정하는 방법에 대하여 설명한다. 8.3절에서 다루었던 다음 3가지 가능한 경우를 생각해 보자.

경우 I : 다음 3조건이 만족될 때:

1. 모표준편차 σ가 알려져 있는 경우
2. 표본크기가 작을 때 (즉, $n < 30$)
3. 표본이 추출된 모집단이 정규분포를 따를 때

이때에는 모평균 μ에 대한 가설검정을 하기 위해 정규분포를 이용한다. 왜냐하면, 7.4.1절에서 $\bar{X}$의 표본분포는 정규분포를 따르고, 평균은 μ와 같고, 표준편차는 $\sigma_{\bar{X}} = \sigma/\sqrt{n}$이다. 단, $n/N \le 0.05$이어야 한다.

경우 II : 다음 2조건이 만족될 때:

1. 모표준편차 σ가 알려져 있는 경우
2. 표본크기가 클 때 (즉, $n \ge 30$)

이때에는 모평균 μ에 대한 가설검정을 하기 위해 정규분포를 이용한다. 왜냐하면, 7.4.2절에서 배운 바와 같이 중심극한정리에 의해 $\bar{X}$의 표본분포는 (근사적으로) 정규분포를 따르고, 평균은 μ와 같고, 표준편차는 $\sigma_{\bar{X}} = \sigma/\sqrt{n}$이다. 단, $n/N \le 0.05$이어야 한다.

경우 III : 다음 세 조건이 만족될 때:

1. 모표준편차 σ가 알려져 있는 경우
2. 표본크기가 작을 때 (즉, $n < 30$)
3. 표본이 추출된 모집단이 정규분포를 따르지 않을 때 (또는 분포의 모양을 알지 못할 때)

이때에는 모평균 μ에 대한 가설검정을 하기 위해 비모수적 방법을 이용한다.

이 장에서는 처음 두 경우에 대하여 다루기로 한다. 두 경우에서 모평균 μ에 대한 가설검정을 하는 방법은 동일하다. 경우 I에서는 모집단이 정확하게 정규분포를 따를 필요는 없으며, 이상점이 없는 정규분포에 가깝기만 하면 정규분포방법을 사용할 수 있다. 경우 II에서 30이란 표본의 크기를 충분히 크다고 간주했지만, 만약 모집단의 분포가 정규분포와 매우 다를 경우, 30은 $\bar{X}$의 표본분포가 정규분포가 되기에는 충분히 큰 표본의 크기가 아닐 수 있다.

지금부터 경우 I과 경우 II인 경우, 모평균 μ에 대한 가설검정을 하기 위하여 p-값 방법과 기각역 방법에 대하여 설명한다.

1. p-값 방법

이 방법에서 우리는 이 값보다 큰 어떤 유의수준 α에 대하여 주어진 귀무가설이 기각되고 이 값보다 작은 어떤 유의수준 α에 대하여 주어진 귀무가설이 기각되지 않는 확률값을 찾는다. p-값 방법은 이러한 **확률값(probability-value)**을 찾는다. 이 방법에서 우리는 검정에 대한 ***p*-값**을 계산하는데, p-값이란 주어진 귀무가설이 기각되는 최소의 유의수준을 말한다. 가설검정에서 p-값을 이용하여 결론을 내리게 된다. 만약 유의수준 α가 미리 정해졌다면, p-값과 α를 비교하여 가설검정의 결론을 내린다.

정 의

***p*-값** : 귀무가설이 참이라는 가정하에 ***p*-값**(*p-value*)은 표본통계량(예를 들어, 표본평균)이 적어도 표본자료로부터 얻은 값만큼 대립가설의 방향에 있는 가정된 값으로부터 멀리 떨어져 있을 확률로 정의된다. 다시 말하면 ***p*-값**이란 주어진 귀무가설이 기각되는 최소의 유의수준을 말한다.

p-값 방법을 이용하여

$$p\text{-값} < \alpha \text{ 또는 } \alpha > p\text{-값일 때 귀무가설을 기각하며}$$

$$p\text{-값} \geq \alpha \text{ 또는 } \alpha \leq p\text{-값일 때 귀무가설을 기각하지 않는다.}$$

한쪽 꼬리검정에서 p-값은 표본분포곡선에서 표본통계량의 관측값보다 더 먼 꼬리쪽 영역의 넓이로 주어진다. 그림 9.5는 μ에 대한 오른쪽 꼬리검정에 대한 p-값을 나타낸다. 왼쪽 꼬리검정에서 p-값은 표본분포곡선에서 $\bar{X}$의 관측값의 왼쪽방향의 꼬리쪽 영역의 넓이가 될 것이다.

그림 9.5 **오른쪽 꼬리검정에 대한 p-값**

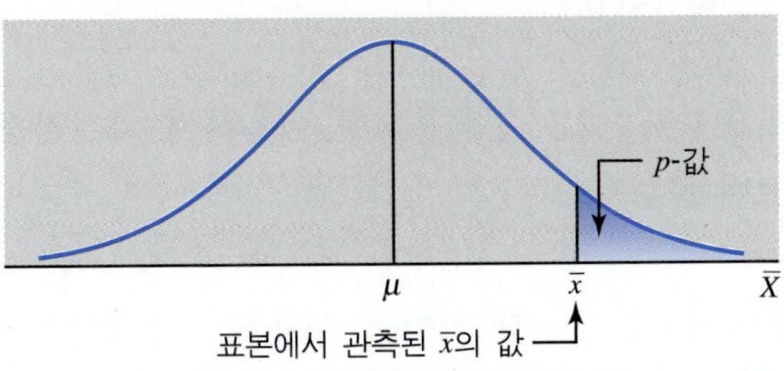

양쪽 꼬리검정에서 p-값은 표본통계량의 관측값보다 더 먼 꼬리쪽 영역 넓이의 2배가 된다. 그림 9.6은 양쪽 꼬리검정에서의 p-값을 나타낸다.

그림 9.6 **양쪽 꼬리검정에 대한 p-값**

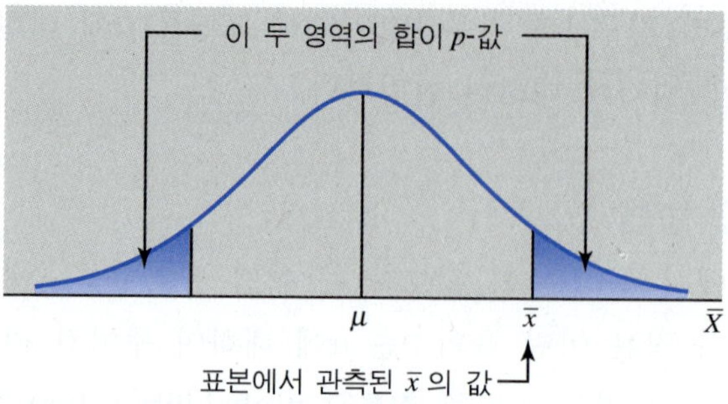

정규분포곡선에서 표본평균 $\bar{X}$보다 먼 쪽의 영역의 넓이를 계산하기 위하여 다음의 공식을 이용하여 $\bar{X}$에 대한 z-값을 찾는다.

$\bar{X}$에 대한 p-값 계산하기

정규분포를 이용할 때 μ에 대한 가설검정에 대하여 $\bar{X}$에 대한 z-값은 다음과 같이 계산된다.

$$z = \frac{\bar{x} - \mu}{\sigma_{\bar{X}}}, \text{ 이때 } \sigma_{\bar{X}} = \frac{\sigma}{\sqrt{n}}$$

이 공식을 이용하여 계산된 z-값을 z의 **관측값(observed value)**이라고 한다.

이제 정규분포곡선에서 z의 값보다 먼 꼬리쪽 영역을 찾는다. 한쪽 꼬리검정이냐 양쪽 꼬리검정이냐에 따라 이 영역의 넓이가 p-값 또는 p-값의 절반이 된다.

p-값 방법을 이용하는 가설검정은 다음의 4가지 단계를 가진다.

p-값 방법을 이용하는 가설검정의 단계

1. 귀무가설과 대립가설을 세운다.

2. 사용할 분포를 결정한다.

3. p-값을 계산한다.

4. 결론을 내린다.

예제 9-1과 9-2는 정규분포를 이용하여 가설검정을 하기 위하여 p-값 방법을 이용하는 예를 보여 준다.

■ 예제 9-1 p-값 방법을 이용한 가설검정 : 양쪽 꼬리검정, 정규분포

어떤 식품회사에서는 신입사원이 식품제조 과정을 배우는 데 평균 90분이 걸렸다. 최근에 이 회사는 새로운 식품제조 기계를 구매하였다. 이 회사의 사장은 신입사원이 새 기계를 사용하여 식품제조 과정을 배우는 평균시간이 90분과 다른지를 알고자 한다. 20명의 신입사원을 표본으로 뽑아 평균을 구했더니 새 기계를 사용하여 식품제조 과정을 배우는 평균시간이 85분으로 나타났다. 모든 신입사원의 학습시간은 표준편차가 7분인 정규분포를 따른다고 알려져 있다. 새 기계를 사용하여 식품제조과정을 배우는 평균시간이 90분과 다른지를 검정하기 위하여 p-값을 계산하시오. 유의수준 $\alpha = 0.01$일 때 가설검정의 결과는 무엇인가?

풀 이 모든 신입사원들이 새 기계를 사용하여 식품제조과정을 배우는 평균시간을 μ로 두고 표본평균을 $\overline{X}$로 두자. 주어진 정보를 이용하면,

$$n = 20,\ \bar{x} = 85\text{분},\ \sigma = 7\text{분},\ \text{그리고}\ \alpha = 0.01$$

p-값을 구하기 위하여 다음의 네 단계를 적용해 보자.

단계 1. 귀무가설과 대립가설을 세운다.

$$H_0 : \mu = 90$$
$$H_1 : \mu \neq 90$$

귀무가설은 새 기계를 사용하여 식품제조 과정을 배우는 평균시간이 90분과 같다는 가설이고, 대립가설은 새 기계를 사용하여 식품제조 과정을 배우는 평균시간이 90분과 같지 않다는 가설을 말한다.

단계 2. 사용할 분포를 결정한다.

모표준편차 σ는 알려져 있으며, 표본의 크기는 작다$(n < 30)$. 그러나 모집단의 분포가 정규분포이다. 그러므로 $\overline{X}$의 표본분포는 정규분포이며, 평균은 μ와 같고, 표준편차는 $\sigma_{\overline{X}} = \sigma/\sqrt{n}$이다. 따라서 정규분포를 사용하여 p-값을 계산한다.

단계 3. p-값을 계산한다.

대립가설의 $\neq$부호는 양쪽 꼬리검정을 의미한다. p-값은 그림 9.7에서 보는 바와 같이 $\overline{X}$의 표본분포곡선에서 $\bar{x} = 85$의 왼쪽 꼬리영역의 두 배와 같다. 이 영역의 넓이를 계산하기 위하여 $\bar{x} = 85$에 대한 z-값을 구한다.

$$\sigma_{\overline{X}} = \frac{\sigma}{\sqrt{n}} = \frac{7}{\sqrt{20}} = 1.56524758$$

$$z = \frac{\bar{x} - \mu}{\sigma_{\overline{X}}} = \frac{85 - 90}{1.56524758} = -3.19$$

그림 9.7 **양쪽 꼬리검정에 대한 p- 값**

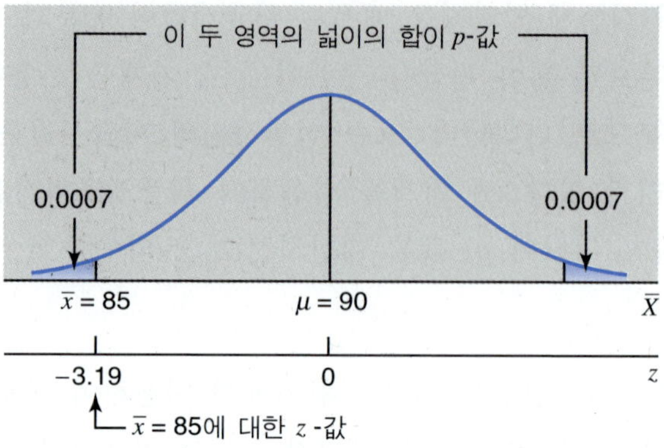

$\bar{x} = 85$의 왼쪽영역의 넓이는 표준정규분포곡선에서 $z = -3.19$의 왼쪽 꼬리영역과 같다. 정규분포표로부터 $z = -3.19$의 왼쪽 꼬리영역은 0.0007이다. 따라서 p-값은,

$$p\text{-값} = 2(0.0007) = 0.0014.$$

단계 4. 결론을 내린다.

p-값이 0.0014이므로 0.0014보다 큰 유의수준 α에 대하여 단계 1에서 서술한 귀무가설을 기각할 수 있으며, 0.0014보다 작은 유의수준에 대하여 귀무가설을 기각할 수 있다. $\alpha = 0.01$은 p-값 0.0014보다 크므로 이 유의수준에서 귀무가설을 기각한다. 따라서 새 기계를 사용하여 식품제조 과정을 배우는 평균시간이 90분과 같지 않다고 결론을 내린다.

■ 예제 9-2 p-값 방법을 이용한 가설검정 : 왼쪽 꼬리검정, 정규분포

어떤 헬스클럽에서는 클럽에 처음 등록한 후 첫 한 달 내에 10파운드를 감량한다고 주장한다. 한 소비자 협회에서 이러한 클럽의 주장을 확인하기 위하여 36명의 클럽회원을 임의로 뽑아서 조사한 결과, 첫 한 달 동안 평균 9.2파운드를 감량하였다. 모표준편차는 2.4파운드로 알려져 있다. 이 검정에서 p-값을 계산하시오. 유의수준 $\alpha = 0.01$일 때 가설검정의 결과는 어떠한가? 만약 $\alpha = 0.05$일 때의 가설검정의 결과는 어떻게 달라지는가?

풀 이 이 헬스클럽에 등록한 모든 회원들이 첫 한 달 동안의 평균 체중감량을 μ로 두고 표본평균을 $\bar{X}$로 두자. 주어진 정보를 이용하면,

$$n = 36,\ \bar{x} = 9.2\text{파운드},\ \sigma = 2.4\text{파운드}.$$

p-값을 구하기 위하여 다음의 네 단계를 적용해 보자.

단계 1. 귀무가설과 대립가설을 세운다.

$$H_0 : \mu \geq 10$$
$$H_1 : \mu < 10$$

단계 2. 사용할 분포를 결정한다.

모표준편차 σ는 알려져 있으며 표본의 크기는 크다$(n > 30)$. 그러므로 $\bar{X}$의 표본분포는 정규분포이며, 평균은 μ와 같고 표준편차는 $\sigma_{\bar{X}} = \sigma/\sqrt{n}$이다. 따라서 우리는 정규분포를 사용하여 p-값을 계산한다.

단계 3. p-값을 계산한다.

대립가설의 < 부호는 왼쪽 꼬리검정을 의미한다. p-값은 그림 9.8에서 보는 바와 같이 $\bar{X}$의 표본분포곡선에서 $\bar{x} = 9.2$의 왼쪽 꼬리영역과 같다. 이 영역의 넓이를 계산하기 위하여 $\bar{x} = 9.2$에 대한 z-값을 구한다.

$$\sigma_{\bar{X}} = \frac{\sigma}{\sqrt{n}} = \frac{2.4}{\sqrt{36}} = 0.40$$
$$z = \frac{\bar{x} - \mu}{\sigma_{\bar{X}}} = \frac{9.2 - 10}{0.40} = -2.00$$

그림 9.8 **왼쪽 꼬리검정에 대한 p-값**

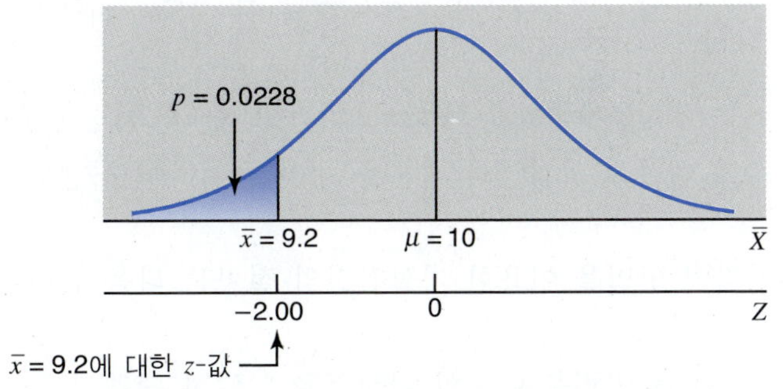

$\bar{x} = 9.2$의 왼쪽영역의 넓이는 표준정규분포곡선에서 $z = -2.00$의 왼쪽 꼬리영역과 같다. 정규분포표로부터 $z = -2.00$의 왼쪽 꼬리영역은 0.0228이다. 따라서 p-값은,

$$p\text{-값} = 0.0228.$$

단계 4. 결론을 내린다.

p-값이 0.0228이므로 0.0228보다 큰 유의수준 α에 대하여 단계 1에서 서술한 귀무가설을 기각할 수 있으며, 0.0228보다 작은 유의수준 α에 대하여 귀무가설을 기각할 수 있다. $\alpha = 0.01$은 p-값 0.0228보다 작으므로 이 유의수준에서 귀무가설을 기각하지 않는다. 따라서 이

헬스클럽에 등록한 회원들의 첫 한 달 동안의 평균 체중감량은 10파운드이거나 더 크다고 할 수 있다. 또한 $\alpha = 0.05$는 p-값 0.0228보다 크므로 이 유의수준에서 귀무가설을 기각한다. 따라서 이 헬스클럽에 등록한 회원들의 첫 한 달 동안의 평균 체중감량은 10파운드보다 작다고 할 수 있다. ■

2. 기각역 방법

이 방법은 전통적 또는 고전적인 방법으로도 불린다. 이 방법에서는 유의수준 α가 미리 정해진다. α의 값은 기각역(들)의 전체 영역의 넓이가 된다. 먼저, 주어진 유의수준에 대하여 표준정규분포표로부터 z의 임계값(들)을 찾는다. 그리고 표본통계량 $\bar{X}$ 관측값에 대한 검정통계량 z를 찾는다. 마지막으로 이 두 값을 비교하여 결론을 내린다. 이때 기억할 것은 한쪽 꼬리검정일 경우 z의 임계값은 하나뿐이며, 왼쪽 꼬리검정이냐 오른쪽 꼬리검정이냐에 따라 정규분포곡선의 왼쪽 또는 오른쪽 꼬리영역의 넓이인 α의 값을 이용하여 얻어진다. 그러나 양쪽 꼬리검정인 경우에는 z의 임계값은 2개이며, 정규분포곡선의 각 꼬리영역의 $\alpha/2$ 영역으로 얻어진다. 검정통계량의 값은 다음과 같이 얻어진다.

검정통계량

정규분포를 이용한 μ에 대한 가설검정에서, 확률변수

$$Z = \frac{\bar{X} - \mu}{\sigma_{\bar{X}}}, \text{ 이때 } \sigma_{\bar{X}} = \frac{\sigma}{\sqrt{n}}$$

는 **검정통계량**(*test statistic*)이라고 한다. 검정통계량은 귀무가설을 기각하는지 아닌지에 대한 가설검정의 결론을 내리기 위하여 사용되는 기준으로 정의된다.

기각역 방법을 이용한 가설검정의 절차는 다음의 다섯 단계로 이루어진다.

기각역 방법을 이용한 가설검정의 다섯 단계

1. 귀무가설과 대립가설을 세운다.
2. 사용할 분포를 결정한다.
3. 기각역과 비기각역을 결정한다.
4. 검정통계량의 값을 계산한다.
5. 결론을 내린다.

예제 9-3과 9-4는 모평균 μ에 대한 가설검정의 다섯 단계를 보여 준다. 예제 9-3은 양쪽 꼬리검정을, 예제 9-4는 한쪽 꼬리검정을 설명한다.

■ 예제 9-3 μ에 대한 양쪽 꼬리검정 : σ를 알고 있고 $n>30$

어떤 전화회사에서 장거리 전화서비스를 제공한다. 이 회사의 기록에 의하면 작년 이 회사를 통하여 사용된 평균 장거리 통화시간은 12.44분이었다. 이 회사의 사장은 현재의 평균 장거리 통화시간이 12.44분과 다른지를 알고 싶어한다. 이 회사를 통하여 걸렸던 150개의 장거리 통화기록을 표본으로 뽑아서 구한 평균 장거리 통화시간은 13.71분이었다. 모든 장거리 통화시간의 표준편차는 2.65분이다. 2%의 유의수준을 이용하여 현재 모든 장거리 통화의 평균시간이 12.44분과 다르다고 할 수 있는가?

풀 이 이 회사를 통하여 걸린 현재 모든 장거리 통화의 평균시간을 μ로 두고 표본평균을 $\overline{X}$로 두자. 주어진 정보를 이용하면,

$$n = 150, \bar{x} = 13.71, \sigma = 2.65.$$

우리는 현재 모든 장거리 통화의 평균시간이 12.44분과 다른지를 검정하고자 한다. 유의수준은 $\sigma = 0.02$이며, 실제로 귀무가설이 참일 때 귀무가설을 기각할 확률이 0.02를 넘지 않아야 한다. 이것은 제1종 오류를 범할 확률이다.

가설검정을 하기 위하여 다음의 다섯 단계를 사용한다.

단계 1. 귀무가설과 대립가설을 세운다.

$$H_0 : \mu = 12.44$$
$$H_1 : \mu \neq 12.44$$

단계 2. 사용할 분포를 결정한다.

모표준편차 σ는 알려져 있으며 표본의 크기는 크다$(n > 30)$. 그러므로 $\overline{X}$의 표본분포는 (근사적으로) 정규분포이며, 평균은 μ와 같고, 표준편차는 $\sigma_{\overline{X}} = \sigma/\sqrt{n}$이다. 따라서 우리는 정규분포를 사용하여 가설검정을 한다.

단계 3. 기각역과 비기각역을 결정한다.

유의수준은 0.02이다. 대립가설의 $\neq$ 부호는 2개의 기각역을 가진 양쪽 꼬리검정을 의미하며, 각 기각역은 $\overline{X}$의 정규분포곡선의 양쪽 꼬리영역에 있다. 2개의 기각역 넓이의 총합이 유의수준 0.02이므로, 각각의 꼬리에 있는 기각역의 넓이는 0.01이다.

$$\text{각 꼬리 면적} = \alpha/2 = 0.02/2 = 0.01$$

그림 9.9에 2개의 기각역이 나타나 있다. 이 그림에서 2개의 임계값은 2개의 기각역을 비기각역과 분리하고 있다. 기각역의 넓이를 이용하여 2개의 임계값에 대한 z-값을 구한다. 이

z-값을 구하기 위하여 정규분포표에서 0.0100과 0.9900 영역을 찾는다. 표 IV으로부터 2개의 임계값들에 대한 z-값들을 구하면, 그림 9.9에서 보는 바와 같이 약 −2.33과 2.33이다.

그림 9.9

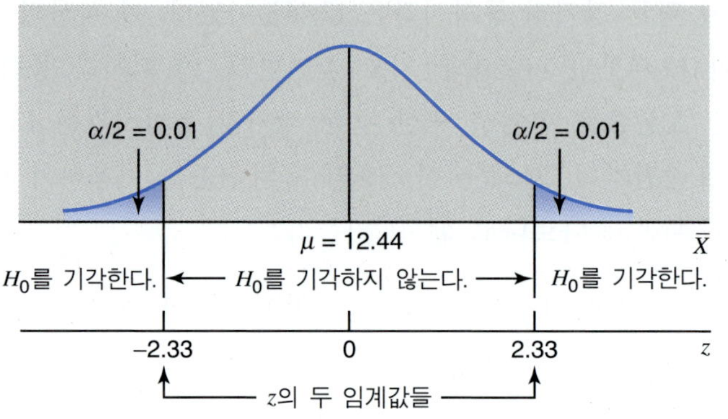

단계 4. 검정통계량의 값을 계산한다.

귀무가설을 기각할 것이냐 기각하지 않을 것이냐 하는 결정은 표본으로부터 얻은 증거가 기각역에 들어가느냐 비기각역에 들어가느냐에 달려있다. 만약 $\bar{x}$의 값이 2개의 기각역 중 하나에 들어가면 H_0를 기각한다. 만약 그렇지 않다면 H_0을 기각하지 않는다. 표본에서 얻은 $\bar{x}$의 값을 $\bar{x}$의 **관측값** (*observed value*)이라고 한다. 그림 9.9에서 $\bar{X}$의 표본분포곡선 위에 $\bar{x} = 13.71$의 위치를 찾기 위하여 먼저 $\bar{x} = 13.71$에 대한 z-값을 계산한다. 이 값을 **검정통계량의 값** (*value of the test statistic*)이라고 한다. 그리고 이 검정통계량의 값과 2개의 임계값 $z = -2.33$과 2.33의 값을 비교한다. 만약 검정통계량의 값이 −2.33과 2.33 사이에 들어가면 H_0를 기각하지 않는다. 만약 검정통계량의 값이 −2.33보다 작거나 2.33보다 크면 H_0를 기각한다.

검정통계량의 값 계산하기

정규분포를 사용할 때 μ에 대한 가설검정에서 $\bar{X}$에 대한 검정통계량 z의 값을 다음과 같이 계산한다.

$$z = \frac{\bar{X} - \mu}{\sigma_{\bar{X}}}, \text{ 이때 } \sigma_{\bar{X}} = \frac{\sigma}{\sqrt{n}}$$

$\bar{X}$에 대한 검정통계량 z의 값을 z의 **관측값 (observed value)**이라고 한다.

표본에서 얻은 $\bar{x}$의 값은 13.71이었다. 따라서 검정통계량 z의 값은

$$\sigma_{\bar{X}} = \frac{\sigma}{\sqrt{n}} = \frac{2.65}{\sqrt{150}} = 0.21637159$$

$$z = \frac{\bar{x} - \mu}{\sigma_{\bar{x}}} = \frac{13.71 - \overset{H_0\text{로부터}}{12.44}}{0.21637159} = 5.87$$

단계 5. 결론을 내린다.

마지막 단계에서는 단계 4에서 $\bar{x}$에 대하여 계산된 검정통계량 z의 값의 위치를 이용하여 결론을 내린다. $z = 5.87$은 임계값 $z = 2.33$보다 크며, 그림 9.9에서 오른쪽 꼬리부분의 기각역에 포함된다. 따라서 우리는 H_0를 기각하고, 표본의 정보에 근거하여 현재 모든 장거리 통화의 평균시간이 12.44분과 같지 않다고 결론을 내린다.

귀무가설을 기각함으로써 우리는 표본평균 $\bar{x} = 13.71$분과 모평균의 가정된 값 $\mu = 12.44$분 사이에 차이가 매우 크며, 우연히 일어나거나 표집오차만으로 일어나지 않았을 것이라고 적는다. 이 차이는 실제로 보여지며, 따라서 그러한 모든 통화의 평균시간은 12.44분과는 다르다.

참고로 귀무가설을 기각하는 것이 평균 통화시간이 12.44분과 반드시 다르다고 말하지는 않는다. 이것은 평균 통화시간이 12.44분과 다르다는 강한 근거가 표본으로부터 있었다는 것을 의미할 뿐이다. 평균 통화시간이 12.44분과 같을 가능성은 있으나 우리는 우연히 평균이 가정된 평균 12.44분과 멀리 떨어진 평균을 가진 표본을 추출하였다. 만약 그렇다면 우리는 귀무가설을 기각하지 않았어야 한다. 이것은 제1종 오류이며 확률은 이 표본에서는 0.02이다.

예제 9-3에서 가설검정을 할 때 p-값 방법을 사용할 수 있다. 이 예제는 양쪽 꼬리검정이다. p-값은 $\bar{X}$의 표본분포곡선 아래 $\bar{x} = 13.71$의 오른쪽 면적의 2배이다. 위의 단계 4에서 $\bar{x} = 13.71$에 대한 z값은 5.87이다. 정규분포표에서 $z = 5.87$의 오른쪽 면적은 거의 0이다. 따라서 p-값은 0이다. p-값보다 큰 모든 유의수준 α에 대하여 귀무가설은 기각되므로, 이 예제에서 우리는 모든 $\alpha > 0$에 대하여 귀무가설을 기각할 것이다. 여기서 $\alpha = 0.02$이므로 우리는 귀무가설을 기각한다. ■

■ 예제 9-4 μ에 대한 왼쪽 꼬리검정 : σ를 알고 있고 n<30, 모집단이 정규분포를 따를 때

어느 큰 도시의 시장은 이 도시에 사는 가구의 평균소득이 적어도 300,000달러라고 주장한다. 25가구를 랜덤하게 추출하여 조사한 결과 평균소득은 288,000달러였다. 이 도시에 사는 모든 가구의 소득은 정규분포를 따르고 표준편차는 80,000달러라고 가정하자. 2.5% 신뢰수준을 이용하여 이 시장의 주장이 거짓인지 검정하시오.

풀 이 이 도시에 사는 가구들의 평균소득을 μ로 두고 표본평균을 $\bar{X}$로 두자. 주어진 정보

를 이용하면,

$$n = 25,\ \bar{x} = 288{,}000\text{달러},\ \sigma = 80{,}000\text{달러}$$

유의수준은 $\alpha = 0.0025$이다.

단계 1. 귀무가설과 대립가설을 세운다.

$$H_0 : \mu \geq 300{,}000$$
$$H_1 : \mu < 300{,}000$$

단계 2. 사용할 분포를 결정한다.

모표준편차 σ는 알려져 있으며 표본의 크기는 작다 ($n < 30$). 그러나 모집단의 분포는 정규분포이다. 그러므로 $\bar{X}$의 표본분포는 정규분포를 따르며, 평균은 μ와 같고, 표준편차는 $\sigma_{\bar{X}} = \sigma/\sqrt{n}$이다. 따라서 우리는 정규분포를 사용하여 가설검정을 한다.

단계 3. 기각역과 비기각역을 결정한다.

유의수준은 0.025이다. 대립가설의 < 부호는 왼쪽 꼬리검정을 의미하며, 기각역은 $\bar{x}$의 정규분포곡선의 왼쪽 꼬리영역에 있다. 그림 9.10에서 보는 바와 같이 왼쪽 꼬리영역에 0.025 영역에 대한 z의 기각역을 정규분포표에서 구하면 -1.96이다.

그림 9.10

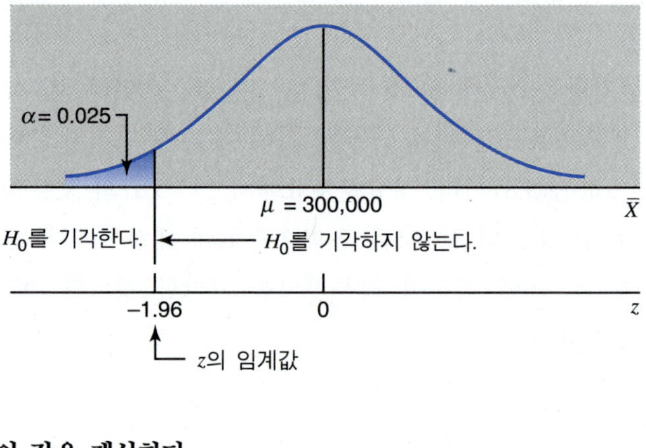

단계 4. 검정통계량의 값을 계산한다.

$\bar{x} = 288{,}000$달러에 대한 검정통계량 z의 값은 다음과 같이 계산된다.

$$\sigma_{\bar{x}} = \frac{\sigma}{\sqrt{n}} = \frac{80{,}000}{\sqrt{25}} = 16{,}000$$

H_0로부터

$$z = \frac{\bar{x} - \mu}{\sigma_{\bar{x}}} = \frac{288{,}000 - 300{,}000}{16{,}000} = 0.75$$

단계 5. 결론을 내린다.

$z = -0.75$은 임계값 $z = -1.96$보다 크며 비기각역에 포함된다. 따라서 우리는 H_0를 기각하지 않는다. 따라서 표본의 정보에 근거하여 이 도시에 사는 가구들의 평균소득은 300,000달러보다 작지 않다고 할 수 있다. 참고로 우리는 평균소득이 반드시 300,000달러보다 작지 않다고 말하는 것은 아니다. 귀무가설을 기각하지 않는 것은 표본의 정보가 귀무가설을 기각하고 시장의 주장이 거짓이라고 말할 충분히 강하지 않았다는 것을 의미한다. ■

예제 9-4에서 가설검정을 할 때 p-값 방법을 사용할 수 있다. 이 예제는 왼쪽 꼬리검정이다. p-값은 $\overline{X}$의 표본분포곡선 아래 $\bar{x} = 288{,}000$의 왼쪽영역면적이다. 위의 단계 4에서 $\bar{x} = 288{,}000$에 대한 z-값은 -0.75이다. 정규분포표에서 $z = -0.75$의 왼쪽면적은 0.2266이다. p-값보다 큰 모든 유의수준 α에 대하여 귀무가설은 기각되므로, 이 예제에서 우리는 모든 $\alpha = 0.025$에 대하여 귀무가설을 기각할 것이다. 여기서 $\alpha = 0.025$이므로 우리는 귀무가설을 기각하지 않는다.

연습문제

■ 개념과 절차

9.4 다음의 각 가설검정에 대하여 p-값을 구하시오.

a. $H_0 : \mu = 46$, $H_1 : \mu \neq 46$, $n = 40$, $\bar{x} = 49.60$, $\sigma = 9.7$

b. $H_0 : \mu = 26$, $H_1 : \mu < 26$, $n = 33$, $\bar{x} = 24.30$, $\sigma = 4.3$

c. $H_0 : \mu = 18$, $H_1 : \mu > 18$, $n = 55$, $\bar{x} = 20.50$, $\sigma = 7.8$

9.5 $H_0 : \mu = 72$, $H_1 : \mu > 72$을 생각해 보자. 이 모집단에서 크기 16의 랜덤표본을 추출한 결과 표본평균이 75.2였다. 모집단은 정규분포를 따르며 $\sigma = 6$이다.

a. p-값을 구하시오.

b. 위의 p-값을 고려하여 유의수준 0.01에서 귀무가설을 기각할 수 있는가?

c. 위의 p-값을 고려하여 유의수준 0.025에서 귀무가설을 기각할 수 있는가?

9.6 μ에 대한 다음의 가설검정의 각 예제에 대하여 표본평균의 표본분포가 정규분포라는 가정 하에 정규분포곡선에서 기각역과 비기각역을 보이시오.

a. $\alpha = 0.01$이고 $n = 100$인 양쪽 꼬리검정

b. $\alpha = 0.005$이고 $n = 27$인 왼쪽 꼬리검정

c. $\alpha = 0.025$이고 $n = 36$인 오른쪽 꼬리검정

9.7 다음의 귀무가설과 대립가설을 생각해 보자.

$$H_0 : \mu = 60,\ H_1 : \mu > 60$$

유의수준 $\alpha = 0.01$에서 가설검정을 하고 귀무가설을 기각하지 않았다고 하자. 모평균의 가정된 값과 표본평균의 관측값 사이의 차가 "통계적으로 유의하다"고 할 것인가, 아니면 "통계적으로 유의하지 않다"고 할 것인가?

9.8 다음의 각 유의수준에 대하여 제1종 오류를 범할 확률은 얼마인가?

a. $\alpha = 0.10$

b. $\alpha = 0.02$

c. $\alpha = 0.005$

9.9 크기가 28인 랜덤 표본의 표본평균이 15라고 한다. 유의수준 $\alpha = 0.01$에 대하여 다음의 가설검정에 대하여 z의 임계값과 관측값을 구하시오. 모집단은 정규분포를 따르고 $\sigma = 4$이다.

a. $H_0 : \mu = 20,\ H_1 : \mu < 20$

b. $H_0 : \mu = 20,\ H_1 : \mu \neq 20$

9.10 귀무가설 $H_0 : \mu = 35$를 생각해 보자. 표준편차 $\sigma = 5.5$인 모집단으로부터 크기가 70인 표본을 추출하였다. 다음의 각 검정에 대하여 $\alpha = 0.01$을 이용하여 표본평균의 표본분포곡선에서 기각역과 비기각역을 보이고 z의 임계값(들)을 구하시오.

a. 왼쪽 꼬리검정

b. 양쪽 꼬리검정

c. 오른쪽 꼬리검정

9.11 $H_0 : \mu = 45,\ H_1 : \mu < 45$를 생각해 보자.

a. 크기가 25인 표본의 평균이 41.8이라고 한다. $\alpha = 0.025$를 이용하여 귀무가설을 기각할 수 있는가? 모집단은 정규분포를 따른다고 하고 $\sigma = 6$이라고 하자.

b. 크기가 25인 또다른 표본의 평균이 43.8이라고 한다. $\alpha = 0.025$를 이용하여 귀무가설을 기각할 수 있는가? 모집단은 정규분포를 따른다고 하고 $\sigma = 6$이라고 하자.

9.12 다음의 가설검정을 하시오.

a. $H_0 : \mu = 80,\ H_1 : \mu \neq 80,\ n = 33,\ \bar{x} = 76.5,\ \sigma = 0.15,\ \alpha = 0.10$

b. $H_0 : \mu = 32,\ H_1 : \mu < 32,\ n = 75,\ \bar{x} = 26.5,\ \sigma = 7.4,\ \alpha = 0.01$

c. $H_0 : \mu = 55,\ H_1 : \mu > 55,\ n = 40,\ \bar{x} = 60.5,\ \sigma = 4,\ \alpha = 0.05$

■ 응용

9.13 한 자동차 배터리 회사에서 생산하는 배터리의 평균수명이 45개월이라고 주장한다. 한 소비자 단체는 이 주장이 참인지 확인하기 위하여 24개의 배터리를 랜덤 추출하여 조사한 결과 이 표본의 평균이 43.05개월이었다. 이 회사의 모든 배터리의 수명은 정규분포를 따르고 모표준편차는 4.5개월이라고 가정하자.

a. 이 회사 배터리의 평균수명이 45개월보다 작다는 대립가설에 대하여 가설검정을 하기 위하여 p-값을 구하시오. $\alpha = 0.025$에서 귀무가설을 기각할 수 있는가?

b. $\alpha = 0.025$에서 기각역 방법을 이용하여 가설검정하시오.

9.14 한 전화회사는 고객들의 모든 장거리 통화의 평균통화 길이는 10분이라고 주장한다. 고객들에 의해 걸린 장거리 통화 100건을 랜덤 추출하여 평균길이를 조사한 결과 9.20분이었다. 모표준편차는 3.80분으로 알려져 있다.

a. 고객들에 의해 걸린 모든 장거리 통화의 평균통화 길이가 10분과 다르다는 가설을 검정하기 위하여 p-값을 구하시오. 만약 $\alpha = 0.02$라면 p-값에 근거하여 귀무가설을 기각할 수 있는지 설명하시오. 만약 $\alpha = 0.05$이면 귀무가설을 기각할 수 있는가?

b. $\alpha = 0.02$에 대하여 기각역 방법을 이용하여 가설검정하시오. $\alpha = 0.05$이면 가설검정의 결론이 바뀌는가?

9.15 어떤 마을의 집소유주들은 주말에 집청소와 주변청소를 하는 데 평균적으로 8시간 이상 걸린다고 주장한다. 이러한 주장이 참인지 알아보기 위하여 20명의 집소유주들을 랜덤하게 추출하여 조사한 결과 주말에 그러한 청소를 하는 데 평균적으로 7.68시간이 걸렸다. 이 마을의 모든 집소유주들이 그러한 청소를 하는 데 걸리는 시간의 모집단은 정규분포를 따르고 모표준편차는 2.1시간이라고 한다.

a. 1%의 유의수준에서 이 마을의 집소유주들이 주말에 집청소와 주변청소를 하는 데 평균적으로 8시간 이상 걸린다는 주장이 거짓이라고 할 수 있는가? 2가지 방법을 모두 사용하라.

b. 2.5%의 유의수준에서 다시 가설검정하시오. 가설검정의 결과가 위의 결과와 다른가? 두 결과에 대하여 설명하시오.

9.3 μ에 대한 가설검정 : σ가 알려져 있지 않은 경우

이 장에서는 모표준편차 σ가 알려져 있지 않은 경우 모평균 μ에 대한 가설을 검정하는 방법에 대하여 설명한다. 다음 3가지 가능한 경우를 생각해 보자.

경우 I 다음 세 조건이 만족될 때:

1. 모표준편차 σ가 알려져 있지 않은 경우
2. 표본크기가 작을 때 (즉, $n < 30$)
3. 표본이 추출된 모집단이 정규분포를 따를 때

이때에는 모평균 μ에 대한 가설검정을 하기 위해 t-분포를 이용한다.

경우 II 다음 두 조건이 만족될 때:

1. 모표준편차 σ가 알려져 있지 않은 경우

2. 표본크기가 클 때 (즉, $n \geq 30$)

이때에도 모평균 μ에 대한 가설검정을 하기 위해 t-분포를 이용한다.

경우 III 다음 세 조건이 만족될 때:

1. 모표준편차 σ가 알려져 있지 않은 경우

2. 표본크기가 작을 때 (즉, $n < 30$)

3. 표본이 추출된 모집단이 정규분포를 따르지 않을 때 (또는 분포의 모양을 알지 못할 때)

이때에는 모평균 μ에 대한 가설검정을 하기 위해 비모수적 방법을 이용한다.

지금부터 경우 I과 경우 II에 대하여 모표준편차 σ가 알려져 있지 않은 경우 모평균 μ에 대한 가설검정을 할 때 t-분포를 사용하는 방법에 대하여 설명한다. 경우 I과 경우 II의 조건이 만족될 때 다음의 확률변수

$$T = \frac{\bar{X} - \mu}{s_{\bar{X}}}, \text{ 이때 } s_{\bar{X}} = \frac{s}{\sqrt{n}}$$

은 t-분포를 가진다. 여기서 t는 모평균 μ에 대한 가설검정을 위한 **검정통계량 (test statistic)** 이라고 부른다.

검정통계량

표본평균 $\bar{x}$에 대한 **검정통계량** (*test statistic*) 의 값은

$$T = \frac{\bar{X} - \mu}{s_{\bar{X}}}, \text{ 이때 } s_{\bar{X}} = \frac{s}{\sqrt{n}}$$

으로 계산된다. $\bar{X}$에 대하여 계산된 t의 값은 t의 **관측값 (observed value)** 이라고도 한다.

9.2절에서 모표준편차 σ가 알려져 있는 경우 모평균 μ에 대한 가설을 검정하기 위하여 p-값 방법과 기각역 방법을 설명하였다. 이 절에서도 모표준편차 σ가 알려져 있지 않은 경우 모평균 μ에 대한 가설을 검정하는 2가지 방법을 설명한다. 이 방법들은 9.2절의 방법들과 같으며, 9.2절과 다른 점은 정규분포 대신에 t-분포를 사용할 것이다.

1. p-값 방법

t-분포를 이용하여 μ에 대한 가설검정을 하기 위하여 p-값 방법을 이용하려면 9.2절에서 사용한 네 가지 단계를 사용할 것이다. p-값은 컴퓨터 등을 이용하여 쉽게 얻을 수 있으나 컴퓨터가 없는 경우 부록 B의 표 V를 사용할 수 있다. 참고로 부록 B의 표 V를 사용할 경우 정확한 p-값을 계산할 수 없으며, p-값이 속한 값의 범위만 알 수 있다.

■ 예제 9-5 μ에 대한 양쪽 꼬리검정(p-값 방법) σ를 알지 못하고 n<30, 모집단이 정규분포를 따를때

한 심리학자는 어린이가 처음 걷기 시작하는 평균 나이는 12.5개월이라고 주장한다. 이 주장이 옳은지를 알아보기 위하여 18명의 어린이를 임의로 추출하여 이 어린이들이 처음 걷기 시작하는 나이를 조사한 결과 평균 12.9개월이고 표준편차는 0.80개월이었다. 모든 어린이가 처음 걷기 시작하는 나이는 근사적으로 정규분포를 따른다고 알려져 있다. 어린이가 처음 걷기 시작하는 평균 나이가 12.5개월과 같은지를 검정하기 위하여 p-값을 구하시오. 유의수준이 1%일 때 당신의 결론은 무엇인가?

풀 이 모든 어린이가 처음 걷기 시작하는 평균 나이를 μ로 두고 표본평균을 $\bar{X}$로 두자. 주어진 정보를 이용하면,

$$n = 18,\ \bar{x} = 12.9\text{개월},\ \sigma = 0.80\text{개월}$$

p-값을 구하기 위하여 다음의 네 단계를 적용해 보자.

단계 1. 귀무가설과 대립가설을 세운다.

$$H_0 : \mu = 12.5$$
$$H_1 : \mu \neq 12.5$$

단계 2. 사용할 분포를 결정한다.

이 예제에서 모표준편차 σ는 알려져 있지 않으며, 표본의 크기는 작고 ($n < 30$), 모집단은 정규분포를 따른다. 그러므로 이 경우는 경우 I에 해당된다. 따라서 우리는 t-분포를 사용하여 p-값을 계산한다.

단계 3. p-값을 계산한다.

대립가설의 $\neq$ 부호는 양쪽 꼬리검정을 의미한다. p-값을 구하기 위하여 $\bar{x} = 12.9$개월에 대한 자유도와 t 값을 계산한다. 따라서 그림 9.11에서 보는 바와 같이 $\bar{x} = 12.9$에 대하여 t-분포곡선에서 이 t 값의 오른쪽 꼬리영역 면적의 2배와 같다.

$$s_{\bar{x}} = \frac{s}{\sqrt{n}} = \frac{0.80}{\sqrt{18}} = 0.18856181$$

$$t = \frac{\bar{x} - \mu}{s_{\bar{x}}} = \frac{12.9 - 12.5}{0.18856181} = 2.121, \; df = n - 1 = 18 - 1 = 17$$

(12.5: H_0로부터)

p-값이 속하는 범위를 구하기 위하여 부록 B의 표 V (t-분포표)에서 $df = 17$의 행을 찾는다. 이 행에서 우리는 $t = 2.121$가 속하는 두 t값을 찾는다. 표 V에서 $df = 17$에 대하여 t의 두 값은 2.110과 2.567이며, $t = 2.121$는 이 두 값 사이에 속한다. 이제 이 표의 첫 행으로 가서 2.110과 2.567에 대응하는 t-분포곡선의 꼬리 영역을 찾는다. 이 두 영역은 0.025와 0.01이다. 이 검정은 양쪽 꼬리검정이므로 $t = 2.121$에 대한 p-값은 $2(0.025) = 0.05$와 $2(0.01) = 0.02$ 사이에 속한다. 즉,

$$0.02 < p\text{-값} < 0.05$$

만약 컴퓨터를 사용하면 p-값은 0.049를 얻을 것이다.

그림 9.11 p-값

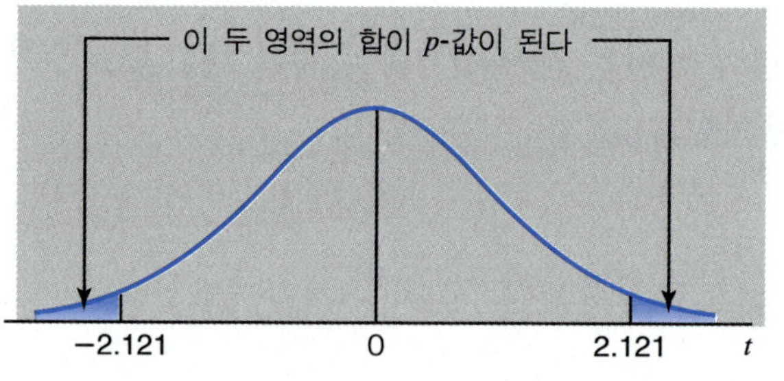

단계 4. 결론을 내린다.

이 예제에서 $\alpha = 0.01$이고 p-값 범위의 하한이 0.02보다 작다. 따라서 우리는 귀무가설 H_0를 기각할 수 없으며, 어린이가 처음 걷기 시작하는 평균 나이가 12.5개월과 다르지 않다고 할 수 있다. 가정된 모평균과 표본평균의 차이는 매우 작으며 표집오차 때문에 발생했을 것이라고 할 수 있다. ■

■ 예제 9-6 μ에 대한 왼쪽 꼬리검정(p-값) : σ를 알지 못하고 $n>30$

어떤 자동차 회사는 자동차 배터리를 생산한다. 이 회사는 이 배터리가 평균적으로 적어도 65개월 동안 작동한다고 주장한다. 한 소비자 단체에서 이러한 회사의 주장을 확인하기 위하여 45개의 배터리를 검사한 결과, 이 배터리들의 평균수명은 63.4개월이고 표준편차는 3개월이었다. 이 회사의 배터리의 평균수명이 65개월보다 작은지를 검정하기 위하여 p-값을 구하시오. 유의수준이 2.5%일 때 당신의 결론은 무엇인가?

풀 이 이 회사의 자동차 배터리의 평균수명을 μ로 두고 표본평균을 $\overline{X}$로 두자. 주어진 정보를 이용하면,

$$n = 45,\ \bar{x} = 63.4\text{개월},\ s = 3\text{개월}.$$

p-값을 구하기 위하여 다음의 네 단계를 적용해 보자.

단계 1. 귀무가설과 대립가설을 세운다.

$$H_0 : \mu \geq 65$$
$$H_1 : \mu < 65$$

단계 2. 사용할 분포를 결정한다.

이 예제에서 모표준편차 σ는 알려져 있지 않으며 표본의 크기는 크다 $(n > 30)$. 그러므로 이 경우는 경우 II에 해당된다. 따라서 우리는 t-분포를 사용하여 p-값을 계산한다.

단계 3. p-값을 계산한다.

대립가설의 < 부호는 왼쪽 꼬리검정을 의미한다. p-값을 구하기 위하여 $\bar{x} = 63.4$개월에 대한 자유도와 t값을 계산한다. 따라서 그림 9.12에서 보는 바와 같이 $\bar{x} = 63.4$에 대하여 t-분포곡선에서 이 t값의 왼쪽 꼬리영역 면적과 같다.

$$s_{\overline{X}} = \frac{s}{\sqrt{n}} = \frac{3}{\sqrt{45}} = 0.44721360$$

$$t = \frac{\bar{x} - \mu}{s_{\overline{X}}} = \frac{63.4 - \overset{H_0\text{로부터}}{65}}{0.44721360} = -3.578,\ df = n - 1 = 45 - 1 = 44$$

p-값이 속하는 범위를 구하기 위하여 부록 B의 표 V (t-분포표)에서 $df = 44$의 행을 찾는다. 이 행에서 우리는 $t = 3.578$가 속하는 두 t값을 찾는다. 참고로 검정통계량 t값이 음수라도 t값의 양수값을 사용한다. 표 V에서 $df = 44$에 대하여 t의 가장 큰 값은 3.286이고, 이 값에 대한 t분포의 꼬리영역은 0.001이다. $t = -3.578$의 왼쪽 꼬리영역은 0.001이다. -3.578은 -3.286보다 작으므로 $t = -3.578$의 왼쪽영역은 0.001보다 작다. 따라서 $t = -3.578$에 대한 p-값은 0.001보다 작다. 즉,

$$p\text{-값} < 0.001$$

여기서 p-값은 상한 0.001을 가진다. 컴퓨터를 사용하면 p-값은 0.000을 얻을 수 있을 것이다.

그림 9.12 $p-$값

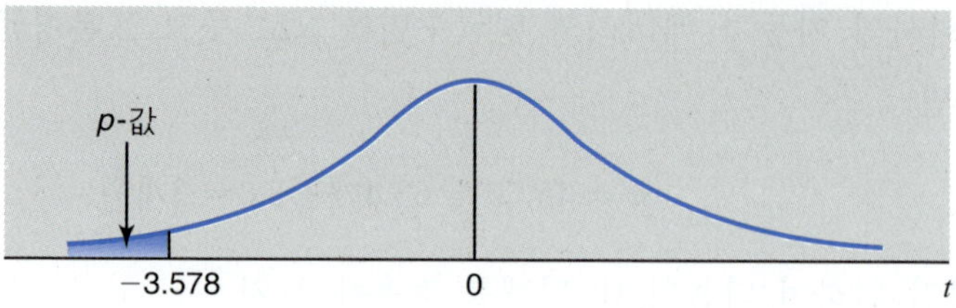

단계 4. 결론을 내린다.

0.001보다 큰 모든 α에 대하여 우리는 귀무가설을 기각할 것이다. 이 예제에서 $\alpha = 0.025$이고 $p-$값 범위의 상한 0.001보다 크다. 따라서 우리는 귀무가설 H_0를 기각하며 모든 배터리의 평균수명은 65개월보다 작다고 결론을 내린다. 따라서 가정된 모평균과 표본평균의 차이는 표집오차 때문에 발생했을 것이라고 하기에는 너무 크다고 할 수 있다. ■

2. 기각역 방법

이 방법에서 유의수준 α의 값이 미리 정해져 있으며 이 α값이 기각역의 총면적을 제공한다. 먼저 주어진 자유도와 유의수준에 대하여 부록 B의 $t-$분포표로부터 t의 기각역을 구한다. 그리고 표본통계량 $\bar{X}$의 관측값으로부터 검정통계량 t값을 구한다. 마지막으로 두 값을 비교하여 결론을 내린다. 만약 검정이 한쪽 꼬리검정이면 t의 임계값은 하나뿐이며, α값을 이용하여 얻어진다. 왼쪽 꼬리검정이냐 오른쪽 꼬리검정이냐에 따라 $t-$분포곡선의 왼쪽 또는 오른쪽 꼬리영역의 넓이를 이용하여 얻어진다. 그러나 양쪽 꼬리검정인 경우에는 t의 임계값은 2개이며, $t-$분포곡선의 각 꼬리영역의 $\alpha/2$ 영역으로 얻어진다.

■ 예제 9-7 μ에 대한 양쪽 꼬리검정 : σ를 알지 못하고 $n<30$, 모집단이 정규분포를 따를 때

예제 9-5를 다시 생각해보자. 한 심리학자는 어린이가 처음 걷기 시작하는 평균 나이는 12.5개월이라고 주장한다. 이 주장이 옳은지를 알아보기 위하여 18명의 어린이를 임의로 추출하여 이 어린이들이 처음 걷기 시작하는 나이를 조사한 결과 평균 12.9개월이고 표준편차는 0.80개월이었다. 모든 어린이가 처음 걷기 시작하는 나이는 근사적으로 정규분포를 따른다고 알려져 있다. 유의수준이 1%일 때 어린이가 처음 걷기 시작하는 평균 나이가 12.5개월과 같은지를 검정하시오.

풀 이 모든 어린이가 처음 걷기 시작하는 평균 나이를 μ로 두고 표본평균을 $\bar{X}$로 두자. 주어진 정보를 이용하면,

$$n = 18, \bar{x} = 12.9\text{개월}, \sigma = 0.80\text{개월, 그리고 } \alpha = 0.01.$$

단계 1. 귀무가설과 대립가설을 세운다.

$$H_0 : \mu = 12.5$$
$$H_1 : \mu \neq 12.5$$

단계 2. 사용할 분포를 결정한다.

이 예제에서 모표준편차 σ는 알려져 있지 않으며 표본의 크기는 작고 $(n < 30)$, 모집단은 정규분포를 따른다. 그러므로 이 경우는 경우 I에 해당된다. 따라서 우리는 t-분포를 사용한다.

단계 3. 기각역과 비기각역을 결정한다.

유의수준은 0.01이다. 대립가설의 ≠ 부호는 2개의 기각역을 가진 양쪽 꼬리검정을 의미하며, 각 기각역은 t-분포의 양쪽 꼬리영역에 있다.

$$\text{각 꼬리영역의 면적} = \alpha/2 = 0.005$$
$$df = n - 1 = 18 - 1 = 17$$

t-분포표로부터 자유도 17과 t-분포곡선의 각 꼬리의 0.005 영역에 대한 임계값들은 −2.898과 2.898이다. 이 값들은 그림 9.13에 나타나 있다.

그림 9.13 t의 임계값들

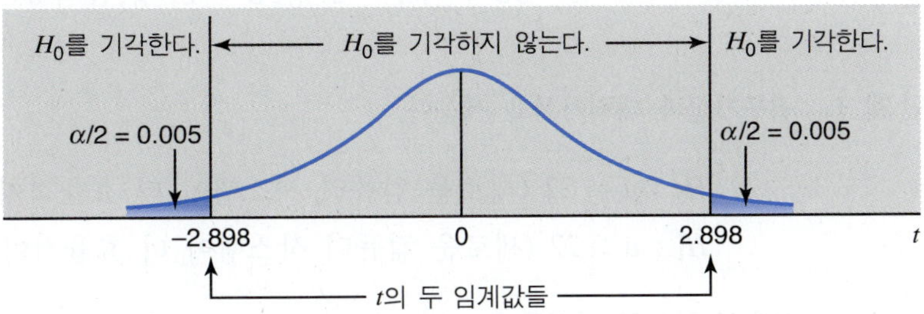

단계 4. 검정통계량의 값을 계산한다.

$\bar{x} = 12.9$에 대한 검정통계량 t의 값을 계산한다.

$$s_{\bar{x}} = \frac{s}{\sqrt{n}} = \frac{0.80}{\sqrt{18}} = 0.18856181$$

$$t = \frac{\bar{x} - \mu}{s_{\bar{x}}} = \frac{12.9 - 12.5}{0.18856181} = 2.121$$

($\mu = 12.5$: H_0로부터)

단계 5. 결론을 내린다.

$t = 2.121$의 값은 두 임계값들 -2.898과 2.898 사이인 비기각역에 속한다. 따라서 우리는 귀무가설 H_0을 기각할 수 없다. 따라서 가정된 모평균과 표본평균의 차이는 작아서 표집오차 때문에 발생하였을 수 있다. 어린이들이 처음 걷기 시작하는 평균나이는 12.5개월과 다르지 않다. ■

■ 예제 9-8 μ에 대한 오른쪽 꼬리검정(p-값) : σ를 알지 못하고 $n>30$

한 은행의 매니저는 고객들에게 제공되는 서비스의 질에 대하여 항상 관심이 있다. 오래된 컴퓨터 시스템에서는 이 은행의 직원은 평균적으로 한 시간에 22명의 고객을 서비스할 수 있다. 매니저는 이 속도로는 고객이 기다리는 시간이 너무 길다는 것을 알았다. 최근에 이 은행은 새로운 컴퓨터 시스템을 구축하였고, 서비스 속도도 빨라지고, 따라서 고객이 기다리는 시간도 줄어들 것으로 기대하였다. 새로운 컴퓨터 시스템이 기존 시스템보다 더 효율적인지를 확인하기 위하여 70시간의 랜덤 표본을 추출한 결과 이 시간 동안 은행직원에 의하여 서비스되는 고객의 평균수는 시간당 27명이고 표준편차는 2.5명이었다. 1%의 유의수준에서 검정할 때 새로운 컴퓨터 시스템이 기존 시스템보다 더 효율적이라고 할 수 있는가?

풀 이 새로운 컴퓨터 시스템에서 은행직원에 의해 서비스되는 고객의 평균수를 μ로 두고 표본평균을 $\bar{x}$로 두자. 주어진 정보를 이용하면,

$$n = 70\text{시간}, \bar{x} = 27\text{명}, \sigma = 2.5\text{명}, \alpha = 0.01.$$

단계 1. 귀무가설과 대립가설을 세운다.

$H_0 : \mu = 22$ (새로운 컴퓨터 시스템이 더 효율적이지 않다)

$H_1 : \mu > 22$ (새로운 컴퓨터 시스템이 더 효율적이다)

단계 2. 사용할 분포를 결정한다.

이 예제에서 모표준편차 σ는 알려져 있지 않으며 표본의 크기는 크다 $(n > 30)$. 그러므로 이 경우는 경우 II에 해당된다. 따라서 우리는 t-분포를 사용한다.

단계 3. 기각역과 비기각역을 결정한다.

유의수준은 0.01이다. 대립가설의 $>$ 부호는 오른쪽 꼬리검정을 의미하며 기각역은 t-분포곡선의 오른쪽 꼬리영역에 있다.

$$\text{오른쪽 꼬리영역의 면적} = \alpha = 0.01$$
$$df = n - 1 = 70 - 1 = 69$$

t-분포표로부터 자유도 69와 t-분포곡선의 오른쪽 꼬리의 0.01 면적에 대한 임계값은 2.382이다. 이 값들은 그림 9.14에 나타나 있다.

그림 9.14 **t의 임계값**

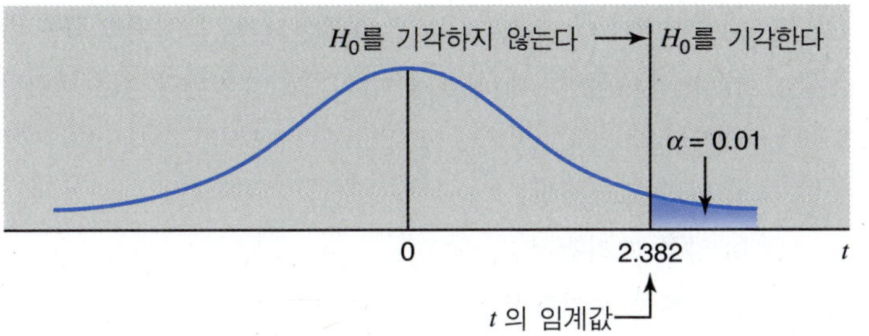

단계 4. 검정통계량의 값을 계산한다.

$\bar{x} = 27$에 대한 검정통계량 t의 값을 계산한다.

$$s_{\bar{x}} = \frac{s}{\sqrt{n}} = \frac{2.5}{\sqrt{70}} = 0.29880715$$

$$t = \frac{\bar{x} - \mu}{s_{\bar{x}}} = \frac{27 - 22}{0.29880715} = 16.733$$

(22: H_0로부터)

단계 5. 결론을 내린다.

$t = 16.733$의 값은 임계값 $t = 2.382$보다 크며 기각역에 속한다. 따라서 우리는 귀무가설 H_0를 기각한다. 따라서 표본평균의 값은 가정된 모평균과 표본평균의 차이보다는 크고, 이 차이는 표집오차만으로 발생하지 않았을 것이다. 새로운 컴퓨터 시스템에서 시간당 서비스되는 고객의 평균수는 22보다 크며, 따라서 새로운 컴퓨터 시스템은 기존 시스템보다 더 효율적이다. ■

연습문제

■ 개념과 절차

9.16 μ에 대한 다음의 각 가설검정 예제에 대하여 t분포곡선에서 기각역과 비기각역을 보이시오.

a. $\alpha = 0.01$이고 $n = 15$인 양쪽 꼬리검정

b. $\alpha = 0.005$이고 $n = 25$인 왼쪽 꼬리검정

c. $\alpha = 0.025$이고 $n = 22$인 오른쪽 꼬리검정

9.17 정규분포를 따르는 모집단으로부터 크기가 16인 표본을 추출한 결과 평균이 42.4이고 표준편차가 8이었다. $\alpha = 0.05$를 이용하여 다음의 각 가설검정을 하기 위하여 p-값의 범위를 구하고 t의 임계값과 관측값을 구하시오.

a. $H_0 : \mu = 46, H_1 : \mu < 46$

b. $H_0 : \mu = 46, H_1 : \mu \neq 46$

9.18 귀무가설 : $H_0 : \mu = 35$를 생각해보자. 모집단으로부터 크기가 52인 표본을 추출하였다. 다음의 각 검정에 대하여 $\alpha = 0.05$을 이용하여 기각역과 비기각역을 보이고 t의 임계값(들)을 구하시오.

a. 왼쪽 꼬리검정

b. 양쪽 꼬리검정

c. 오른쪽 꼬리검정

9.19 $H_0 : \mu = 40, H_1 : \mu > 40$를 생각해보자.

a. 크기가 64인 표본의 평균이 43이고 표준편차가 5라고 한다. $\alpha = 0.025$를 이용하여 귀무가설을 기각할 수 있는가?

b. 크기가 64인 또다른 표본의 평균이 41이고 표준편차가 7이다. $\alpha = 0.025$를 이용하여 귀무가설을 기각할 수 있는가?

9.20 다음의 가설검정을 하시오.

a. $H_0 : \mu = 60, H_1 : \mu \neq 60, n = 14, \bar{x} = 57, s = 9, \alpha = 0.05$

b. $H_0 : \mu = 35, H_1 : \mu < 35, n = 24, \bar{x} = 28, s = 5.4, \alpha = 0.005$

c. $H_0 : \mu = 47, H_1 : \mu > 47, n = 18, \bar{x} = 50, s = 6, \alpha = 0.001$

■ 응용

9.21 작년 12월 31일에 어떤 은행이 가진 모든 보통예금의 잔액이 850달러라고 한다. 최근에 55개의 보통예금계좌를 랜덤하게 추출하여 조사한 결과 평균잔액은 780달러고 표준편차는 230달러였다. 1%의 유의수준에서 이 기간동안 보통예금 계좌들의 평균잔액이 감소하였다고 할 수 있는가? $\alpha = 0.025$에서는 어떠한가?

9.22 한 잡지사의 조사에서 2년 전 우리나라 가구당 평균개인부채(자동차융자, 신용카드 등등)가 17,989달러라고 한다. 최근에 서울시에 사는 75개의 가구를 랜덤 추출하여 조사한 결과 평균개인부채는 16,450달러고 표준편차는 4,650달러였다. 2%의 유의수준에서 서울시의 모든 가구들의 현재 평균개인부채가 17,989달러와 다르다고 할 수 있는가? p-값 방법과 기각역 방법을 모두 사용하시오.

9.23 한 식당의 매니저는 이 도시에 있는 모든 식당에서 일하는 웨이터들은 주당 평균적으로 150달러 이상을 팁으로 번다고 주장한다. 이 도시의 식당들에서 25명의 웨이터를 랜덤추출하여 조사한 결과 주당 평균팁이 139달러이고 표준편차는 28달러였다. 이 도시의 모든 웨이터들

의 주당 팁은 정규분포를 따른다고 가정한다.

a. 1%의 유의수준에서 이 매니저의 주장이 참이라고 할 수 있는가? 2가지 방법을 모두 사용하시오.

b. 이 문제에서 제 1종 오류는 무엇인가? 설명하시오. 이 오류를 범할 확률은 얼마인가?

9.24 2년 전 한국중소기업의 CEO들의 평균나이는 58세라고 한다. 이러한 주장이 여전히 참인지 알아보기 위하여 70명의 중소기업 CEO들을 랜덤추출하여 조사한 결과 평균나이는 55세이고 표준편차는 6살이었다.

a. 제 1종 오류를 범할 확률이 0이라고 하자. 한국중소기업의 CEO들의 현재 평균나이가 58세와 다르다고 할 수 있는가?

b. 1%의 유의수준에서 한국중소기업의 CEO들의 현재 평균나이가 58세와 다르다고 할 수 있는가? 2가지 방법을 모두 사용하시오.

9.25 한 슈퍼마켓의 기록에 의하면 고객이 마켓을 방문할 때 평균적으로 65달러를 소비한다고 한다. 최근에 이 슈퍼마켓에서는 마켓에서 소비한 금액에 따라 포인트를 주고 이 포인트로 다시 구매할 수 있게 하는 캠페인을 열어 고객들의 소비를 증가시키고자 하였다. 이러한 포인트 캠페인이 고객의 소비를 증가시켰는지 알아보기 위하여 12명의 고객을 랜덤추출하여 그들이 마켓에서 소비한 금액을 다음과 같이 조사하였다.

88 69 141 28 106 45 32 51 78 54 110 83

이 마켓에서 모든 고객에 의해 소비되는 금액은 정규분포를 따른다고 가정하다. 1%의 유의수준을 이용하여 캠페인 후에 이 마켓에서 모든 고객들에 의해 소비된 평균금액이 65달러 이상이라고 할 수 있는가?

9.4 모비율에 대한 가설검정 : 대표본

이 절에서는 모비율에 대한 가설검정을 하고자 한다. 예를 들어, 인터넷 쇼핑몰에서는 모든 주문의 90%는 72시간 내에 배달된다고 주장한다. 이 회사의 사장은 이 주장이 맞는지를 확인하고 싶어한다.

이 절은 대표본에 대하여 모비율 p에 대한 가설을 검정하는 절차를 소개한다. 이 절차들인 모평균 μ를 검정하는 절차와 비슷하다. 검정은 한쪽 꼬리검정 또는 양쪽 꼬리검정이 될 수 있다. 7장에서 표본의 크기가 클 때 모비율 $\hat{p}$은 근사적으로 정규분포를 따르며, 평균이 p와 같고, 표준편차는 $\sqrt{pq/n}$과 같다는 것을 알고 있다. 따라서 대표본에 대하여 모비율 p를 검정할 때 정규분포를 사용한다. 7장과 8장에서 거론된 바와 같이 비율의 경우, np와 nq 모두가 5보다 클 때 표본의 크기는 크다고 간주한다.

검정통계량

표본비율 $\hat{p}$에 대한 **검정통계량**(*test statistic*) 의 값은 다음과 같이 계산된다.

$$Z = \frac{\hat{p} - p}{\sigma_{\hat{p}}}, \text{ 이때 } \sigma_{\hat{p}} = \sqrt{\frac{pq}{n}}$$

이 공식에서 p의 값은 귀무가설에서 사용된 p의 값이다. q의 값은 $I - p$와 같다. $\hat{p}$에 대하여 계산된 z의 값은 z의 **관측값**(**observed value**) 이라고도 한다.

9.2절과 9.3절에서 우리는 μ에 대한 가설을 검정하기 위하여 p-값 방법과 기각역 방법을 공부하였다. 여기서도 역시 모비율 p에 대한 가설을 검정하기 위하여 이 두 방법을 사용할 것이다. 여기서의 방법들은 9.2절과 9.3절의 절차와 같으며, 차이점은 μ에 대한 가설검정이 아니라 p에 대한 가설검정이라는 것뿐이다.

1. p-값 방법

p에 대한 가설검정을 위하여 p-값 방법을 사용하기 위해 9.2절에서 사용한 네 가지 단계를 사용할 것이다. 컴퓨터를 이용하면 쉽게 p-값을 얻을 수 있으며, 부록 B의 표 IV를 이용할 수도 있다.

■ 예제 9-9 p에 대한 양쪽 꼬리검정(p-값 방법) : 대표본

한 잡지사에서 작년 3월 15~17일 동안 전화로 한국 성인들에게 실시한 여론조사에 의하면, 응답자의 66%가 TV에서 너무 많은 폭력물이 나온다고 답하였다. 이러한 결과가 작년 한국 인구전체에 대하여 성립한다고 가정하자. 최근에 1,000명의 한국 성인들을 랜덤하게 추출하여 조사한 결과 70%가 TV에 너무 많은 폭력물이 나온다고 답하였다. 이러한 비율이 작년의 비율과 다르다는 가설을 검정하기 위하여 p-값을 구하시오. 유의수준이 2%일 때 당신의 결론은 무엇인가?

풀 이 TV에 너무 많은 폭력물이 나온다고 생각하는 모든 한국 성인들의 현재 비율을 p라고 두고 $\hat{p}$는 표본비율이라고 두자. 주어진 정보를 이용하면,

$$n = 1000, \hat{p} = 0.70, \alpha = 0.02$$

작년에 66%의 성인이 TV에 너무 많은 폭력물이 나온다고 답하였다. 따라서,

$$p = 0.66, q = 1 - p = 1 - 0.66 = 0.34.$$

단계 1. 귀무가설과 대립가설을 세운다.

$$H_0 : p = 0.66$$
$$H_1 : p \neq 0.66$$

단계 2. 사용할 분포를 결정한다.

표본의 크기가 큰지 알아보기 위하여 np와 nq의 값을 계산한다.

$$np = 1000\,(0.66) = 660,\ nq = 1000\,(0.34) = 340$$

np와 nq 모두 5보다 크므로 표본의 크기는 크다고 한다. 따라서 우리는 정규분포를 사용하여 p-값을 계산한다.

단계 3. p-값을 계산한다.

대립가설의 $\neq$ 부호는 양쪽 꼬리검정을 의미한다. p-값은 그림 9.15에서 보는 바와 같이 $\hat{p} = 0.70$에 대하여 정규분포곡선에서 z의 오른쪽 꼬리 영역의 2배와 같다. 이 영역의 넓이를 계산하기 위하여 $\hat{p} = 0.70$에 대한 z-값을 구한다.

$$\sigma_{\hat{p}} = \sqrt{\frac{pq}{n}} = \sqrt{\frac{(0.66)(0.34)}{1000}} = 0.01497999$$

H_0로부터

$$z = \frac{\hat{p} - p}{\sigma_{\hat{p}}} = \frac{0.70 - 0.66}{0.01497999} = 2.67$$

정규분포표에서 $z = 2.67$의 오른쪽 영역을 구하면 $1 - 0.9962 = 0.0038$이다. 따라서 p-값은

$$p\text{-값} = 2\,(0.0038) = 0.0076.$$

그림 9.15 p-값

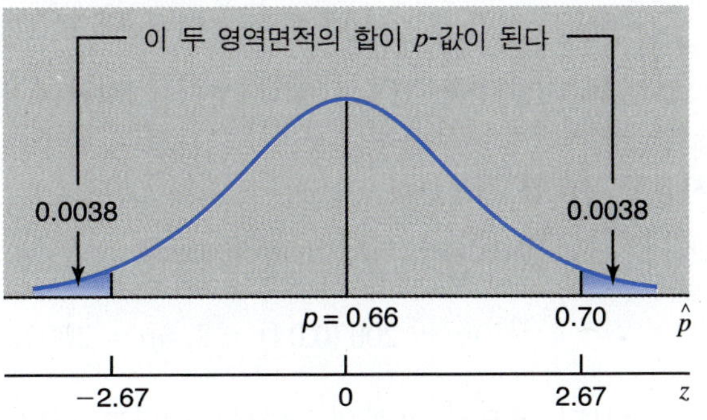

단계 4. 결론을 내린다.

0.0076보다 더 큰 α에 대하여 귀무가설을 기각할 것이며, 0.0076보다 작거나 같은 α에 대하여 귀무가설을 기각하지 않을 것이다. 이 예제에서 $\alpha = 0.02$이며 p-값 0.0076보다 크다. 따

라서 우리는 귀무가설 H_0을 기각하고 현재 TV에 너무 많은 폭력물이 나온다고 생각하는 한국성인의 비율은 0.66과 다르다고 결론내린다. 따라서 가정된 모비율 0.66과 표본비율 0.70의 차이는 표집오차만으로 발생했다고 하기엔 너무 크다고 할 수 있다. ■

■ 예제 9-10 p에 대한 오른쪽 꼬리검정(p-값 방법) : 대표본

계산기를 위한 칩을 만들 때 사용되는 기계는 4% 이상의 불량품을 내지 않는다. 이 기계가 4% 이상의 불량품이 나올 때마다 기계는 수리할 필요가 있다. 이 기계가 정상적으로 작동하는지를 확인하기 위하여 이 회사는 종종 칩의 표본을 추출하여 불량품인지 아닌지를 점검한다. 최근에 200개의 칩을 랜덤하게 추출하여 조사한 결과 12개의 불량품이 나왔다. 이 기계가 수리가 필요한지 아닌지 가설을 검정하기 위하여 p-값을 구하시오. 유의수준이 2.5%일 때 당신의 결론은 무엇인가?

풀 이 이 기계에 의해 생산된 모든 칩에서 나온 불량품의 비율을 p라고 두고 $\hat{p}$는 표본비율이라고 두자. 주어진 정보를 이용하면,

$$n = 200,\ \hat{p} = 12/200 = 0.06,\ \alpha = 0.025$$

이 기계가 정상적으로 작동할 때에는 4% 이상의 불량품을 생산하지 않는다. 따라서 이 기계가 정상적으로 작동한다고 가정하면,

$$p = 0.04,\ q = 1 - p = 1 - 0.04 = 0.96.$$

단계 1. 귀무가설과 대립가설을 세운다.

$H_0 : p \leq 0.04$ (이 기계는 수리를 필요로 하지 않는다.)

$H_0 : p > 0.04$ (이 기계는 수리를 필요로 한다.)

단계 2. 사용할 분포를 결정한다.

표본의 크기가 큰지 알아보기 위하여 np와 nq의 값을 계산한다.

$$np = 200\,(0.04) = 8,\ np = 200\,(0.96) = 192$$

np와 np 모두 5보다 크므로 표본의 크기는 크다고 한다. 따라서 우리는 정규분포를 사용하여 p-값을 계산한다.

단계 3. p-값을 계산한다.

대립가설의 > 부호는 오른쪽 꼬리검정을 의미한다. p-값은 그림 9.16에서 보는 바와 같이

$\hat{p}=0.06$에 대하여 정규분포곡선에서 z의 오른쪽 꼬리 영역과 같다. 이 영역의 넓이를 계산하기 위하여 $\hat{p}=0.06$에 대한 z-값을 구한다.

$$\sigma_{\hat{p}} = \sqrt{\frac{pq}{n}} = \sqrt{\frac{(0.04)(0.96)}{200}} = 0.01385641$$

$$z = \frac{\hat{p}-p}{\sigma_{\hat{p}}} = \frac{0.06-0.04}{0.01385641} = 1.44$$

(0.04: H_0로부터)

정규분포표에서 $z=1.44$의 오른쪽영역을 구하면 $1-0.9251=0.0749$이다. 따라서 p-값은,

$$p\text{-값} = 0.0749$$

그림 9.16 p-값

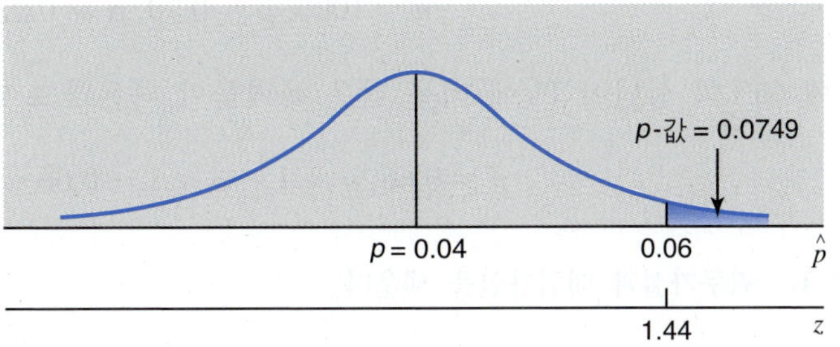

단계 4. 결론을 내린다.

0.0749보다 더 큰 α에 대하여 귀무가설을 기각할 것이며, 0.0749보다 작거나 같은 α에 대하여 귀무가설을 기각하지 않을 것이다. 이 예제에서 $\alpha=0.025$이며 p-값 0.0749보다 작다. 따라서 우리는 귀무가설 H_0를 기각하지 않으며 이 기계는 수리를 필요로 하지 않는다. ■

2. 기각역 방법

이 방법에서는 유의수준 α가 미리 정해진다. α의 값은 기각역(들)의 전체 영역의 넓이를 제공한다. 먼저 주어진 유의수준에 대하여 정규분포표로부터 z의 임계값(들)을 찾는다. 그리고 표본통계량 $\hat{p}$의 관측값에 대한 검정통계량 z를 찾는다. 마지막으로 이 두 값을 비교하여 결론을 내린다. 이때 기억할 것은 한쪽 꼬리검정일 경우 z의 임계값은 하나뿐이며 왼쪽 꼬리검정이냐 오른쪽 꼬리검정이냐에 따라 정규분포곡선의 왼쪽 또는 오른쪽 꼬리영역의 넓이인 α의 값을 이용하여 얻어진다. 그러나 양쪽 꼬리검정인 경우에는 z의 임계값은 2개이며 정규분포곡선의 각 꼬리영역의 $\alpha/2$ 영역으로 얻어진다.

■ 예제 9-11 p에 대한 양쪽 꼬리검정(기각역 방법) : 대표본

예제 9-9를 다시 고려해 보자. 한 잡지사에서 작년 3월 15일 ~17일 동안 전화로 한국 성인들에게 실시한 여론조사에 의하면 응답자의 66%가 TV에서 너무 많은 폭력물이 나온다고 답하였다. 이러한 결과가 작년 한국 인구전체에 대하여 성립한다고 가정하자. 최근에 1,000명의 한국 성인들을 랜덤하게 추출하여 조사한 결과 70%가 TV에 너무 많은 폭력물이 나온다고 답하였다. 유의수준이 2%일 때 이러한 비율이 작년의 비율과 다르다고 할 수 있는가?

풀 이 TV에 너무 많은 폭력물이 나온다고 생각하는 모든 한국 성인들의 현재 비율을 p라고 두고 $\hat{p}$는 표본비율이라고 두자. 주어진 정보를 이용하면,

$$n = 1000,\ \hat{p} = 0.70,\ \alpha = 0.02$$

작년에 66%의 성인이 TV에 너무 많은 폭력물이 나온다고 답하였다. 따라서,

$$p = 0.66,\ q = 1 - p = 1 - 0.66 = 0.34.$$

단계 1. 귀무가설과 대립가설을 세운다.

$$H_0 : p = 0.66$$
$$H_1 : p \neq 0.66$$

단계 2. 사용할 분포를 결정한다.

표본의 크기가 큰지 알아보기 위하여 np와 nq의 값을 계산한다.

$$np = 1000\,(0.66) = 660,\ np = 1000\,(0.34) = 340$$

np와 nq와 모두 5보다 크므로 표본의 크기는 크다고 한다. 따라서 우리는 정규분포를 사용하여 p-값을 계산한다.

단계 3. 기각역과 비기각역을 결정한다.

대립가설의 ≠ 부호는 2개의 기각역을 가진 양쪽 꼬리검정을 의미한다. 유의수준은 0.02이다. 따라서 두 기각역의 총면적은 0.02이며 $\hat{p}$의 표본분포의 각 꼬리에 있는 기각역은 $\alpha/2 = 0.02/2 = 0.01$이다. 그림 9.17에서 보는 바와 같이 정규분포표에서 얻은 z의 임계값들은 각각 -2.33과 2.33이다.

그림 9.17 *z*의 임계값들

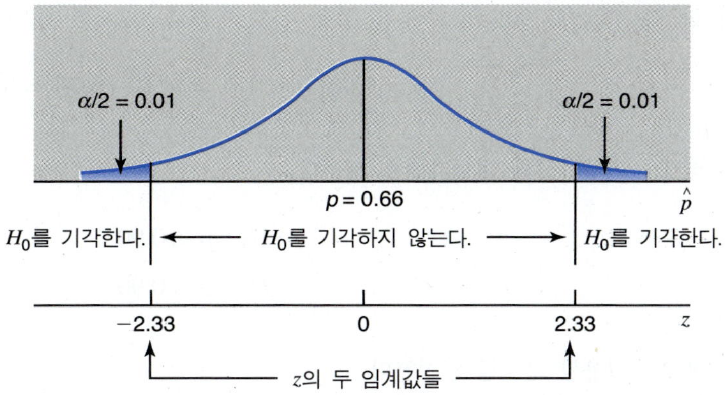

단계 4. 검정통계량의 값을 계산한다.

$\hat{p} = 0.70$에 대한 검정통계량 z의 값은 다음과 같이 계산된다.

$$\sigma_{\hat{p}} = \sqrt{\frac{pq}{n}} = \sqrt{\frac{(0.66)(0.34)}{200}} = 0.01497999$$

(H_0로 부터)

$$z = \frac{\hat{p} - p}{\sigma_{\hat{p}}} = \frac{0.70 - 0.66}{0.01497999} = 2.67.$$

단계 5. 결론을 내린다.

$\hat{p}$에 대한 검정통계량 $z = 2.67$의 값은 기각역에 속한다. 따라서 귀무가설 H_0를 기각하고 현재 TV에 너무 많은 폭력물이 나온다고 생각하는 한국성인의 비율은 0.66과 다르다고 결론을 내린다. 따라서 가정된 모비율 0.66과 표본비율 0.70의 차이는 표집오차만으로 발생했다고 하기엔 너무 크다고 할 수 있다. ■

■ 예제 9-12 p에 대한 왼쪽 꼬리검정(기각역 방법) : 대표본

어떤 회사는 컴퓨터와 컴퓨터 부속을 메일로 판다. 이 회사는 적어도 90%의 주문은 주문이 도착한 후 72시간 내에 배달된다고 주장한다. 이 회사에서는 이러한 주장이 사실인지 확인하기 위하여 종종 표본을 추출하여 검사한다. 최근에 150개의 주문을 랜덤하게 추출하여 조사한 결과 72시간 내에 배달된 주문은 129개였다고 한다. 유의수준 2.5%에서 이 회사의 주장이 사실인지 검정하시오.

풀 이 이 회사에서 72시간 내에 배달된 모든 주문의 비율을 p라고 두고 $\hat{p}$은 표본비율이라고 두자. 주어진 정보를 이용하면,

$$n = 150,\ \hat{p} = 129/150 = 0.86,\ \alpha = 0.025.$$

이 회사는 적어도 90%의 주문은 주문이 도착한 후 72시간 내에 배달된다고 주장한다. 따라서,

$$p = 0.90,\ q = 1 - p = 1 - 0.90 = 0.10.$$

단계 1. 귀무가설과 대립가설을 세운다.

$$H_0 : p \geq 0.90$$
$$H_1 : p < 0.90$$

단계 2. 사용할 분포를 결정한다.

표본의 크기가 큰지 알아보기 위하여 np와 nq의 값을 계산한다.

$$np = 150\,(0.90) = 135 > 5,\ np = 150\,(0.10) = 15 > 5,$$

np와 nq 모두 5보다 크므로 표본의 크기는 크다고 한다. 따라서 우리는 p에 대한 가설검정을 하기 위하여 정규분포를 사용한다.

단계 3. 기각역과 비기각역을 결정한다.

유의수준은 0.025이다. 대립가설의 < 부호는 왼쪽 꼬리검정을 의미하며, 기각역은 $\hat{p}$의 표본분포의 왼쪽 꼬리에 있으며 면적은 0.025와 같다. 그림 9.18에서 보는 바와 같이 왼쪽 꼬리의 0.025 영역에 대하여 정규분포표에서 얻은 z의 임계값은 -1.96이다.

그림 9.18 z의 임계값

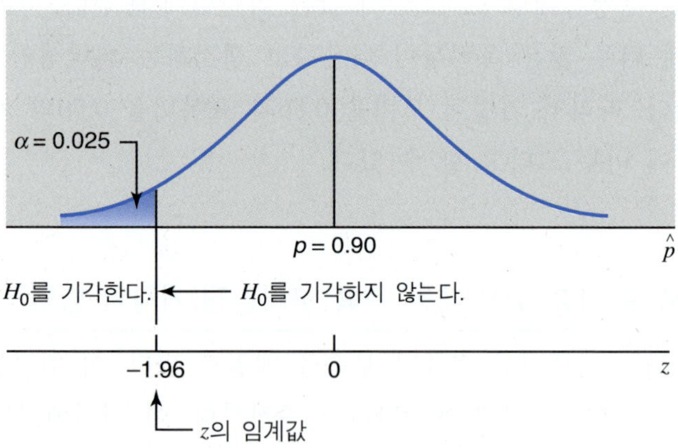

단계 4. 검정통계량의 값을 계산한다.

$\hat{p} = 0.86$에 대한 검정통계량 z의 값은 다음과 같이 계산된다.

$$\sigma_{\hat{p}} = \sqrt{\frac{pq}{n}} = \sqrt{\frac{(0.90)(0.10)}{150}} = 0.02449490$$

H_0로부터

$$z = \frac{\hat{p} - p}{\sigma_{\hat{p}}} = \frac{0.86 - 0.90}{0.02449490} = -1.63.$$

단계 5. 결론을 내린다.

$\hat{p}$에 대한 검정통계량 $z = -1.63$의 값은 $z = -1.96$의 임계값보다 크며 비기각역에 속한다. 따라서 귀무가설 H_0를 기각하지 않는다. 가정된 모비율과 표본비율의 차이는 작고 이러한 차이는 우연히 발생했다고 할 수 있다. 따라서 72시간 내에 배달되는 모든 주문의 비율은 적어도 90%이며 이 회사의 주장은 사실이다. ■

연습문제

■ 개념과 절차

9.26 다음의 각 경우에 대하여 모비율에 대한 가설검정을 하기 위하여 정규분포를 사용하기에 표본의 크기가 충분히 크다고 할 수 있는가?

a. $n = 40 \quad p = 0.11$

b. $n = 100 \quad p = 0.73$

c. $n = 80 \quad p = 0.05$

d. $n = 50 \quad p = 0.14$

9.27 다음 모비율에 대한 가설검정 예제에 대하여 모비율의 표본분포 그림에서 기각역과 비기각역을 보이시오.

a. $\alpha = 0.10$인 양쪽 꼬리검정

b. $\alpha = 0.01$인 왼쪽 꼬리검정

c. $\alpha = 0.05$인 오른쪽 꼬리검정

9.28 크기가 500인 표본을 추출한 결과 모비율이 0.38이었다. $\alpha = 0.05$를 이용하여 다음의 각 가설검정을 하기 위하여 z의 임계값과 관측값을 구하시오.

a. $H_0 : p = 0.30,\ H_1 : p > 0.30$

b. $H_0 : p = 0.30,\ H_1 : p \neq 0.30$

9.29 귀무가설 $H_0 : p = 0.65$를 생각해 보자. 모비율에 대한 가설검정을 위하여 크기가 1,000인 표본을 추출하였다. 다음의 각 검정에 대하여 $\alpha = 0.05$을 이용하여 기각역과 비기각역을 보이고 z의 임계값(들)을 구하시오.

a. 왼쪽 꼬리검정

b. 양쪽 꼬리검정

c. 오른쪽 꼬리검정

9.30 $H_0 : p = 0.70,\ H_1 : p \neq 0.70$를 생각해 보자.

a. 크기가 600인 표본의 모비율이 0.68이었다. $\alpha = 0.01$를 이용하여 귀무가설을 기각할 수 있는가?

b. 크기가 600인 또다른 표본의 모비율은 0.76이었다. $\alpha = 0.01$를 이용하여 귀무가설을 기각할 수 있는가?

9.31 다음의 가설검정을 하시오.

a. $H_0 : p = 0.45,\ H_1 : p \neq 0.45,\ n = 100,\ \hat{p} = 0.49,\ \alpha = 0.10$

b. $H_0 : p = 0.72,\ H_1 : p < 0.72,\ n = 700,\ \hat{p} = 0.64,\ \alpha = 0.05$

c. $H_0 : p = 0.30,\ H_1 : p > 0.30,\ n = 200,\ \hat{p} = 0.33,\ \alpha = 0.01$

■ 응용

9.32 질병관리본부의 조사에 따르면 한국의 고등학생 흡연자가 2년 전 29%에서 작년에 약 22%로 감소하였다고 한다. 최근에 500명의 고등학생을 랜덤 추출하여 조사한 결과 95명이 흡연을 한다고 답하였다. 5%의 유의수준에서 현재 한국의 고등학생 흡연자가 22%와 다르다고 할 수 있는가? p-값 방법과 기각역 방법을 모두 사용하시오.

9.33 한 잡지에 따르면 5년 전부터 작년 사이에 한국 회사의 60%가 지방세를 내지 않았다고 한다. 300개의 한국 회사를 랜덤추출하여 조사한 결과 작년에 186개 회사가 지방세를 내지 않았다고 한다.

a. 2%의 유의수준에서 작년에 지방세를 내지 않은 모든 한국회사들의 비율이 60% 이상이라고 할 수 있는가?

b. 위의 문제에서 제 1종 오류는 무엇인가? 이 오류를 범할 확률은 얼마인가?

c. p-값을 구하시오. $\alpha = 0.02$일 때 가설검정의 결과는 무엇인가?

9.34 한 푸드회사는 새로운 종류의 프로즌 요거트를 홍보하려고 한다. 그러나 회사는 요거트를 홍보하기 전에 얼마나 많은 사람들이 이것을 좋아하는지 알고자 한다. 이 회사는 적어도 35%의 사람이 좋아할 때에만 이 요거트를 홍보할 것이다. 400명의 사람을 랜덤 추출하여 조사한 결과 112명이 요거트를 좋아한다고 답하였다.

a. 2.5%의 유의수준에서 이 회사는 요거트를 홍보하여야 한다고 할 수 있는가?

b. 만약 제 1종 오류가 0이라면 위의 가설검정의 결과는 어떻게 되는가?

c. p-값 방법과 $\alpha = 0.025$를 사용하여 가설검정하시오.

9.35 네비게이션을 만드는 회사에서 네비게이션을 만드는 기계는 5% 이상의 불량 DVD를 만들지 않는다고 한다. 200개의 네비게이션을 랜덤 추출하여 불량품을 조사한 결과 17개의 불량품이 발견되었다. 귀무가설 $p \leq 0.05$와 대립가설 $p > 0.05$를 검정하기 위하여 2.5%의 유의수준을 사용한다. 만약 귀무가설이 기각되면 생산이 중단되고 기계는 수리에 들어간다.

a. 2.5%의 유의수준에서 생산을 중단하고 기계수리를 해야 한다고 할 수 있는가?

b. 1%의 유의수준에서 검정하시오. 검정의 결과는 달라졌는가? 설명하시오.

Chapter

10

가설검정 : 두 모집단

당신은 뉴스를 텔레비전, 신문, 또는 라디오 중 어느 매체를 이용하여 보고 있습니까? 우리나라 국민들이 각 매체를 이용하는 평균시간은 얼마일까요? 한 조사에 따르면 우리나라 사람들은 텔레비전은 하루당 평균 32분, 신문은 17분, 라디오로 뉴스를 듣는 시간은 17분이라고 합니다.

8장과 9장은 단일 모집단에서 μ와 p에 대한 추정과 가설검정 절차를 다루었다. 이 장은 두 모평균의 차이와 두 모비율의 차이로 추정과 가설검정 절차를 확장한다. 예를 들어, 서울과 부산의 평균 주택가격의 차이에 대한 신뢰구간을 얻고자 한다. 또는 서울의 평균 주택가격이 부산의 평균 주택가격과 다른지를 가설검정하고자 한다. 또 다른 예를 보면, 금주하는 모든 성인남자와 성인여자의 비율의 차이에 대한 신뢰구간을 얻고자 한다. 또는 금주하는 모든 성인남자의 비율이 금주하는 성인여자의 비율과 다른지를 가설검정하고자 한다. 모수에 대한 신뢰구간을 구하는 것과 가설검정을 하는 것을 '**추론을 한다**(*making inference*)' 라고 한다.

10.1 독립표본에 대하여 두 모평균의 차이에 대한 추론: σ_1과 σ_2가 알려져 있는 경우

첫 번째 모집단의 평균을 μ_1, 두 번째 모평균을 μ_2로 두자. 우리는 두 모평균의 차이 $\mu_1 - \mu_2$에 대한 신뢰구간을 구하고 가설검정을 하고자 한다. 첫 번째 모집단에서 추출한 표본의 평균을 $\overline{X}_1$, 두 번째 모집단에서 추출한 표본의 평균을 $\overline{X}_2$로 두자. 그러면 $\overline{X}_1 - \overline{X}_2$는 $\mu_1 - \mu_2$에 대한 구간추정값과 가설검정을 하기 위한 표본통계량이다. 이 절에서는 적당한 조건을 만족할 때 $\mu_1 - \mu_2$에 대한 신뢰구간을 구하는 방법과 가설검정을 하는 방법을 다룬다. 먼저, 독립표본과 종속표본의 개념을 설명한다.

10.1.1 독립표본과 종속표본

2개의 서로 다른 모집단에서 추출되고 한 표본의 원소들은 다른 표본의 원소들과 아무런 관계가 없을 때 두 표본은 서로 **독립 (independent)** 이다. 만약 두 표본의 원소들이 서로 관계가 있다면 이 두 표본은 서로 **종속 (dependent)** 이라고 한다. 따라서 두 독립표본에서는 한 표본의 추출은 다른 표본의 추출에 아무런 상관이 없다.

정 의

독립표본과 종속표본 : 한 모집단에서의 표본추출이 다른 모집단에서의 표본추출에 아무런 영향을 주지 않을 때 두 모집단에서 추출된 두 표본은 서로 **독립** (*independent*) 이다. 만약 그렇지 않은 경우 두 표본은 서로 **종속** (*dependent*) 이다.

■ 예제 10-1 두 독립표본의 예

모든 남성임원들과 여성임원들의 평균연봉의 차이를 추정하고자 한다고 하자. 남성임원들 모집단으로부터 하나의 표본을 추출하고 여성임원들 모집단으로부터 두 번째 표본을 추출한다. 이 두 표본은 서로 독립이다. 왜냐하면 이 표본들은 두 개의 서로 다른 모집단에서 추출되었고 서로 영향을 주기 않기 때문이다. ■

■ 예제 10-2 두 종속표본의 예

체중감량 프로그램에 참가하기 전과 참가한 후 참가자들의 평균체중의 차이를 추정하고자 한다. 40명의 참가자를 임의로 추출하여 이 프로그램에 참가하기 전과 참가한 후의 체중을 측정하였다. 이 두 표본은 같은 40명의 참가자를 포함한다. 이것은 두 개의 종속표본의 예제이다. 이러한 표본을 **쌍체** 또는 **대응표본** (*paired or matched samples*) 이라고도 한다. ■

이 절과 10.2, 10.3, 10.5절은 표본들이 서로 독립일때 두 모수의 차이에 대한 신뢰구간을 구하는 방법과 가설검정을 하는 방법을 다룬다. 10.4절은 표본들이 서로 종속일 때 두 모수의 차이에 대한 신뢰구간을 구하는 방법과 가설검정을 하는 방법을 다룬다.

10.1.2 $\bar{X}_1 - \bar{X}_2$의 평균, 표준편차, 표본분포

서로 다른 두 모집단, 모집단 1과 모집단 2로부터 두 독립표본을 추출하였다고 하자.

μ_1 = 모집단 1의 평균
μ_2 = 모집단 2의 평균
σ_1 = 모집단 1의 표준편차
σ_2 = 모집단 2의 표준편차
n_1 = 모집단 1로부터 추출된 표본의 크기
n_2 = 모집단 2로부터 추출된 표본의 크기
$\bar{X}_1$ = 모집단 1로부터 추출된 표본의 평균
$\bar{X}_2$ = 모집단 2로부터 추출된 표본의 평균

8장과 9장에서 다룬 바와 같이 만약,

1. 모집단 1의 표준편차 σ_1이 알려져 있다
2. 다음의 두 조건 중 적어도 하나가 만족될 경우
   i) 표본이 클 때 (즉, $n_1 \geq 30$)
   ii) 표본이 작다면 표본이 추출된 모집단이 정규분포를 따를 때

$\bar{X}_1$의 표본분포는 정규분포이고, 평균은 μ_1과 같고, 표준편차는 $\sigma_1/\sqrt{n_1}$과 같다. 이때 $n_1/N_1 \leq 0.05$라고 가정한다.

마찬가지로, 만약

1. 모집단 2의 표준편차 σ_2가 알려져 있다
2. 다음의 두 조건 중 적어도 하나가 만족될 경우
   i) 표본이 클 때 (즉, $n_2 \geq 30$)
   ii) 표본이 작다면 표본이 추출된 모집단이 정규분포를 따를 때

$\bar{X}_2$의 표본분포는 정규분포이고, 평균은 μ_2와 같고, 표준편차는 $\sigma_2/\sqrt{n_2}$와 같다. 이때 $n_2/N_2 \leq 0.05$라고 가정한다.

이러한 결과를 이용하여 우리는 $\bar{X}_1 - \bar{X}_2$의 평균, 표준편차, 그리고 표본분포의 모양에 대하여 말할 수 있다.

만약 다음의 조건들이 만족된다면,

1. 두 표본이 서로 독립이다

2. 다음의 두 조건 중 적어도 하나가 만족될 경우

i) 두 표본이 모두 클 때 (즉, $n_1 \geq 30$, $n_2 \geq 30$)

ii) 두 표본 중 하나 또는 두 표본 모두가 작다면 두 표본이 추출된 두 모집단 모두가 정규분포를 따를 때

$\bar{X}_1 - \bar{X}_2$의 표본분포는 근사적으로 정규분포를 따르고, 평균과 표준편차는 다음과 같다.

$$\mu_{\bar{X}_1 - \bar{X}_2} = \mu_1 - \mu_2$$

$$\sigma_{\bar{X}_1 - \bar{X}_2} = \sqrt{\frac{\sigma_1^2}{n_1} + \frac{\sigma_2^2}{n_2}}$$

따라서 $\mu_1 - \mu_2$에 대한 신뢰구간과 가설검정을 하기 위하여 정규분포를 사용할 수 있다. 그림 10.1은 위의 조건들이 만족될 때 $\bar{X}_1 - \bar{X}_2$의 표본분포를 보여 준다.

그림 10.1

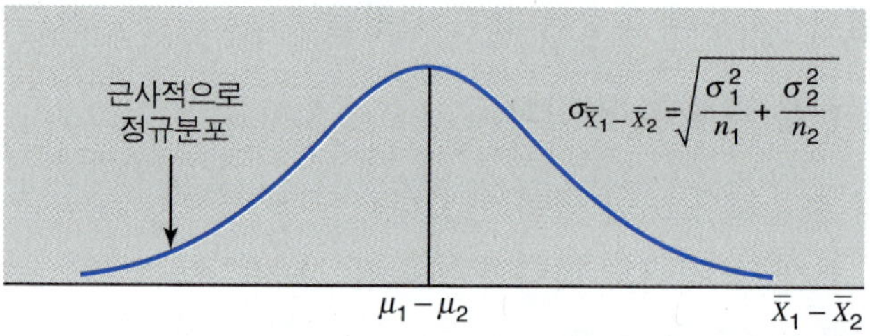

$\bar{X}_1 - \bar{X}_2$의 평균, 표준편차, 표본분포

위의 조건들이 만족될 때 $\bar{X}_1 - \bar{X}_2$의 **표본분포** (*sampling distribution*) 는 근사적으로 정규분포를 따르고, **평균** (*mean*) 과 **표준편차** (*standard deviation*) 는 다음과 같다.

$$\mu_{\bar{X}_1 - \bar{X}_2} = \mu_1 - \mu_2, \ \sigma_{\bar{X}_1 - \bar{X}_2} = \sqrt{\frac{\sigma_1^2}{n_1} + \frac{\sigma_2^2}{n_2}}$$

참고로 이 장에서 배우는 절차들을 적용하기 위하여 추출되는 표본들은 모두 단순임의표본이다.

10.1.3 $\mu_1 - \mu_2$의 구간추정

$\mu_1 - \mu_2$에 대한 신뢰구간을 구하기 위하여 두 모평균의 차이를 찾는다. 두 표본평균의 차이 $\bar{X}_1 - \bar{X}_2$는 두 모평균의 차이 $\mu_1 - \mu_2$의 점추정량이다. 앞의 조건들을 만족하면 두 모평균의 차이에 대한 신뢰구간을 구하기 위하여 정규분포를 이용한다.

$\mu_1 - \mu_2$의 신뢰구간

정규분포를 이용하면 $\mu_1 - \mu_2$에 대한 $(1-\alpha)\,100\%$ **신뢰구간** (*confidence interval*) 은

$$(\bar{X}_1 - \bar{X}_2) \pm z\sigma_{\bar{X}_1 - \bar{X}_2}$$

z의 값은 주어진 신뢰수준에 대하여 표준정규분포표에서 얻는다. $\sigma_{\bar{X}_1 - \bar{X}_2}$는 앞에서 설명한 대로 계산한다. 여기서 $\bar{X}_1 - \bar{X}_2$는 $\mu_1 - \mu_2$의 점추정량이다.

참고로 σ_1과 σ_2는 실제상황에서는 알 수 없다. 따라서 우리는 이 절의 절차를 사용할 수 없다.

■ 예제 10-3 $\mu_1 - \mu_2$에 대한 신뢰구간 : σ_1, σ_2를 알고 있고 표본이 큰 경우

한 잡지에 의하면 작년 경제학 전공과 경영학 전공의 대학졸업생들의 평균 초봉은 각각 40,906달러와 38,188달러였다. 이러한 평균값들은 700명의 경제학 전공자들과 1,000명의 경영학 전공자들을 랜덤추출하여 얻은 값들이며, 각 전공의 졸업생들의 평균 초봉의 모표준편차는 각각 5,600달러와 5,900달러라고 가정하자. 경제학 전공과 경영학 전공의 작년 대학졸업생들의 초봉의 모평균을 각각 μ_1과 μ_2라고 두자.

(a) $\mu_1 - \mu_2$의 점추정량은 무엇인가?

(b) $\mu_1 - \mu_2$에 대한 97% 신뢰구간을 구하시오.

풀 이 경제학을 전공한 작년 대학졸업생들을 모집단 1로 두고 경영학을 전공한 작년 대학졸업생들을 모집단 2로 두자. 각 모집단에서 추출한 표본을 각각 표본 1과 표본 2로 두자. 각 표본평균들을 $\bar{X}_1$과 $\bar{X}_2$로 두자. 주어진 정보를 이용하면,

경제학 전공자들: $n_1 = 700$, $\bar{x}_1 = 40{,}906$달러, $\sigma_1 = 5{,}600$달러
경영학 전공자들: $n_2 = 1000$, $\bar{x}_2 = 38{,}188$달러, $\sigma_2 = 5{,}900$달러

(a) $\bar{X}_1 - \bar{X}_2$는 $\mu_1 - \mu_2$의 점추정량이므로

$$\bar{x}_1 - \bar{x}_2 = 40{,}906\text{달러} - 38{,}188\text{달러} = 2{,}718\text{달러}$$

(b) 신뢰수준은 $1 - \alpha = 0.97$이다. 정규분포표로부터 0.0150와 0.9850에 대한 z의 값은 각각 -2.17과 2.17이다. 따라서 신뢰구간 공식에서 $z = 2.17$을 사용할 수 있다.

$\bar{X}_1 - \bar{X}_2$의 표준편차는

$$\sigma_{\bar{X}_1 - \bar{X}_2} = \sqrt{\frac{\sigma_1^2}{n_1} + \frac{\sigma_2^2}{n_2}} = \sqrt{\frac{(5600)^2}{700} + \frac{(5900)^2}{1000}} = 282.1524411\text{달러}$$

이제 $\mu_1 - \mu_2$에 대한 97% 신뢰구간을 다음과 같이 얻을 수 있다.

$$(\bar{X}_1 - \bar{X}_2) \pm z\sigma_{\bar{X}_1 - \bar{X}_2} = (40{,}906 - 38{,}188) \pm 2.17(282.1524411) = 2{,}718 \pm 612.27$$
$$= 2{,}105.73\text{달러에서 } 3{,}330.27\text{달러}$$

따라서 97%의 신뢰수준에서 경제학 전공과 경영학 전공의 작년 대학졸업생들의 평균 초봉의 차이는 2,105.73달러와 3,330.27달러 사이에 있다. $z\sigma_{\bar{X}_1 - \bar{X}_2} = 612.27$달러는 이 추정값에 대한 오차의 한계라고 한다. ■

참고로 예제 10-3은 두 표본의 크기가 크고 모표준편차가 알려져 있었다. 만약 두 모집단의 표준편차가 알려져 있고 적어도 하나의 표본의 크기가 작고, 두 모집단 모두 정규분포를 따른다면 $\mu_1 - \mu_2$에 대한 신뢰구간을 구하기 위하여 정규분포를 사용할 수 있다.

10.1.4 $\mu_1 - \mu_2$에 대한 가설검정

$\mu_1 - \mu_2$에 대한 가설검정에서 대립가설은 두 모집단의 평균들이 다르다, 또는 첫 번째 모집단의 평균이 두 번째 모집단의 평균보다 크다, 또는 첫 번째 모집단의 평균이 두 번째 모집단의 평균보다 작다 등으로 적을 수 있다.

1. 두 모평균이 다르다는 대립가설을 검정한다. 즉, $\mu_1 \neq \mu_2$, 또는 $\mu_1 - \mu_2 \neq 0$.
2. 첫 번째 모집단의 평균이 두 번째 모집단의 평균보다 크다는 대립가설을 검정한다. 즉, $\mu_1 > \mu_2$ 또는 $\mu_1 - \mu_2 > 0$.
3. 첫 번째 모집단의 평균이 두 번째 모집단의 평균보다 작다는 대립가설을 검정한다. 즉, $\mu_1 < \mu_2$ 또는 $\mu_1 - \mu_2 < 0$.

두 모평균의 차이에 대한 가설검정을 하는 절차는 9장에서 다루었던 단일 모집단의 모수들에 대한 가설검정을 하는 절차와 비슷하다. 가설검정 절차는 9장에서 μ와 p에 대한 가설검정을 하기 위하여 사용했던 다섯 단계를 그대로 사용한다. 마찬가지로 다음의 조건들을 만족할 때 $\mu_1 - \mu_2$에 대한 가설검정을 하기 위하여 정규분포를 사용할 것이다.

1. 두 표본이 서로 독립이다
2. 두 모집단의 표준편차 σ_1과 σ_2가 알려져 있다
3. 다음 두 조건 중 적어도 하나가 만족될 때
   i) 두 표본이 모두 클 때 (즉, $n_1 \geq 30$, $n_2 \geq 30$)
   ii) 두 표본 중 하나 또는 두 표본 모두가 작다면 두 표본이 추출된 두 모집단 모두가 정규분포를 따를 때

$\bar{X}_1 - \bar{X}_2$에 대한 검정통계량

정규분포를 사용할 때 $\bar{X}_1 - \bar{X}_2$에 대한 **검정통계량**(*test statistic*)은 다음과 같이 계산된다.

$$Z = \frac{(\bar{X}_1 - \bar{X}_2) - (\mu_1 - \mu_2)}{\sigma_{\bar{X}_1 - \bar{X}_2}}$$

$\mu_1 - \mu_2$의 값은 귀무가설 H_0로부터 대입된다. $\sigma_{\bar{X}_1 - \bar{X}_2}$는 앞에서 설명한 대로 계산한다.

■ 예제 10-4 $\mu_1 - \mu_2$에 대한 양쪽 꼬리검정 : σ_1, σ_2를 알고 있고 표본이 큰 경우

작년 경제학 전공과 경영학 전공 대학졸업생들의 평균 초봉에 대한 예제 10-3을 다시 보자. 경제학 전공과 경영학 전공 작년 대학졸업생들의 초봉의 모평균이 다른지를 유의수준 1%에서 검정하시오.

풀 이 주어진 정보를 이용하면,

경제학 전공자들: $n_1 = 700$, $\bar{x}_1 = 40{,}906$달러, $\sigma_1 = 5{,}600$달러

경영학 전공자들: $n_2 = 1000$, $\bar{x}_2 = 38{,}188$달러, $\sigma_2 = 5{,}900$달러

경제학 전공과 경영학 전공의 작년 대학졸업생들의 초봉의 모평균을 각각 μ_1과 μ_2라고 두고 각 표본평균들을 $\bar{X}_1$과 $\bar{X}_2$로 두자.

단계 1. 귀무가설과 대립가설을 세운다.

$H_0 : \mu_1 - \mu_2 = 0$ (두 모평균이 서로 다르지 않다)

$H_1 : \mu_1 - \mu_2 \neq 0$ (두 모평균이 서로 다르다)

단계 2. 사용할 분포를 결정한다.

모표준편차 σ_1과 σ_2는 알려져 있으며 각 표본의 크기는 모두 크다($n_1 > 30$, $n_2 > 30$). 그러므로 $\bar{X}_1 - \bar{X}_2$의 표본분포는 (근사적으로) 정규분포를 따르며, 우리는 정규분포를 사용하여 가설검정을 한다.

단계 3. 기각역과 비기각역을 결정한다.

주어진 유의수준은 0.01이다. 대립가설의 $\neq$ 부호는 양쪽 꼬리검정을 의미하며 정규분포의 각 꼬리영역의 면적은 $\alpha/2 = 0.01/2 = 0.005$이다. 부록 B의 표 IV에서 0.005와 0.9950에 대한 z의 임계값들은 각각 -2.58과 2.58이다. 이 값들은 그림 10.2에 나타나 있다.

그림 10.2

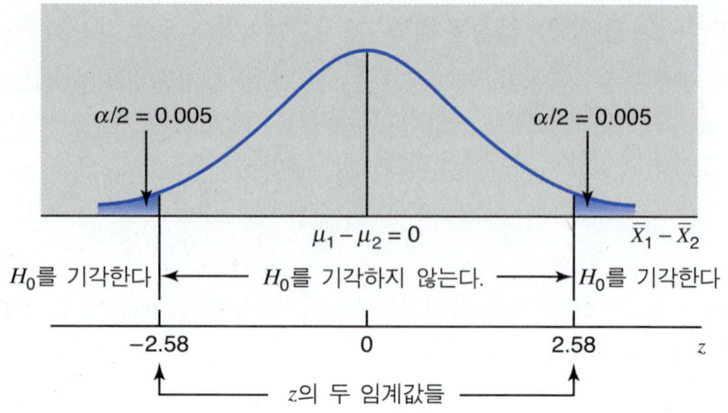

단계 4. 검정통계량의 값을 계산한다.

$\bar{X}_1 - \bar{X}_2$에 대한 검정통계량 z의 값은 다음과 같이 계산된다.

$$\sigma_{\bar{X}_1 - \bar{X}_2} = \sqrt{\frac{\sigma_1^2}{n_1} + \frac{\sigma_2^2}{n_2}} = \sqrt{\frac{(5600)^2}{700} + \frac{(5900)^2}{1000}} = 282.1524411$$

$$z = \frac{(\bar{x}_1 - \bar{x}_2) - (\mu_1 - \mu_2)}{\sigma_{\bar{X}_1 - \bar{X}_2}} = \frac{(40{,}906 - 38{,}188) - \underset{\uparrow H_0\text{로부터}}{0}}{282.1524411} = 9.63$$

단계 5. 결론을 내린다.

검정통계량 $z = 9.63$은 기각역에 속하므로 우리는 귀무가설 H_0를 기각한다. 따라서 경제학 전공과 경영학 전공의 작년 대학졸업생들의 평균초봉은 다르다.

p-값을 이용한 결론 내리기

위의 결론을 내리기 위하여 p-값 방법을 사용할 수 있다. 단계 1에서 단계 2를 거치고 단계 3에서 검정통계량 z의 값을 계산하고 정규분포표에서 이 z의 값에 대한 p-값을 찾는다. 단계 4에서 $\bar{X}_1 - \bar{X}_2$에 대한 검정통계량 z의 값은 9.63이었다. 이 예제는 양쪽 꼬리검정이다. p-값은 $\bar{X}_1 - \bar{X}_2$의 표본분포곡선에서 $z = 9.63$의 오른쪽 영역의 2배와 같다. 참고로 $z = 9.63$은 정규분포표(표 IV)에 있지 않다. 따라서 $z = 9.63$의 오른쪽 영역 면적은 근사적으로 0으로 가정할 수 있다. 그러므로 p-값은 0이며, 우리는 모든 $\alpha > 0$에 대하여 귀무가설을 기각할 수 있다. $\alpha = 0.01$이고 0보다 크므로 귀무가설을 기각한다. ■

연습문제

■ 개념과 절차

10.1 다음의 정보는 정규분포를 따르는 두 모집단으로부터 추출된 2개의 독립표본에서 얻었다.

$$n_1 = 24 \quad \bar{x}_1 = 5.56 \quad \sigma_1 = 1.65$$
$$n_2 = 27 \quad \bar{x}_2 = 4.80 \quad \sigma_2 = 1.58$$

a. $\mu_1 - \mu_2$의 점추정값은 얼마인가?

b. $\mu_1 - \mu_2$에 대한 99% 신뢰구간을 구하시오. 이 추정값에 대한 오차의 한계를 구하시오.

10.2 연습문제 10.1의 정보를 이용하여 5%의 유의수준에서 두 모평균이 다른지 검정하시오.

10.3 연습문제 10.1의 정보를 이용하여 1%의 유의수준에서 μ_1이 μ_2보다 큰지 검정하시오.

■ 응용

10.4 한 컨설턴트는 회사에서 탁아소 시설을 제공하면 6세 이하의 자녀를 가진 여성근로자들의 결근율을 줄일 수 있는지 알고자 한다. 탁아소 시설을 제공하는 회사로부터 45명의 이러한 여성근로자들을 랜덤추출하여 조사한 결과 작년에 평균적으로 6.4일을 결근하였다. 탁아소 시설을 제공하지 않는 회사로부터 또 다른 50명의 여성근로자들을 랜덤추출한 결과 작년에 평균적으로 9.3일을 결근하였다. 두 모집단의 표준편차는 각각 1.20일과 1.85일이라고 가정한다.

a. 두 모평균의 차에 대한 98% 신뢰구간을 구하시오.

b. 2.5%의 유의수준을 이용하여 탁아소 시설을 제공하는 회사의 여성근로자들의 평균결근날이 탁아소 시설을 제공하지 않는 회사의 여성근로자들의 평균결근날보다 작다고 할 수 있는가?

c. 제1종 오류는 무엇이며 이 확률은 얼마인가? 설명하시오.

10.5 한 푸드회사는 그 회사에서 만드는 저지방 요거트가 평균적으로 다른 경쟁회사의 저지방 요거트보다 칼로리 함량이 적다고 주장한다. 한 소비자 단체에서 이 주장을 확인하기 위하여 이 회사에서 생산된 27개의 요거트를 랜덤추출하여 조사한 결과 개당 평균적으로 141칼로리를 포함하고 있었다. 경쟁회사의 요거트 25개를 랜덤추출하여 조사한 결과 개당 평균적으로 144칼로리를 포함하고 있었다. 두 모집단은 정규분포를 따르고 모표준편차는 각각 5.5칼로리와 6.4칼로리라고 가정하자.

a. 두 회사에서 생산된 저지방 요거트의 평균 칼로리 함량의 차에 대한 98% 신뢰구간을 구하시오.

b. 1%의 유의수준에서 이 회사의 주장이 참인지 검정하시오.

c. 이 가설검정을 위하여 p-값을 구하시오. $\alpha = 0.005$일 때 귀무가설을 기각할 수 있는가? $\alpha = 0.025$일 때 귀무가설을 기각할 수 있는가? 설명하시오.

10.2 독립표본에 대하여 두 모평균의 차이에 대한 추론: σ_1과 σ_2가 알려져 있지 않지만 서로 같은 경우

이 절에서는 두 모표준편차 σ_1과 σ_2가 알려져 있지 않지만 서로 같다는 가정하에 두 모집단의 평균의 차이 $\mu_1 - \mu_2$에 대한 신뢰구간을 구하고 가설검정을 하는 방법에 대하여 다룬다. 다음의 조건들이 만족될 때:

1. 두 표본이 서로 독립이다

2. 두 모집단의 표준편차 σ_1과 σ_2가 알려져 있지 않지만 서로 같다고 가정한다. 즉, $\sigma_1 = \sigma_2$

3. 다음 두 조건 중 적어도 하나가 만족될 때

  i) 두 표본이 모두 클 때(즉, $n_1 \geq 30$, $n_2 \geq 30$)

  ii) 두 표본 중 하나 또는 두 표본 모두가 작다면 두 표본이 추출된 두 모집단 모두가 정규분포를 따를 때

우리는 $\mu_1 - \mu_2$에 대한 신뢰구간을 구하고 가설검정을 하기 위하여 t-분포를 사용한다.

두 모집단의 표준편차가 서로 같을 때 σ_1과 σ_2에 대하여 σ를 사용할 수 있다. σ는 알려져 있지 않기 때문에 우리는 점추정량 s_p으로 대체할 수 있다. s_p를 **합동표본표준편차 (pooled sample standard deviation)** 라고 부른다. s_p의 값은 두 표본의 정보를 이용하여 구할 수 있다.

두 표본에 대한 합동표준편차

두 표본에 대한 **합동표준편차**(*pooled standard deviation*)는 다음과 같이 계산된다.

$$s_p = \sqrt{\frac{(n_1 - 1)s_1^2 + (n_2 - 1)s_2^2}{n_1 + n_2 - 2}}$$

여기서 n_1과 n_2는 두 표본의 크기이고, s_1^2과 s_2^2는 두 표본분산들이다. 여기서 s_p는 σ의 추정량이다.

이 공식에서 $n_1 - 1$은 표본 1에 대한 자유도이고, $n_2 - 1$은 표본 2에 대한 자유도이며, $n_1 + n_2 - 2$는 두 표본에 대한 자유도이다. 참고로 s_p는 두 모집단 각각의 표본편차 σ의 추정량이다.

s_p가 σ의 추정량으로 쓰일 때, $\bar{X}_1 - \bar{X}_2$의 표준편차 $\sigma_{\bar{X}_1 - \bar{X}_2}$는 $s_{\bar{X}_1 - \bar{X}_2}$로 추정된다. $s_{\bar{x}_1 - \bar{x}_2}$의 값은 다음과 같이 계산된다.

$\bar{X}_1 - \bar{X}_2$의 표준편차의 추정량

$\bar{X}_1 - \bar{X}_2$의 **표준편차의 추정량**(*estimator of standard deviation*)은 다음과 같이 계산된다.

$$s_{\bar{X}_1 - \bar{X}_2} = s_p\sqrt{\frac{1}{n_1} + \frac{1}{n_2}}$$

10.2.1 $\mu_1 - \mu_2$의 구간추정

앞서 언급했듯이 두 표본평균의 차이 $\overline{X}_1 - \overline{X}_2$는 두 모평균의 차이 $\mu_1 - \mu_2$의 점추정량이다. 앞의 조건들을 만족하면 두 모평균의 차이에 대한 신뢰구간을 구하기 위하여 t-분포를 이용한다.

$\mu_1 - \mu_2$의 신뢰구간

$\mu_1 - \mu_2$에 대한 $(1 - \alpha)\,100\,\%$ **신뢰구간**(*confidence interval*)은

$$(\overline{X}_1 - \overline{X}_2) \pm ts_{\overline{X}_1 - \overline{X}_2}$$

t의 값은 주어진 신뢰수준과 자유도 $n_1 + n_2 - 2$에 대하여 t-분포표에서 얻는다. $s_{\overline{X}_1 - \overline{X}_2}$는 앞에서 설명한 대로 계산한다.

■ 예제 10-5 $\mu_1 - \mu_2$에 대한 신뢰구간 : 두 독립표본, $\sigma_1 = \sigma_2$이지만 알지 못할 때

한 소비자 단체는 2가지 종류의 커피에 포함된 카페인의 평균함량의 차이를 추정하고자 한다. 이 단체는 15통의 첫 번째 종류 커피를 랜덤추출하여 조사한 결과 포함된 카페인의 평균함량은 80밀리그램이고 표준편차는 5밀리그램이었다. 두 번째 종류 커피 12통을 랜덤추출하여 조사한 결과 포함된 카페인의 평균함량은 77밀리그램이고 표준편차는 6밀리그램이었다. 이 두 종류의 커피에 포함된 카페인의 평균함량의 차이에 대한 95% 신뢰구간을 구하시오. 여기서 두 모집단은 정규분포를 따르고 두 모표준편차는 같다고 가정한다.

풀 이 첫 번째 종류의 커피와 두 번째 종류의 커피에 포함된 카페인의 평균함량을 각각 μ_1과 μ_2라고 두고, 각 표본평균들을 $\overline{X}_1$과 $\overline{X}_2$로 두자.

$$n_1 = 15,\ \bar{x}_1 = 80\text{밀리그램},\ s_1 = 5\text{밀리그램}$$
$$n_2 = 12,\ \bar{x}_2 = 77\text{밀리그램},\ s_2 = 6\text{밀리그램}$$

신뢰수준은 $1 - \alpha = 0.95$이다.

여기서 σ_1과 σ_2는 알려져 있지 않지만 서로 같다고 가정하고, 표본들은 서로 독립이며, 표본의 크기는 작지만 두 모집단은 정규분포를 따른다. 따라서 위의 조건들을 만족할 때 $\mu_1 - \mu_2$에 대한 신뢰구간을 구하기 위하여 t-분포를 사용할 것이다.

먼저 $\overline{X}_1 - \overline{X}_2$의 표준편차를 계산한다. σ_1과 σ_2는 서로 같다고 가정했기 때문에 $s_{\overline{X}_1 - \overline{X}_2}$를 계산하기 위하여 s_p를 사용할 것이다.

$$s_p = \sqrt{\frac{(n_1 - 1)\,s_1^2 + (n_2 - 1)\,s_2^2}{n_1 + n_2 - 2}} + \sqrt{\frac{(15 - 1)\,(5)^2 + (12 - 1)\,(6)^2}{15 + 12 - 2}} = 5.46260011$$

$$s_{\bar{x}_1-\bar{x}_2} = s_p\sqrt{\frac{1}{n_1}+\frac{1}{n_2}} = (5.46260011)\sqrt{\frac{1}{15}+\frac{1}{12}} = 2.11565593.$$

t-분포표를 이용하여 t-값을 구하기 위하여 t-분포곡선의 양쪽 꼬리영역과 자유도를 알아야 한다.

$$\text{각 꼬리영역의 면적} = \alpha/2 = (1-0.95)/2 = 0.025$$
$$\text{자유도} = n_1 + n_2 - 2 = 15 + 12 - 2 = 25$$

자유도 $df = 25$와 t-분포곡선의 오른쪽 꼬리영역 면적 0.025에 대한 t-값은 2.060이다. $\mu_1 - \mu_2$의 신뢰구간은

$$(\bar{x}_1 - \bar{x}_2) \pm ts_{\bar{x}_1-\bar{x}_2} = (80-77) + 2.060\,(2.11565593) = 3 \pm 4.36$$
$$\Rightarrow (-1.36,\ 7.36)$$

이다. 따라서 95% 신뢰수준에서 두 표본의 결과를 바탕으로 두 종류의 커피에 포함된 카페인의 평균함량의 차이는 −1.36밀리그램과 7.36밀리그램 사이에 있다. 구간의 하한이 음수이므로 카페인의 평균함량은 첫 번째 종류의 커피보다 두 번째 종류의 커피에 더 많았을 가능성이 있다.

참고로 $\bar{x}_1 - \bar{x}_2 = 80 - 77 = 3$은 $\mu_1 - \mu_2$에 대한 점추정값이며, $ts_{\bar{x}_1-\bar{x}_2} = 4.36$은 오차의 한계이다. ■

10.2.2 $\mu_1 - \mu_2$에 대한 가설검정

10.2절의 첫 단락에서 언급한 조건들이 만족될 때, 두 모평균 사이의 차에 대한 가설검정을 할 때 t-분포를 적용한다.

$\bar{X}_1 - \bar{X}_2$에 대한 검정통계량

$\bar{X}_1 - \bar{X}_2$에 대한 **검정통계량**(*test statistic*)은 다음과 같이 계산된다.

$$T = \frac{(\bar{X}_1 - \bar{X}_2) - (\mu_1 - \mu_2)}{s_{\bar{X}_1-\bar{X}_2}}.$$

$\mu_1 - \mu_2$의 값은 귀무가설 H_0로부터 대입된다. $s_{\bar{X}_1-\bar{X}_2}$는 10.2.1절에서 설명한 대로 계산한다.

■ 예제 10-6 $\mu_1 - \mu_2$에 대한 양쪽 꼬리검정 : 두 독립표본, $\sigma_1 = \sigma_2$이지만 알지 못할 때

종류 1의 다이어트 음료 14캔을 표본추출한 결과 평균 칼로리는 캔당 23칼로리이고 표준편차는 3칼로리였다. 또다른 종류 2의 다이어트 음료 16캔을 표본추출한 결과 평균 칼로리는 캔당 25칼로리이고 표준편차는 4칼로리였다. 유의수준 1%에서 두 종류의 다이어트 음료에 대하여 캔당 평균 칼로리가 다르다고 할 수 있는가? 각 종류의 다이어트 음료의 캔당 칼로리는 정규분포를 따르고 모표준편차는 서로 같다고 가정한다.

풀 이 첫 번째 종류의 다이어트 음료와 두 번째 종류의 다이어트 음료의 캔당 평균 칼로리를 각각 μ_1과 μ_2라고 두고, 각 표본평균들을 $\bar{X}_1$과 $\bar{X}_2$로 두자.

$$n_1 = 14,\ \ \bar{x}_1 = 23,\ \ s_1 = 3$$
$$n_2 = 16,\ \ \bar{x}_2 = 25,\ \ s_2 = 4$$

유의수준은 $\sigma_1 = 1$이다.

단계 1. 귀무가설과 대립가설을 세운다.

$$H_0 : \mu_1 - \mu_2 = 0 \text{ (평균 칼로리는 서로 다르지 않다)}$$
$$H_1 : \mu_1 - \mu_2 \neq 0 \text{ (평균 칼로리는 서로 다르다)}$$

단계 2. 사용할 분포를 결정한다.

여기서 두 표본은 서로 독립이고 모표준편차 σ_1과 σ_2는 알려져 있으며, 각 표본의 크기는 모두 작지만 두 모집단은 정규분포를 따른다. 그러므로 10.2절의 조건을 모두 만족하므로 우리는 t-분포를 사용한다.

단계 3. 기각역과 비기각역을 결정한다.

대립가설의 $\neq$ 부호는 양쪽 꼬리검정을 의미하며 유의수준은 $\sigma_1 = 0.01$이다.

$$\text{각 꼬리영역의 면적} = \alpha/2 = 0.01/2 = 0.005$$
$$\text{자유도} = n_1 + n_2 - 2 = 14 + 16 - 2 = 28.$$

자유도 $df = 28$와 t-분포곡선의 각 꼬리영역 면적 0.005에 대한 t-값은 그림 10.3에 나타난 바와 같이 각각 -2.763과 2.763이다.

그림 10.3

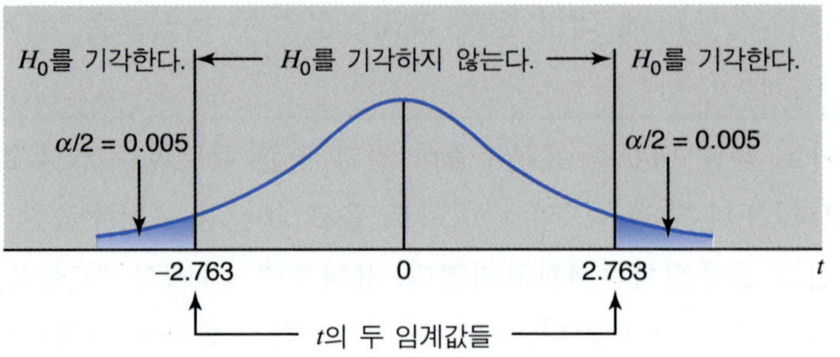

단계 4. 검정통계량의 값을 계산한다.

$\overline{X}_1 - \overline{X}_2$에 대한 검정통계량 t의 값은 다음과 같이 계산된다.

$$s_p = \sqrt{\frac{(n_1 - 1)\, s_1^2 + (n_2 - 1)\, s_2^2}{n_1 + n_2 - 2}} = \sqrt{\frac{(14 - 1)\,(3)^2 + (16 - 1)\,(4)^2}{14 + 16 - 2}} = 3.57071421$$

$$s_{\bar{x}_1 - \bar{x}_2} = s_p\sqrt{\frac{1}{n_1} + \frac{1}{n_2}} = (3.57071421)\sqrt{\frac{1}{14} + \frac{1}{16}} = 1.30674760$$

$$t = \frac{(\bar{x}_1 - \bar{x}_2) - (\mu_1 - \mu_2)}{s_{\bar{x}_1 - \bar{x}_2}} = \frac{(23 - 25) - \overset{H_0\text{로부터}}{0}}{1.30674760} = -1.531.$$

단계 5. 결론을 내린다.

검정통계량 $t = -1.531$은 비기각역에 속하므로 우리는 귀무가설 H_0를 기각하지 않는다. 따라서 두 종류의 다이어트 음료에 포함된 평균 칼로리는 차이가 없다고 결론을 내린다. 두 표본에서 관측된 $\bar{x}_1 - \bar{x}_2$는 표집오차만으로 발생되었을 수 있다.

p-값을 이용한 결론 내리기

위의 결론을 내리기 위하여 p-값 방법을 사용할 수 있다. 단계 1에서 단계 2를 거치고 단계 3에서 검정통계량 t의 값을 계산하고 t-분포표(부록 B의 표 V)에서 이 t의 값에 대한 p-값을 찾는다. 단계 4에서 $\bar{x}_1 - \bar{x}_2$에 대한 검정통계량 t의 값은 -1.531이었다. 이 예제는 양쪽 꼬리검정이다. p-값은 $\bar{x}_1 - \bar{x}_2$의 표본분포곡선에서 $t = -1.531$의 왼쪽 영역의 2배와 같다. 컴퓨터를 사용하면 정확한 p-값 0.137을 얻을 수 있다. t-분포표를 사용하면 p-값이 속하는 범위를 찾을 수 있다. 자유도 $df = 28$에 대하여 부록 B의 표 V에서 1.531를 포함하는 두 값은 1.313과 1.701이다(참고로, t-값이 음수였지면 우리는 양수값을 사용한다). 따라서 검정통계량 $t = -1.531$은 -1.313과 -1.701 사이에 속한다. 1.313과 1.701에 대응되는 t-분포표에서의 영역은 각각 0.10과 0.05이다. 이 검정은 양쪽 꼬리검정이므로 $t = -1.531$에 대한 p-값은 $2\,(0.10) = 0.20$과 $2\,(0.05) = 0.1$ 사이에 속한다. 즉,

$$0.10 < p\text{-값} < 0.20$$

우리는 p-값보다 큰 유의수준 α에 대하여 귀무가설을 기각할 것이다. 이 예제에서 $\alpha \geq 0.20$인 모든 유의수준에 대하여 귀무가설을 기각할 것이고, $\alpha \leq 0.10$인 모든 유의수준에 대하여 귀무가설을 기각하지 않을 것이다. 컴퓨터를 사용하면 $\alpha > 0.137$인 유의수준에 대하여 귀무가설을 기각할 것이다. 이 예제에서 $\alpha = 0.01$이므로 귀무가설을 기각하지 않는다. ■

■ 예제 10-7 $\mu_1 - \mu_2$에 대한 오른쪽 꼬리검정 : 두 독립표본, $\sigma_1 = \sigma_2$이지만 알지 못할 때, 두 표본이 클 경우

서울시에 사는 40명의 어린이들을 랜덤추출하여 조사한 결과 1주일에 TV를 시청하는 데 보내는 평균시간은 28.50시간이고 표준편차는 4시간이라고 한다. 그리고 부산시에 사는 35명의 어린이를 랜덤추출하여 조사한 결과 1주일에 TV를 시청하는 데 보내는 평균시간은 23.25시간이고 표준편차는 5시간이라고 한다. 2.5%의 유의수준으로 서울시에 사는 어린이들의 평균 TV 시청시간이 부산시에 사는 어린이들의 평균 TV 시청시간보다 더 크다고 할 수 있는가? 두 모표준편차는 같다고 가정한다.

풀 이 서울시에 사는 어린이들의 평균 TV 시청시간과 부산시에 사는 어린이들의 평균 TV 시청시간을 각각 μ_1과 μ_2라고 두고 각 표본평균들을 $\bar{X}_1$과 $\bar{X}_2$로 두자.

$$n_1 = 40,\ \ \bar{x}_1 = 28.50\text{시간},\ \ s_1 = 4$$
$$n_1 = 35,\ \ \bar{x}_2 = 23.25\text{시간},\ \ s_2 = 5$$

유의수준은 $\alpha = 0.025$이다.

단계 1. 귀무가설과 대립가설을 세운다.

$$H_0 : \mu_1 - \mu_2 = 0$$
$$H_1 : \mu_1 - \mu_2 > 0$$

단계 2. 사용할 분포를 결정한다.

여기서 두 표본은 서로 독립이고 모표준편차 σ_1과 σ_2는 알려져 있으며, 각 표본의 크기는 모두 크다. 그러므로 10.2절의 조건을 모두 만족하므로 우리는 t-분포를 사용한다.

단계 3. 기각역과 비기각역을 결정한다.

대립가설의 > 부호는 오른쪽 꼬리검정을 의미하며 유의수준은 $\alpha = 0.025$이다.

$$\text{오른쪽 꼬리영역의 면적} = \alpha = 0.025$$

$$\text{자유도} = n_1 + n_2 - 2 = 40 + 35 - 2 = 73$$

자유도 $df = 73$와 t-분포곡선의 오른쪽 꼬리영역 면적 0.025에 대한 t-값은 그림 10.4에 나타난 바와 같이 1.993이다.

그림 10.4

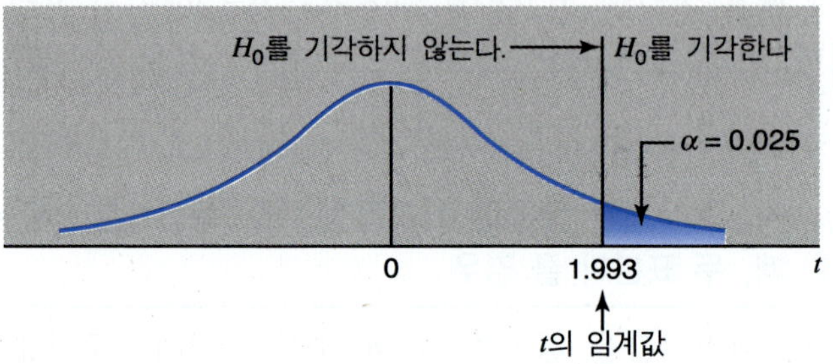

단계 4. 검정통계량의 값을 계산한다.

$\bar{X}_1 - \bar{X}_2$에 대한 검정통계량 t의 값은 다음과 같이 계산된다.

$$s_p = \sqrt{\frac{(n_1 - 1)\,s_1^2 + (n_2 - 1)\,s_2^2}{n_1 + n_2 - 2}} = \sqrt{\frac{(40 - 1)\,(4)^2 + (35 - 1)\,(5)^2}{40 + 35 - 2}} = 4.49352655,$$

$$s_{\bar{x}_1 - \bar{x}_2} = s_p\sqrt{\frac{1}{n_1} + \frac{1}{n_2}} = (4.49352655)\sqrt{\frac{1}{40} + \frac{1}{35}} = 1.04004930,$$

$$t = \frac{(\bar{x}_1 - \bar{x}_2) - (\mu_1 - \mu_2)}{s_{\bar{x}_1 - \bar{x}_2}} = \frac{(28.50 - 23.25) - \overset{H_0\text{로부터}}{0}}{1.04004930} = 5.048.$$

단계 5. 결론을 내린다.

검정통계량 $t = 5.048$은 기각역에 속하므로 우리는 귀무가설 H_0를 기각한다. 따라서 서울시에 사는 어린이들의 평균 TV 시청시간이 부산시에 사는 어린이들의 평균 TV 시청시간보다 더 크다.

p-값을 이용한 결론 내리기

위의 결론을 내리기 위하여 p-값 방법을 사용할 수 있다. 단계 1에서 단계 2를 거치고 단계 3에서 검정통계량 t의 값을 계산하고 t-분포표(부록 B의 표 V)에서 이 t의 값에 대한 p-값을 찾는다. 단계 4에서 $\bar{X}_1 - \bar{X}_2$에 대한 검정통계량 $t = 5.048$의 값은 5.048이었다. 이 예제는 오른쪽 꼬리검정이다. p-값은 $\bar{X}_1 - \bar{X}_2$의 표본분포곡선에서 $t = 5.048$의 오른쪽영역의 면적과 같다. 컴퓨터를 사용하면 정확한 p-값 0.000을 얻을 수 있다. t-분포표를 사용하면 p-값이 속하는 범위를 찾을 수 있다. 자유도 $df = 73$에 대하여 부록 B의 표 V에서 $t = 5.048$의 값은 3.206보다 크다. 그러므로 $t = 5.048$에 대한 p-값은 0.001보다 작다. 즉,

$$p\text{-값} < 0.001$$

우리는 p-값보다 큰 유의수준 α에 대하여 귀무가설을 기각할 것이다. 여기서는 $\alpha = 0.025$는 표에서 얻는 0.001보다 크고, 컴퓨터를 사용하여 얻은 0.000보다 크므로 귀무가설을 기각한다.

연습문제

■ 개념과 절차

10.6 다음의 정보는 정규분포를 따르고 모표준편차는 알려져 있지 않지만, 서로 같지 않은 두 모집단으로부터 추출된 2개의 독립표본에서 얻었다.

$$n_1 = 25 \quad \bar{x}_1 = 12.50 \quad s_1 = 3.75$$
$$n_2 = 20 \quad \bar{x}_2 = 14.60 \quad s_2 = 3.10$$

a. $\mu_1 - \mu_2$의 점추정값은 얼마인가?
b. $\mu_1 - \mu_2$에 대한 95% 신뢰구간을 구하시오.

10.7 연습문제 10.6의 정보를 이용하여 5%의 유의수준에서 두 모평균이 다른지 검정하시오.

10.8 연습문제 10.6의 정보를 이용하여 1%의 유의수준에서 μ_1이 μ_2보다 작은지 검정하시오.

10.9 다음의 정보는 정규분포를 따르고 모표준편차는 알려져 있지 않지만 서로 같은 두 모집단으로부터 추출된 2개의 독립표본에서 얻었다.

표본 1 : 27 39 25 33 21 35 30 26 25 31 35 30 28
표본 2 : 24 28 23 25 24 22 29 26 29 28 19 29

a. 모집단 1의 평균을 μ_1로, 모집단 2의 평균을 μ_2로 두자. $\mu_1 - \mu_2$의 점추정값은 얼마인가?
b. $\mu_1 - \mu_2$에 대한 98% 신뢰구간을 구하시오.
c. 1%의 유의수준에서 μ_1이 μ_2보다 큰지 검정하시오.

■ 응용

10.10 한 슈퍼마켓의 매니저는 남성고객이 여성고객보다 평균적으로 소비금액이 적은지를 알고자 한다. 35명의 남성고객을 랜덤추출한 결과 평균적으로 80달러를 쓰고 표준편차는 17.50달러였다 또한 40명의 여성고객을 랜덤추출한 결과 평균적으로 96달러를 쓰고 표준편차는 14.40달러였다. 모든 남성고객과 여성고객이 이 마트에서 쓰는 소비금액의 표준편차는 알려져 있지 않지만 서로 같다고 가정한다.

a. 이 마트에서 모든 남성고객과 여성고객이 소비하는 평균소비금액의 차에 대한 99% 신뢰구간을 구하시오.

b. 2.5%의 유의수준에서 모든 남성고객이 소비하는 평균소비금액이 모든 여성고객이 소비하는 평균소비금액보다 적다고 할 수 있는가?

10.11 한 보험회사는 남성운전자가 운전하는 차의 평균속도가 여성운전자의 평균속도보다 더 큰지를 알고자 한다. 이 회사는 고속도로에서 남성운전자가 운전하는 차 27대를 랜덤추출하여 조사한 결과 평균속도는 시간당 72마일이고 표준편차는 2.2마일이었다. 또한 여성운전자가 운전하는 차 18대를 랜덤추출한 결과 평균속도는 시간당 68마일이고 표준편차는 2.5마일이었다. 모든 남성과 여성이 운전하는 차의 속도는 모두 정규분포를 따르고 같은 모표준편차를 가진다고 가정한다.

a. 이 고속도로에서 모든 남성과 여성이 운전하는 차의 속도의 차에 대한 98% 신뢰구간을 구하시오.

b. 1%의 유의수준에서 모든 남성운전자가 운전하는 차의 평균속도가 모든 여성운전자가 운전하는 차의 평균속도보다 더 큰지를 검정하시오.

10.12 한 제약회사는 A라는 진통제가 B라는 진통제보다 더 빨리 진통을 없앤다고 주장한다. 한 연구자는 랜덤하게 추출된 두 그룹의 환자들에게 두 진통제를 시험해 보았다. 결과는 다음 표에 나타나 있다. 진통완화시간의 평균과 표준편차는 모두 분 단위로 측정되었다.

진통제	표본의 크기	진통완화시간의 평균	진통완화시간의 표준편차
A	25	44	11
B	22	49	9

a. 두 진통제의 평균진통완화시간의 차에 대한 99% 신뢰구간을 구하시오.

b. 1%의 유의수준에서 진통제 A가 진통제 B보다 평균진통완화시간이 더 작은지를 검정하시오.

10.3 독립표본에 대하여 두 모평균의 차이에 대한 추론: σ_1과 σ_2가 알려져 있지 않고 서로 같지 않은 경우

10.2절에서는 두 모표준편차가 알려져 있지 않지만, 서로 같고 적당한 조건을 만족하면 t-분포를 이용하여 두 모평균의 차이에 대한 추론에 대하여 설명하였다. 만약 10.2절의 모든 조건이 그대로 만족하되 모표준편차가 알려져 있지 않을 뿐 아니라 서로 같지 않다면 어떻게 할까? 이 경우에는 $\mu_1 - \mu_2$에 대한 신뢰구간과 가설검정 절차는 10.2.1절과 10.2.2절에서 배운 모든 절차와 비슷하지만 2가지 차이점이 있다. 모표준편차들은 알려져 있지 않고 서로 같지 않을 때 자유도는 더 이상 $n_1 + n_2 - 2$가 아니며, $\bar{X}_1 - \bar{X}_2$의 표준편차는 합동표준편차 s_p로 계산되지 않는다.

자유도

1. 두 표본이 서로 독립이다.
2. 두 모집단의 표준편차 σ_1과 σ_2가 알려져 있지 않고 서로 같지 않다고 가정한다. 즉, $\sigma_1 \neq \sigma_2$
3. 다음 두 조건 중 적어도 하나가 만족될 때:
   i) 두 표본이 모두 클 때 (즉, $n_1 \geq 30$, $n_2 \geq 30$)
   ii) 두 표본 중 하나 또는 두 표본 모두가 작다면 두 표본이 추출된 두 모집단 모두가 정규분포를 따를 때

$\mu_1 - \mu_2$에 대한 추론을 할 때 t-분포를 사용하고 t-분포에 대한 **자유도** (*degree of freedom*) 는 다음과 같이 주어진다.

$$df = \frac{\left(\frac{s_1^2}{n_1} + \frac{s_2^2}{n_2}\right)^2}{\frac{\left(\frac{s_1^2}{n_1}\right)^2}{n_1 - 1} + \frac{\left(\frac{s_2^2}{n_2}\right)^2}{n_2 - 1}}$$

이 공식에 의해 계산된 숫자는 항상 내림하여 자유도로 사용한다.

두 모표준편차는 알려져 있지 않으므로 $\sigma_{\bar{X}_1 - \bar{X}_2}$의 점추정량으로 $s_{\bar{X}_1 - \bar{X}_2}$를 사용한다.

$\bar{X}_1 - \bar{X}_2$의 표준편차의 추정값

$s_{\bar{X}_1 - \bar{X}_2}$의 값은 다음과 같이 계산된다.

$$s_{\bar{X}_1 - \bar{X}_2} = \sqrt{\frac{s_1^2}{n_1} + \frac{s_2^2}{n_2}}$$

10.3.1 $\mu_1 - \mu_2$의 구간추정

다시 언급하지만 두 표본평균의 차이 $\bar{X}_1 - \bar{X}_2$는 두 모평균의 차이 $\mu_1 - \mu_2$의 점추정량이다. 이 절의 조건들을 만족하면 두 모평균의 차이 $\mu_1 - \mu_2$에 대한 신뢰구간을 구하기 위하여 t-분포를 이용한다.

$\mu_1 - \mu_2$의 신뢰구간

$\mu_1 - \mu_2$에 대한 $(1 - \alpha)$ 100% **신뢰구간** (*confidence interval*) 은 다음과 같이 계산된다.

$$(\bar{X}_1 - \bar{X}_2) \pm t s_{\bar{X}_1 - \bar{X}_2}$$

t의 값은 주어진 신뢰수준과 앞의 공식에 의해 계산된 자유도에 대하여 t-분포표에서 얻는다. $s_{\bar{X}_1 - \bar{X}_2}$는 앞에서 설명한 대로 계산한다.

■ 예제 10-8 $\mu_1 - \mu_2$에 대한 신뢰구간 : 두 독립표본, $\sigma_1 \neq \sigma_2$이고 알지 못할 때

10.2.1절의 예제 10-5를 다시 보자. 15통의 첫 번째 종류 커피를 랜덤추출하여 조사한 결과 포함된 카페인의 평균함량은 80밀리그램이고 표준편차는 5밀리그램이었다. 두 번째 종류 커피 12통을 랜덤추출하여 조사한 결과 포함된 카페인의 평균함량은 77밀리그램이고 표준편차는 6밀리그램이었다. 이 두 종류의 커피에 포함된 카페인의 평균함량의 차이에 대한 95% 신뢰구간을 구하시오. 여기서 두 모집단은 정규분포를 따르고, 두 모표준편차는 같지 않다고 가정한다.

풀 이 첫 번째 종류의 커피와 두 번째 종류의 커피에 포함된 카페인의 평균함량을 각각 μ_1과 μ_2라고 두고, 각 표본평균들을 $\bar{X}_1$과 $\bar{X}_2$로 두자.

$$n_1 = 15,\ \ \bar{x}_1 = 80 \text{ 밀리그램},\ \ s_1 = 5 \text{ 밀리그램}$$
$$n_2 = 12,\ \ \bar{x}_2 = 77 \text{ 밀리그램},\ \ s_2 = 6 \text{ 밀리그램}$$

신뢰수준은 $1 - \alpha = 0.95$이다.
먼저 $\bar{X}_1 - \bar{X}_2$의 표준편차를 계산하자.

$$s_{\bar{X}_1 - \bar{X}_2} = \sqrt{\frac{s_1^2}{n_1} + \frac{s_2^2}{n_2}} = \sqrt{\frac{(5)^2}{15} + \frac{(6)^2}{12}} = 2.16024690$$

t-분포표에서 t-값을 찾기 위하여 t-분포곡선의 각 꼬리영역과 자유도를 알아야 한다.

$$\text{각 꼬리영역의 면적} = \alpha/2 = (1 - 0.95)/2 = 0.025$$

$$df = \frac{\left(\dfrac{s_1^2}{n_1} + \dfrac{s_2^2}{n_2}\right)^2}{\dfrac{\left(\dfrac{s_1^2}{n_1}\right)^2}{n_1 - 1} + \dfrac{\left(\dfrac{s_2^2}{n_2}\right)^2}{n_2 - 1}} = \frac{\left(\dfrac{(5)^2}{15} + \dfrac{(6)^2}{12}\right)^2}{\dfrac{\left(\dfrac{(5)^2}{15}\right)^2}{15 - 1} + \dfrac{\left(\dfrac{(6)^2}{12}\right)^2}{12 - 1}} = 21.42 \approx 21$$

t-분포표에서 $df = 21$과 t-분포곡선의 오른쪽 꼬리영역 0.025에 대한 t-값은 2.080이다.
$\mu_1 - \mu_2$의 신뢰구간은

$$(\bar{x}_1 - \bar{x}_2) \pm t s_{\bar{x}_1 - \bar{x}_2} = (80 - 77) + 2.080(2.16024690) = 3 \pm 4.49$$
$$\Rightarrow -1.49 \sim 7.49.$$

따라서 95% 신뢰수준에서 두 표본의 결과를 바탕으로, 두 종류의 커피에 포함된 카페인의 평균함량의 차이는 -1.49밀리그램과 7.49밀리그램 사이에 있다. ■

예제 10-5에서 얻은 신뢰구간과 비교하면 두 신뢰구간은 매우 가깝다. 따라서 두 모표준편차가 같지 않고 $\mu_1 - \mu_2$의 신뢰구간을 구하기 위하여 10.2.1절의 절차를 사용하더라도 두 모표준편차의 차이가 너무 크지 않은 한, 오차의 한계는 매우 작을 것이다.

10.3.2 $\mu_1 - \mu_2$에 대한 가설검정

모표준편차들이 알려져 있지 않고 서로 같지 않으며, 10.3절의 다른 조건들이 만족될 때, 두 모평균 사이의 차 $\mu_1 - \mu_2$에 대한 가설검정을 하기 위하여 t-분포를 적용한다. 10.2.2절의 절차와 다른 점은 t-분포의 자유도 계산과 $\bar{X}_1 - \bar{X}_2$의 표준편차의 계산이다. t-분포의 자유도와 $\bar{X}_1 - \bar{X}_2$의 표준편차 공식은 10.3.1절에 주어져 있다.

$\bar{X}_1 - \bar{X}_2$에 대한 검정통계량 T

$\bar{X}_1 - \bar{X}_2$에 대한 **검정통계량**(*test statistic*)은 다음과 같이 계산된다.

$$T = \frac{(\bar{X}_1 - \bar{X}_2) - (\mu_1 - \mu_2)}{s_{\bar{X}_1 - \bar{X}_2}}$$

$\mu_1 - \mu_2$의 값은 귀무가설 H_0로부터 대입된다. $s_{\bar{X}_1 - \bar{X}_2}$는 앞에서 설명한 대로 계산한다.

■ 예제 10-9 $\mu_1 - \mu_2$에 대한 양쪽 꼬리검정 : 두 독립표본, $\sigma_1 \neq \sigma_2$이고 알지 못할 때

10.2.2절의 예제 10-6을 다시 생각해 보자. 종류 1의 다이어트 음료 14캔을 표본추출한 결과 평균 칼로리는 캔당 23칼로리이고 표준편차는 3칼로리였다. 또다른 종류 2의 다이어트 음료 16캔을 표본추출한 결과, 평균 칼로리는 캔당 25칼로리이고 표준편차는 4칼로리였다. 유의수준 1%에서 두 종류의 다이어트 음료에 대하여 캔당 평균 칼로리가 다른지 검정하시오. 각 종류의 다이어트 음료의 캔당 칼로리는 정규분포를 따르고 모표준편차는 서로 같지 않다고 가정한다.

풀 이 첫 번째 종류의 다이어트 음료와 두 번째 종류의 다이어트 음료의 캔당 평균 칼로리를 각각 μ_1과 μ_2라고 두고 각 표본평균들을 $\bar{X}_1$과 $\bar{X}_2$로 두자.

$$n_1 = 14, \quad \bar{x}_1 = 23, \quad s_1 = 3$$
$$n_2 = 16, \quad \bar{x}_2 = 25, \quad s_2 = 4$$

유의수준은 $\alpha = 0.01$이다.

단계 1. 귀무가설과 대립가설을 세운다.

$$H_0 : \mu_1 - \mu_2 = 0 \text{ (평균 칼로리는 서로 다르지 않다)}$$

$$H_1 : \mu_1 - \mu_2 \neq 0 \text{ (평균 칼로리는 서로 다르다)}$$

단계 2. 사용할 분포를 결정한다.

여기서 두 표본은 서로 독립이고 모표준편차 σ_1과 σ_2는 알려져 있으며, 서로 같지 않으며, 각 표본의 크기는 모두 작지만 두 모집단은 정규분포를 따른다. 그러므로 10.3절의 조건을 모두 만족하므로 우리는 t-분포를 사용한다.

단계 3. 기각역과 비기각역을 결정한다.

대립가설의 ≠ 부호는 양쪽 꼬리검정을 의미하며 유의수준은 $\alpha = 0.01$이다.

$$\text{각 꼬리영역의 면적} = \alpha/2 = 0.01/2 = 0.005$$

$$df = \frac{\left(\frac{s_1^2}{n_1} + \frac{s_2^2}{n_2}\right)^2}{\frac{\left(\frac{s_1^2}{n_1}\right)^2}{n_1 - 1} + \frac{\left(\frac{s_2^2}{n_2}\right)^2}{n_2 - 1}} = \frac{\left(\frac{(3)^2}{14} + \frac{(4)^2}{16}\right)^2}{\frac{\left(\frac{(3)^2}{14}\right)^2}{14 - 1} + \frac{\left(\frac{(4)^2}{16}\right)^2}{16 - 1}} = 27.41 \approx 27.$$

자유도 $df = 27$과 t-분포곡선의 각 꼬리영역 면적 0.005에 대한 t-값은 그림 10.5에 나타난 바와 같이 각각 -2.771과 2.771이다.

그림 10.5

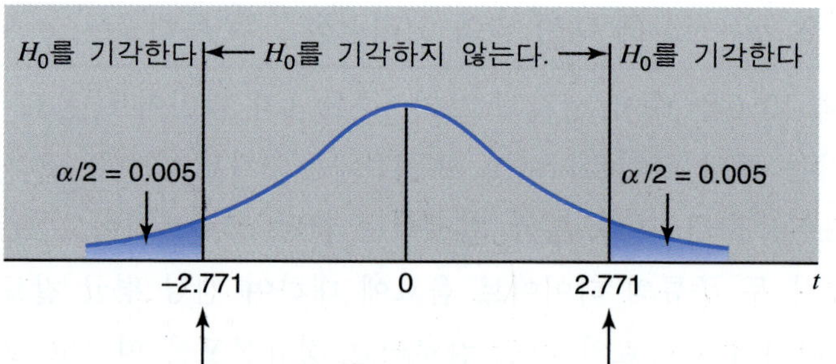

단계 4. 검정통계량의 값을 계산한다.

$\bar{x}_1 - \bar{x}_2$에 대한 검정통계량 t의 값은 다음과 같이 계산된다.

$$s_{\bar{x}_1 - \bar{x}_2} = \sqrt{\frac{s_1^2}{n_1} + \frac{s_2^2}{n_2}} = \sqrt{\frac{(3)^2}{15} + \frac{(4)^2}{16}} = 1.28173989$$

$$t = \frac{(\bar{x}_1 - \bar{x}_2) - (\mu_1 - \mu_2)}{s_{\bar{x}_1 - \bar{x}_2}} = \frac{(23 - 25) - \overset{H_0\text{로부터}}{0}}{1.28173989} = -1.560$$

단계 5. 결론을 내린다.

검정통계량 $t = -1.560$은 비기각역에 속하므로 우리는 귀무가설 H_0를 기각하지 않는다. 따라서 두 종류의 다이어트 음료에 포함된 평균 칼로리는 차이가 없다고 결론을 내린다. 두 표본에서 관측된 $\bar{x}_1 - \bar{x}_2$는 표집오차만으로 발생되었을 수 있다.

p-값을 이용한 결론 내리기

위의 결론을 내리기 위하여 p-값 방법을 사용할 수 있다. 단계 1에서 단계 2를 거치고 단계 3에서 검정통계량 t의 값을 계산하고 t-분포표(부록 B의 표 V)에서 이 t의 값에 대한 p-값을 찾는다. 단계 4에서 $\bar{X}_1 - \bar{X}_2$에 대한 검정통계량 t의 값은 -1.560이었다. 이 예제는 양쪽 꼬리검정이다. p-값은 $\bar{X}_1 - \bar{X}_2$의 표본분포곡선에서 $t = -1.560$의 왼쪽 영역의 2배와 같다. 컴퓨터를 사용하면 정확한 p-값 0.130을 얻을 수 있다. t-분포표를 사용하면 p-값이 속하는 범위를 찾을 수 있다. 자유도 $df = 27$에 대하여 부록 B의 표 V에서 1.560를 포함하는 두 값은 1.314과 1.703이다(참고로 t-값이 음수였지만 우리는 양수값을 사용한다). 따라서 검정통계량 $t = -1.560$은 -1.314과 -1.703 사이에 속한다. 1.314과 1.703에 대응되는 t-분포표에서의 영역은 각각 0.10과 0.05이다. 이 검정은 양쪽 꼬리검정이므로 $t = -1.560$에 대한 p-값은 $2(0.10) = 0.20$과 $2(0.05) = 0.1$ 사이에 속한다. 즉,

$$0.10 < p\text{-값} < 0.20$$

우리는 p-값보다 큰 유의수준 α에 대하여 귀무가설을 기각할 것이다. 이 예제에서 $\alpha \geq 0.20$인 모든 유의수준에 대하여 귀무가설을 기각할 것이고 $\alpha \leq 0.10$인 모든 유의수준에 대하여 귀무가설을 기각하지 않을 것이다. 컴퓨터를 사용하면 $\alpha > 0.130$인 유의수준에 대하여 귀무가설을 기각할 것이다. 이 예제에서 $\alpha = 0.01$이므로 귀무가설을 기각하지 않는다. ■

10.3.1절과 10.3.2절에서 배운 $\mu_1 - \mu_2$에 대한 신뢰구간을 구하고 가설검정을 할 때 사용되는 자유도는 항상 내림한다.

연습문제

■ 개념과 절차

10.13 두 모집단이 정규분포를 따르고 모표준편차는 서로 같지 않고 알려져 있지 않다고 가정할 때, 다음의 경우에 대하여 $\mu_1 - \mu_2$에 대한 95% 신뢰구간을 구하시오.

$$n_1 = 24 \qquad \overline{X}_1 = 20.50 \qquad s_1 = 3.90$$
$$n_2 = 16 \qquad \overline{X}_2 = 22.60 \qquad s_2 = 5.15$$

10.14 연습문제 10.13의 정보를 이용하여 5%의 유의수준에서 두 모평균이 다른지 검정하시오.

10.15 연습문제 10.13의 정보를 이용하여 1%의 유의수준에서 μ_1이 μ_2보다 작은지 검정하시오.

■ 응용

10.16 한 슈퍼마켓의 매니저는 남성고객이 여성고객보다 평균적으로 소비금액이 적은지를 알고자 한다. 35명의 남성고객을 랜덤추출한 결과 평균적으로 80달러를 쓰고 표준편차는 17.50달러였다. 또한 40명의 여성고객을 랜덤추출한 결과 평균적으로 96달러를 쓰고 표준편차는 14.40달러였다. 모든 남성고객과 여성고객이 이 마트에서 쓰는 소비금액의 표준편차는 알려져 있지 않고 서로 같지 않다고 가정한다.

a. 이 마트에서 모든 남성고객과 여성고객이 소비하는 평균소비금액의 차에 대한 99% 신뢰구간을 구하시오.

b. 2.5%의 유의수준에서 모든 남성고객이 소비하는 평균소비금액이 모든 여성고객이 소비하는 평균소비금액보다 적다고 할 수 있는가?

10.17 한 보험회사는 남성운전자가 운전하는 차의 평균속도가 여성운전자의 평균속도보다 더 큰지를 알고자 한다. 이 회사는 고속도로에서 남성운전자가 운전하는 차 27대를 랜덤추출하여 조사한 결과 평균속도는 시간당 72마일이고 표준편차는 2.2마일이었다. 또한 여성운전자가 운전하는 차 18대를 랜덤추출한 결과 평균속도는 시간당 68마일이고 표준편차는 2.5마일이었다. 모든 남성과 여성이 운전하는 차의 속도는 모두 정규분포를 따르고 모표준편차는 서로 같지 않다고 가정한다.

a. 이 고속도로에서 모든 남성과 여성이 운전하는 차의 속도의 차에 대한 98% 신뢰구간을 구하시오.

b. 1%의 유의수준에서 모든 남성운전자가 운전하는 차의 평균속도가 모든 여성운전자가 운전하는 차의 평균속도보다 더 큰지를 검정하시오.

10.18 한 제약회사는 A라는 진통제가 B라는 진통제보다 더 빨리 진통을 없앤다고 주장한다. 한 연구자는 랜덤하게 추출된 두 그룹의 환자들에게 두 진통제를 시험해 보았다. 결과는 다음 표

에 나타나 있다. 진통완화시간의 평균과 표준편차는 모두 분 단위로 측정되었다. 두 모집단은 정규분포를 따르고 표준편차는 알려져 있지 않으며 서로 같지 않다고 가정한다.

진통제	표본의 크기	진통완화시간의 평균	진통완화시간의 표준편차
A	25	44	11
B	22	49	9

a. 두 진통제의 평균 진통완화시간의 차에 대한 99% 신뢰구간을 구하시오.

b. 1%의 유의수준에서 진통제 A가 진통제 B보다 평균진통완화시간이 더 작은지를 검정하시오.

10.4 쌍체표본에 대한 두 모평균의 차에 대한 추론

10.1절, 10.2절, 10.3절에서는 두 표본이 2개의 서로 다른 모집단으로부터 독립적으로 추출되었을 때 두 모평균의 차에 대한 추정과 가설검정에 대하여 다루었다. 이 절에서는 두 표본이 서로 종속일 때 두 모평균의 차에 대한 추정과 가설검정 절차를 다룬다.

2개의 종속표본인 경우 각 표본에서 하나씩 2개의 자료값은 같은 소스나 원소에서 수집된다. 따라서 이러한 자료를 **쌍체(paired)** 또는 **대응표본(matched samples)**이라고 한다. 예를 들어, 일정기간 동안 체중감량 프로그램에 참가한 사람들의 평균체중 감량에 대한 추론을 하고자 한다. 이를 위하여 15명의 참가자들을 랜덤하게 추출하여 프로그램에 참가하기 전의 체중과 참가한 후의 체중을 측정한다. 이 예제에서 2개의 자료는 같은 15명의 참가자로부터 얻어지며, 프로그램에 참가하기 전과 참가한 후에 각각 측정되었다. 따라서 비록 2개의 표본이 있지만 같은 15명의 사람을 포함하고 있다. 이것은 쌍체(종속 또는 대응)표본의 예제이다. 쌍체표본의 경우 신뢰구간을 구하는 것과 가설검정하는 절차는 앞 절에서 설명한 독립표본에서의 절차와는 다르다.

정 의

쌍체 또는 대응표본 : 한 표본에서 수집된 자료의 값에 대하여 다른 표본에 대응되는 자료의 값이 있으며, 이 두 자료는 모두 같은 근원에서 수집되었을 때 두 표본을 **쌍체**(*paired*) 또는 **대응표본**(*matched samples*)이라고 한다.

쌍체표본에서는 두 표본의 각 원소들에 대하여 두 자료값의 차이를 ***D***로 둔다. *D*의 값을 **쌍체 차(paired difference)**라고 한다. *D*의 모든 값들을 하나의 표본으로 간주하고 8장과 9장에서 다루었던 단일표본의 경우에서의 절차와 비슷한 절차를 적용하여 추론을 한다. 참고로 각 소스나 원소는 값들의 쌍을 만들기 때문에 각 표본은 같은 수의 값을 가져야 한다. 즉, 두 표본의 크기는 같다. 그러므로 우리는 이러한 공통된 **표본의 크기**(**sample size**)를 $\boldsymbol{n}$으로 두고, D의 개수를 나타낸다. 쌍체표본의 **자유도**(**degree of freedom**)는 $\boldsymbol{n-1}$이다.

μ_d = 모집단의 쌍체 차의 평균

σ_d = 모집단의 쌍체 차의 표준편차로 일반적으로 알려져 있지 않다

$\overline{D}$ = 표본의 쌍체 차의 평균

s_d = 표본의 쌍체 차의 표준편차

n = 쌍체 차의 값의 개수

로 둔다.

두 표본의 쌍체 차의 평균과 표준편차

두 표본의 쌍체 차의 평균 $\overline{D}$와 표준편차 s_d는 다음과 같이 계산된다.

$$\overline{D} = \frac{\Sigma D}{n}$$

$$\text{표본평균 : } s_d = \sqrt{\frac{\Sigma d^2 - \frac{(\Sigma d)^2}{n}}{n-1}}$$

쌍체표본에서는 $\mu_1 - \mu_2$에 대한 추론을 할 때 표본통계량으로 $\overline{X}_1 - \overline{X}_2$을 사용하는 대신에, μ_d에 대한 추론을 하기 위하여 표본통계량 $\overline{D}$를 사용한다. 실제로 $\overline{D}$의 값은 $\overline{X}_1 - \overline{X}_2$의 값과 같으며, μ_d의 값은 $\mu_1 - \mu_2$와 항상 같다.

$\overline{D}$의 표본분포, 평균, 표준편차

σ_d가 알려져 있고 표본의 크기가 크거나 ($n \geq 30$) 또는 모집단이 정규분포를 따를 때, $\overline{D}$의 **표본분포**(*sampling distribution*)는 근사적으로 정규분포를 따르고 **평균**(*mean*)과 **표준편차**(*standard deviation*)는 다음과 같다.

$$\mu_{\bar{d}} = \mu_d, \quad \sigma_{\bar{d}} = \frac{\sigma_d}{\sqrt{n}}$$

따라서 모집단의 쌍체 차의 표준편차 σ_d가 알려져 있고, 표본의 크기가 크거나 ($n \geq 30$) 또는 모집단이 정규분포를 따를 때, μ_d에 대한 신뢰구간을 구하거나 가설검정을 하기 위하여 정규분포를 사용할 수 있다. 그러나 일반적으로 σ_d은 절대 알려져 있지 않다. 집단의 쌍체 차의 표준편차 σ_d가 알려져 있지 않고, 표본의 크기가 크거나 ($n \geq 30$) 또는 모집단이 정규

분포를 따를 때, μ_d에 대한 신뢰구간을 구하거나 가설검정을 하기 위하여 t-분포를 사용할 수 있다.

μ_d에 대한 추론

만약

1. 모집단의 쌍체 차의 표준편차 σ_d가 알려져 있지 않고

2. 다음 두 조건 중 적어도 하나가 만족될 때:

i) 표본의 크기가 크거나 ($n \geq 30$)

ii) 표본의 크기가 작다면 쌍체 차의 모집단이 정규분포를 따를 때,

μ_d에 대한 추론을 하기 위하여 t-분포를 사용할 수 있다. $\bar{D}$의 표준편차 $\sigma_{\bar{d}}$는 $s_{\bar{d}}$로 추정된다.

$$s_{\bar{d}} = \frac{s_d}{\sqrt{n}}$$

10.4.1 μ_d에 대한 구간추정

쌍체표본에서 쌍체 차의 평균 $\bar{D}$는 μ_d의 점추정량이다. 다음 공식은 t-분포가 사용될 때 μ_d에 대한 신뢰구간을 구할 때 사용된다.

μ_d에 대한 신뢰구간

μ_d에 대한 $(1 - \alpha)100\,\%$ **신뢰구간** (*confidence interval*)은 다음과 같다.

$$\bar{D} \pm t s_{\bar{d}}$$

여기서 t의 값은 주어진 신뢰수준과 자유도 $n - 1$에 대한 t-분포표에서 얻어진다. $s_{\bar{d}}$은 앞서 설명한 대로 계산한다.

■ 예제 10-10 μ_d에 대한 신뢰구간 : 쌍체표본, σ_d를 알지 못할 때, 모집단이 정규분포를 따를 때

한 연구자는 새로운 식이요법이 혈압에 미치는 영향을 알고자 한다. 그는 7명의 성인을 랜덤하게 추출하여 3개월 동안 식이요법을 적용시켰다. 다음 표는 식이요법 전과 후의 7명의 성인의 혈압을 측정한 결과이다.

전	210	180	195	220	231	199	224
후	193	186	186	223	220	183	233

모든 성인 모집단에서 이 식이요법에 의해 발생한 혈압의 평균감량을 μ_d로 두자. μ_d에 대한 95% 신뢰구간을 구하시오. 쌍체 차의 모집단이 정규분포를 따른다고 가정하자.

풀 이 쌍체표본에서 주어진 정보를 이용하여 표본의 쌍체 차의 평균 $\bar{D}$를 이용하여 모집단의 쌍체 차의 평균 μ_d에 대한 신뢰구간을 구할 것이다. 이 새로운 식이요법을 시작하기 전과 후의 성인의 혈압 차이를 D로 두자. 그러면 D는 식이요법 전의 혈압에서 식이요법 후의 혈압을 빼서 구한다. 표 10.1의 세 번째 열은 7명 성인의 d값을 나타낸다. 네 번째 열은 d^2의 값을 나타낸다.

표 10.1

전	후	차이 d	d^2
210	193	17	289
180	186	−6	36
195	186	9	81
220	223	−3	9
231	220	11	121
199	183	16	256
224	233	−9	81
		$\Sigma d = 35$	$\Sigma d^2 = 873$

$\bar{d}$와 s_d의 값은 다음과 같이 구해진다.

$$\bar{d} = \frac{\Sigma d}{n} = \frac{35}{7} = 5.00$$

$$s_d = \sqrt{\frac{\Sigma d^2 - \frac{(\Sigma d)^2}{n}}{n-1}} = \sqrt{\frac{873 - \frac{(35)^2}{7}}{7-1}} = 10.78579312.$$

따라서 $\bar{d}$의 표준편차는

$$s_{\bar{d}} = \frac{s_d}{\sqrt{n}} = \frac{10.78579312}{\sqrt{7}} = 4.07664661.$$

여기서 σ_d는 알려져 있지 않고, 표본의 크기는 작으며, 모집단은 정규분포를 따른다. 따라서 우리는 신뢰구간을 구하기 위하여 t-분포를 사용할 것이다. 95% 신뢰구간을 구하기 위하여 t-분포곡선의 양쪽 꼬리영역은

$$\text{각 꼬리영역의 면적} = \alpha/2 = (1 - 0.95)/2 = 0.025.$$

자유도는

$$df = n - 1 = 7 - 1 = 6$$

t-분포표로부터 $df = 6$과 t-분포곡선의 오른쪽 꼬리영역 0.025에 대한 t-값은 2.447이다. 그러므로 μ_d에 대한 95% 신뢰구간은

$$\bar{d} \pm ts_{\bar{d}} = 5.00 \pm 2.447\,(4.07664661) = 5.00 \pm 9.98 = -4.98\text{에서 } 14.98$$

따라서 95% 신뢰수준에서 모든 성인 참가자들에게 적용된 식이요법 전과 후의 혈압의 평균 감량은 −4.98과 14.98 사이에 속한다. ■

10.4.2 μ_d에 대한 가설검정

μ_d에 대한 가설검정은 표본통계량 $\bar{D}$를 이용한다. 이 절에서는 t-분포만을 사용하는 경우를 다룬다. 이 절의 앞에서 μ_d에 대한 가설검정을 할 때 t-분포를 사용하기 위한 조건들을 다루었다.

$\bar{D}$에 대한 검정통계량

$\bar{D}$에 대한 **검정통계량**(*test statistic*) T는 다음과 같이 구해진다.

$$T = \frac{\bar{D} - \mu_d}{s_{\bar{d}}}$$

주어진 유의수준과 자유도 $n-1$에 대하여 임계값 t는 t-분포표에서 구해진다.

■ 예제 10-11 μ_d에 대한 왼쪽 꼬리검정 : 쌍체표본, σ_d를 알지 못하고 소표본, 모집단이 정규분포를 따를 때

어떤 회사는 "영업사원 성공전략"이라는 강습을 듣는 것이 영업사원의 평균판매실적을 올릴 수 있는지 알고자 한다. 회사는 6명의 영업사원을 이 강습에 보냈다. 다음 표는 이 강습을 수강하기 전과 후의 영업사원들의 일주일 판매실적을 요약하였다.

전	12	18	25	9	14	16
후	18	24	24	14	19	20

1%의 유의수준에서 이 강습을 수강하는 것이 영업사원의 주당 평균 판매실적을 올릴 수 있는가? 쌍체 차의 모집단은 정규분포를 따른다고 가정한다.

풀 이 이 자료는 쌍체표본이므로 우리는 표본의 쌍체 차 평균 $\bar{D}$를 이용하여 모집단의 쌍체 차의 평균 μ_d에 대한 가설을 검정한다.

$$d = (\text{수강 전의 주당 판매실적}) - (\text{수강 후의 주당 판매실적})$$

으로 두자.

표 10.2에서 우리는 6명의 영업사원에 대한 d를 계산하였다. 네 번째 열은 d^2를 나타낸다.

표 10.2

전	후	차이 d	d^2
12	18	−6	36
18	24	−6	36
25	24	1	1
9	14	−5	25
14	19	−5	25
16	20	−4	16
		$\Sigma d = -25$	$\Sigma d^2 = 139$

$$\bar{d} = \frac{\Sigma d}{n} = \frac{-25}{6} = -4.17$$

$$s_d = \sqrt{\frac{\Sigma d^2 - \frac{(\Sigma d)^2}{n}}{n-1}} = \sqrt{\frac{139 - \frac{(-25)^2}{6}}{6-1}} = 2.63944439$$

따라서 $\bar{d}$의 표준편차는

$$s_{\bar{d}} = \frac{s_d}{\sqrt{n}} = \frac{2.63944439}{\sqrt{6}} = 1.07754866$$

단계 1. 귀무가설과 대립가설을 세운다.

이 강습을 수강하기 전의 영업사원의 주당 평균판매실적을 μ_1로 두고 수강 후의 주당 판매실적을 μ_2로 두자. 그러면 $\mu_2 = \mu_1 - \mu_2$가 된다. 따라서 귀무가설과 대립가설은 각각 다음과 같다.

$H_0 : \mu_d = 0$ ($\mu_1 - \mu_2 = 0$ 또는 주당 평균판매실적이 올라가지 않았다)

$H_1 : \mu_d < 0$ ($\mu_1 - \mu_2 < 0$ 또는 주당 평균판매실적이 올라갔다)

단계 2. 사용할 분포를 결정한다.

모표준편차 σ_d는 알려져 있지 않으며, 표본의 크기는 작다($n < 30$). 그러나 쌍체 차의 모집단의 분포는 정규분포이다. 따라서 우리는 t-분포를 사용하여 가설검정을 한다.

단계 3. 기각역과 비기각역을 결정한다.

유의수준은 0.01이다. 대립가설의 < 부호는 왼쪽 꼬리검정을 의미한다. 따라서

$$\text{왼쪽 꼬리영역} = \alpha = 0.01$$
$$\text{자유도} = n - 1 = 6 - 1 = 5$$

그림 10.6에서 보는 바와 같이 $df = 5$와 t-분포곡선의 왼쪽 꼬리영역 0.01에 대한 임계값 t의 값은 -3.365이다.

그림 10.6

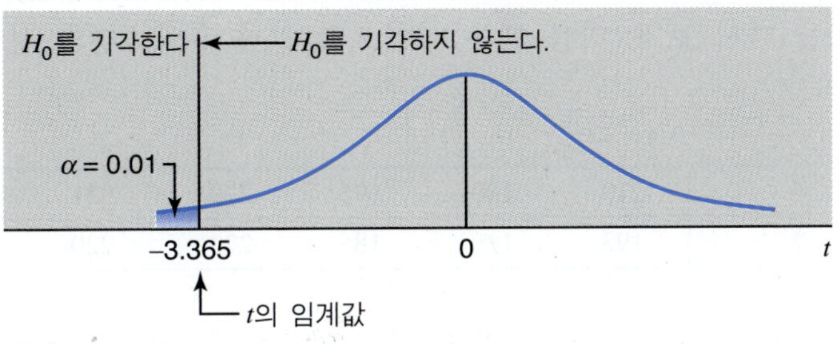

단계 4. 검정통계량의 값을 계산한다.

$\bar{d}$에 대한 검정통계량 t의 값은 다음과 같이 계산된다.

$$t = \frac{\bar{d} - \mu_d}{s_{\bar{d}}} = \frac{-4.17 - \overset{H_0\text{로부터}}{0}}{1.07754866} = -3.870$$

단계 5. 결론을 내린다.

$\bar{d}$에 대한 검정통계량 $t = -3.870$은 기각역에 속하므로 귀무가설을 기각한다. 따라서 이 강습을 수강한 모든 영업사원의 주당 판매실적은 올라간다고 결론을 내린다.

p-값을 이용한 결론 내리기

위의 결론을 내리기 위하여 p-값 방법을 사용할 수 있다. 단계 1에서 단계 2를 거치고, 단계 3에서 $\bar{d}$에 대한 검정통계량 t의 값을 계산하고, t-분포표(부록 B의 표 V)나 컴퓨터를 사용하여 이 t의 값에 대한 p-값을 찾는다. 컴퓨터를 사용하면 정확한 p-값 0.006을 얻을 수 있다. t-분포표를 사용하면 p-값이 속하는 범위를 찾을 수 있다. 자유도 $df = 5$에 대하여 부록 B의 표 V에서 보면 검정통계량 $t = -3.870$은 -3.365과 -4.032 사이에 속한다. -3.365과 -4.032에 대응되는 분포표에서의 영역은 각각 0.01과 0.005이다. 이 검정은 왼쪽 꼬리검정이므로 p-값은 0.01과 0.005 사이에 속한다. 즉,

$$0.005 < p\text{-값} < 0.01$$

우리는 p-값보다 큰 유의수준 α에 대하여 귀무가설을 기각할 것이다. 이 예제에서 컴퓨터

를 사용하면 $\alpha > 0.006$인 모든 유의수준에 대하여 귀무가설을 기각할 것이고, 범위를 사용하면 $\alpha \geq 0.01$인 모든 유의수준에 대하여 귀무가설을 기각할 것이다. 이 예제에서 $\alpha = 0.01$이므로 귀무가설을 기각한다. ■

■ 예제 10-12 μ_d에 대한 양쪽 꼬리검정 : 쌍체표본, σ_d를 알지 못하고 소표본, 모집단이 정규분포를 따를 때

예제 10-10을 다시 보자. 다음 표는 식이요법 전과 후의 7명의 성인의 혈압을 측정한 결과이다.

전	210	180	195	220	231	199	224
후	193	186	186	223	220	183	233

모든 성인 모집단에서 이 식이요법에 의해 발생한 혈압의 평균감량을 μ_d로 두자. 5% 신뢰수준에서 쌍체 차의 평균 μ_d이 0과 다른지 검정하시오. 쌍체 차의 모집단이 (근사적으로) 정규분포를 따른다고 가정하자.

풀 이 표 10.3의 세 번째 열은 7명 성인의 d값을 나타내고 네 번째 열은 d^2의 값을 나타낸다.

표 10.3

전	후	차이 d	d^2
210	193	17	289
180	186	−6	36
195	186	9	81
220	223	−3	9
231	220	11	121
199	183	16	256
224	233	−9	81
		$\Sigma d = 35$	$\Sigma d^2 = 873$

$\bar{d}$와 s_d의 값은 다음과 같이 구해진다.

$$\bar{d} = \frac{\Sigma d}{n} = \frac{35}{7} = 5.00$$

$$s_d = \sqrt{\frac{\Sigma d^2 - \frac{(\Sigma d)^2}{n}}{n-1}} = \sqrt{\frac{873 - \frac{(35)^2}{7}}{7-1}} = 10.78579312$$

따라서 $\bar{d}$의 표준편차는

$$s_{\bar{d}} = \frac{s_d}{\sqrt{n}} = \frac{10.78579312}{\sqrt{7}} = 4.007664661.$$

단계 1. 귀무가설과 대립가설을 세운다.

$$H_0 : \mu_d = 0$$
$$H_1 : \mu_d \neq 0$$

단계 2. 사용할 분포를 결정한다.

모표준편차 σ_d는 알려져 있지 않으며 표본의 크기는 작다($n < 30$). 그러나 쌍체 차의 모집단의 분포는 (근사적으로) 정규분포이다. 따라서 우리는 t-분포를 사용하여 가설검정을 한다.

단계 3. 기각역과 비기각역을 결정한다.

대립가설의 $\neq$ 부호는 양쪽 꼬리검정을 의미한다. 유의수준은 0.05이다. 따라서,

$$\text{각 꼬리영역} = \alpha/2 = 0.05/2 = 0.025$$
$$\text{자유도} = n - 1 = 7 - 1 = 6$$

그림 10.7에서 보는 바와 같이 $df = 6$와 t-분포곡선의 왼쪽 꼬리영역 0.025에 대한 두 임계값 t-값은 각각 -2.447과 2.447이다.

그림 10.7

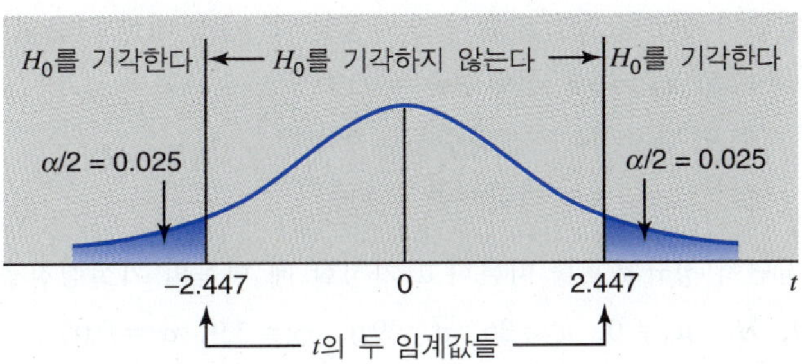

단계 4. 검정통계량의 값을 계산한다.

$\bar{d}$에 대한 검정통계량 t의 값은 다음과 같이 계산된다.

$$t = \frac{\bar{d} - \mu_d}{s_{\bar{d}}} = \frac{5.00 - 0}{4.07664661} = 1.226.$$

(H_0로부터: 0)

단계 5. 결론을 내린다.

$\bar{d}$에 대한 검정통계량 $t = 1.226$은 비기각역에 속하므로 귀무가설을 기각하지 않는다. 따라서 쌍체 차의 모집단의 평균은 0과 다르지 않다. 다른 말로 하면, 모든 성인 모집단에 대하

여 식이요법 참가 전과 후의 차이에 대한 평균은 0과 다르지 않다.

p-값을 이용한 결론 내리기

위의 결론을 내리기 위하여 p-값 방법을 사용할 수 있다. 단계 1에서 단계 2를 거치고 단계 3에서 $\bar{d}$에 대한 검정통계량 t의 값을 계산하고, t-분포표(부록 B의 표 V)나 컴퓨터를 사용하여 이 t의 값에 대한 p-값을 찾는다. 컴퓨터를 사용하면 정확한 p-값 0.266을 얻을 수 있다. t-분포표를 사용하면 p-값이 속하는 범위를 찾을 수 있다. 자유도 $df = 6$에 대하여 부록 B의 표 V에서 보면 검정통계량 $t = 1.226$은 1.440보다 작다. 1.440에 대응되는 t-분포표에서의 영역은 각각 0.10이다. 이 검정은 양쪽 꼬리검정이므로 p-값은 $2(0.10) = 0.20$이다. 즉,

$$p\text{-값} > 0.20$$

이 예제에서 $\alpha = 0.05$이므로 귀무가설을 기각하지 않는다. ■

연습문제

■ 개념과 절차

10.19 쌍체 차의 모집단이 정규분포를 따른다고 가정할 때 μ_d에 대한 다음의 신뢰구간을 구하시오.

a. $n = 12,\ \bar{d} = 17.5,\ s_d = 6.3$, 신뢰수준 = 99%

b. $n = 27,\ \bar{d} = 55.9,\ s_d = 14.7$, 신뢰수준 = 95%

c. $n = 16,\ \bar{d} = 29.3,\ s_d = 8.3$, 신뢰수준 = 90%

10.20 쌍체 차의 모집단이 정규분포를 따른다고 가정할 때 다음의 가설검정을 하시오.

a. $H_0 : \mu_d = 0,\ H_1 : \mu_d \neq 0,\ n = 26,\ \bar{d} = 9.6,\ s_d = 3.9,\ \alpha = 0.05$

b. $H_0 : \mu_d = 0,\ H_1 : \mu_d > 0,\ n = 15,\ \bar{d} = 8.8,\ s_d = 4.7,\ \alpha = 0.01$

c. $H_0 : \mu_d = 0,\ H_1 : \mu_d < 0,\ n = 20,\ \bar{d} = -7.4,\ s_d = 2.3,\ \alpha = 0.10$

■ 응용

10.21 몇 명의 싸이클 은퇴선수들이 어린 학생들의 그룹을 가르치고 있다. 그들은 7명의 선수들을 랜덤추출하여 힘과 정력을 향상시켜준다는 새로운 다이어트 보충제의 효과를 확인하고자 한다. 각 7명의 선수들은 같은 코스에서 경주한다. 그리고 4주 동안 다이어트 보충체를 먹는다. 4주 후에 이들은 다시 같은 코스에서 경주한다. 다음 표는 각 선수들이 4주 전과 후에 경주한 시간을 분 단위로 측정한 결과이다.

전	103	97	111	95	102	96	108
후	100	95	104	101	96	91	101

a. 쌍체 차의 모집단의 평균 μ_d에 대한 99% 신뢰구간을 구하시오. 이때 쌍체 차는 다이어트 보충제 섭취 전의 시간에서 섭취 후의 시간을 뺀 것과 같다.

b. 2.5%의 유의수준에서 이 다이어트 보충제를 섭취하면 경주시간이 더 빠른지 검정하시오.

10.22 한 회사는 12주의 특별훈련 프로그램이 체중을 감량시킨다고 주장한다. 6명의 표본을 추출하여 12주 동안 이 프로그램에 참가시켰다. 다음 표는 6명의 프로그램 참가 전과 후의 체중을 측정한 결과이다(단위 : 파운드).

전	180	195	177	221	208	199
후	183	187	161	204	197	189

a. 쌍체 차의 모집단의 평균 μ_d에 대한 95% 신뢰구간을 구하시오. 이때 쌍체 차는 프로그램 참가 전의 체중에서 프로그램 참가 후의 체중을 뺀 것과 같다.

b. 1%의 유의수준에서 이 프로그램에 참가한 모든 사람들의 평균체중감량이 0보다 크다고 할 수 있는가?

10.23 한 회사는 새로운 기계를 제품 생산라인에 설치하려고 한다. 회사는 두 종류의 기계를 고려하고 있으나 이 중 하나만 구매할 것이다. 회사는 8명의 생산직원을 랜덤하게 추출하여 이 두 기계를 이용하여 제품을 만들어 보았다. 다음 표는 8명의 직원들이 각 종류의 기계를 사용하여 제품을 만드는 데 걸린 시간을 측정한 결과이다(단위 분).

기계 I	23	26	19	24	27	22	20	18
기계 II	21	24	23	25	24	28	24	23

a. 쌍체 차의 모집단의 평균 μ_d에 대한 98% 신뢰구간을 구하시오. 이때 쌍체 차는 기계 1을 사용하여 제품을 만드는 데 걸린 시간에서 기계 2를 사용하여 걸린 시간을 뺀 것과 같다.

b. 5%의 유의수준에서 두 기계에 대하여 제품을 만드는 데 걸린 평균시간이 다른지를 검정하시오.

10.5 독립 대표본에 대한 두 모비율의 차이에 대한 추론

두 모비율의 차이에 대한 신뢰구간을 구하고 가설검정을 하는 경우는 매우 흔하다. 예를 들어, 두 개의 다른 기계에서 생산되는 물품들 중 불량품의 비율의 차이를 추정하고자 한다. 첫 번째 기계와 두 번째 기계에서 생산되는 불량품의 비율을 각각 p_1과 p_2로 두자. 우리는

$p_1 - p_2$에 대한 신뢰구간을 구하거나 첫 번째 기계에서 생산되는 불량품의 비율이 두 번째 기계에서 생산되는 불량품의 비율과 다른지를 가설검정하고자 한다. 이 경우 귀무가설 $p_1 - p_2 = 0$의 귀무가설과 $p_1 - p_2 \neq 0$의 대립가설에 대하여 가설검정을 한다.

이 절에서는 두 개의 크고 독립인 표본들에 대하여 $p_1 - p_2$에 대한 신뢰구간을 구하고 가설검정하는 방법을 다룬다. $p_1 - p_2$에 대한 추론을 하기 위하여 표본통계량 $\hat{p}_1 - \hat{p}_2$을 사용한다. 여기서 $\hat{p}_1$과 $\hat{p}_2$은 2개의 독립 대표본의 비율들이다. 7장에서 다룬 바와 같이, 표본비율을 다음과 같이 계산한다.

$$\hat{p}_1 = x_1/n_1, \qquad \hat{p}_2 = x_2/n_2$$

여기서 x_1과 x_2는 두 표본들에서 관심있는 사건의 개수이고, n_1과 n_2는 각 표본의 크기이다.

10.5.1 $\hat{p}_1 - \hat{p}_2$의 평균, 표준편차, 표본분포

7장에서 대표본에 대하여 표본비율 $\hat{p}$은 (근사적으로) 정규분포를 따르고, 평균은 p이고, 표준편차는 $\sqrt{pq/n}$이었다. 따라서 각각 표본의 크기가 n_1과 n_2인 두 독립 대표본에 대하여 표본비율 $\hat{p}_1$과 $\hat{p}_2$는 (근사적으로) 정규분포를 따르고, 평균은 각각 p_1과 p_2이고, 표준편차는 $\sqrt{p_1q_1/n_1}$과 $\sqrt{p_2q_2/n_2}$이다. 이 결과들을 이용하여 $\hat{p}_1 - \hat{p}_2$의 표본분포의 모양과 평균, 표준편차에 대하여 서술할 수 있다.

$\hat{p}_1 - \hat{p}_2$의 평균, 표준편차, 표본분포

두 독립 대표본에 대하여 $\hat{p}_1 - \hat{p}_2$의 **표본분포**(*sampling distribution*)는 (근사적으로) 정규분포를 따르고, **평균**(*mean*)과 **표준편차**(*standard deviation*)는 다음과 같이 주어진다.

$$\mu_{\hat{p}_1 - \hat{p}_2} = p_1 - p_2$$
$$\sigma_{\hat{p}_1 - \hat{p}_2} = \sqrt{\frac{p_1q_1}{n_1} + \frac{p_2q_2}{n_2}}$$

여기서 $q_1 = 1 - p_1$이고, $q_2 = 1 - p_2$이다.

따라서 두 독립 대표본에 대하여 $p_1 - p_2$에 대한 신뢰구간을 구하고 가설검정을 하기 위하여 정규분포를 사용할 수 있다. 7절에서 모비율에 대하여 np와 nq가 모두 5보다 큰 경우 표본은 크다고 하였다. 두 표본에 대하여는 n_1p_1, n_1q_1, n_2p_2, n_2q_2가 모두 5보다 큰 경우 두 표본의 크기는 크다고 둔다.

10.5.2 $p_1 - p_2$에 대한 구간추정

두 표본비율의 차 $\hat{p}_1 - \hat{p}_2$은 모비율의 차 $p_1 - p_2$의 점추정량이다. 우리는 p_1과 p_2를 알지 못

하므로 $p_1 - p_2$에 대한 신뢰구간을 구할 때, $\sigma_{\hat{p}_1 - \hat{p}_2}$의 값을 구할 수 없다. 그러므로 구간추정에서 $\sigma_{\hat{p}_1 - \hat{p}_2}$의 점추정량으로 $s_{\hat{p}_1 - \hat{p}_2}$를 사용한다.

$p_1 - p_2$에 대한 신뢰구간

$p_1 - p_2$에 대한 $(1-\alpha)100\,\%$ **신뢰구간**(*confidence interval*)은 다음과 같이 구한다.

$$(\hat{p}_1 - \hat{p}_2) \pm z s_{\hat{p}_1 - \hat{p}_2}$$

여기서 z값은 주어진 신뢰수준에 대하여 정규분포표에서 구하며, $s_{\hat{p}_1 - \hat{p}_2}$은 다음과 같이 계산된다.

$$s_{\hat{p}_1 - \hat{p}_2} = \sqrt{\frac{\hat{p}_1\hat{q}_1}{n_1} + \frac{\hat{p}_2\hat{q}_2}{n_2}}$$

■ 예제 10-13 $p_1 - p_2$에 대한 신뢰구간 : 표본이 크고 독립일 때

한 연구자는 현재 사용하고 있는 치약을 다른 치약으로 바꾸어 쓰지 않는 사용자의 비율의 차를 추정하고자 한다. 500명의 치약 A 사용자 중 100명이 다른 치약으로 절대 바꾸지 않을 거라고 답하였다. 400명의 치약 B 사용자 중에서는 68명이 다른 치약으로 절대 바꾸지 않을 거라고 답하였다.

(a) 치약 A와 B를 사용하는 모든 사용자 중에서 다른 치약으로 절대 바꾸지 않을 사용자의 비율을 각각 p_1과 p_2로 두자. $p_1 - p_2$의 점추정값은 무엇인가?

(b) 두 치약 사용자 중 다른 치약으로 절대 바꾸지 않을 사용자의 비율의 차에 대한 97% 신뢰구간을 구하시오.

풀 이 치약 A와 B를 사용하는 모든 사용자 중에서 다른 치약으로 절대 바꾸지 않을 사용자의 비율을 각각 p_1과 p_2로 두고 대응되는 표본비율을 각각 $\hat{p}_1$과 $\hat{p}_2$로 두자. x_1과 x_2는 두 표본들에서 다른 치약으로 절대 바꾸지 않을 사용자의 수이고, n_1과 n_2는 각 표본의 크기이다. 주어진 정보를 이용하면,

$$\text{치약 A} : n_1 = 500,\ \ x_1 = 100$$
$$\text{치약 B} : n_2 = 400,\ \ x_2 = 68$$

두 표본비율은 다음과 같이 계산된다.

$$\hat{p}_1 = x_1/n_1 = 100/500 = 0.20$$
$$\hat{p}_2 = x_2/n_2 = 68/400 = 0.17$$

그리고,

$$\hat{q}_1 = 1 - \hat{p}_1 = 1 - 0.20 = 0.80,\ \hat{q}_2 = 1 - \hat{p}_2 = 1 - 0.17 = 0.83\text{이다.}$$

(a) $p_1 - p_2$의 점추정값 $\hat{p}_1 - \hat{p}_2 = 0.20 - 0.17 = 0.03$

(b) $n_1\hat{p}_1$, $n_1\hat{q}_1$, $n_2\hat{p}_2$, $n_2\hat{p}_2$의 값을 구하면,

$$n_1\hat{p}_1 = 500\,(0.20) = 100 \qquad n_1\hat{q}_1 = 500\,(0.80) = 400$$
$$n_2\hat{p}_2 = 400\,(0.17) = 68 \qquad n_2\hat{q}_2 = 400\,(0.83) = 332$$

모든 값이 5보다 크므로 두 표본의 크기는 크다. 따라서, $p_1 - p_2$에 대한 신뢰구간을 구하기 위하여 정규분포를 사용한다. $\hat{p}_1 - \hat{p}_2$의 표준편차는

$$s_{\hat{p}_1 - \hat{p}_2} = \sqrt{\frac{\hat{p}_1\hat{q}_1}{n_1} + \frac{\hat{p}_2\hat{q}_2}{n_2}} = \sqrt{\frac{(0.20)\,(0.80)}{500} + \frac{(0.17)\,(0.83)}{400}} = 0.02593742$$

97% 신뢰수준에서 정규분포표에서 구한 값은 2.17이다. $p_1 - p_2$에 대한 97% 신뢰구간은

$$(\hat{p}_1 - \hat{p}_2) \pm z s_{\hat{p}_1 - \hat{p}_2} = (0.20 - 0.17) \pm 2.17\,(0.02593742) = 0.03 \pm 0.056 = -0.026\text{에서 } 0.086$$

따라서 97% 신뢰수준에서 두 모비율의 차이는 −0.026과 0.08 사이에 있다고 할 수 있다. 참고로 $\hat{p}_1 - \hat{p}_2 = 0.03$은 $p_1 - p_2$의 점추정값이고, $z s_{\hat{p}_1 - \hat{p}_2} = 0.056$은 추정값의 오차의 한계이다.

10.5.3 $p_1 - p_2$에 대한 가설검정

이 절에서는 두 독립 대표본에 대하여 $p_1 - p_2$에 대한 가설검정을 하는 절차를 다룬다. 가설검정 절차는 앞서 다룬 다섯단계와 같다. $\hat{p}_1 - \hat{p}_2$의 표준편차는 다음과 같다.

$$\sigma_{\hat{p}_1 - \hat{p}_2} = \sqrt{\frac{p_1q_1}{n_1} + \frac{p_2q_2}{n_2}}$$

$p_1 - p_2$에 대한 가설검정을 할 때, 보통 귀무가설은 $p_1 = p_2$이고, p_1과 p_2의 값은 알지 못한다. 귀무가설이 참이라고 가정하면 p_1과 p_2의 공통값 $\bar{p}$를 다음의 두 공식 중 하나를 이용하여 계산한다.

$$\bar{p} = \frac{x_1 + x_2}{n_1 + n_2} \quad \text{또는} \quad \frac{n_1\hat{p}_1 + n_2\hat{p}_2}{n_1 + n_2}.$$

어떤 공식을 사용하느냐는 x_1과 x_2의 값이나 $\hat{p}_1$과 $\hat{p}_2$의 값이 알려져 있느냐에 따라 결정된다. $\bar{p}$의 값을 **합동표본비율(pooled sample proportion)**이라 한다. 합동표본비율의 값을 이용하여 $\hat{p}_1 - \hat{p}_2$의 표준편차의 추정값을 계산한다.

$$s_{\hat{p}_1 - \hat{p}_2} = \sqrt{\bar{p}\,\bar{q}\left(\frac{1}{n_1} + \frac{1}{n_2}\right)}$$

여기서 $\bar{q} = 1 - \bar{p}$이다.

$\hat{p}_1 - \hat{p}_2$의 검정통계량 z

$\hat{p}_1 - \hat{p}_2$의 **검정통계량**(*test statistic*)의 값은 다음과 같이 계산된다.

$$Z = \frac{(\hat{p}_1 - \hat{p}_2) - (p_1 - p_2)}{s_{\hat{p}_1 - \hat{p}_2}}$$

$p_1 - p_2$의 값은 귀무가설에서 얻어지며 보통 0이다.

■ 예제 10-14 $p_1 - p_2$에 대한 오른쪽 꼬리검정 : 표본이 크고 독립일 때

다른 치약으로 절대 바꾸지 않을 치약 사용자의 비율에 대한 예제 10-13을 다시 보자. 치약 A를 사용하는 모든 사용자 중에서 다른 치약으로 절대 바꾸지 않을 사용자의 비율이 치약 B를 사용하는 모든 사용자 중에서 다른 치약으로 절대 바꾸지 않을 사용자의 비율보다 높은지 1%의 유의수준에서 검정하시오.

풀 이 치약 A와 B를 사용하는 모든 사용자 중에서 다른 치약으로 절대 바꾸지 않을 사용자의 비율을 각각 p_1과 p_2로 두고, 대응되는 표본비율을 각각 $\hat{p}_1$과 $\hat{p}_2$로 두자. x_1과 x_2는 두 표본들에서 다른 치약으로 절대 바꾸지 않을 사용자의 수이고, n_1과 n_2는 각 표본의 크기이다. 주어진 정보를 이용하면,

$$\text{치약 A} : n_1 = 500, \quad x_1 = 100$$
$$\text{치약 B} : n_2 = 400, \quad x_2 = 68.$$

유의수준은 $\alpha = 0.01$이다. 두 표본비율은 다음과 같이 계산된다.

$$\hat{p}_1 = x_1/n_1 = 100/500 = 0.20$$
$$\hat{p}_2 = x_2/n_2 = 68/400 = 0.17$$

단계 1. 귀무가설과 대립가설을 세운다.

$$H_0 : p_1 - p_2 = 0 \ (p_1\text{은 } p_2\text{보다 크지 않다})$$
$$H_1 : p_1 - p_2 > 0 \ (p_1\text{은 } p_2\text{보다 크다})$$

단계 2. 사용할 분포를 결정한다.

예제 10-3에서 보는 바와 같이 $n_1\hat{p}_1$, $n_1\hat{q}_1$, $n_2\hat{p}_2$, $n_2\hat{q}_2$이 모두 5보다 크다. 따라서 두 표본의 크기는 크며, 가설검정을 위해 정규분포를 사용한다.

단계 3. 기각역과 비기각역을 결정한다.

대립가설의 > 부호는 오른쪽 꼬리검정을 의미한다. 그림 10.8에서 보는 바와 같이 유의수준 0.01에서 오른쪽 꼬리영역 0.9900에 대한 z의 임계값은 정규분포표에서 구하면 2.33이다.

그림 10.8

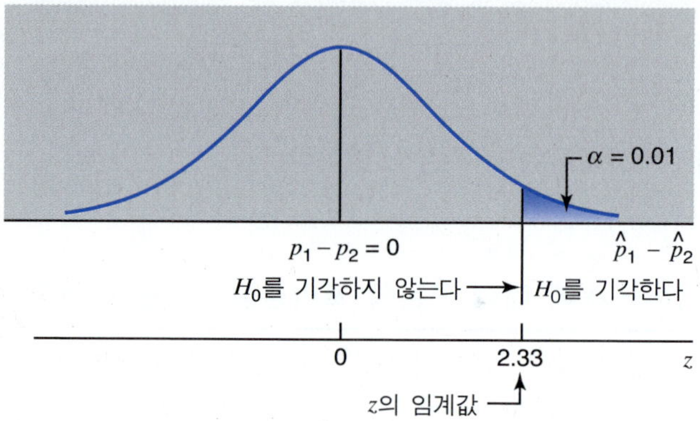

단계 4. 검정통계량의 값을 계산한다.

합동표본비율은

$$\bar{p} = \frac{x_1 + x_2}{n_1 + n_2} = \frac{100 + 68}{500 + 400} = 0.187$$

$$\bar{q} = 1 - \bar{p} = 1 - 0.187 = 0.813$$

$\hat{p}_1 - \hat{p}_2$의 표준편차의 추정값은

$$s_{\hat{p}_1 - \hat{p}_2} = \sqrt{\bar{p}\,\bar{q}\left(\frac{1}{n_1} + \frac{1}{n_2}\right)} = \sqrt{(0.187)(0.813)\left(\frac{1}{500} + \frac{1}{400}\right)} = 0.02615606$$

$\hat{p}_1 - \hat{p}_2$에 대한 검정통계량 z의 값은

$$z = \frac{(\hat{p}_1 - \hat{p}_2) - (p_1 - p_2)}{s_{\hat{p}_1 - \hat{p}_2}} = \frac{(0.20 - 0.17) - 0}{0.02615606} = 1.15.$$

(0: H_0로부터)

단계 5. 결론을 내린다.

$\hat{p}_1 - \hat{p}_2$에 대한 검정통계량 $z = 1.15$은 비기각역에 속하므로 귀무가설을 기각하지 않는다. 따라서 치약 A를 사용하는 모든 사용자 중에서 다른 치약으로 절대 바꾸지 않을 사용자의 비율이 치약 B를 사용하는 모든 사용자 중에서 다른 치약으로 절대 바꾸지 않을 사용자의 비율보다 높지 않다고 결론을 내린다.

p-값을 이용한 결론 내리기

위의 결론을 내리기 위하여 p-값 방법을 사용할 수 있다. 단계 1에서 단계 2를 거치고 단계 3에서 검정통계량 z의 값을 계산하고, 정규분포표에서 z의 값에 대한 p-값을 찾는다. 단계 4에서 $\hat{p}_1 - \hat{p}_2$에 대한 검정통계량 z의 값은 1.15였다. 이 예제에서 검정은 오른쪽 꼬리검정이다. p-값은 정규분포곡선에서 $z = 1.15$의 오른쪽 영역으로 주어진다. 정규분포표에서 이 영역은 $1 - 0.8749 = 0.1251$이다. 따라서 p-값은 0.1251이다. 우리는 p-값보다 큰 모든 유의수준 α에 대하여 귀무가설을 기각한다. 이 예제에서 $\alpha = 0.01$이므로 귀무가설을 기각하지 않는다. ■

■ 예제 10-15 $p_1 - p_2$에 대한 양쪽 꼬리검정 : 표본이 크고 독립일 때

어떤 수면연구단체에 따르면, 5년 전에 조사한 성인의 69%가 수면장애를 겪고 올해 조사한 성인의 75%가 그러한 증상을 보인다고 한다. 올해 조사는 1,506명의 성인을 표본조사하였고, 5년 전 조사는 1,600명의 성인을 대상으로 하였다. 유의수준 1%에서 두 해의 수면장애 증상을 가진 성인의 비율이 다른지를 검정하시오.

풀 이 5년 전 수면장애 증상을 가진 모든 성인의 비율과 올해 수면장애 증상을 가진 모든 성인의 비율을 각각 p_1과 p_2로 두고, 대응되는 표본비율을 각각 $\hat{p}_1$과 $\hat{p}_2$로 두자. n_1과 n_2는 각 표본의 크기이다. 주어진 정보를 이용하면,

$$\text{5년 전} : n_1 = 1600, \qquad \hat{p}_1 = 0.69$$
$$\text{올해} : n_2 = 1506, \qquad \hat{p}_2 = 0.75$$

유의수준은 $\alpha = 0.01$이다.

단계 1. 귀무가설과 대립가설을 세운다.

$$H_0 : p_1 - p_2 = 0 \text{ (두 모비율은 서로 다르지 않다)}$$
$$H_1 : p_1 - p_2 \neq 0 \text{ (두 모비율은 서로 다르다)}$$

단계 2. 사용할 분포를 결정한다.

두 표본 모두 크고 독립이므로 정규분포를 사용한다(독자는 반드시 $n_1\hat{p}_1$, $n_1\hat{q}_1$, $n_2\hat{p}_2$, $n_2\hat{q}_2$이 모두 5보다 큰지를 확인해야 한다).

단계 3. 기각역과 비기각역을 결정한다.

대립가설의 ≠ 부호는 양쪽 꼬리검정을 의미한다. 1%의 유의수준에서 z의 두 임계값들은 -2.58과 2.58이다. 참고로, 이 두 임계값들을 구하려면 부록 B의 표 IV에서 0.0050과 0.9950 영역

을 찾아야 한다. 이 값들은 그림 10.9에 나타나 있다.

그림 10.9

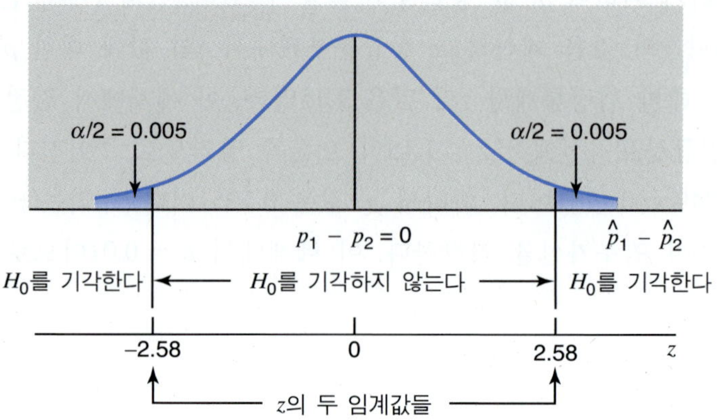

단계 4. 검정통계량의 값을 계산한다.

합동표본비율은

$$\bar{p} = \frac{n_1\hat{p}_1 + n_2\hat{p}_2}{n_1 + n_2} = \frac{1600(0.69) + 1506(0.75)}{1600 + 1506} = 0.719$$

$$\bar{q} = 1 - \bar{p} = 1 - 0.719 = 0.281$$

이다. $\hat{p}_1 - \hat{p}_2$의 표준편차의 추정값은

$$s_{\hat{p}_1 - \hat{p}_2} = \sqrt{\bar{p}\,\bar{q}\left(\frac{1}{n_1} + \frac{1}{n_2}\right)} = \sqrt{(0.719)\,(0.281)\left(\frac{1}{1600} + \frac{1}{1506}\right)} = 0.01613785$$

이다. $\hat{p}_1 - \hat{p}_2$에 대한 검정통계량 z의 값은

$$z = \frac{(\hat{p}_1 - \hat{p}_2) - (p_1 - p_2)}{s_{\hat{p}_1 - \hat{p}_2}} = \frac{(0.69 - 0.75) - \overset{H_0\text{로부터}}{0}}{0.01613785} = -3.72$$

이다.

단계 5. 결론을 내린다.

$\hat{p}_1 - \hat{p}_2$에 대한 검정통계량 $z = -3.72$은 기각역에 속하므로 귀무가설을 기각한다. 따라서 두 해의 수면장애 증상을 가진 성인의 비율은 서로 다르다고 결론을 내린다.

p-값을 이용한 결론 내리기

위의 결론을 내리기 위하여 p-값 방법을 사용할 수 있다. 단계 1에서 단계 2를 거치고, 단계 3에서 검정통계량 z의 값을 계산하고 정규분포표에서 z의 값에 대한 p-값을 찾는다. 단계 4에서 $\hat{p}_1 - \hat{p}_2$에 대한 검정통계량 z의 값은 -3.725였다. 이 예제에서 검정은 양쪽 꼬리 검정이다. p-값은 정규분포곡선에서 $z = -3.72$의 왼쪽 영역면적의 두 배로 주어진다. 정

규분포표에서 $z = -3.72$의 왼쪽 영역면적은 (근사적으로) 0이다. 따라서 p-값은 $2(0.0000) = 0.0000$이다. 우리는 p-값보다 큰 모든 유의수준 α에 대하여 귀무가설을 기각한다. 이 예제에서 $\alpha = 0.01$이므로 귀무가설을 기각한다. ■

연습문제

■ 개념과 절차

10.24 다음의 정보에 대하여 $p_1 - p_2$에 대한 95% 신뢰구간을 구하시오.

$$n_1 = 100 \quad \hat{p}_1 = 0.81 \quad n_2 = 150 \quad \hat{p}_2 = 0.77$$

10.25 다음의 정보에 대하여 $p_1 - p_2$이 0과 다른지 5% 유의수준에서 검정하시오.

$$n_1 = 100 \quad \hat{p}_1 = 0.81 \quad n_2 = 150 \quad \hat{p}_2 = 0.77$$

10.26 다음의 정보에 대하여 p_1이 p_2보다 큰지 5% 유의수준에서 검정하시오.

$$n_1 = 100 \quad \hat{p}_1 = 0.81 \quad n_2 = 150 \quad \hat{p}_2 = 0.77$$

10.27 첫 번째 모집단에서 추출한 크기 1,000의 표본에서 $x_1 = 290$이었다. 두 번째 모집단에서 추출한 크기 1,200의 표본에서 $x_2 = 396$이었다.

a. $p_1 - p_2$의 점추정값을 구하시오.

b. $p_1 - p_2$에 대한 98% 신뢰구간을 구하시오.

c. $H_0 : p_1 = p_2$, $H_1 : p_1 < p_2$에 대하여 $\hat{p}_1 - \hat{p}_2$의 표본분포에 기각역과 비기각역을 나타내시오.

d. 위의 가설검정에 대하여 검정통계량 z의 값을 구하시오.

e. 1%의 유의수준에서 위의 귀무가설을 기각할 수 있는가?

■ 응용

10.28 올해에 통과된 새로운 안전벨트 법은 경찰관이 안전벨트를 하지 않은 운전자를 정지시킬 수 있게 한다. 고속도로안전공사에 의하면 작년에는 안전벨트를 한 운전자의 비율이 68.5%였고, 올해에는 72%였다고 한다. 이 퍼센트는 작년 1,000명의 랜덤 표본과 올해 1,050명의 랜덤 표본에 의하여 구해진 것이라고 가정한다.

a. 두 모비율의 차에 대한 98% 신뢰구간을 구하시오.

b. 1%의 유의수준에서 작년에 안전벨트를 한 운전자의 비율이 올해보다 낮은지 검정하시오. 기각역 방법을 사용하시오.

c. 위의 가설을 p-값 방법을 이용하여 검정하시오.

10.29 어떤 도시에서는 자동차의 배기량 검사를 위하여 이 도시의 두 검사소 A, B를 운영한다고 한다. 자동차 소유주들은 두 검사소의 서로 다른 탈락율에 대하여 불평해왔다. 검사소 A에서 400대의 자동차를 랜덤추출한 결과 53대가 검사에서 탈락하였다. 검사소 B에서 470대의 자동차를 랜덤추출한 결과 51대가 탈락하였다.

a. 두 모비율의 차에 대한 점추정값은 얼마인가?

b. 두 모비율의 차에 대한 95% 신뢰구간을 구하시오.

c. 5%의 유의수준에서 두 모비율이 서로 다르다고 할 수 있는가? 기각역 방법과 p-값 방법을 모두 사용하시오.

10.30 복권판매소는 복권 A을 사는 남자의 여자의 비율이 서로 다른지를 알고 싶어한다. 500명의 남자를 랜덤추출하여 조사한 결과 160명이 복권 A를 샀다. 그리고 300명의 여자를 랜덤추출한 결과 66명이 이 복권을 샀다.

a. 두 모비율의 차에 대한 점추정값은 얼마인가?

b. 이 복권을 사는 모든 남자와 여자의 비율의 차에 대한 99% 신뢰구간을 구하시오.

c. 1%의 유의수준에서 이 복권을 사는 모든 남자와 여자의 비율이 서로 다르다고 할 수 있는가?

Chapter

11

카이제곱분포를 이용한 가설검정

오늘 등교하거나 혹은 출근할 때, 자가용을 이용하였는가 대중교통을 이용하였는가? 2010년 센서스에서는 미국인들의 자가운전 출근 비율이 2000년도에 73%였다가 약 76%로 증가하였다고 보고하였다. 2010년에는 미국인의 5% 미만이 대중교통 수단을 이용하여 직장에 가는데 비하여 2000년도에는 5% 조금 넘었다. 2000년에는 미국인의 3%만 집에서 일하는데 이는 2000년보다 800,000명 이상이다. 당신은 이런 수송수단의 형태의 경향이 다음 10년에 걸쳐 같은 방법으로 계속될 것이라고 생각하는가? 그런 변동에 관한 가설을 어떻게 검정하는가?

단일모집단의 평균과 비율, 두 모집단 간의 평균과 비율의 차이에 관한 가설의 검정을 9장과 10장에서 설명하였다. 비율에 관한 검정은 셀 수 있는 자료 또는 범주형 자료를 다룬다. 하나의 비율과 두 비율 간의 차이의 경우에, 검정은 단지 두 개의 범주로 된 실험에 관한 것이다. 5장에서 이런 실험들을 이항실험이라고 배웠음을 회상하자.

이 장에서는 세 가지 형의 검정을 설명한다.

1. 적합도 검정 : 두 개 이상의 범주로 된 실험에 대한 가설검정
2. 독립성 검정과 동질성 검정 : 분할표에 관한 가설검정
3. 단일모집단의 분산과 표준편차에 관한 가설검정

위의 모든 검정 검정은 **카이제곱분포** (chi-square distribution)를 사용하여 수행하며, χ^2-분포라고 쓰며, "카이제곱분포"라고 읽는다. 기호 χ는 그리스문자 chi이며, "카이(ki)"라고 발음한다. 표준정규분포와 t-분포의 값을 각각 Z와 T로 정의하는 것과 같이, 카이제곱분포의 값은 기호 χ^2로 정의한다. 11.1절에서 카이제곱분포를 설명한다.

11.1 카이제곱분포

t-분포와 같이, 카이제곱분포는 자유도(df)라고 부르는 오직 하나의 모수만을 갖는다. 특정한 카이제곱분포의 모양은 자유도의 값에 의존한다.[1] 확률변수 χ^2은 오직 비음의 값을 가정하므로 카이제곱분포곡선은 원점(0점)에서 시작해서, 수직축의 오른쪽으로 전체가 놓이게 된다. 그림 11.1은 세 개의 카이제곱분포곡선을 보여 준다. 이 곡선들은 자유도가 2, 7, 12인 그림이다.

그림 11.1 **세 개의 카이제곱분포 곡선**

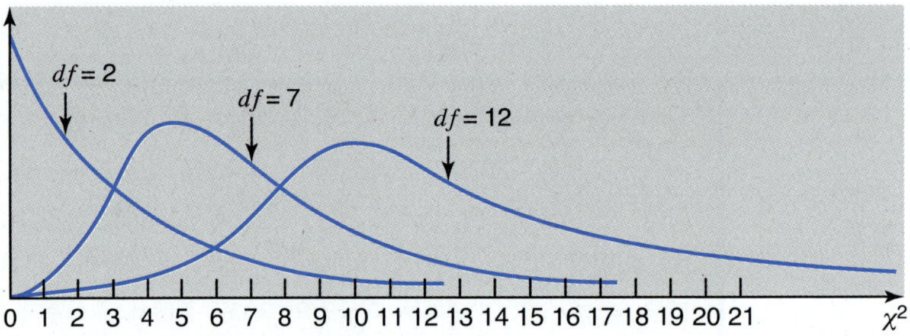

그림 11.1에서 볼 수 있는 것처럼, 카이제곱분포곡선의 모양은 아주 작은 자유도에서는 비대칭이지만, 자유도가 증가함에 따라 극적으로 변하게 된다. 결국에는 자유도가 큰 카이제곱분포곡선은 정규분포곡선처럼 보인다. 자유도가 1 또는 2인 카이제곱분포곡선의 정점(혹은 최빈값)은 0에서 발생하며, 3 이상의 자유도를 갖는 곡선에 대해서는 $df - 2$에서 발생한다. 예를 들어, 그림 11.1에서 자유도 $df = 2$의 카이제곱분포의 정점은 0에서 발생한다. $df = 7$의 곡선에 대한 정점은 $7 - 2 = 5$에서 발생한다. 끝으로, $df = 12$의 곡선에 대한 정점은 $12 - 2 = 10$에서 발생한다. 모든 다른 연속분포곡선처럼 카이제곱분포곡선 아래의 전체 면적은 1.0이다.

1) 카이제곱분포의 평균은 df와 같고, 표준편차는 $\sqrt{2df}$와 같다.

정의

카이제곱분포 : 카이제곱분포는 자유도라고 부르는 단 하나의 모수만을 가진다. 카이제곱분포곡선의 모양은 자유도가 작은 경우에는 오른쪽으로 기울어져 있으며, 자유도가 큰 경우에 곡선은 대칭이 된다. 모든 카이제곱분포곡선은 수직축의 오른쪽에 놓이게 된다. 카이제곱분포는 오직 비음인 값으로 가정하며, 이들은 기호 χ^2 ("카이제곱"이라 읽음)로 표시한다.

만약 자유도와 카이제곱분포곡선의 오른쪽 꼬리부분의 면적을 알고 있다면, 부록 B의 표 VI에서 χ^2의 값을 구할 수 있다. 예제 11-1과 11-2는 카이제곱분포표를 어떻게 읽는가를 설명하고 있다.

■ 예제 11-1 카이제곱분포표 읽기 : 오른쪽 꼬리부분의 면적을 알고 있는 경우

자유도 7인 카이제곱분포곡선에서 오른쪽 꼬리부분의 면적이 0.10인 χ^2의 값을 구하시오.

풀 이 구하고자 하는 χ^2의 값은, 부록 B의 표 VI에서 *df*를 나타내는 열에서 7과, 상단 행에서 오른쪽 꼬리부분의 면적인 0.100을 찾고, 서로 교차하는 값을 구하면 χ^2값으로 12.017이 된다. 표 VI에서 해당되는 부분을 아래의 표 11.1로 나타냈다.

표 11.1 *df* = 7과 오른쪽 꼬리부분의 면적이 0.10인 χ^2값

	카이제곱분포곡선 아래의 오른쪽 꼬리 면적				
df	**0.995**	···	**0.100**	···	**0.005**
1	0.000	···	2.706	···	7.879
2	0.010	···	4.605	···	10.597
.	···	···	···	···	···
.	···	···	···	···	···
.	···	···	···	···	···
7	0.989	···	**12.017** ← 구하는 χ^2값	···	20.278
.	···	···	···	···	···
.	···	···	···	···	···
.	···	···	···	···	···
100	67.328	···	118.498	···	140.169

그림 11.2에서 보는 것처럼 $df = 7$인 카이제곱분포곡선의 오른쪽 꼬리부분의 면적이 0.10인 χ^2값은 12.017이다.

그림 11.2

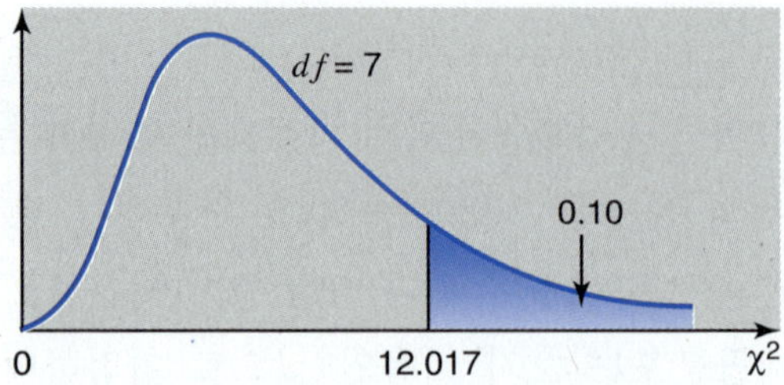

■ 예제 11-2 카이제곱분포표 읽기 : 왼쪽 꼬리부분의 면적을 알고 있는 경우

자유도 12인 카이제곱분포곡선의 왼쪽 꼬리부분의 면적이 0.05인 χ^2의 값을 구하시오.

풀 이 카이제곱분포곡선의 오른쪽 꼬리의 면적을 알고 있는 경우만 부록 B의 표 VI에서 χ^2값을 구할 수 있다. 그러나 이 예제에서는 왼쪽 꼬리부분의 면적이 주어져 있으므로, 첫 번째 단계는 카이제곱분포곡선의 오른쪽 꼬리부분의 면적을 다음과 같이 구한다.

$$\text{오른쪽 꼬리부분의 면적} = 1 - \text{왼쪽 꼬리부분의 면적}$$

그러므로 이 예제에서는

$$\text{오른쪽 꼬리부분의 면적} = 1 - 0.05 = 0.95$$

그 다음, 부록 B의 표 VI의 *df*의 열에서 12와 상단 행에서 0.950을 찾는다. 12에 대한 행과 0.950에 대한 열이 교차하는 부분의 값을 구하면 χ^2의 값으로 5.226이다. 표 VI에서 해당되는 부분을 표 11.2로 나타냈다.

표 11.2 *df* = 12와 오른쪽 꼬리부분의 면적이 0.95인 χ^2값

	카이제곱분포곡선 아래의 오른쪽 꼬리 면적				
df	**0.995**	**· · ·**	**0.950**	**· · ·**	**0.005**
1	0.000	· · ·	0.004	· · ·	7.879
2	0.010	· · ·	0.103	· · ·	10.597
.	· · ·	· · ·	· · ·	· · ·	· · ·
.	· · ·	· · ·	· · ·	· · ·	· · ·
.	· · ·	· · ·	· · ·	· · ·	· · ·
12	3.074	· · ·	**5.226** ←	· · ·	28.300
.	· · ·	· · ·	· · ·	· · ·	· · ·
.	· · ·	· · ·	· · ·	· · ·	· · ·
.	· · ·	· · ·	· · ·	· · ·	· · ·
100	67.328	· · ·	77.929	· · ·	140.169

구하는 χ^2값

그림 11.3에서 보여 주는 것처럼, $df = 12$와 왼쪽 꼬리부분의 면적이 0.05인 χ^2값은 5.226이다.

그림 11.3

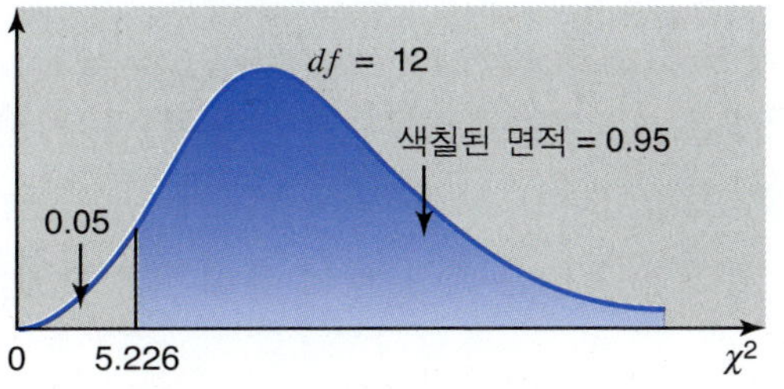

연습문제

■ 개념과 절차

11.1 카이제곱분포를 설명하시오. 이 분포의 모수는 무엇인가?

11.2 자유도 12인 카이제곱분포곡선의 오른쪽 꼬리부분의 면적이 0.025인 χ^2의 값을 구하시오.

11.3 자유도 28인 카이제곱분포곡선의 오른쪽 꼬리부분의 면적이 0.05인 χ^2의 값을 구하시오.

11.4 자유도 14인 카이제곱분포곡선의 왼쪽 꼬리부분의 면적이 0.10인 χ^2의 값을 구하시오.

11.5 자유도 23인 카이제곱분포곡선의 왼쪽 꼬리부분의 면적이 0.990인 χ^2의 값을 구하시오.

11.6 자유도가 4인 경우에 아래의 면적에 대한 χ^2의 값을 구하시오.

a. 카이제곱분포곡선의 오른쪽 꼬리부분의 면적이 0.005인 경우

b. 카이제곱분포곡선의 왼쪽 꼬리부분의 면적이 0.05인 경우

11.7 자유도가 13인 경우에 아래의 면적에 대한 χ^2의 값을 구하시오.

a. 카이제곱분포곡선의 왼쪽 꼬리부분의 면적이 0.025인 경우

b. 카이제곱분포곡선의 오른쪽 꼬리부분의 면적이 0.995인 경우

11.2 적합도 검정

이 절은 2개 이상의 가능한 결과(혹은 범주)를 갖는 실험에 관한 가설검정 방법을 설명한다. 이와 같은 실험을 **다항실험(multinomial experiment)**이라고 하며, 네 가지 특성을 갖고 있다. 이항실험은 다항실험의 특수한 경우임을 유의한다.

정의

다항실험 : 아래의 특성을 가진 실험을 **다항실험** (*multinomial experiment*) 이라 한다.

1. n번 동일한 시행 (반복) 으로 구성되어 있다.
2. 각 시행은 k번 가능한 결과 (혹은 범주) 중에 한 가지로 나타난다. 이때 $k > 2$이다.
3. 시행은 독립이다.
4. 여러 결과의 확률은 각 시행에 대해 일정하게 유지된다.

주사위를 여러 번 던지는 실험은 다항실험의 한 가지 예이다. 이 실험은 동일한 주사위 던지기 (시행) 를 많이 하게 되었고, 각 던지기 (시행) 은 6개의 가능한 결과 중의 하나로 나타나며, 각 던지기는 다른 던지기와는 독립이며, 6가지 결과의 확률은 각 던지기에 대해 일정하게 유지된다.

다항실험의 두 번째 예로서, 임의의 사람들을 표본으로 뽑아서 그들에게 미국 자동차의 품질이 일본 자동차의 품질보다 더 좋은지를 물었다고 가정하자. 사람들의 대답은 **"예"**, **"아니요"** 또는 **"모른다"**로 답할 수 있다. 표본에 포함된 각 사람들은 실험에서 하나의 시행 (반복) 으로 고려할 수 있다. 이 실험에서 많은 시행은 선택된 사람의 수일 것이다. 각 사람은 세 가지 범주— **"예"**, **"아니요"**, **"모른다"** — 중의 하나를 선택할 수 있다. 각 선택된 사람의 대답은 다른 사람의 대답과는 독립이다. 커다란 모집단이 주어졌을 때, 세 가지 범주에 속하는 사람의 확률은 각 시행에 대해 같게 유지되므로, 다항실험의 예가 된다.

한 실험의 실제 수행으로부터 얻어지는 도수를 **관찰도수** (**observed frequencies**) 라고 한다. **적합도 검정** (**goodness-of-fit test**) 은 실험의 관찰도수가 어떤 유형 또는 이론 분포에 따른다는 귀무가설을 검정하는 방법이다. 검정하고자 하는 가설이 관찰도수가 주어진 유형에 얼마나 잘 적합하는가를 알아보는 검정이기 때문에 적합도 검정이라고 한다.

첫 번째 예인 주사위를 많이 던지는 실험에서는, 주어진 주사위가 공정하다는 귀무가설을 검정하고자 한다. 만약 각 결과에 대한 관찰도수가 전체 던지기 수의 1/6에 가깝다면 그 주사위는 공정할 것이다.

두 번째 예인 미국 자동차 품질에 관한 사람들의 의견을 포함하는 조사를 2010년에 실시하여, 응답자의 41%가 "예"라고 대답하고, 48%가 "아니요"라고 대답했으며, 11%는 "모른다"라고 말했다고 가정하자. 만약 이들 백분비가 현재도 여전히 참인 것으로 유지되는지를 검정하고자 한다. 성인 1,000명을 임의표본으로 뽑아서 그들 중에 536명이 미국 자동차의 품질이 일본 자동차의 품질보다 더 좋다고 생각하며, 362명은 나쁘다고 말하고, 102명은 아무런 의견이 없는 것으로 관찰되었다고 가정하자. 도수 536, 362, 102는 관찰도수이다. 이들 도수는 조사를 실제적으로 수행하여 얻은 것이다. 지금 2010년 백분비가 여전히 참이다 (우리의 귀무가설일 것이다) 라고 가정한다면, 1,000명의 성인의 표본에서, 410명은 "예"라고 말하며, 480명은 "아니요", 100명은 "모른다"고 응답할 것이다. 이들 도수는 표본크기 (1,000) 를 2010년의 응답된 각 범주의 비율을 곱하여 얻은 값이다. 이런 도수를 **기대도수 (expected frequencies)** 라고 한다. 관찰도수와 기대도수 간의 차이가 얼마나 있는지에 근거를 두고 귀무가설을 기각할지 또는 기각하지 않을지를 결정하게 된다. 이 검정을 이행하는데 카이제곱분포를 사용할 것이다. 이 경우에 세 개의 백분비 (혹은 비율) 가 불변이라는 귀무가설을 검정하려고 한다. 그런데 만약 세 개의 비율 중에서 한 개의 비율에 대한 검정을 하고자 한다면, 9.4절에서 배운 절차를 사용한다. 예를 들어, 만일 미국 자동차의 품질이 일본 자동차의 품질보다 더 좋다고 생각하는 사람의 비율이 41%와 다르다는 가설을 검정하려면, 귀무가설 $H_0 : p = 0.41$에 대한 대립가설 $H_1 : p \neq 0.41$을 검정하면 된다. 이 검정 방법은 9.4절에서 설명한 절차를 사용하여 처리될 것이다.

앞에서 언급한 것처럼, 실험의 이행에서 얻은 도수를 관찰된 도수라고 하며, $\boldsymbol{O}$로 나타낸다. 적합도 검정을 하려면 실험의 모든 범주에 대한 기대도수를 계산하는데, 기대도수를 $\boldsymbol{E}$로 나타내며, 하나의 범주에 대한 기대도수는 n과 p의 곱으로 주어지는데, 이때 n은 전체시행의 수이고, p는 그 범주에 대한 확률이다.

정 의

관찰도수와 기대도수 : 한 실험의 이행으로부터 얻은 도수를 **관찰도수** (*observed frequencies*) 라고 하며, O로 정의한다. E로 정의된 **기대도수** (*expected frequencies*) 는 만약 귀무가설이 참이라고 가정하여 얻어지도록 기대하는 도수이다. 하나의 범주에 대한 기대도수는

$$E = np$$

로 얻어지는데, 이때 n은 표본크기이고, p는 귀무가설이 참이라면 하나의 원소가 그 범주에 속하는 확률이다.

적합도 검정에 대한 자유도 : 적합도 검정에서 **자유도** (*degree of freedom*) 는

$$df = k - 1$$

인데, 이때 k는 실험에 대한 가능한 결과 (혹은 범주) 의 수이다.

적합도 검정을 하는 절차는 앞의 장에서 설명된 다섯 단계로 구성된다. **카이제곱 적합도 검정은 항상 오른쪽 꼬리검정이다.**

적합도 검정에 대한 통계량 : **적합도 검정에 대한 검정통계량**은 χ^2이며, 이 값은 아래 식으로 계산된다.

$$\chi^2 = \sum \frac{(O - E)^2}{E}$$

이때 O = 범주에 대한 관찰도수이고,

E = 범주에 대한 기대도수 = np

카이제곱 적합도 검정은 항상 오른쪽 꼬리검정임을 기억하라.

귀무가설이 기각되는지 또는 기각 안 되는지는 관찰도수와 기대도수가 차이가 얼마나 나는가에 따라 좌우된다. 관찰도수와 기대도수 간의 차이가 얼마나 되는지를 알기 위해서는 각 범주에서 $O - E$의 값이 "+" 또는 "−"의 값을 가지며 이들 차이의 합은 항상 0이기 때문에 $\Sigma(O - E)$로는 구할 수 없다. 그러므로 각 $O - E$의 값을 제곱하여 $(O - E)^2$을 얻은 다음에, 해당 기대도수의 역수를 곱하여 전부 더한 값으로 구한다. 이 결과로 얻어지는 값은 검정통계량 χ^2의 값이 된다.

적합도 검정을 하려면, 표본크기는 각 범주에 대한 기대도수가 적어도 5 이상이 되어야 한다. 만약 5보다 작은 기대도수를 갖는 범주가 있다면, 표본크기를 증가시키거나 혹은 2개 이상의 범주를 결합하여 각 기대도수가 적어도 5 이상이 되도록 만든다.

예제 11-3과 11-4는 카이제곱분포를 사용하여 적합도 검정을 수행하는 절차를 설명한다.

■ 예제 11-3 적합도 검정 : 모든 범주에 대한 같은 비율인 경우

한 은행이 은행 안에 설치된 ATM기를, 월요일부터 금요일 사이에 오전 7시부터 오후 6시까지 고객들이 이용 가능하도록 하였다. 은행 관리자는 이 ATM기에서 이루어진 거래의 비율이 관찰한 5일(월요일부터 금요일) 동안에 동일한지를 조사하고자 한다. 은행 관리자는 한 주 동안 ATM기에서 이루어진 거래 숫자를 세어 관찰하였다. 은행 관리자가 얻은 정보는 아래의 표에 주어져 있으며, 이때 사용자 수는 해당되는 날에 ATM기에서 이루어진 거래의 수를 나타낸다. 편의상, 이들 거래를 "사람" 혹은 "사용자"로 간주할 것이다.

요일	월요일	화요일	수요일	목요일	금요일
사용자의 수	253	197	204	279	267

1% 유의수준에서 이 ATM기를 사용하는 사람들의 비율이 5일 동안 각각 동일하다는 귀무

가설을 기각할 수 있는지를 검정하시오. 이 주일의 ATM기의 사용에 관해서는 모든 주일의 본보기라고 가정하자.

풀 이 이 가설의 검정을 처리하려면, 다음과 같이 진행한다.

단계 1. 귀무가설과 대립가설을 세운다.

표에 작성된 것처럼 5개 범주(요일)가 있기 때문에, 만약 모든 사용자의 1/5(또는 20%)이 각 요일에 ATM기를 사용한다면, ATM기 사용자의 비율은 이들 각각의 5일 동안에 동일할 것이다. 귀무가설과 대립가설을 세우면 다음과 같다.

H_0 : 해당하는 주에 ATM기를 사용하는 사람의 비율은 5일 동안 같다.

H_1 : 해당하는 주에 ATM기를 사용하는 사람의 비율은 5일 동안 같지 않다.

만약 이 ATM기를 사용하는 사람의 비율이 해당하는 5일 동안에 동일하다면, 사용자의 20%는 해당 주의 5일 동안 어느 날에도 이 ATM기를 사용하는 비율이 된다. 그러므로, p_1, p_2, p_3, p_4, p_5을 각각 월요일, 화요일, 수요일, 목요일, 금요일에 이 ATM기를 사용하는 사람의 비율이라고 하자. 따라서 귀무가설과 대립가설을 식으로 표현하면

$H_0 : p_1 = p_2 = p_3 = p_4 = p_5 = 0.20$

H_1 : 5개의 비율 중에 적어도 2개의 비율이 0.20과 같지 않다

고 할 수 있다.

단계 2. 사용하는 분포를 결정한다.

5개의 범주(즉 ATM기를 사용한 날은 5일 동안임)이기 때문에, 이것은 다항실험이다. 결과적으로 이 검정을 하는 데는 카이제곱분포를 사용한다.

단계 3. 기각역과 비기각역을 결정한다.

유의수준이 0.01로 주어지고, 적합도 검정은 항상 오른쪽 꼬리검정이다. 그러므로 카이제곱분포곡선의 오른쪽 꼬리부분의 면적은

$$\text{오른쪽 꼬리부분의 면적} = \alpha = 0.01$$

이다. 자유도는 다음과 같이 계산한다.

$$k = \text{범주의 수} = 5$$

$$df = k - 1 = 5 - 1 = 4$$

카이제곱분포표(부록 B의 표 VI)로부터, $df = 4$와 카이제곱분포곡선의 오른쪽 꼬리부분의 면적 0.01에 대한 χ^2의 임계값은 그림 11.4에서 보여 주는 것처럼 13.277이다.

그림 11.4

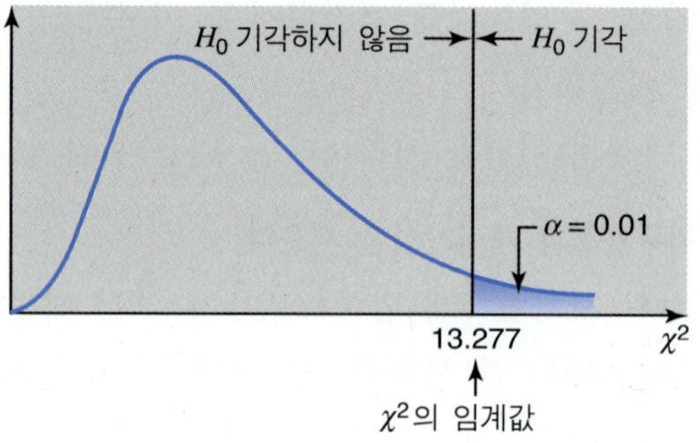

단계 4. 검정통계량의 값을 계산한다.

표 11.3

범주 (일)	관찰도수 O	p	기대도수 $E = np$	$(O - E)$	$(O - E)^2$	$\frac{(O - E)^2}{E}$
월요일	253	0.20	1200(0.20) = 240	13	169	0.704
화요일	197	0.20	1200(0.20) = 240	−43	1849	7.704
수요일	204	0.20	1200(0.20) = 240	−36	1296	5.400
목요일	279	0.20	1200(0.20) = 240	39	1521	6.338
금요일	267	0.20	1200(0.20) = 240	27	729	3.038
	$n = 1200$					합 = 23.184

검정통계량 χ^2의 값을 구하는데 요구된 모든 계산값들은 표 11.3에서 보여 준다. 표 11.3의 계산된 값들은 다음과 같이 설명할 수 있다.

1. 표 11.3의 처음과 두 번째 열은 5개의 범주(일수)와 선택된 주간의 5일 동안에 각각 ATM기를 사용한 1,200명의 표본에 관한 관찰도수를 나타낸 값이다. 세 번째 열은 귀무가설이 참이라고 가정하는 5개 범주에 대한 확률을 포함한다.

2. 네 번째 열은 기대도수를 나타낸 값이다. 이들 도수는 세 번째 열에 표시한 확률을 표본크기($n = 1200$)에 곱하여 얻은 값이다. 만약 귀무가설이 참이라면(즉 ATM기 사용자가 5일 동안 동일하게 사용한다면), 1,200명의 사람들 중에서 각 요일마다 240명이 ATM기를 사용하는 것으로 기대할 수 있다. 결과적으로, 네 번째 열에서 각 범주는 같은 기대도수 값을 가진다.

3. 다섯 번째 열은 관찰도수와 기대도수 간의 차이, 즉 $O - E$를 작성한 것이다. 이들 값을 제곱하여 여섯 번째 열에 기록한다.

4. 마지막으로, 차이를 제곱한 값(여섯 번째 열에 나타나는 값)을 해당하는 기대도수(네 번째 열에 작성한 것)로 나누어 계산된 값들을 일곱 번째 열에 나타냈다.

5. 일곱 번째 열의 합이 검정통계량 χ^2의 값으로 주어진다. 따라서

$$\chi^2 = \sum \frac{(O - E)^2}{E} = 23.184$$

이다.

단계 5. 결론을 내린다.

검정통계량의 값 $\chi^2 = 23.184$은 임계값인 $\chi^2 = 13.277$보다 더 크므로 기각역에 위치한다. 따라서 귀무가설을 기각하고, 이 ATM기를 사용하는 사람의 비율이 해당 주의 5일 동안에 동일하지 않다고 할 수 있다. 다른 말로는, 이 ATM기의 사용자 중에는 하루 이상의 날 동안에 더 높은 비율로 ATM기를 사용한다고 할 수 있다.

만약 어떤 통계소프트웨어 패키지를 사용하여 이 카이제곱검정을 한다면, 검정에 대한 p-값을 얻게 된다. 이런 경우에는 유의수준과 컴퓨터 결과에서 얻은 p-값을 비교해서 같은 결론을 내릴 수 있다. 9장에서 배운 것처럼 만약 α(유의수준) 값이 p-값보다 더 크다면 귀무가설을 기각하며, 그 외에는 귀무가설을 채택하게 된다.

■ 예제 11-4 적합도 검정 : 조사의 결과가 주어진 분포에 적합한지를 검정하는 경우

2014년도에 모 커뮤니케이션사에서는 기업과 정치 지도자에게 학교 당국이 고용주들의 필요에 따라 학생들을 잘 가르치고 있는지 아닌지를 질문하였다. 응답자의 70%가 "아니요"라고, 20%는 "예"라고 응답하였으며, 10%는 "어느 정도"라고 말했다. 기업과 정치 지도자에 대한 2014년도의 모집단 백분비를 참이라고 가정하자. 최근에 임의로 선택한 1,000명의 기업과 정치 지도자들에게 동일한 질문을 하였다. 다음의 표는 각 응답에 대한 기업과 정치 지도자의 수를 나타낸 것이다.

응답	아니오	예	어느 정도
도수	675	215	110

응답의 현재 분포가 2014년에 대한 분포와 다른지를 유의수준 2.5%로 검정하시오.

풀 이 적합도 검정은 다음의 다섯 단계로 수행한다.

단계 1. 귀무가설과 대립가설을 세운다.

귀무가설과 대립가설은

H_0 : 현재의 응답 백분율 분포는 2014년도의 분포와 같다.

H_1 : 현재의 응답 백분율 분포는 2014년도의 분포와 다르다.

사례 **11-1**

"자주색"과 함께

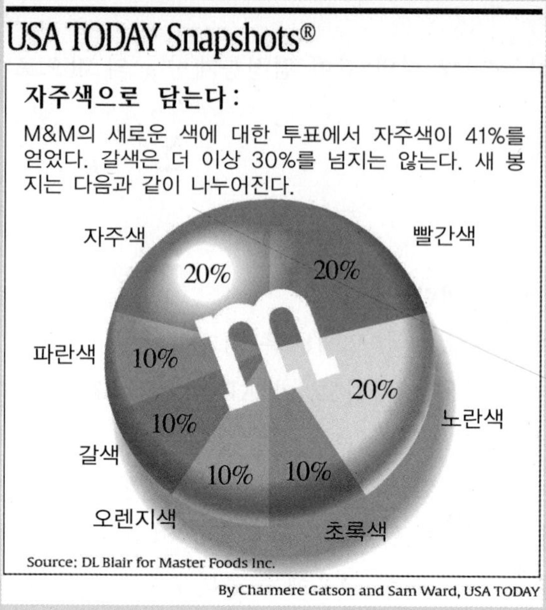

원도표는 M & M 가방에 들어 있는 사탕 색깔에 대한 백분비 분포를 보여 주고 있다. 이 분포에 따르면, M&M 가방속의 사탕 색깔은 평균적으로 20%가 자주색, 20%는 빨간색, 20%는 노란색 등으로 포함되어 있다. 이런 M&M 가방에 캔디를 담는 기계가 정상적으로 작동할 때, 이들 백분율은 모든 가방 속의 캔디에 대해서 참이라고 가정하자. 그런데, 간혹 기계가 제대로 작동되지 않아서 가방 속의 캔디의 색깔이 서로 다른 백분율로 담겨지게 된다. 품질관리 검사자는 시간대별로 가방을 임의표본을 뽑아서 그 기계가 완전하게 작동하는지를 확인하기 위해서 서로 다른 색깔의 사탕에 대한 백분율을 검사한다. 한 검사자가 이런 기계 중의 하나를 검사하고자 원한다고 가정하자. 이 경우에 귀무가설과 대립가설은 다음과 같을 것이다.

H_0 : 기계가 정상적으로 작동한다.

H_1 : 기계가 정상적으로 작동하지 않는다.

단계 2. 사용할 분포를 결정한다.

이 실험은 표에서 작성된 것처럼 3개의 범주를 가지므로 다항실험이 된다. 결과적으로 이 검정을 수행하는 데는 카이제곱분포를 사용한다.

단계 3. 기각역과 비기각역을 결정한다.

유의수준이 0.025로 주어져 있고, 적합도 검정은 항상 오른쪽 꼬리검정이기 때문에, 카이제곱분포곡선의 오른쪽 꼬리부분의 면적은

$$\text{오른쪽 꼬리부분의 면적} = \alpha = 0.025$$

이다.

자유도는 다음과 같이 계산된다.

$$k = \text{범주의 수} = 3,$$

여기서 귀무가설은 이 기계에 의해서 채워진 가방 속에 있는 사탕 색깔에 대한 백분율 분포가 원도표에서 설명한 것과 같다고 주장하며, 대립가설은 이 기계에 의해 채워진 가방 속에 있는 사탕 색깔의 백분율 분포가 원도표에서 설명한 것과 같지 않다고 주장한다.

검자는 이 기계에 의해 채워진 약간의 M&M 가방을 표본으로 선택하여, 이들 가방을 열고, 이들 가방 속에 들어 있는 서로 다른 색깔의 사탕을 세었다고 가정하자. 이들 가방 전체에 10,000개의 사탕이 들어 있고, 서로 다른 색깔로 관찰된 사탕의 개수가 다음의 표의 두 번째 열에 주어져 있다.

범주	관찰도수 O	p	기대도수 $E = np$	$(O - E)$	$(O - E)^2$	$\frac{(O-E)^2}{E}$
자주색	2080	0.20	10,000(0.20) = 2000	80	6400	3.200
빨간색	1900	0.20	10,000(0.20) = 2000	−100	10,000	5.000
노란색	1920	0.20	10,000(0.20) = 2000	−80	6400	3.200
초록색	980	0.10	10,000(0.10) = 1000	−20	400	0.400
오렌지색	1090	0.10	10,000(0.10) = 1000	90	8100	8.100
갈색	1100	0.10	10,000(0.10) = 1000	100	10,000	10.000
파란색	930	0.10	10,000(0.10) = 1000	−70	4900	4.900
	n = 10,000					합 = 34.800

이 검정을 수행하는 데 5% 유의수준을 사용한다고 가정하자. 그러면, $df = 7 - 1 = 6$과 오른쪽 꼬리부분의 면적 0.05 면적에 대해서(부록 B의 표 VI) 구한 임계값 χ^2은 12.592이다. 따라서 χ^2 검정통계량의 값이 12.592이거나 또는 더 크다면 귀무가설을 기각할 것이다. 위의 표에서는 χ^2 검정통계량을 구하는 모든 계산 과정이 나타나 있다. 검정통계량 $\chi^2 = 34.800$이 임계값 $\chi^2 = 12.592$ 보다 더 크기 때문에 귀무가설을 기각한다. 그러므로 이 기계가 완전하게 작동하지 않으며, 수정이 필요하다고 결론지을 수 있다.

$$df = k - 1 = 3 - 1 = 2$$

카이제곱분포표(부록 B의 표 VI)로부터, $df = 2$와 카이제곱분포곡선의 오른쪽 꼬리부분의 면적 0.025에 대한 χ^2의 임계치는 그림 11.5에서 보여 주는 것처럼 7.378이다.

그림 11.5

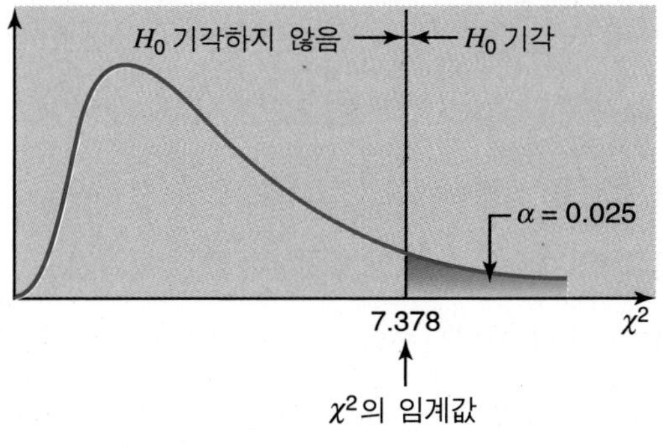

단계 4. 검정통계량의 값을 계산한다.

검정통계량 χ^2의 값을 구하는 데 요구되는 모든 계산값들을 표 11.4에 나타내었다. 2014년도에 대한 백분율을 확률로 변환해서 세 번째 열에 기록하였다. 검정통계량 χ^2의 값은 이 표의 마지막 열의 합으로 주어져 있다. 따라서

$$\chi^2 = \sum \frac{(O - E)^2}{E} = 3.018$$

이다.

표 11.4

범주 (응답)	관찰도수 O	p	기대도수 $E = np$	$(O - E)$	$(O - E)^2$	$\frac{(O - E)^2}{E}$
아니오	675	0.70	1000(0.70) = 700	−25	625	0.893
예	215	0.20	1000(0.20) = 200	15	225	1.125
어느 정도	110	0.10	1000(0.10) = 100	10	100	1.000
	$n = 1000$					합 = 3.018

단계 5. 결론을 내린다.

검정통계량의 값 $\chi^2 = 3.018$은 임계값인 $\chi^2 = 7.378$보다 더 작으므로, 비기각역에 위치하게 된다. 따라서 귀무가설을 기각하는 데 실패하므로 현재 응답의 백분율 분포는 2014년도의 분포와 같다고 말할 수 있다.

만약 어떤 통계소프트웨어 패키지를 사용하여 이 카이제곱검정을 한다면, 검정에 대한 p-값을 얻게 된다. 이 경우에는 유의수준과 컴퓨터 결과로 얻은 p-값을 비교할 수 있으므로 동일한 결정을 할 수 있게 된다. 9장에서 배운 것처럼 만약 α(유의수준) 값이 p-값보다 더 크다면 귀무가설을 기각하며, 그 외에는 귀무가설을 채택하게 된다.

연습문제

■ 개념과 절차

11.8 다항실험의 네 가지 특성을 설명하시오.

11.9 적합도 검정은 무엇이며, 그것을 언제 활용하는지를 설명하시오.

11.10 적합도 검정에서 관찰도수와 기대도수의 차이를 설명하시오.

11.11 적합도 검정에서 범주의 기대도수는 어떻게 계산하는가? 이 검정에서 자유도는 무엇인가?

11.12 적합도 검정을 하는데 각 범주에 대한 최소 기대도수는 얼마인가? 만약 이 조건이 만족되지 않는다면 대안은 무엇인가?

11.13 다음의 표는 한 개의 주사위를 60번 던진 실험에 대한 도수분포표를 작성한 것이다.

결과	1의 눈	2의 눈	3의 눈	4의 눈	5의 눈	6의 눈
도수	7	12	8	15	11	7

주어진 주사위가 공평하다는 귀무가설이 참인지 아닌지를 유의수준 5%에서 검정하시오.

■ 응용

11.14 한 리서치회사는 가구 조사를 온라인으로 실시하였다. 접촉한 가구의 응답자들이 만일 사막화된 섬에서 살게 된다면, 미디어의 품목 중에 단 한 가지만 선택할 수 있다면 어떤 것을 선택할 것인지를 질문하였다. 대부분 인기 있는 선택은 응답자의 64%가 선호한 컴퓨터와 인터넷 접속이었다. 나머지 응답자들 중에서, 18%는 대량 공급의 서적을 선택하였고, 6%는 TV를 선택, 6%는 라디오를, 4%는 휴대폰을 선택한다고 말했다. 나머지 2%는 다른 미디어를 선택한다고 가정하자. 위의 응답 범주를 각각 A, B, C, D, E, F로 나타낸다고 가정하자. 최근에 임의로 선택한 500명의 사람들에게 동일한 질문을 하였다. 이들의 응답 결과는 아래의 표로 정리하였다.

응답	A	B	C	D	E	F
도수	346	78	25	19	26	6

5% 유의수준에서 응답의 현재의 분포가 가정한 분포와 다른지를 검정하시오.

11.15 교육평가원의 조사에서는 한국 성인들에게 접촉하여 학교의 질에 관해서 국립학교의 서류 등급을 부여하도록 질문하였다. 아래의 표는 이들 성인들이 국립학교의 질에 관한 응답 결과를 부여한 등급의 백분율분포를 작성한 것이다. 이들 백분율이 조사한 모든 한국 성인들에 대해서 참이라고 가정하자.

등급	A	B	C	D	F	없음
백분율	2	20	47	15	4	12

아래의 표는 최근에 한국 성인들을 700명 임의표본으로 추출하여서 국립학교의 질에 대해 주어진 등급의 도수분포가 주어진 것이다.

등급	A	B	C	D	F	없음
도수	16	132	314	121	35	82

5% 유의수준에서 현재의 등급 분포가 위에서 가정한 백분율의 분포와 다르다고 결론지을

수 있는가?

11.16 건강유지기구(Health Maintenance Organization)에 대한 성인들의 태도에 관한 갤럽여론조사(Gallup Poll) 결과는 40%가 HMO에 대해 신뢰가 없거나, 39%는 약간 신뢰를 가지며, 18%는 아주 많이 신뢰를 가지며, 3%는 아무런 의견이 없음을 알았다. 이들 결과를 각각 신뢰없음, 약간 신뢰, 많은 신뢰, 의견 없음으로 나타내자. 최근의 500명 성인의 임의표본에서 얻은 결과는 아래에 주어진 도수분포로 작성되었다.

응답	신뢰 없음	약간 신뢰	많은 신뢰	의견 없음
도수	212	198	82	8

1% 유의수준에서, 현재의 의견분포가 갤럽 여론조사의 분포와 다르다고 결론지울 수 있는가?

11.17 우체국은 우편으로 생산품을 판매하고 있다. 회사의 관리자는 한 주일의 5일 동안에 각각의 회사 사무실에서 접수된 주문수가 같은지를 알고자 한다. 회사가 4주 동안 접수한 400개 주문의 표본을 취하였다. 아래의 표는 4주 동안의 요일별로 접수된 주문에 대한 도수분포를 작성한 것이다.

요일	월	화	수	목	금
접수된 주문 수	92	71	65	83	89

5% 유의수준에서 주문이 해당 주의 모든 요일에 걸쳐 평등하게 분포한다는 귀무가설이 참인지를 검정하시오.

11.18 과거 3년간에 걸쳐 Art 슈퍼마켓은 급행계산대에서 지불한 형태를 현금(C) 41%, 수표(CK) 24%, 신용카드나 혹은 직불카드(D) 26%, 기타(N) 9%로 관찰되었다. 급행계산대에서 지불형태가 좀 더 효율적이 되도록, Art 슈퍼마켓은 급행 계산대에서는 현금지불에 대해 1% 할인이 되도록 즉시 시행하였다. 아래의 표는 할인이 되도록 시행한 후에 급행계산대에서 500명 고객을 표본으로 추출하여 지불형태에 관한 도수분포를 아래와 같이 작성하였다.

지불형태	C	CK	D	N
고객의 수	240	104	111	45

1% 유의수준에서 할인을 시행한 후에 급행계산대에서 지불형태의 분포가 변했는지를 검정하시오.

11.19 다음 표는 과거 12개월 동안에 자동차 딜러가 판매한 자동차의 도수분포를 작성한 것이다.

월별	1	2	3	4	5	6	7	8	9	10	11	12
차량대수	23	17	15	10	14	12	13	15	23	26	27	29

10% 유의수준을 사용하여, 이 딜러가 판매한 자동차의 대수가 각 월별로 같다는 귀무가설을 기각할 것인가?

11.20 대규모 대학교에서 등록된 모든 학생들 중에서, 19%는 4학년, 23%는 3학년, 27%는 2학년, 31%는 1학년 학생들이다. 학생회에서는 4학년 50명, 3학년 46명, 2학년 55명, 1학년 49명이 포함된 200명의 학생을 뽑아 조사를 실시하였다. 10% 유의수준을 사용하여, 이 표본이 임의표본이라는 귀무가설을 검정하라(힌트: 이 표본은 만약 근사적으로 19%의 4학년생, 23%의 3학년생, 27%의 2학년생, 31%의 1학년생을 포함한다면 임의표본일 것이다).

11.21 헤어회사는 미용제품을 생산하고 있다. 과거 2년 동안 이 회사의 품질관리부서는 하나의 회사 제품에 대한 사용자의 조사를 실시하였다. 조사 결과는 사용자의 53%가 제품이 우수하다, 31%는 만족하다, 7%는 불만족, 9%는 모른다고 응답한 것으로 나타났다. 이들 백분율은 해당 시간에 이 제품의 모든 사용자들의 모집단에 대해 참이라고 가정하자. 이 조사를 실시한 후에, 회사는 이 제품을 다시 설계하였다. 회사의 품질관리부서에 의해 실시된 재설계된 제품에 대해 최근 사용자 800명을 대상으로 조사하여 얻은 응답 결과는 495명이 제품이 우수하다고 생각하며, 255명은 만족스럽다고 생각하고, 35명은 불만족스러우며, 15명은 아무런 의견이 없다고 응답하였다. 당신은 다시 설계된 제품의 사용자에 대한 의견의 백분율 분포가 다시 설계하기 전의 제품 사용자의 백분율 분포와 다르다고 생각하는지를 검정하시오. $\alpha = 0.25$를 사용하시오.

11.22 금속회사는 다른 제품들 사이의 금속판을 만드는 회사이다. 금속판을 만드는 데 사용된 과정이 완전하게 작동할 때, 금속판의 92%는 불량품이 없으며, 5%는 1개의 불량품이 있고, 3%는 2개 이상의 불량품이 있다. 이 회사의 품질관리 검사자는 아주 쉽게 금속판의 표본을 취하여, 그들을 불량품에 대해 검사한다. 만약 한 표본에 대해 불량품의 분포가 위에서 언급한 백분율 분포와 유의적으로 차이가 있다면, 작업 과정을 멈추고 수정하게 된다. 최근 300개의 표본에 대해 작성된 불량품의 도수분포는 다음과 같다.

불량품 개수	없음	1개	2개 이상
금속판의 수	262	24	14

과정이 수정을 필요로 하는지를 이 표본으로부터의 증거를 제시하시오. $\alpha = 0.01$을 사용하시오.

11.3 분할표

흔히 각 원소들에 대해서 1개 이상의 변수에 관한 정보를 가진다. 이와 같은 정보는 이원분할표를 사용하여 요약하고 설명할 수 있는데, 이를 **분할표**(*contingency table*) 또는 **교차표**(*cross-tabulation*)라고 한다. 어떤 대학교가 20,758명의 등록된 학생이 있다고 가정하자. 성별과 전임제 학생인지 또는 시간제 학생인지를 조사하여 이들 학생들을 분류하여 하나의 분할표를 만들어 표 11.5가 되었다. 표 11.5는 두 개의 행(남자에 대한 행과 여자에 대한 행)과 두 개의 열(전임제 학생인 열과 시간제 학생인 열)을 갖는다. 따라서 이것을 분할표(contingency table)라고 한다.

표 11.5 **한 대학교의 등록학생**

	전임제 학생	시간제 학생
남자	6768	2615 ← 남자이고 시간제로 등록된 학생
여자	7658	3717

분할표는 임의의 크기를 가질 수 있다. 예를 들어, 2 × 3, 3 × 2, 3 × 3 또는 4 × 2로 표시한다. 이런 사용법에서는, 첫 번째 수는 분할표에서 행의 수를 나타내고, 두 번째 수는 열의 수로 나타낸다. 예를 들어, 3 × 2 분할표는 3개의 행과 2개의 열을 포함한 표를 나타낸다. 일반적으로, $R \times C$ 분할표는 R개의 행과 C개의 열을 포함한 분할표이다.

표 11.5에서 관측수가 포함되어 있는 네 개의 상자를 각각 **칸**(*cell*)이라고 한다. 분할표에서 칸의 개수는 행의 수와 열의 수를 곱하여 얻는다. 그러므로 표 11.5는 2 × 2 = 4개의 칸을 포함한다. 분할표에서 하나의 칸에 속하는 객체들은 두 가지 특징을 갖고 있다. 예를 들어, 표 11.5에서 첫 번째 행의 두 번째 칸에 작성된 2,615명의 학생은 남자이면서 시간제 학생이다. 칸 안에 작성된 숫자를 **결합도수**(*joint frequencies*)라고 한다. 예를 들어, 2,615명의 학생은 남자와 시간제 학생의 결합 범주에 속한다. 따라서 이 값을 해당 범주의 결합도수라고 한다.

11.4 독립성 혹은 동질성의 검정

이 절은 독립성 혹은 동질성의 검정에 관한 것으로, 분할표를 사용하여 수행한다. 몇 가지를 제외하고는 독립성 혹은 동질성의 검정을 하는 데 사용되는 절차는 11.2절에서 적용된 적합도 검정과 거의 동일하다.

11.4.1 독립성 검정

분할표에 대한 **독립성 검정**(**test of independence**)은, 주어진 모집단에서 원소들의 두 가지 특성이 연관되어 있다("종속")는 대립가설에 대해 원소들의 두 가지 속성(특성)이 연관되지 않았다("독립")는 귀무가설을 검정하는 것이다. 예를 들어, 민주당과 공화당의 당원가입과 그들의 소득 수준이 독립인가를 검정하고자 한다. 카이제곱분포를 사용하여 이런 검정을 수행할 수 있다. 다른 예로서는, TV에서 선호하는 시청(스포츠의 시청과 멜로 드라마 시청) 중에서 선호하는 시청이 성별(남자 또는 여자) 사이에 연관이 있는가를 검정하고자 하는 경우이다.

정 의

독립성 검정에 대한 자유도 : 독립성 검정은 모집단의 두 가지 속성이 연관되지 않는다는 귀무가설의 검정을 포함하고 있다. **독립성 검정에 대한 자유도는**

$$df = (R - 1)(C - 1)$$

인데, 이때 R과 C는 주어진 분할표에서 각각 행과 열의 수이다.

독립성 검정에서 검정통계량 χ^2의 값은 11.2절에서 설명한 적합도 검정에서처럼 같은 공식을 사용하여 얻는다.

독립성 검정에 대한 검정통계량 : **독립성 검정에 대한 검정통계량 χ^2의 값은**

$$\chi^2 = \sum \frac{(O - E)^2}{E}$$

로 계산하는데, 이때 O와 E는 각각 관찰도수와 기대도수를 나타낸다.

독립성 검정에서 귀무가설은 항상 두 개의 속성이 연관되지 않는다는 것이다. 대립가설은 두 개의 속성이 연관된다는 것이다.

분할표에 대한 실험의 수행으로부터 얻은 도수를 **관찰도수 (observed frequencies)** 라고 한다. 독립성의 검정에 대한 분할표의 **기대도수 (expected frequencies)** 를 계산하는 절차는 적합도 검정에 대한 절차와는 다르다. 예제 11-5는 이 절차를 설명한다.

■ 예제 11-5 독립성의 검정에 대한 기대도수의 계산

폭력과 징계의 결여는 한국의 학교에서 주요한 문제가 되고 있다. 성인 300명을 임의표본으로 선택하여, 이들에게 학생들을 체벌하는 데 있어 교사들에게 더 많은 자유를 주는 것에 찬성하는지를 물었다. 이들의 반응에 대해 아래의 이원 분할표로 작성하여 설명하였다.

	찬성 (F)	반대 (A)	의견없음 (N)
남자 (M)	93	70	12
여자 (W)	87	32	6

두 개의 속성, 성별과 문제에 대한 의견이 독립이라고 가정하는 경우에 위 표에 대한 기대도수를 계산하시오.

풀 이 진행되는 표는 아래 표 11.6으로 다시 만들어진다. 표 11.6은 행과 열의 합계를 포함한 것을 유의하라.

표 11.6

	찬성 (*F*)	반대 (*A*)	의견없음 (*N*)	행 합계
남자 (*M*)	93	70	12	175
여자 (*W*)	87	32	6	125
열 합계	180	102	18	300

표 11.6의 6개 칸에 작성된 숫자 93, 70, 12, 87, 32, 6을 각각의 칸에 대한 관찰도수라고 한다.

앞에서 언급한 것처럼, 독립성 검정에서 귀무가설은 두 개의 속성 (혹은 분류) 이 독립이라는 것이다. 가설의 독립성 검정에서, 우선적으로 귀무가설이 참이고 두 개의 속성이 독립이라고 가정한다. 귀무가설을 참이고, 성별과 의견은 이 예제에서는 연관되지 않다고 가정하면, 남자와 찬성에 해당하는 칸에 대한 기대도수는 아래와 같이 계산한다. 표 11.6으로부터,

$$P(\text{한 사람이 남자}) = P(M) = \frac{175}{300}$$

$$\text{P}(\text{한 사람이 찬성}) = P(F) = \frac{180}{300}$$

*M*과 *F*가 독립이라고 가정하기 때문에 (귀무가설이 참이라고 가정하므로), 4장에서 배운 공식으로부터 이들 두 개의 사건의 결합확률은

$$P(M\text{과 F}) = P(\text{M}) \times P(\text{F}) = \left(\frac{175}{300} \times \frac{180}{300}\right)$$

이다. 그러면, *M*과 *F*가 독립이라 가정하므로, 300명의 표본에서 남자와 찬성으로 기대하는 사람의 수는

$$\begin{aligned} E(\text{남자와 찬성}) &= 300 \times P(M\text{과 } F) \\ &= 300 \times \frac{175}{300} \times \frac{180}{300} = \frac{175 \times 180}{300} \\ &= \frac{(\text{행의 합계}) \times (\text{열의 합계})}{\text{표본 크기}} \end{aligned}$$

그러므로 하나의 칸에 대한 기대도수를 얻기 위한 규칙은 해당하는 행과 열의 합계의 곱을 표본의 크기로 나누는 것이다.

독립성 검정에 대한 기대도수 : 한 칸에 대한 기대도수는

$$E = \frac{(\text{행의 전체}) \times (\text{열의 전체})}{\text{표본 크기}}$$

로 계산한다. 이 규칙을 사용하여, 표 11.6의 6개 칸의 기대도수를 계산하면 다음과 같다.

$$E(\text{남자와 찬성의 칸}) = \frac{175 \times 180}{300} = 105.00$$

$$E(\text{남자와 반대의 칸}) = \frac{175 \times 102}{300} = 59.50$$

$$E(\text{남자와 의견없음의 칸}) = \frac{175 \times 18}{300} = 10.50$$

$$E(\text{여자와 찬성의 칸}) = \frac{125 \times 180}{300} = 75.00$$

$$E(\text{여자와 반대의 칸}) = \frac{125 \times 102}{300} = 42.50$$

$$E(\text{여자와 의견없음의 칸}) = \frac{125 \times 18}{300} = 7.50$$

기대도수는 표 11.7에서 보여 주는 것처럼, 대개 해당하는 칸의 안에서 관찰도수 아래에 괄호로 표시한다.

표 11.7

	찬성 (*F*)	반대 (*A*)	의견없음 (*N*)	행합계
남자 (*M*)	93 (105.00)	70 (59.50)	12 (10.50)	175
여자 (*W*)	87 (75.00)	32 (42.50)	6 (7.50)	125
열합계	180	102	18	300

적합도 검정과 같이, **독립성 검정도 항상 오른쪽 꼬리검정이다.** 독립성에 대한 카이제곱검정을 응용하려면, **각 칸에 대한 기대도수가 적어도 5 이상이 되도록 표본크기가 충분히 커야 한다.** 만약 하나의 칸에 대한 기대도수가 적어도 5가 아니면, 표본크기를 증가시키거나 혹은 몇 개의 범주를 결합하는 두 방법 중에 한 가지 방법을 실시하여야 한다. 예제 11-6과 예제 11-7은 카이제곱분포를 사용하여 독립성 검정을 하는 절차를 설명한다.

■ 예제 11-6 독립성의 검정 : 2 × 3 분할표

예제 11-5에서 주어진 이원 분할표를 다시 생각해 보자. 그 예제에서 성인 300명의 임의표본을 선택하여, 그들에게 폭력과 징계의 결여에 대해 학생들에게 벌을 주는데 교사들에게 더 많은 자유를 주자는 의견에 찬성하는지를 물었다. 조사 결과에 근거를 두고, 이원 분할표를 작성되어 예제 11-5에 나타내었다. 표본이 두 가지 속성, 즉 성별과 성인들의 의견이 종속적이라고 결론지을 수 있는 충분한 증거가 있는가? 1% 유의수준을 사용하여 검정하시오.

풀 이 독립성 검정은 다음의 다섯 단계로 수행한다.

단계 1. 귀무가설과 대립가설을 세운다.

앞에서 언급한 것처럼, 귀무가설은 반드시 두 가지 속성이 독립이어야 한다. 결과적으로 대립가설은 이들 속성들이 종속적이라는 것이다.

H_0 : 성별과 성인들의 의견은 독립이다.

H_1 : 성별과 성인들의 의견은 종속이다.

단계 2. 사용하려는 분포를 결정한다.

분할표에 대한 독립성의 검정을 하기 위해서는 카이제곱분포를 사용한다.

단계 3. 기각역과 비기각역을 결정한다.

유의수준은 1%이다. 독립성 검정은 항상 오른쪽 꼬리검정이기 때문에, 기각 영역의 면적은 0.01으로 카이제곱분포곡선의 오른쪽 꼬리부분에 놓인다. 분할표는 2개의 행(남자와 여자)과 3개의 열(찬성, 반대, 의견 없음)을 포함하고 있다. 전체의 행과 열을 계산하지 않음에 유의하라. 자유도는

$$df = (R - 1)(C - 1) = (2 - 1)(3 - 1) = 2$$

이다. 부록 B의 표 VI로부터, $df = 2$와 $\alpha = 0.01$에 대한 임계값 χ^2은 9.210이다. 이 값은 그림 11.6에 보여 준다.

그림 11.6

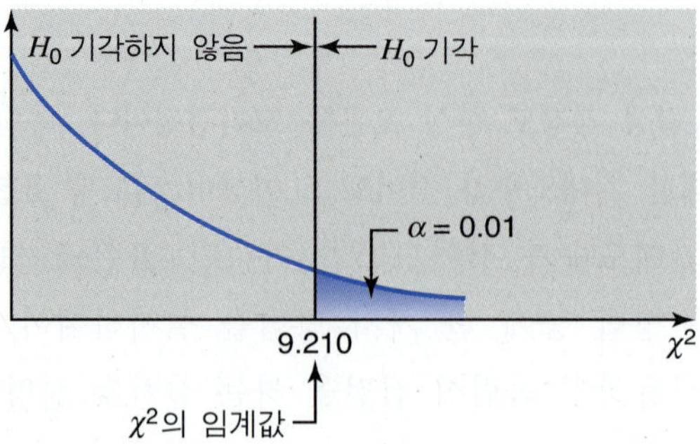

단계 4. 검정통계량의 값을 계산한다.

예제 11-5에서 설정된 관찰도수와 기대도수로 된 표 11.7은 표 11.8로 다시 만들어진다.

표 11.8

	찬성 (F)	반대 (A)	의견없음 (N)	행합계
남자 (M)	93 (105.00)	70 (59.50)	12 (10.50)	175
여자 (W)	87 (75.00)	32 (42.50)	6 (7.50)	125
열합계	180	102	18	300

검정통계량 χ^2의 값을 계산하려면, 표 11.8로 작성된 표에서 각 칸마다 관찰도수와 기대도수의 차이를 계산하여, 이들 차이를 제곱하고, 그런 다음 각각의 기대도수로 나누어 준다. 그리고 각각 얻어진 값들의 합이 검정통계량 χ^2의 값이 된다. 모든 이들 계산은 다음과 같이 만들어진다.

$$\chi^2 = \sum \frac{(O - E)^2}{E}$$
$$= \frac{(93 - 105.00)^2}{105.00} + \frac{(75 - 59.50)^2}{59.50} + \frac{(12 - 10.50)^2}{10.50}$$
$$+ \frac{(87 - 75.00)^2}{75.00} + \frac{(32 - 42.50)^2}{42.50} + \frac{(6 - 7.50)^2}{7.50}$$
$$= 1.371 + 1.853 + 0.214 + 1.920 + 2.594 + 0.300 = 8.252$$

단계 5. 결론을 내린다.

검정통계량의 값 $\chi^2 = 8.252$은 임계값인 $\chi^2 = 9.210$보다 적기 때문에 비기각역 안에 놓인다. 따라서 귀무가설을 기각하는 데 실패하므로, 두 가지 속성 즉 성별과 성인들의 의견이 서로 종속적이라고 결론을 내릴 수 있다. ■

■ 예제 11-7 독립성의 검정 : 2 × 2 분할표

한 연구자가 성별과 휴대폰 소유의 관계를 연구하고자 한다. 연구자는 성인 2,000명의 표본을 추출하여, 다음의 표에 주어진 정보를 정리하였다.

	휴대폰 소유함	휴대폰 미소유
남자	640	450
여자	440	470

5% 유의수준에서, 모든 성인들에 대해 성별과 휴대폰 소유와는 관련이 있다고 결론지을 수 있는가?

풀 이 독립성 검정은 다음의 다섯 단계로 수행한다.

단계 1. 귀무가설과 대립가설을 세운다.

귀무가설과 대립가설은

H_0 : 성별과 휴대폰 소유 여부는 관련이 없다.

H_1 : 성별과 휴대폰 소유 여부는 관련이 있다.

단계 2. 사용할 분포를 결정한다.

독립성 검정을 수행하기 때문에, 검정을 하는 데 카이제곱분포를 사용한다.

단계 3. 기각역과 비기각역을 결정한다.

5% 유의수준이므로, 기각영역의 면적은 0.05이고, 그것은 카이제곱분포곡선의 오른쪽 꼬리에 놓인다. 분할표는 2개의 행 (남자와 여자) 과 2개의 열 (휴대폰 소유와 미소유) 을 포함한다. 자유도는

$$df = (R - 1)(C - 1) = (2 - 1)(2 - 1) = 1$$

이다. 부록 B의 표 VI으로부터, $df = 1$과 $\alpha = 0.05$에 대한 임계값 χ^2은 3.841이다. 이 값은 그림 11.7에 보여 준다.

그림 11.7

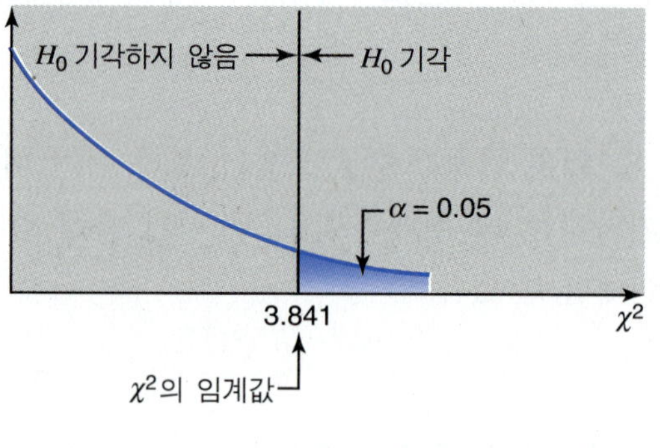

단계 4. 검정통계량의 값을 계산한다.

각각의 칸에 대한 기대도수는 다음처럼 계산하며, 이 값들은 표 11.9에서 괄호 안에 작성되어 있다.

표 11.9

	휴대폰 소유 (Y)	휴대폰 미소유 (N)	행합계
남자 (M)	640 (588.60)	450 (501.40)	1090
여자 (W)	440 (491.40)	470 (418.60)	910
열합계	1080	920	2000

$$E(\text{남자와 휴대폰을 소유의 칸}) = \frac{(1090)(1080)}{2000} = 588.60$$

$$E(\text{남자와 휴대폰 미소유의 칸}) = \frac{(1090)(920)}{2000} = 501.40$$

$$E(\text{여자와 휴대폰 소유의 칸}) = \frac{(910)(1080)}{2000} = 491.40$$

$$E(\text{여자와 휴대폰 미소유의 칸}) = \frac{(910)(920)}{2000} = 418.60$$

검정통계량 χ^2의 값은 다음과 같이 계산한다.

$$\chi^2 = \sum \frac{(O - E)^2}{E}$$

$$= \frac{(640 - 588.60)^2}{588.60} + \frac{(450 - 501.40)^2}{501.40} + \frac{(440 - 491.40)^2}{491.40} + \frac{(470 - 418.60)^2}{418.60}$$

$$= 4.489 + 5.269 + 5.376 + 6.311 = 21.445$$

단계 5. 결론을 내린다.

검정통계량의 값 $\chi^2 = 21.445$가 임계값 $\chi^2 = 3.841$보다 더 크므로, 검정통계량이 기각역에 위치한다. 따라서 귀무가설을 기각하므로 모든 성인에 대해 두 가지 특성, 즉 성별과 휴대폰 소유여부는 관련이 있다고 결론내리는 데 표본으로부터 강한 증거가 있다고 말할 수 있다. ■

11.4.2 동질성 검정

만약 둘 이상의 모집단에 대한 어떤 특성의 분포가 동질적(비슷하다)인지를 검정하는 것을 **동질성 검정(test of homogeneity)**이라고 한다. 예를 들어, 캘리포니아주와 위스콘신주에서 서로 다른 소득집단에 속하는 가구의 비율이 같다는 귀무가설을 검정하는 데 관심이 있다.

또는 위스콘신주, 캘리포니아주와 버몬트주 사람들이 콜라, 펩시와 세븐업의 선호도가 비슷한지 안한지를 검정하고자 한다.

정 의

동질성 검정 : 동질성 검정은 두 개 이상의 모집단에서 어떤 특성을 갖는 원소의 비율이 같다는 귀무가설에 대해 이들 비율이 같지 않다는 대립가설을 검정하는 것을 포함한다.

여러 소득집단에 속하는 캘리포니아주와 위스콘신주의 가구 비율이 같다는 귀무가설을 검정하는 예제를 생각해 보자(동질성 검정에서, 귀무가설은 항상 어떤 특성을 갖는 원소들의 비율이 두 개 이상의 모집단에서 같다는 것임을 유의하라). 세 개의 소득층 : 고소득 집단(10만 달러 이상의 소득을 가진 집단), 중소득 집단(5만 달러~10만 달러의 소득을 가진 집단), 저소득 집단(5만 달러 미만의 소득을 가진 집단)을 정의한다고 가정하자. 더불어, 캘리포니아주에서 250가구와 위스콘신주에서 150가구의 표본을 추출하여, 이들 가구의 소득에 관한 정보를 수집하여 표 11.10의 분할표로 작성하였다.

표 11.10

	캘리포니아주	위스콘신주	행의 합계
고소득	70	34	104
중소득	80	40	120
저소득	100	76	176
열의 합계	250	150	400

이 예제에서 열의 합은 고정된 것임을 유의하라. 즉, 캘리포니아주에서 250가구와 위스콘신주에서 150가구의 표본을 추출했다고 한다. 그런데 행의 합계(104, 120, 176)은 두 표본의 결과에 의해 임의적으로 얻어진 값이다. 앞 절의 예제와 비교해 보자. 폭력과 학교의 징계 결여에 관한 자료를 보면, 열과 행의 합계는 정해진 값이 아님에 유의할 것이다. 연구자는 바로 성인 300명을 표본으로 추출하고, 성별과 의견에 관한 정보를 수집하여 분할표를 작성하고 있다. 그래서 이 예제에서는 행과 열의 합계는 모두 임의적으로 정해진다. 따라서 행과 열에 대한 양쪽의 합계가 임의적으로 정해질 때는 독립성 검정을 하게 된다. 그런데 행의 합계나 혹은 열의 합계 중에 어느 하나가 정해진 것일 때는 동질성 검정을 하게 된다. 캘리포니아주와 위스콘신주의 소득집단의 경우에, 두 개의 주에서 소득집단의 유사성에 대해 검정하려면 동질성 검정을 하게 된다.

동질성 검정을 하는 절차는 앞에서 논의한 독립성 검정을 하는 절차와 비슷하다. 독립성 검정과 같이, 동질성 검정은 오른쪽 꼬리검정이다. 예제 11-8은 동질성 검정을 하는 절차를 설명한다.

■ 예제 11-8 동질성 검정

캘리포니아주와 위스콘신주의 가구에 대한 소득분포에 관한 자료가 표 11.10에 주어져 있다. 소득수준에 관한 가구의 분포가 두 개 주에 대해 비슷하다(동질적이다)는 귀무가설을 2.5% 유의수준을 이용하여 검정하시오.

풀 이 이 가설의 검정을 하는 데 다음의 다섯 단계를 수행한다.

단계 1. 귀무가설과 대립가설을 세운다.

두 가지 가설은[2)]

H_0 : 서로 다른 소득집단에 속하는 가구의 비율이 두 주에서 같다.

H_1 : 서로 다른 소득집단에 속하는 가구의 비율이 두 주에서 같지 않다.

단계 2. 사용할 분포를 결정한다.

동질성 검정을 하는 데 카이제곱분포를 사용한다.

단계 3. 기각역과 비기각역을 결정한다.

동질성 검정은 오른쪽 꼬리검정이기 때문에, 유의수준이 2.5%이므로 기각역의 면적은 0.025이며, 이는 카이제곱분포곡선의 오른쪽 꼬리부분에 놓인다. 캘리포니아주와 위스콘신주에서 소득집단에 대한 분할표는 3개의 행과 2개의 열을 포함하므로 자유도는

$$df = (R-1)(C-1) = (2-1)(3-1) = 2$$

이다. 부록 B의 표 VI으로부터, 와 카이제곱분포곡선의 오른쪽 꼬리부분의 면적 0.025에 대한 χ^2의 값은 7.378이다. 이 값은 그림 11.8에서 보여 준다.

그림 11.8

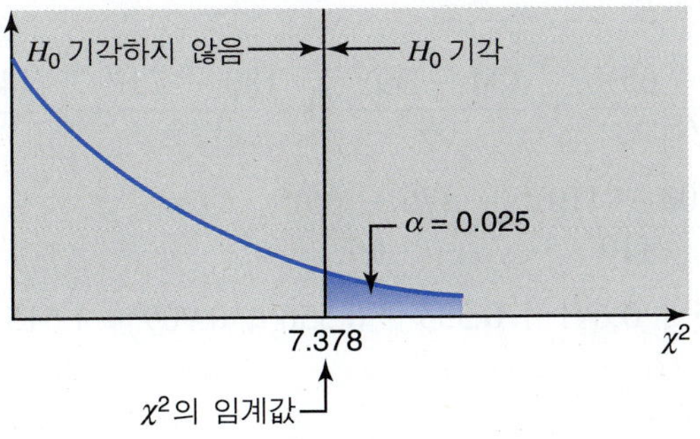

2) p_{HC}, p_{MC}, p_{LC}를 캘리포니아주의 고소득, 중소득, 저소득 집단에 속하는 가구의 비율이고, p_{HW}, p_{MW}, p_{LW}는 위스콘신주에서 각 소득 집단에 해당하는 비율이라 하자.
그러면 귀무가설을 $H_0 : p_{HC} = p_{HW}$, $p_{MC} = p_{MW}$, $p_{LC} = p_{LW}$로 쓰고, 대립가설은 H_1 : H_0에서 언급한 등식에서 적어도 한 개는 참이 아니라고 할 수 있다.

단계 4. 검정통계량의 값을 계산한다.

검정통계량 χ^2의 값을 계산하려면, 먼저 기대도수를 계산할 필요가 있다. 표 11.11은 기대도수뿐만 아니라 관찰도수도 작성하였다. 이 표에서 괄호 안의 숫자는 기대도수인데, 다음의 공식을 이용하여 계산된 것이다.

$$E = \frac{(\text{행의 합계})(\text{열의 합계})}{\text{양쪽 표본의 전체}}$$

따라서 예를 들어

$$E(\text{고소득집단과 캘리포니아주인 칸}) = \frac{(104)\,(250)}{400} = 65$$

표 11.11

	캘리포니아주	위스콘신주	행의 합계
고소득	70 (65)	34 (39)	104
중소득	80 (75)	40 (45)	120
저소득	100 (110)	76 (66)	176
열의 합계	250	150	400

나머지 기대도수들도 같은 방법으로 계산한다. 동질성 검정에서 기대도수는 독립성 검정과 같은 방법으로 계산됨을 유의하라. 검정통계량 χ^2의 값은 다음과 같이 계산한다.

$$\begin{aligned}\chi^2 &= \sum \frac{(O-E)^2}{E} \\ &= \frac{(70-65)^2}{65} + \frac{(34-39)^2}{39} + \frac{(80-75)^2}{75} + \frac{(40-45)^2}{45} \\ &\quad + \frac{(100-110)^2}{110} + \frac{(76-66)^2}{66} \\ &= 0.385 + 0.641 + 0.333 + 0.556 + 0.909 + 1.515 = 4.339\end{aligned}$$

단계 5. 결론을 내린다.

검정통계량 $\chi^2 = 4.339$의 값은 임계값 $\chi^2 = 7.378$보다 더 작으므로, 비기각역에 위치하게 된다. 따라서 귀무가설을 기각하는 데 실패하였으므로, 소득 수준에 관한 가구 분포가 캘리포니아주와 위스콘신주에서 유사(동질적)하다고 할 수 있다. ■

연습문제

■ 개념과 절차

11.23 독립성 검정과 동질성 검정을 자신의 단어로 설명하시오. 각각의 검정에 대한 하나씩의 예를 작성하시오.

11.24 분할표의 칸에 대한 기대도수를 독립성이나 동질성 검정에서 어떻게 계산하는지를 설명하시오. 각각의 검정에 대한 자유도는 어떻게 구하는가?

11.25 독립성이나 동질성 검정을 하는데, 각 칸에 대한 최소 기대도수는 얼마이어야 하는가? 만약 이 조건을 만족하지 않는다면 대안은 무엇인가?

11.26 표본조사에 근거를 둔 다음의 분할표를 생각해 보자.

	열 1	열 2	열 3
행 1	137	64	105
행 2	98	71	65
행 3	115	81	115

a. 이 표에 대한 독립성 검정을 하고자 할 때에 귀무가설과 대립가설을 쓰시오.

b. 귀무가설이 참이라는 가정하에 모든 칸에 대한 기대도수를 계산하시오.

c. $\alpha = 0.01$에 대해서, 임계값 χ^2을 구하시오. 카이제곱분포곡선상에서 기각역과 비기각역을 나타내시오.

d. 검정통계량 χ^2의 값을 구하시오.

e. $\alpha = 0.01$을 이용하여, 귀무가설을 기각하는가?

11.27 네 개의 모집단으로부터 추출된 정해진 크기의 네 표본에 대해 얻어진 결과를 기록한 다음의 분할표를 생각해 보자.

	선택된 표본			
	모집단 1	모집단 2	모집단 3	모집단 4
행 1	24	81	60	121
행 2	46	64	91	72
행 3	20	37	105	93

a. 이 표에 대해서 동질성 검정을 위한 귀무가설과 대립가설을 쓰시오.

b. 귀무가설이 참이라는 가정하에 모든 칸에 대한 기대도수를 계산하시오.

c. $\alpha = 0.025$에 대해서, 임계값 χ^2값을 구하시오. 카이제곱분포곡선상에서 기각역과 비기각역을 구하시오.

d. 검정통계량 χ^2의 값을 구하시오.

e. $\alpha = 0.025$을 이용하여, 귀무가설을 기각하는가?

■ 응용

11.28 최근의 경기 후퇴로, 많은 가족들이 재정적으로 어려운 시기에 직면해 있다. 어떤 연구는 더 많은 사람들이 유명 상표의 제품을 구입하는 것을 멈추고, 대신에 덜 비싼 상점 상표의 제품을 구입하기 시작했음을 관찰하였다. 최근에 성인 700명의 표본을 추출하여 그들이 상점 상표의 제품을 구입하는지 혹은 유명 상표의 제품을 구입하는지에 관해 조사한 자료를 다음 표로 정리하였다.

	더 자주 구입함	
	유명 상표	상점 상표
남자	170	145
여자	182	203

두 가지 속성인 성별과 유명 상표나 상점 상표의 제품 구입이 독립이라는 귀무가설을 1% 유의수준에서 기각할 수 있는가?

11.29 어떤 교통 법규를 위반하여 경찰에게 제재를 받은 100명의 자가 운전자들에게 안전벨트를 착용하는지 아닌지를 조사하였다. 다음 표는 이 조사 결과를 정리한 것이다.

	안전벨트 착용	안전벨트 미착용
남자	34	21
여자	32	13

남자 혹은 여자는 안전벨트를 착용하고 있는지 아닌지가 연관이 있는지를 2.5% 유의수준에서 검정하시오.

11.30 대학을 졸업한 많은 학생들은 학생대부, 신용카드 부채 등등의 채무를 많이 지고 있다. 사화학자는 미혼인 401명의 임의표본을 추출하여, 그들을 성별로 분류하고 "당신은 채무가 25,000달러 이상인 사람과 결혼하는 것을 고려한 적이 있는가?"라고 질문하였다. 이 조사의 결과는 다음의 표에 보여 준다.

	예	아니오	불확실
남자	125	59	21
여자	101	79	16

성별과 응답이 연관되어 있는지를 1% 유의수준에서 검정하시오.

11.31 2015년 4월에 6세부터 14세까지 660명 어린이를 조사한 결과에 근거를 둔 조사 보고서에 따르면, 어린이들은 자신이 충분한 돈을 가지는 것에 관하여 걱정을 하는지 안하는지를 물어보

았다. 표본이 325명의 소년과 335명의 소녀로 되어있다고 가정하고, 신문에 주어진 결과는 다음 표와 같이 정리하여 보고되었다.

		소년	소녀
돈에 관하여 걱정하는가?	예	198	181
	아니오	127	154

당신은 돈에 관하여 걱정하는 것과 성별이 관련 있다고 결론지을 수 있는가를 5% 유의수준에서 검정하시오.

11.32 다음 표는 400명을 임의로 선택한 사람을 흡연자 혹은 비흡연자로서 분류하고 그들이 작년에 의사를 방문한 횟수에 근거하여 아래의 2원 분류로 정리하였다.

	의사 방문 횟수		
	1–0	**2–4**	**≥5**
흡연자	25	60	75
비흡연자	110	90	40

흡연과 의사를 방문한 횟수가 모든 사람들에게 연관되어 있는지 없는지를 5% 유의수준에서 검정하시오.

11.33 산림공무원이 두 지역 A와 B의 산불 원인을 비교하고자 한다. 다음 표는 이들 두 지역에서 발생한 산불 중에서 임의로 76번을 추출하여 화재에 대한 원인을 보여 준다.

	방화	재해	발화	보류
지역 A	6	9	6	10
지역 B	7	14	15	9

화재의 원인과 화재지역이 연관이 있는지 없는지를 5% 유의수준에서 검정하시오.

11.34 국립전기회사는 두 군데의 자회사로부터 부품을 구입하고 있다. 이 회사의 품질관리 부서는 양품과 불량품의 분포가 두 자회사로부터 받는 부품의 공급량에 대해 품질이 같은지를 검사하고자 한다. 품질관리 검사자는 자회사 A로 부터 받은 300개 부품의 표본과 자회사 B로부터 받은 400개 부품의 표본을 선택하였다. 이들 부품들을 양품 혹은 불량품인지를 검사하였다. 다음 표는 조사에서 얻은 결과를 기록한 것이다.

	자회사 A	자회사 B
양품	284	381
불량품	16	19

양품과 불량품에 대한 부품의 분포가 두 자회사에 대해 같다는 귀무가설을 5% 유의수준에서 검정하시오.

11.35 두 개의 약을 동일 질병을 치료하는 데 각각 60개와 40개를 임의로 할당하여 두 집단에 투여하였다. 다음 표는 두 가지 약으로 각각 치료한 경우에 완치된 환자와 완치되지 않은 환자의 수에 관한 정보가 주어진 것이다.

	완치	완치되지 않음
약 I	44	16
약 II	18	22

두 가지 약으로 환자를 치료하였는데 완치 혹은 완치되지 않은 비율이 비슷한지 아닌지를 1% 유의수준에서 검정하시오.

11.36 어떤 회사가 지난 몇 달 동안에 마켓에서 새로운 상품을 소개하였다. 관리자는 이 제품에 대하여 상이한 지역에서 고객들의 반응을 보고자 한다. 그 회사의 조사부는 네 지역(동부, 남부, 중서부, 서부)으로부터 이 제품을 사용해본 경험이 있는 400명씩을 표본을 선택하였다. 제품의 사용자들에게 그 제품을 좋아하는지 혹은 좋아하지 않는지를 물었다. 이들 응답자들의 반응을 다음의 표와 같이 기록되었다.

	동부	남부	중서부	서부
좋아함	274	206	291	254
좋아하지 않음	126	194	109	146

이들 표본에 근거를 두고, 이 제품 사용자의 의견 분포가 네 지역에 대해 동질적이라고 결론지울 수 있는가를 $\alpha = 0.01$을 사용하여 검정하시오.

11.37 2015년 3월에 실시된 갤럽조사에서, 과거 12개월 동안에 직장을 바꾼 사무직 근로자에게 새로운 직장에서의 봉급이 이전 직장보다 더 많이, 더 적게, 혹은 같게 받는지를 물었다. 이 조사는 12개월 전에 직장을 바꾼 240명의 남자와 240명의 여자를 각각 임의로 표본을 추출하였다고 가정하여, 신문에 주어진 결과가 다음 표와 같이 작성되었다고 하자.

	새로운 직장 봉급		
	더 많다	더 적다	같다
남자	140	50	50
여자	93	104	43

직장을 바꾼 근로자들에 대한 봉급의 변화가 남자와 여자에 대해 비슷하다는 귀무가설을 1% 유의수준을 사용하여 검정하시오.

11.38 다음 표는 과거 2년 동안 가르쳤던 3명의 교수들이 학생들에게 부여한 학점의 등급에 관한 자료들이다.

		교수		
		밀러	스미스	무어
등급	A	18	36	20
	B	25	44	15
	C	85	73	82
	D와 F	17	12	8

3명 교수들의 등급 분포가 동질적이라는 귀무가설을 2.5% 유의수준으로 검정하시오.

11.39 두 개의 임의표본, 즉 95명의 기술직 근로자의 표본과 50명의 사무직 근로자의 표본을 한 대기업으로부터 추출했다. 이들 근로자들에게 어떤 회사의 관심있는 주제에 대해 그들의 의견을 물었다. 다음 표는 조사 결과가 주어진 것이다.

	의견		
	찬성	반대	불확실
기술직	44	39	12
사무직	21	26	3

의견 분포가 두 집단의 근로자에 대해 동질적이라는 귀무가설을 2.5% 유의수준으로 검정하시오.

11.5 모분산에 관한 추정

앞 장들에서는 모평균과 모비율에 관한 추론(신뢰구간과 가설검정)을 하는 방법을 설명하였다. 그런데 종종 분산(또는 표준편차)을 제어할 필요가 있다. 결과적으로 모분산에 관한 추정과 가설검정을 할 필요가 있다. 11.5.1절은 모분산(또는 모표준편차)에 대한 신뢰구간을 구하는 방법을 설명한다. 11.5.2절은 모분산에 관한 가설검정을 어떻게 하는가를 설명한다.

한 가지 예로, 봉지당 과자를 32온스만큼 채우도록 설정된 기계가 준비되어 있다고 가정하자. 이 기계는 32온스의 과자를 각 봉지에 정확하게 채울 수 없음에 주의하라. 몇 개 봉지는 32온스보다 덜 채워질 수도 있고, 몇 개의 봉지들은 더 많이 채워질 수도 있다. 그런데 만약 분산(그래서 표준편차)이 역시 크다면, 어떤 봉지는 32온스의 과자보다 약간 덜 채워질 것이며, 다른 봉지들은 32온스보다 약간 더 많이 채워질 것이다. 공장장은 큰 변동을 원하지 않는다. 어떤 특정한 허용한계 내의 변동을 유지하기 위하여, 이 기계를 때때로 조정해야 할 것이다. 관리자는 어떤 시간대에 기계를 조정하기 전에, 반드시 분산값이 최대 허용 가능한 값을 초과한다면 이를 찾아내기 위하여 분산을 추정하거나 또는 가설검정 또는 두 가지 방법을 함께 해야 한다.

모든 표본통계량과 같이 표본분산은 확률변수이고, 표본분포를 갖는다. 만약 주어진 크기의 모든 가능한 표본들을 하나의 모집단으로부터 추출하여 분산을 계산한다면, 이들 분산의 확률분포를 **표본분산에 대한 표본분포**(*sampling distribution of sample variance*)라고 한다.

$\frac{(n-1)s^2}{\sigma^2}$**의 표본분포** : 만약 표본을 추출한 모집단이 (근사적으로) 정규분포를 한다면

$$\frac{(n-1)s^2}{\sigma^2}$$

은 자유도 $n-1$인 카이제곱분포를 한다.

그러므로 카이제곱분포는 모분산 σ^2에 관한 신뢰구간을 설정하고, 가설을 검정하는 데 사용된다.

11.5.1 모분산의 추정

표본분산 s^2의 값은 모분산 σ^2의 점추정값이다. σ^2에 대한 $(1-\alpha)100\%$ 신뢰구간은 아래 공식으로 주어진다.

모분산 σ^2에 대한 신뢰구간 : 표본을 추출한 모집단이 (근사적으로) 정규분포를 한다고 가정하면, 모분산 σ^2에 대한 $(1-\alpha)100\%$ 신뢰구간은

$$\frac{(n-1)s^2}{\chi^2_{\frac{\alpha}{2}}} \sim \frac{(n-1)s^2}{\chi^2_{1-\frac{\alpha}{2}}}$$

인데, 여기서 $\chi^2_{\frac{\alpha}{2}}$와 $\chi^2_{1-\frac{\alpha}{2}}$는 카이제곱분포곡선의 오른쪽 꼬리부분에서 각각 면적이 $\frac{\alpha}{2}$와 $1-\frac{\alpha}{2}$인 자유도 $n-1$에 대한 카이제곱분포로부터 얻는 값이다.

모표준편차에 대한 신뢰구간은 모분산에 대한 신뢰구간의 두 한계값의 양의 제곱근으로부터 간단히 얻을 수 있다.

σ^2에 대한 신뢰구간을 구하는 절차는 다음의 세 단계를 포함한다.

1. 크기 n인 표본을 추출하고, 3장에서 배운 공식을 사용하여 s^2을 계산한다. 그런데 만약 n과 s^2가 주어졌다면, 오직 단계 2와 3을 수행한다.

2. $\frac{\alpha}{2}$와 $1-\frac{\alpha}{2}$을 계산한다. 카이제곱분포표(부록 B의 표 VI)로부터 χ^2의 두 개의 값을 찾는다 : 하나는 카이제곱분포곡선에서 $df = n - 1$인 오른쪽 꼬리부분의 면적이 $\frac{\alpha}{2}$인 값과 다른 하나는 $df = n - 1$인 오른쪽 꼬리부분의 면적이 $1-\frac{\alpha}{2}$인 값이다.

3. σ^2에 대한 신뢰구간을 구하는 공식에 모든 값을 대입하여 간단하게 구한다.

예제 11-9는 모분산과 모표준편차에 대한 추정을 설명한다.

■ 예제 11-9 σ^2과 σ에 대한 신뢰구간 구하기

어떤 과자회사에서 만든 과자의 한 가지 형태는 코코아 과자이다. 이들 과자를 봉지에 채우는 기계는 봉지마다 평균 순무게가 32온스, 분산이 0.015제곱온스가 되도록 설정되었다. 이 회사의 품질관리 검사자는 시간마다 몇 개의 과자 봉지를 표본으로 추출하고, 이들 봉지에 들어 있는 과자의 순무게에 대한 분산을 계산하여, 모분산에 대한 95% 신뢰구간을 설정하고자 한다. 만약 이 신뢰구간에서 두 개의 한계값 또는 두 개의 한계값 중에 하나의 한계값이 0.008에서 0.030 내에 있지 않다면, 기계를 멈추고 조정한다. 생산라인으로부터 최근에 추출한 25봉지의 확률표본에 대한 표본분산이 0.029제곱온스로 주어졌다. 이 표본정보에 근거를 두고, 당신은 기계를 조정할 필요가 있다고 생각하는가? 모든 봉지에서 과자의 순무게는 정규분포를 한다고 가정하자.

풀 이 아래의 세 단계는 모분산을 추정하고, 결론을 내리도록 수행한다.

단계 1. 주어진 정보로부터 $n = 25$와 $s^2 = 0.029$이다.

단계 2. 신뢰수준은 $1 - \alpha = 0.95$이므로 $\alpha = 1 - 0.95 = 0.05$이다. 그러므로

$$\frac{\alpha}{2} = \frac{0.05}{2} = 0.025$$

$$1 - \frac{\alpha}{2} = 1 - 0.025 = 0.975$$

$$df = n - 1 = 25 - 1 = 24$$

부록 B의 표 VI로부터,

$df = 24$이고 오른쪽 꼬리부분의 면적 0.025에 대한 $\chi^2 = 39.364$

$df = 24$이고 오른쪽 꼬리부분의 면적 0.975에 대한 $\chi^2 = 12.401$

이다. 이들 값은 그림 11.9에 보여 준다.

그림 11.9

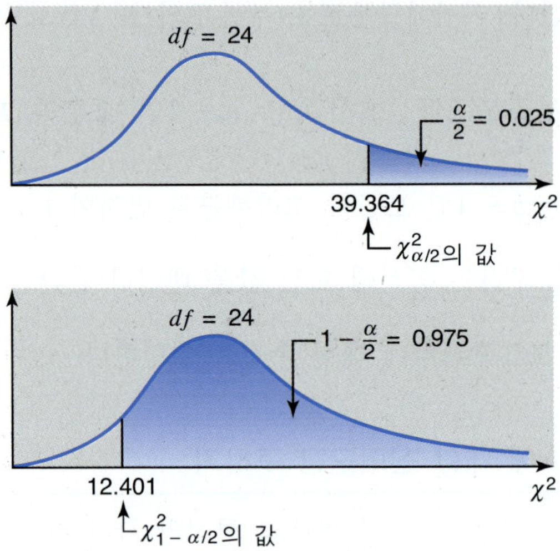

단계 3. σ^2에 대한 95% 신뢰구간은

$$\frac{(n-1)s^2}{\chi^2_{\frac{\alpha}{2}}} \sim \frac{(n-1)s^2}{\chi^2_{1-\frac{\alpha}{2}}}$$

$$\frac{(25-1)(0.029)}{39.364} \sim \frac{(25-1)(0.029)}{12.401}$$

$$0.0177 \sim 0.0561$$

이다. 그러므로 95% 신뢰구간에서 구한 결과를 보면, 코코아 과자의 모든 봉지에 대한 분산은 0.0177제곱온스와 0.0561제곱온스 사이에 있다고 말할 수 있다. 이 신뢰구간의 하한 (0.0177) 은 0.008과 0.030 사이이지만, 상한 (0.0561) 은 0.030보다 더 크므로, 0.008과 0.030의 구간밖에 있음에 주의한다. 상한이 0.030보다 더 크기 때문에 기계를 멈추고, 조정할 필요가 있다고 말할 수 있다.

위에서 구한 모분산에 대한 신뢰구간에서 두 개의 한계에서 각각의 양의 제곱근을 계산하여 모표준편차 σ에 대한 신뢰구간을 얻을 수 있다. 그러므로 모표준편차에 대한 95% 신뢰구간은

$$\sqrt{0.0177} \sim \sqrt{0.0561} \text{ 혹은 } 0.133 \sim 0.237$$

이다. 따라서 코코아 과자의 모든 봉지에 대한 모표준편차의 95% 신뢰구간은 0.133과 0.237 사이가 된다. ■

11.5.2 모분산에 관한 가설검정

모분산에 관한 가설검정은 한쪽 꼬리검정 또는 양쪽 꼬리검정일 수 있다. σ^2에 관한 가설검정을 하기 위해서, 앞의 가설검정의 예제에서 사용된 다섯 단계로 수행한다. 이 절에서 논의되는 σ^2에 관한 가설검정 절차는 표본을 선택한 모집단이 (근사적으로) 정규분포를 할 때만 활용할 수 있다.

σ^2에 관한 가설의 검정에 대한 검정통계량 : 검정통계량 χ^2의 값은

$$\chi^2 = \frac{(n-1)s^2}{\sigma^2}$$

로 계산되며, 이때 s^2은 표본분산, σ^2은 모분산에 대한 가설화된 값, $n-1$은 자유도를 나타낸다. 표본을 선택한 모집단은 (근사적으로) 정규분포를 한다고 가정한다.

예제 11-10과 예제 11-11은 σ^2에 관한 가설검정을 하는 절차를 설명한다.

■ 예제 11-10 σ^2에 관한 귀무가설의 오른쪽 꼬리검정

어떤 과자회사에서 만든 과자의 한 가지 형태는 코코아 과자이다. 이들 과자를 봉지에 채우는 기계는 봉지마다 평균 순무게가 32온스, 분산이 0.015제곱온스가 되도록 설정되었다. 이 회사의 품질관리 검사자는 시간마다 몇 개의 과자 봉지를 표본으로 추출하고, 이들 봉지에 들어있는 과자의 순무게에 대한 분산을 계산하여, 모분산에 관한 가설검정값을 구한다. 그녀는 항상 $\alpha = 0.01$을 사용한다. 모분산의 채택 가능한 값은 0.15제곱온스 이하인 값이다. 만약 가설검정의 결과가 모분산이 채택 가능한 구간 내에 있지 않다고 한다면, 이 기계는 멈추고 조정해야 한다. 생산 라인으로부터 최근에 추출한 25봉지의 확률표본에 대한 표본분산이 0.029제곱온스로 주어졌다. 이 표본정보에 근거를 두고, 당신은 기계를 조정할 필요가 있다고 생각하는가? 모든 봉지에서 과자의 순무게는 정규분포를 한다고 가정하자.

풀 이 주어진 정보로부터,

$$n = 25,\ \alpha = 0.01,\ s^2 = 0.029$$

이다. 모분산은 0.015제곱온스를 초과해서는 안 된다.

단계 1. 귀무가설과 대립가설을 세운다.

모분산이 허용한계 내에 있는지 없는지를 검정한다. 만약 모분산이 0.015 이하라면 모분산은 허용한계 내에 있으며, 그렇지 않으면 허용한계 밖에 있다. 그러므로 두 개의 가설은

$$H_0 : \sigma^2 = 0.015 \text{ (모분산은 허용 한계내에 있다)}$$
$$H_1 : \sigma^2 > 0.015 \text{ (모분산은 허용 한계를 초과한다)}$$

단계 2. 사용할 분포를 결정한다.

σ^2에 관한 가설을 검정하는 데 카이제곱분포를 사용한다.

단계 3. 기각역과 비기각역을 결정한다.

유의수준은 1%이며, H_1에서 $>$부호이기 때문에, 검정은 오른쪽 꼬리검정이다. 기각역은 카이제곱분포곡선의 오른쪽 꼬리부분의 면적이 0.01과 같다. σ^2에 관한 카이제곱분포의 자유도는 $n-1$이다. 즉

$$df = n - 1 = 25 - 1 = 24$$

이다. 부록 B의 표 VI로부터, 자유도 24와 오른쪽 꼬리부분의 면적 0.01에 대한 χ^2의 임계값은 42.980이다. 이 값은 그림 11.10에 보여 준다.

그림 11.10

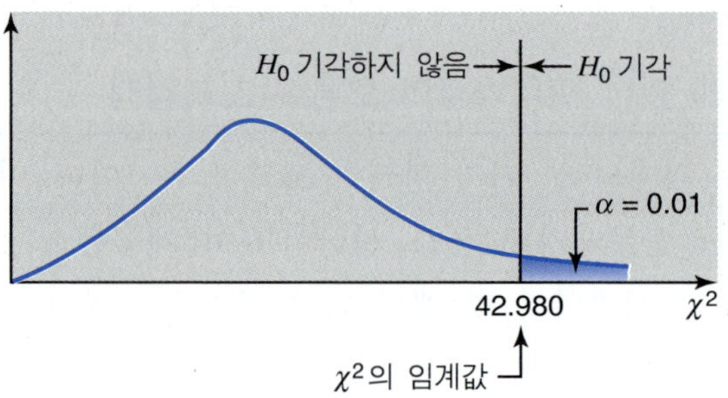

단계 4. 검정통계량의 값을 계산한다.

표본분산에 대한 검정통계량 χ^2의 값은 다음과 같이 계산된다.

$$\chi^2 = \frac{(n-1)s^2}{\sigma^2} = \frac{(25-1)(0.029)}{\underset{\uparrow\ H_0\text{로부터}}{0.015}} = 46.400$$

단계 5. 결론을 내린다.

검정통계량의 값 $\chi^2 = 46.400$은 임계값 $\chi^2 = 42.980$보다 더 크므로 기각역에 놓인다. 결과적으로 H_0를 기각하므로, 모분산이 허용한계 내에 있지 않다. 그러므로 기계를 멈추고 조정해야 한다. ■

■ 예제 11－11 σ^2에 관한 가설의 양쪽 꼬리검정

모든 고등학교 3학년생들에 대한 표준화 수학시험에 대한 점수의 분산은 2010년도에 150점이었다. 금년에 이 시험을 치른 고등학교 3학년에서 표본 20명을 추출하여 점수에 대한분산을 구했더니 170점이었다. 올해의 시험에서 모든 고등학교 3학년생들의 점수의 분산이 150점과 다른지를 5% 유의수준으로 검정하시오. 이 시험에서 모든 고등학교 3학년생들의 점수는 (근사적으로) 정규분포를 한다고 가정하자.

풀 이 주어진 정보로부터,

$$n = 20,\ \ \alpha = 0.05,\ \ s^2 = 170,$$

이며, 모분산은 2010년에 150이었다.

단계 1. 귀무가설과 대립가설을 세운다.

$$H_0 : \sigma^2 = 150 \text{ (모분산이 150점과 다르지 않다)}$$
$$H_1 : \sigma^2 \neq 150 \text{ (모분산이 150점과 다르다)}$$

단계 2. 사용할 분포를 결정한다.

σ^2에 관한 가설을 검정하는 데 카이제곱분포를 사용한다.

단계 3. 기각역과 비기각역을 결정한다.

유의수준은 5%이다. H_1에서 $\neq$ 부호는 검정이 양쪽 꼬리검정임을 의미한다. 기각역은 카이제곱분포곡선에서 양쪽 꼬리부분의 전체면적이 0.05와 같도록 한다. 결과적으로, 분포곡선의 각 꼬리의 면적은 0.025이다. $\alpha/2$와 $1-\alpha/2$의 값은

$$\frac{\alpha}{2} = \frac{0.05}{2} = 0.025, \quad 1 - \frac{\alpha}{2} = 1 - 0.025 = 0.975$$

이다. 자유도는

$$df = n - 1 = 20 - 1 = 19$$

이다. 부록 B의 표 VI로부터, 자유도 19와 오른쪽 꼬리부분의 면적이 $\frac{\alpha}{2}$와 $1-\frac{\alpha}{2}$에 대한 χ^2의 임계값은

$$df \text{ 19와 오른쪽 꼬리부분의 면적 0.025에 대한 } \chi^2 = 32.852$$
$$df \text{ 19와 오른쪽 꼬리부분의 면적 0.975에 대한 } \chi^2 = 8.907$$

이다.

그림 11.11

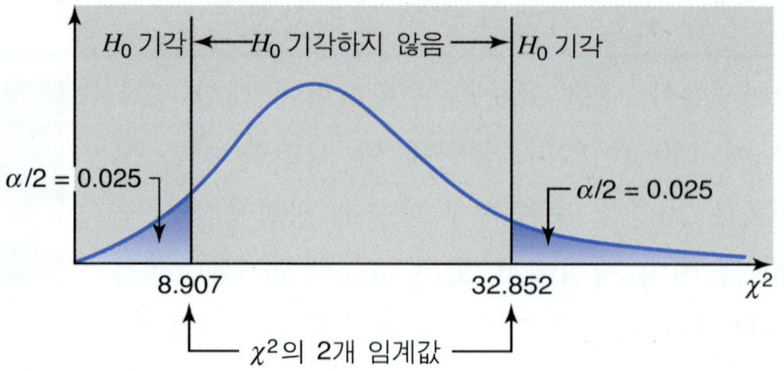

단계 4. 검정통계량의 값을 계산한다.

표본분산에 대한 검정통계량 χ^2의 값은 다음과 같이 계산한다.

$$\chi^2 = \frac{(n-1)s^2}{\sigma^2} = \frac{(20-1)(170)}{150} = 21.533$$

(150: H_0로부터)

단계 5. 결론을 내린다.

검정통계량의 값 $\chi^2 = 21.533$은 χ^2의 두 임계값 8.907과 32.852 사이에 놓이므로, 비기각역에 놓인다. 결과적으로 H_0를 기각하는 데 실패하므로, 이 표준화된 수학시험에서 고등학교 3학년생의 현재 점수의 모분산이 150점과 다르다고 할 수 없다고 결론지을 수 있다.

모분산 σ^2에 대한 가설검정과 같은 절차를 이용하여 모표준편차 σ에 관한 가설검정을 할 수 있음을 주의하라. σ^2에 관한 가설검정을 하려면, 오직 바뀌는 것은 H_0와 H_1에서 σ의 값으로 하는 것이다. 나머지 절차는 σ^2의 경우처럼 하면 된다.

연습문제

■ 개념과 절차

11.40 정규분포를 하는 모집단으로부터 선택한 25개 관찰치의 표본이 46의 표본분산을 만들었다. 다음의 신뢰수준의 각각에 대해 σ^2에 대한 신뢰구간을 구하고, 표본크기가 증가할 때 σ^2의 신뢰구간에서 무슨 일이 일어나는가를 설명하시오.

a. $n = 12$ **b.** $n = 16$ **c.** $n = 25$

11.41 정규분포를 하는 모집단으로부터 선택한 25개 관찰치의 표본이 35의 표본분산을 만들었다. 다음의 신뢰수준의 각각에 대해 σ^2에 대한 신뢰구간을 구하고, 신뢰수준이 감소할 때 σ^2의 신뢰구간에서 무슨 일이 일어나는가를 설명하시오.

a. $1 - \alpha = 0.99$ **b.** $1 - \alpha = 0.95$ **c.** $1 - \alpha = 0.90$

11.42 정규분포를 하는 모집단으로부터 선택된 관측값 22개의 표본에서 구한 표본분산은 18이 되었다.

a. 모분산이 14와 다른지를 검정하기 위하여 귀무가설과 대립가설을 쓰시오.

b. $\alpha = 0.05$를 사용하여, χ^2의 임계값을 구하시오. 카이제곱분포곡선에 관한 기각역과 비기각역을 구하시오.

c. 검정통계량 χ^2의 값을 구하시오.

d. 유의수준을 사용하여, (a) 에서 정의한 귀무가설을 기각하는가?

11.43 정규분포를 하는 모집단으로부터 선택된 관측값 162개 표본에서 구한 표본분산은 1.10이 되었다.

a. 모분산이 0.80보다 더 큰지를 검정하기 위하여 귀무가설과 대립가설을 쓰시오.

b. $\alpha = 0.01$를 사용하여, χ^2의 임계값을 구하라. 카이제곱분포곡선에 관한 기각역과 비기각역을 구하시오.

c. 검정통계량 χ^2의 값을 구하시오.

d. 1% 유의수준을 사용하여, (a) 에서 정의한 귀무가설을 기각하는가?

11.44 정규분포를 하는 모집단으로부터 선택된 관측값 25개 표본에서 구한 표본분산이 0.70이 되었다.

a. 모분산이 1.25보다 적은지를 검정하는 데 귀무가설과 대립가설을 쓰시오.

b. $\alpha = 0.025$를 사용하여, χ^2의 임계값을 구하시오. 카이제곱분포곡선에 관한 기각역과 비기각역을 구하시오.

c. 검정통계량 χ^2의 값을 구하시오.

d. 2.5% 유의수준을 사용하여, (a) 번에서 설명한 귀무가설을 기각하는가?

11.45 정규분포를 하는 모집단으로부터 선택된 관측값 18개 표본에서 구한 표본분산이 4.6이 되었다.

a. 모분산이 2.2와 다른지를 검정하는 데 귀무가설과 대립가설을 쓰시오.

b. $\alpha = 0.05$를 사용하여, χ^2의 임계값을 구하시오. 카이제곱분포곡선에 관한 기각역과 비기각역을 구하시오.

c. 검정통계량 χ^2의 값을 구하시오.

d. 5% 유의수준을 사용하여, (a) 번에서 설명한 귀무가설을 기각하는가?

■ 응용

11.46 소프트음료회사의 관리자는 12온스 캔에 소다의 양의 분산이 0.01제곱온스보다 더 많은 것을 원하지 않는다(분산이 항상 제곱 단위임을 3장으로부터 회상하라). 회사관리자는 어떤 캔의 표본을 취하여 아주 자주 모분산을 추정하였다. 이 회사의 생산라인으로부터 뽑은 12온

스 캔 20개가 확률표본일 때, 이 표본에 대한 분산이 0.14제곱온스였다.

a. 모분산과 표준편차에 대한 99% 신뢰구간을 구하시오. 모든 12온스 캔에 들어있는 소다의 양이 정규분포를 가진다고 가정하자.

b. 이 회사의 모든 12온스 캔에 들어있는 소다의 양의 분산이 0.01제곱온스보다 더 큰지를 2.5% 유의수준에서 검정하시오.

11.47 김교수의 "50분" 강좌는 강의 시간으로 변화를 준다. 김교수 강의 시간에 대한 분산이 2제곱분 내라고 주장한다. 김교수의 강의 중에 23개 확률표본을 추출하여, 구한 강의 시간에 대한 분산이 2.7제곱분인 것으로 구해졌다. 김교수의 모든 강의 시간은 정규분포를 한다고 가정하자.

a. 김교수의 모든 50분 강의 시간에 대한 분산과 표준편차에 대하여 98% 신뢰구간을 구하시오.

b. 김교수의 모든 강의 시간에 대한 분산이 2제곱분을 초과하는지를 1% 유의수준으로 검정하시오.

11.48 한 자동차 제조회사는 자동차 모형 AST727에 대해서 갤런당 주행거리에 대한 분산을 추정하고자 한다. 이 모형 자동차 22대의 확률표본에서 구한 갤런당 주행거리의 분산이 0.62마일임을 보였다.

a. 모분산과 표준편차에 대한 95% 신뢰구간을 구하시오.

b. 표본결과가 모분산이 0.30과 다르다는 것이 의미하는지를 1% 유의수준에서 검정하시오.

11.49 어떤 상표의 백열전구 제조업자가 이들 전구의 수명에 대한 분산이 4,200제곱시간이라고 주장한다. 소비자 기관에서 전구 25개의 확률표본을 선택해서 그것들을 검사하였다. 이들 전구의 수명에 대한 분산이 5,200제곱시간인 것으로 구해졌다. 모든 전구의 수명이 (근사적으로) 정규분포를 한다고 가정하자.

a. 모든 전구의 수명에 대한 분산과 표준편차에 대해서 99% 신뢰구간을 구하시오.

b. 모든 전구의 수명에 대한 분산이 4200제곱시간과 다른지를 5% 유의수준에서 검정하시오.

Chapter

12

일원 분산분석법 (ANOVA)

무엇인가 새로운 것을 시도하는 것은 그것이 처음으로 스노보드를 타는 것이든 학급에서 새로운 방법으로 가르치는 것이든 위험할 수 있습니다. 1989년에 미국수학교사협회에서 새로운 수학 교수법 지침으로 학교 수학에 대한 표준 교과과정과 평가법을 배포하였습니다. 새 교수법을 시도한 용감한 교사들은 보상을 톡톡히 받았습니다. 주간교육에 발표된 바에 의하면 4학년 수학평가 Quality Counts 2000에서 상위 5개 주인 코넥티컷, 미네소타, 메인, 위스콘신, 텍사스는 모두 표준 개념과 방법을 채택한 선도자였습니다. 그러나 이 지침들이 성공적이라는 것을 교사들이 어떻게 알 수 있었을까요? 새 교수법을 기존 방법과 비교하는 절차는 있을까요?

10장에서 정규분포와 t-분포를 사용하여 두 모집단의 평균 차이에 대한 가설을 검정하는 데 사용되는 절차를 설명하였다. 또한 그 장에서 정규분포를 사용하여 두 모집단의 비율 사이의 차이에 대한 가설검정 절차를 설명하였다. 그리고 11장에서 카이제곱분포를 사용하여 2개보다 많은 모집단의 비율의 동일성에 대한 가설을 검정하는데 사용되는 절차를 설명하였다.

이 장에서는 두 개 이상의 모집단의 평균이 동일하다는 귀무가설을 어떻게 검정하는지 설명한다. 예를 들어, 한 학교에서 교사들이 수학을 가르치는 방법을 3가지 고안했다고 하자. 이 3가지 방법들이 서로 다른 평균점수를 유도하는지 알고 싶을 것이다. μ_1, μ_2, μ_3가 각각 방법 I, II, III에 의해 지도된 학생들 전체의 평균점수를 나타낸다고 하자. 3가지 교수법에 따라 평균이 같은지 아닌지 여부를 검정하기 위하여 다음 귀무가설

$$H_0 : \mu_1 = \mu_2 = \mu_3 \text{(세 모집단 평균이 모두 같다)}$$

을 다음 대립가설에 대하여 검정한다.

$$H_0 : \text{세 모집단 평균이 모두 같지는 않다.}$$

이러한 가설검정을 수행하기 위하여 분산분석을 사용한다.
분산분석 절차는 두 모집단 평균을 비교하기 위해서 사용될 수도 있다는 사실을 주목하자. 그러나 10장에서 다룬 절차가 두 모집단 평균 사이의 차이에 대한 가설검정을 수행하는데 더 효율적이며, 이 장에서 설명하는 분산분석 절차는 3개 이상의 모집단을 비교하는 데 사용된다.

분산분석에서 검정은 F-분포를 사용하여 수행된다. 먼저 이 장의 12.1절에서 F-분포를 설명한다. 그리고 12.2절에서 가설검정을 수행하기 위하여 일원분산 분석법 사용에 대한 설명을 한다.

12.1 *F*-분포

앞에서의 t-분포와 카이제곱분포처럼 특정한 **F-분포곡선(F distribution)**의 모양은 자유도에 따라 다르다. 그러나 F-분포는 **분자에 대한 자유도와 분모에 대한 자유도**라고 부르는 자유도를 나타내는 수 2개를 갖고 있다. 이 두 가지 자유도를 나타내는 두 수가 **F-분포의 모수**이다. 분자에 대한 자유도와 분모에 대한 자유도의 조합에 따라 F-분포곡선이 각각 달라진다. F-분포의 단위는 F로 나타내고 비음인 값만을 가질 수 있다. 정규분포, t-분포, 카이제곱분포와 마찬가지로 F-분포도 연속형 분포이다. F-분포곡선의 모양은 오른쪽으로 비대칭이다. 그러나 비대칭성은 자유도가 증가함에 따라 줄어든다.

정 의

***F*-분포**

1. F-분포는 연속형이고 오른쪽으로 비대칭이다.
2. F-분포는 자유도로 분자에 대한 **자유도**와 분모에 대한 **자유도**인 두 수를 갖는다.
3. F-분포의 단위는 F로 나타내고 비음이다.

F-분포에 대하여 분자에 대한 자유도와 분모에 대한 자유도는 통상 다음과 같이 나타낸다.

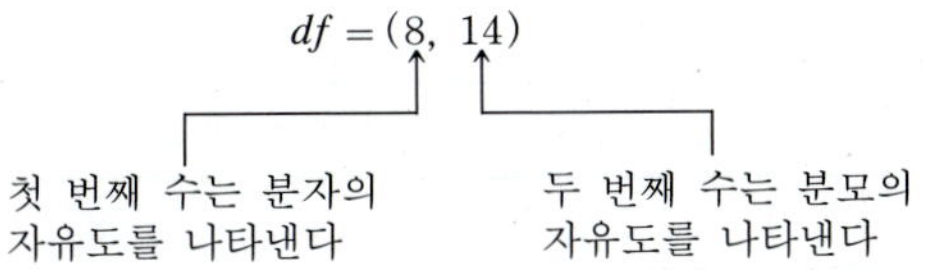

다음 그림 12.1은 분자, 분모의 자유도 3가지에 대한 F-분포곡선을 보여 준다. 그림에서 첫 번째 수는 분자에 관련된 자유도를 나타내고, 두 번째 수는 분모에 관련된 자유도를 나타낸다. 이 그림으로부터 자유도가 증가하면 곡선의 정점이 오른쪽으로 이동하는 것을 관찰할 수 있고 이는 곧 비대칭성이 줄어든다는 뜻이다.

부록 B의 표 VII에 F-분포에 대한 F의 값들이 나열되어 있다. 표 VII을 읽기 위하여 분자의 자유도, 분모의 자유도, F-분포곡선의 오른쪽 꼬리의 면적과 같은 세 값을 알 필요가 있다. 표 VII의 F-분포표는 F-분포곡선의 오른쪽 꼬리의 면적만 나와 있다. 표 VII이 네 부분을 갖고 있음도 주목하자. 이 네 부분에 F-분포곡선의 오른쪽 꼬리면적이 각각 0.01, 0.025, 0.05, 0.10이 되도록 하는 F값이 나와 있다. 오른쪽 꼬리의 다른 값에 대한 F-분포표도 만들 수 있다. 예 12-1이 표 VII을 읽는 방법을 설명한다.

그림 12.1 **F-분포곡선**

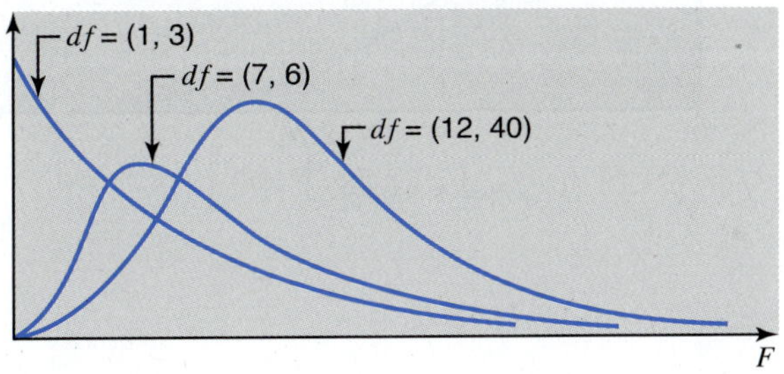

■ 예제 12-1 F분포표 읽기

분자의 자유도가 8, 분모의 자유도가 14인 F-분포곡선의 오른쪽 꼬리의 면적이 0.05인 F 값을 찾아 보시오.

풀 이 요구된 F값을 찾기 위하여 부록 B의 표 VII에서 오른쪽 꼬리의 면적이 0.05에 해당하는 부분을 사용한다. 그 표에서 적절한 부분이 표 12.1에 나타나 있다. 요구된 F값을 찾기 위하여 표 VII의 가장 위쪽에 있는 분자를 위한 자유도에 대한 행에 있는 8의 위치와 표 VII의 왼쪽에서 첫 열인 분모를 위한 자유도에 대한 열에 있는 14의 위치를 찾는다. 8에 대한 열과 14에 대한 행이 만나는 곳의 요소가 찾고자 하는 F값을 나타낸다. 이 F의 값은 표 12.1과 그림 12.2에서 보이는 것처럼 2.70이다. 가설검정을 위하여 이 표에서 구한 F값은 F의 임계값이라 부른다.

표 12.1

	분자에 대한 자유도					
	1	**2**	. . .	**8**	. . .	**100**
1	161.5	199.5	. . .	238.9	. . .	253.0
2	18.51	19.00	. . .	19.37	. . .	19.49
.	. . .	. . .	. . .	. . .	. . .	. . .
.	. . .	. . .	. . .	. . .	. . .	. . .
14	4.60	3.74	. . .	**2.70**	. . .	2.19
.	. . .	. . .	. . .	. . .	. . .	. . .
.	. . .	. . .	. . .	. . .	. . .	. . .
100	3.94	3.09	. . .	2.03	. . .	1.39

분모에 대한 자유도

분자에 대한 자유도가 8, 분모에 대한 자유도가 14이고, 오른쪽 꼬리 면적이 0.05인 F의 임계값

그림 12.2

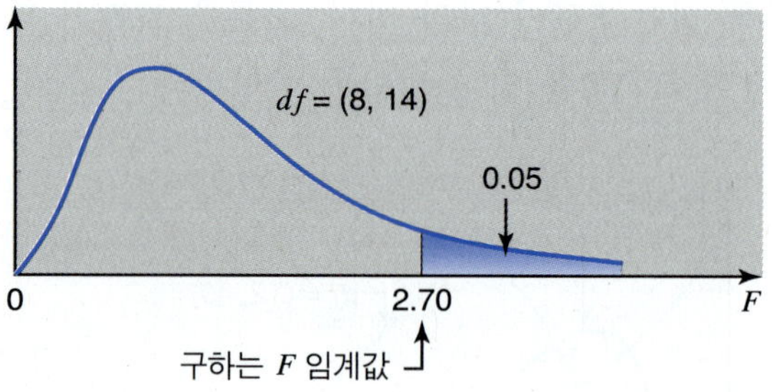

연습문제

■ 개념과 절차

12.1 F-분포의 주요 성질을 설명하시오.

12.2 다음에 대한 F의 임계값을 구하시오.

a. $df = (6, 12)$ 이고 오른쪽 꼬리면적이 0.05

b. $df = (4, 18)$ 이고 오른쪽 꼬리면적이 0.05

c. $df = (12, 6)$ 이고 오른쪽 꼬리면적이 0.05

12.3 다음에 대한 F 의 임계값을 구하시오.

a. $df = (6, 12)$ 이고 오른쪽 꼬리면적이 0.025

b. $df = (4, 18)$ 이고 오른쪽 꼬리면적이 0.025

c. $df = (12, 6)$ 이고 오른쪽 꼬리면적이 0.025

12.4 다음에 대한 F의 임계값을 구하시오.

a. $df = (7, 11)$ 이고 오른쪽 꼬리면적이 0.01

b. $df = (5, 12)$ 이고 오른쪽 꼬리면적이 0.01

c. $df = (15, 6)$ 이고 오른쪽 꼬리면적이 0.01

12.5 다음에 대한 F의 임계값을 구하시오.

a. $df = (4, 14)$ 이고 오른쪽 꼬리면적이 0.10

b. $df = (9, 11)$ 이고 오른쪽 꼬리면적이 0.10

c. $df = (11, 5)$ 이고 오른쪽 꼬리면적이 0.10

12.6 자유도가 $df = (3, 12)$일 때, 다음과 같은 F의 임계값을 구하시오.

a. 오른쪽 꼬리면적이 0.05 **b.** 오른쪽 꼬리면적이 0.1

12.7 자유도가 $df = (11, 5)$일 때, 다음과 같은 F의 임계값을 구하시오.

a. 오른쪽 꼬리면적이 0.01 **b.** 오른쪽 꼬리면적이 0.025

12.8 오른쪽 꼬리면적이 0.025이고 자유도가 다음과 같은 F의 임계값을 구하시오.

a. $df = (4, 11)$ **b.** $df = (15, 3)$

12.9 오른쪽 꼬리면적이 0.01이고 자유도가 다음과 같은 F의 임계값을 구하시오.

a. $df = (10, 10)$ **b.** $df = (9, 25)$

12.2 일원 분산분석법

이 장의 앞에서 언급했듯이 분산분석 절차는 3개 이상의 모집단 평균이 동일하다는 귀무가설을 모집단 평균이 모두 동일하지는 않다는 대립가설에 대해 검정하는데 사용된다. 분산분석 절차는 두 모집단 평균을 비교하기 위해서 사용될 수도 있다. 그러나 10장에서 다룬 절차가 두 모집단 평균 사이의 차이에 대한 가설검정을 수행하는 데 더 효율적이며, 분산분석 절차는 3개 이상의 모집단을 비교하는 데 사용된다.

다시 수학을 가르치기 위하여 3가지 다른 방법을 활용한 학교 교사들의 예를 생각해 보자. 그들은 이 3가지 방법들이 다른 평균점수를 유도하는지 알고 싶을 것이다. μ_1, μ_2, μ_3가 각각 방법 I, II, III에 의해 지도된 학생들 전체의 평균점수를 나타낸다고 하자. 3가지 교수법에 따라 평균이 같은지 검정하기 위하여 다음 귀무가설

$$H_0 : \mu_1 = \mu_2 = \mu_3 \text{ (세 모집단 평균이 모두 같다)}$$

을 다음 대립가설에 대하여 검정한다.

$$H_1: \text{세 모집단 평균이 모두 같지는 않다}$$

이러한 가설검정을 수행하기 위한 한 방법은 10장에서 언급되었던 절차를 사용하여 세 가설 $H_0: \mu_1 = \mu_2$, $H_0: \mu_1 = \mu_3$, $H_0: \mu_2 = \mu_3$을 각각 검정하는 것이다. 시간이 더 걸리는 것뿐만 아니라 그런 절차는 다른 단점을 갖고 있다. 첫 번째로 이 세 가설들 중 하나라도 기각되면 귀무가설 $H_0: \mu_1 = \mu_2 = \mu_3$을 기각해야 한다. 두 번째로 이 세 검정들 각각에 대한 제1종 오류의 확률들을 결합하면 귀무가설 $H_0: \mu_1 = \mu_2 = \mu_3$에 대한 검정의 제1종 오류 확률이 매우 크게 나타난다. 따라서 세 평균의 동일성을 하나의 검정으로 수행할 수 있는 절차를 선택해야 한다. ANOVA (**analysis of variance**) 로 나타내는 분산분석이 그러한 절차를 제공한다. 분산분석은 3개 이상의 모집단 평균들을 하나의 검정으로 비교하는 데 사용된다.

정 의

분산분석 : **분산분석** (*ANOVA*) 은 3개 이상의 모집단 평균이 동일하다는 귀무가설을 검정하는 데 사용되는 절차이다.

이 절에서는 여러 모집단의 평균을 비교하는 검정을 하기 위한 **일원 분산분석법** (**one-way ANOVA**) 절차를 다룬다. 일원 분산분석법을 사용하는 검정은 단지 하나의 요인이나 변수만 분석한다. 말하자면 3가지 다른 방법 각각으로 지도된 학생들의 수학 평균점수의 동일성에 대한 검정 예에서는 학생들의 점수에 대한 서로 다른 교수법의 효과라는 오직 한 요인만 고려하고 있는 것이다. 때에 따라서는 두 요인의 효과를 분석할 수도 있다. 예를 들어, 서로 다른 교사들이 이 3가지 방법을 사용하여 수학을 가르친다면 학생들의 점수에 대한 교사와 교수법의 효과를 분석할 수 있다. 이 분석은 이원 분산분석법을 사용하여 수행할 수 있다. 이 장에서 다루는 절차는 분산분석법으로 불리는데, 이유는 검정이 서로 다른 표본으로부터 얻어진 자료에 존재하는 변이를 분석하는 데 기반을 두고 있기 때문이다. 일원 분산분석법은 다음 가정이 성립할 때 적용할 수 있다.

일원 분산분석법의 가정

일원 **분산분석법** (*one-way ANOVA*) 을 사용하려면 다음 가정이 성립되어야 한다.

1. 표본이 추출된 모집단의 분포는 (근사적) 정규분포이다.
2. 표본이 추출된 모집단은 동일한 분산이나 표준편차를 갖는다.
3. 서로 다른 모집단에서 추출된 표본들은 확률적 독립이다.

실제로 3가지 수학 지도법에 대한 예에서 첫 번째 가정은 각 방법에 의해 지도된 모든 학생들의 점수가 (근사적) 정규분포한다는 것이다. 두 번째, 3가지 교수법에 의한 점수의 분포에서 평균들은 같을 수도 있고 다를 수도 있지만, 세 분포는 모두 같은 분산 σ^2을 갖는다. 세 번째, 분산분석법의 검정을 하기 위하여 표본을 얻을 때, 이 표본들은 서로 다른 세 모집단으로부터 확률적이고 독립적으로 추출한다.

분산분석의 검정은 모집단 분포의 분산 σ^2의 두 추정값[**표본간 분산(variance between samples)** 과 **표본내 분산(variance within samples)**]을 계산하는 것에 의하여 적용된다. 표본간 분산은 **표본간 제곱평균(mean square between samples)** 또는 **MSB**로 부르기도 한다. 표본내 분산은 **표본내 제곱평균(mean square within samples)** 또는 **MSW**로 부르기도 한다.

표본간 분산(MSB)은 서로 다른 모집단에서 나온 표본의 평균들 사이의 변이에 기반한 σ^2의 추정값을 나타낸다. 3가지 교수법의 예에서 MSB는 3가지 다른 방법에 의해 지도된 학생들의 3가지 표본의 평균점수값에 근거할 것이다. 고려대상인 모든 모집단의 평균이 동일하다면 각 표본의 평균들은 아직 다르긴 할 것이지만, 그들 사이의 변이는 작게 될 것이고 따라서 MSB의 값은 작게 될 것이 예상된다. 그러나 고려대상인 모든 모집단의 평균이 동일하지 않다면 각 표본의 평균들의 변이는 크게 될 것이고, 따라서 MSB의 값은 크게 될 것이 예상된다.

표본내 분산(MSW)은 서로 다른 표본들의 자료 안에 존재하는 변이에 기반한 σ^2의 추정값을 나타낸다. 3가지 교수법의 예에서 MSW는 세 모집단으로부터 추출한 세 표본에 포함된 학생들의 점수에 근거할 것이다. MSW의 의미는 10.2절에서 언급되었던 두 표본에 대한 합동 표준편차(s_p)의 의미와 비슷하다.

일원 분산분석법 검정은 항상 F-분포곡선의 오른쪽 꼬리가 기각역인 오른쪽 꼬리검정이다. ANOVA를 사용하는 가설검정 절차에는 앞 장들에서 사용되었던 것과 같은 다섯 단계가 포함된다.

12.2.1 검정통계량 값의 계산

ANOVA를 사용하는 가설검정에 대한 검정통계량 F의 값은 두 분산, 표본간 분산(MSB)과 표본내 분산(MSW)의 비로 주어진다.

일원 분산분석법 검정에 대한 검정통계량

F 분산분석법 검정에 대한 검정통계량 F는 다음과 같이 계산한다.

$$F = \frac{\text{표본간 분산}}{\text{표본내 분산}} \text{ 또는 } \frac{\text{MSB}}{\text{MSW}}$$

MSB와 MSW의 계산법을 예 제 12-2에서 설명한다.

예제 12-2에서 MSB, MSW, 검정통계량의 값 F의 계산을 설명한다. 기본 공식들은 사용하기 불편하므로 여기에 나타내지 않는다. 이 장에서 계산을 할 때는 간편 공식만 사용한다.

■ 예제 12-2 검정통계량 F의 값 계산

15명의 4학년 학생들이 수학을 가르치는 3가지 방법을 실험하기 위하여 세 그룹에 확률적으로 배치되었다. 학기말에 15명 모두 같은 시험을 보았다. 다음 표에 세 그룹의 학생들의 점수가 주어져 있다.

방법 I	방법 II	방법 III
48	55	84
73	85	68
51	70	95
65	69	74
87	90	67

검정통계량 F의 값을 계산하시오. 표 12.2절에서 언급된 모든 필요한 가정은 성립한다고 가정한다.

풀 이 ANOVA 용어로 수학을 가르치는 데 사용된 세 방법은 처리라고 불린다. 표에는 세 표본에 포함된 4학년 학생들의 점수에 대한 자료가 들어 있다. 각 표본의 학생들은 다른 방법으로 지도된다. 각 기호가 다음과 같다고 하자.

x = 학생의 점수
k = 서로 다른 표본 또는 처리수
n_i = 표본 i의 크기
T_i = 표본 i의 값들의 합
n = 모든 표본의 값들의 개수 $= n_1 + n_2 + n_3 + \cdots$
Σx = 모든 표본의 값들의 합 $= T_1 + T_2 + T_3 + \cdots$
Σx^2 = 모든 표본의 값들의 제곱합

MSB와 MSW를 구하기 위하여 먼저 **SSB**로 나타내는 **표본간 제곱합 (between-samples sum of squares)** 과 **SSW**로 나타내는 **표본내 제곱합 (within-samples sum of squares)** 을 계산한다. SSB와 SSW의 합은 **총제곱합 (total sum of squares)** 이라 불리며 **SST**로 나타낸다. 즉,

$$\text{SST} = \text{SSB} + \text{SSW}$$

SSB와 SSW의 값은 다음 공식을 사용하여 구한다.

표본간 제곱합과 표본내 제곱합

표본간 제곱합 (*between-samples sum of squares*) 은 SSB로 나타내며 다음과 같이 구한다.

$$\mathrm{SSB} = \left(\frac{T_1^2}{n_1} + \frac{T_2^2}{n_2} + \frac{T_3^2}{n_3} + \cdots\right) - \frac{(\Sigma x)^2}{n}$$

표본내 제곱합 (*within-samples sum of squares*) 은 SSW로 나타내며 다음과 같이 구한다.

$$\mathrm{SSW} = \Sigma x^2 - \left(\frac{T_1^2}{n_1} + \frac{T_2^2}{n_2} + \frac{T_3^2}{n_3} + \cdots\right)$$

표 12.2에 3가지 다른 방법 각각에 의해 수학을 배운 학생들 15명의 수학 점수, T_1, T_2, T_3의 값 n_1, n_2, n_3의 값들이 주어져 있다.

표 12.2

방법 I	방법 II	방법 III
48	55	84
73	85	68
51	70	95
65	69	74
87	90	67
$T_1 = 324$	$T_2 = 369$	$T_3 = 388$
$n_1 = 5$	$n_2 = 5$	$n_3 = 5$

표 12.2에서 T_1은 첫 번째 표본의 다섯 점수들을 더하여 얻는다. 따라서 $T_1 = 48 + 73 + 51 + 65 + 87 = 324$이다. 같은 방법으로 두 번째와 세 번째 표본의 값들의 합이 각각 $T_2 = 369$, $T_3 = 388$로 구해진다. 각 표본에 관측값이 5개 있기 때문에 $n_1 = n_2 = n_3 = 5$이다. Σx와 n의 값은

$$\Sigma x = T_1 + T_2 + T_3 = 324 + 369 + 388 = 1081$$
$$n = n_1 + n_2 + n_3 = 5 + 5 + 5 = 15$$

Σx^2을 계산하기 위하여 세 표본에 들어 있는 모든 점수들을 제곱한 다음 더한다. 따라서,

$$\begin{aligned}\Sigma x^2 &= (48)^2 + (73)^2 + (51)^2 + (65)^2 + (87)^2 + (55)^2 + (85)^2 + (70)^2 \\ &\quad + (69)^2 + (90)^2 + (84)^2 + (68)^2 + (95)^2 + (74)^2 + (64)^2 = 80{,}709\end{aligned}$$

SSB와 SSW에 대한 공식에 모든 값을 대입하여 SSB와 SSW의 값을 다음과 같이 구한다.

$$\mathrm{SSB} = \left(\frac{(324)^2}{5} + \frac{(369)^2}{5} + \frac{(388)^2}{5}\right) - \frac{(1081)^2}{15} = 432.1333$$

$$\text{SSW} = 80{,}709 - \left(\frac{(324)^2}{5} + \frac{(369)^2}{5} + \frac{(388)^2}{5}\right) = 2373.8000.$$

SST의 값은 SSB와 SSW의 값을 더하여 구한다.

$$\text{SST} = 432.1333 + 2372.8000 = 2804.9333.$$

표본간 분산(MSB)과 표본내 분산(MSW)은 다음 공식을 사용하여 구한다.

MSB와 MSW의 값 계산

MSB와 MSW는 다음과 같이 구한다.

$$\text{MSB} = \frac{\text{SSB}}{k-1} \text{ 및 } \text{MSW} = \frac{\text{SSW}}{n-k}$$

여기서 $k-1$과 $n-k$는 각각 F분포에서 분자의 *df* 자유도와 분모의 *df* 자유도이다. k가 서로 다른 표본의 개수임을 기억하자.

따라서 표본간 분산은

$$\text{MSB} = \frac{\text{SSB}}{k-1} = \frac{432.1333}{3-1} = 216.0667,$$

표본내 분산은

$$\text{MSW} = \frac{\text{SSW}}{n-k} = \frac{2372.8000}{15-3} = 197.7333$$

이다. 검정통계량 F의 값은 MSB와 MSW의 비로 주어진다. 그러므로

$$F = \frac{\text{MSB}}{\text{MSW}} = \frac{216.0667}{197.7333} = 1.09.$$

편의상 종종 이 모든 계산을 **분산분석표**(*ANOVA table*)라 부르는 하나의 표에 적어 넣는다. 표 12.3이 일반적인 형태의 분산분석표이다.

표 12.3 분산분석표

요인	자유도	제곱합	제곱평균	검정통계량의 값
표본간	$k-1$	SSB	MSB	$F = \frac{\text{MSB}}{\text{MSW}}$
표본내	$n-k$	SSW	MSW	
총합	$n-1$	SST		

표 12.3의 여러 수량에 값들을 대입하여 예에 대한 분산분석표를 표 12.4와 같이 작성할 수 있다.

표 12.4 예 12-2에 대한 분산분석표

요인	자유도	제곱합	제곱평균	검정통계량의 값
표본간	2	432.1333	216.0667	$F = \dfrac{216.0667}{197.7333} = 1.09$
표본내	12	2372.8000	197.7333	
총합	14	2804.9333		

■

12.2.2 일원 분산분석법 검정

예제 12-2의 3가지 서로 다른 방법으로 배운 세 그룹의 4학년 학생들에 대한 평균점수가 같다는 귀무가설을 세 그룹의 평균점수가 모두 같지 않다는 대립가설에 대하여 검정하기를 원한다고 가정하자. 주목할 것은 일원 분산분석법에서는 귀무가설이 모든 모집단에 대한 평균들이 동일하다는 점이다. 대립가설은 모든 모평균이 같지는 않다는 것이다. 다시 말하면 대립가설의 주장은 적어도 하나의 모평균이 다른 것과 다르다는 것이다. 예제 12-3에서 이런 검정을 하기 위하여 일원 분산분석법 절차를 어떻게 사용하는지 제시한다.

■ 예제 12-3 일원분산분석법 검정 : 표본크기가 동일한 경우

수학을 가르치는 3가지 서로 다른 방법을 실험하기 위하여 세 그룹에 확률적으로 배치된 15명의 4학년 학생들의 점수에 관한 예제 12-2를 다시 생각해 보자. 유의수준 1%에서 이 세 방법 각각에 의해 지도된 모든 4학년 학생들의 평균점수가 같다는 귀무가설을 기각할 수 있는가? 일원 분산분석법을 적용하기 위하여 필요한 모든 가정이 성립한다고 가정한다.

풀 이 세 모집단의 평균들의 동일성에 대한 검정을 하기 위하여 5단계 표준 절차를 따른다.

단계 1. 귀무가설과 대립가설을 설정한다.

μ_1, μ_2, μ_3가 각각 방법 I, II, III에 의해 지도된 모든 4학년 학생들의 수학 평균점수라 하자. 귀무가설과 대립가설은 다음과 같다.

$H_0 : \mu_1 = \mu_2 = \mu_3$ (세 그룹의 평균점수는 모두 같다.)

$H_1 :$ 세 평균이 모두 같지는 않다

대립가설은 적어도 하나의 모평균이 다른 모평균과 다르다는 주장임을 주목하자.

단계 2. 사용할 분포를 정한다.

정규분포를 하는 세 모집단의 평균들을 비교하고 있기 때문에 이 검정을 하기 위하여 F-분포를 사용한다.

단계 3. 기각역과 채택역을 결정한다.

유의수준은 0.01이다. 일원 분산분석법은 항상 오른쪽 꼬리검정을 하기 때문에 그림 12.3에서 볼 수 있듯이 F-분포곡선의 오른쪽 꼬리가 기각역이고 그 면적은 0.01이다.

다음으로 알아야 할 것은 분자의 자유도와 분모의 자유도이다. 예에서 학생들은 3가지 서로 다른 방법에 확률적으로 배치되었다. 앞에서 언급한 바와 같이 이 방법들은 처리라고 불린다. 처리의 수는 k로 나타낸다. 함께 추출된 모든 표본들의 관측값의 총 개수는 n으로 나타낸다. 이때 분자의 자유도는 $k-1$과 같고, 분모의 자유도는 $n-k$와 같다. 예에서 교수법인 처리는 3가지이고, 총 학생수인 총 관측값 수는 15명이다. 따라서

$$\text{분자의 자유도} = k - 1 = 3 - 1 = 2$$
$$\text{분모의 자유도} = n - k = 15 - 3 = 12$$

부록 B의 표 VII에서 분자의 자유도 2, 분모의 자유도 12인 F-분포곡선의 오른쪽 꼬리의 면적이 0.01인 F의 임계값을 찾는다. 이 값은 그림 12.3에 나타나 있다. 찾는 F의 값은 6.93이다.

따라서 검정통계량 F의 값을 계산했을 때 6.93보다 작으면 귀무가설을 기각할 수 없고, 그 값이 6.93보다 크면 귀무가설을 기각한다.

그림 12.3 $df = (2, 12)$이고 $\alpha = 0.01$에 대한 F의 임계값

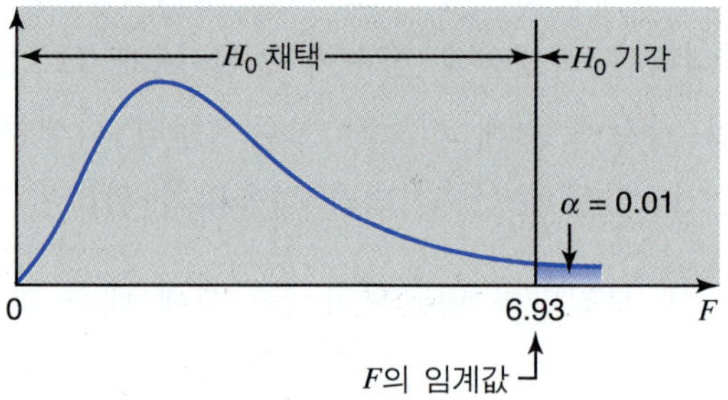

단계 4. 검정통계량의 값을 계산한다.

예제 12-2의 자료에 대한 검정통계량 F의 값을 계산한다. 이 값은 다음과 같다.

$$F = 1.09$$

단계 5. 결정을 한다.

검정통계량의 값 $F = 1.09$는 임계값 $F = 6.93$보다 작기 때문에 귀무가설을 기각하지 않는 영역에 속한다. 따라서 귀무가설을 기각할 수 없고 세 모집단의 평균들이 동일하다고 결론 내린다. 즉, 3가지 서로 다른 수학 교수법이 학생들의 평균점수에 영향을 준다고 생각되지 않는다. 예의 세 표본의 경우 세 평균점수의 차이는 단지 표본 오차만에 의해 발생한 것이다. ■

예제 12-3에서는 모든 처리에 대한 표본크기가 같았다. 예제 12-4에서 모든 처리에 대한 표본크기가 같지 않은 경우를 설명한다.

■ 예제 12-4 일원 분산분석법 검정 : 표본크기가 다른 경우

포스트뱅크 조사과는 종업원 모르게 때때로 여러 종업원에 대해 작업생산성을 관찰한다. 최근 이 과에서 이 은행 지점의 네 은행원이 시간당 처리하는 고객수가 평균적으로 동일한지 검토하려 한다. 조사담당자는 정해진 시간 동안 네 은행원 각각을 관찰하였다. 다음 표에 각 관찰시간 동안 처리된 고객수가 주어져 있다.

은행원 A	은행원 B	은행원 C	은행원 D
19	14	11	24
21	16	14	19
26	14	21	21
24	13	13	26
18	17	16	20
	13	18	

유의수준 5%에서 이 네 은행원들 각각이 처리한 시간당 고객수의 평균이 동일하다는 귀무가설을 검정하자. 일원 분산분석법을 적용하기 위하여 필요한 모든 가정이 성립한다고 가정한다.

풀 이 네 모집단의 평균들의 동일성에 대한 검정을 하기 위하여 5단계 표준 절차를 따른다.

단계 1. 귀무가설과 대립가설을 설정한다.

$\mu_1, \mu_2, \mu_3, \mu_4$ 가 각각 은행원 A, B, C, D에 의해 처리된 고객수의 평균이라 하자. 귀무가설과 대립가설은 다음과 같다.

$H_0 : \mu_1 = \mu_2 = \mu_3 = \mu_4$ (세 그룹의 평균점수가 모두 같다)

$H_1 :$ 세 평균이 모두 같지는 않다.

단계 2. 사용할 분포를 정한다.

정규분포를 하는 네 모집단의 네 평균들의 동일성을 검정하고 있기 때문에 검정을 하기 위하여 F-분포를 사용한다.

단계 3. 기각역과 채택역을 결정한다.

유의수준은 0.05이고 F-분포곡선의 오른쪽꼬리의 면적이 0.05임을 뜻한다. 이 예에서는 은행원인 처리는 네 명이고, 네 표본 모두에서의 총 관측값 수는 22명이다. 따라서

$$분자의\ 자유도 = k - 1 = 4 - 1 = 3$$
$$분모의\ 자유도 = n - k = 22 - 4 = 18$$

부록 B의 표 VII에서 분자의 자유도 3, 분모의 자유도 18인 F-분포곡선의 오른쪽 꼬리의 면적이 0.05인 F의 임계값을 찾으면 3.16이다. 이 값은 그림 12.4에 나타나 있다.

그림 12.4 $df = (3, 18)$이고 $\alpha = 0.05$에 대한 F의 임계값

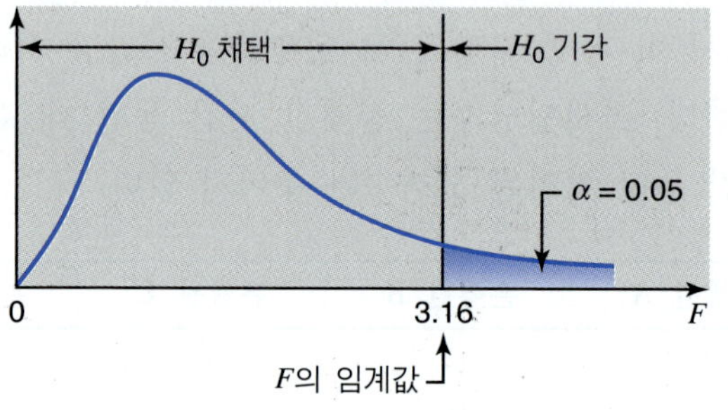

단계 4. 검정통계량의 값을 계산한다.

먼저 SSB와 SSW를 구한다. 표 12.5에 정해진 시간 동안 네 은행원들에 의해 처리된 고객수, T_1, T_2, T_3, T_4의 값, n_1, n_2, n_3, n_4의 값들이 주어져 있다.

표 12.5

은행원 A	은행원 B	은행원 C	은행원 D
19	14	11	24
21	16	14	19
26	14	21	21
24	13	13	26
18	17	16	20
	13	18	
$T_1 = 108$	$T_2 = 87$	$T_3 = 93$	$T_4 = 110$
$n_1 = 5$	$n_2 = 6$	$n_3 = 6$	$n_4 = 5$

Σx와 n의 값은 다음과 같다.

$$\Sigma x = T_1 + T_2 + T_3 + T_4 = 108 + 87 + 93 + 110 = 398$$
$$n = n_1 + n_2 + n_3 + n_4 = 5 + 6 + 6 + 5 = 22$$

Σx^2의 값은 다음과 같이 구한다.

$$\begin{aligned}\Sigma x^2 &= (19)^2 + (21)^2 + (26)^2 + (24)^2 + (18)^2 + (14)^2 + (16)^2 + (14)^2 \\ &+ (13)^2 + (17)^2 + (13)^2 + (11)^2 + (14)^2 + (21)^2 + (13)^2 + (16)^2 \\ &+ (18)^2 + (24)^2 + (19)^2 + (21)^2 + (26)^2 + (20)^2 = 7614\end{aligned}$$

SSB와 SSW에 대한 공식에 모든 값을 대입하여 SSB와 SSW의 값을 다음과 같이 구한다.

$$\mathrm{SSB} = \left(\frac{T_1^2}{n_1} + \frac{T_2^2}{n_2} + \frac{T_3^2}{n_3} + \frac{T_4^2}{n_4}\right) - \frac{(\Sigma x)^2}{n}$$

$$= \left(\frac{(108)^2}{5} + \frac{(87)^2}{6} + \frac{(93)^2}{6} + \frac{(110)^2}{5}\right) + \frac{(389)^2}{22} = 255.6182$$

$$\mathrm{SSW} = \Sigma x^2 - \left(\frac{T_1^2}{n_1} + \frac{T_2^2}{n_2} + \frac{T_3^2}{n_3} + \frac{T_4^2}{n_4}\right)$$

$$= 7614 - \left(\frac{(108)^2}{5} + \frac{(87)^2}{6} + \frac{(93)^2}{6} + \frac{(110)^2}{5}\right) = 158.2000$$

따라서 표본간 분산(MSB)과 표본내 분산(MSW)은 다음과 같다.

$$\mathrm{MSB} = \frac{\mathrm{SSB}}{k-1} = \frac{255.6182}{4-1} = 85.2061$$

$$\mathrm{MSW} = \frac{\mathrm{SSW}}{n-k} = \frac{158.2000}{22-4} = 8.7889$$

검정통계량 F의 값은 MSB와 MSW의 비로 주어지며 다음과 같다.

$$F = \frac{\mathrm{MSB}}{\mathrm{MSW}} = \frac{85.2061}{8.7889} = 9.69$$

분산분석표의 여러 수량에 값들을 써서 표 12.6을 작성할 수 있다.

표 12.6 예제 12-4에 대한 분산분석표

요인	자유도	제곱합	제곱평균	검정통계량의 값
표본간	3	255.6182	85.2061	$F = \frac{85.2061}{8.7889} = 9.69$
표본내	18	158.2000	8.7889	
총합	21	413.8182		

단계 5. 결정을 한다.

검정통계량의 값 $F = 9.69$는 임계값 $F = 3.16$보다 크기 때문에 기각역에 속한다. 따라서 귀무가설을 기각하고 네 은행원 각각에 의해 시간당 처리된 고객수의 평균이 같지 않다고 결론 내린다. 즉, 네 평균들 중 적어도 하나가 세 평균과 다르다. ■

연습문제

■ 개념과 절차

12.10 언제 일원분산분석 절차를 사용하는 가설검정을 하는지 설명하시오.

12.11 가설을 검정하기 위하여 분산분석 절차를 적용할 때 성립해야 할 가정들을 설명하시오.

12.12 독립적이고 등분산인 정규분포를 따르는 두 모집단에서 확률적으로 추출된 두 표본에 대하여 얻은 자료가 다음과 같다.

표본 I	표본 II
32	27
26	35
31	33
20	40
27	38
34	31

a. 이 표본들에 대한 평균과 표준편차를 앞에 나왔던 3장에서의 공식들을 사용하여 구하시오.

b. 10.2절에 다뤘던 절차를 사용하여 이 표본들이 추출된 모집단들의 평균이 동일한지 유의수준 1%에서 검정하시오.

c. 일원 분산분석절차를 사용하여 이 표본들이 추출된 모집단들의 평균이 동일한지 유의수준 1%에서 검정하시오.

d. 위 b와 c에서 도출된 결론이 같은가?

12.13 다음 분산분석표는 서로 독립이고 등분산인 정규분포를 갖는 모집단에서 추출된 세 표본들로부터 구한 정보에 의하여 작성된 것인데 일부 항목이 빠져 있다.

요인	자유도	제곱합	제곱평균	검정통계량의 값
표본간	2		19.2813	
표본내		89.3677		$F = \frac{\quad}{\quad} =$
총합	12			

a. 빠져 있는 항목의 값을 구하고 분산분석표를 완성하시오.

b. 유의수준 $\alpha = 0.01$에서 세 모집단의 평균들이 동일하다는 귀무가설을 세 모집단의 평균들이 모두 동일한 것은 아니라는 대립가설에 대하여 검정한 결과를 말하시오.

■ 응용

다음 연습문제들에 대해서 일원 분산분석 절차를 적용할 때 요구되는 가정들이 모두 성립한다고 가정한다.

12.14 3가지 식이요법에 따른 체중감소량의 평균이 각각 같다고 할 수 있는지 알고 싶다고 하자. 확률추출한 21명을 확률적으로 세 그룹으로 나누고, 각 그룹에 3가지 식이요법 중 하나를 적용한다. 다음 표는 두 달 동안 이 식이요법들을 행한 사람들의 체중감소량을 파운드 단위로 측정한 자료를 나타낸다.

식이요법 I	식이요법 II	식이요법 III
15	11	9
8	16	17
17	9	11
7	16	8
26	24	15
12	20	6
8	19	14

a. 3가지 식이요법 중 하나를 행한 모든 사람들의 체중감소량의 평균이 같은지 검정하려 한다. 귀무가설과 대립가설을 나타내시오.

b. 유의수준 $\alpha = 0.025$에 대한 F-분포곡선에 기각역과 채택역을 나타내시오.

c. 제곱합 SSB, SSW, SST를 계산하시오.

d. 분자의 자유도와 분모의 자유도는?

e. 표본간 분산과 표본내 분산을 계산하시오.

f. 유의수준 $\alpha = 0.025$에 대한 F 분포의 임계값은?

g. 검정통계량 F값은?

h. 이 문제에 대한 분산분석표를 작성하시오.

i. 유의수준 2.5%에서 위 a에 진술된 귀무가설을 기각할 것인가?

12.15 다음 표는 서로 다른 세 연령그룹에서 확률추출한 대학생 25명의 한 학기 동안 강의에 결석한 횟수를 나타낸다.

25세 미만	25세 이상 30세 이상	31세 이상
19	9	5
13	6	8
25	11	2
10	14	3
19	5	10
4	9	9
15	3	
10	11	
16	18	
9		

a. 세 연령그룹 각각에 속한 모든 학생들의 결석횟수의 평균이 같은지 검정하려 한다. 귀무가설과 대립가설을 나타내시오.

b. 분자의 자유도와 분모의 자유도는?

c. 제곱합 SSB, SSW, SST를 계산하시오.

d. 유의수준 $\alpha = 0.01$에 대한 F-분포곡선에 기각역과 채택역을 나타내시오.

e. 표본간 분산과 표본내 분산을 계산하시오.

f. 유의수준 $\alpha = 0.01$에 대한 F-분포의 임계값은?

g. 검정통계량 F값은?

h. 이 문제에 대한 분산분석표를 작성하시오.

i. 유의수준 1%에서 위 a에 진술된 귀무가설을 기각할 것인가?

12.16 한 소비자 단체에서 네 곳의 보험회사가 각각 책정한 자동차보험 요율이 서로 다른지 조사하려 한다. 이 단체는 네 회사 중 한 회사에 보험을 가입한 비슷한 운전경력, 자동차, 보험계약을 가진 자동차 운전자를 몇 명 확률추출하였다. 다음 표는 이들 네 곳의 보험회사에 보험가입을 한 운전자가 매달 내는 보험료를 나타낸다.

회사 A	회사 B	회사 C	회사 D
75	59	65	76
83	75	70	60
68	100	97	52
52		90	58
		73	

유의수준 1% 에서 네 회사 각각에 보험가입을 한 모든 운전자가 매달 내는 보험료의 평균이 같다는 귀무가설을 검정하시오.

12.17 다음 표에 주어진 정보만 가지고 일원분산분석을 해야 한다고 하자.

요인	자유도	제곱합
표본간	4	200
표본내	45	3547

a. 모든 그룹에 대해 표본크기가 같다고 하자. 그룹은 몇 개인가? 각 그룹의 표본크기는 얼마인가?

b. 모든 모집단 평균의 동일성 검정에 대한 확률값이 0.6406으로 계산되었다. 모든 그룹에서 표본크기를 같이 늘리려고 한다. 이와 같이 표본크기를 늘려도 신기하게 표본간 제곱합과 표본내 제곱합은 그대로라고 하자. 유의수준 5%에서 결과가 유의하도록 만드는 각 그룹의 표본크기는 최소 얼마인가?

Chapter

13

단순선형회귀분석

당신은 자동차 보험을 위해 얼마를 지출합니까? 2001년 2월 28일 뉴욕 포스트에 실린 기사에 의하면 뉴욕주가 1999년 연평균 요율 1,100달러로 미국에서 가장 높은 평균의 자동차 보험료를 내고 있다고 합니다. 그 기사에 발표된 바에 의하면 높은 보험료를 내게 된 주된 이유는 자동차보험 사기청구 때문이라고 합니다. 보험정보기관의 수석 경제학자인 로버트 하트윅에 따르면 뉴욕에서 적발된 자동차보험 사기청구건수는 1995년 4,393건에서 2000년 12,372건으로 거의 3배가 증가하였다고 합니다. 보험료에 대한 어떤 한 변수의 영향을 어떻게 결정할 수 있을까요? 예제 13-8 참조.

이 장에서는 두 변수 사이의 관계를 (1) 회귀분석을 사용하고, (2) 상관계수를 계산하는 2가지 방법으로 고려한다. 회귀모형을 사용함으로써 다른 변수의 특정한 변화에 따른 한 변수의 변화의 크기를 평가할 수 있다. 예를 들어, 경제학자는 회귀모형을 이용하여 가계소득의 특정한 변화에 따른 식품비 지출의 변화량을 추정할 수 있을 것이다. 사회학자는 실업률의 특정한 증가에 따른 범죄율의 증가를 추정하고자 할 것이다. 회귀모형은 이러한 문제에 대한 답을 줄 뿐만 아니라 다른 변수의 주어진 값에서 한 변수의 값을 예측하는데 도움을 준다. 예를 들어, 회귀직선을 사용하여 특정 소득의 가구가 지출할 식품비를 근사적으로 예측할 수 있다.

반면 상관계수는 단순히 두 변수가 얼마나 강하게 관련되어 있는가를 나타낸다. 상관계수는 다른 변수의 특정한 변화의 결과로 나타나는 한 변수의 변화의 크기에 대한 정보를 전혀 갖고 있지 않다. 예를 들어, 상관계수는 소득과 식품비 지출 또는 범죄율과 실업률이 얼마나 강하게 연관되어 있는지를 나타낸다.

13.1 단순선형회귀모형

이 장에서는 단순선형회귀에 대해서만 다룰 것이다. 다음 두 절에서 **단순선형회귀**(*simple linear regression*)에 사용된 **단순**(*simple*)과 **선형**(*linear*)이라는 용어의 뜻을 설명한다.

13.1.1 단순회귀분석

앞에서 언급했던 식품비 지출과 소득 간의 관계를 연구하는 경제학자의 예로 돌아가 보자. 가정에서 매주 또는 매달 식품 구입에 지출할 비용을 정할 때 고려할 요인이나 변수가 어떤 것일까? 틀림없이 가계소득이 한 요인이 될 것이다. 그러나 식품비에 영향을 줄 변수는 가계소득 외에도 많이 있을 것이다. 예를 들어, 가계자산, 가족 구성원수, 가족 구성원들의 선호도와 취향, 가족 구성원의 특별한 식이요법에 대한 필요성 등이 식품비 지출에 대한 결정에 영향을 주는 변수가 될 것이다. 이러한 변수들은 모두 독립적으로 변하기 때문에 **독립변수**(**independent variables**)라 부르거나 또는 서로 다른 가족 간에 식품비 지출이 다른 것을 설명한다는 관점에서 **설명변수**(**explanatory variables**)라 부른다. 다시 말해서 이 변수들은 서로 다른 가족이 식품에 대하여 지출하는 비용이 왜 다른지 설명해 준다. 식품비는 독립변수들에 종속되어 있기 때문에 **종속변수**(**dependent variable**)라 부른다. 한 종속변수에 대한 2개 이상의 설명변수들의 효과를 알기 위한 회귀분석을 **중회귀분석**(**multiple regression**)이라 한다. 그러나 보통 가장 중요하다고 생각되는 하나의 독립변수만 선택하여 그 하나의 독립변수가 종속변수에 주는 영향을 연구할 때 **단순회귀분석**(**simple regression**)이라 한다. 따라서 단순회귀분석은 하나는 독립변수이고, 하나는 종속변수인 두 변수만을 포함한다. 주의할 것은 단순회귀분석에서나 중회귀분석에서나 종속변수는 단 하나만 포함된다는 것이다. 단순회귀분석과 중회귀분석의 차이는 독립변수의 개수인 것이다.

정 의

단순회귀분석 : 회귀모형은 2개 이상인 변수들 사이의 관계를 나타내는 수학적 방정식이다. **단순회귀모형** (*simple regression model*) 은 하나는 독립변수이고, 하나는 종속변수인 두 변수만을 포함한다. 종속변수는 설명되는 변수이고, 독립변수는 종속변수의 변동성을 설명하는 데 사용되는 변수이다.

13.1.2 선형회귀분석

회귀분석에서 두 변수 사이의 관계를 나타내는 수학적 식을 **회귀식** (**regression equation**) 또는 **회귀모형** (**regression model**) 이라 한다. 회귀식은 그림으로 나타낼 때, 직선을 포함한 여러 가지 가능한 모양들 중에서 하나를 가정할 수 있다. 두 변수 사이에 직선 관계를 가정하는 회귀식을 **선형회귀모형** (**linear regression model**) 이라 부른다. 그렇지 않으면 **비선형회귀모형** (**nonlinear regression model**) 이라 부른다. 이 장에서는 선형회귀모형만을 다룬다.

정 의

선형회귀분석 : 두 변수 간에 직선관계를 가정하는 (단순) 회귀모형을 **선형회귀모형** (*linear regression model*) 이라 한다.

그림 13.1에서 종속변수인 식품비와 설명변수인 소득 간의 선형인 관계와 비선형인 관계를 보여 주고 있다. 그림 13.1a에 보이는 소득과 식품비 간의 선형관계는 소득이 증가함에 따라 식품비가 항상 정해진 비율로 증가한다는 것을 나타낸다. 그림 13.1b에서와 같이 나타나는 소득과 식품비 간의 비선형관계가 알려 주는 것은 소득이 증가함에 따라 식품비가 증가하긴 하지만, 어떤 한 소득값 이후에는 소득이 증가하더라도 그에 따른 식품비의 증가율이 낮아진다는 사실이다.

그림 13.1 식품비와 소득 사이의 관계.
(a) 선형관계 (b) 비선형관계

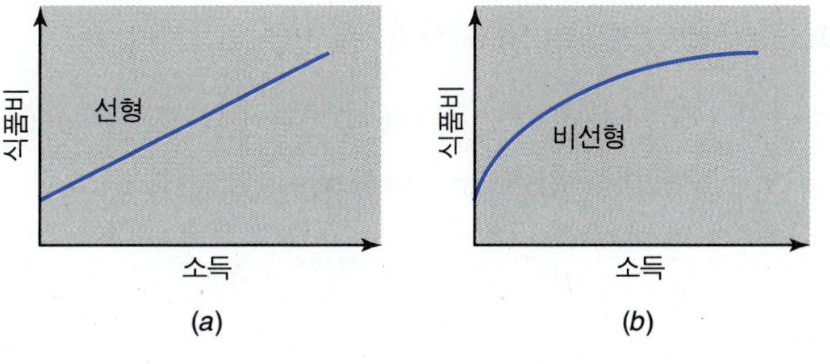

두 변수 x와 y의 **선형관계식** (**equation of a linear relationship**) 은 다음과 같이 나타낸다.

$$y = a + bx$$

a와 b의 값에 따라 다른 직선으로 나타날 것이다. 예를 들어, $a = 50$이고 $b = 5$인 경우 이 식은 다음과 같게 된다.

$$y = 50 + 5x$$

직선을 그리기 위해서는 그 직선에 놓인 두 점을 알아야 한다. 직선상의 두 점은 x에 임의의 두 값을 주고, 대응하는 y의 값을 계산하면 찾을 수 있다. 식 $y = 50 + 5x$에 대하여

1. $x = 0$ 이면 $y = 50 + 5(0) = 50$

2. $x = 10$ 이면 $y = 50 + 5(10) = 100$

이 두 점은 그림 13.2에 그려져 있다. 이 두 점을 연결하여 식 $y = 50 + 5x$를 나타내는 직선을 그릴 수 있다.

그림 13.2 **선형식 그림**

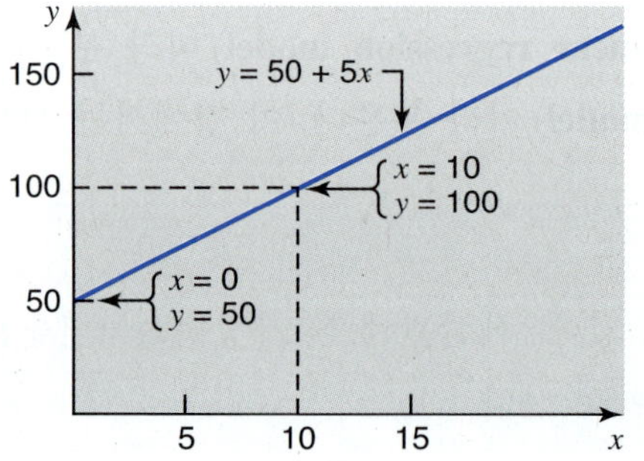

그림 13.2에서 직선이 횡축인 y축과 50에서 만나는 것을 볼 수 있다. 이 50이 **y-절편 (y-intercept)** 이라고 불리는 것이다. y-절편은 식에서 상수항으로 주어진다. x가 0일 때 y의 값인 것이다.

식 $y = 50 + 5x$에서 5는 **x의 계수 (coefficient of x)** 또는 직선의 **기울기 (slope)** 라 부른다. 이 기울기는 x가 한 단위 변함에 따른 y의 변화량을 나타낸다. 예를 들면,

1. $x = 10$ 이면 $y = 50 + 5(10) = 100$

2. $x = 11$ 이면 $y = 50 + 5(11) = 105$

따라서 x가 10에서 11로 1단위 증가함에 따라 y는 100에서 105로 5단위 증가한다. 이 사실은 모든 x에 대해 참이다. 이러한 x와 y의 변화가 그림 13.3에 나타나 있다.

그림 13.3 직선의 y-절편과 기울기

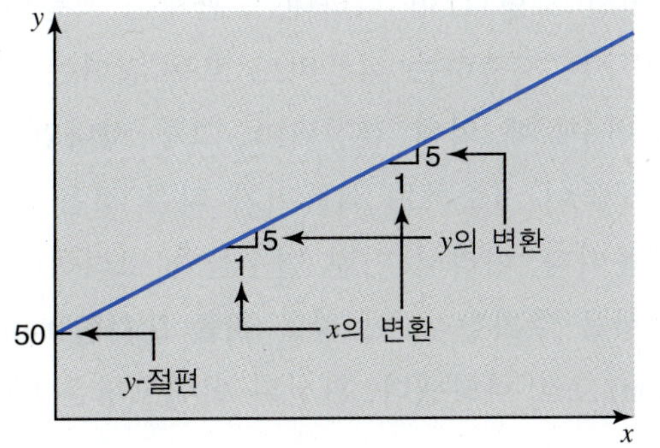

일반적으로 식이 다음 형태로 주어지는 경우

$$y = a + bx$$

a는 y-절편을, b는 직선의 기울기를 나타낸다. 다시 말하면 a는 직선과 y축이 만나는 점을 나타내고, b는 x가 한 단위 변함에 따른 y의 변화량을 나타낸다. b는 x의 계수라고도 불린다는 점을 주의하자.

13.2 단순선형회귀분석

회귀분석에서는 통상적으로 독립변수는 x로 나타내고, 종속변수는 y로 나타낸다. 변수 x는 계수와 함께 등호의 오른쪽에 나타내고, 변수 y는 등호의 왼쪽에 나타낸다. 앞에서 a와 b로 나타냈던 절편과 기울기는 흔히 사용할 수 있는 여러 가지 다른 기호들 중 어떤 것을 사용해서 나타내도 된다. 상수항이라고도 부르는 절편을 $\boldsymbol{A}$로 나타내고, 변수 x의 계수인 기울기는 $\boldsymbol{B}$로 나타내자. 그러면 회귀모형은 다음과 같이 나타낼 수 있다.

상수항 또는 y-절편 → A, 기울기 → B

$$y = A + Bx \tag{1}$$

y: 종속변수, x: 독립변수

모형 (1) 에서 A는 $x = 0$ 에서의 y값을 나타내고, B는 x가 한 단위 변하는 데 따른 y의 변화를 나타낸다.

모형 (1) 은 **확정모형 (deterministic model)** 이라 부르며 x와 y의 **확정된 관계 (exact relationship)** 를 나타낸다. 이 모형은 단순히 x에 의해서 y가 정확하게 결정되고, 주어진 x의 값에 대하여 y의 값이 단 하나 유일하게 존재함을 말해준다.

그러나 많은 경우 변수들 사이의 관계를 정확히 나타내기 어렵다. 예를 들어, y가 식품비이고, x가 소득이면 모형 (1) 이 나타내는 관계는 식품비가 소득에 의해서만 결정되고, 소득이 같은 모든 가구는 지출하는 식품비도 모두 같다는 것이다. 그러나 앞에서 설명한 것처럼 식품비는 여러 변수들에 의해 결정되며, 그중 하나만이 모형 (1) 에 포함된 것이다. 실제로 같은 소득인 가구들이 지출하는 식품비가 다른 것은 가구들의 규모, 보유자산, 기호와 취향 등이 다르기 때문이다. 따라서 이런 변수들을 고려하여 모형을 완성하기 위하여 모형 (1) 의 오른쪽에 다른 항을 추가한다. 이 항을 **확률 오차항 (random error term)** 이라 부르며, 그리스 문자 ϵ (epsilon) 으로 나타낸다. 완성된 회귀모형은 다음과 같이 나타낸다.

$$y = A + Bx + \epsilon \qquad (2)$$

↑ 확률 오차항

회귀모형 (2) 는 **확률적 모형 (probabilistic model)** 또는 **통계적 관계 (statistical relationship)** 라 부른다.

정 의

회귀모형방정식 : **회귀모형** *(regression model)* $y = A + Bx + \epsilon$에서 A는 y-절편 또는 상수항, B는 기울기, ϵ는 확률 오차항이라 부른다. 종속변수는 y이고, 설명변수는 x이다.

확률 오차항 ϵ는 다음과 같은 두 현상을 나타내기 위하여 모형에 포함한다.

1. **빠지거나 생략된 변수들.** 앞에서 설명한 것처럼 식품비는 소득 말고도 여러 다른 변수들에 의해 영향을 받는다. 확률 오차항 ϵ은 이처럼 모형에 포함되지 않고, 빠지거나 생략된 모든 변수들의 효과를 나타내기 위하여 포함된다.
2. **확률 변동.** 인간의 행동은 예측할 수 없다. 예를 들어, 한 가정에서 한 달 동안 파티를 여러 번 연다면 그 달에는 식품비가 보통 때보다 많이 지출될 것이다. 그 가정이 가구를 사느라 돈을 많이 쓴 달에는 식품비가 다른 달보다 적게 지출될 것이다. 이러한 이유들에 의한 식품비의 변동을 확률 변동이라 할 수 있다.

모형 (2) 에서 A와 B는 **모수 (population parameter)** 이다. 모집단 자료에 대한 모형 (2) 의 회귀직선은 **모회귀직선 (population regression line)** 이라 부른다. 모회귀직선의 A와 B의 값은 ***y*-절편과 기울기의 참값**이라 부른다.

그러나 모집단 자료는 구하기 어렵다. 그렇기 때문에 거의 대부분의 경우 모형 (2) 를 추정하기 위하여 표본 자료를 사용한다. 변수 x와 y에 대한 표본 자료로부터 계산된 y-절편과 기울기의 값은 ***A*와 *B*의 추정값**이라 부르고 a 와 b로 나타낸다. 추정값 a와 b를 사용하여 추정된 회귀모형은 다음과 같이 나타낼 수 있다.

$$\hat{y} = a + bx \tag{3}$$

여기서 y-햇 (*hat*) 이라 부르는 $\hat{y}$은 x의 주어진 값에 대한 y의 **추정** 또는 **예측값**이다. 식 (3) 은 **추정 회귀모형 (estimated regression model)** 이라 부르며, **x에 대한 y의 회귀**를 나타낸다.

정 의

A와 B의 추정 모형 : $\hat{y} = a + bx$에서 표본 자료를 사용하여 계산된 a와 b는 A와 B의 **추정값** (*estimates*) 이라 부른다.

13.2.1 산점도

소득이 낮거나 중간 정도인 주민들 중에서 7가구를 추출하여 지난 달 소득과 식품비에 대한 정보를 수집한다고 하자. 수집된 정보가 표 13.1에 백달러 단위로 주어져 있다.

표 13.1 7가구에 대한 소득과 식품비

소득	식품비
35	9
49	15
21	7
39	11
15	5
28	8
25	9

표 13.1에 주어진 것은 7가구 각각에 대하여 쌍으로 관측된 값들이다. 각 쌍은 첫 요소가 소득에 대한 관측값, 두 번째 요소가 식품비에 대한 관측값으로 구성되어 있다. 예를 들어, 첫 번째 가구는 지난 달 소득이 3,500달러이고, 식품비는 900달러였다. 모든 7쌍의 값을 그리면 **산점도 (scatter diagram, scatterplot)** 를 얻을 수 있다. 그림 13.4가 표 13.1의 자료에 대한 산점도이다. 산점도의 각 점은 각 가구를 나타낸다. 산점도는 두 변수들 사이의 관계를 파악하는데 유용하다. 예를 들어, 그림 13.4의 산점도를 살펴보면 식품비와 소득 사이에 강한 선형관계가 존재한다는 것이 보인다. 점들 사이로 직선을 그리면 그 직선에 아주 근접하여 점들이 위치할 것이다.

그림 13.4 **산점도**

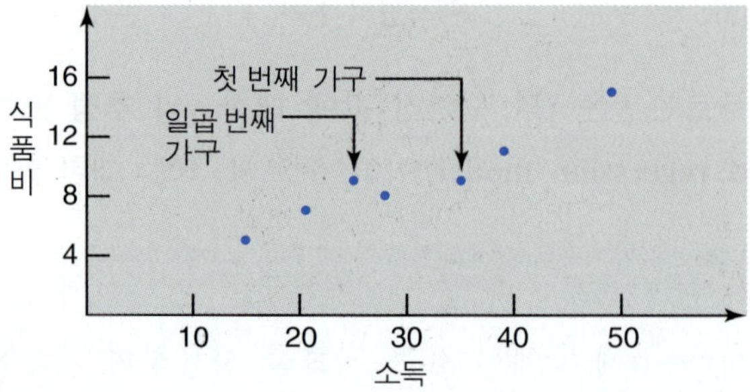

정 의

산점도 : 쌍으로 된 관측값들의 그림을 **산점도**(*scatter diagram*) 라 한다.

그림 13.5에서 볼 수 있듯이 그림 13.4의 산점도 위에 그릴 수 있는 직선은 여러 개이다. 각 직선은 모형 (3) 의 a와 b에 대한 값이 다를 것이다.

회귀분석에서는 산점도의 점들에 가장 적합한 직선을 찾으려고 한다. 그러한 직선은 종속변수와 독립변수 사이의 가능한 관계를 가장 잘 나타낼 수 있다. **최소제곱법(least squares method)** 은 다음 절에서 다루겠지만 그러한 직선을 구해 준다. 최소제곱법에 의해 구한 직선을 **최소제곱회귀직선(least squares regression line)** 이라 부른다.

그림 13.5 **산점도와 직선들**

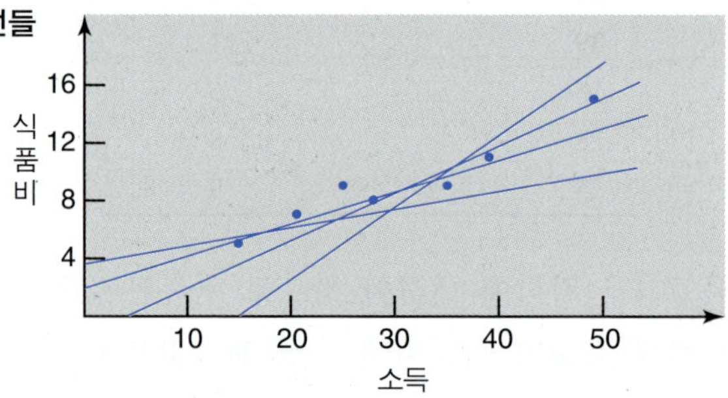

13.2.2 최소제곱직선

조사대상에서 구한 y의 값을 y의 **관측값(observed value)** 또는 **실제값(actual value)** 이라 한다. 앞의 13.2절에서 설명한 바와 같이 x의 주어진 값에 대해 회귀직선을 사용하여 구한 y의 값은 $\hat{y}$으로 나타내고, **y의 예측값(predicted value of y)** 이라 한다. 확률 오차 ϵ은 모집단 자료에 대하여 y의 실제값과 y의 예측값의 차이를 나타낸다. 예를 들어, 주어진 가구에 대해 ϵ은 지난 달 이 가구가 실제로 지출한 식품비와 모회귀직선을 사용하여 예측된 식품비의 차이이다. 이 ϵ은 **잔차**(*residual*) 라고 부르기도 하는데 그 이유는 실제로 지출된 식품비와 회귀모형을 사용하여 예측한 식품비와의 차이인 측도이기 때문이다. 만약 표본자료를 사용하여 모형 (2) 를 추정하면 실제 y와 추정 모형에 의해 예측된 y의 차이는 ϵ으로 나타낼 수 없다. **표본회귀모형에 대한 확률오차는 e로 나타낸다.** 따라서 e는 ϵ의 추정량이다. 표본자료에 의해 모형 (2) 를 추정한다면 e의 값은 다음과 같이 주어진다.

$$e = \text{실제 식품비} - \text{예측 식품비} = y - \hat{y}$$

그림 13.6에서 e는 실제 가구의 위치에서 회귀직선 위의 점까지의 수직 길이이다. 이런 그림에서는 가로축에는 독립변수를 세로축에는 종속변수를 나타낸다는 점을 유의하자.

그림 13.6 **회귀직선과 확률오차**

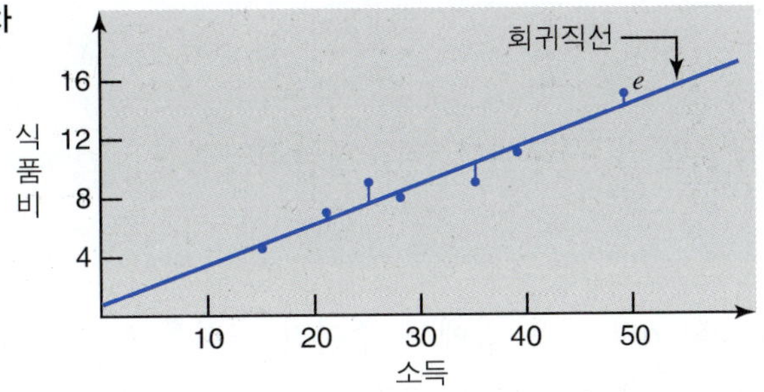

잔차 값은 실제 식품비를 나타내는 점이 회귀직선 위쪽에 있으면 양수이고, 회귀직선 아래쪽에 있으면 음수이다. **이 잔차들의 합은 항상 0이다.** 다시 말하면 표본에 포함된 7가구에 대한 실제 식품비를 합하면 회귀모형으로부터 예측된 식품비의 합과 같아질 것이다. 따라서

$$\Sigma e = \Sigma(y - \hat{y}) = 0$$

따라서 산점도에 제일 적합한 직선을 구하기 위하여 잔차의 합을 최소화하는 것을 생각할 수는 없다. 대신 잔차를 제곱하여 더한 **잔차제곱합 (error sum of squares)** 을 최소화하고 **SSE**로 나타낸다. 따라서

$$\text{SSE} = \Sigma e^2 = \Sigma(y - \hat{y})^2$$

최소제곱법은 모형 (3) 에서 a와 b의 값을 잔차제곱합 (SSE) 이 최소가 되도록 하는 방법이다.

정 의

잔차제곱합 (SSE) : **잔차제곱합** (*error sum of squares*) 은 SSE로 나타내며 다음과 같이 정의한다.

$$\text{SSE} = \Sigma e^2 = \Sigma(y - \hat{y})^2$$

이 SSE를 최소가 되도록 하는 a와 b의 값을 A와 B의 **최소제곱추정값** (*least squares estimates*) 이라 하고, 이 추정값들을 사용한 회귀직선을 **최소제곱직선** (*lest squares lline*) 이라 한다.

정 의

최소제곱직선 : 최소제곱회귀직선 $\hat{y} = a + bx$에 대하여

$$b = \frac{\mathrm{SS}_{xy}}{\mathrm{SS}_{xx}} \text{ 및 } a = \bar{y} - b\bar{x}$$

여기서

$$\mathrm{SS}_{xy} = \Sigma xy - \frac{(\Sigma x)(\Sigma y)}{n} \text{ 및 } \mathrm{SS}_{xy} = \Sigma x^2 - \frac{(\Sigma x)^2}{n}$$

그리고 SS는 "제곱합"을 나타낸다. 최소제곱회귀직선 $\hat{y} = a + bx$는 x에 대한 y의 회귀라고도 한다.

최소제곱추정량 a와 b의 값은 앞에서 주어진 공식을 사용하여 계산된다. 이 공식들은 표본회귀직선을 추정하기 위한 것이다. 모집단 자료를 다룬다고 가정하여 보자. 모회귀직선을 구할 때는 표본회귀직선을 구할 때와 같은 공식을 약간 수정하여 사용한다. 모집단 자료를 다룬다면 표본을 다룬 공식에서 a는 A, b는 B, n은 N으로 바꾸고 모집단 자료에 대하여 구한 Σx, Σy, Σxy, Σx^2값을 사용하여 필요한 계산을 한다. 모회귀직선은 다음과 같이 나타낸다.

$$\mu_{y|x} = A + Bx$$

여기서 $\mu_{y|x}$는 "주어진 x에 대한 y의 평균값"이라 한다. 그래프에 나타낼 때 모회귀직선 위의 점은 대응하는 x의 값에 대한 y의 평균값을 나타낸다. 이러한 y의 평균값을 $\mu_{y|x}$로 나타낸 것이다.

예제 13-1에서 표본자료에 대하여 회귀직선을 어떻게 추정하는지 설명한다.

■ 예제 13-1 최소제곱회귀직선의 추정

표 13.1에 주어진 7가구에 대한 소득과 식품비에 관한 자료에 대하여 최소제곱회귀직선을 찾아보시오. 소득은 독립변수로 하고 식품비는 종속변수로 한다.

풀 이 회귀모형 $\hat{y} = a + bx$에 대하여 a와 b의 값을 찾아야 한다. 표 13.2는 a와 b를 계산하기 위해 필요한 절차를 보여 준다. 독립변수(소득)는 x로 나타내고, 종속변수(식품비)는 y로 나타낸다.

표 13.2

소득 x	식품비 y	xy	x^2
35	9	315	1225
49	15	735	2401
21	7	147	441
39	11	429	1521
15	5	75	225
28	8	224	784
25	9	225	625
$\Sigma x = 212$	$\Sigma y = 64$	$\Sigma xy = 2150$	$\Sigma x^2 = 7222$

a와 b를 계산하기 위하여 다음과 같은 단계를 거친다.

단계 1. $\Sigma x, \Sigma y, \bar{x}, \bar{y}$를 계산한다.

$$\Sigma x = 212 \quad \text{및} \quad \Sigma y = 64$$
$$\bar{x} = \Sigma x / n = 212/7 = 30.2857$$
$$\bar{y} = \Sigma y / n = 64/7 = 9.1429$$

단계 2. Σxy 및 Σx^2를 계산한다.

Σxy를 계산하기 위하여 x와 y의 대응하는 값을 곱한다. 그런 다음 곱들을 합한다. x와 y의 곱들이 표 13.2의 세 번째 열에 기록되어 있다. Σx^2을 계산하기 위하여 각 x값들을 제곱한 다음 그 값들을 더한다. x의 곱들이 표 13.2의 네 번째 열에 기록되어 있다. 이러한 계산으로부터 다음 값을 구한다.

$$\Sigma xy = 2150 \text{ 및 } \Sigma x^2 = 7222$$

단계 3. SS_{xy}, SS_{xx}를 계산한다.

$$SS_{xy} = \Sigma xy - \frac{(\Sigma x)(\Sigma y)}{n} = 2150 - \frac{(212)(64)}{7} = 211.7143$$

$$SS_{xx} = \Sigma x^2 - \frac{(\Sigma x)^2}{n} = 7222 - \frac{(212)^2}{7} = 801.4286$$

단계 4. a, b를 계산한다.

$$b = \frac{SS_{xy}}{SS_{xx}} = \frac{211.7143}{801.4286} = 0.2642$$

$$a = \bar{y} - b\bar{x} = 9.1429 - (0.2642)(30.2857) = 1.1414$$

따라서 추정된 회귀모형은 $\hat{y} = a + bx$

$$\hat{y} = 1.1414 + 0.2642x$$

이 회귀직선을 최소제곱회귀직선이라 부른다. **소득에 대한 식품비의 (평균으로의) 회귀**를 나타낸다.

모든 계산은 소수점 이하 네 자리까지 반올림하였음을 유의한다. 회귀식의 a와 b값을 소수점이하 두 자리까지 반올림할 수 있지만, 이 회귀식을 추후 예측과 추정을 위해 사용할 것이기 때문에 그러지 않았다. ■

이렇게 추정된 회귀모형을 사용하여 어떤 주어진 x값에 대하여 y의 예측값을 구할 수 있다. 예를 들어, 월 소득이 3,500달러인 가구를 임의로 선택하였다면 x는 소득을 백달러 단위로 나타내므로 $x = 35$이다. 이 가구에 대한 식품비를 예측한 값은 다음과 같다.

$$\hat{y} = 1.1414 + (0.2642)(35) = 10.3884 \text{(백달러)} = 1038.84\text{달러}$$

다시 말해 이 회귀직선에 의하면 월 소득이 3,500달러인 가구는 식품비로 월 1038.84달러를 지출할 것으로 예측된다.

주어진 7가구에 대한 자료에서 소득이 3,500달러인 가구가 하나 있었다. 표 13.1을 보면 그 가구의 실제 식품비는 900달러이다. 실제값과 예측값의 차이는 예측 오차를 나타낸다. 따라서 이 가구에 대한 예측 오차는 그림 13.7에 나타나 있고 다음과 같이 계산된다.

$$e = y - \hat{y} = 9.00 - 10.3884 = -1.3884 \text{(백달러)} = -138.84\text{달러}$$

그림 13.7 **예측 오차**

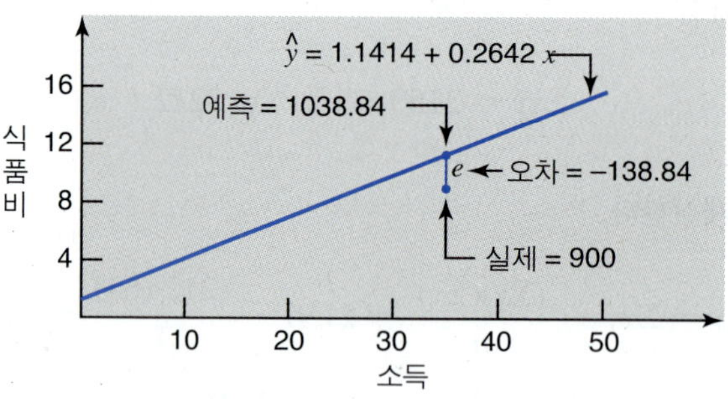

물론 예측 오차는 −138.84이다. 오차가 음수인 것은 y의 예측값이 y의 실제값보다 크다는 것을 나타낸다. 따라서 회귀모형을 사용하는 경우 이 가구의 식품비는 138.84달러만큼 과다 추정된다.

13.2.3 회귀계수 a와 b의 해석

소득에 대한 식품비 회귀분석인 예제 13-1에서 구한 $a = 1.1414$, $b = 0.2642$를 어떻게 해석할 것인가? 회귀직선의 y-절편과 기울기에 대하여 13.1.2절에서 간단하게 설명한 바 있다. 이제 a와 b의 의미를 좀 더 자세하게 알아보자.

회귀계수 a의 해석

소득이 0인 가구를 생각하자. 예제 13-1에서 구한 회귀직선을 사용하면 $x = 0$에 대한 y의 예측값을 다음과 같이 구할 수 있다.

$$\hat{y} = 1.1414 + 0.2642\,(0) = 1.1414\,(\text{백달러}) = 114.14\,(\text{달러}).$$

따라서 소득이 없는 가구라도 식품에 대해 월 114.14달러를 소비할 것으로 예상된다고 말할 수 있다. 달리 말하면 소득이 없는 모든 가구에 대한 월평균 식품비의 점추정값이 114.14달러라고 말할 수도 있다. 여기서 $\hat{y}$은 $\mu_{x|y}$의 점추정량으로 사용되었다. 따라서 $a = 1.1414$는 표본자료에 대하여 추정한 회귀모형을 사용하는 경우, $x = 0$에 대한 y의 예측값이나 평균값을 나타낸다.

그러나 a에 대한 이러한 해석을 할 때 아주 조심해야 한다. 표본으로 주어진 7가구에 대해 소득은 최소 1,500달러에서 최대 4,900달러까지 변한다. 표 13.1에서 x의 최솟값은 15이고, 최댓값은 49임을 유의하라. 따라서 회귀직선은 15에서 49 사이에 있는 x의 값에 대해서만 유효하다. 이 범위 밖에 있는 x의 값에 대해 y를 예측하면 그 예측은 보통 잘 맞지 않는다. 따라서 $x = 0$이 표본 자료에 주어진 가구들의 소득 범위 밖에 있기 때문에, 소득이 없는 가구가 식품에 대해 월 114.14달러를 소비할 것으로 예측하는 것은 그리 믿을만하지 않다. 마찬가지로 표 13.1에 있는 x의 최댓값인 4,900달러를 넘는 소득에 대하여 y를 예측하는 것도 미덥지 않다.

회귀계수 b의 해석

회귀모형의 b값은 독립변수 x가 1단위 변하는 데 따른 종속변수 y의 변화를 나타낸다. 예를 들어, 예제 13-1에서 구한 회귀식을 사용하면 다음을 알 수 있다.

$$x = 30\text{일 때},\ \hat{y} = 1.1414 + 0.2642\,(30) = 9.0674,$$
$$x = 31\text{일 때},\ \hat{y} = 1.1414 + 0.2642\,(31) = 9.3316.$$

따라서 x가 30에서 31로 1단위 증가하면 $\hat{y}$은 b와 같은 값인 $9.3316 - 9.0674 = 0.2642$만큼 증가한다. 측정 단위가 백달러이므로 소득이 100달러만큼 증가하면 평균적으로 식품비는 26.42달러만큼 증가한다고 말할 수 있다.

사례 13-1

미국농구연맹(NBA) 선수들의 키와 몸무게에 대한 회귀분석

2005년 미국농구연맹(NBA)에 등록되어 있는 모든 선수들의 키와 몸무게를 조사하였다(www.wiley.com/college/man에서 Data set III 참조). 이 자료를 그 시점에서 NBA 선수들의 모집단으로 생각한다. 이 자료에 대하여 다음 단순선형회귀모형을 가정하자.

$$y = A + Bx + \epsilon$$

여기서 y는 NBA 선수의 파운드 단위 몸무게, x는 인치 단위 키를 나타낸다.

모집단 자료를 사용하여 다음 회귀직선을 얻는다.

$$\mu_{y/x} = -286 + 6.44x$$

이 식은 모집단 자료를 사용하여 얻어진 것이므로 모회귀직선을 나타낸다. 모회귀직선을 나타낼 때 $\hat{y}$ 대신 $\mu_{y/x}$로 표기한 것을 주의하자. 따라서 A와 B의 참값은 다음과 같다.

$$A = -286, \; B = 6.44.$$

유의할 점은 b가 양수일 때 x가 증가하면 y가 증가하고, x가 감소하면 y가 감소한다는 것이다. 달리 말하자면 b가 양수일 때 x와 y는 같은 방향으로 움직인다는 것이다. 이러한 x와 y의 관계를 **양의 선형관계(positive linear relationship)**라고 한다. 이 경우 회귀직선은 기울기가 왼쪽에서 오른쪽으로 올라간다. 반대로 b가 음수일 때는 x가 증가하면 y가 감소하고, x가 감소하면 y가 증가한다는 것이다. 이 경우 x와 y는 반대 방향으로 변화한다. 이러한 x와 y의 관계를 **음의 선형관계(negative linear relationship)**라고 한다. 이 경우 회귀직선은 기울기가 왼쪽에서 오른쪽으로 내려간다. 그림 13.8의 두 그림이 이 두 경우를 보여 준다.

그림 13.8 x와 y의 양의 선형관계와 음의 선형관계

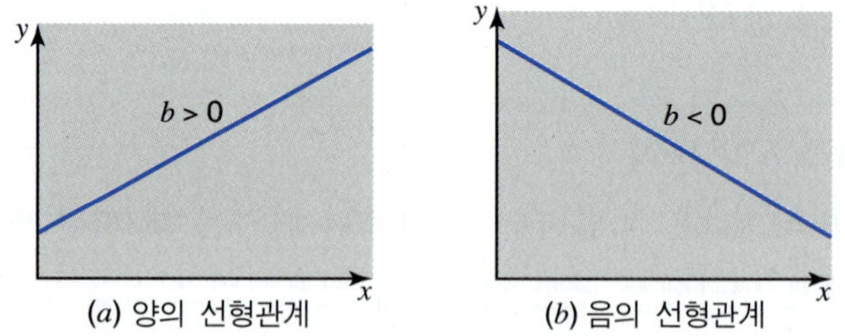

회귀모형에서 b는 $b = SS_{xy}/SS_{xx}$로 계산된다. SS_{xx}의 값은 항상 양수이고, SS_{xy}의 값은 양수도 음수도 될 수 있다. 따라서 b의 부호는 SS_{xy}의 부호에 따른다. 만약 SS_{xy}가 앞에서 주어진 7가구의 소득과 식품비 예에서처럼 양수이면 b도 양수가 될 것이고, SS_{xy}가 음수이면 b도 음수가 될 것이다.

사례 13-1에서 모회귀직선과 표본회귀직선의 차이를 설명한다.

B의 값은 한 NBA 선수에 대해 키가 1인치 크면 몸무게가 평균적으로 6.44파운드 무거워진다는 것을 나타낸다. 그러나 $A = -286$인 값은 의미를 부여할 수 없다. 키가 0인 선수의 몸무게가 평균적으로 −286파운드라고 나타내는 것이지만, 13.2.3절에서 언급했듯이 회귀직선을 찾기 위해 사용한 자료의 범위 밖의 x값에 대하여 y를 예측하는 데 회귀식을 적용하는 것은 적절하지 않다. 모든 NBA 선수들의 키와 몸무게에 대한 산점도와 회귀직선이 그림 13.9에 주어져 있다.

그림 13.9 NBA선수들의 키와 몸무게 자료에 대한 산점도

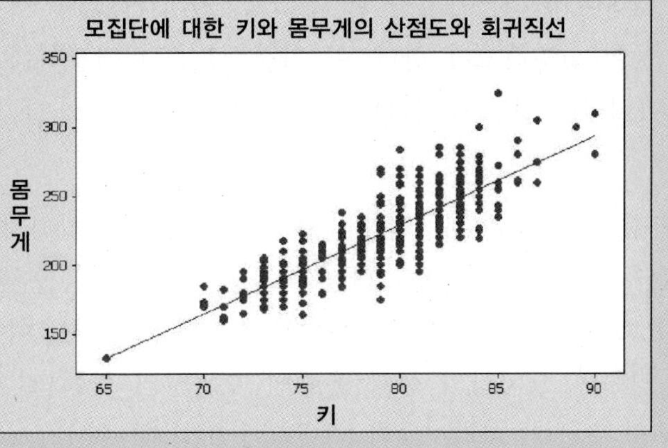

다음으로 선수 50명을 확률표본으로 선정하고, 이 표본에 대하여 회귀모형을 추정한다. 표본에 대해 회귀직선은 $\hat{y} = -309 + 6.71x$와 같이 추정된다.

추정된 회귀계수 a, b의 값은 $a = -309$, $b = 6.71$이다. 이 a와 b의 값이 표본에 의한 A와 B의 추정값이다. 표본으로 관측된 NBA 선수들의 키와 몸무게에 대한 산점도와 회귀직선이 그림 13.10에 주어져 있다.

그림 13.10 NBA 선수 50명의 키와 몸무게 자료에 대한 산점도

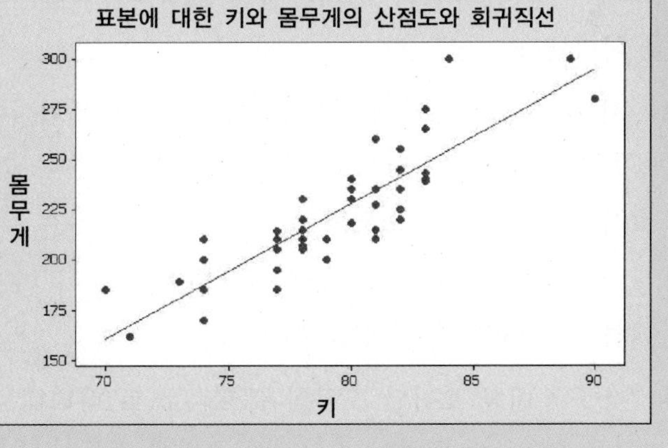

그림 13.9와 13.10으로부터 모집단과 표본 자료에 대한 산점도 모두 NBA 선수들의 키와 몸무게 사이에 양의 선형관계를 나타냄을 볼 수 있다.

13.2.4 회귀모형의 가정

다른 이론들과 마찬가지로 선형회귀분석 역시 일정한 가정에 기초한다. 다음과 같은 모회귀모형을 생각하자.

$$y = A + Bx + \epsilon \tag{4}$$

이 모형에 대하여 4가지 가정을 할 수 있다. 이 가정들에 대하여 가구의 소득과 식품비에 대한 예를 들어 설명하고자 한다. 이 가정들은 모회귀모형에 대한 것이지 표본회귀모형에 대한 것이 아니라는 것을 주의하도록 한다.

가정 1: 확률오차항 ϵ은 각 x에 대하여 평균이 0이다. 말하자면 소득이 같은 모든 가구 중에서 일부는 예측된 식품비보다 더 소비하고(즉, 양수인 오차를 갖는다) 나머지 일부는 예측된 식품비보다 덜 소비한다(즉, 음수인 오차를 갖는다). 이 가정은 소득이 같은 모든 가구에 대해 양수인 오차항의 합과 음수인 오차항의 합이 같은 크기여서 오차들의 평균이 0이라는 것을 뜻한다. 따라서 ϵ의 기댓값이 0일 때 주어진 x에 대한 y의 평균값이 $A + Bx$와 같고 다음과 같이 나타낸다.

$$\mu_{x|y} = A + Bx \tag{4}$$

이 장의 앞부분에서 말했듯이 $\mu_{x|y}$는 "주어진 x값에 대한 y의 평균값"이라 한다. 모집단 자료에 대하여 모형(4)의 A와 B값을 알면 회귀직선 위의 점은 대응하는 x의 값에 대한 y의 평균값을 나타낸다.

가정 2: 서로 다른 관측값에 결합된 오차항들은 독립이다. 이 가정에 따르면 예제에서의 어떤 두 가구에 대한 오차항들도 서로 독립이다. 다시 말해 모든 가구들은 식품비 지출을 얼마나 할지 독립적으로 결정한다.

가정 3: 주어진 x에 대하여 오차는 정규분포한다. 이 가정에 따르면 같은 소득인 모든 가구들에 대하여 식품비는 정규분포한다.

가정 4: 각 x에 대한 모집단 오차의 분포는 σ_ϵ로 나타내는 일정한 상수인 표준편차를 갖는다. 이 가정은 모든 x에 대하여 회귀직선 주변에 점들이 비슷하게 산포한다는 것을 나타낸다.

그림 13.11은 월소득 2,000달러인 가구와 3,500달러인 가구들에 대한 첫 번째, 세 번째, 네 번째 가정에 대한 의미를 나타낸다. 같은 가정이 어떤 다른 소득수준에 대해서도 마찬가지로 성립한다. 모든 가구들의 모집단에서 월소득 2,000달러인 가구들은 많이 있을 것이다. 모든 가구들에 대하여 모회귀직선을 사용하여 오차를 구하고, 이 오차들의 분포를 구해 보면 그림 13.11a에 주어진 분포처럼 보일 것이다. 이 오차들의 표준편차는 σ_ϵ가 될 것이다.

마찬가지로 그림 13.11*b*는 월소득 3,500달러인 모집단의 모든 가구들에 대한 오차들의 분포를 보여 준다. 이 오차들의 표준편차도 역시 σ_ϵ이다. 이 두 분포는 동일하다. 이 두 분포의 평균은 $E(\epsilon) = 0$임을 유념하자.

그림 13.11 (a) 월 소득 2,000달러인 가구에 대한 오차들

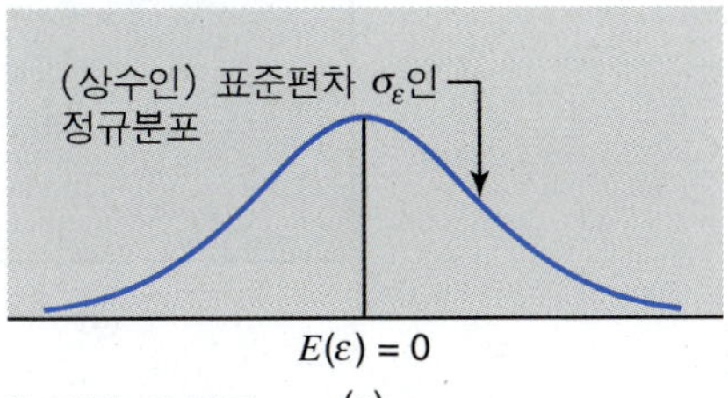

(b) 월 소득 3,500달러인 가구에 대한 오차들

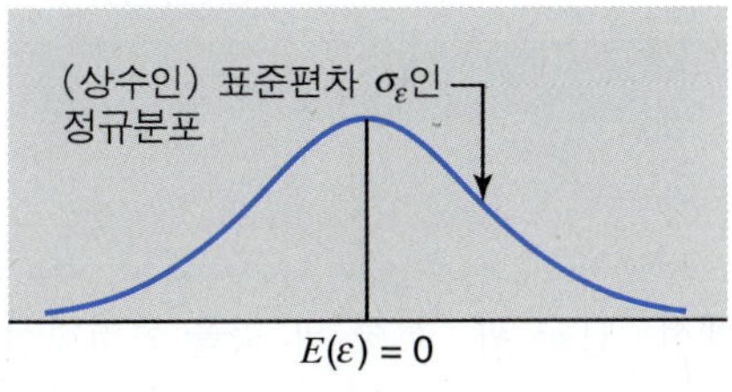

그림 13.12는 그림 13.11에 주어진 분포가 모회귀직선이 있는 그림에 함께 그려졌을 때 어떻게 보이는지 나타낸다. $x = 20$을 지나는 수직선 위의 점들은 월소득이 2,000달러로 같은 모집단의 여러 가구들 각각에 대한 식품비를 나타낸다. $x = 35$를 지나는 수직선 또는 다른 어떤 x값에 대한 수직선에 대해서도 같은 이야기가 성립한다.

그림 13.12 오차들의 모회귀직선 주변 분포

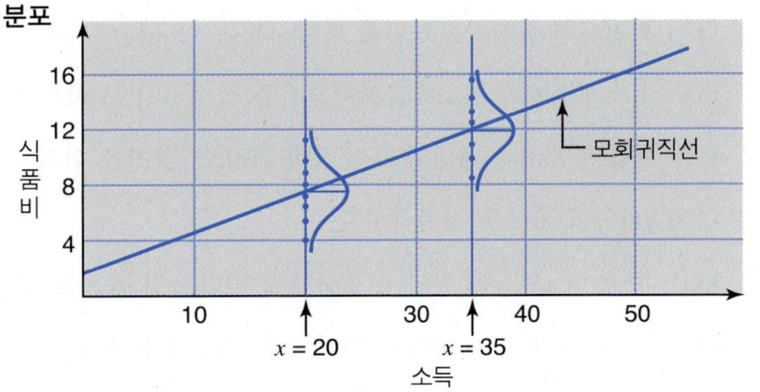

13.2.5 단순선형회귀의 사용에 대한 주의 사항

선형회귀는 조심해서 적용해야 한다. 단순선형회귀를 사용할 때는 두 변수 사이의 관계가 직선에 의해 나타난다고 가정한다. 실제로는 변수들 간의 관계가 선형이 아닐 수 있다. 따라서 단순선형회귀를 사용하기 전에 산점도를 그리고 자료점들을 살펴 볼 필요가 있다. 선형회귀모형은 산점도가 그런 관계를 나타낼 때만 추정되어야 한다. 그림 13.13의 산점도는

x와 y 사이의 관계가 선형이 아닌 2가지 예를 보여 준다. 따라서 이런 경우에 선형회귀를 적합시키면 잘못될 것이다.

그림 13.13 **x와 y 사이의 비선형관계**

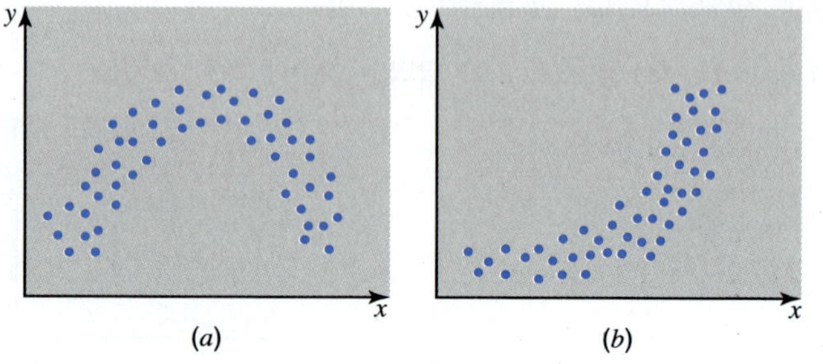

연습문제

■ 개념과 절차

13.1 단순선형회귀에서 "단순"과 "선형"의 뜻을 설명하시오.

13.2 회귀모형에서 독립변수와 종속변수의 뜻을 설명하시오.

13.3 두 변수 간의 확정된 관계와 불확정된 관계의 차이에 대해 설명하시오.

13.4 두 변수 간의 선형관계와 비선형관계의 차이에 대하여 설명하시오.

13.5 단순회귀모형과 다중회귀모형 사이의 차이점에 대해 설명하시오.

13.6 결정론적인 회귀모형과 비결정론적인 회귀모형의 차이를 간략히 설명하시오.

13.7 회귀모형에 확률오차항을 포함시키는 이유는?

13.8 최소제곱법과 최소제곱회귀직선을 설명하시오. 이름이 그렇게 붙여진 이유는?

13.9 제곱합 SSE의 개념과 뜻을 설명하시오. 설명을 위하여 그래프를 사용할 수 있다.

13.10 y와 $\hat{y}$의 차이를 설명하시오.

13.11 두 변수 x와 y는 양의 선형관계에 있다. x가 증가할 때 y의 값은 어떻게 되는지 설명하시오.

13.12 두 변수 x와 y는 음의 선형관계에 있다. x가 증가할 때 y의 값은 어떻게 되는지 설명하시오.

13.13 다음을 설명하시오.

a. 모집단 회귀직선

b. 표본 회귀직선

c. A와 B의 참값

d. 각각 a와 b로 나타내는 A와 B의 값을 추정하시오.

13.14 모(집단) 회귀모형에 대한 가정을 간략히 설명하시오.

13.15 다음 직선을 그리시오. 각 직선들의 y-절편과 기울기를 구하고 해석하시오. 각 직선이 나타내는 것이 x와 y 사이의 양의 관계인지 또는 음의 관계인지를 나타내시오.

a. $y = 100 + 5x$ **b.** $y = 400 - 4x$

13.16 다음 직선을 그리시오. 각 직선들의 y-절편과 기울기를 구하고 해석하시오. 각 직선이 나타내는 것이 x와 y 사이의 양의 관계인지 또는 음의 관계인지를 나타내시오.

a. $y = -60 + 8x$ **b.** $y = 300 - 6x$

13.17 다음은 모집단 자료들로부터 얻은 정보이다.

$$N = 250,\quad \Sigma x = 9880,\quad \Sigma y = 1456,\quad \Sigma xy = 85{,}080,\quad \Sigma x^2 = 485{,}870$$

모집단 회귀직선을 구하시오.

13.18 다음은 모집단 자료들로부터 얻은 정보이다.

$$N = 460,\quad \Sigma x = 3920,\quad \Sigma y = 2650,\quad \Sigma xy = 26{,}570,\quad \Sigma x^2 = 48{,}530$$

모집단 회귀직선을 구하시오.

13.19 다음은 표본자료들로부터 얻은 정보이다.

$$n = 110,\quad \Sigma x = 100,\quad \Sigma y = 220,\quad \Sigma xy = 3680,\quad \Sigma x^2 = 1140$$

추정된 회귀직선을 구하시오.

13.20 다음은 표본자료들로부터 얻은 정보이다.

$$n = 12,\quad \Sigma x = 66,\quad \Sigma y = 588,\quad \Sigma xy = 2244,\quad \Sigma x^2 = 48{,}396$$

추정된 회귀직선을 구하시오.

■ 응용

13.21 한 자동차 대여점에서 자동차 한 대를 빌리는 데 하루 40달러에다 마일당 20센트를 내야 한다. y를 하루에 차 한대를 빌리는 총비용이라 하고, x를 주행한 마일수라 하자. x와 y의 관계를 나타내는 식은 다음과 같다.

$$y = 40 + 0.20x$$

a. 하루에 차 한대를 빌려 100마일을 주행한 사람은 얼마를 지불해야 하는가?

b. 이 대여점에서 차를 하루 빌려 100마일을 주행한 사람이 20명 있다고 가정하자. 하루 동안 차를 빌린 각각의 사람들은 같은 액수를 지불해야 한다고 생각하는가 아니면 각각의 사람마다 다른 액수를 지불해야 한다고 생각하는가? 설명하시오.

c. x와 y의 관계는 확정적인가 불확정적인가?

13.22 한 조사자는 25개 전자회사를 표본으로 취하여 한 회사가 광고비용으로 쓴 돈을 백만 달러 단위로 나타낸 금액 x와 이 회사의 총판매액을 백만 달러 단위로 나타낸 금액 y의 관계를 다음과 같이 구하였다.

$$\hat{y} = 3.6 + 11.75x$$

a. 한 전자회사는 광고비로 2백만 달러를 썼다. 이 회사의 총판매액은 얼마일 것으로 기대되는가?

b. 4개의 전자회사가 광고비로 각각 2백만 달러씩 썼다고 가정하자. 이 4개 회사들의 실제 총판매액이 각각 같을 것으로 예상되는가? 설명하시오.

c. x와 y의 관계는 확정적인가 불확정적인가?

13.23 한 자동차 제조회사는 그 회사의 한 차종에 대해 차령에 따라 가격이 얼마나 저하되는지 조사하려 한다. 이 회사의 조사부는 이 모형의 자동차 8대를 표본추출하여 다음과 같이 해수로 나타낸 차령과 백만 달러 단위로 나타낸 가격에 대한 정보를 수집하였다.

차령	8	3	6	9	2	5	6	3
가격	18	94	50	21	145	42	36	99

a. 이 자료에 대한 산점도를 그리시오. 이 산점도에서 자동차의 차령과 가격 사이에 선형관계가 나타나는가?

b. 차령을 독립변수로 하고 가격을 종속변수로 하여 회귀직선을 구하시오.

c. 위 b에서 계산된 a와 b의 값을 간략하게 설명하시오.

d. 위 a의 산점도에 회귀직선을 나타내고 산포된 점들과 회귀직선 사이에 수직선을 그려 잔차를 나타내시오.

e. 이 모형의 7년된 차의 가격을 예측하시오.

f. 이 모형의 18년된 차의 가격을 추정하시오. 알아낸 바를 간단히 설명하시오.

13.24 한 보험회사는 개인의 소득과 생명보험금액의 관계가 어떠한지 알기를 원한다. 이 회사의 조사부에서 6명에 대한 정보를 수집하였다. 다음 표는 이 6명에 대한 천달러 단위로 나타낸 연간소득과 생명보험금액을 나타낸 것이다.

연간소득	62	78	41	53	85	34
생명보험금	250	300	100	150	500	75

a. 이 자료의 산점도를 그리시오. 이 산점도에서 연간소득과 생명보험금액 사이에 선형관계가 나타나는가?

b. 연간소득을 독립변수로 하고 생명보험금액을 종속변수로 하여 회귀직선 $\hat{y} = a + bx$을 구하시오.

c. 위 b에서 계산된 a와 b의 값을 간략하게 설명하시오.

d. 위 *a*의 산점도에 회귀직선을 나타내고 산포된 점들과 회귀직선 사이에 수직선을 그려 잔차를 나타내시오.

e. 연간소득이 55,000달러인 사람의 생명보험금액을 추정하면 얼마인가?

f. 이 표본 중의 한 사람은 연간소득이 78,000달러이고, 생명보험금액이 300,000달러이다. 이 사람의 생명보험금액의 예측값은 얼마인가? 이 경우 오차를 구하시오.

13.25 다음 표는 어떤 해에 내셔널리그의 야구 팀 각각에 대하여, 시즌 개막일에 백만 달러 단위로 반올림하여 나타낸 연봉 총액과 시즌 동안의 승률을 나타낸 것이다.

팀	연봉 총액 (백만 달러)	승률
애리조나 아이아몬드백스	70	31.5
애틀란타 브레이브스	90	59.3
사카고 커브스	91	54.9
신시내티 레즈	47	46.9
콜로라도 로키스	65	42.0
플로리다 마린스	42	51.2
휴스턴 애스트로스	75	56.8
LA 다저스	93	57.4
밀워키 브루어스	28	41.6
몬트리올 엑스포스*	41	41.4
뉴욕 메츠	97	43.8
필라델피아 필리스	93	53.1
피츠버그 파이리츠	32	44.7
세인트루이스 카디널스	83	64.8
샌디에이고 파드리스	55	53.7
샌프란시스코 자이언츠	82	56.2

*현재는 워싱턴 내셔널스

a. 연봉 총액을 독립변수로 하고 게임 승률을 종속변수로 하여 최소제곱법으로 회귀직선을 구하시오.

b. 위 *a*에서 구한 회귀직선은 모회귀직선인가 아닌가? 이유는? 그렇게 구한 회귀직선의 절편과 기울기의 값은 모수인 *A*, *B*인가 아니면 추정값인 *a*, *b*인가?

c. *y*-절편의 값과 기울기의 값의 의미를 간단히 설명하시오.

d. 연봉 총액이 6천만 달러인 팀의 게임 승률을 예측하시오.

13.26 다음 표는 어떤 해에 아메리칸리그의 야구팀 각각에 대하여, 시즌 개막일에 백만 달러 단위로 반올림하여 나타낸 연봉 총액과 시즌 동안의 승률을 나타낸 것이다.

팀	연봉 총액 (백만 달러)	승률
애너하임 에인절스*	101	56.8
볼티모어 오리올스	52	48.1
보스턴 레드삭스	127	60.5
시카고 화이트삭스	65	51.2
클리브랜드 인디언스	34	49.4
디트로이트 타이거스	47	44.4
캔자스시티 로열스	48	35.8
미네소타 트윈스	54	56.8
뉴욕 양키스	184	62.3
오클랜드 어슬레틱스	59	56.2
시애틀 매리너스	82	38.9
템파베이 레이스	30	43.5
텍사스 레이저스	55	54.9
토론토 블루 제이스	50	41.6

*현재는 애널하임의 LA에인절스

a. 연봉 총액을 독립변수로 하고 게임 승률을 종속변수로 하여 최소제곱법으로 회귀직선을 구하시오.

b. 위 a에서 구한 회귀직선은 모회귀직선인가 아닌가? 이유는? 그렇게 구한 회귀직선의 절편과 기울기의 값은 모수인 A, B인가 아니면 추정값인 a, b인가?

c. y-절편의 값과 기울기의 값의 의미를 간단히 설명하시오.

d. 연봉 총액이 7천만 달러인 팀의 게임 승률을 예측하시오.

13.3 확률 오차항의 표준편차

소득과 식품비를 생각할 때 소득이 같은 모든 가구가 식품에 지출하는 비용이 서로 같지는 않을 것으로 예상한다. 따라서 확률 오차 ϵ는 이들 가구들에 대하여 서로 다른 값으로 가정될 것이다. 표준편차 σ_ϵ는 이 오차들이 모회귀직선 주변에 산포된 정도를 나타내는 측도이다. **오차들의 표준편차(standard deviation of errors)**는 주어진 x에 대하여 오차들이나 또는 y의 값들이 얼마나 산포되었는지를 알려 준다. 그림 13.12를 다음 그림 13.14에 다시 나타내었는데, $x = 20$을 지나는 수직선 위의 점들은 월소득이 2,000달러인 모든 가구들에 대한 월 식품비를 나타낸다. 회귀직선 위의 점에서 각 점까지의 거리는 대응하는 오차의 값을 나타낸다. 오차의 표준편차 σ_ϵ는 이 점들이 모회귀직선 주변에 산포된 정도를 나타내는 측도이다. 같은 이야기가 $x = 35$ 또는 다른 어떤 x값에 대해서도 성립한다.

σ_ϵ가 모집단에 대한 오차의 표준편차를 나타낸다는 점을 유념하자. 그러나 보통 σ_ϵ는 미지이다. 이럴 때는 표본 자료에 대한 오차들의 표준편차인 s_e로 추정한다. 다음이 s_e를 계산하는 기본적인 공식이다.

$$s_e = \sqrt{\frac{\text{SSE}}{n-2}} \quad \text{여기서 } \text{SSE} = \Sigma(y - \hat{y})^2$$

그림 13.14 $x = 20$과 $x = 35$에 대한 오차의 산포

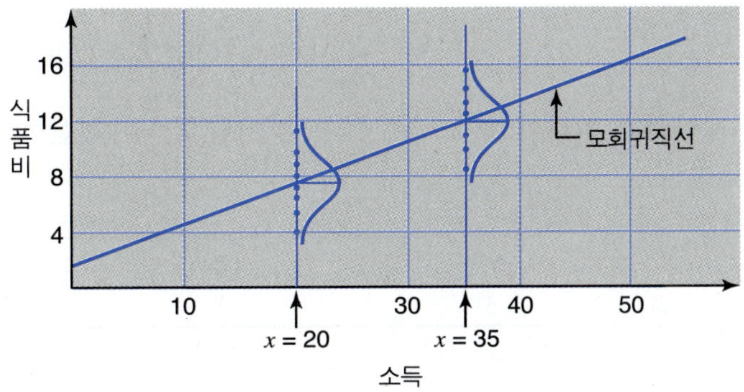

이 공식에서 $n - 2$는 회귀모형에 대한 **자유도(degrees of freedom)**를 나타낸다. 자유도가 $df = n - 2$인 이유는 $\bar{x}$를 계산하느라 하나의 자유도를 잃고, $\bar{y}$를 계산하느라 하나의 자유도를 또 잃었기 때문이다.

> **단순선형회귀모형에 대한 자유도**
>
> 단순선형회귀모형에 대한 **자유도**(*degrees of freedom*)는 다음과 같이 주어진다.
>
> $$df = n - 2$$

오차의 표준편차 s_e를 구할 때 다음 공식을 사용하는 것이 계산상으로 더 편리하다.

> **오차의 표준편차**
>
> **오차의 표준편차**는 다음과 같이 구한다.
>
> $$s_e = \sqrt{\frac{\text{SS}_{yy} - b\text{SS}_{xy}}{n-2}}$$
>
> $$\text{SS}_{yy} = \Sigma y^2 - \frac{(\Sigma y)^2}{n}$$
>
> SS_{xy}의 계산은 이 장의 앞부분에서 논의하였다.

SS_{xx}값처럼 SS_{yy}의 값도 항상 양수이다.

예제 13-2는 표 13.1의 자료에 대한 오차의 표준편차 계산을 설명한다.

■ 예제 13-2 오차의 표준편차 계산

표 13.1에 주어진 7가구의 월 소득과 식품비에 대한 자료에 대하여 오차의 표준편차 (s_e)를 계산하시오.

풀 이 s_e를 계산하기 위하여 SS_{yy}, SS_{xy}, b를 알 필요가 있다. 앞에 보았던 예제 13-1에서 SS_{xy}와 b를 계산하였다. 이 값들은 다음과 같다.

$$SS_{xy} = 211.7143\text{이고 } b = 0.2642.$$

SS_{yy}를 계산하기 위하여 표 13.3에 나온 것처럼 Σy^2를 계산한다.

표 13.3

소득 x	식품비 y	y^2
35	9	81
49	15	225
21	7	49
39	11	121
15	5	25
28	8	64
25	9	81
$\Sigma x = 212$	$\Sigma y = 64$	$\Sigma y^2 = 646$

SS_{yy}의 값은 다음과 같다.

$$SS_{yy} = \Sigma y^2 - \frac{(\Sigma y)^2}{n} = 646 - \frac{(64)^2}{7} = 60.8571.$$

따라서 오차의 표준편차는 다음과 같다.

$$S_e = \sqrt{\frac{SS_{yy} - bSS_{xy}}{n-2}} = \sqrt{\frac{60.8571 - 0.2642(211.7143)}{7-2}} = 0.9922.$$ ■

13.4 결정계수

다음과 같은 의문이 있을 수 있다. 회귀모형이 얼마나 좋은가? 달리 말하면 회귀모형에서 독립변수가 종속변수를 얼마나 잘 설명하는가? 결정계수가 이 문제에 대한 하나의 답이다. 잠시 각 가구의 식품비에 대한 정보만 가지고 있고 소득에 대한 정보는 가지고 있지 않다고 가정하자. 따라서 이런 경우 어떤 가구의 식품비에 대한 예측에 회귀직선을 사용할 수 없다. 앞에서 보았듯이 회귀모형을 사용하지 않을 때는 각 가구의 식품비를 추정하거나 예측할 때 $\bar{y}$를 사용한다. 그렇게 되면 각 가구에 대한 예측 오차는 각 가구의 실제 식품비와 평균 식품비 사이의 차이인 $y - \bar{y}$로 주어진다. 이러한 오차를 표본에 있는 모든 가구에 대하여 계산한 뒤 제곱하여 더하여 얻는 합계는 **총제곱합 (total sum of squares)** 이라 부르고 **SST**로 나타낸다. 실제로 SST는 SS_{yy}와 같고 다음과 같이 정의한다.

$$SST = SS_{yy} = \Sigma(y - \bar{y})^2$$

그러나 계산을 할 때는 다음 공식을 사용하여 SST를 구한다.

총제곱합 (SST)

총제곱합 (*total sum of squares*) 은 SST로 나타내며 다음과 같이 계산한다.

$$SST = \Sigma y^2 - \frac{(\Sigma y)^2}{n}$$

이 공식도 SS_{yy}를 계산할 때와 사용한 것과 같다는 것을 알 수 있다.

예제 13-2에서 계산된 SS_{yy}의 값은 60.8571이었다. 따라서 SST의 값은 다음과 같다.

$$SST = 60.8571$$

예제 13-1에서 $\bar{y} = 9.1429$로 계산되었다. 그림 13.15는 그림 13.14의 산점도와 $\bar{y}$를 사용하여 표본의 7가구 각각에 대한 오차를 보여 준다.

그림 13.15 **총 오차**

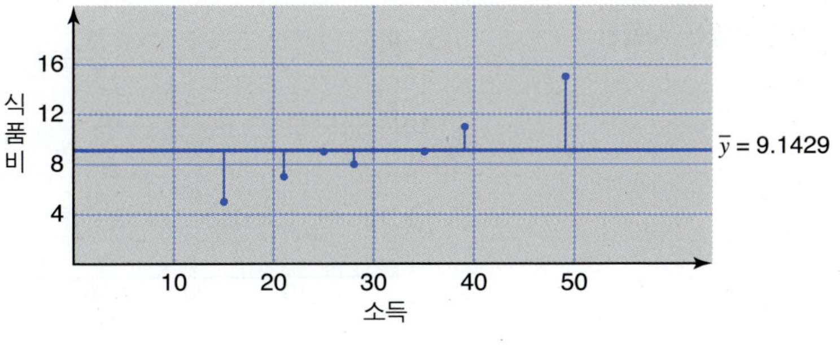

이제 표본의 7가구 각각에 대한 식품비를 예측하기 위하여 단순선형회귀모형을 사용한다고 가정하자. 이 경우는 앞의 예제 13-1에서 추정한 아래와 같은 회귀직선을 사용하여 각 가구의 식품비를 예측한다.

$$\hat{y} = 1.1414 + 0.2642x$$

표 13.4에 $\hat{y}$로 나타낸 식품비의 예측값이 7가구에 대하여 나열되어 있다. 또한 오차와 오차 제곱들도 주어져 있다.

표 13.4

x	y	$\hat{y} = 1.1414 + 0.2642x$	$e = y - \hat{y}$	$e^2 = (y - \hat{y})^2$
35	9	10.3884	−1.3884	1.9277
49	15	14.0872	0.9128	0.8332
21	7	6.6896	0.3104	0.0963
39	11	11.4452	−0.4452	0.1982
15	5	5.1044	−0.1044	0.0109
28	8	8.5390	−0.5390	0.2905
25	9	7.7464	1.2536	1.5715
				$\Sigma e^2 = \Sigma(y - \hat{y})^2 = 4.9283$

표 13.4의 세 번째 열에 주어져 있는 y의 값은 추정된 회귀모형에 x의 값을 대입하여 계산한 것이다. 예를 들어, 첫 번째 가정에 대한 x의 값은 35이다. 회귀식의 x에 이 값을 대입하여 다음과 같이 계산한다.

$$\hat{y} = 1.1414 + 0.2642(35) = 10.3884$$

마찬가지 방법으로 $\hat{y}$의 다른 값들도 구할 수 있다. 잔차제곱합 SSE는 표 13.4에서 5열의 합으로 주어진다. 따라서

$$\text{SSE} = \Sigma(y - \hat{y})^2 = 4.9283$$

그림 13.16에 7가구에 대한 회귀모형에 의한 예측 오차가 나타나 있다.

그림 13.16 **회귀모형을 사용한 경우의 예측 오차**

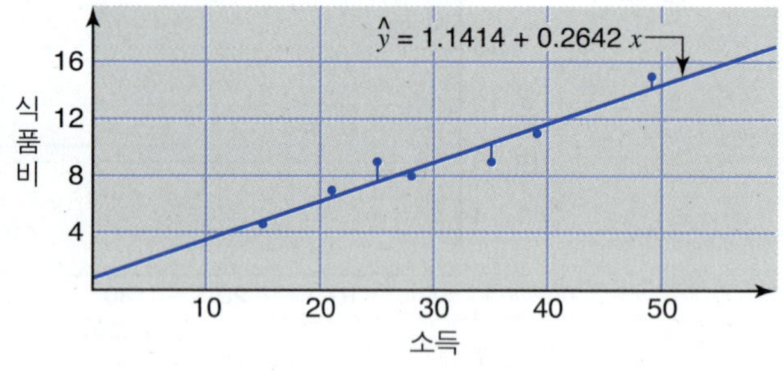

지금까지의 계산에 의하여 다음 결과를 얻는다.

$$\text{SST} = 60.8571, \quad \text{SSE} = 4.9283$$

이 값들로부터 식품비를 예측할 때 $\bar{y}$ 대신 $\hat{y}$를 사용하면 예측 오차의 제곱합이 60.8571에서 4.9283으로 줄어든다는 것을 알 수 있다. 이 줄어든 제곱합을 **회귀제곱합 (regression sum of**

squares) 이라 하고 **SSR**로 나타낸다. 따라서

$$SSR = SST - SSE = 60.8571 - 4.9283 = 55.9288$$

이 SSR의 값은 다음 공식을 사용하여 계산할 수 있다.

$$SSR = \Sigma(\hat{y} - \bar{y})^2$$

회귀제곱합 (SSR)

회귀제곱합 (*regression sum of squares*) 은 SSR로 나타내며

$$SSR = SST - SSE$$

따라서 SSR은 SST에서 회귀모형을 사용하여 설명할 수 있는 부분이고, 따라서 SSE는 SST에서 회귀모형을 사용하여 설명할 수 없는 부분이다. 따라서 SSR과 SSE의 합은 항상 SST이다. 즉,

$$SST = SSR + SSE$$

SSR을 SST로 나눈 비율을 **결정계수 (coefficient of determination)** 라 부른다. 모집단 자료에 대해 계산한 결정계수는 그리스 문자 ρ (rho) 를 사용하여 $\boldsymbol{\rho^2}$으로 나타내고, 표본 자료에 대한 결정계수는 $\boldsymbol{r^2}$으로 나타낸다. 결정계수는 SST에서 회귀모형을 사용하여 설명할 수 있는 부분의 비율을 나타낸다. 결정계수의 값은 항상 0과 1 사이에 있다. 결정계수는 다음 공식을 사용하여 구할 수 있다.

$$r^2 = \frac{SSR}{SST} \text{ 또는 } \frac{SST - SSE}{SST}$$

그러나 계산을 할 때는 결정계수를 구할 때 다음과 같은 공식을 사용하는 것이 효율적이다.

결정계수

결정계수 (*coefficient of determination*) 는 r^2으로 나타내며 회귀모형을 사용하여 설명할 수 있는 SST의 비율을 나타낸다. r^2의 계산공식은 다음과 같다.

$$r^2 = \frac{bSS_{xy}}{SS_{yy}}$$

그리고 $0 \le r^2 \le 1$이다.

예제 13-3에서 표본 자료에 대하여 결정계수의 계산을 설명한다.

■ 예제 13-3 결정계수의 계산

표 13.1에 주어진 7가구의 월소득과 식품비에 대한 자료에 대하여 결정계수를 계산하시오.

풀 이 앞의 예제 13-1과 13-2에서 계산된 값들은 다음과 같다.

$$b = 0.2642,\quad SS_{xy} = 211.7143,\quad SS_{yy} = 60.8571$$

따라서
$$r^2 = \frac{bSS_{xy}}{SS_{yy}} = \frac{(0.264)(211.7143)}{60.8571} = 0.92$$

이로부터 가구들에 대한 식품비를 예측하기 위하여 $\bar{y}$ 대신 $\hat{y}$를 사용할 때 SST가 60.8571에서 4.9283으로 92% 가량 줄었다고 말할 수 있다. 결정계수 r^2는 보통 소수점 아래 두 자리까지 반올림한다. ■

총제곱합 SST는 식품비의 총변동의 측도이고, 회귀제곱합 SSR은 회귀모형 또는 소득에 의해 설명되는 총변동의 부분이며, 잔차제곱합 SSE는 회귀모형에 의해 설명되지 않은 총변동의 부분이다. 따라서 예제 13-3에서 가구들의 식품비에 대한 총변동의 92%는 소득의 변동에 의해 발생하고, 나머지 8%는 다른 변수들과 (우연) 확률 때문에 발생한다고 말할 수 있다.

통상적으로 r^2의 값이 클수록 회귀모형이 더 좋다. 이유는 r^2의 값이 클수록 고려하는 독립변수에 의해 설명되는 총 오차의 부분이 더 커지고, 다른 변수들이나 우연확률에 의한 오차의 부분이 더 작아지기 때문이다.

연습문제

■ 개념과 절차

13.27 단순선형회귀모형에서 자유도는 어떤 것인가?

13.28 결정계수의 의미를 설명하시오.

13.29 제곱합 SST와 SSR의 의미를 설명하시오. 설명을 위하여 그래프를 사용해도 좋다.

13.30 다음은 모집단 자료로부터 얻은 정보이다.

$$N = 250,\ \Sigma x = 9880,\ \Sigma y = 1456,\ \Sigma xy = 85{,}080$$
$$\Sigma x^2 = 485{,}870,\quad \Sigma y^2 = 135{,}675$$

σ_ϵ와 ρ^2의 값을 구하시오.

13.31 다음은 모집단 자료로부터 얻은 정보이다.

$$N = 460,\ \Sigma x = 3920,\ \Sigma y = 2650,\ \Sigma xy = 26{,}570$$
$$\Sigma x^2 = 48{,}530,\ \ \Sigma y^2 = 39{,}347$$

σ_ϵ와 ρ^2값을 구하시오.

13.32 다음은 표본자료로부터 얻은 정보이다.

$$n = 10,\ \Sigma x = 100,\ \Sigma y = 220,\ \Sigma xy = 3680$$
$$\Sigma x^2 = 1140,\ \ \Sigma y^2 = 25{,}272$$

s_e와 r^2값을 구하시오.

13.33 다음은 표본자료로부터 얻은 정보이다.

$$n = 12,\ \Sigma x = 66,\ \Sigma y = 588,\ \Sigma xy = 2244$$
$$\Sigma x^2 = 396,\ \ \Sigma y^2 = 58{,}734$$

s_e와 r^2값을 구하시오.

■ 응용

13.34 한 고등학교의 상담선생님은 학생들이 학교를 다니는 동안 아르바이트를 한 시간이 그들의 학업성적에 얼마나 영향을 주는지 알고 싶어 한다. 다음 표는 일주일에 아르바이트를 한 시간과 그에 따른 학점 (grade point average, GPA) 이다.

시간	10	8	20	15	18	5	10
학점	3.5	3.7	3.0	2.8	2.1	4.0	3.6

다음을 구하시오.

a. SS_{xx}, SS_{yy}, SS_{xy}
b. 오차항의 표준편차
c. SST, SSE, SSR
d. 결정계수

13.35 다음은 8명에 대하여 각각 그램 단위로 측정한 하루 동안의 평균적인 포화지방섭취량과 백밀리리터당 밀리그램 단위로 측정한 콜레스테롤 수치를 기록한 것이다.

포화지방섭취량	55	68	50	34	43	58	77	36
콜레스테롤수치	180	215	195	165	170	204	235	150

다음을 구하시오.

a. SS_{xx}, SS_{yy}, SS_{xy}
b. 오차항의 표준편차
c. SST, SSE, SSR
d. 결정계수

13.36 (연습문제 13.23 참고) 다음 표는 한 특정 모형의 자동차 8대에 대하여 해수로 나타낸 차령과 백달러 단위로 나타낸 가격에 대한 것이다.

차령	8	3	6	9	2	5	6	3
가격	18	94	50	21	145	42	36	99

a. 오차항의 표준편차를 계산하시오.

b. 결정계수를 계산하고 그것을 간단히 설명하시오.

13.37 다음 자료는 연습문제 13.24에 나왔던 6명의 천달러 단위로 나타낸 연간 소득과 생명보험금액을 나타낸 것이다.

연간소득	62	78	41	53	85	34
생명보험금	250	300	100	150	500	75

a. 오차항의 표준오차를 구하시오.

b. 결정계수를 계산하시오. 생명보험금의 변동 중 연간소득에 의하여 설명되는 비율은 얼마인가? 그 변동 중 설명되지 않은 비율은?

13.38 연습문제 13.25에 주어졌던 내셔널리그 야구팀들 각각의 연봉 총액과 승률에 대한 자료를 참고하자.

a. 오차항의 표준편차 σ_ϵ을 구하시오(이 자료는 모집단으로부터 얻은 자료이다).

b. 결정계수 ρ^2을 계산하시오.

13.5 회귀계수(B)에 대한 추론

이 절에서는 모회귀직선의 기울기계수인 B에 대한 추정과 검정을 다룬다. 물론 모회귀직선의 y-절편계수인 A에 대해서도 추정과 검정을 다룰 수 있다. 하지만 이 책에서는 A에 대한 추론은 다루지 않기로 한다.

13.5.1 기울기 추정량 b의 표본분포

회귀직선을 결정하는 주목적의 하나는 모회귀직선의 기울기 B의 참값을 찾는 데 있다. 그러나 거의 모든 경우 회귀직선은 표본 자료를 사용하여 추정된다. 이런 경우 모회귀직선에 대한 추론이 표본회귀직선에 의하여 이뤄진다. 표본회귀직선의 기울기 b가 모회귀직선의 기울기 B에 대한 점추정량이다. 같은 모집단에서 추출된 서로 다른 표본들에 대하여 추정된 표본회귀직선들의 기울기 b의 값은 서로 다를 것이다. 만약 표본이 추출되고 그 표본에 대해 회귀직선이 추정된다면 b의 값이 얼마가 되는가는 그 표본에 어떤 요소가 포함되어 있는가에 달려 있다. 따라서 b는 확률변수이고 확률분포를 갖는데, 이 분포를 흔히 b의 표본분포라고 부른다. b의 표본분포의 모양과 평균, 그리고 표준편차가 다음과 같이 주어진다.

b의 평균, 표준편차, 표본분포

확률오차가 정규분포한다는 가정 때문에 b의 표본분포도 정규분포이다. b의 평균과 표준편차는 각각 μ_b, σ_b으로 나타내며 다음과 같다.

$$\mu_b = B, \quad \sigma_b = \frac{\sigma_\epsilon}{\sqrt{SS_{xx}}}$$

그러나 보통 모집단 오차의 표준편차 σ_ϵ는 미지이다. 따라서 표본표준편차 s_e가 σ_ϵ의 추정에 사용된다. 이렇게 σ_ϵ가 미지인 경우 b의 표준편차는 s_b로 추정되고 다음과 같이 계산한다.

$$s_b = \frac{s_e}{\sqrt{SS_{xx}}}$$

σ_ϵ를 알면 B에 대한 추론을 하는데 정규분포를 사용할 수 있다. σ_ϵ를 모르면 B에 대한 추론을 하는데 정규분포 대신 t분포를 사용한다.

13.5.2 모회귀계수 *B*의 추정

표본회귀직선에서 구한 b의 값은 모회귀직선의 기울기 B에 대한 점추정값이다. 13.5.1절에서 언급했듯이 σ_ϵ가 미지인 경우 B에 대한 신뢰구간을 구할 때 t분포를 사용해야 한다.

모회귀계수 B에 대한 신뢰구간

B에 대한 $(1 - \alpha)$ 100% 신뢰구간은 다음과 같다.

$$b \pm t s_b$$

여기서

$$s_b = \frac{s_e}{\sqrt{SS_{xx}}}$$

그리고 t의 값은 자유도 $n - 2$인 t분포의 오른쪽 꼬리부분의 면적이 $\alpha/2$가 되게끔 t분포표에서 찾는다.

예제 13-4에서 B에 대한 신뢰구간을 찾는 절차를 보인다.

■ 예제 13-4 B에 대한 신뢰구간

표 13.1에 주어진 7가구의 소득과 식품비 자료에 대하여 B에 대한 95% 신뢰구간을 구하시오.

풀 이 주어진 정보와 앞의 예제 13-1과 13-2에서의 계산으로부터 다음을 얻는다.

$$n = 7,\quad b = 0.2642,\quad SS_{xx} = 801.4286,\quad s_e = 0.9922$$

신뢰수준은 95%이다.

$$s_b = \frac{s_e}{\sqrt{SS_{xx}}} = \frac{0.9922}{\sqrt{801.4286}} = 0.035$$

$$df = n - 2 = 7 - 2 = 5$$

$$\alpha/2 = (1 - 0.95)/2 = 0.025$$

t분포표로부터 자유도 5이고, t분포곡선의 오른쪽 꼬리부분의 면적이 0.025가 되는 t의 값은 2.571이다. B에 대한 95% 신뢰구간은 다음과 같다.

$$b \pm t\, s_b = 0.2642 \pm 2.571\,(0.0350) = 0.2642 \pm 0.0900 = 0.17\text{에서 } 0.35$$

따라서 모회귀직선의 기울기 B가 0.17과 0.35 사이에 있다고 신뢰수준 95%로 자신한다. ■

13.5.3 모회귀계수 B에 대한 가설검정

귀무가설이 $B = 0$ (즉, 회귀직선의 기울기가 0) 일 때의 B에 대한 가설검정은 x가 y를 결정하지 않고, 회귀직선은 주어진 x에 대하여 y를 예측하는 데 아무 쓸모가 없다는 검정과 동등하다. 그러나 우리는 x와 y 사이의 선형관계를 검정하려는 것임을 잊지 말아야 한다. x가 y를 비선형적으로 결정할 가능성도 있는 것이다.

x가 y를 선형적으로 결정하지 않는다는 가설을 검정하기 위하여 회귀직선의 기울기가 0, 즉 $B = 0$이라는 가설을 검정할 것이다. 대립가설은 다음 중 하나가 될 수 있다.

(1) x가 y를 결정한다. 즉, $B \neq 0$

(2) x가 y를 양의 방향으로 결정한다. 즉, $B > 0$

(3) x가 y를 음의 방향으로 결정한다. 즉, $B < 0$

B에 대한 가설검정을 하기 위해 사용하는 절차는 앞의 장들에서 사용했던 것과 유사하다. 이 검정도 마찬가지로 5단계를 포함한다.

b의 검정통계량

b의 검정통계량 T의 값은 다음과 같이 계산한다.

$$T = \frac{b - B}{s_b}$$

B의 값은 귀무가설에 주어진 것을 대입한다.

예 13-5에서 B에 대한 가설을 검정하는 절차를 설명한다.

■ 예제 13-5 B에 대한 가설검정

7가구의 소득과 식품비에 대한 예에서 회귀직선의 기울기가 양인지 유의수준 1%에서 검정하자.

풀 이 주어진 정보와 앞의 예제 13-1과 13-4에서의 계산으로부터 아래와 같이 구할 수 있다.

$$n = 7, \quad b = -2642, \quad s_b = 0.0350$$

단계 1. 귀무가설과 대립가설을 설정한다.

모회귀직선의 기울기 B가 양인지 아닌지 검정해야 한다. 따라서 두 가설은 다음과 같다.

$$H_0 : B = 0 \text{ (기울기가 0)}$$
$$H_1 : B > 0 \text{ (기울기가 양수)}$$

귀무가설을 기울기가 0 또는 음수라고 진술하는 형태인 $H_0 : B \le 0$와 같이 나타낼 수도 있음을 참고하자.

단계 2. 사용할 분포를 정한다.

여기서 σ_ϵ는 미지이다. 따라서 B에 대한 검정을 하기 위하여 t분포를 사용한다.

단계 3. 기각역과 채택역을 결정한다.

유의수준은 0.01이다. 대립가설의 부등호가 >이므로 오른쪽 꼬리검정을 한다. 물론

$$t\text{분포의 오른쪽 꼬리의 면적} = \alpha = 0.01$$
$$df = n - 2 = 7 - 2 = 5$$

t분포표에서 자유도 5인 t분포의 오른쪽 꼬리의 면적이 0.01인 t의 임계값은 3.365이고, 그림 13.17에 나타나 있다.

그림 13.17

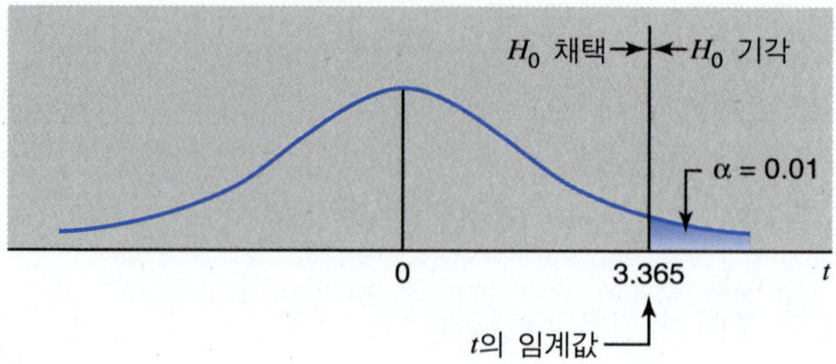

단계 4. 검정통계량의 값을 계산한다.

b에 의한 검정통계량 t의 값은 다음과 같다.

$$t = \frac{b - B}{s_b} = \frac{0.2642 - 0}{0.0350} = 7.549$$

(0: H_0으로부터)

단계 5. 결정을 한다.

검정통계량의 값은 $t = 7.549$이고 t의 임계값 3.365보다 커서 기각역에 속한다. 따라서 귀무가설을 기각하고 소득 x가 식품비 y를 양의 방향으로 결정한다고 결론내린다. 즉, 식품비는 소득이 증가하면 늘어나고 소득이 감소하면 줄어든다.

확률값 (p-value) 을 사용하여 결정하기

앞의 9장과 10장에서 했듯이 부록 B의 표 V인 t분포표로부터 확률값에 대한 범위를 찾을 수 있고, 그 확률값을 유의수준과 비교하여 결정을 내릴 수 있다. 이 예에서 $df = 5$이고, t의 관측값은 7.549이다. 표 V인 t분포표의 $df = 5$인 행에서 t의 최댓값은 5.893이고, 그에 대한 t분포의 오른쪽 꼬리의 면적은 0.001이다. 관측된 t값인 $t = 7.549$는 5.893보다 크기 때문에 $t = 7.549$에 대한 확률값은 0.001보다 작다. 즉,

$$p\text{-값} < 0.001$$

이 확률값을 기술적으로 찾아보면 0.000과 같이 구해지는 것을 알 수 있다. 따라서 확률값 범위의 상한인 0.001이나 그보다 큰 어떤 α에 대해서도 귀무가설을 기각할 것이다. 우리 예에서 $\alpha = 0.01$이고 확률값인 0.001보다 크다. 따라서 귀무가설을 기각한다. ■

귀무가설이 항상 $B = 0$이어야만 하는 것은 아니라는 점을 유념한다. B가 어떤 정해진 값과 같다는 귀무가설을 검정할 수도 있다. 연습문제 13.40에서 13.43, 13.48, 13.49가 그런 경우에 대한 것이다.

연습문제

■ 개념과 절차

13.39 단순선형회귀모형의 기울기 추정량 b의 평균, 표준편차와 표본분포의 모양을 설명하시오.

13.40 다음은 모집단으로부터 추출된 표본 16개로부터 얻은 정보이다.

$$SS_{xx} = 340.700, \quad s_e = 1.951, \quad \hat{y} = 12.45 + 6.32x$$

a. B에 대한 99% 신뢰구간을 구하시오.

b. 유의수준 0.025를 사용할 때, B를 양수라고 결론내릴 수 있는가?

c. 유의수준 0.01을 사용할 때, B는 0이 아니라고 결론내릴 수 있는가?

d. 유의수준 0.02를 사용할 때, B가 4.50인지 아닌지 검정하시오(힌트 - 여기서 귀무가설은 $H_0: B = 4.50$이 될 것이고, 대립가설은 $H_1: B \neq 4.50$이 될 것이다. 검정통계량 t의 값을 계산할 때 $B = 4.50$인 값을 사용한다).

13.41 다음은 모집단으로부터 추출한 25개의 관측값에 대한 자료이다.

$$SS_{xx} = 274.600, \quad s_e = 0.932, \quad \hat{y} = 280.56 - 3.77x$$

a. B에 대한 95% 신뢰구간을 구하시오.

b. 유의수준 0.01을 사용할 때, B가 음수인지 아닌지 검정하시오.

c. 유의수준 5%에서 검정할 때, B가 0이 아니라고 결론내릴 수 있는가?

d. B가 -5.20인지 아닌지 검정하시오. 유의수준 $\alpha = 0.01$을 사용하시오.

13.42 다음은 모집단으로부터 추출한 100개의 관측값에 대한 자료이다.

$$SS_{xx} = 524.884, \quad s_e = 1.464, \quad \hat{y} = 5.48 + 2.50x$$

a. B에 대한 98% 신뢰구간을 구하시오.

b. B가 양수인지 아닌지 유의수준 2.5%에서 검정하시오.

c. B가 0이 아니라고 결론내릴 수 있는가? 유의수준 $\alpha = 0.01$을 사용하시오.

d. 유의수준 0.01을 사용하여 B가 1.75보다 더 큰지 아닌지 검정하시오.

13.43 다음은 모집단으로부터 추출한 80개의 관측값에 대한 자료이다.

$$SS_{xx} = 380.592, \quad s_e = 0.961, \quad \hat{y} = 160.24 - 2.70x$$

a. B에 대한 97% 신뢰구간을 구하시오.

b. B가 음수인지 아닌지 유의수준 1%에서 검정하시오.

c. B가 0이 아니라고 결론내릴 수 있는가? 유의수준 $\alpha = 0.01$을 사용하시오.

d. 유의수준 0.02를 사용하여 B가 -1.25보다 더 작은지 검정하시오.

■ 응용

13.44 (연습문제 13.23 참고) 다음 표는 앞에 나왔던 한 특정 차종의 자동차 8대에 대하여 해수로 나타낸 차령과 백달러 단위로 나타낸 가격에 대한 자료를 다시 나타낸 것이다.

차량	8	3	6	9	2	5	6	3
가격	18	94	50	21	145	42	36	99

a. B에 대한 95% 신뢰구간을 구하시오. 신뢰구간을 구하는 데 있어서 필요한 계산들은 연습문제 13.25와 13.39의 결과를 사용할 수 있다.

b. B가 음수인지 아닌지 유의수준 5%에서 검정하시오.

13.45 다음 표에 주어진 자료는 표본이 된 학생들 10명의 중간고사 점수와 그 학생들이 선생님에 대하여 평가한 점수를 기록한 것이다 (선생님에 대한 평가 점수에서 1이 가장 낮은 점수이고, 4가 가장 높은 점수이다).

평가 점수	3	2	3	1	2	4	3	4	4	2
중간고가 점수	90	75	97	64	47	99	75	88	93	81

a. 중간고사 점수에 대한 평가 점수의 회귀를 구하시오.

b. B에 대한 99% 신뢰구간을 구하시오.

c. 유의수준 1%에서 B가 양수인지 아닌지 검정하시오.

13.46 다음 표는 무작위로 선택된 9명의 비서에 대하여 연수로 나타낸 경력과 백달러 단위로 나타낸 월급에 대한 자료이다.

경력	14	3	5	6	4	9	18	5	16
월급	42	24	33	31	29	39	47	30	43

a. 경력을 독립변수로 하고 월급을 종속변수로 하여 최소제곱회귀직선을 구하시오.

b. B에 대한 98% 신뢰구간을 구하시오.

c. 유의수준 2.5%에서 B가 0보다 더 큰지 아닌지 검정하시오.

13.47 다음 자료는 연습문제 13.24에 나왔던 6명의 천달러 단위로 나타낸 연간 소득과 생명보험금액을 나타낸 것이다.

연간소득	62	78	41	53	85	34
생명보험금	250	300	100	150	500	75

a. B에 대한 99% 신뢰구간을 구하시오. 여기서 연습문제 13.24와 13.37에서의 계산을 사용할 수 있다.

b. 유의수준 1%에서 B가 0인지 아닌지 검정하시오.

13.48 (연습문제 13.34 참고) 다음 표는 7명의 고등학생이 일주일에 일한 시간수와 학점 (GPA)를 나타낸다.

일한 시간	10	8	20	15	18	5	10
학점(GPA)	3.5	3.7	3.0	2.8	2.1	4.0	3.6

a. 일한 시간을 독립변수로 하고 학점을 종속변수로 하여 최소제곱회귀직선을 찾으시오.

b. B에 대한 95% 신뢰구간을 구하시오. 여기서 연습문제 13.34에서 얻은 결과를 사용할 수 있다.

c. 기존의 한 연구에서는 일한 시간과 학점 사이의 관계에 대하여 B가 -0.04라고 주장한다. 유의수준 5%에서 B가 -0.04보다 더 작은지 아닌지 검정하시오 (힌트 : 귀무가설은 $H_0 : B = -0.04$이고, 대립가설은 $H_1 : B < -0.04$가 될 것이다. 검정통계량 t의 값을 계산할 때 $B = -0.04$인 값을 사용한다).

13.49 다음 표는 연습문제 13.35에 나왔던 자료를 다시 나타낸 것으로 8명에 대하여 각각 그램 단위로 측정한 하루 동안의 평균적인 포화지방섭취량과 백밀리리터당 밀리그램 단위로 측정한 콜레스테롤 수치를 기록한 것이다.

포화지방섭취량	55	68	50	34	43	58	77	36
콜레스테롤수치	180	215	195	165	170	204	235	150

a. 지방섭취량 x와 콜레스테롤 수치 y의 회귀직선 $\hat{y} = a + bx$을 구하시오.

b. B에 대한 90% 신뢰구간을 구하시오.

c. 기존의 한 연구에서 B의 값이 1.75라고 주장한다. 유의수준 5%에서 B가 1.75인지 아닌지 검정하시오.

13.6 선형상관

이 절에서는 선형상관계수의 의미와 계산, 그리고 그에 대한 가설검정을 수행하는 절차를 설명한다.

13.6.1 선형상관계수

두 변수 사이의 관계에 대한 또 다른 측도는 상관계수이다. 이 절에서는 두 변수 사이의 선형 연관의 강도를 측정하는 단순선형상관, 줄여서 **선형상관 (linear correlation)**을 설명한다. 달리 말하면 선형상관계수는 산점도에서 점들이 회귀직선 주변에 얼마나 가까이 산포되어 있는지를 측정한다. 모집단 자료에 대하여 계산된 상관계수는 그리스 문자 ρ를 사용하여 나타내고, 표본 자료에 대한 상관계수는 r로 나타낸다. 상관계수의 제곱이 단순선형회귀에서는 결정계수와 같음을 알아두자.

상관계수의 값

상관계수의 값(*value of the correlation coefficient*)은 항상 -1과 1 사이에 있다. 즉,

$$-1 \le \rho \le 1 \text{ 이고 } -1 \le r \le 1$$

선형상관을 모집단 상관계수 ρ를 사용하여 설명할 수도 있지만, 표본상관계수 r을 사용하여 설명하기로 한다.

만약 $r = 1$이면 **완전한 양의 선형상관**이라 한다. 이런 경우는 그림 13.18a에 나타나 있듯이 산점도의 모든 점들이 왼쪽에서 오른쪽 위로 기울어진 직선 위에 놓인다. 만약 $r = -1$이면 **완전한 음의 선형상관**이라 한다. 이런 경우는 그림 13.18b에 나타나 있듯이 산점도의 모든 점들이 왼쪽에서 오른쪽 아래로 기울어진 직선 위에 놓인다. 점들이 그림 13.18c에 나타나 있듯이 산점도 전체에 산포하면 두 변수 사이에는 선형상관이 없으며, 따라서 r이 0에 가까워진다. r이 0이 되는 것이 아니고 0에 **가깝다**는 점을 유념하자.

보통 완전한 양의 상관이나 음의 상관인 예를 만나는 경우는 드물다. 실제 문제에서 관찰되는 것은 0보다 크고 1보다 작은 양의 선형상관, 즉 $0 < r < 1$이거나 -1보다 크고 0보다 작은 음의 선형상관, 즉 $-1 < r < 0$이다.

두 변수 사이의 상관이 양수이고, 1에 가까우면 두 변수는 강한 양의 선형상관을 갖는다고 한다. 두 변수 사이의 상관이 양수이나 0에 가까우면 두 변수는 약한 양의 선형상관을 갖는다. 반면에 두 변수 사이의 상관이 음수이고, -1에 가까우면 두 변수는 **강한 음의 선형상관**을 갖는다고 한다. 두 변수 사이의 상관이 음수이나 0에 가까우면 두 변수는 **약한 음의 선형상관**이 존재한다. 그림에서 보면 강한 상관은 산점도에서 점들이 회귀직선 주변에 아주 가깝다는 것을 나타내고, 약한 상관은 산점도에서 점들이 회귀직선 주변에 넓게 퍼져 있다는 것을 나타낸다. 이 네 경우가 그림 13.19$a-d$에 나타나 있다.

그림 13.18 **두 변수 사이의 선형상관 (a) 완전한 양의 선형상관, r = 1. (b) 완전한 음의 선형상관, r = −1. (c) 선형상관이 없음, $r \approx 0$.**

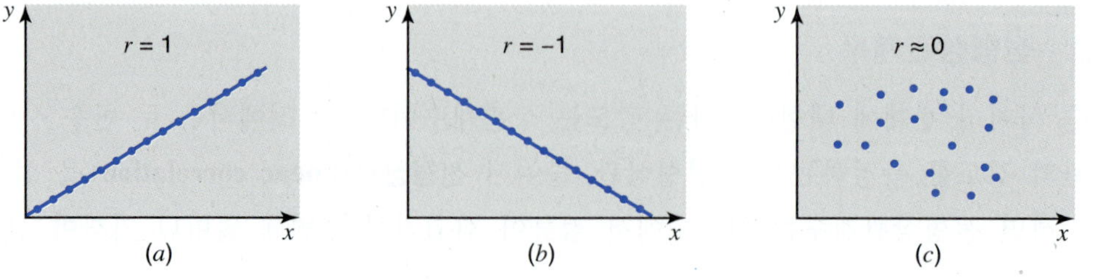

그림 13.19 **두 변수 사이의 선형상관**

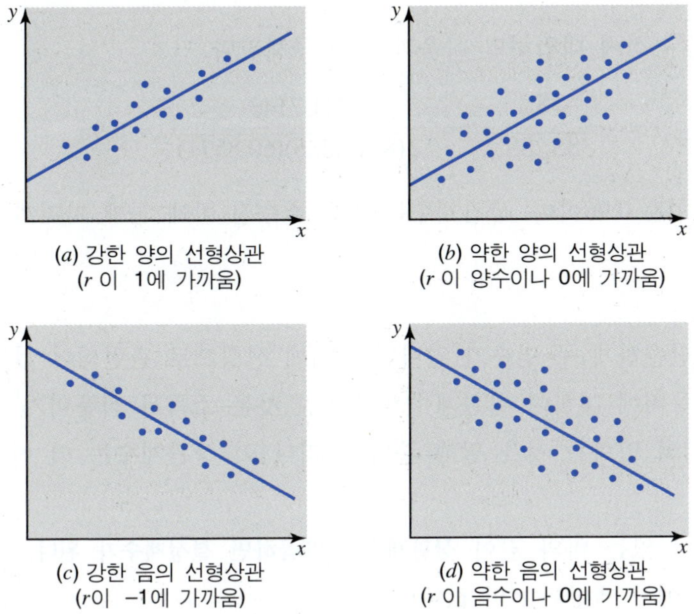

선형상관계수는 다음 공식을 사용하여 계산한다. 이 상관계수를 **피어슨 적률곱 상관계수**(*Pearson product moment correlation coefficient*)라고도 부른다.

선형상관계수

단순형상관계수(*simple linear correlation coefficient*)는 r로 나타내고 표본에 대한 두 변수 사이의 선형관계의 강도를 측정하며 다음과 같이 계산한다.

$$r = \frac{SS_{xy}}{\sqrt{SS_{xx}SS_{yy}}}$$

SS_{xx}와 SS_{yy} 둘 다 항상 양수이므로 상관계수 r의 부호는 SS_{xy}의 부호에 의존한다. SS_{xy}가 양수이면 r도 양수이고, SS_{xy}가 음수이면 r도 음수이다. 기억해둘만한 또 다른 중요한 현상은 **같은 표본에 대해 계산한 r과 b는 항상 같은 부호를 가질 것이라는 사실이다. 즉, r과 b는 같이 양이거나 음이다.** 그렇게 되는 이유는 r과 b 모두 x와 y 사이의 관계에 대한 정보를 제공하기 때문이다. 마찬가지로 대응하는 모집단의 모수 ρ와 B도 항상 같은 부호를 갖는다.

■ 예제 13-6 선형상관계수의 계산

7가구의 소득과 식품비에 대한 예에서 상관계수를 구하시오.

풀 이 앞의 예제 13-1과 13-2에서 계산된 값은 다음과 같다.

$$SS_{xy} = 211.7143, \quad SS_{xx} = 801.4286, \quad SS_{yy} = 60.8571$$

이 값들을 r에 대한 공식에 대입하면 다음과 같이 구해진다.

$$r = \frac{SS_{xy}}{\sqrt{SS_{xx}SS_{yy}}} = \frac{211.7143}{\sqrt{(801.4286)(60.8571)}} = 0.96$$

따라서 선형상관계수는 0.96이다. 상관계수는 보통 소수점 아래 둘째 자리까지 반올림된다.

■

선형상관계수는 단순하게 두 변수가 얼마나 강하게 선형으로 관련되어 있는지 알려 준다. 7가구의 소득과 식품비에 대하여 상관계수가 0.96인 것은 소득과 식품비가 아주 강하게 양의 방향으로 상관되어 있다는 것을 말해 준다. 그러나 이 상관계수는 더 이상의 정보를 제공하지는 못한다.

13.4절에 설명되어 있는 바와 같이 **상관계수를 제곱하면 결정계수가 된다.** 따라서 $(0.96)^2$ 은 0.92이고, 예제 13-3에서 계산된 r^2의 값이다.

어떤 경우는 계산된 r의 값은 두 변수가 매우 강하게 선형으로 상관되었다고 나타났지만, 실제로는 그렇지 않을 수 있다. 예를 들어, 지난 30년 동안의 자료를 사용하여 미국에서 콜라의 가격과 가족의 크기 사이의 상관계수를 계산한다면 강한 음의 선형관계가 나타날 것이다. 시간이 지나면서 콜라 가격은 오르고 가족의 크기는 감소하였다. 이 사실은 가족 크기와 콜라 가격이 관련되었음을 뜻하는 것이 아니다. 결론적으로 상관계수를 구하기 전에 두 변수 사이에 인과관계가 있는지 여부를 검토하려면 이론이나 상식으로부터 도움을 구해야 한다.

또 다른 유의점은 단순회귀모형에서는 두 변수 중 하나는 독립변수로 분류되고 다른 하나는 종속변수로 분류된다. 그러나 상관계수를 계산할 때는 두 변수 사이에 그러한 구별을 할 필요가 없다.

13.6.2 선형상관계수에 대한 가설검정

이 절에서는 표본상관계수 r을 사용하여 모상관계수 ρ에 대한 가설검정을 수행하는 방법을 설명한다. 이 검정을 하기 위하여 t분포를 사용할 수 있다. 그러나 t분포를 사용하기 위해서는 두 변수가 정규분포해야 한다.

항상 그런 것은 아니지만 통상적으로 귀무가설은 두 변수 사이의 선형상관계수가 0, 즉 $\rho = 0$이라는 것이다. 대립가설은 다음 중 하나이다.

(1) 두 변수 사이의 선형상관계수가 0보다 작다. 즉, $\rho < 0$이다.
(2) 두 변수 사이의 선형상관계수가 0보다 크다. 즉, $\rho > 0$이다.
(3) 두 변수 사이의 선형상관계수가 0이 아니다. 즉, $\rho \neq 0$이다.

r에 대한 검정통계량

두 변수가 정규분포하고 귀무가설이 $H_0 : \rho = 0$이면 검정통계량 T의 값은 다음과 같이 구한다.

$$T = r\sqrt{\frac{n-2}{1-r^2}}$$

여기서 자유도는 $n-2$이다.

예제 13-7에서 선형상관계수에 대한 가설검정을 수행하는 절차를 설명한다.

■ 예제 13-7 상관계수에 대한 가설검정

예 13-1의 자료를 사용하여 소득과 식품비 사이의 선형상관계수가 양수인지 유의수준 1%에서 검정하시오. 두 변수 모두 모집단이 정규분포한다고 가정한다.

풀 이 예제 13-1과 13-6에서 다음과 같이 구할 수 있다.

$$n = 7, \quad r = 0.96$$

이 가설검정을 수행하기 위하여 다음 다섯 단계를 사용한다.

단계 1. 귀무가설과 대립가설을 설정한다.

소득과 식품비 사이의 선형상관계수가 양수인지 검정해야 한다. 따라서 귀무가설과 대립가설은 다음과 같다.

$$H_1 : \rho = 0 \text{ (선형상관계수가 0이다)}$$
$$H_0 : \rho > 0 \text{ (선형상관계수가 양이다)}$$

단계 2. 사용할 분포를 정한다.

두 변수에 대한 모집단의 분포는 정규분포이다. 따라서 선형상관계수에 대한 이와 같은 검정을 하기 위하여 t분포를 사용할 수 있다.

단계 3. 기각역과 채택역을 결정한다.

유의수준은 1%이다. 대립가설로부터 오른쪽 꼬리검정임을 안다. 물론

$$t\text{분포의 오른쪽 꼬리의 면적} = 0.01$$
$$df = n - 2 = 7 - 2 = 5$$

t분포표에서 자유도 5인 t분포의 오른쪽 꼬리의 면적이 0.01인 t의 임계값은 3.365이다. 이 검정에 대한 기각역과 채택역이 그림 13.20에 나타나 있다.

그림 13.20

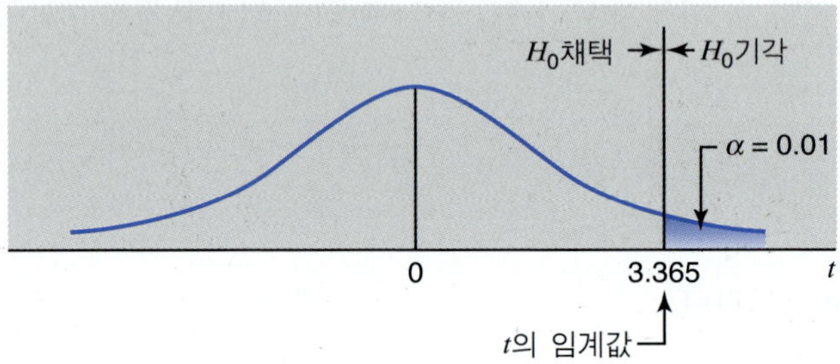

단계 4. 검정통계량의 값을 계산한다.

r에 의한 검정통계량 t의 값은 다음과 같다.

$$t = r\sqrt{\frac{n-2}{1-r^2}} = 0.96\sqrt{\frac{7-2}{1-(0.96)^2}} = 7.667$$

단계 5. 결정을 한다.

검정통계량의 값은 $t = 7.667$이고, t의 임계값인 3.365보다 커서 기각역에 속한다. 따라서 귀무가설을 기각하고 소득과 식품비 사이에 양의 선형관계가 있다고 결론 내린다.

확률값 (p-value) 을 사용하여 결정하기

부록 B의 표 V인 t분포표로부터 확률값에 대한 범위를 찾을 수 있고, 그 확률값을 유의수준과 비교하여 결정을 내릴 수 있다. 이 예에서 $df = 5$이고, t의 관측값은 7.667이다. 표 V인 t분포표의 $df = 5$인 행에서 t의 최댓값은 5.893이고, 그에 대한 t분포의 오른쪽 꼬리의 면적은 0.001이다. 관측된 t값인 $t = 7.667$은 5.893보다 크기 때문에 $t = 7.667$에 대한 확률값은 0.001보다 작다. 즉,

$$p\text{-값} < 0.001$$

따라서 확률값 범위의 상한인 0.001이나 그보다 큰 어떤 α에 대해서도 귀무가설을 기각할 것이다. 우리 예에서 $\alpha = 0.01$이고, 확률값인 0.001보다 크다. 따라서 귀무가설을 기각한다.

연습문제

■ 개념과 절차

13.50 선형상관계수는 두 변수 사이의 관계에 관하여 무엇을 말하는가? 어떤 범위 안에서 상관계수가 값을 취할 수 있는가?

13.51 ρ와 r의 차이점은 무엇인가? 설명하시오.

13.52 다음 각각의 개념을 설명하시오. 각 개념을 설명하기 위하여 그래프를 사용할 수 있다.

a. 완전한 양의 선형 상관관계

b. 완전한 음의 선형 상관관계

c. 강한 양의 선형 상관관계

d. 강한 음의 선형 상관관계

e. 약한 양의 선형 상관관계

f. 약한 음의 선형 상관관계

g. 무 선형 상관관계

13.53 같은 모집단 자료에 대하여 계산된 ρ와 B의 값이 다른 부호를 가질 수 있는가? 설명하시오.

13.54 표본 자료에 대하여 선형 상관계수 r이 양수값으로 나왔다. 다음 중에서 같은 표본에 대하여 추정된 회귀직선의 기울기 b에 대하여 옳은 것은 어떤 것인가?

a. b의 값은 양수일 것이다.

b. b의 값은 음수일 것이다.

c. b의 값은 양수일 수도 있고 음수일 수도 있다.

13.55 표본자료에 대하여 회귀직선의 기울기 b가 음수값으로 나왔다. 다음 중에서 같은 표본에 대하여 계산된 상관계수 r에 대하여 옳은 것은 어떤 것인가?

a. r의 값은 양수일 것이다.

b. r의 값은 음수일 것이다.

c. r의 값은 양수일 수도 있고 음수일 수도 있다.

13.56 두 변수에 대한 표본자료에서 선형상관계수의 값이 0으로 나왔다. 이것은 변수들이 관계가 없다는 것을 뜻하는가? 설명하시오.

13.57 다음의 각 예에서 두 변수 간의 상관계수가 양수인지 0인지 아니면 음수인지 예상하시오.

a. 학생이 공부에 사용한 시간과 성적

b. 가족의 소득과 여가 지출비

c. 여성의 나이와 월 화장비용

d. 컴퓨터의 가격과 음료 (Coke) 소비량

e. 와인의 가격과 소비량

13.58 다음의 각 예에서 두 변수 간의 상관계수가 양수인지 0인지 아니면 음수인지 예상하시오.

a. 학생의 SAT 점수와 학점

b. 개인의 스트레스 수준과 혈압

c. 비료의 사용량과 에이커당 옥수수 수확량

d. 집이 지어진 후의 기간과 가격

e. 남편의 키와 아내들의 수입

13.59 모집단 자료로부터 다음과 같은 정보를 얻었다.

$$N = 250,\ \Sigma x = 9880,\ \Sigma y = 1456,\ \Sigma xy = 85{,}080$$
$$\Sigma x^2 = 485{,}870,\ \Sigma y^2 = 135{,}675$$

상관계수 ρ를 구하시오.

13.60 모집단 자료로부터 다음과 같은 정보를 얻었다.

$$N = 460,\ \Sigma x = 3920,\ \Sigma y = 2650,\ \Sigma xy = 26{,}570$$
$$\Sigma x^2 = 48{,}530,\ \Sigma y^2 = 39{,}347$$

상관계수 ρ를 구하시오.

13.61 다음은 표본자료에서 얻은 정보이다.

$$N = 10,\ \Sigma x = 100,\ \Sigma y = 220,\ \Sigma xy = 3680$$
$$\Sigma x^2 = 1140,\ \Sigma y^2 = 25{,}272$$

a. 선형 상관계수 r을 구하시오.

b. 유의수준 2%를 사용할 때 ρ가 0이 아니라고 결론내릴 수 있는가?

13.62 다음은 표본자료에서 얻은 정보이다.

$$N = 12,\ \Sigma x = 66\ \ \Sigma y = 588,\ \Sigma xy = 2244$$
$$\Sigma x^2 = 396,\ \Sigma y^2 = 58{,}734$$

a. 선형 상관계수 r을 구하시오.

b. 유의수준 1%를 사용할 때 ρ가 음수라고 결론내릴 수 있는가?

■ 응용

13.63 (연습문제 13.23 참고) 다음 표는 앞에 나왔던 한 특정 차종의 자동차 8대에 대하여 해수로 나타낸 차령과 백달러 단위로 나타낸 가격에 대한 자료를 다시 나타낸 것이다.

차령	8	3	6	9	2	5	6	3
가격	18	94	50	21	145	42	36	99

a. 차령과 가격의 관계를 양의 관계로 예상하는가 또는 음의 관계로 예상하는가? 설명하시오.

b. 선형 상관계수를 계산하시오.

c. 유의수준 2.5%에서 ρ가 음인지 아닌지 검정하시오.

13.64 다음 표는 연습문제 13.53에 나왔던 무작위로 선택된 9명의 비서에 대하여 연수로 나타낸 경력과 백달러 단위로 나타낸 월급에 대한 자료를 나타낸 것이다.

경력	14	3	5	6	4	9	18	5	16
월급	42	24	33	31	29	39	47	30	43

a. 경력과 월급의 관계를 양의 관계로 예상하는가 아니면 음의 관계로 예상하는가? 설명하시오.

b. 선형 상관계수를 계산하시오.

c. 유의수준 5%에서 ρ가 양인지 아닌지 검정하시오.

13.65 다음 표는 통계학을 수강한 학생 7명의 중간고사 점수와 기말고사 점수를 나타낸 것이다.

중간고사 점수	79	95	81	66	87	94	59
기말고사 점수	85	97	78	76	94	84	67

a. 중간고사와 기말고사 점수 간의 관계를 양의 관계로 예상하는가 아니면 음의 관계로 예상하는가?

b. 산점도를 그리시오. 산점도를 보고 이 두 변수의 상관계수가 0, 1, −1에 가까운지 예상할 수 있는가?

c. 상관계수를 구하시오. 상관계수 r의 값은 위 a와 b에서 예상하였던 것과 일치하는가?

d. 유의수준 1%에서 선형 상관계수가 양인지 아닌지 검정하시오.

13.66 다음은 6쌍의 남편의 나이와 아내의 나이를 나타낸 것이다.

남편의 나이	43	57	28	19	35	39
아내의 나이	37	51	32	20	33	38

a. 남편의 나이와 아내의 나이를 양의 관계로 예상하는가 아니면 음의 관계로 예상하는가?

b. 산점도를 그리시오. 산점도를 보고 이 두 변수의 상관계수가 0, 1, −1에 가까운지 예상할 수 있는가?

c. 상관계수를 구하시오. 상관계수 r의 값은 위 a와 b에서 예상하였던 것과 일치하는가?

d. 유의수준 5%에서 상관계수가 0이 아니라고 할 수 있는지 검정하시오.

13.67 다음 표는 연습문제 13.49에 나왔던 자료를 다시 나타낸 것으로 8명에 대하여 각각 그램 단위로 측정한 하루 동안의 평균적인 포화지방섭취량과 백밀리리터당 밀리그램 단위로 측정한 콜레스테롤 수치를 기록한 것이다.

포화지방섭취량	55	68	50	34	43	58	77	36
콜레스테롤 수치	180	215	195	165	170	204	235	150

a. 상관계수를 구하시오. 이 상관계수의 부호는 연습문제 13.49번에서 계산한 기울기 b의 부호와 같은가?

b. 유의수준 1%에서 ρ가 0이 아니라고 할 수 있는지 검정하시오.

13.68 내셔널리그의 야구 팀 각각에 대하여, 시즌 개막일에 백만 달러 단위로 반올림하여 나타낸 연봉 총액과 시즌 동안의 승률을 나타낸 연습문제 13.29의 자료를 참고하자. 선형상관계수 ρ를 계산하시오.

13.7 회귀분석 : 처음부터 끝까지 분석한 예

이 절에서는 지금까지 논의했던 모든 내용을 포함하는 예를 알아보자.

■ 예제 13-8 회귀분석의 전반적인 예

확률표본으로 같은 보험회사에 비슷한 자동차보험계약을 한 운전자 8명을 추출하였다. 다음 표에 운전자들의 운전경력(연수)과 월 자동차보험료가 나열되어 있다.

운전경력 (연수)	월 자동차 보험료
5	$64
2	87
12	50
9	71
15	44
6	56
25	42
16	60

(a) 보험료가 운전경력에 따르는가 아니면 운전경력이 보험료에 따르는가? 이 두 변수 사이의 관계가 양의 방향일 것으로 예상하는가 아니면 음의 방향일 것으로 예상하는가?

(b) SS_{xx}, SS_{yy}, SS_{xy}를 계산하시오.

(c) 위 a의 답에 따라 적절한 독립변수와 종속변수를 선택하여 최소제곱회귀직선을 구하시오.

(d) 위 c에서 구한 a와 b값의 의미를 해석하시오.

(e) 산점도와 회귀직선을 그리시오.
(f) r과 r^2을 계산하고 그 의미를 설명하시오.
(g) 운전경력 10년인 운전자의 월 보험료를 예측하시오.
(h) 오차의 표준편차를 계산하시오.
(i) B에 대한 90% 신뢰구간을 구하시오.
(j) B가 음수인지 유의수준 5%에서 검정하시오.
(k) 모상관계수 ρ가 0인지 아닌지 유의수준 $\alpha = 0.05$에서 검정하시오.

풀 이

(a) 이론과 직관에 의해 보험료는 운전경력에 따를 것으로 예상된다. 따라서 회귀모형에서 보험료는 종속변수이고, 운전경력은 독립변수이다. 초보 운전자는 보험회사에 의해 고위험으로 간주되고 더 높은 자동차 보험료를 지불해야만 한다. 평균적으로 운전경력 연수가 늘어나면 보험료는 낮아질 것으로 예상한다. 따라서 두 변수 사이에 음의 방향인 관계를 예상한다. 다시 말해 모상관계수 ρ와 모회귀계수 B 모두 음수일 것으로 예상된다.

(b) 표 13.5에서 Σx, Σy, Σxy, Σx^2, Σy^2를 계산한다.

표 13.5

경력 x	보험료 y	xy	x^2	y^2
5	64	320	25	4096
2	87	174	4	7569
12	50	600	144	2500
9	71	639	81	5041
15	44	660	225	1936
6	56	336	36	3136
25	42	1050	625	1764
16	60	960	256	3600
$\Sigma x = 90$	$\Sigma y = 474$	$\Sigma xy = 4739$	$\Sigma x^2 = 1396$	$\Sigma y^2 = 29{,}642$

$\bar{x}$의 $\bar{y}$값은 다음과 같다.

$$\bar{x} = \Sigma x / n = 90/8 = 11.25$$
$$\bar{y} = \Sigma y / n = 474/8 = 59.25$$

SS_{xy}, SS_{xx}, SS_{yy}의 값은 다음과 같이 계산된다.

$$SS_{xy} = \Sigma xy - \frac{(\Sigma x)(\Sigma y)}{n} = 4739 - \frac{(90)(474)}{8} = -593.5000$$

$$SS_{xx} = \Sigma x^2 - \frac{(\Sigma x)^2}{n} = 1396 - \frac{(90)^2}{8} = 383.5000$$

$$SS_{yy} = \Sigma y^2 - \frac{(\Sigma y)^2}{n} = 29{,}642 - \frac{(474)^2}{8} = 1557.5000$$

(c) 회귀직선을 찾기 위해 a와 b를 다음과 같이 구한다.

$$b = \frac{SS_{xy}}{SS_{xx}} = \frac{-593.5000}{383.5000} = -1.5476$$

$$a = \bar{y} - b\bar{x} = 59.25 - (-1.5476)(11.25) = 76.6605$$

따라서 추정된 회귀직선은 다음과 같다.

$$\hat{y} = 76.6605 - 1.5476x$$

(d) 값 $a = 76.6605$는 $x = 0$에 대한 $\hat{y}$의 값이다. 즉, 운전경력이 없는 운전자의 자동차 보험료이다. 그러나 이 장의 앞에서 언급했듯이 표본에 포함된 운전자들은 2년 이상의 경력자들뿐이므로, 이와 같은 진술에는 큰 의미를 부여하지 말아야 한다. b의 값은 x가 한 단위 변함에 따른 $\hat{y}$의 변화를 나타낸다. 따라서 $b = -1.5476$은 평균적으로 운전경력이 1년 늘 때마다 월 자동차 보험료가 1.55달러 낮아짐을 의미한다. b가 음수이면 x가 증가할 때 y가 감소한다는 것을 상기하자.

(e) 그림 13.21은 8명의 자동차 운전자 자료에 대한 산점도와 회귀직선을 나타낸다. 회귀직선의 왼쪽에서 오른쪽 아래로 기울었음을 주목하자. 이 결과는 운전경력과 보험료 사이에 예상된 음인 방향의 관계와 일치한다.

그림 13.21 **산점도와 회귀직선**

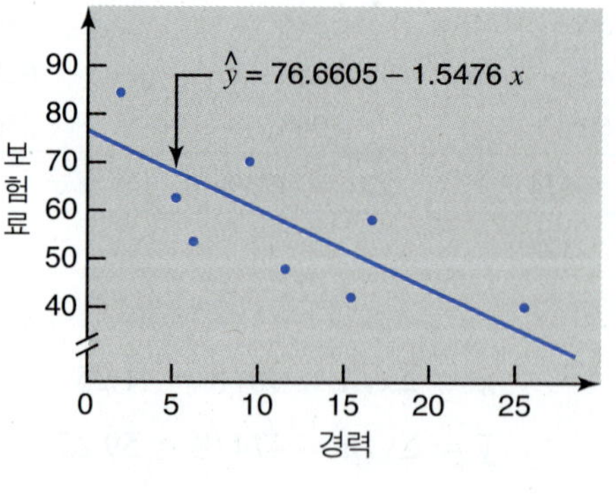

(f) r과 r^2의 값은 다음과 같이 계산된다.

$$r = \frac{SS_{xy}}{\sqrt{SS_{xx}SS_{yy}}} = \frac{-593.5000}{\sqrt{(383.5000)(1557.5000)}} = -0.77$$

$$r^2 = \frac{bSS_{xy}}{SS_{yy}} = \frac{(-1.5476)(-593.5000)}{1557.5000} = 0.59$$

값 $r = -0.77$은 운전경력과 월 자동차 보험료가 음의 방향으로 관련되어 있음을 나타낸다. 선형관계는 아주 강하다고는 할 수 없지만 강하다. 값 $r^2 = 0.59$는 보험료의 총변동 중 59%는 운전경력 연수에 의해 설명되고, 나머지 41%는 설명되지 않는다는 것을 뜻한다. r^2값이 낮은 것으로 볼 때 자동차 보험료를 정할 때 중요한 역할을 하는 여러 다른 변수들이 더 있을 것이다. 예를 들어, 보험료는 운전자의 사고이력과 자동차의 종류와 연식에 따를 것으로 예상된다.

(g) 추정된 회귀직선을 사용하여 $x = 10$에 대한 y의 예측값을 찾으면 다음과 같다.

$$\hat{y} = 76.6605 - 1.5476x = 76.6605 - 1.5476\,(10) = 61.18$$

따라서 운전경력 10년인 운전자의 월 자동차 보험료는 61.18달러가 될 것으로 예상된다.

(h) 오차의 표준편차는 다음과 같다.

$$s_e = \sqrt{\frac{SS_{yy} - bSS_{xy}}{n-2}} = \sqrt{\frac{1557.5000 - (-1.5476)(-593.5000)}{8-2}} = 10.3199$$

(i) B에 대한 90% 신뢰구간을 구하기 위하여 우선 b의 표준편차를 구한다.

$$s_b = \frac{s_e}{\sqrt{SS_{xx}}} = \frac{10.3199}{\sqrt{383.5000}} = 0.5270$$

90% 신뢰구간에 대하여 t분포의 각 꼬리쪽 면적은 다음과 같다.

$$\alpha/2 = (1 - 0.90)/2 = 0.05$$

자유도는

$$df = n - 2 = 8 - 2 = 6$$

t분포표에서 자유도 6인 t분포의 오른쪽 꼬리면적이 0.05인 t값을 찾으면 1.943이다. B에 대한 90% 신뢰구간은 다음과 같다.

$$b \pm ts_b = -1.5476 \pm 1.943\,(0.5270)$$
$$= -1.5476 \pm 1.0240 = -2.57\text{에서 } -0.52$$

따라서 신뢰수준 90%로 B가 -2.57에서 -0.52에 있다고 말할 수 있다. 즉, 평균적으로 운전경력이 일년씩 추가될 때마다 운전자의 월 자동차 보험료는 0.52달러에서 2.57달러 사이만큼 낮아진다.

(j) B에 대한 가설을 검정하기 위하여 다음 다섯 단계를 수행한다.

단계 1. 귀무가설과 대립가설을 설정한다.

귀무가설과 대립가설은 다음과 같이 나타낼 수 있다.

$$H_0 : B = 0 \ (B\text{는 음수가 아니다})$$
$$H_1 : B < 0 \ (B\text{는 음수이다})$$

귀무가설은 $H_0 : B \geq 0$와 같이 나타낼 수 있다.

단계 2. 사용할 분포를 정한다.

σ_ϵ가 미지이므로 가설검정을 하기 위하여 t분포를 사용한다.

단계 3. 기각역과 채택역을 결정한다.

유의수준은 0.05이다. 대립가설의 부등호(<)가 왼쪽 꼬리검정임을 나타낸다.

$$t\text{분포의 왼쪽 꼬리의 면적} = \alpha = 0.05$$
$$df = n - 2 = 8 - 2 = 6$$

t분포표에서 자유도 6인 t분포의 왼쪽 꼬리의 면적이 0.05인 t의 임계값은 -1.943으로 그림 13.22에 나타나 있다.

그림 13.22

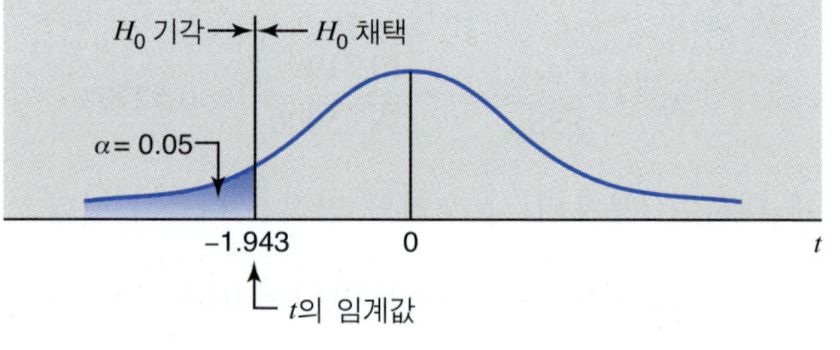

단계 4. 검정통계량의 값을 계산한다.

b에 의한 검정통계량 t의 값은 다음과 같다.

$$t = \frac{b - B}{s_b} = \frac{-1.5476 - \overset{H_0\text{으로부터}}{0}}{0.5270} = -2.937$$

단계 5. 결정을 한다.

검정통계량의 값은 $t = -2.937$이고, t의 임계값인 -1.943보다 작아서 기각역에 속한다. 따라서 귀무가설을 기각하고 B가 음수라고 결론 내린다. 즉, 운전경력 연수가 늘어나면 월 자동차 보험료는 낮아진다.

확률값 (p-value) 을 사용하여 결정하기

부록 B의 표 V인 t분포표로부터 확률값에 대한 범위를 찾을 수 있고, 그 확률값을 유의수준과 비교하여 결정을 내릴 수 있다. 이 예에서 $df = 6$이고, t의 관측값은 -2.937이다. 표 V인 t분포표의 $df = 6$인 행에서 2.937은 2.447과 3.143 사이에 있다. 이 값들에 대한 t분포의 오른쪽 꼬리의 면적은 .025와 .01이다. 그러나 이 예의 검정은 관측된 t값이 음수이고, 왼쪽 꼬리를 생각해야 한다. 즉, -2.937은 -2.447과 -3.143 사이에 있다. 이 값들에 대한 t분포의 왼쪽 꼬리의 면적은 0.025와 0.01이다. 즉, 확률값의 범위는 다음과 같다.

$$0.01 < p\text{-}値 < 0.025$$

따라서 확률값 범위의 상한인 0.025나 그보다 큰 어떤 α에 대해서도 귀무가설을 기각할 것이다. 우리 예에서 $\alpha = 0.05$이고, 확률값의 상한인 0.025보다 크다. 따라서 귀무가설을 기각한다.

이 확률값을 기술적으로 찾아보면 0.013으로 구해지는 것을 알 수 있다. 따라서 어떤 $\alpha > 0.013$에 대해서도 귀무가설을 기각할 수 있다.

(k) 선형상관계수 ρ에 대한 가설을 검정하기 위하여 다음 다섯 단계를 수행한다.

단계 1. 귀무가설과 대립가설을 설정한다.

귀무가설과 대립가설은 다음과 같다.

$H_0 : \rho = 0$ (선형상관계수가 0이다)

$H_1 : \rho \neq 0$ (선형상관계수가 0이 아니다.)

단계 2. 사용할 분포를 정한다.

두 변수가 정규분포한다고 가정하고, 선형상관계수에 대한 이와 같은 검정을 하기 위하여 t분포를 사용할 것이다.

단계 3. 기각역과 채택역을 결정한다.

유의수준은 5%이다. 대립가설로부터 양쪽 꼬리검정임을 안다. 물론

$$t\text{분포의 양쪽 꼬리 각각의 면적} = 0.05 / 2 = 0.025$$
$$df = n - 2 = 8 - 2 = 6$$

부록 B의 표 V인 t분포표에서 자유도 6인 t분포의 양쪽 각 꼬리의 면적이 0.025인 t의 임계값은 -2.447과 2.447이다. 이 검정에 대한 기각역과 채택역이 그림 13.23에 나타나 있다.

그림 13.23

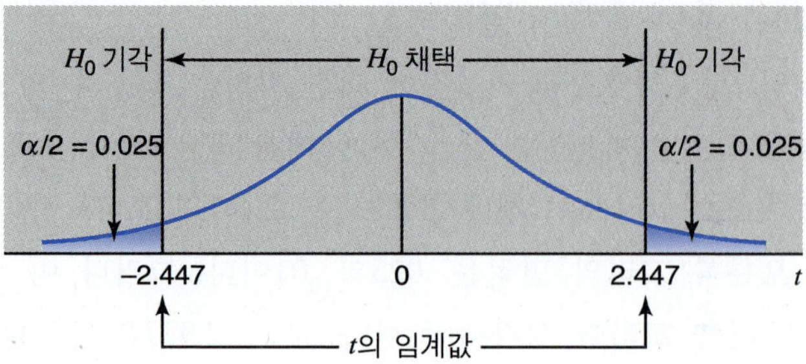

단계 4. 검정통계량의 값을 계산한다.

r에 의한 검정통계량 t의 값은 다음과 같이 구한다.

$$t = r\sqrt{\frac{n-2}{1-r^2}} = (-0.77)\sqrt{\frac{8-2}{1-(-0.77)^2}} = -2.956$$

단계 5. 결정을 한다.

검정통계량의 값은 $t = -2.956$이고, 임계값인 -2.447보다 작아서 기각역에 속한다. 따라서 귀무가설을 기각하고 운전경력과 자동차 보험료 사이의 선형상관계수가 0이 아니라고 결론 내린다.

확률값 (p-value) 을 사용하여 결정하기

t분포표로부터 확률값에 대한 범위를 찾을 수 있고, 그 확률값을 유의수준과 비교하여 결정을 내릴 수 있다. 이 예에서 $df = 6$이고, t의 관측값은 -2.956이다. 표 V인 t분포표의 $df = 6$인 행에서 $t = 2.956$은 2.447과 3.143 사이에 있다. 그에 대한 t분포 곡선의 오른쪽 꼬리의 면적은 0.025와 0.01이다. 양쪽 꼬리검정이므로 확률값의 범위는 다음과 같다.

$$2\,(0.01) < p\text{-}값 < 2\,(0.025) \text{ 또는 } 0.02 < p\text{-}값 < 0.05$$

따라서 확률값 범위의 상한인 0.05나 그보다 큰 어떤 α에 대해서도 귀무가설을 기각할 것이다. 우리 예에서 $\alpha = 0.05$이고, 확률값의 상한과 같다. 따라서 귀무가설을 기각한다.

연습문제

■ 응용

13.69 작업용 장갑을 생산하는 한 공장의 주인은 여름에 에어컨 작동에 드는 비용이 높아서 고심

중인데, 그렇다고 공장의 온도를 너무 높게 하면 생산력이 떨어질 것이 염려된다. 여름 동안 그는 하루 온도를 화씨 68도에서 81도 사이로 정한 뒤 그 날의 생산력을 측정하였다. 다음 표는 무작위로 추출한 8일간 관측된 각 날의 온도와 백개 단위로 나타낸 장갑의 생산량에 대한 자료이다.

온도	72	71	78	75	81	77	68	76
장갑생산량	37	37	32	36	33	35	39	34

a. 장갑생산량은 온도에 의존하는가 아니면 온도가 장갑생산량에 의존하는가? 이 두 변수는 양의 관계에 있다고 예상되는가 아니면 음의 관계에 있다고 예상되는가?

b. 온도를 독립변수로 하고 장갑생산량을 종속변수로 할 때, SS_{xx}, SS_{yy}, SS_{xy}를 계산하시오.

c. 최소제곱회귀직선을 구하시오.

d. 위 c에서 계산된 a와 b값의 뜻을 설명하시오.

e. 산점도와 회귀직선을 그리시오.

f. r과 r^2을 계산하고 그들이 무엇을 뜻하는지 설명하시오.

g. 오차항의 표준편차를 계산하시오.

h. $x = 74$일 때의 장갑생산량을 예측하시오.

i. B에 대한 99% 신뢰구간을 구리하시오.

j. 유의수준 5%에서 B가 음수인지 아닌지 검정하시오.

k. $\alpha = 0.01$일 때, ρ가 음수라고 결론내릴 수 있는가?

13.70 한 농부는 비료 사용량과 옥수수 수확량 사이의 관계를 찾기 원한다. 그는 그의 땅에서 7에이커를 선택하고, 각 에이커에 비료의 양을 다르게 사용하여 옥수수를 재배하였다. 다음 표는 7 에이커 각각에 대하여 파운드 단위로 나타낸 비료 사용량과 부셀 단위로 나타낸 옥수수 수확량 자료이다.

비료 사용량	옥수수 수확량
120	142
80	112
100	132
70	96
88	119
75	104
110	136

a. 비료사용량을 독립변수로 하고 옥수수 수확량을 종속변수로 하여 SS_{xx}, SS_{yy}, SS_{xy}를 계산하시오.

b. 최소제곱회귀직선을 구하시오.

c. 위 b에서 계산된 a와 b값의 뜻을 간략하게 설명하시오.

d. r, r^2을 계산하고 그들이 무엇을 뜻하는지 설명하시오.

e. 오차항의 표준편차를 계산하시오.

f. $x = 105$일 때 옥수수 수확량을 예측하시오.

g. B에 대한 98% 신뢰구간을 구하시오.

h. 유의수준 5%에서 B가 0인지 아닌지 검정하시오.

i. $\alpha = 0.05$를 사용할 때 ρ가 0이 아니라고 결론내릴 수 있는가?

13.71 다음 자료는 지난해에 6개 풋볼팀에 대하여 가장 싼 표를 1달러 단위로 나타낸 가격과 천명 단위로 반올림한 평균 관중수에 대한 정보를 준다.

표 가격	28.50	16.50	24.00	35.50	39.50	26.00
관중수	56	65	71	69	55	42

a. 표 가격을 독립변수로 하고 관중수를 종속변수로 하여 SS_{xx}, SS_{yy}, SS_{xy}를 계산하시오.

b. 최소제곱회귀직선을 구하시오.

c. 위 b에서 계산된 a와 b값의 뜻을 간략하게 설명하시오.

d. r, r^2을 계산하고 그들이 무엇을 뜻하는지 설명하시오.

e. 오차항의 표준편차를 계산하시오.

f. B에 대한 95%신뢰구간을 구하시오.

g. 유의수준 1%에서 B가 음수인지 아닌지 검정하시오.

h. 유의수준 1%에서 ρ가 음수인지 아닌지 검정하시오.

13.8 회귀모형의 사용

회귀모형을 사용하는 주된 목적 2가지를 언급하기 위하여 소득과 식품비에 대한 예로 돌아가 보자.

1. 주어진 x에 대한 y의 평균값의 추정. 예를 들어, 월소득이 3,500달러와 같이 정해진 가구 모두에 대한 식품비의 평균을 추정하기 위하여 식품비에 대한 회귀모형을 사용할 수 있다.
2. 주어진 x에 대한 y의 특정값의 예측. 예를 들어, 확률추출된 특정 월소득(3,500달러)인 가구에 대한 식품비를 예측하기 위하여 식품비에 대한 회귀모형을 사용할 수 있다.

13.8.1 y의 평균값을 추정하기 위한 회귀모형의 사용

모집단 회귀모형은 다음과 같다.

$$y = A + B_x + \epsilon$$

이 장의 앞부분에서 언급했듯이 주어진 x에서 y의 평균값은 $\mu_{y|x}$로 나타내고, "주어진 x의 값에 대한 y의 평균값"으로 읽는다. ϵ의 평균을 0이라고 가정하므로, y의 평균값은 다음과 같이 주어진다.

$$\mu_{y|x} = A + Bx$$

이 평균을 추정하는 것이 목적이다. $\hat{y}$의 값은 표본회귀직선에서 x의 값을 대입하여 구하고 그 x에서 $\mu_{y|x}$의 **점추정값** (*point estimate*) 이다.

소득과 식품비에 대한 예에서 추정된 표본회귀직선은 예제 13-1로부터 다음과 같다.

$$\hat{y} = 1.1414 + 0.2642x$$

월소득이 3,500달러인 모든 가구에 대한 식품비의 평균을 추정하려고 해보자. 이 모평균을 $\mu_{y|x=35}$또는 $\mu_{y|35}$으로 나타낼 것이다. 주의할 점은 예제 13-1에서 위 회귀직선을 추정하기 위해 사용한 자료는 백달러 단위로 측정했기 때문에, $x = 3500$이 아니라 $x = 35$로 쓰는 것이다. 회귀직선을 사용하여 $\mu_{y|35}$의 점추정값은 다음과 같이 구할 수 있다.

$$\hat{y} = 1.1414 + 0.2642(35) = 10.3884 \text{ (백달러)}$$

따라서 표본회귀직선에 의하면 월소득 3500달러인 모든 가구에 대한 식품비 평균 $\mu_{y|35}$에 대한 점추정값은 월 1038.84달러이다.

그러나 같은 모집단으로부터 두 번째 표본으로 7가구를 추출하여 이 표본에 대한 회귀직선을 추정한다고 해보자. 두 번째 표본에 대한 회귀직선으로부터 구한 $\mu_{y|35}$의 점추정값은 달라질 것으로 예상된다. 같은 모집단에서 추출한 같은 크기의 모든 가능한 표본들에 대한 회귀직선은 그림 13.24에서 보이듯이 모두 다를 것이고, 따라서 $\mu_{y|x}$의 점추정값도 달라질 것이다. 물론 한 표본에 의하여 $\mu_{y|x}$에 대해 구한 신뢰구간은 점추정값보다 좀 더 믿을 수 있는 추정을 할 수 있게 해 줄 것이다.

그림 13.24 **모회귀직선과 표본회귀직선**

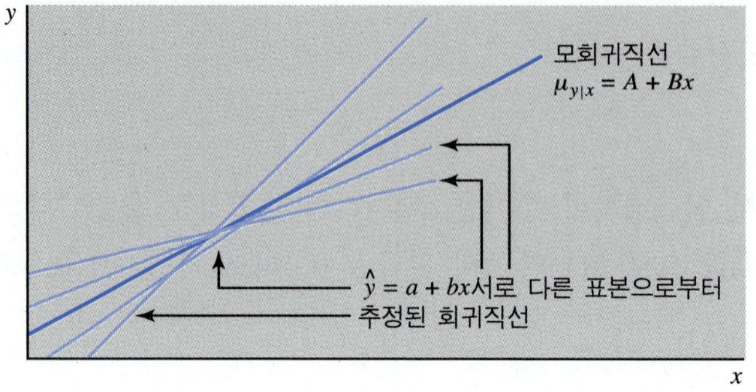

$\mu_{y|x}$에 대한 신뢰구간을 구하기 위하여 점추정량 $\hat{y}$의 평균, 표준편차, 표본분포의 형태를 알아야만 한다.

$\mu_{y|x}$의 점추정량 $\hat{y}$은 평균 $A + Bx$이고, 표준편차는 다음과 같이 주어지는 정규분포를 한다.

$$\sigma_{\hat{y}m} = \sigma_\epsilon \sqrt{\frac{1}{n} + \frac{(x_0 - \bar{x})^2}{SS_{xx}}}$$

여기서 $\sigma_{\hat{y}m}$은 $\hat{y}$를 추정하기 위하여 사용할 때 $\mu_{y|x}$의 표준편차이다. x_0는 $\mu_{y|x}$를 추정하려는 x의 값이고, σ_ϵ는 ϵ의 모표준편차이다.

그러나 통상 σ_ϵ는 미지이다. 대체로 표본오차들의 표준편차인 s_e로 추정된다. 이 경우 위 식에서 σ_ϵ를 s_e로, 그리고 $\sigma_{\hat{y}m}$를 $s_{\hat{y}m}$로 바꾼다. σ_ϵ가 미지이므로 $\mu_{y|x}$에 대한 신뢰구간을 구하기 위해 t분포를 사용한다.

$\mu_{y|x}$에 대한 신뢰구간

$x = x_0$에서 $\mu_{y|x}$에 대한 $(1 - \alpha)\,100\%$ **신뢰구간** (*confidence interval*)은 다음과 같다.

$$\hat{y} \pm t s_{\hat{y}m}$$

여기서 t의 값은 t분포곡선의 오른쪽 꼬리면적이 $\alpha/2$이고, $df = n - 2$인 t분포표에서 찾는다. $s_{\hat{y}m}$의 값은 다음과 같이 구한다.

$$s_{\hat{y}m} = s_e \sqrt{\frac{1}{n} + \frac{(x_0 - \bar{x})^2}{SS_{xx}}}$$

예제 13-9에서 y의 평균값 $\mu_{y|x}$에 대한 신뢰구간을 구하는 방법을 설명한다.

■ 예제 13-9 y의 평균에 대한 신뢰구간

소득과 식품비에 대한 예제 13-1을 생각하자. 월소득 3,500달러인 모든 가구에 대한 식품비의 평균에 대한 99% 신뢰구간을 구하시오.

풀 이 예제 13-1에서 추정한 회귀직선을 사용하여 $x = 35$에서 식품비 평균의 점추정값을 구하면 다음과 같다.

$$\hat{y} = 1.1414 + 0.2642\,(35) = 10.3884 \text{ (백달러)}$$

신뢰수준은 99%이다. 따라서 t분포의 각 꼬리의 면적은 다음과 같다.

$$\alpha / 2 = (1 - 0.99) / 2 = 0.005$$

자유도는

$$df = n - 2 = 7 - 2 = 5$$

t분포표에서 오른쪽 꼬리면적이 0.005이고, 자유도 5인 t값은 4.032이다. 예제 13-1과 13-2로부터 다음을 알 수 있다.

$$s_e = 0.9922, \quad \bar{x} = 30.2857, \text{ 및 } SS_{xx} = 801.4286$$

$x = 35$에서 $\hat{y}$의 추정량으로서의 $\mu_{y|x}$의 표준편차는 다음과 같이 구할 수 있다.

$$s_{\hat{y}m} = s_e\sqrt{\frac{1}{n} + \frac{(x_0 - \bar{x})^2}{SS_{xx}}} = (0.9922)\sqrt{\frac{1}{7} + \frac{(35 - 30.2857)^2}{801.4286}} = 0.4098$$

그러므로 $\mu_{y|35}$에 대한 99% 신뢰구간은 다음과 같다.

$$\begin{aligned} \hat{y} \pm ts_{\hat{y}m} &= 10.3884 \pm 4.032\,(0.4098) \\ &= 10.3884 \pm 1.6523 \Rightarrow 8.7361 \sim 12.0407. \end{aligned}$$

따라서 신뢰수준 99%로 월소득 3,500달러인 모든 가구에 대한 식품비의 평균은 873.61달러와 1204.07달러 사이에 있다고 말할 수 있다. ■

13.8.2 *y*의 특정값을 예측하기 위한 회귀모형의 사용

회귀모형을 사용하는 주된 목적의 두 번째는 x의 주어진 값에서 y의 특정값을 예측하는 것이다. 예를 들어, 확률추출된 월소득이 3,500달러인 한 가구의 식품비를 예측하려 할 수 있다. 이 경우 월소득이 3,500달러인 모든 가구의 식품비 평균에는 관심이 없고, 월소득이 3,500달러인 한 특정 가구의 식품비에 관심이 있다. y의 예측값은 y_p로 나타낸다. 달리 말해 추정된 회귀직선으로부터 $x = x_0$에서 y의 한 값을 예측하기 위하여 y_p의 값을 **$\hat{y}$의 점추정값으로 사용한다.** 추정된 회귀직선을 사용하여 $x = 35$에서 y를 구하면 다음과 같다.

$$\hat{y} = 1.1414 + 0.2642(35) = 10.3884 \text{ (만달러)}$$

따라서 추정된 회귀직선에 의하여 월소득 3,500달러로 주어진 한 가구의 식품비에 대한 점추정값은 월 1038.84달러이다. 주의할 것은 $\hat{y} = 1038.84$가 $x = 35$인 모든 가구의 식품비 평균에 대한 점추정값일 뿐만 아니라, $x = 35$인 한 가구의 식품비에 대한 예측값이기도 하다는 사실이다.

같은 모집단에서 추출된 7가구로 구성된 서로 다른 표본들 각각에 대한 회귀직선은 서로 다를 것이고, $x = 35$에서 y의 예측값에 대한 점추정값도 다른 값이 될 것이다. 물론 한 표본에 의하여 y_p에 대해 구한 신뢰구간은 점추정값보다 좀 더 믿을 수 있는 추정을 할 수 있게 해 줄 것이다. y_p에 대해 구한 신뢰구간은 보다 흔히 **예측구간(prediction interval)**이라 부른다.

y_p에 대한 예측구간을 구하는 절차는 $\mu_{y|x}$에 대한 신뢰구간을 구하는 절차와 유사하나 차이점은 $\mu_{y|x}$를 추정할 때보다 y의 한 값을 예측할 때 $\hat{y}$의 표준편차가 더 커진다는 것이다.

y_p의 점추정량 $\hat{y}$은 평균이 $A + Bx$이고, 표준편차가 다음과 같은 정규분포를 한다.

$$\sigma_{\hat{y}_p} = \sigma_\epsilon \sqrt{1 + \frac{1}{n} + \frac{(x_0 - \bar{x})^2}{\text{SS}_{xx}}}$$

여기서 $\sigma_{\hat{y}_p}$은 y의 예측값의 표준편차이다. x_0는 y를 예측하려는 x의 값이고, σ_ϵ는 ϵ의 모표준편차이다.

그러나 통상 σ_ϵ는 미지이다. 대체로 표본 오차들의 표준편차로 추정된다. 이 경우 위 식에서 σ_ϵ를 s_e로, 그리고 $\sigma_{\hat{y}_p}$를 $s_{\hat{y}_p}$로 바꾼다. σ_ϵ가 미지인 경우 y_p에 대한 예측구간을 구하기 위해 t 분포를 사용한다.

y_p에 대한 신뢰구간

$x = x_0$에서 y_p로 나타내는 y의 예측값에 의하여 구한 $(1 - \alpha)\,100\%$ **예측구간**(*prediction interval*)은 다음과 같다.

$$\hat{y} \pm t s_{\hat{y}_p}$$

여기서 t의 값은 t분포곡선의 오른쪽 꼬리면적이 $\alpha/2$이고 $df = n - 2$인 t분포표에서 찾는다. $s_{\hat{y}_p}$의 값은 다음과 같이 구한다.

$$s_{\hat{y}_p} = s_e \sqrt{1 + \frac{1}{n} + \frac{(x_0 - \bar{x})^2}{\text{SS}_{xx}}}$$

예제 13-10에서 y의 특정값에 대한 예측구간을 구하는 절차를 설명한다.

■ 예제 13-10 y의 특정값에 대한 예측구간

소득과 식품비에 대한 예제 13-1을 생각하자. 확률추출된 월소득 3,500달러인 한 가구에 대한 식품비의 예측값에 대한 99% 예측구간을 구하시오.

풀 이 예제 13-1에서 추정한 회귀직선을 사용하여 $x = 35$에서 식품비 예측값의 점추정값을 구하면 다음과 같다.

$$\hat{y} = 1.1414 + 0.2642(35) = 10.3884 \text{ (백달러)}$$

신뢰수준이 99%인 경우 t분포의 각 꼬리의 면적은 다음과 같다.

$$\alpha/2 = (1 - 0.99)/2 = 0.005$$

자유도는

$$df = n - 2 = 7 - 2 = 5$$

t분포표에서 오른쪽 꼬리면적이 0.005이고, 자유도가 5인 t값은 4.032이다. 예제 13-1과 13-2로부터 다음을 알 수 있다.

$$s_e = 0.9922, \ \bar{x} = 30.2857, \ SS_{xx} = 801.4286$$

$x = 35$에서 y_p의 추정량으로서의 $\hat{y}$의 표준편차는 다음과 같이 구할 수 있다.

$$s_{\hat{y}_p} = s_e\sqrt{1 + \frac{1}{n} + \frac{(x_0 - \bar{x})^2}{SS_{xx}}}$$

$$= (0.9922)\sqrt{1 + \frac{1}{7} + \frac{(35 - 30.2857)^2}{801.4286}} = 1.0735$$

그러므로 $x = 35$에서 y_p에 대한 99% 예측구간은 다음과 같다.

$$\hat{y} \pm ts_{\hat{y}_p} = 10.3884 \pm 4.032\,(1.0735)$$

$$= 10.3884 \pm 4.3284 \Rightarrow 6.0600 \sim 14.7168.$$

따라서 신뢰수준 99%로 월소득 3,500달러인 한 가구에 대한 식품비의 예측값은 606.00달러와 1471.68달러 사이에 있다고 말할 수 있다. ■

여기서 볼 수 있듯이 이 예측구간은 예제 13-9에서 구한 $x = 35$에서의 y의 평균값에 대한 신뢰구간인 873.61달러에서 1204.07달러보다 더 넓다. 이것은 항상 참이다. 어떤 한 x의 값에서 y의 한 값을 예측하기 위한 예측구간은 y의 평균값을 추정하기 위한 신뢰구간보다 항상 더 넓다.

13.9 회귀분석 사용 시 주의할 점

제대로 사용한다면 회귀분석은 한 변수에 대하여 다른 한 변수의 어떤 한 값에서 추정이나 예측을 하는 데 매우 유용한 기법이다. 그러나 회귀분석을 사용할 때는 신중해야 하는데, 이유는 잘못된 결과나 예측을 유도할 수 있기 때문이다. 다음 두 가지는 회귀를 사용할 때 기억해야 할 아주 중요한 사항이다.

외삽

표본자료에 의해 추정된 회귀직선은 표본에서 관측된 x값의 범위 안에서만 유효하다. 예를 들어, 소득과 식품비 예에서의 x의 값은 최소 15에서 최대 49까지 변한다. 그러므로 추정된 회귀직선은 15에서 49 사이의 x값에 대해서만 적용할 수 있다. 즉, 이 회귀직선은 소득 수준이 1,500달러에서 4,900달러 사이인 경우에만 식품비의 평균을 추정하거나 한 가구의 식품비를 예측하는데 사용해야 한다. x의 값이 15보다 작거나 49보다 큰 경우에 y를 추정하거나 예측하는 것을 **외삽 (extrapolation)** 이라 한다. 회귀직선을 외삽에 사용하면 절대 안 된다는 의미는 아니다. 대신에 외삽에 의한 예측은 주의 깊게 해석해야 하고, 너무 비중을 두지 말아야 한다는 뜻이다.

마찬가지로 회귀추정에 사용되는 자료가 시계열 자료라면 회귀직선의 추정에 사용된 시구간 밖의 기간에서 y의 예측값을 해석할 때 매우 주의해야 한다. 추정된 회귀직선을 외삽에 사용할 때는 주어진 범위 밖의 x값에서도 동일한 두 변수 사이의 선형관계가 성립한다고 가정하고 있는 것이다. 그 범위 밖에서는 두 변수 사이의 관계가 선형이 아닐 수도 있는 것이다. 물론 관계가 선형일지라도 어느 한쪽 끝에 관측값이 추가되면 아마도 회귀직선의 추정이 달라질 것이다.

인과관계

회귀직선이 두 변수 사이의 인과관계를 입증하지는 않는다. 즉, 회귀직선이 x의 변화에 기인한 y의 변화를 예측하는 것은 아니다. 인과관계에 대한 정보는 이론이나 상식에 기반을 둔다. 회귀직선이 기술하는 것은 단지 x와 y 사이에 유의한 양적인 관계가 존재하는가의 여부이다. 유의한 관계가 존재한다는 말은 주어진 유의수준에서 귀무가설 $H_0 : B = 0$을 기각한다는 것을 뜻한다. 추정된 회귀직선은 x가 한 단위 변화하는 데 따른 y의 변화를 나타낸다. 주의할 점은 이것이 y가 변화한 이유가 x가 변했기 때문이라고 말하는 것은 아니라는 사실이다. 소득과 식품비의 예에서 식품비가 소득에 종속된다고 말하는 것은 경제이론과 상식이지 회귀직선이 아니다. 회귀분석은 단지 이 종속성이 유의한가의 여부를 정하는 데 도움을 줄 뿐이다.

연습문제

■ 개념과 방법

13.72 회귀모형을 사용하여 y의 평균값을 추정하는 것과 y의 특정값을 예측하는 것 사이의 차이를 간단히 설명하시오.

13.73 다음에 대하여 y의 평균값에 대한 99% 신뢰구간과 y의 특정값에 대한 예측구간을 구하시오.

a. $\hat{y} = 3.25 + 0.80x$, $x = 15$, $s_e = 0.954$, $\bar{x} = 18.52$, $SS_{xx} = 144.65$, $n = 10$

b. $\hat{y} = -27 + 7.67x$, $x = 12$, $s_e = 2.46$, $\bar{x} = 13.43$, $SS_{xx} = 369.77$, $n = 10$

■ 응용

13.74 연습문제 13.46을 참고하여 경력이 10년인 모든 비서들의 평균 월급에 대한 90% 신뢰구간을 구하시오. 무작위로 선택된 한 비서의 월급에 대한 90% 예측구간을 구하시오.

13.75 연습문제 13.70을 참고하라. 비료를 90파운드 사용할 때 에이커당 옥수수 수확량의 평균에 대한 99% 신뢰구간을 구하시오. 비료를 90파운드 사용할 때 무작위로 추출된 한 에이커에서 옥수수 수확량에 대한 99% 예측구간을 구하시오.

사용된 비료 양	옥수수 수확량
120	142
80	112
100	132
70	96
88	119
75	104
110	136

부록

A

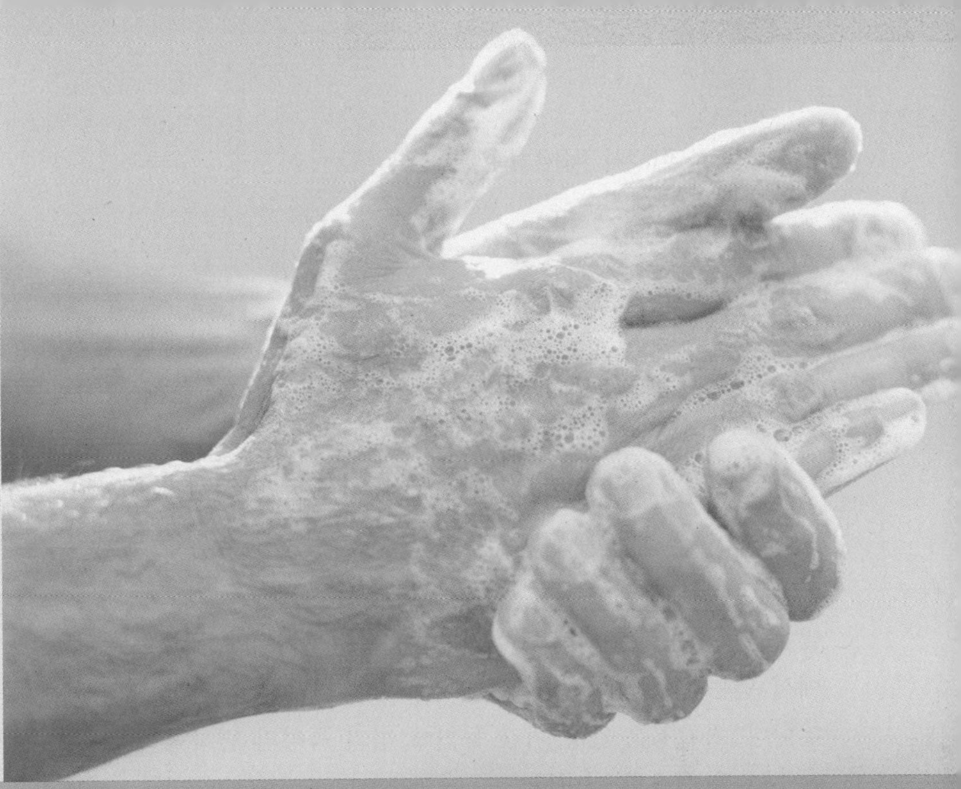

표본조사, 표집과 실험계획

세균에 대한 공포는 항균비누 판매의 급속한 증가에서 알 수 있다. 일반비누보다 더 좋은지에 대한 증거가 부족함에도 불구하고 액체비누시장의 78%를 차지한다. 항균비누가 효과가 있는가 아니면 일시적인가? 항균비누가 세균을 죽이는 데 효과가 있다는 인식 때문에 사람들이 항균비누를 사용하는가 아니면 실제 효과가 있기 때문에 사용하는가? (사례 A-2 참조) 연구나 조사에 사용된 적당한 표집방법은 이와 같은 질문에 정확하게 답을 할 수 있다.

A.1 자료 출처

정확한 자료의 이용은 믿을 만한 결과의 유도와 정확한 의사결정을 위해서 필수적이다. "garbage in, garbage out (GIGO) ; 뿌린 대로 거둔다."는 문구처럼 나쁜 자료에 근거한 정책 결정은 재앙이 될 수 있다.

자료의 출처는 3가지 범주, 내부 출처, 외부 출처 그리고 조사와 실험으로 나눌 수 있다.

A.1.1 내부 출처

많은 경우 자료는 회사 소유의 인사기록이나 회계장부와 같은 **내부 출처 (internal sources)** 에서 얻는다. 자사 제품의 미래 판매량을 예측하길 원하는 회사는 이전 기록 자료를 사용할 것이다. 경찰청은 일정 기간 동안에 범죄 특성의 변화를 분석하기 위해서 경찰청 기록에 있는 자료를 사용할 것이다.

A.1.2 외부 출처

필요한 모든 자료를 내부 출처로부터 입수할 수 없을지도 모른다. 그러므로 자료를 얻기 위해서 **외부 출처 (external sources)** 라고 부르는 회사 밖의 출처에 의존할 지도 모른다. 외부 출처로부터 얻어진 자료는 원시자료 또는 2차 자료일 것이다. 원래 자료를 수집한 조직에서 얻은 자료를 **원시자료 (primary data)** 라고 부른다. 만약 노동 통계국에 의해서 수집된 자료를 얻었다면, 이 자료가 원시자료이다. 원래 자료를 수집하지 않은 출처로부터 얻어진 자료를 **2차 자료 (secondary data)** 라 한다. 예를 들면, 노동 통계국에 의해서 수집되고 Statistical Abstract of the United States에서 발행된 자료는 2차 자료이다.

A.1.3 조사와 실험

때로는 필요한 자료를 내부 출처 또는 외부 출처로부터 얻을 수 없을 것이다. 이런 경우에 조사 또는 실험을 실시하여 자료를 얻어야만 한다.

조사

조사 (survey) 에서는 정보를 수집할 때 요인들에 어떤 통제도 하지 않는다.

사례

단순한 질문인가?

보기에는 가장 단순한 질문도 복잡한 대답을 가져올 수 있다. 한 사회학자가 질문을 한다. "당신은 차를 소유하고 있는가?" "매우 단순한 질문이다. 그러나 사실인가? '당신' 이란 무엇을 의미하는가? 한 부인이 조사에 응답하고 있는데 차는 남편 이름으로 등록되어 있다고 하자. 어떻게 답하겠는가? '소유'는 무엇을 의미하는가? 차를 장기 임대하고 있다면? '차'는 무엇을 의미하는가? 신형 작은 밴이나 사륜구동차를 가지고 있다면? 참으로 단순한 질문이다! 요인이 얼마나 다양하게 복잡해질 수 있는지 상상할 수 있다."

그러나 차 소유에 관한 질문에 앞서 일련의 질문이 선행된다고 하자 : "결혼하셨나요? 배우자는 운전을 합니까? 차는 승용차, 소형 트럭 혹은 다른 것인가요? 빌린 것입니까 아니면 배우자 소유입니까? 자 당신에 관하여— 당신은 차를 소유하고 있나요? 이와 같은 일련의 질문은 차 소유에 대한 의도한 의미를 분명하게 할 것이다.

정 의

조사 : **조사** (*survey*) 에서 자료는 관심있는 특성값이나 조사의 결과에 영향을 미칠지 모르는 요인들에 대한 특별한 통제없이 모집단 또는 표본의 구성원들로부터 수집된다.

예를 들면, 가정에서 지난 달 옷을 구입하기 위해 지출한 돈의 자료를 얻기 원한다면 조사에 포함된 각 가정이 지난 달 옷을 구입하기 위해서 돈을 얼마나 썼는지를 물을 것이다. 그리고 이 정보를 기록할 것이다.

조사는 전수조사 또는 표본조사일 것이다.

(i) 전수조사

전수조사 (census) 는 **목표모집단 (target population)** 이라 부르는 관심있는 모집단의 모든 개체를 포함한다.

정 의

전수조사 : 모집단의 모든 개체를 포함하는 조사를 **전수조사** (*census*) 라고 한다.

실제로 전수조사는 매우 비용이 많이 들고 시간이 걸리기 때문에 거의 실시하지 않는다. 더욱이 많은 경우에 목표 모집단의 각 개체를 확인하는 것은 불가능하다. A.2.1절에서 더 자세한 이유를 설명한다.

(ii) 표본조사

일반적으로 연구를 수행하기 위하여 목표 모집단의 일부분을 선택한다. 이를 **표본 (sample)** 이라 한다. 표본에 포함된 원소로부터 요구되는 정보를 수집한다.

정 의

표본조사 : 모집단의 일부분에서 정보를 수집하는 방법을 **표본조사** (*sample survey*) 라고 부른다.

조사는 개인면접, 전화 또는 우편으로 행해진다. 개인면접은 높은 응답률과 양질의 응답을 갖는 장점을 갖는다. 그러나 이 조사는 가장 비싸고 많은 시간을 소비하는 방법이다. 전화조사 또한 높은 응답률을 준다. 그러나 개인면접보다 비용이 적게 들고 시간 소비도 적다. 그럼에도 불구하고 전화조사가 갖는 문제는 많은 사람들이 집에서 전화를 받는 것을 좋아하지 않고, 전화를 가지고 있지 않은 사람들은 조사에서 제외된다. 우편조사는 가장 비용이 싸지만 응답률이 일반적으로 매우 낮다. 이런 조사에 포함된 많은 사람들이 설문지를 돌려보내지 않는다.

정확하고 신뢰할 수 있는 결과를 주는 조사를 하는 것은 쉬운 일이 아니다. CBS 뉴스의 선거조사 감독인 Warren Mitofsky의 말을 인용하면 "10대의 전화기와 한 대의 타자기를 가진 어떤 우둔한 사람은 자신이 여론조사를 수행할 수 있다고 생각한다.[1]" 질문지의 준비는 조사에서 아마 가장 어려운 부분일 것이다. 문항의 어구가 조사의 결과에 영향을 미칠 수 있다. 사례 A-1은 설문지를 위한 문항 만들기가 생각한 것 보다 매우 복잡한 과제임을 보여준다.

실험

실험에서는 정보를 얻을 때 몇 가지 요인들에 대한 통제를 할 수 있다.

정 의

실험 : **실험** (*experiment*) 에서 자료는 관심있는 특성값이나 실험의 결과에 영향을 미칠지 모르는 요인들에 대한 통제를 하면서 모집단이나 표본의 개체로부터 얻어진다.

예를 들면, 신약이 어떤 질병을 치료할 수 있는지 여부를 알기 위해서 어떻게 검정하는가? 연구에 참여한 환자들을 아래와 같이 두 그룹으로 나누는 실험계획을 세웠다.

1. **처리그룹 (treat group)** – 이 그룹의 개체들은 실제 약을 받는다.
2. **통제그룹 (control group)** – 이 그룹의 개체들은 실제 약을 받지 않고 실제 약처럼 보이는 위약 (플라시보) 을 받는다.

한 그룹에 속하는 환자들이 다른 그룹에 속하는 환자들과 유사하도록 두 그룹이 형성된

[1] "The Numbers Racket : How Polls and Statistics Lie," U.S. News & World Report, July, 1988.

다. 이것은 두 그룹으로 환자를 임의할당하면 된다. 의사도 환자들도 한 환자가 어느 그룹에 속하는지 모른다. 이와 같은 실험을 **이중 눈가림 실험(double-blind experiment)**이라고 부른다. 두 그룹에서 치료된 환자의 비율을 비교한 후 신약의 효과에 관하여 의사결정을 한다. 실험에 대한 추가사항은 A.3절을 참조하라.

A.2 표본조사와 표집방법

이 절에서는 우선 표본조사를 전수조사보다 선호하는 이유에 대해 설명하고, 대표표본, 임의표본과 비임의표본, 표집오차와 비표집오차 그리고 임의표집방법을 설명한다.

A.2.1 왜 표본인가?

앞 절에서 이야기했듯이 대부분의 조사는 모집단에 대한 전수조사가 아닌 표본을 사용해서 처리한다. 전수조사 대신에 표본조사를 하는 세 가지 주요 이유를 다음에 열거한다.

시간(time)

대부분의 경우에 모집단의 크기가 매우 크다. 결과적으로 전수조사를 하면 많은 시간이 걸리지만 표본조사는 매우 빠르게 할 수 있다. 모집단의 개체 수십만 혹은 수백만을 면접하거나 접촉하는 것은 시간이 걸린다. 반면에 몇 백개의 개체로 된 표본조사는 적은 시간 안에 달성할 수 있다. 실제, 전수조사를 하는 데 걸리는 시간 때문에 그 결과는 무용지물이 될 수 있다.

비용(cost)

모집단의 모든 개체로부터 정보를 수집하는 비용은 대부분의 조사의 제한된 예산 범위를 벗어난다. 결과적으로 가용한 자원 안에 머물려면 표본조사를 하는 것이 최선의 접근법일 것이다.

전수조사의 불가능성(impossibility of conducting a census)

때로는 전수조사를 하는 것이 불가능하다. 우선, 모집단의 각 개체들을 확인하고 접근하는 것이 불가능할 수 있다. 예를 들면, 연구자가 노숙자에 관한 조사를 하길 원한다면 모집단의 각 개체의 위치를 찾아 조사에 포함시키는 것은 불가능하다. 두 번째로, 조사한다는 것이 조사에 포함된 품목을 파괴하는 것이다. 예를 들면, 전구의 평균 수명을 추정한다는 것은 조사에 포함된 모든 전구가 소모되어 사용할 수 없는 경우이다. 건전지의 평균 수명을 추정하는 경우도 마찬가지이다. 이런 경우에는 조사하려면 오직 모집단의 일부분을 선택할 수 있다.

A.2.2 임의표본과 비임의표본

표본이 어떻게 뽑혔는가에 따라 **임의표본(random sample)** 또는 **비임의표본(nonrandom sample)**이 된다.

> **정 의**
>
> **임의표본과 비임의표본** : **임의표본**(*random sample*)은 모집단의 각 개체가 표본으로 선택될 가능성이 있는 방법으로 뽑힌 표본이다. **비임의표본**(*nonrandon sample*)에서 모집단의 어떤 개체는 표본으로 선택될 어떤 가능성도 갖고 있지 않을 수도 있다.

학생 100명의 명단으로부터 10명을 선택하려고 한다. 만약, 100명의 이름을 각각의 종이에 써서 모자에 넣고 섞은 후에 10명을 선택한다면 그 결과는 학생 10명의 임의표본이 될 것이다. 그러나 100명의 이름을 순서대로 정렬한 후에 처음부터 10명을 선택한다면 비임의표본이 될 것이다. 왜냐하면 처음 10명 사이에 들어 있지 않은 학생들은 표본으로 선택될 기회를 갖고 있지 못하기 때문이다.

임의표본은 일반적으로 대표표본이다. 임의표본에 대하여 모집단의 각 개체는 표본에 포함될 가능성이 동일할 수도 동일하지 않을 수도 있다. 임의표본의 네 가지 형태는 A.2.4에서 논의된다.

비임의표본의 두 가지 형태는 **편의표본**(*convenience sample*)과 **판단표본**(*judge sample*)이다. **편의표본(convenience sample)**에서는 결과를 빠르게 얻기 위하여 모집단에서 가장 사용하기 쉬운 개체들이 선택된다. 예를 들면, 단일쇼핑센터에서 구매자들로부터 정보를 수집하여 몇 시간 안에 여론조사를 할 수 있다. **판단표본(judge sample)**에서 개체들은 전문가들의 판단과 사전지식을 근거로 모집단으로부터 표집된다. 이와 같은 표본이 대표표본이 될 수도 있지만 가능성은 매우 적다. 만약에 모집단이 크다면 판단에 근거하여 대표표본을 선택하는 것은 쉬운 일이 아니다.

이른바 **유사여론조사**(*pseudo polls*)는 비대표표본의 예이다. 예를 들어 한 잡지의 독자만을 대상으로 하는 조사는 일반적으로 대표표본을 포함하지 않는다.

다른 종류의 표본은 **할당표본(quota sample)**이다. 할당표본을 뽑기 위해서 어떤 특성에 기초하여 목표 모집단을 여러 부차모집단으로 분할한다. 그리고 목포모집단에서 부차모집단이 차지하는 같은 비율로 부차표본이 표본에 나타나도록 부차모집단에서 부차표본을 표집한다. 할당표본의 예로서는 48%의 남성과 52%의 여성으로 구성된 어떤 도시의 모집단으로부터 1,000명을 뽑는다고 가정하자. 할당 표본을 뽑기 위하여 남성 모집단에서 480명, 여성 모집단에서 520명을 선택한다. 이런 방법으로 선택된 표본은 정확하게 48%의 남성과 52%의 여성을 포함하게 된다. 할당 표본을 뽑는 다른 방법은 남성 480명, 여성 520명이 정확하게 될 때까지 한 사람씩 모집단으로부터 뽑는 것이다.

A.2.3 표집오차와 비표집오차

표본조사로부터 얻어진 결과는 두 가지 형태의 오차: 표집오차와 비표집오차를 갖는다. 표집오차를 우연오차, 비표집오차를 계통오차라고도 부른다.

표집오차 또는 우연오차

일반적으로 같은 모집단으로부터 얻어진 모든 표본들은 다른 개체를 포함하므로 다른 결과를 준다. 또한 임의의 한 표본으로부터 얻어진 결과는 전수조사에서 얻어진 결과와 정확하게 같지는 않다. 표본이 임의이고 비표집오차가 없다는 가정 하에 표본결과와 전수조사에서 얻어진 결과 사이의 차이를 **표집오차 (sampling error)** 라고 한다.

> **정 의**
>
> **표집오차** : **표집오차** (*sampling error*) 는 표본조사로부터 얻어진 결과와 전체 모집단이 조사에 포함되어 얻어진 결과 사이의 차이이다.

표집오차는 우연 때문에 발생하며 피할 수 없다. 표집오차는 오직 표본조사에서 발생한다. 전수조사에서는 발생하지 않는다.

비표집오차 또는 계통오차

비표집오차는 표본조사와 전수조사에서 발생한다. 이런 오차는 우리의 실수 때문에 생기며 우연이 아니다.

> **정 의**
>
> **비표집오차** : 자료의 수집, 기록, 그리고 도표작성에서 발생하는 오차를 **비표집오차** (*nonsampling errors*) 라고 한다.

문항을 신중히 준비하고 자료를 조심스럽게 다룬다면 비표집오차는 최소화 될 수 있다. 조사에서 발생되는 많은 형태의 계통오차 또는 편향은 선택오차, 무응답오차, 응답오차 그리고 자발적인 응답오차를 포함한다. 다음 도표는 오차들의 형태를 보여 준다.

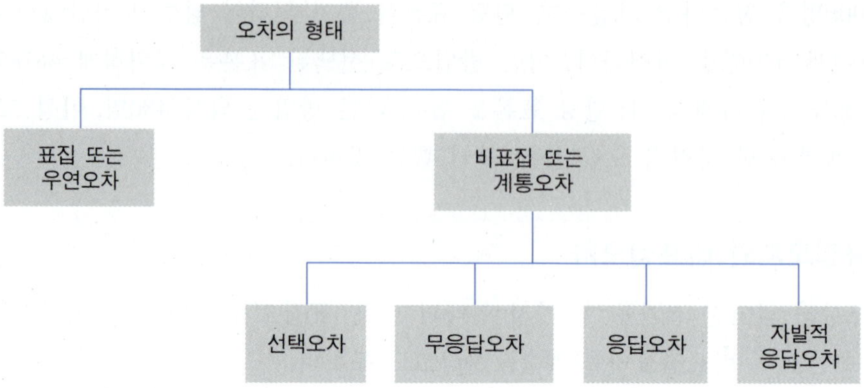

(i) 선택오차

표본선택이 필요할 때 표본을 뽑을 개체들의 목록을 사용하는데 이 목록은 목표 모집단의 많은 개체를 포함하지 않는다. 많은 경우 이 목록에 목표모집단의 모든 개체를 포함시키기 어렵다. 표본을 표집하기 위하여 사용되는 모집단 개체들의 목록을 **표집틀(sampling frame)** 이라 한다. 예를 들면, 표본을 표집하기 위하여 전화번호부를 사용한다면 전화번호부에 실려 있는 명단의 목록이 표집틀이 된다. 이 경우에 전화번호부에 실려 있지 않은 사람들을 빠뜨리게 된다. 예를 들면, 우리가 빠뜨린 사람들은 노숙자나 혹은 전화번호부에 이름을 올리기를 원하지 않는 사람들이 될 것이다. 그러므로 표본을 선택하기 위하여 사용되는 표집틀은 모집단을 대표하지 않을 수도 있다. 이것이 표본결과와 모집단 결과가 다르게 되는 원인일 수 있다. 표집틀이 모집단을 대표하지 않기 때문에 발생하는 오차를 **선택오차 (selection error)** 라고 한다.

정 의

선택오차 : 표본을 표집하기 위하여 사용되는 목표모집단의 개체들의 목록을 표집틀이라고 한다. 표집틀이 모집단을 대표하지 않기 때문에 발생하는 오차를 **선택오차** (*selection error*) 라고 한다.

만약 표본이 비임의(대표하지 못한다)라면, 표본결과는 전수조사 결과와는 매우 다를 수 있다.

(ii) 무응답오차

표집틀 결과적으로 표본이 모집단을 대표하더라도 표본에 포함된 많은 사람들이 조사에 응답하지 않기 때문에 **무응답오차(nonresponse error)** 는 발행할 수 있다.

정 의

무응답오차 : 표본에 포함된 많은 사람들이 조사에 응답하지 않기 때문에 발행할 수 있는 오차를 **무응답오차** (*nonresponse error*) 라고 한다.

이런 형태의 오차는 특히 우편조사에서 발생한다. 많은 사람들이 설문지를 반송해 주지 않는다. 저소득과 고소득의 가구들은 우편조사에 응답하지 않는다고 한다. 결과적으로 이 조사는 중산층을 과대하게 대표하게 된다. 이런 종류의 오차는 다른 형태의 조사에서도 발생한다. 예를 들면, 면접자가 집을 방문하여 면담을 하는 면대면 조사에서, 면접자가 방문하였을 때 많은 사람들이 집에 없을 수 있다. 면접자가 집을 방문하였을 때 집에 있는 사람들과 집에 없었던 사람들과는 조사 결과에 많은 면에서 차이가 있을 수 있어 편향의 원인이 된다.

이런 종류의 오차는 전화조사에서도 발생한다. 전화를 했을 때 많은 사람들이 집에 없을 수 있다. 이것은 결과를 왜곡시킨다. 무응답오차를 피하기 위해서 조사에 포함된 모든 사람들과 연결이 되도록 모든 노력을 해야만 한다.

(iii) 응답오차

응답오차 (response error) 는 조사에 포함된 사람의 대답이 옳지 않을 때 발생한다. 하나의 이유는 응답자들이 질문을 이해할 수 없는 경우이다. 즉, 문항의 표현이 응답자들이 부정확하게 대답하게 하는 원인이 되기도 한다. 동일한 질문을 다르게 표현하면 많은 사람들이 동일하게 응답하지 않는다. 보통, 일부분의 응답자에서 생기는 이런 오차는 고의적은 아니다.

정 의

응답오차 : **응답오차** (*response error*) 는 조사에 포함된 사람들이 옳은 대답을 하지 않을 때 발생한다.

때로는 응답자들이 질문에 답할 때 옳은 정보를 주길 원하지 않는다. 예를 들면, 많은 응답자들이 설문지 또는 면접에서 실제 수입을 노출하지 않는다. 수입에 대한 정보를 제공할 때 대부분 편향이 커진다.

면접자의 인종이 응답자의 응답에 영향을 미칠 수도 있다. 인종 관계에 관한 질문이라면 더욱 그러하다. 응답자에 의해서 주어진 대답들은 면접자들의 인종에 따라 다를 수도 있다.

(iv) 자발적 응답오차

계통오차의 다른 원인은 자발적 응답표본에 기초한 조사이다.

정 의

자발적 응답오차 : **자발적 응답오차**(*Voluntary response error*)는 조사가 임의로 표집된 표본을 대상으로 하지 않고 설문지를 잡지나 신문에 실어 이 질문지에 응답하도록 초대받은 사람들만 대상으로 하였을 때 발생한다.

잡지와 신문 독자의 표본에 기초한 여론조사는 **자발적 응답오차 또는 편향**(**voluntary response error or bias**)으로 고생한다. 일반적으로 관련된 주제에 대하여 매우 강한 의견을 갖는 독자들만이 그런 조사에 응답을 한다. 응답자가 900개의 전화번호로 전화를 하게하는 조사는 이러한 오차로 고통을 받는다. 여기서 참가하기 위하여 응답자들이 전화요금을 부담하게 된다면 많은 사람들은 이 비용을 감당하기를 원하지 않는다. 결과적으로, 표본은 참가가 자발적이기 때문에 임의도 아니고 목표모집단을 대표하지도 않는다.

A.2.4 임의표집방법

임의표본을 표집하는 많은 방법 중 네 가지 방법을 설명한다.

단순임의표집

단순임의표집(**simple random sampling**)에서 같은 모집단에서 같은 크기로 뽑힌 표본은 표본으로 표집될 확률이 같다.

정 의

단순임의표집 : 같은 크기의 각 표본은 표본으로 선택될 확률이 동일하다. 이와 같은 표본을 **단순임의표본**(*simple random sample*)이라고 한다.

단순임의표본을 뽑는 한 방법은 추첨을 하는 것이다. 예를 들면, 한 학급 50명에서 5명의 학생을 뽑을 필요가 있다면 각각의 종이에 50명의 이름을 쓴다. 그리고 모자 속에 50명의 이름이 적힌 종이를 넣고 잘 섞는다. 다음에 모자에서 임의로 하나의 이름을 꺼낸다. 이 실험을 4번 반복한다. 뽑힌 5명의 이름이 단순임의표본이 된다.
단순임의표본을 뽑기 위한 두 번째 절차로 난수표를 사용하는 방법이 있다.

계통임의표집

모집단의 크기가 크다면 단순임의표집은 매우 지루하게 된다. 예를 들어 45,000가구 목록에서 150가구를 뽑는다면 45,000명의 가구주 이름을 써넣고 150가구를 뽑거나 또는 난수표를 사용하는 방법은 매우 많은 시간을 소비한다. 이런 경우에는 **계통임의표집**(**systematic

random sampling) 방법을 사용하는 것이 더 편리하다.

계통임의표본을 뽑는 절차는 다음과 같다. 앞서 언급한 예제에서 45,000가구를 이름 순으로 정렬한다. 표본크기가 150가구이므로 표본크기에 대한 모집단의 비는 45000/150 = 300이다. 이 비를 사용하여 배열된 목록에서 처음 300개의 가구 중에서 하나의 가구를 임의로 선택하게 된다. 만약에 210번째 가구를 선택되었다면 목록에서 300가구 간격으로 210번째 가구를 선택한다. 다시 말하면 표본은 210, 510, 810, 1110, 1410, 1710 등과 같은 번호를 갖는 가구들을 포함한다.

> **정 의**
>
> **계통임의표집** : **계통임의표집**(*systematic random sampling*)에서 처음 k개의 단위에서 임으로 하나의 개체를 뽑는다. 처음 뽑힌 개체를 시작으로 모든 k번째 개체가 표본에 포함된다.

층화임의표집

어떤 도시의 모집단에서 표본을 선택할 필요가 있는데 여러 소득수준을 갖는 가구들이 표본에 비례하여 나타나기를 원한다. 이런 경우에 단순임의표본이나 계통임의표본 대신에 다른 방법을 적용할 것이다. 우선, 소득 수준에 따라 전체 모집단을 여러 그룹으로 나눈다. 예를 들면, 저소득, 중소득, 고소득 가구의 3그룹을 만든다. 이 3개의 **부모집단**(*subpopulation*)을 갖게 되며 이를 **층**(**strata**)이라 부른다. 그리고 각 부모집단 또는 층으로부터 표본을 뽑는다. 3개의 층으로부터 뽑힌 3개의 표본의 집합이 요구된 표본이고 **층화임의표본**(**stratified random sample**)이라 부른다. 일반적으로 여러 층에서 뽑힌 표본의 크기는 각 층의 부모집단의 크기에 비례한다. 각 층의 개체들은 동일한 특성을 소유한다.

> **정 의**
>
> **층화임의표본** : **층화임의표본**(*stratified random sample*)에서 먼저 모집단을 **층**(*strata*)이라고 부르는 부모집단(subpopulation)으로 나눈다. 각 층으로부터 표본을 뽑는다. 모든 층에서 뽑은 표본들을 모으면 층화임의표본이 된다.

소득, 지출, 성별, 교육, 인종, 고용 또는 가족의 크기 같은 임의의 특성을 가지고 모집단을 나눌 수 있다.

집락표집

목표모집단이 지리적으로 널리 분포되어 있는 경우도 있다. 결과적으로 단순임의표본을 뽑는다면 표본의 각 개체를 조사하는 데 비용이 든다. 이런 경우에 모집단을 지리적으로 여러 그룹 또는 집락으로 나누고 모든 집락들로부터 집락의 임의표본을 먼저 뽑는다. 그리고 선택된 각 집락으로부터 임의표본을 뽑는다. 예를 들어 어느 도의 가구들에 대한 조사를 한다고 가정하자. 우선 어느 도를 **집락 (clusters)** 또는 **기본단위 (primary units)** 라 부르는 40개 지역으로 나눈다. 모든 집락들은 유사하다. 따라서 모집단을 대표한다. 40개의 집락에서 임의로 5개를 선택한다. 이들 5개의 집락으로부터 임의로 가구들을 선택하여 조사를 한다. 이것을 **집락표집 (cluster sampling)** 이라 부른다. 모든 집락들은 모집단을 대표하여야 한다는 점에 주의한다.

정 의

집락표집 : **집락표집** (*cluster sampling*) 에서는 우선 전체 모집단을 집락이라 부르는 그룹으로 나눈다. 각 집락은 모집단을 대표한다. 집락들의 임의표본을 뽑는다. 마지막으로 선택된 각 집락으로부터 임의표본을 선택한다.

A.3 실험계획

의사결정에 통계적 방법을 사용하려면 자료에 접근할 필요가 있다. 의사결정에 관한 다음의 예를 고려해 본다.

1. 정부기관이 모든 가구의 평균 소득을 파악하려고 한다.
2. 회사는 어떤 기계에서 생산된 불량품의 비율을 알기를 원한다.
3. 조사자들은 건강에 좋지 않은 식품의 섭취와 콜레스테롤 수준 사이에 관계가 있는지를 알고자 한다.
4. 제약회사는 어떤 질병 대한 신약을 발명해서 이 약이 그 질병을 치료하는지를 확인하기를 원한다.

이 예제들 모두 의사결정에 관련된다. 자료에 접근할 수 없다면 결론에 도달할 수 없다. 자료는 관측연구, 실험 또는 조사로 얻을 수 있다. 이 절은 주로 통제된 실험에 대해 다룬다. 그러나 관측연구를 설명하고 조사와 어떻게 다른지를 설명한다.

서로 다른 회사에 의하여 홍보되고 있는 두 가지 식이요법 1과 2가 있다. 각 회사는 자사의 식이요법이 체중감소에 더 효과적이라고 주장하고 있다. 영양학자는 체중감소에 대한 효과를 가지고 식이요법을 비교하기를 원한다. 다음은 연구자들이 연구를 수행하는 두 가지 대안이다.

1. 연구자는 이들 식이요법을 사용하고 있는 사람들을 만나 체중감소에 대한 정보를 얻는다. 연구자는 시간과 재정적 자원이 있는 한 많은 사람들을 만날 것이다. 이 정보를 근거로 연구자는 식이요법의 비교효과에 관한 결정을 한다.
2. 연구자는 체중감소를 원하는 사람들의 표본을 뽑아 임으로 두 그룹으로 나눈다. 각 그룹에 두 가지 식이요법 중에 한 가지 방법을 할당한다. 식이요법의 효과에 관하여 두 그룹을 비교한다.

처음은 **관측연구 (observational study)** 의 예이고, 두 번째는 **통제된 실험 (controlled experiment)** 의 예이다.

정 의

처리 : 실험자에 의해서 개체들의 그룹에 부과된 조건을 **처리** (*treatment*) 라 한다.

관측연구에서 조사자는 연구에 포함된 개체에 처리를 부여하지 않는다. 예를 들면, 첫 번째 대안에서 연구자는 현재 이들 식이요법을 하고 있는 사람들로부터 단순히 정보를 수집한다. 이 경우에는 사람들은 임의적으로 두 식이요법에 할당되지 않고 자발적으로 식이요법을 선택한다. 이 상황에서 두 식이요법의 비교효과에 대한 연구자들의 결론은 타당하지 않을지 모른다. 왜냐하면 식이요법의 효과는 많은 다른 요인 또는 변수들로 **중첩되어 (confounded)** 있을 것이다. 한 요인의 효과가 몇 가지 다른 요인의 효과로부터 분리될 수 없을 때 효과는 중첩되었다고 말한다. 식이요법1을 선택한 사람들은 식이요법2를 선택한 사람들과 연령, 성별, 그리고 먹는 습관과 운동습관이 아주 다를지 모른다. 그러므로 체중감소는 전적으로 식이요법에 기인하는 것이 아니라 다른 요인 또는 변수들에 기인할지 모른다. 예를 들어 한 그룹에 속한 사람들은 식이요법과 운동에 적극적으로 임하는 반면에 다른 그룹의 사람들은 전적으로 식이요법에만 의존할지 모른다. 이렇게 다른 변수들의 효과가 식이요법의 효과에 중첩될 것이다.

두 번째 대안에서, 연구자는 100명을 선택하여 그들에게 식이요법을 임의로 할당한다. 임의할당을 하는 한 가지 방법은 종이에 각각의 이름을 적은 후에 모자에 넣고 50명을 임의로 뽑는 것이다. 이들 50명에게 두 식이요법 중 하나, 식이요법1을 할당한다. 나머지 50명은 두 번째 식이요법, 식이요법2에 할당된다. 이런 과정을 **임의화 (randomization)** 라고 부른다. 임의할당은 난수표 등을 사용하여 할 수도 있다는 점에 주목한다.

정 의

임의화 : 임의로 여러 그룹에 개체들이 할당되는 절차를 **임의화** (*randomization*) 라고 부른다.

사람들을 임의로 두 식이요법 중에 하나에 할당하면 두 그룹의 사람들 사이의 차이는 거의 사라진다. 이 경우에 그룹은 연령, 성별 그리고 먹는 습관과 운동습관과 같은 요인에 관하여 그리 다르지 않을 것이다. 두 그룹은 서로 매우 비슷할 것이다. 사람들을 하나의 식이요법에 할당하기 위하여 임의과정을 사용하면 체중에 영향을 미치는 다른 요인들을 **통제(control)** 한 것이다. 결과적으로 이것이 **계획된 실험(designed experiment)** 의 예이다.

식이요법에 관한 예에서 두 가지 식이요법의 형태를 처리라고 부른다. 실험자는 개체에 두 처리를 임의로 할당한다. 다시 말하면, 이것을 계획된 실험이라고 부른다.

정 의

계획된 실험과 관측연구 : 실험자들이 다른 처리그룹에 개체의 할당을 통제할 때, 연구를 **계획된 실험**(*designed experiment*)이라고 한다. 대조적으로 **관측연구**(*observational study*)는 다른 처리들에 개체의 할당은 자발적이고 실험자는 단순히 연구결과를 관측한다.

처리를 받는 사람들의 그룹을 **처리그룹(treatment group)** 이라고 하고, 처리를 받지 않는 사람들의 그룹을 **통제그룹(control group)** 이라고 부른다. 식이요법의 예에서 두 그룹은 처리 그룹이 된다. 왜냐하면 각 그룹은 식이요법의 두 가지 형태 중에 한 가지 방법에 할당되기 때문이다. 이 예는 통제그룹을 포함하고 있지 않다.

정 의

처리와 통제그룹 : 처리를 받는 개체들의 그룹을 **처리그룹**(*treatment group*)이라 하고, 처리를 받지 않는 개체들의 그룹을 **통제그룹**(*control group*)이라 한다.

■ 예제 A-1 관측연구의 예

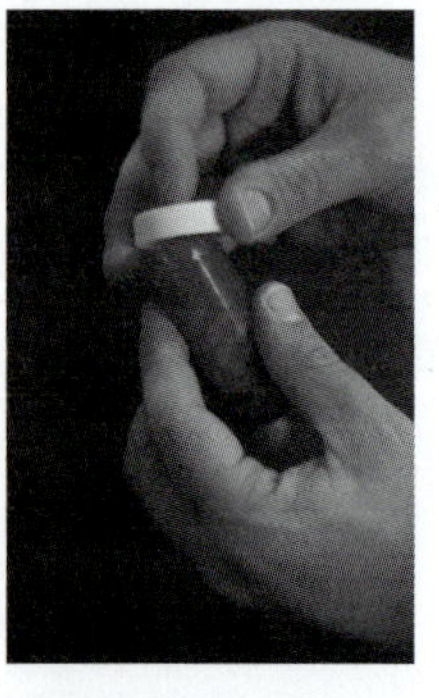

제약회사가 질병치료를 위한 신약을 개발했다고 한다. 이 약이 질병치료에 효과가 있는지를 알아 보려면 사람을 대상으로 검정되어야 할 것이다. 이 병을 앓고 있는 100명이 있다. 그들 중 50명이 자발적으로 이 약을 먹기로 결정하였고 나머지 50명은 이 약을 먹지 않기로 결정했다. 연구자는 환자 두 그룹에 대한 치료율을 비교한다. 이것은 계획된 실험의 예인가 관측연구의 예인가?

풀 이 이것은 관측연구의 예이다. 왜냐하면 50명의 환자들이 임의가 아니고 자발적으로 처리그룹에 참가하였기 때문이다. 이 경우에 약의 효과가 다른 변수들로 중첩되었기 때문에 연구결과는 타당하지 않을 수도 있다. 약을 복용하기를 결정한 환자들 모두는 복용하지 않기로 한 환자들과 유사하지 않다. 약을 복용하기로 결정한 사람들은 병이 진행된 단계에 있을 가능성이 있다. 결과적으로 그들은 처리그룹이 되어도 잃는 것이 많지 않다. 두 그룹의 환자들은 연령, 성별 등과 같은 다른 요인들에 관하여도 다를 것이다. ■

■ 예제 A-2 계획된 실험의 예

예제 A-1을 다시 고려한다. 이 병을 앓고 있는 100명 중에서 임의로 50명을 뽑았다고 한다. 이 50명이 한 그룹에, 나머지 50명이 두 번째 그룹에 속하도록 하였다. 이들 그룹 중 하나는 처리그룹, 두 번째는 통제그룹이 된다. 연구자는 두 그룹에 대한 치료율을 비교한다. 이것은 계획된 실험의 예인가 관측연구의 예인가?

풀 이 이 경우에 두 그룹은 서로 매우 유사할 것이다. 두 그룹이 정확하게 동일하다고 기대하지는 않는다. 그러나 임의화를 사용했을 때, 두 그룹은 매우 유사할 것이다. 두 그룹을 만든 후에 한 그룹은 실제 약이 주어질 것이다. 이 그룹을 처리그룹이라 한다. 다른 그룹은 위약을 처방한다. 이 그룹을 통제그룹이라 한다. 이것은 환자들이 두 그룹 중에 한 그룹에 임으로 할당되었기 때문에 계획된 실험의 예이다. ■

일반적으로 예제 A-2와 같은 실험에서 환자들이 자신이 어떤 그룹에 속한지를 알지 못한다. 대부분 실험자도 환자들이 어떤 그룹에 속하는지를 모른다. 이것은 실험결과에서 어떤 편향이나 왜곡을 피하기 위한 것이다. 환자나 실험자가 누가 실제 약을 먹는지 위약을 먹는지를 모를 때 **이중눈가림 실험(double-blind experiment)**이라 한다. 연구결과가 불편성과 타당성을 갖기 위하여 실험은 이중눈가림의 계획된 실험이어야 한다.

의학 실험에서 위약의 사용은 매우 중요하다. 위약은 실제 약과 같게 보이는 가짜 약이다. 많은 연구에서 환자들에게 설탕 알약을 주었을 때도 환자 중 많은 사람들이 고통의 감소를 나타낸다는 것을 보였다. 환자들은 의사와 약을 신뢰하기 때문에 환자들은 위약에 반응한다. 이것을 **위약효과(placebo effect)**라 한다.

몇 가지 예에서는 계획된 실험을 하는 것이 가능하지 않아 관측연구에 기초를 두어야만 한다. 예를 들어 연구자가 경영학 전공과 심리학 전공의 초봉을 비교하고자 한다. 연구자는 관측연구에 의존할 것이다. 연구자는 최근의 경영학 전공자와 심리학 전공자들의 그룹에서 표본을 뽑는다. 두 그룹의 초봉을 가지고 연구자는 의사결정을 할 것이다. 연구자는 이런 경우에 계획된 실험을 할 수 없다. 연구자가 임의로 한 그룹을 선택하여 경영학을 전공하도록 요구할 수도 없고, 다른 그룹을 선택하여 심리학 전공을 요구할 수도 없다. 사람들은 자발적으로 전공을 선택한다.

사례 A-2

항균비누는 효과가 있는가?

항균비누는 보통비누보다 더 좋지 않다고 전문가들이 수년 동안 그렇게 말해왔다. 그러나 항균비누가 현재 액체 비누시장의 76퍼센트를 차지한다. 문제는 전문가의 주장을 지지하는 정밀한 연구가 부족한 것이다. 그러나 미국 전염병 학회의 연차 회의에서 좋은 안을 내놓았다. 임의로, 이중눈가림의 통제된 연구에서 224명의 주부들을 조사하기로 하였다. 반은 일 년 동안 보통의 액체비누를 받았고 다른 반은 항균비누를 받았다. 모든 참가자의 손은 연구의 시작과 끝 지점에서 세균이 배양되었다.

결과는? 처음에 모든 참가자들의 손은 80만 개에서 100만 개의 박테리아로 가득하였다. 이것은 정상적으로 손에 1000만 개까지도 가질 수 있다고 한다. 연말에 단지 30만 개 정도를 가지고 있는 것으로 검사되었다. 항균비누를 사용했는지 안했는지는 문제가 되지 않았다. 차이는 손가락을 철저하게 씻는 데 더 많은 시간을 사용하였다는 점이다.

왜 항균비누가 더 좋지 않은가? 항균성 요원인 트리클로산(triclosan)은 작용하려면 수분 동안의 접촉을 요구한다고 한다. 대부분의 사람들은 3초에서 5초 동안 손을 씻는다. 불행하게도 항균비누의 잔류물은 싱크대와 주방용 조리대 위에 남아 있어 약제 내성 박테리아의 발달에 공헌할지도 모른다. 아기가 있거나 면역력이 떨어진 환자가 있는 집에 대한 더 좋은 해결책은 세균을 건조시켜 없애는 알코올성 겔을 사용하는 것이다.

조사에서는 정보를 선택할 때 요인들에 어떤 통제도 할 수 없다. 조사의 이런 특성이 관측연구에 매우 가깝게 만든다. 그러나 조사는 확률표본에 기초하므로 관측연구와 다르다.

만약에 관측연구 또는 조사에서 두 변수가 관련 있다는 것을 나타낸다면 그들 사이에 인과관계가 있다는 것을 의미하지 않는다. 예를 들어, 경제학자가 가정을 표본으로 뽑아 수입과 지불된 임대료에 대한 자료를 수집하고 이들 두 변수 사이의 관계를 세우면, 더 높은 소득을 갖는 가정이 더 높은 임대료를 지불한다는 것을 의미하지는 않는다. 여기서 임대료에는 많은 변수들의 효과가 중첩되어 있다. 높은 임대료를 지불하는 가정은 높은 소득 때문이 아니라 여러 다른 인자, 즉 가족의 수, 선호도, 또는 거주지 때문이다. 다른 변수들을 통제하지 않는다면 수입과 지불된 임대료 사이의 인과관계에 관하여 어떤 말도 할 수 없다. 수입과 지불된 임대료 사이의 관계는 다음 시나리오 중에 어느 것에 적합할 것이다.

1. 두 변수는 인과 관계를 갖는다. 더 높은 수입이 있는 가정은 더 높은 임대료를 지불한다. 가정의 수입의 변화는 지불하는 임대료의 변화의 원인이 된다.

2. 가정의 수입과 지불되는 임대료는 인과관계를 갖지 않는다. 두 변수는 세 번째 변수와 인과 관계를 가진다. 세 번째 변수가 변하면 두 변수가 변한다.

3. 임대료에 대한 수입의 효과는 다른 변수와 중첩되어서 수입이 지불되는 임대료에 영향을 미친다.

연구의 목적이 두 변수 사이의 인과 관계를 세우는 것이라면 다른 변수의 효과를 통제하여야만 한다. 다시 말하면 계획된 연구를 하여야만 한다.

연습문제

A.1 자료의 다양한 출처에 관해서 간략히 설명하시오.

A.2 자료의 내부 출처와 외부 출처의 다른 점을 설명하시오.

A.3 표본조사와 전수조사 사이의 다른 점을 설명하시오. 왜 표본조사를 전수조사보다 더 선호하는가?

A.4 조사와 실험의 다른 점을 설명하시오.

A.5 다음 용어를 설명하시오.

a. 임의표본 b. 비임의표본 c. 편의표본

d. 판단표본 e. 할당표본

A.6 아래의 표집방법을 간략하게 설명하시오.

a. 단순임의표집 b. 계통임의표집

c. 층화임의표집 d. 집락표집

A.7 모집단에서 선택된 동일한 크기의 모든 표본이 선택될 동일한 확률을 갖는 표집방법은?

A.8 통계학 교수는 재직 중인 대학에서 모든 학생들의 평균 GPA (평균평점성적) 을 알기를 원한다. 그는 통계학 강좌를 수강하는 모든 학생을 표본으로 사용하여 평균 GPA를 구하기기 위하여 GPA 성적에 관한 정보를 수집하였다.

a. 이 표본은 임의표본인가 비임의표본인가?

b. 어떤 표본인가? 다시 말하면 단순임의표본, 계통표본, 층화표본, 집락 표본, 편의 표본, 판단 표본 또는 할당 표본인가?

c. 이런 표본은 어떤 종류의 계통오차가 만들어지는가?

A.9 여론조사기관은 임의표본에 기초한 조사를 하여 면접자가 표본에 포함된 부모들에게 전화를 하여 다음과 같은 질문을 하였다.

a. 당신은 아이들의 체벌을 생각합니까?

b. 당신은 지금까지 당신의 아이를 체벌한 적이 있습니까?

c. 만일 두 번째 질문에 대한 대답이 예라면 얼마나 자주?

이 조사에는 어떤 종류의 계통오차가 있는가?

A.10 연구자는 먹는 육류의 양과 콜레스테롤 수준 사이에 관계를 연구하기 위하여 지원자를 모집하였다. 3,476명의 지원자로부터 연구자는 이들이 먹는 고기의 양과 콜레스테롤 수준에 대한 정보를 수집했다. 이 자료를 가지고 연구자는 두 변수 사이에 매우 강한 양의 관계가 있다고 결론지었다.

a. 이것은 관측연구인가 계획된 실험인가?

b. 이 연구에 기초하여 연구자는 고기의 소비는 콜레스테롤 수준을 증가시킨다고 결론지을 수 있는가? 있는지 없는지에 대한 이유를 설명하시오.

부록

B

통계표

표 I 이항분포표

n	x	.05	.10	.20	.30	.40	.50	.60	.70	.80	.90	.95
		p										
1	0	.9500	.9000	.8000	.7000	.6000	.5000	.4000	.3000	.2000	.1000	.0500
	1	.0500	.1000	.2000	.3000	.4000	.5000	.6000	.7000	.8000	.9000	.9500
2	0	.9025	.8100	.6400	.4900	.3600	.2500	.1600	.0900	.0400	.0100	.0025
	1	.0950	.1800	.3200	.4200	.4800	.5000	.4800	.4200	.3200	.1800	.0950
	2	.0025	.0100	.0400	.0900	.1600	.2500	.3600	.4900	.6400	.8100	.9025
3	0	.8574	.7290	.5120	.3430	.2160	.1250	.0640	.0270	.0080	.0010	.0001
	1	.1354	.2430	.3840	.4410	.4320	.3750	.2880	.1890	.0960	.0270	.0071
	2	.0071	.0270	.0960	.1890	.2880	.3750	.4320	.4410	.3840	.2430	.1354
	3	.0001	.0010	.0080	.0270	.0640	.1250	.2160	.3430	.5120	.7290	.8574
4	0	.8145	.6561	.4096	.2401	.1296	.0625	.0256	.0081	.0016	.0001	.0000
	1	.1715	.2916	.4096	.4116	.3456	.2500	.1536	.0756	.0256	.0036	.0005
	2	.0135	.0486	.1536	.2646	.3456	.3750	.3456	.2646	.1536	.0486	.0135
	3	.0005	.0036	.0256	.0756	.1536	.2500	.3456	.4116	.4096	.2916	.1715
	4	.0000	.0001	.0016	.0081	.0256	.0625	.1296	.2401	.4096	.6561	.8145
5	0	.7738	.5905	.3277	.1681	.0778	.0312	.0102	.0024	.0003	.0000	.0000
	1	.2036	.3280	.4096	.3602	.2592	.1562	.0768	.0284	.0064	.0005	.0000
	2	.0214	.0729	.2048	.3087	.3456	.3125	.2304	.1323	.0512	.0081	.0011
	3	.0011	.0081	.0512	.1323	.2304	.3125	.3456	.3087	.2048	.0729	.0214
	4	.0000	.0004	.0064	.0283	.0768	.1562	.2592	.3601	.4096	.3281	.2036
	5	.0000	.0000	.0003	.0024	.0102	.0312	.0778	.1681	.3277	.5905	.7738
6	0	.7351	.5314	.2621	.1176	.0467	.0156	.0041	.0007	.0001	.0000	.0000
	1	.2321	.3543	.3932	.3025	.1866	.0937	.0369	.0102	.0015	.0001	.0000
	2	.0305	.0984	.2458	.3241	.3110	.2344	.1382	.0595	.0154	.0012	.0001
	3	.0021	.0146	.0819	.1852	.2765	.3125	.2765	.1852	.0819	.0146	.0021
	4	.0001	.0012	.0154	.0595	.1382	.2344	.3110	.3241	.2458	.0984	.0305
	5	.0000	.0001	.0015	.0102	.0369	.0937	.1866	.3025	.3932	.3543	.2321
	6	.0000	.0000	.0001	.0007	.0041	.0156	.0467	.1176	.2621	.5314	.7351
7	0	.6983	.4783	.2097	.0824	.0280	.0078	.0016	.0002	.0000	.0000	.0000
	1	.2573	.3720	.3670	.2471	.1306	.0547	.0172	.0036	.0004	.0000	.0000
	2	.0406	.1240	.2753	.3177	.2613	.1641	.0774	.0250	.0043	.0002	.0000
	3	.0036	.0230	.1147	.2269	.2903	.2734	.1935	.0972	.0287	.0026	.0002
	4	.0002	.0026	.0287	.0972	.1935	.2734	.2903	.2269	.1147	.0230	.0036
	5	.0000	.0002	.0043	.0250	.0774	.1641	.2613	.3177	.2753	.1240	.0406
	6	.0000	.0000	.0004	.0036	.0172	.0547	.1306	.2471	.3670	.3720	.2573
	7	.0000	.0000	.0000	.0002	.0016	.0078	.0280	.0824	.2097	.4783	.6983
8	0	.6634	.4305	.1678	.0576	.0168	.0039	.0007	.0001	.0000	.0000	.0000
	1	.2793	.3826	.3355	.1977	.0896	.0312	.0079	.0012	.0001	.0000	.0000

표 I 이항분포표 (계속)

n	x	p = .05	.10	.20	.30	.40	.50	.60	.70	.80	.90	.95
	2	.0515	.1488	.2936	.2965	.2090	.1094	.0413	.0100	.0011	.0000	.0000
	3	.0054	.0331	.1468	.2541	.2787	.2187	.1239	.0467	.0092	.0004	.0000
	4	.0004	.0046	.0459	.1361	.2322	.2734	.2322	.1361	.0459	.0046	.0004
	5	.0000	.0004	.0092	.0467	.1239	.2187	.2787	.2541	.1468	.0331	.0054
	6	.0000	.0000	.0011	.0100	.0413	.1094	.2090	.2965	.2936	.1488	.0515
	7	.0000	.0000	.0001	.0012	.0079	.0312	.0896	.1977	.3355	.3826	.2793
	8	.0000	.0000	.0000	.0001	.0007	.0039	.0168	.0576	.1678	.4305	.6634
9	0	.6302	.3874	.1342	.0404	.0101	.0020	.0003	.0000	.0000	.0000	.0000
	1	.2985	.3874	.3020	.1556	.0605	.0176	.0035	.0004	.0000	.0000	.0000
	2	.0629	.1722	.3020	.2668	.1612	.0703	.0212	.0039	.0003	.0000	.0000
	3	.0077	.0446	.1762	.2668	.2508	.1641	.0743	.0210	.0028	.0001	.0000
	4	.0006	.0074	.0661	.1715	.2508	.2461	.1672	.0735	.0165	.0008	.0000
	5	.0000	.0008	.0165	.0735	.1672	.2461	.2508	.1715	.0661	.0074	.0006
	6	.0000	.0001	.0028	.0210	.0743	.1641	.2508	.2668	.1762	.0446	.0077
	7	.0000	.0000	.0003	.0039	.0212	.0703	.1612	.2668	.3020	.1722	.0629
	8	.0000	.0000	.0000	.0004	.0035	.0176	.0605	.1556	.3020	.3874	.2985
	9	.0000	.0000	.0000	.0000	.0003	.0020	.0101	.0404	.1342	.3874	.6302
10	0	.5987	.3487	.1074	.0282	.0060	.0010	.0001	.0000	.0000	.0000	.0000
	1	.3151	.3874	.2684	.1211	.0403	.0098	.0016	.0001	.0000	.0000	.0000
	2	.0746	.1937	.3020	.2335	.1209	.0439	.0106	.0014	.0001	.0000	.0000
	3	.0105	.0574	.2013	.2668	.2150	.1172	.0425	.0090	.0008	.0000	.0000
	4	.0010	.0112	.0881	.2001	.2508	.2051	.1115	.0368	.0055	.0001	.0000
	5	.0001	.0015	.0264	.1029	.2007	.2461	.2007	.1029	.0264	.0015	.0001
	6	.0000	.0001	.0055	.0368	.1115	.2051	.2508	.2001	.0881	.0112	.0010
	7	.0000	.0000	.0008	.0090	.0425	.1172	.2150	.2668	.2013	.0574	.0105
	8	.0000	.0000	.0001	.0014	.0106	.0439	.1209	.2335	.3020	.1937	.0746
	9	.0000	.0000	.0000	.0001	.0016	.0098	.0403	.1211	.2684	.3874	.3151
	10	.0000	.0000	.0000	.0000	.0001	.0010	.0060	.0282	.1074	.3487	.5987
11	0	.5688	.3138	.0859	.0198	.0036	.0005	.0000	.0000	.0000	.0000	.0000
	1	.3293	.3835	.2362	.0932	.0266	.0054	.0007	.0000	.0000	.0000	.0000
	2	.0867	.2131	.2953	.1998	.0887	.0269	.0052	.0005	.0000	.0000	.0000
	3	.0137	.0710	.2215	.2568	.1774	.0806	.0234	.0037	.0002	.0000	.0000
	4	.0014	.0158	.1107	.2201	.2365	.1611	.0701	.0173	.0017	.0000	.0000
	5	.0001	.0025	.0388	.1321	.2207	.2256	.1471	.0566	.0097	.0003	.0000
	6	.0000	.0003	.0097	.0566	.1471	.2256	.2207	.1321	.0388	.0025	.0001
	7	.0000	.0000	.0017	.0173	.0701	.1611	.2365	.2201	.1107	.0158	.0014
	8	.0000	.0000	.0002	.0037	.0234	.0806	.1774	.2568	.2215	.0710	.0137
	9	.0000	.0000	.0000	.0005	.0052	.0269	.0887	.1998	.2953	.2131	.0867

표 I 이항분포표 (계속)

n	x	.05	.10	.20	.30	.40	.50	.60	.70	.80	.90	.95
	10	.0000	.0000	.0000	.0000	.0007	.0054	.0266	.0932	.2362	.3835	.3293
	11	.0000	.0000	.0000	.0000	.0000	.0005	.0036	.0198	.0859	.3138	.5688
12	0	.5404	.2824	.0687	.0138	.0022	.0002	.0000	.0000	.0000	.0000	.0000
	1	.3413	.3766	.2062	.0712	.0174	.0029	.0003	.0000	.0000	.0000	.0000
	2	.0988	.2301	.2835	.1678	.0639	.0161	.0025	.0002	.0000	.0000	.0000
	3	.0173	.0852	.2362	.2397	.1419	.0537	.0125	.0015	.0001	.0000	.0000
	4	.0021	.0213	.1329	.2311	.2128	.1208	.0420	.0078	.0005	.0000	.0000
	5	.0002	.0038	.0532	.1585	.2270	.1934	.1009	.0291	.0033	.0000	.0000
	6	.0000	.0005	.0155	.0792	.1766	.2256	.1766	.0792	.0155	.0005	.0000
	7	.0000	.0000	.0033	.0291	.1009	.1934	.2270	.1585	.0532	.0038	.0002
	8	.0000	.0000	.0005	.0078	.0420	.1208	.2128	.2311	.1329	.0213	.0021
	9	.0000	.0000	.0001	.0015	.0125	.0537	.1419	.2397	.2362	.0852	.0173
	10	.0000	.0000	.0000	.0002	.0025	.0161	.0639	.1678	.2835	.2301	.0988
	11	.0000	.0000	.0000	.0000	.0003	.0029	.0174	.0712	.2062	.3766	.3413
	12	.0000	.0000	.0000	.0000	.0000	.0002	.0022	.0138	.0687	.2824	.5404
13	0	.5133	.2542	.0550	.0097	.0013	.0001	.0000	.0000	.0000	.0000	.0000
	1	.3512	.3672	.1787	.0540	.0113	.0016	.0001	.0000	.0000	.0000	.0000
	2	.1109	.2448	.2680	.1388	.0453	.0095	.0012	.0001	.0000	.0000	.0000
	3	.0214	.0997	.2457	.2181	.1107	.0349	.0065	.0006	.0000	.0000	.0000
	4	.0028	.0277	.1535	.2337	.1845	.0873	.0243	.0034	.0001	.0000	.0000
	5	.0003	.0055	.0691	.1803	.2214	.1571	.0656	.0142	.0011	.0000	.0000
	6	.0000	.0008	.0230	.1030	.1968	.2095	.1312	.0442	.0058	.0001	.0000
	7	.0000	.0001	.0058	.0442	.1312	.2095	.1968	.1030	.0230	.0008	.0000
	8	.0000	.0000	.0011	.0142	.0656	.1571	.2214	.1803	.0691	.0055	.0003
	9	.0000	.0000	.0001	.0034	.0243	.0873	.1845	.2337	.1535	.0277	.0028
	10	.0000	.0000	.0000	.0006	.0065	.0349	.1107	.2181	.2457	.0997	.0214
	11	.0000	.0000	.0000	.0001	.0012	.0095	.0453	.1388	.2680	.2448	.1109
	12	.0000	.0000	.0000	.0000	.0001	.0016	.0113	.0540	.1787	.3672	.3512
	13	.0000	.0000	.0000	.0000	.0000	.0001	.0013	.0097	.0550	.2542	.5133
14	0	.4877	.2288	.0440	.0068	.0008	.0001	.0000	.0000	.0000	.0000	.0000
	1	.3593	.3559	.1539	.0407	.0073	.0009	.0001	.0000	.0000	.0000	.0000
	2	.1229	.2570	.2501	.1134	.0317	.0056	.0005	.0000	.0000	.0000	.0000
	3	.0259	.1142	.2501	.1943	.0845	.0222	.0033	.0002	.0000	.0000	.0000
	4	.0037	.0349	.1720	.2290	.1549	.0611	.0136	.0014	.0000	.0000	.0000
	5	.0004	.0078	.0860	.1963	.2066	.1222	.0408	.0066	.0003	.0000	.0000
	6	.0000	.0013	.0322	.1262	.2066	.1833	.0918	.0232	.0020	.0000	.0000
	7	.0000	.0002	.0092	.0618	.1574	.2095	.1574	.0618	.0092	.0002	.0000
	8	.0000	.0000	.0020	.0232	.0918	.1833	.2066	.1262	.0322	.0013	.0000
	9	.0000	.0000	.0003	.0066	.0408	.1222	.2066	.1963	.0860	.0078	.0004
	10	.0000	.0000	.0000	.0014	.0136	.0611	.1549	.2290	.1720	.0349	.0037

표 I 이항분포표 (계속)

n	*x*	*p*										
		.05	**.10**	**.20**	**.30**	**.40**	**.50**	**.60**	**.70**	**.80**	**.90**	**.95**
	11	.0000	.0000	.0000	.0002	.0033	.0222	.0845	.1943	.2501	.1142	.0259
	12	.0000	.0000	.0000	.0000	.0005	.0056	.0317	.1134	.2501	.2570	.1229
	13	.0000	.0000	.0000	.0000	.0001	.0009	.0073	.0407	.1539	.3559	.3593
	14	.0000	.0000	.0000	.0000	.0000	.0001	.0008	.0068	.0440	.2288	.4877
15	0	.4633	.2059	.0352	.0047	.0005	.0000	.0000	.0000	.0000	.0000	.0000
	1	.3658	.3432	.1319	.0305	.0047	.0005	.0000	.0000	.0000	.0000	.0000
	2	.1348	.2669	.2309	.0916	.0219	.0032	.0003	.0000	.0000	.0000	.0000
	3	.0307	.1285	.2501	.1700	.0634	.0139	.0016	.0001	.0000	.0000	.0000
	4	.0049	.0428	.1876	.2186	.1268	.0417	.0074	.0006	.0000	.0000	.0000
	5	.0006	.0105	.1032	.2061	.1859	.0916	.0245	.0030	.0001	.0000	.0000
	6	.0000	.0019	.0430	.1472	.2066	.1527	.0612	.0116	.0007	.0000	.0000
	7	.0000	.0003	.0138	.0811	.1771	.1964	.1181	.0348	.0035	.0000	.0000
	8	.0000	.0000	.0035	.0348	.1181	.1964	.1771	.0811	.0138	.0003	.0000
	9	.0000	.0000	.0007	.0116	.0612	.1527	.2066	.1472	.0430	.0019	.0000
	10	.0000	.0000	.0001	.0030	.0245	.0916	.1859	.2061	.1032	.0105	.0006
	11	.0000	.0000	.0000	.0006	.0074	.0417	.1268	.2186	.1876	.0428	.0049
	12	.0000	.0000	.0000	.0001	.0016	.0139	.0634	.1700	.2501	.1285	.0307
	13	.0000	.0000	.0000	.0000	.0003	.0032	.0219	.0916	.2309	.2669	.1348
	14	.0000	.0000	.0000	.0000	.0000	.0005	.0047	.0305	.1319	.3432	.3658
	15	.0000	.0000	.0000	.0000	.0000	.0000	.0005	.0047	.0352	.2059	.4633
16	0	.4401	.1853	.0281	.0033	.0003	.0000	.0000	.0000	.0000	.0000	.0000
	1	.3706	.3294	.1126	.0228	.0030	.0002	.0000	.0000	.0000	.0000	.0000
	2	.1463	.2745	.2111	.0732	.0150	.0018	.0001	.0000	.0000	.0000	.0000
	3	.0359	.1423	.2463	.1465	.0468	.0085	.0008	.0000	.0000	.0000	.0000
	4	.0061	.0514	.2001	.2040	.1014	.0278	.0040	.0002	.0000	.0000	.0000
	5	.0008	.0137	.1201	.2099	.1623	.0667	.0142	.0013	.0000	.0000	.0000
	6	.0001	.0028	.0550	.1649	.1983	.1222	.0392	.0056	.0002	.0000	.0000
	7	.0000	.0004	.0197	.1010	.1889	.1746	.0840	.0185	.0012	.0000	.0000
	8	.0000	.0001	.0055	.0487	.1417	.1964	.1417	.0487	.0055	.0001	.0000
	9	.0000	.0000	.0012	.0185	.0840	.1746	.1889	.1010	.0197	.0004	.0000
	10	.0000	.0000	.0002	.0056	.0392	.1222	.1983	.1649	.0550	.0028	.0001
	11	.0000	.0000	.0000	.0013	.0142	.0666	.1623	.2099	.1201	.0137	.0008
	12	.0000	.0000	.0000	.0002	.0040	.0278	.1014	.2040	.2001	.0514	.0061
	13	.0000	.0000	.0000	.0000	.0008	.0085	.0468	.1465	.2463	.1423	.0359
	14	.0000	.0000	.0000	.0000	.0001	.0018	.0150	.0732	.2111	.2745	.1463
	15	.0000	.0000	.0000	.0000	.0000	.0002	.0030	.0228	.1126	.3294	.3706
	16	.0000	.0000	.0000	.0000	.0000	.0000	.0003	.0033	.0281	.1853	.4401
17	0	.4181	.1668	.0225	.0023	.0002	.0000	.0000	.0000	.0000	.0000	.0000
	1	.3741	.3150	.0957	.0169	.0019	.0001	.0000	.0000	.0000	.0000	.0000
	2	.1575	.2800	.1914	.0581	.0102	.0010	.0001	.0000	.0000	.0000	.0000

표 I 이항분포표 (계속)

		p										
n	*x*	.05	.10	.20	.30	.40	.50	.60	.70	.80	.90	.95
	3	.0415	.1556	.2393	.1245	.0341	.0052	.0004	.0000	.0000	.0000	.0000
	4	.0076	.0605	.2093	.1868	.0796	.0182	.0021	.0001	.0000	.0000	.0000
	5	.0010	.0175	.1361	.2081	.1379	.0472	.0081	.0006	.0000	.0000	.0000
	6	.0001	.0039	.0680	.1784	.1839	.0944	.0242	.0026	.0001	.0000	.0000
	7	.0000	.0007	.0267	.1201	.1927	.1484	.0571	.0095	.0004	.0000	.0000
	8	.0000	.0001	.0084	.0644	.1606	.1855	.1070	.0276	.0021	.0000	.0000
	9	.0000	.0000	.0021	.0276	.1070	.1855	.1606	.0644	.0084	.0001	.0000
	10	.0000	.0000	.0004	.0095	.0571	.1484	.1927	.1201	.0267	.0007	.0000
	11	.0000	.0000	.0001	.0026	.0242	.0944	.1839	.1784	.0680	.0039	.0001
	12	.0000	.0000	.0000	.0006	.0081	.0472	.1379	.2081	.1361	.0175	.0010
	13	.0000	.0000	.0000	.0001	.0021	.0182	.0796	.1868	.2093	.0605	.0076
	14	.0000	.0000	.0000	.0000	.0004	.0052	.0341	.1245	.2393	.1556	.0415
	15	.0000	.0000	.0000	.0000	.0001	.0010	.0102	.0581	.1914	.2800	.1575
	16	.0000	.0000	.0000	.0000	.0000	.0001	.0019	.0169	.0957	.3150	.3741
	17	.0000	.0000	.0000	.0000	.0000	.0000	.0002	.0023	.0225	.1668	.4181
18	0	.3972	.1501	.0180	.0016	.0001	.0000	.0000	.0000	.0000	.0000	.0000
	1	.3763	.3002	.0811	.0126	.0012	.0001	.0000	.0000	.0000	.0000	.0000
	2	.1683	.2835	.1723	.0458	.0069	.0006	.0000	.0000	.0000	.0000	.0000
	3	.0473	.1680	.2297	.1046	.0246	.0031	.0002	.0000	.0000	.0000	.0000
	4	.0093	.0700	.2153	.1681	.0614	.0117	.0011	.0000	.0000	.0000	.0000
	5	.0014	.0218	.1507	.2017	.1146	.0327	.0045	.0002	.0000	.0000	.0000
	6	.0002	.0052	.0816	.1873	.1655	.0708	.0145	.0012	.0000	.0000	.0000
	7	.0000	.0010	.0350	.1376	.1892	.1214	.0374	.0046	.0001	.0000	.0000
	8	.0000	.0002	.0120	.0811	.1734	.1669	.0771	.0149	.0008	.0000	.0000
	9	.0000	.0000	.0033	.0386	.1284	.1855	.1284	.0386	.0033	.0000	.0000
	10	.0000	.0000	.0008	.0149	.0771	.1669	.1734	.0811	.0120	.0002	.0000
	11	.0000	.0000	.0001	.0046	.0374	.1214	.1892	.1376	.0350	.0010	.0000
	12	.0000	.0000	.0000	.0012	.0145	.0708	.1655	.1873	.0816	.0052	.0002
	13	.0000	.0000	.0000	.0002	.0045	.0327	.1146	.2017	.1507	.0218	.0014
	14	.0000	.0000	.0000	.0000	.0011	.0117	.0614	.1681	.2153	.0700	.0093
	15	.0000	.0000	.0000	.0000	.0002	.0031	.0246	.1046	.2297	.1680	.0473
	16	.0000	.0000	.0000	.0000	.0000	.0006	.0069	.0458	.1723	.2835	.1683
	17	.0000	.0000	.0000	.0000	.0000	.0001	.0012	.0126	.0811	.3002	.3763
	18	.0000	.0000	.0000	.0000	.0000	.0000	.0001	.0016	.0180	.1501	.3972
19	0	.3774	.1351	.0144	.0011	.0001	.0000	.0000	.0000	.0000	.0000	.0000
	1	.3774	.2852	.0685	.0093	.0008	.0000	.0000	.0000	.0000	.0000	.0000
	2	.1787	.2852	.1540	.0358	.0046	.0003	.0000	.0000	.0000	.0000	.0000
	3	.0533	.1796	.2182	.0869	.0175	.0018	.0001	.0000	.0000	.0000	.0000
	4	.0112	.0798	.2182	.1491	.0467	.0074	.0005	.0000	.0000	.0000	.0000

표 I 이항분포표 (계속)

		p										
n	***x***	**.05**	**.10**	**.20**	**.30**	**.40**	**.50**	**.60**	**.70**	**.80**	**.90**	**.95**
	5	.0018	.0266	.1636	.1916	.0933	.0222	.0024	.0001	.0000	.0000	.0000
	6	.0002	.0069	.0955	.1916	.1451	.0518	.0085	.0005	.0000	.0000	.0000
	7	.0000	.0014	.0443	.1525	.1797	.0961	.0237	.0022	.0000	.0000	.0000
	8	.0000	.0002	.0166	.0981	.1797	.1442	.0532	.0077	.0003	.0000	.0000
	9	.0000	.0000	.0051	.0514	.1464	.1762	.0976	.0220	.0013	.0000	.0000
	10	.0000	.0000	.0013	.0220	.0976	.1762	.1464	.0514	.0051	.0000	.0000
	11	.0000	.0000	.0003	.0077	.0532	.1442	.1797	.0981	.0166	.0002	.0000
	12	.0000	.0000	.0000	.0022	.0237	.0961	.1797	.1525	.0443	.0014	.0000
	13	.0000	.0000	.0000	.0005	.0085	.0518	.1451	.1916	.0955	.0069	.0002
	14	.0000	.0000	.0000	.0001	.0024	.0222	.0933	.1916	.1636	.0266	.0018
	15	.0000	.0000	.0000	.0000	.0005	.0074	.0467	.1491	.2182	.0798	.0112
	16	.0000	.0000	.0000	.0000	.0001	.0018	.0175	.0869	.2182	.1796	.0533
	17	.0000	.0000	.0000	.0000	.0000	.0003	.0046	.0358	.1540	.2852	.1787
	18	.0000	.0000	.0000	.0000	.0000	.0000	.0008	.0093	.0685	.2852	.3774
	19	.0000	.0000	.0000	.0000	.0000	.0000	.0001	.0011	.0144	.1351	.3774
20	0	.3585	.1216	.0115	.0008	.0000	.0000	.0000	.0000	.0000	.0000	.0000
	1	.3774	.2702	.0576	.0068	.0005	.0000	.0000	.0000	.0000	.0000	.0000
	2	.1887	.2852	.1369	.0278	.0031	.0002	.0000	.0000	.0000	.0000	.0000
	3	.0596	.1901	.2054	.0716	.0123	.0011	.0000	.0000	.0000	.0000	.0000
	4	.0133	.0898	.2182	.1304	.0350	.0046	.0003	.0000	.0000	.0000	.0000
	5	.0022	.0319	.1746	.1789	.0746	.0148	.0013	.0000	.0000	.0000	.0000
	6	.0003	.0089	.1091	.1916	.1244	.0370	.0049	.0002	.0000	.0000	.0000
	7	.0000	.0020	.0545	.1643	.1659	.0739	.0146	.0010	.0000	.0000	.0000
	8	.0000	.0004	.0222	.1144	.1797	.1201	.0355	.0039	.0001	.0000	.0000
	9	.0000	.0001	.0074	.0654	.1597	.1602	.0710	.0120	.0005	.0000	.0000
	10	.0000	.0000	.0020	.0308	.1171	.1762	.1171	.0308	.0020	.0000	.0000
	11	.0000	.0000	.0005	.0120	.0710	.1602	.1597	.0654	.0074	.0001	.0000
	12	.0000	.0000	.0001	.0039	.0355	.1201	.1797	.1144	.0222	.0004	.0000
	13	.0000	.0000	.0000	.0010	.0146	.0739	.1659	.1643	.0545	.0020	.0000
	14	.0000	.0000	.0000	.0002	.0049	.0370	.1244	.1916	.1091	.0089	.0003
	15	.0000	.0000	.0000	.0000	.0013	.0148	.0746	.1789	.1746	.0319	.0022
	16	.0000	.0000	.0000	.0000	.0003	.0046	.0350	.1304	.2182	.0898	.0133
	17	.0000	.0000	.0000	.0000	.0000	.0011	.0123	.0716	.2054	.1901	.0596
	18	.0000	.0000	.0000	.0000	.0000	.0002	.0031	.0278	.1369	.2852	.1887
	19	.0000	.0000	.0000	.0000	.0000	.0000	.0005	.0068	.0576	.2702	.3774
	20	.0000	.0000	.0000	.0000	.0000	.0000	.0000	.0008	.0115	.1216	.3585
21	0	.3406	.1094	.0092	.0006	.0000	.0000	.0000	.0000	.0000	.0000	.0000
	1	.3764	.2553	.0484	.0050	.0003	.0000	.0000	.0000	.0000	.0000	.0000
	2	.1981	.2837	.1211	.0215	.0020	.0001	.0000	.0000	.0000	.0000	.0000

표 I 이항분포표 (계속)

n	x	.05	.10	.20	.30	.40	.50	.60	.70	.80	.90	.95
	3	.0660	.1996	.1917	.0585	.0086	.0006	.0000	.0000	.0000	.0000	.0000
	4	.0156	.0998	.2156	.1128	.0259	.0029	.0001	.0000	.0000	.0000	.0000
	5	.0028	.0377	.1833	.1643	.0588	.0097	.0007	.0000	.0000	.0000	.0000
	6	.0004	.0112	.1222	.1878	.1045	.0259	.0027	.0001	.0000	.0000	.0000
	7	.0000	.0027	.0655	.1725	.1493	.0554	.0087	.0005	.0000	.0000	.0000
	8	.0000	.0005	.0286	.1294	.1742	.0970	.0229	.0019	.0000	.0000	.0000
	9	.0000	.0001	.0103	.0801	.1677	.1402	.0497	.0063	.0002	.0000	.0000
	10	.0000	.0000	.0031	.0412	.1342	.1682	.0895	.0176	.0008	.0000	.0000
	11	.0000	.0000	.0008	.0176	.0895	.1682	.1342	.0412	.0031	.0000	.0000
	12	.0000	.0000	.0002	.0063	.0497	.1402	.1677	.0801	.0103	.0001	.0000
	13	.0000	.0000	.0000	.0019	.0229	.0970	.1742	.1294	.0286	.0005	.0000
	14	.0000	.0000	.0000	.0005	.0087	.0554	.1493	.1725	.0655	.0027	.0000
	15	.0000	.0000	.0000	.0001	.0027	.0259	.1045	.1878	.1222	.0112	.0004
	16	.0000	.0000	.0000	.0000	.0007	.0097	.0588	.1643	.1833	.0377	.0028
	17	.0000	.0000	.0000	.0000	.0001	.0029	.0259	.1128	.2156	.0998	.0156
	18	.0000	.0000	.0000	.0000	.0000	.0006	.0086	.0585	.1917	.1996	.0660
	19	.0000	.0000	.0000	.0000	.0000	.0001	.0020	.0215	.1211	.2837	.1981
	20	.0000	.0000	.0000	.0000	.0000	.0000	.0003	.0050	.0484	.2553	.3764
	21	.0000	.0000	.0000	.0000	.0000	.0000	.0000	.0006	.0092	.1094	.3406
22	0	.3235	.0985	.0074	.0004	.0000	.0000	.0000	.0000	.0000	.0000	.0000
	1	.3746	.2407	.0406	.0037	.0002	.0000	.0000	.0000	.0000	.0000	.0000
	2	.2070	.2808	.1065	.0166	.0014	.0001	.0000	.0000	.0000	.0000	.0000
	3	.0726	.2080	.1775	.0474	.0060	.0004	.0000	.0000	.0000	.0000	.0000
	4	.0182	.1098	.2108	.0965	.0190	.0017	.0001	.0000	.0000	.0000	.0000
	5	.0034	.0439	.1898	.1489	.0456	.0063	.0004	.0000	.0000	.0000	.0000
	6	.0005	.0138	.1344	.1808	.0862	.0178	.0015	.0000	.0000	.0000	.0000
	7	.0001	.0035	.0768	.1771	.1314	.0407	.0051	.0002	.0000	.0000	.0000
	8	.0000	.0007	.0360	.1423	.1642	.0762	.0144	.0009	.0000	.0000	.0000
	9	.0000	.0001	.0140	.0949	.1703	.1186	.0336	.0032	.0001	.0000	.0000
	10	.0000	.0000	.0046	.0529	.1476	.1542	.0656	.0097	.0003	.0000	.0000
	11	.0000	.0000	.0012	.0247	.1073	.1682	.1073	.0247	.0012	.0000	.0000
	12	.0000	.0000	.0003	.0097	.0656	.1542	.1476	.0529	.0046	.0000	.0000
	13	.0000	.0000	.0001	.0032	.0336	.1186	.1703	.0949	.0140	.0001	.0000
	14	.0000	.0000	.0000	.0009	.0144	.0762	.1642	.1423	.0360	.0007	.0000
	15	.0000	.0000	.0000	.0002	.0051	.0407	.1314	.1771	.0768	.0035	.0001
	16	.0000	.0000	.0000	.0000	.0015	.0178	.0862	.1808	.1344	.0138	.0005
	17	.0000	.0000	.0000	.0000	.0004	.0063	.0456	.1489	.1898	.0439	.0034
	18	.0000	.0000	.0000	.0000	.0001	.0017	.0190	.0965	.2108	.1098	.0182
	19	.0000	.0000	.0000	.0000	.0000	.0004	.0060	.0474	.1775	.2080	.0726

표 I 이항분포표 (계속)

n	x	.05	.10	.20	.30	.40	.50	.60	.70	.80	.90	.95
	20	.0000	.0000	.0000	.0000	.0000	.0001	.0014	.0166	.1065	.2808	.2070
	21	.0000	.0000	.0000	.0000	.0000	.0000	.0002	.0037	.0406	.2407	.3746
	22	.0000	.0000	.0000	.0000	.0000	.0000	.0000	.0004	.0074	.0985	.3235
23	0	.3074	.0886	.0059	.0003	.0000	.0000	.0000	.0000	.0000	.0000	.0000
	1	.3721	.2265	.0339	.0027	.0001	.0000	.0000	.0000	.0000	.0000	.0000
	2	.2154	.2768	.0933	.0127	.0009	.0000	.0000	.0000	.0000	.0000	.0000
	3	.0794	.2153	.1633	.0382	.0041	.0002	.0000	.0000	.0000	.0000	.0000
	4	.0209	.1196	.2042	.0818	.0138	.0011	.0000	.0000	.0000	.0000	.0000
	5	.0042	.0505	.1940	.1332	.0350	.0040	.0002	.0000	.0000	.0000	.0000
	6	.0007	.0168	.1455	.1712	.0700	.0120	.0008	.0000	.0000	.0000	.0000
	7	.0001	.0045	.0883	.1782	.1133	.0292	.0029	.0001	.0000	.0000	.0000
	8	.0000	.0010	.0442	.1527	.1511	.0584	.0088	.0004	.0000	.0000	.0000
	9	.0000	.0002	.0184	.1091	.1679	.0974	.0221	.0016	.0000	.0000	.0000
	10	.0000	.0000	.0064	.0655	.1567	.1364	.0464	.0052	.0001	.0000	.0000
	11	.0000	.0000	.0019	.0332	.1234	.1612	.0823	.0142	.0005	.0000	.0000
	12	.0000	.0000	.0005	.0142	.0823	.1612	.1234	.0332	.0019	.0000	.0000
	13	.0000	.0000	.0001	.0052	.0464	.1364	.1567	.0655	.0064	.0000	.0000
	14	.0000	.0000	.0000	.0016	.0221	.0974	.1679	.1091	.0184	.0002	.0000
	15	.0000	.0000	.0000	.0004	.0088	.0584	.1511	.1527	.0442	.0010	.0000
	16	.0000	.0000	.0000	.0001	.0029	.0292	.1133	.1782	.0883	.0045	.0001
	17	.0000	.0000	.0000	.0000	.0008	.0120	.0700	.1712	.1455	.0168	.0007
	18	.0000	.0000	.0000	.0000	.0002	.0040	.0350	.1332	.1940	.0505	.0042
	19	.0000	.0000	.0000	.0000	.0000	.0011	.0138	.0818	.2042	.1196	.0209
	20	.0000	.0000	.0000	.0000	.0000	.0002	.0041	.0382	.1633	.2153	.0794
	21	.0000	.0000	.0000	.0000	.0000	.0000	.0009	.0127	.0933	.2768	.2154
	22	.0000	.0000	.0000	.0000	.0000	.0000	.0001	.0027	.0339	.2265	.3721
	23	.0000	.0000	.0000	.0000	.0000	.0000	.0000	.0003	.0059	.0886	.3074
24	0	.2920	.0798	.0047	.0002	.0000	.0000	.0000	.0000	.0000	.0000	.0000
	1	.3688	.2127	.0283	.0020	.0001	.0000	.0000	.0000	.0000	.0000	.0000
	2	.2232	.2718	.0815	.0097	.0006	.0000	.0000	.0000	.0000	.0000	.0000
	3	.0862	.2215	.1493	.0305	.0028	.0001	.0000	.0000	.0000	.0000	.0000
	4	.0238	.1292	.1960	.0687	.0099	.0006	.0000	.0000	.0000	.0000	.0000
	5	.0050	.0574	.1960	.1177	.0265	.0025	.0001	.0000	.0000	.0000	.0000
	6	.0008	.0202	.1552	.1598	.0560	.0080	.0004	.0000	.0000	.0000	.0000
	7	.0001	.0058	.0998	.1761	.0960	.0206	.0017	.0000	.0000	.0000	.0000
	8	.0000	.0014	.0530	.1604	.1360	.0438	.0053	.0002	.0000	.0000	.0000
	9	.0000	.0003	.0236	.1222	.1612	.0779	.0141	.0008	.0000	.0000	.0000
	10	.0000	.0000	.0088	.0785	.1612	.1169	.0318	.0026	.0000	.0000	.0000
	11	.0000	.0000	.0028	.0428	.1367	.1488	.0608	.0079	.0002	.0000	.0000

표 I 이항분포표 (계속)

n	x	.05	.10	.20	.30	.40	.50	.60	.70	.80	.90	.95
	12	.0000	.0000	.0008	.0199	.0988	.1612	.0988	.0199	.0008	.0000	.0000
	13	.0000	.0000	.0002	.0079	.0608	.1488	.1367	.0428	.0028	.0000	.0000
	14	.0000	.0000	.0000	.0026	.0318	.1169	.1612	.0785	.0088	.0000	.0000
	15	.0000	.0000	.0000	.0008	.0141	.0779	.1612	.1222	.0236	.0003	.0000
	16	.0000	.0000	.0000	.0002	.0053	.0438	.1360	.1604	.0530	.0014	.0000
	17	.0000	.0000	.0000	.0000	.0017	.0206	.0960	.1761	.0998	.0058	.0001
	18	.0000	.0000	.0000	.0000	.0004	.0080	.0560	.1598	.1552	.0202	.0008
	19	.0000	.0000	.0000	.0000	.0001	.0025	.0265	.1177	.1960	.0574	.0050
	20	.0000	.0000	.0000	.0000	.0000	.0006	.0099	.0687	.1960	.1292	.0238
	21	.0000	.0000	.0000	.0000	.0000	.0001	.0028	.0305	.1493	.2215	.0862
	22	.0000	.0000	.0000	.0000	.0000	.0000	.0006	.0097	.0815	.2718	.2232
	23	.0000	.0000	.0000	.0000	.0000	.0000	.0001	.0020	.0283	.2127	.3688
	24	.0000	.0000	.0000	.0000	.0000	.0000	.0000	.0002	.0047	.0798	.2920
25	0	.2774	.0718	.0038	.0001	.0000	.0000	.0000	.0000	.0000	.0000	.0000
	1	.3650	.1994	.0236	.0014	.0000	.0000	.0000	.0000	.0000	.0000	.0000
	2	.2305	.2659	.0708	.0074	.0004	.0000	.0000	.0000	.0000	.0000	.0000
	3	.0930	.2265	.1358	.0243	.0019	.0001	.0000	.0000	.0000	.0000	.0000
	4	.0269	.1384	.1867	.0572	.0071	.0004	.0000	.0000	.0000	.0000	.0000
	5	.0060	.0646	.1960	.1030	.0199	.0016	.0000	.0000	.0000	.0000	.0000
	6	.0010	.0239	.1633	.1472	.0442	.0053	.0002	.0000	.0000	.0000	.0000
	7	.0001	.0072	.1108	.1712	.0800	.0143	.0009	.0000	.0000	.0000	.0000
	8	.0000	.0018	.0623	.1651	.1200	.0322	.0031	.0001	.0000	.0000	.0000
	9	.0000	.0004	.0294	.1336	.1511	.0609	.0088	.0004	.0000	.0000	.0000
	10	.0000	.0001	.0118	.0916	.1612	.0974	.0212	.0013	.0000	.0000	.0000
	11	.0000	.0000	.0040	.0536	.1465	.1328	.0434	.0042	.0001	.0000	.0000
	12	.0000	.0000	.0012	.0268	.1140	.1550	.0760	.0115	.0003	.0000	.0000
	13	.0000	.0000	.0003	.0115	.0760	.1550	.1140	.0268	.0012	.0000	.0000
	14	.0000	.0000	.0001	.0042	.0434	.1328	.1465	.0536	.0040	.0000	.0000
	15	.0000	.0000	.0000	.0013	.0212	.0974	.1612	.0916	.0118	.0001	.0000
	16	.0000	.0000	.0000	.0004	.0088	.0609	.1511	.1336	.0294	.0004	.0000
	17	.0000	.0000	.0000	.0001	.0031	.0322	.1200	.1651	.0623	.0018	.0000
	18	.0000	.0000	.0000	.0000	.0009	.0143	.0800	.1712	.1108	.0072	.0001
	19	.0000	.0000	.0000	.0000	.0002	.0053	.0442	.1472	.1633	.0239	.0010
	20	.0000	.0000	.0000	.0000	.0000	.0016	.0199	.1030	.1960	.0646	.0060
	21	.0000	.0000	.0000	.0000	.0000	.0004	.0071	.0572	.1867	.1384	.0269
	22	.0000	.0000	.0000	.0000	.0000	.0001	.0019	.0243	.1358	.2265	.0930
	23	.0000	.0000	.0000	.0000	.0000	.0000	.0004	.0074	.0708	.2659	.2305
	24	.0000	.0000	.0000	.0000	.0000	.0000	.0000	.0014	.0236	.1994	.3650
	25	.0000	.0000	.0000	.0000	.0000	.0000	.0000	.0001	.0038	.0718	.2774

표 II $e^{-\lambda}$의 값

λ	$e^{-\lambda}$	λ	$e^{-\lambda}$
0.0	1.00000000	3.9	.02024191
0.1	.90483742	4.0	.01831564
0.2	.81873075	4.1	.01657268
0.3	.74081822	4.2	.01499558
0.4	.67032005	4.3	.01356856
0.5	.60653066	4.4	.01227734
0.6	.54881164	4.5	.01110900
0.7	.49658530	4.6	.01005184
0.8	.44932896	4.7	.00909528
0.9	.40656966	4.8	.00822975
1.0	.36787944	4.9	.00744658
1.1	.33287108	5.0	.00673795
1.2	.30119421	5.1	.00609675
1.3	.27253179	5.2	.00551656
1.4	.24659696	5.3	.00499159
1.5	.22313016	5.4	.00451658
1.6	.20189652	5.5	.00408677
1.7	.18268352	5.6	.00369786
1.8	.16529889	5.7	.00334597
1.9	.14956862	5.8	.00302755
2.0	.13533528	5.9	.00273944
2.1	.12245643	6.0	.00247875
2.2	.11080316	6.1	.00224287
2.3	.10025884	6.2	.00202943
2.4	.09071795	6.3	.00183630
2.5	.08208500	6.4	.00166156
2.6	.07427358	6.5	.00150344
2.7	.06720551	6.6	.00136037
2.8	.06081006	6.7	.00123091
2.9	.05502322	6.8	.00111378
3.0	.04978707	6.9	.00100779
3.1	.04504920	7.0	.00091188
3.2	.04076220	7.1	.00082510
3.3	.03688317	7.2	.00074659
3.4	.03337327	7.3	.00067554
3.5	.03019738	7.4	.00061125
3.6	.02732372	7.5	.00055308
3.7	.02472353	7.6	.00050045
3.8	.02237077	7.7	.00045283

표 II $e^{-\lambda}$의 값 (계속)

λ	$e^{-\lambda}$	λ	$e^{-\lambda}$
7.8	.00040973	9.5	.00007485
7.9	.00037074	9.6	.00006773
8.0	.00033546	9.7	.00006128
8.1	.00030354	9.8	.00005545
8.2	.00027465	9.9	.00005017
8.3	.00024852	10.0	.00004540
8.4	.00022487	11.0	.00001670
8.5	.00020347	12.0	.00000614
8.6	.00018411	13.0	.00000226
8.7	.00016659	14.0	.00000083
8.8	.00015073	15.0	.00000031
8.9	.00013639	16.0	.00000011
9.0	.00012341	17.0	.00000004
9.1	.00011167	18.0	.000000015
9.2	.00010104	19.0	.000000006
9.3	.00009142	20.0	.000000002
9.4	.00008272		

표 Ⅲ 포아송 분포표

x	**0.1**	**0.2**	**0.3**	**0.4**	**0.5**	**0.6**	**0.7**	**0.8**	**0.9**	**1.0**
0	.9048	.8187	.7408	.6703	.6065	.5488	.4966	.4493	.4066	.3679
1	.0905	.1637	.2222	.2681	.3033	.3293	.3476	.3595	.3659	.3679
2	.0045	.0164	.0333	.0536	.0758	.0988	.1217	.1438	.1647	.1839
3	.0002	.0011	.0033	.0072	.0126	.0198	.0284	.0383	.0494	.0613
4	.0000	.0001	.0003	.0007	.0016	.0030	.0050	.0077	.0111	.0153
5	.0000	.0000	.0000	.0001	.0002	.0004	.0007	.0012	.0020	.0031
6	.0000	.0000	.0000	.0000	.0000	.0000	.0001	.0002	.0003	.0005
7	.0000	.0000	.0000	.0000	.0000	.0000	.0000	.0000	.0000	.0001

x	**1.1**	**1.2**	**1.3**	**1.4**	**1.5**	**1.6**	**1.7**	**1.8**	**1.9**	**2.0**
0	.3329	.3012	.2725	.2466	.2231	.2019	.1827	.1653	.1496	.1353
1	.3662	.3614	.3543	.3452	.3347	.3230	.3106	.2975	.2842	.2707
2	.2014	.2169	.2303	.2417	.2510	.2584	.2640	.2678	.2700	.2707
3	.0738	.0867	.0998	.1128	.1255	.1378	.1496	.1607	.1710	.1804
4	.0203	.0260	.0324	.0395	.0471	.0551	.0636	.0723	.0812	.0902
5	.0045	.0062	.0084	.0111	.0141	.0176	.0216	.0260	.0309	.0361
6	.0008	.0012	.0018	.0026	.0035	.0047	.0061	.0078	.0098	.0120
7	.0001	.0002	.0003	.0005	.0008	.0011	.0015	.0020	.0027	.0034
8	.0000	.0000	.0001	.0001	.0001	.0002	.0003	.0005	.0006	.0009
9	.0000	.0000	.0000	.0000	.0000	.0000	.0001	.0001	.0001	.0002

x	**2.1**	**2.2**	**2.3**	**2.4**	**2.5**	**2.6**	**2.7**	**2.8**	**2.9**	**3.0**
0	.1225	.1108	.1003	.0907	.0821	.0743	.0672	.0608	.0550	.0498
1	.2572	.2438	.2306	.2177	.2052	.1931	.1815	.1703	.1596	.1494
2	.2700	.2681	.2652	.2613	.2565	.2510	.2450	.2384	.2314	.2240
3	.1890	.1966	.2033	.2090	.2138	.2176	.2205	.2225	.2237	.2240
4	.0992	.1082	.1169	.1254	.1336	.1414	.1488	.1557	.1622	.1680
5	.0417	.0476	.0538	.0602	.0668	.0735	.0804	.0872	.0940	.1008
6	.0146	.0174	.0206	.0241	.0278	.0319	.0362	.0407	.0455	.0504
7	.0044	.0055	.0068	.0083	.0099	.0118	.0139	.0163	.0188	.0216
8	.0011	.0015	.0019	.0025	.0031	.0038	.0047	.0057	.0068	.0081
9	.0003	.0004	.0005	.0007	.0009	.0011	.0014	.0018	.0022	.0027
10	.0001	.0001	.0001	.0002	.0002	.0003	.0004	.0005	.0006	.0008
11	.0000	.0000	.0000	.0000	.0000	.0001	.0001	.0001	.0002	.0002
12	.0000	.0000	.0000	.0000	.0000	.0000	.0000	.0000	.0000	.0001

표 III 포아송 분포표 (계속)

x	3.1	3.2	3.3	3.4	3.5	3.6	3.7	3.8	3.9	4.0
0	.0450	.0408	.0369	.0334	.0302	.0273	.0247	.0224	.0202	.0183
1	.1397	.1304	.1217	.1135	.1057	.0984	.0915	.0850	.0789	.0733
2	.2165	.2087	.2008	.1929	.1850	.1771	.1692	.1615	.1539	.1465
3	.2237	.2226	.2209	.2186	.2158	.2125	.2087	.2046	.2001	.1954
4	.1733	.1781	.1823	.1858	.1888	.1912	.1931	.1944	.1951	.1954
5	.1075	.1140	.1203	.1264	.1322	.1377	.1429	.1477	.1522	.1563
6	.0555	.0608	.0662	.0716	.0771	.0826	.0881	.0936	.0989	.1042
7	.0246	.0278	.0312	.0348	.0385	.0425	.0466	.0508	.0551	.0595
8	.0095	.0111	.0129	.0148	.0169	.0191	.0215	.0241	.0269	.0298
9	.0033	.0040	.0047	.0056	.0066	.0076	.0089	.0102	.0116	.0132
10	.0010	.0013	.0016	.0019	.0023	.0028	.0033	.0039	.0045	.0053
11	.0003	.0004	.0005	.0006	.0007	.0009	.0011	.0013	.0016	.0019
12	.0001	.0001	.0001	.0002	.0002	.0003	.0003	.0004	.0005	.0006
13	.0000	.0000	.0000	.0000	.0001	.0001	.0001	.0001	.0002	.0002
14	.0000	.0000	.0000	.0000	.0000	.0000	.0000	.0000	.0000	.0001

x	4.1	4.2	4.3	4.4	4.5	4.6	4.7	4.8	4.9	5.0
0	.0166	.0150	.0136	.0123	.0111	.0101	.0091	.0082	.0074	.0067
1	.0679	.0630	.0583	.0540	.0500	.0462	.0427	.0395	.0365	.0337
2	.1393	.1323	.1254	.1188	.1125	.1063	.1005	.0948	.0894	.0842
3	.1904	.1852	.1798	.1743	.1687	.1631	.1574	.1517	.1460	.1404
4	.1951	.1944	.1933	.1917	.1898	.1875	.1849	.1820	.1789	.1755
5	.1600	.1633	.1662	.1687	.1708	.1725	.1738	.1747	.1753	.1755
6	.1093	.1143	.1191	.1237	.1281	.1323	.1362	.1398	.1432	.1462
7	.0640	.0686	.0732	.0778	.0824	.0869	.0914	.0959	.1002	.1044
8	.0328	.0360	.0393	.0428	.0463	.0500	.0537	.0575	.0614	.0653
9	.0150	.0168	.0188	.0209	.0232	.0255	.0281	.0307	.0334	.0363
10	.0061	.0071	.0081	.0092	.0104	.0118	.0132	.0147	.0164	.0181
11	.0023	.0027	.0032	.0037	.0043	.0049	.0056	.0064	.0073	.0082
12	.0008	.0009	.0011	.0014	.0016	.0019	.0022	.0026	.0030	.0034
13	.0002	.0003	.0004	.0005	.0006	.0007	.0008	.0009	.0011	.0013
14	.0001	.0001	.0001	.0001	.0002	.0002	.0003	.0003	.0004	.0005
15	.0000	.0000	.0000	.0000	.0001	.0001	.0001	.0001	.0001	.0002

x	5.1	5.2	5.3	5.4	5.5	5.6	5.7	5.8	5.9	6.0
0	.0061	.0055	.0050	.0045	.0041	.0037	.0033	.0030	.0027	.0025
1	.0311	.0287	.0265	.0244	.0225	.0207	.0191	.0176	.0162	.0149

표 III 포아송 분포표 (계속)

x	5.1	5.2	5.3	5.4	5.5	5.6	5.7	5.8	5.9	6.0
2	.0793	.0746	.0701	.0659	.0618	.0580	.0544	.0509	.0477	.0446
3	.1348	.1293	.1239	.1185	.1133	.1082	.1033	.0985	.0938	.0892
4	.1719	.1681	.1641	.1600	.1558	.1515	.1472	.1428	.1383	.1339
5	.1753	.1748	.1740	.1728	.1714	.1697	.1678	.1656	.1632	.1606
6	.1490	.1515	.1537	.1555	.1571	.1584	.1594	.1601	.1605	.1606
7	.1086	.1125	.1163	.1200	.1234	.1267	.1298	.1326	.1353	.1377
8	.0692	.0731	.0771	.0810	.0849	.0887	.0925	.0962	.0998	.1033
9	.0392	.0423	.0454	.0486	.0519	.0552	.0586	.0620	.0654	.0688
10	.0200	.0220	.0241	.0262	.0285	.0309	.0334	.0359	.0386	.0413
11	.0093	.0104	.0116	.0129	.0143	.0157	.0173	.0190	.0207	.0225
12	.0039	.0045	.0051	.0058	.0065	.0073	.0082	.0092	.0102	.0113
13	.0015	.0018	.0021	.0024	.0028	.0032	.0036	.0041	.0046	.0052
14	.0006	.0007	.0008	.0009	.0011	.0013	.0015	.0017	.0019	.0022
15	.0002	.0002	.0003	.0003	.0004	.0005	.0006	.0007	.0008	.0009
16	.0001	.0001	.0001	.0001	.0001	.0002	.0002	.0002	.0003	.0003
17	.0000	.0000	.0000	.0000	.0000	.0001	.0001	.0001	.0001	.0001

x	6.1	6.2	6.3	6.4	6.5	6.6	6.7	6.8	6.9	7.0
0	.0022	.0020	.0018	.0017	.0015	.0014	.0012	.0011	.0010	.0009
1	.0137	.0126	.0116	.0106	.0098	.0090	.0082	.0076	.0070	.0064
2	.0417	.0390	.0364	.0340	.0318	.0296	.0276	.0258	.0240	.0223
3	.0848	.0806	.0765	.0726	.0688	.0652	.0617	.0584	.0552	.0521
4	.1294	.1249	.1205	.1162	.1118	.1076	.1034	.0992	.0952	.0912
5	.1579	.1549	.1519	.1487	.1454	.1420	.1385	.1349	.1314	.1277
6	.1605	.1601	.1595	.1586	.1575	.1562	.1546	.1529	.1511	.1490
7	.1399	.1418	.1435	.1450	.1462	.1472	.1480	.1486	.1489	.1490
8	.1066	.1099	.1130	.1160	.1188	.1215	.1240	.1263	.1284	.1304
9	.0723	.0757	.0791	.0825	.0858	.0891	.0923	.0954	.0985	.1014
10	.0441	.0469	.0498	.0528	.0558	.0588	.0618	.0649	.0679	.0710
11	.0244	.0265	.0285	.0307	.0330	.0353	.0377	.0401	.0426	.0452
12	.0124	.0137	.0150	.0164	.0179	.0194	.0210	.0227	.0245	.0263
13	.0058	.0065	.0073	.0081	.0089	.0099	.0108	.0119	.0130	.0142
14	.0025	.0029	.0033	.0037	.0041	.0046	.0052	.0058	.0064	.0071
15	.0010	.0012	.0014	.0016	.0018	.0020	.0023	.0026	.0029	.0033
16	.0004	.0005	.0005	.0006	.0007	.0008	.0010	.0011	.0013	.0014
17	.0001	.0002	.0002	.0002	.0003	.0003	.0004	.0004	.0005	.0006
18	.0000	.0001	.0001	.0001	.0001	.0001	.0001	.0002	.0002	.0002
19	.0000	.0000	.0000	.0000	.0000	.0000	.0001	.0001	.0001	.0001

표 III 포아송 분포표 (계속)

x	7.1	7.2	7.3	7.4	7.5	7.6	7.7	7.8	7.9	8.0
0	.0008	.0007	.0007	.0006	.0006	.0005	.0005	.0004	.0004	.0003
1	.0059	.0054	.0049	.0045	.0041	.0038	.0035	.0032	.0029	.0027
2	.0208	.0194	.0180	.0167	.0156	.0145	.0134	.0125	.0116	.0107
3	.0492	.0464	.0438	.0413	.0389	.0366	.0345	.0324	.0305	.0286
4	.0874	.0836	.0799	.0764	.0729	.0696	.0663	.0632	.0602	.0573
5	.1241	.1204	.1167	.1130	.1094	.1057	.1021	.0986	.0951	.0916
6	.1468	.1445	.1420	.1394	.1367	.1339	.1311	.1282	.1252	.1221
7	.1489	.1486	.1481	.1474	.1465	.1454	.1442	.1428	.1413	.1396
8	.1321	.1337	.1351	.1363	.1373	.1381	.1388	.1392	.1395	.1396
9	.1042	.1070	.1096	.1121	.1144	.1167	.1187	.1207	.1224	.1241
10	.0740	.0770	.0800	.0829	.0858	.0887	.0914	.0941	.0967	.0993
11	.0478	.0504	.0531	.0558	.0585	.0613	.0640	.0667	.0695	.0722
12	.0283	.0303	.0323	.0344	.0366	.0388	.0411	.0434	.0457	.0481
13	.0154	.0168	.0181	.0196	.0211	.0227	.0243	.0260	.0278	.0296
14	.0078	.0086	.0095	.0104	.0113	.0123	.0134	.0145	.0157	.0169
15	.0037	.0041	.0046	.0051	.0057	.0062	.0069	.0075	.0083	.0090
16	.0016	.0019	.0021	.0024	.0026	.0030	.0033	.0037	.0041	.0045
17	.0007	.0008	.0009	.0010	.0012	.0013	.0015	.0017	.0019	.0021
18	.0003	.0003	.0004	.0004	.0005	.0006	.0006	.0007	.0008	.0009
19	.0001	.0001	.0001	.0002	.0002	.0002	.0003	.0003	.0003	.0004
20	.0000	.0000	.0001	.0001	.0001	.0001	.0001	.0001	.0001	.0002
21	.0000	.0000	.0000	.0000	.0000	.0000	.0000	.0000	.0001	.0001

x	8.1	8.2	8.3	8.4	8.5	8.6	8.7	8.8	8.9	9.0
0	.0003	.0003	.0002	.0002	.0002	.0002	.0002	.0002	.0001	.0001
1	.0025	.0023	.0021	.0019	.0017	.0016	.0014	.0013	.0012	.0011
2	.0100	.0092	.0086	.0079	.0074	.0068	.0063	.0058	.0054	.0050
3	.0269	.0252	.0237	.0222	.0208	.0195	.0183	.0171	.0160	.0150
4	.0544	.0517	.0491	.0466	.0443	.0420	.0398	.0377	.0357	.0337
5	.0882	.0849	.0816	.0784	.0752	.0722	.0692	.0663	.0635	.0607
6	.1191	.1160	.1128	.1097	.1066	.1034	.1003	.0972	.0941	.0911
7	.1378	.1358	.1338	.1317	.1294	.1271	.1247	.1222	.1197	.1171
8	.1395	.1392	.1388	.1382	.1375	.1366	.1356	.1344	.1332	.1318
9	.1255	.1269	.1280	.1290	.1299	.1306	.1311	.1315	.1317	.1318
10	.1017	.1040	.1063	.1084	.1104	.1123	.1140	.1157	.1172	.1186
11	.0749	.0775	.0802	.0828	.0853	.0878	.0902	.0925	.0948	.0970
12	.0505	.0530	.0555	.0579	.0604	.0629	.0654	.0679	.0703	.0728

표 III 포아송 분포표 (계속)

x	8.1	8.2	8.3	8.4	8.5	8.6	8.7	8.8	8.9	9.0
13	.0315	.0334	.0354	.0374	.0395	.0416	.0438	.0459	.0481	.0504
14	.0182	.0196	.0210	.0225	.0240	.0256	.0272	.0289	.0306	.0324
15	.0098	.0107	.0116	.0126	.0136	.0147	.0158	.0169	.0182	.0194
16	.0050	.0055	.0060	.0066	.0072	.0079	.0086	.0093	.0101	.0109
17	.0024	.0026	.0029	.0033	.0036	.0040	.0044	.0048	.0053	.0058
18	.0011	.0012	.0014	.0015	.0017	.0019	.0021	.0024	.0026	.0029
19	.0005	.0005	.0006	.0007	.0008	.0009	.0010	.0011	.0012	.0014
20	.0002	.0002	.0002	.0003	.0003	.0004	.0004	.0005	.0005	.0006
21	.0001	.0001	.0001	.0001	.0001	.0002	.0002	.0002	.0002	.0003
22	.0000	.0000	.0000	.0000	.0001	.0001	.0001	.0001	.0001	.0001

x	9.1	9.2	9.3	9.4	9.5	9.6	9.7	9.8	9.9	10
0	.0001	.0001	.0001	.0001	.0001	.0001	.0001	.0001	.0001	.0000
1	.0010	.0009	.0009	.0008	.0007	.0007	.0006	.0005	.0005	.0005
2	.0046	.0043	.0040	.0037	.0034	.0031	.0029	.0027	.0025	.0023
3	.0140	.0131	.0123	.0115	.0107	.0100	.0093	.0087	.0081	.0076
4	.0319	.0302	.0285	.0269	.0254	.0240	.0226	.0213	.0201	.0189
5	.0581	.0555	.0530	.0506	.0483	.0460	.0439	.0418	.0398	.0378
6	.0881	.0851	.0822	.0793	.0764	.0736	.0709	.0682	.0656	.0631
7	.1145	.1118	.1091	.1064	.1037	.1010	.0982	.0955	.0928	.0901
8	.1302	.1286	.1269	.1251	.1232	.1212	.1191	.1170	.1148	.1126
9	.1317	.1315	.1311	.1306	.1300	.1293	.1284	.1274	.1263	.1251
10	.1198	.1209	.1219	.1228	.1235	.1241	.1245	.1249	.1250	.1251
11	.0991	.1012	.1031	.1049	.1067	.1083	.1098	.1112	.1125	.1137
12	.0752	.0776	.0799	.0822	.0844	.0866	.0888	.0908	.0928	.0948
13	.0526	.0549	.0572	.0594	.0617	.0640	.0662	.0685	.0707	.0729
14	.0342	.0361	.0380	.0399	.0419	.0439	.0459	.0479	.0500	.0521
15	.0208	.0221	.0235	.0250	.0265	.0281	.0297	.0313	.0330	.0347
16	.0118	.0127	.0137	.0147	.0157	.0168	.0180	.0192	.0204	.0217
17	.0063	.0069	.0075	.0081	.0088	.0095	.0103	.0111	.0119	.0128
18	.0032	.0035	.0039	.0042	.0046	.0051	.0055	.0060	.0065	.0071
19	.0015	.0017	.0019	.0021	.0023	.0026	.0028	.0031	.0034	.0037
20	.0007	.0008	.0009	.0010	.0011	.0012	.0014	.0015	.0017	.0019
21	.0003	.0003	.0004	.0004	.0005	.0006	.0006	.0007	.0008	.0009
22	.0001	.0001	.0002	.0002	.0002	.0002	.0003	.0003	.0004	.0004
23	.0000	.0001	.0001	.0001	.0001	.0001	.0001	.0001	.0002	.0002
24	.0000	.0000	.0000	.0000	.0000	.0000	.0000	.0001	.0001	.0001

표 III 포아송 분포표 (계속)

x	11	12	13	14	15	16	17	18	19	20
0	.0000	.0000	.0000	.0000	.0000	.0000	.0000	.0000	.0000	.0000
1	.0002	.0001	.0000	.0000	.0000	.0000	.0000	.0000	.0000	.0000
2	.0010	.0004	.0002	.0001	.0000	.0000	.0000	.0000	.0000	.0000
3	.0037	.0018	.0008	.0004	.0002	.0001	.0000	.0000	.0000	.0000
4	.0102	.0053	.0027	.0013	.0006	.0003	.0001	.0001	.0000	.0000
5	.0224	.0127	.0070	.0037	.0019	.0010	.0005	.0002	.0001	.0001
6	.0411	.0255	.0152	.0087	.0048	.0026	.0014	.0007	.0004	.0002
7	.0646	.0437	.0281	.0174	.0104	.0060	.0034	.0019	.0010	.0005
8	.0888	.0655	.0457	.0304	.0194	.0120	.0072	.0042	.0024	.0013
9	.1085	.0874	.0661	.0473	.0324	.0213	.0135	.0083	.0050	.0029
10	.1194	.1048	.0859	.0663	.0486	.0341	.0230	.0150	.0095	.0058
11	.1194	.1144	.1015	.0844	.0663	.0496	.0355	.0245	.0164	.0106
12	.1094	.1144	.1099	.0984	.0829	.0661	.0504	.0368	.0259	.0176
13	.0926	.1056	.1099	.1060	.0956	.0814	.0658	.0509	.0378	.0271
14	.0728	.0905	.1021	.1060	.1024	.0930	.0800	.0655	.0514	.0387
15	.0534	.0724	.0885	.0989	.1024	.0992	.0906	.0786	.0650	.0516
16	.0367	.0543	.0719	.0866	.0960	.0992	.0963	.0884	.0772	.0646
17	.0237	.0383	.0550	.0713	.0847	.0934	.0963	.0936	.0863	.0760
18	.0145	.0255	.0397	.0554	.0706	.0830	.0909	.0936	.0911	.0844
19	.0084	.0161	.0272	.0409	.0557	.0699	.0814	.0887	.0911	.0888
20	.0046	.0097	.0177	.0286	.0418	.0559	.0692	.0798	.0866	.0888
21	.0024	.0055	.0109	.0191	.0299	.0426	.0560	.0684	.0783	.0846
22	.0012	.0030	.0065	.0121	.0204	.0310	.0433	.0560	.0676	.0769
23	.0006	.0016	.0037	.0074	.0133	.0216	.0320	.0438	.0559	.0669
24	.0003	.0008	.0020	.0043	.0083	.0144	.0226	.0328	.0442	.0557
25	.0001	.0004	.0010	.0024	.0050	.0092	.0154	.0237	.0336	.0446
26	.0000	.0002	.0005	.0013	.0029	.0057	.0101	.0164	.0246	.0343
27	.0000	.0001	.0002	.0007	.0016	.0034	.0063	.0109	.0173	.0254
28	.0000	.0000	.0001	.0003	.0009	.0019	.0038	.0070	.0117	.0181
29	.0000	.0000	.0001	.0002	.0004	.0011	.0023	.0044	.0077	.0125
30	.0000	.0000	.0000	.0001	.0002	.0006	.0013	.0026	.0049	.0083
31	.0000	.0000	.0000	.0000	.0001	.0003	.0007	.0015	.0030	.0054
32	.0000	.0000	.0000	.0000	.0001	.0001	.0004	.0009	.0018	.0034
33	.0000	.0000	.0000	.0000	.0000	.0001	.0002	.0005	.0010	.0020
34	.0000	.0000	.0000	.0000	.0000	.0000	.0001	.0002	.0006	.0012
35	.0000	.0000	.0000	.0000	.0000	.0000	.0000	.0001	.0003	.0007
36	.0000	.0000	.0000	.0000	.0000	.0000	.0000	.0001	.0002	.0004
37	.0000	.0000	.0000	.0000	.0000	.0000	.0000	.0000	.0001	.0002
38	.0000	.0000	.0000	.0000	.0000	.0000	.0000	.0000	.0000	.0001
39	.0000	.0000	.0000	.0000	.0000	.0000	.0000	.0000	.0000	.0001

표 IV 표준정규분포표

The entries in this table give the cumulative area under the standard normal curve to the left of z with the values of z equal to 0 or negative.

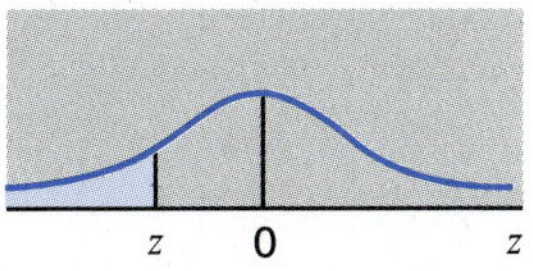

z	.00	.01	.02	.03	.04	.05	.06	.07	.08	.09
−3.4	.0003	.0003	.0003	.0003	.0003	.0003	.0003	.0003	.0003	.0002
−3.3	.0005	.0005	.0005	.0004	.0004	.0004	.0004	.0004	.0004	.0003
−3.2	.0007	.0007	.0006	.0006	.0006	.0006	.0006	.0005	.0005	.0005
−3.1	.0010	.0009	.0009	.0009	.0008	.0008	.0008	.0008	.0007	.0007
−3.0	.0013	.0013	.0013	.0012	.0012	.0011	.0011	.0011	.0010	.0010
−2.9	.0019	.0018	.0018	.0017	.0016	.0016	.0015	.0015	.0014	.0014
−2.8	.0026	.0025	.0024	.0023	.0023	.0022	.0021	.0021	.0020	.0019
−2.7	.0035	.0034	.0033	.0032	.0031	.0030	.0029	.0028	.0027	.0026
−2.6	.0047	.0045	.0044	.0043	.0041	.0040	.0039	.0038	.0037	.0036
−2.5	.0062	.0060	.0059	.0057	.0055	.0054	.0052	.0051	.0049	.0048
−2.4	.0082	.0080	.0078	.0075	.0073	.0071	.0069	.0068	.0066	.0064
−2.3	.0107	.0104	.0102	.0099	.0096	.0094	.0091	.0089	.0087	.0084
−2.2	.0139	.0136	.0132	.0129	.0125	.0122	.0119	.0116	.0113	.0110
−2.1	.0179	.0174	.0170	.0166	.0162	.0158	.0154	.0150	.0146	.0143
−2.0	.0228	.0222	.0217	.0212	.0207	.0202	.0197	.0192	.0188	.0183
−1.9	.0287	.0281	.0274	.0268	.0262	.0256	.0250	.0244	.0239	.0233
−1.8	.0359	.0351	.0344	.0336	.0329	.0322	.0314	.0307	.0301	.0294
−1.7	.0446	.0436	.0427	.0418	.0409	.0401	.0392	.0384	.0375	.0367
−1.6	.0548	.0537	.0526	.0516	.0505	.0495	.0485	.0475	.0465	.0455
−1.5	.0668	.0655	.0643	.0630	.0618	.0606	.0594	.0582	.0571	.0559
−1.4	.0808	.0793	.0778	.0764	.0749	.0735	.0721	.0708	.0694	.0681
−1.3	.0968	.0951	.0934	.0918	.0901	.0885	.0869	.0853	.0838	.0823
−1.2	.1151	.1131	.1112	.1093	.1075	.1056	.1038	.1020	.1003	.0985
−1.1	.1357	.1335	.1314	.1292	.1271	.1251	.1230	.1210	.1190	.1170
−1.0	.1587	.1562	.1539	.1515	.1492	.1469	.1446	.1423	.1401	.1379
−0.9	.1841	.1814	.1788	.1762	.1736	.1711	.1685	.1660	.1635	.1611
−0.8	.2119	.2090	.2061	.2033	.2005	.1977	.1949	.1922	.1894	.1867
−0.7	.2420	.2389	.2358	.2327	.2296	.2266	.2236	.2206	.2177	.2148
−0.6	.2743	.2709	.2676	.2643	.2611	.2578	.2546	.2514	.2483	.2451
−0.5	.3085	.3050	.3015	.2981	.2946	.2912	.2877	.2843	.2810	.2776
−0.4	.3446	.3409	.3372	.3336	.3300	.3264	.3228	.3192	.3156	.3121
−0.3	.3821	.3783	.3745	.3707	.3669	.3632	.3594	.3557	.3520	.3483
−0.2	.4207	.4168	.4129	.4090	.4052	.4013	.3974	.3936	.3897	.3859
−0.1	.4602	.4562	.4522	.4483	.4443	.4404	.4364	.4325	.4286	.4247
0.0	.5000	.4960	.4920	.4880	.4840	.4801	.4761	.4721	.4681	.4641

표 IV 표준정규분포표 (계속)

The entries in this table give the cumulative area under the standard normal curve to the left of z with the values of z equal to 0 or positive.

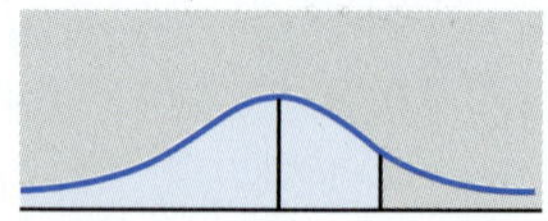

z	.00	.01	.02	.03	.04	.05	.06	.07	.08	.09
0.0	.5000	.5040	.5080	.5120	.5160	.5199	.5239	.5279	.5319	.5359
0.1	.5398	.5438	.5478	.5517	.5557	.5596	.5636	.5675	.5714	.5753
0.2	.5793	.5832	.5871	.5910	.5948	.5987	.6026	.6064	.6103	.6141
0.3	.6179	.6217	.6255	.6293	.6331	.6368	.6406	.6443	.6480	.6517
0.4	.6554	.6591	.6628	.6664	.6700	.6736	.6772	.6808	.6844	.6879
0.5	.6915	.6950	.6985	.7019	.7054	.7088	.7123	.7157	.7190	.7224
0.6	.7257	.7291	.7324	.7357	.7389	.7422	.7454	.7486	.7517	.7549
0.7	.7580	.7611	.7642	.7673	.7704	.7734	.7764	.7794	.7823	.7852
0.8	.7881	.7910	.7939	.7967	.7995	.8023	.8051	.8078	.8106	.8133
0.9	.8159	.8186	.8212	.8238	.8264	.8289	.8315	.8340	.8365	.8389
1.0	.8413	.8438	.8461	.8485	.8508	.8531	.8554	.8577	.8599	.8621
1.1	.8643	.8665	.8686	.8708	.8729	.8749	.8770	.8790	.8810	.8830
1.2	.8849	.8869	.8888	.8907	.8925	.8944	.8962	.8980	.8997	.9015
1.3	.9032	.9049	.9066	.9082	.9099	.9115	.9131	.9147	.9162	.9177
1.4	.9192	.9207	.9222	.9236	.9251	.9265	.9279	.9292	.9306	.9319
1.5	.9332	.9345	.9357	.9370	.9382	.9394	.9406	.9418	.9429	.9441
1.6	.9452	.9463	.9474	.9484	.9495	.9505	.9515	.9525	.9535	.9545
1.7	.9554	.9564	.9573	.9582	.9591	.9599	.9608	.9616	.9625	.9633
1.8	.9641	.9649	.9656	.9664	.9671	.9678	.9686	.9693	.9699	.9706
1.9	.9713	.9719	.9726	.9732	.9738	.9744	.9750	.9756	.9761	.9767
2.0	.9772	.9778	.9783	.9788	.9793	.9798	.9803	.9808	.9812	.9817
2.1	.9821	.9826	.9830	.9834	.9838	.9842	.9846	.9850	.9854	.9857
2.2	.9861	.9864	.9868	.9871	.9875	.9878	.9881	.9884	.9887	.9890
2.3	.9893	.9896	.9898	.9901	.9904	.9906	.9909	.9911	.9913	.9916
2.4	.9918	.9920	.9922	.9925	.9927	.9929	.9931	.9932	.9934	.9936
2.5	.9938	.9940	.9941	.9943	.9945	.9946	.9948	.9949	.9951	.9952
2.6	.9953	.9955	.9956	.9957	.9959	.9960	.9961	.9962	.9963	.9964
2.7	.9965	.9966	.9967	.9968	.9969	.9970	.9971	.9972	.9973	.9974
2.8	.9974	.9975	.9976	.9977	.9977	.9978	.9979	.9979	.9980	.9981
2.9	.9981	.9982	.9982	.9983	.9984	.9984	.9985	.9985	.9986	.9986
3.0	.9987	.9987	.9987	.9988	.9988	.9989	.9989	.9989	.9990	.9990
3.1	.9990	.9991	.9991	.9991	.9992	.9992	.9992	.9992	.9993	.9993
3.2	.9993	.9993	.9994	.9994	.9994	.9994	.9994	.9995	.9995	.9995
3.3	.9995	.9995	.9995	.9996	.9996	.9996	.9996	.9996	.9996	.9997
3.4	.9997	.9997	.9997	.9997	.9997	.9997	.9997	.9997	.9997	.9998

표 V t-분포표

The entries in this table give the critical values of t for the specified number of degrees of freedom and areas in the right tail.

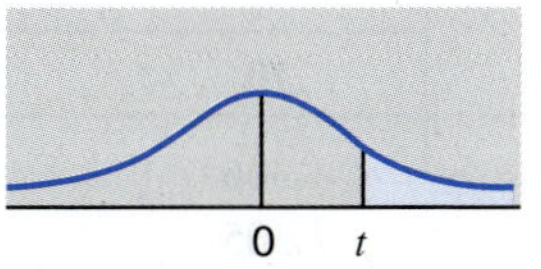

	Area in the Right Tail under the t Distribution Curve					
df	**.10**	**.05**	**.025**	**.01**	**.005**	**.001**
1	3.078	6.314	12.706	31.821	63.657	318.309
2	1.886	2.920	4.303	6.965	9.925	22.327
3	1.638	2.353	3.182	4.541	5.841	10.215
4	1.533	2.132	2.776	3.747	4.604	7.173
5	1.476	2.015	2.571	3.365	4.032	5.893
6	1.440	1.943	2.447	3.143	3.707	5.208
7	1.415	1.895	2.365	2.998	3.499	4.785
8	1.397	1.860	2.306	2.896	3.355	4.501
9	1.383	1.833	2.262	2.821	3.250	4.297
10	1.372	1.812	2.228	2.764	3.169	4.144
11	1.363	1.796	2.201	2.718	3.106	4.025
12	1.356	1.782	2.179	2.681	3.055	3.930
13	1.350	1.771	2.160	2.650	3.012	3.852
14	1.345	1.761	2.145	2.624	2.977	3.787
15	1.341	1.753	2.131	2.602	2.947	3.733
16	1.337	1.746	2.120	2.583	2.921	3.686
17	1.333	1.740	2.110	2.567	2.898	3.646
18	1.330	1.734	2.101	2.552	2.878	3.610
19	1.328	1.729	2.093	2.539	2.861	3.579
20	1.325	1.725	2.086	2.528	2.845	3.552
21	1.323	1.721	2.080	2.518	2.831	3.527
22	1.321	1.717	2.074	2.508	2.819	3.505
23	1.319	1.714	2.069	2.500	2.807	3.485
24	1.318	1.711	2.064	2.492	2.797	3.467
25	1.316	1.708	2.060	2.485	2.787	3.450
26	1.315	1.706	2.056	2.479	2.779	3.435
27	1.314	1.703	2.052	2.473	2.771	3.421
28	1.313	1.701	2.048	2.467	2.763	3.408
29	1.311	1.699	2.045	2.462	2.756	3.396
30	1.310	1.697	2.042	2.457	2.750	3.385
31	1.309	1.696	2.040	2.453	2.744	3.375
32	1.309	1.694	2.037	2.449	2.738	3.365
33	1.308	1.692	2.035	2.445	2.733	3.356
34	1.307	1.691	2.032	2.441	2.728	3.348
35	1.306	1.690	2.030	2.438	2.724	3.340

표 V *t*-분포표 (계속)

	Area in the Right Tail under the *t* Distribution Curve					
df	**.10**	**.05**	**.025**	**.01**	**.005**	**.001**
36	1.306	1.688	2.028	2.434	2.719	3.333
37	1.305	1.687	2.026	2.431	2.715	3.326
38	1.304	1.686	2.024	2.429	2.712	3.319
39	1.304	1.685	2.023	2.426	2.708	3.313
40	1.303	1.684	2.021	2.423	2.704	3.307
41	1.303	1.683	2.020	2.421	2.701	3.301
42	1.302	1.682	2.018	2.418	2.698	3.296
43	1.302	1.681	2.017	2.416	2.695	3.291
44	1.301	1.680	2.015	2.414	2.692	3.286
45	1.301	1.679	2.014	2.412	2.690	3.281
46	1.300	1.679	2.013	2.410	2.687	3.277
47	1.300	1.678	2.012	2.408	2.685	3.273
48	1.299	1.677	2.011	2.407	2.682	3.269
49	1.299	1.677	2.010	2.405	2.680	3.265
50	1.299	1.676	2.009	2.403	2.678	3.261
51	1.298	1.675	2.008	2.402	2.676	3.258
52	1.298	1.675	2.007	2.400	2.674	3.255
53	1.298	1.674	2.006	2.399	2.672	3.251
54	1.297	1.674	2.005	2.397	2.670	3.248
55	1.297	1.673	2.004	2.396	2.668	3.245
56	1.297	1.673	2.003	2.395	2.667	3.242
57	1.297	1.672	2.002	2.394	2.665	3.239
58	1.296	1.672	2.002	2.392	2.663	3.237
59	1.296	1.671	2.001	2.391	2.662	3.234
60	1.296	1.671	2.000	2.390	2.660	3.232
61	1.296	1.670	2.000	2.389	2.659	3.229
62	1.295	1.670	1.999	2.388	2.657	3.227
63	1.295	1.669	1.998	2.387	2.656	3.225
64	1.295	1.669	1.998	2.386	2.655	3.223
65	1.295	1.669	1.997	2.385	2.654	3.220
66	1.295	1.668	1.997	2.384	2.652	3.218
67	1.294	1.668	1.996	2.383	2.651	3.216
68	1.294	1.668	1.995	2.382	2.650	3.214
69	1.294	1.667	1.995	2.382	2.649	3.213
70	1.294	1.667	1.994	2.381	2.648	3.211
71	1.294	1.667	1.994	2.380	2.647	3.209
72	1.293	1.666	1.993	2.379	2.646	3.207
73	1.293	1.666	1.993	2.379	2.645	3.206
74	1.293	1.666	1.993	2.378	2.644	3.204
75	1.293	1.665	1.992	2.377	2.643	3.202
∞	1.282	1.645	1.960	2.326	2.576	3.090

표 VI 카이제곱분포표

The entries in this table give the critical values of χ^2 for the specified number of degrees of freedom and areas in the right tail.

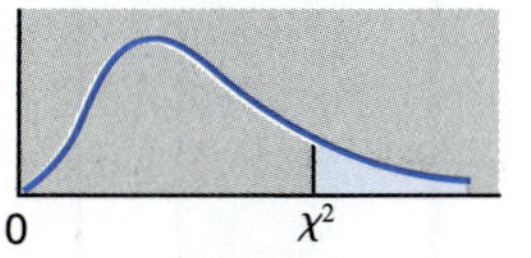

df	Area in the Right Tail under the Chi-square Distribution Curve									
	.995	**.990**	**.975**	**.950**	**.900**	**.100**	**.050**	**.025**	**.010**	**.005**
1	0.000	0.000	0.001	0.004	0.016	2.706	3.841	5.024	6.635	7.879
2	0.010	0.020	0.051	0.103	0.211	4.605	5.991	7.378	9.210	10.597
3	0.072	0.115	0.216	0.352	0.584	6.251	7.815	9.348	11.345	12.838
4	0.207	0.297	0.484	0.711	1.064	7.779	9.488	11.143	13.277	14.860
5	0.412	0.554	0.831	1.145	1.610	9.236	11.070	12.833	15.086	16.750
6	0.676	0.872	1.237	1.635	2.204	10.645	12.592	14.449	16.812	18.548
7	0.989	1.239	1.690	2.167	2.833	12.017	14.067	16.013	18.475	20.278
8	1.344	1.646	2.180	2.733	3.490	13.362	15.507	17.535	20.090	21.955
9	1.735	2.088	2.700	3.325	4.168	14.684	16.919	19.023	21.666	23.589
10	2.156	2.558	3.247	3.940	4.865	15.987	18.307	20.483	23.209	25.188
11	2.603	3.053	3.816	4.575	5.578	17.275	19.675	21.920	24.725	26.757
12	3.074	3.571	4.404	5.226	6.304	18.549	21.026	23.337	26.217	28.300
13	3.565	4.107	5.009	5.892	7.042	19.812	22.362	24.736	27.688	29.819
14	4.075	4.660	5.629	6.571	7.790	21.064	23.685	26.119	29.141	31.319
15	4.601	5.229	6.262	7.261	8.547	22.307	24.996	27.488	30.578	32.801
16	5.142	5.812	6.908	7.962	9.312	23.542	26.296	28.845	32.000	34.267
17	5.697	6.408	7.564	8.672	10.085	24.769	27.587	30.191	33.409	35.718
18	6.265	7.015	8.231	9.390	10.865	25.989	28.869	31.526	34.805	37.156
19	6.844	7.633	8.907	10.117	11.651	27.204	30.144	32.852	36.191	38.582
20	7.434	8.260	9.591	10.851	12.443	28.412	31.410	34.170	37.566	39.997
21	8.034	8.897	10.283	11.591	13.240	29.615	32.671	35.479	38.932	41.401
22	8.643	9.542	10.982	12.338	14.041	30.813	33.924	36.781	40.289	42.796
23	9.260	10.196	11.689	13.091	14.848	32.007	35.172	38.076	41.638	44.181
24	9.886	10.856	12.401	13.848	15.659	33.196	36.415	39.364	42.980	45.559
25	10.520	11.524	13.120	14.611	16.473	34.382	37.652	40.646	44.314	46.928
26	11.160	12.198	13.844	15.379	17.292	35.563	38.885	41.923	45.642	48.290
27	11.808	12.879	14.573	16.151	18.114	36.741	40.113	43.195	46.963	49.645
28	12.461	13.565	15.308	16.928	18.939	37.916	41.337	44.461	48.278	50.993
29	13.121	14.256	16.047	17.708	19.768	39.087	42.557	45.722	49.588	52.336
30	13.787	14.953	16.791	18.493	20.599	40.256	43.773	46.979	50.892	53.672
40	20.707	22.164	24.433	26.509	29.051	51.805	55.758	59.342	63.691	66.766
50	27.991	29.707	32.357	34.764	37.689	63.167	67.505	71.420	76.154	79.490
60	35.534	37.485	40.482	43.188	46.459	74.397	79.082	83.298	88.379	91.952
70	43.275	45.442	48.758	51.739	55.329	85.527	90.531	95.023	100.425	104.215
80	51.172	53.540	57.153	60.391	64.278	96.578	101.879	106.629	112.329	116.321
90	59.196	61.754	65.647	69.126	73.291	107.565	113.145	118.136	124.116	128.299
100	67.328	70.065	74.222	77.929	82.358	118.498	124.342	129.561	135.807	140.169

표 VII F-분포표

The entries in this table give the critical values of F for .01 area in the right tail under the F distribution curve and specified degrees of freedom for the numerator and denominator.

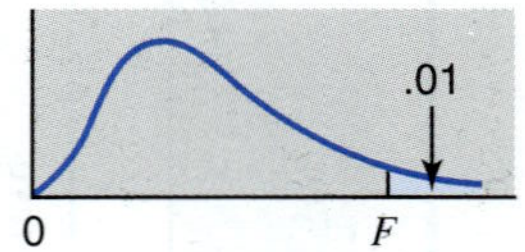

Degrees of Freedom for the Numerator (columns); Degrees of Freedom for the Denominator (rows)

	1	2	3	4	5	6	7	8	9	10	11	12	15	20	25	30	40	50	10
1	4052	5000	5403	5625	5764	5859	5928	5981	6022	6056	6083	6106	6157	6209	6240	6261	6287	6303	6334
2	98.50	99.00	99.17	99.25	99.30	99.33	99.36	99.37	99.39	99.40	99.41	99.42	99.43	99.45	99.46	99.47	99.47	99.48	99.49
3	34.12	30.82	29.46	28.71	28.24	27.91	27.67	27.49	27.35	27.23	27.13	27.05	26.87	26.69	26.58	26.50	26.41	26.35	26.24
4	21.20	18.00	16.69	15.98	15.52	15.21	14.98	14.80	14.66	14.55	14.45	14.37	14.20	14.02	13.91	13.84	13.75	13.69	13.58
5	16.26	13.27	12.06	11.39	10.97	10.67	10.46	10.29	10.16	10.05	9.96	9.89	9.72	9.55	9.45	9.38	9.29	9.24	9.13
6	13.75	10.92	9.78	9.15	8.75	8.47	8.26	8.10	7.98	7.87	7.79	7.72	7.56	7.40	7.30	7.23	7.14	7.09	6.99
7	12.25	9.55	8.45	7.85	7.46	7.19	6.99	6.84	6.72	6.62	6.54	6.47	6.31	6.16	6.06	5.99	5.91	5.86	5.75
8	11.26	8.65	7.59	7.01	6.63	6.37	6.18	6.03	5.91	5.81	5.73	5.67	5.52	5.36	5.26	5.20	5.12	5.07	4.96
9	10.56	8.02	6.99	6.42	6.06	5.80	5.61	5.47	5.35	5.26	5.18	5.11	4.96	4.81	4.71	4.65	4.57	4.52	4.41
10	10.04	7.56	6.55	5.99	5.64	5.39	5.20	5.06	4.94	4.85	4.77	4.71	4.56	4.41	4.31	4.25	4.17	4.12	4.01
11	9.65	7.21	6.22	5.67	5.32	5.07	4.89	4.74	4.63	4.54	4.46	4.40	4.25	4.10	4.01	3.94	3.86	3.81	3.71
12	9.33	6.93	5.95	5.41	5.06	4.82	4.64	4.50	4.39	4.30	4.22	4.16	4.01	3.86	3.76	3.70	3.62	3.57	3.47
13	9.07	6.70	5.74	5.21	4.86	4.62	4.44	4.30	4.19	4.10	4.02	3.96	3.82	3.66	3.57	3.51	3.43	3.38	3.27
14	8.86	6.51	5.56	5.04	4.69	4.46	4.28	4.14	4.03	3.94	3.86	3.80	3.66	3.51	3.41	3.35	3.27	3.22	3.11
15	8.68	6.36	5.42	4.89	4.56	4.32	4.14	4.00	3.89	3.80	3.73	3.67	3.52	3.37	3.28	3.21	3.13	3.08	2.98
16	8.53	6.23	5.29	4.77	4.44	4.20	4.03	3.89	3.78	3.69	3.62	3.55	3.41	3.26	3.16	3.10	3.02	2.97	2.86
17	8.40	6.11	5.18	4.67	4.34	4.10	3.93	3.79	3.68	3.59	3.52	3.46	3.31	3.16	3.07	3.00	2.92	2.87	2.76
18	8.29	6.01	5.09	4.58	4.25	4.01	3.84	3.71	3.60	3.51	3.43	3.37	3.23	3.08	2.98	2.92	2.84	2.78	2.68
19	8.18	5.93	5.01	4.50	4.17	3.94	3.77	3.63	3.52	3.43	3.36	3.30	3.15	3.00	2.91	2.84	2.76	2.71	2.60
20	8.10	5.85	4.94	4.43	4.10	3.87	3.70	3.56	3.46	3.37	3.29	3.23	3.09	2.94	2.84	2.78	2.69	2.64	2.54
21	8.02	5.78	4.87	4.37	4.04	3.81	3.64	3.51	3.40	3.31	3.24	3.17	3.03	2.88	2.79	2.72	2.64	2.58	2.48
22	7.95	5.72	4.82	4.31	3.99	3.76	3.59	3.45	3.35	3.26	3.18	3.12	2.98	2.83	2.73	2.67	2.58	2.53	2.42
23	7.88	5.66	4.76	4.26	3.94	3.71	3.54	3.41	3.30	3.21	3.14	3.07	2.93	2.78	2.69	2.62	2.54	2.48	2.37
24	7.82	5.61	4.72	4.22	3.90	3.67	3.50	3.36	3.26	3.17	3.09	3.03	2.89	2.74	2.64	2.58	2.49	2.44	2.33
25	7.77	5.57	4.68	4.18	3.85	3.63	3.46	3.32	3.22	3.13	3.06	2.99	2.85	2.70	2.60	2.54	2.45	2.40	2.29
30	7.56	5.39	4.51	4.02	3.70	3.47	3.30	3.17	3.07	2.98	2.91	2.84	2.70	2.55	2.45	2.39	2.30	2.25	2.13
40	7.31	5.18	4.31	3.83	3.51	3.29	3.12	2.99	2.89	2.80	2.73	2.66	2.52	2.37	2.27	2.20	2.11	2.06	1.94
50	7.17	5.06	4.20	3.72	3.41	3.19	3.02	2.89	2.78	2.70	2.63	2.56	2.42	2.27	2.17	2.10	2.01	1.95	1.82
100	6.90	4.82	3.98	3.51	3.21	2.99	2.82	2.69	2.59	2.50	2.43	2.37	2.22	2.07	1.97	1.89	1.80	1.74	1.60

표 VII F–분포표 (계속)

The entries in this table give the critical values of F for .025 area in the right tail under the F distribution curve and specified degrees of freedom for the numerator and denominator.

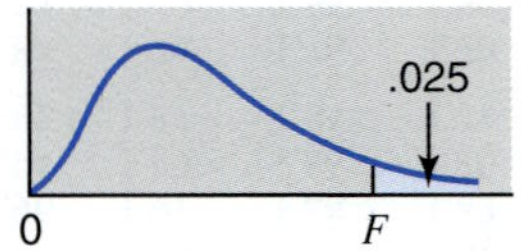

Degrees of Freedom for the Denominator	Degrees of Freedom for the Numerator																		
	1	2	3	4	5	6	7	8	9	10	11	12	15	20	25	30	40	50	100
1	647.8	799.5	864.2	899.6	921.8	937.1	948.2	956.7	963.3	968.6	973.0	976.7	984.9	993.1	998.1	1001	1006	1008	1013
2	38.51	39.00	39.17	39.25	39.30	39.33	39.36	39.37	39.39	39.40	39.41	39.41	39.43	39.45	39.46	39.46	39.47	39.48	39.49
3	17.44	16.04	15.44	15.10	14.88	14.73	14.62	14.54	14.47	14.42	14.37	14.34	14.25	14.17	14.12	14.08	14.04	14.01	13.96
4	12.22	10.65	9.98	9.61	6.36	9.20	9.07	8.98	8.90	8.84	8.79	8.75	8.66	8.56	8.50	8.46	8.41	8.38	8.32
5	10.01	8.43	7.76	7.39	7.15	6.98	6.85	6.76	6.68	6.62	6.57	6.52	6.43	6.33	6.27	6.23	6.18	6.14	6.08
6	8.81	7.26	6.60	6.23	5.99	5.82	5.70	5.60	5.52	5.46	5.41	5.37	5.27	5.17	5.11	5.07	5.01	4.98	4.92
7	8.07	6.54	5.89	5.52	5.29	5.12	4.99	4.90	4.82	4.76	4.71	4.67	4.57	4.47	4.40	4.36	4.31	4.28	4.21
8	7.57	6.06	5.42	5.05	4.82	4.65	4.53	4.43	4.36	4.30	4.24	4.20	4.10	4.00	3.94	3.89	3.84	3.81	3.74
9	7.21	5.72	5.08	4.72	4.48	4.32	4.20	4.10	4.03	3.96	3.91	3.87	3.77	3.67	3.60	3.56	3.51	3.47	3.40
10	6.94	5.46	4.83	4.47	4.24	4.07	3.95	3.85	3.78	3.72	3.66	3.62	3.52	3.42	3.35	3.31	3.26	3.22	3.15
11	6.72	5.26	4.63	4.28	4.04	3.88	3.76	3.66	3.59	3.53	3.47	3.43	3.33	3.23	3.16	3.12	3.06	3.03	2.96
12	6.55	5.10	4.47	4.12	3.89	3.73	3.61	3.51	3.44	3.37	3.32	3.28	3.18	3.07	3.01	2.96	2.91	2.87	2.80
13	6.41	4.97	4.35	4.00	3.77	3.60	3.48	3.39	3.31	3.25	3.20	3.15	3.05	2.95	2.88	2.84	2.78	2.74	2.67
14	6.30	4.86	4.24	3.89	3.66	3.50	3.38	3.29	3.21	3.15	3.09	3.05	2.95	2.84	2.78	2.73	2.67	2.64	2.56
15	6.20	4.77	4.15	3.80	3.58	3.41	3.29	3.20	3.12	3.06	3.01	2.96	2.86	2.76	2.69	2.64	2.59	2.55	2.47
16	6.12	4.69	4.08	3.73	3.50	3.34	3.22	3.12	3.05	2.99	2.93	2.89	2.79	2.68	2.61	2.57	2.51	2.47	2.40
17	6.04	4.62	4.01	3.66	3.44	3.28	3.16	3.06	2.98	2.92	2.87	2.82	2.72	2.62	2.55	2.50	2.44	2.41	2.33
18	5.98	4.56	3.95	3.61	3.38	3.22	3.10	3.01	2.93	2.87	2.81	2.77	2.67	2.56	2.49	2.44	2.38	2.35	2.27
19	5.92	4.51	3.90	3.56	3.33	3.17	3.05	2.96	2.88	2.82	2.76	2.72	2.62	2.51	2.44	2.39	2.33	2.30	2.22
20	5.87	4.46	3.86	3.51	3.29	3.13	3.01	2.91	2.84	2.77	2.72	2.68	2.57	2.46	2.40	2.35	2.29	2.25	2.17
21	5.83	4.42	3.82	3.48	3.25	3.09	2.97	2.87	2.80	2.73	2.68	2.64	2.53	2.42	2.36	2.31	2.25	2.21	2.13
22	5.79	4.38	3.78	3.44	3.22	3.05	2.93	2.84	2.76	2.70	2.65	2.60	2.50	2.39	2.32	2.27	2.21	2.17	2.09
23	5.75	4.35	3.75	3.41	3.18	3.02	2.90	2.81	2.73	2.67	2.62	2.57	2.47	2.36	2.29	2.24	2.18	2.14	2.06
24	5.72	4.32	3.72	3.38	3.15	2.99	2.87	2.78	2.70	2.64	2.59	2.54	2.44	2.33	2.26	2.21	2.15	2.11	2.02
25	5.69	4.29	3.69	3.35	3.13	2.97	2.85	2.75	2.68	2.61	2.56	2.51	2.41	2.30	2.23	2.18	2.12	2.08	2.00
30	5.57	4.18	3.59	3.25	3.03	2.87	2.75	2.65	2.57	2.51	2.46	2.41	2.31	2.20	2.12	2.07	2.01	1.97	1.88
40	5.42	4.05	3.46	3.13	2.90	2.74	2.62	2.53	2.45	2.39	2.33	2.29	2.18	2.07	1.99	1.94	1.88	1.83	1.74
50	5.34	3.97	3.39	3.05	2.83	2.67	2.55	2.46	2.38	2.32	2.26	2.22	2.11	1.99	1.92	1.87	1.80	1.75	1.66
100	5.18	3.83	3.25	2.92	2.70	2.54	2.42	2.32	2.24	2.18	2.12	2.08	1.97	1.85	1.77	1.71	1.64	1.59	1.48

표 VII F-분포표 (계속)

The entries in this table give the critical values of F for .05 area in the right tail under the F distribution curve and specified degrees of freedom for the numerator and denominator.

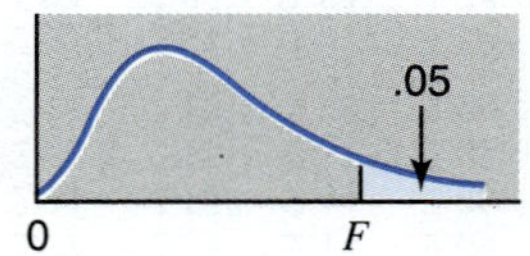

Degrees of Freedom for the Denominator	Degrees of Freedom for the Numerator																		
	1	2	3	4	5	6	7	8	9	10	11	12	15	20	25	30	40	50	100
1	161.5	199.5	215.7	224.6	230.2	234.0	236.8	238.9	240.5	241.9	243.0	243.9	246.0	248.0	249.3	250.1	251.1	251.8	253.0
2	18.51	19.00	19.16	19.25	19.30	19.33	19.35	19.37	19.38	19.40	19.40	19.41	19.43	19.45	19.46	19.46	19.47	19.48	19.49
3	10.13	9.55	9.28	9.12	9.01	8.94	8.89	8.85	8.81	8.79	8.76	8.74	8.70	8.66	8.63	8.62	8.59	8.58	8.55
4	7.71	6.94	6.59	6.39	6.26	6.16	6.09	6.04	6.00	5.96	5.94	5.91	5.86	5.80	5.77	5.75	5.72	5.70	5.66
5	6.61	5.79	5.41	5.19	5.05	4.95	4.88	4.82	4.77	4.74	4.70	4.68	4.62	4.56	4.52	4.50	4.46	4.44	4.41
6	5.99	5.14	4.76	4.53	4.39	4.28	4.21	4.15	4.10	4.06	4.03	4.00	3.94	3.87	3.83	3.81	3.77	3.75	3.71
7	5.59	4.74	4.35	4.12	3.97	3.87	3.79	3.73	3.68	3.64	3.60	3.57	3.51	3.44	3.40	3.38	3.34	3.32	3.27
8	5.32	4.46	4.07	3.84	3.69	3.58	3.50	3.44	3.39	3.35	3.31	3.28	3.22	3.15	3.11	3.08	3.04	3.02	2.97
9	5.12	4.26	3.86	3.63	3.48	3.37	3.29	3.23	3.18	3.14	3.10	3.07	3.01	2.94	2.89	2.86	2.83	2.80	2.76
10	4.96	4.10	3.71	3.48	3.33	3.22	3.14	3.07	3.02	2.98	2.94	2.91	2.85	2.77	2.73	2.70	2.66	2.64	2.59
11	4.84	3.98	3.59	3.36	3.20	3.09	3.01	2.95	2.90	2.85	2.82	2.79	2.72	2.65	2.60	2.57	2.53	2.51	2.46
12	4.75	3.89	3.49	3.26	3.11	3.00	2.91	2.85	2.80	2.75	2.72	2.69	2.62	2.54	2.50	2.47	2.43	2.40	2.35
13	4.67	3.81	3.41	3.18	3.03	2.92	2.83	2.77	2.71	2.67	2.63	2.60	2.53	2.46	2.41	2.38	2.34	2.31	2.26
14	4.60	3.74	3.34	3.11	2.96	2.85	2.76	2.70	2.65	2.60	2.57	2.53	2.46	2.39	2.34	2.31	2.27	2.24	2.19
15	4.54	3.68	3.29	3.06	2.90	2.79	2.71	2.64	2.59	2.54	2.51	2.48	2.40	2.33	2.28	2.25	2.20	2.18	2.12
16	4.49	3.63	3.24	3.01	2.85	2.74	2.66	2.59	2.54	2.49	2.46	2.42	2.35	2.28	2.23	2.19	2.15	2.12	2.07
17	4.45	3.59	3.20	2.96	2.81	2.70	2.61	2.55	2.49	2.45	2.41	2.38	2.31	2.23	2.18	2.15	2.10	2.08	2.02
18	4.41	3.55	3.16	2.93	2.77	2.66	2.58	2.51	2.46	2.41	2.37	2.34	2.27	2.19	2.14	2.11	2.06	2.04	1.98
19	4.38	3.52	3.13	2.90	2.74	2.63	2.54	2.48	2.42	2.38	2.34	2.31	2.23	2.16	2.11	2.07	2.03	2.00	1.94
20	4.35	3.49	3.10	2.87	2.71	2.60	2.51	2.45	2.39	2.35	2.31	2.28	2.20	2.12	2.07	2.04	1.99	1.97	1.91
21	4.32	3.47	3.07	2.84	2.68	2.57	2.49	2.42	2.37	2.32	2.28	2.25	2.18	2.10	2.05	2.01	1.96	1.94	1.88
22	4.30	3.44	3.05	2.82	2.66	2.55	2.46	2.40	2.34	2.30	2.26	2.23	2.15	2.07	2.02	1.97	1.94	1.91	1.85
23	4.28	3.42	3.03	2.80	2.64	2.53	2.44	2.37	2.32	2.27	2.24	2.20	2.13	2.05	2.00	1.96	1.91	1.88	1.82
24	4.26	3.40	3.01	2.78	2.62	2.51	2.42	2.36	2.30	2.25	2.22	2.18	2.16	2.03	1.97	1.94	1.89	1.86	1.80
25	4.24	3.39	2.99	2.76	2.60	2.49	2.40	2.34	2.28	2.24	2.20	2.16	2.09	2.01	1.96	1.92	1.87	1.84	1.78
30	4.17	3.32	2.92	2.69	2.53	2.42	2.33	2.27	2.21	2.16	2.13	2.09	2.01	1.93	1.88	1.84	1.79	1.76	1.70
40	4.08	3.23	2.84	2.61	2.45	2.34	2.25	2.18	2.12	2.08	2.04	2.00	1.92	1.84	1.78	1.74	1.69	1.66	1.59
50	4.03	3.18	2.79	2.56	2.40	2.29	2.20	2.13	2.07	2.03	1.99	1.95	1.87	1.78	1.73	1.69	1.63	1.60	1.52
100	3.94	3.09	2.70	2.46	2.31	2.19	2.10	2.03	1.97	1.93	1.89	1.85	1.77	1.68	1.62	1.57	1.52	1.48	1.39

표 VII F-분포표 (계속)

The entries in this table give the critical values of F for .10 area in the right tail under the F distribution curve and specified degrees of freedom for the numerator and denominator.

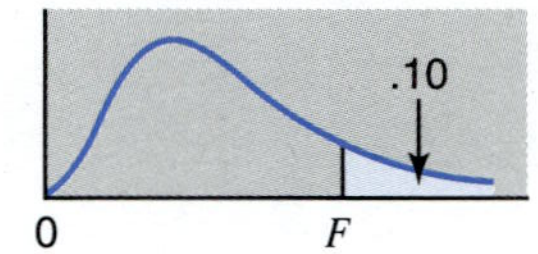

Degrees of Freedom for the Numerator (columns); Degrees of Freedom for the Denominator (rows)

	1	2	3	4	5	6	7	8	9	10	11	12	15	20	25	30	40	50	100
1	39.86	49.50	53.59	55.83	57.24	58.20	58.91	59.44	59.86	60.19	60.47	60.71	61.22	61.74	62.05	62.26	62.53	62.69	63.01
2	8.53	9.00	9.16	9.24	9.29	9.33	9.35	9.37	9.38	9.39	9.40	9.41	9.42	9.44	9.45	9.46	9.47	9.47	9.48
3	5.54	5.46	5.39	5.34	5.31	5.28	5.27	5.25	5.24	5.23	5.22	5.22	5.20	5.18	5.17	5.17	5.16	5.15	5.14
4	4.54	4.32	4.19	4.11	4.05	4.01	3.98	3.95	3.94	3.92	3.91	3.90	3.87	3.84	3.83	3.82	3.80	3.80	3.78
5	4.06	3.78	3.62	3.52	3.45	3.40	3.37	3.34	3.32	3.30	3.28	3.27	3.24	3.21	3.19	3.17	3.16	3.15	3.13
6	3.78	3.46	3.29	3.18	3.11	3.05	3.01	2.98	2.96	2.94	2.92	2.90	2.87	2.84	2.81	2.80	2.78	2.77	2.75
7	3.59	3.26	3.07	2.96	2.88	2.83	2.78	2.75	2.72	2.70	2.68	2.67	2.63	2.59	2.57	2.56	2.54	2.52	2.50
8	3.46	3.11	2.92	2.81	2.73	2.67	2.62	2.59	2.56	2.54	2.52	2.50	2.46	2.42	2.40	2.38	2.36	2.35	2.32
9	3.36	3.01	2.81	2.69	2.61	2.55	2.51	2.47	2.44	2.42	2.40	2.38	2.34	2.30	2.27	2.25	2.23	2.22	2.19
10	3.29	2.92	2.73	2.61	2.52	2.46	2.41	2.38	2.35	2.32	2.30	2.28	2.24	2.20	2.17	2.16	2.13	2.12	2.09
11	3.23	2.86	2.66	2.54	2.45	2.39	2.34	2.30	2.27	2.25	2.23	2.21	2.17	2.12	2.10	2.08	2.05	2.04	2.01
12	3.18	2.81	2.61	2.48	2.39	2.33	2.28	2.24	2.21	2.19	2.17	2.15	2.10	2.06	2.03	2.01	1.99	1.97	1.94
13	3.14	2.76	2.56	2.43	2.35	2.28	2.23	2.20	2.16	2.14	2.12	2.10	2.05	2.01	1.98	1.96	1.93	1.92	1.88
14	3.10	2.73	2.52	2.39	2.31	2.24	2.19	2.15	2.12	2.10	2.07	2.05	2.01	1.96	1.93	1.91	1.89	1.87	1.83
15	3.07	2.70	2.49	2.36	2.27	2.21	2.16	2.12	2.09	2.06	2.04	2.02	1.97	1.92	1.89	1.87	1.85	1.83	1.79
16	3.05	2.67	2.46	2.33	2.24	2.18	2.13	2.09	2.06	2.03	2.01	1.99	1.94	1.89	1.86	1.84	1.81	1.79	1.76
17	3.03	2.64	2.44	2.31	2.22	2.15	2.10	2.06	2.03	2.00	1.98	1.96	1.91	1.86	1.83	1.81	1.78	1.76	1.73
18	3.01	2.62	2.42	2.29	2.20	2.13	2.08	2.04	2.00	1.98	1.95	1.93	1.89	1.84	1.80	1.78	1.75	1.74	1.70
19	2.99	2.61	2.40	2.27	2.18	2.11	2.06	2.02	1.98	1.96	1.93	1.91	1.86	1.81	1.78	1.76	1.73	1.71	1.67
20	2.97	2.59	2.38	2.25	2.16	2.09	2.04	2.00	1.96	1.94	1.91	1.89	1.84	1.79	1.76	1.74	1.71	1.69	1.65
21	2.96	2.57	2.36	2.23	2.14	2.08	2.02	1.98	1.95	1.92	1.90	1.87	1.83	1.78	1.74	1.72	1.69	1.67	1.63
22	2.95	2.56	2.35	2.22	2.13	2.06	2.01	1.97	1.93	1.90	1.88	1.86	1.81	1.76	1.73	1.70	1.67	1.65	1.61
23	2.94	2.55	2.34	2.21	2.11	2.05	1.99	1.95	1.92	1.89	1.87	1.84	1.80	1.74	1.71	1.69	1.66	1.64	1.59
24	2.93	2.54	2.33	2.19	2.10	2.04	1.98	1.94	1.91	1.88	1.85	1.83	1.78	1.73	1.70	1.67	1.64	1.62	1.58
25	2.92	2.53	2.32	2.18	2.09	2.02	1.97	1.93	1.89	1.87	1.84	1.82	1.77	1.72	1.68	1.66	1.63	1.61	1.56
30	2.88	2.49	2.28	2.14	2.05	1.98	1.93	1.88	1.85	1.82	1.79	1.77	1.72	1.67	1.63	1.61	1.57	1.55	1.51
40	2.84	2.44	2.23	2.09	2.00	1.93	1.87	1.83	1.79	1.76	1.74	1.71	1.66	1.61	1.57	1.54	1.51	1.48	1.43
50	2.81	2.41	2.20	2.06	1.97	1.90	1.84	1.80	1.76	1.73	1.70	1.68	1.63	1.57	1.53	1.50	1.46	1.44	1.39
100	2.76	2.36	2.14	2.00	1.91	1.83	1.78	1.73	1.69	1.66	1.64	1.61	1.56	1.49	1.45	1.42	1.38	1.35	1.29

연습문제 해답

1장

1.7 **a.** 모집단 **b.** 모집단 **c.** 표본
d. 표본 **e.** 모집단

1.9 원소 ; 각 도시 변수 ; 사건 수
관측 ; 특정도시의 사건 수
자료집합 ; 표에 열거된 6개 도시의 사건 수의 모임

1.11 **a.** 사건 수 **b.** 6 **c.** 6

1.15 **a.** 양적 **b.** 양적 **c.** 질적
d. 양적 **e.** 양적

1.17 **a.** 이산 **b.** 연속 **d.** 이산 **e.** 연속

1.19 변수 ; 전체 여행자수
측정 ; 특정년도의 여행자수
자료집합 ; 10년간의 여행자수의 모임

1.21 **a.** 표본 **b.** 모집단
c. 표본 **d.** 모집단

1.23 **a.** 비복원 **b.** 복원

2장

2.3 **b.**

범주	도수	상대도수	백분율
A	8	8/30 = 0.267	26.7
B	8	8/30 = 0.267	26.7
C	14	14/30 = 0.467	46.7

c. 26.7%

d. 26.7 + 46.7 = 73.4%

2.5 **b.**

범주	도수	상대도수	백분율
F	12	12/50 = 0.24	24
SO	12	12/50 = 0.24	24
J	15	15/50 = 0.30	30
SE	11	11/50 = 0.22	22

c. 30 + 22 = 52%

2.7 **b.**

범주	도수	상대도수	백분율
H	10	10/20 = 0.50	50
C	6	6/20 = 0.30	30
O	4	4/20 = 0.20	20

c. 50%

2.11 **a.** & **c.**

계급	계급중간점	상대도수	백분율
−0.5 이상 3.5 미만	1.5	0.225	22.5
3.5 이상 7.5 미만	5.5	0.325	32.5
7.5 이상 11.5 미만	9.5	0.275	27.5
11.5 이상 15.5 미만	13.5	0.138	13.8
15.5 이상 19.5 미만	17.5	0.038	3.8

b. 네, 4.

d. 27.5 + 13.8 + 3.8 = 45.1%

2.13 **c.**

계급한계	계급경계	계급 폭	계급중간점
1,000 ~ 25,000	0.5 이상 25.5 미만	25	13
26,000 ~ 50,000	25.5 이상 50.5 미만	25	38
51,000 ~ 75,000	50.5 이상 75.5 미만	25	63
76,000 ~ 100,000	75.5 이상 100.5 미만	25	88
101,000 ~ 125,000	100.5 이상 125.5 미만	25	113
126,000 ~ 150,000	125.5 이상 150.5 미만	25	138

2.15 **a.** & **b.**

키보드 수	도수	상대도수
41 ~ 44	5	0.20
45 ~ 48	8	0.32
49 ~ 52	8	0.32
53 ~ 56	4	0.16

2.17 **a.** & **b.**

턴오버	도수	상대도수	백분율
0	4	0.167	16.7
1	5	0.208	20.8
2	7	0.292	29.2
3	5	0.208	20.8
4	3	0.125	12.5

c. $7 + 5 + 3 = 15$.

2.23 **a.** & **b.**

나이	누적도수	누적상대도수	누적백분율
18 ~ 30	12	0.24	24
18 ~ 43	31	0.62	62
18 ~ 56	45	0.90	90
18 ~ 69	50	1.00	100

c. $100 - 62 = 38\%$. **e.** 약 52%.

2.31 점도표

2.33 **a.** & **b.**

TV 대수	도수	상대도수	백분율
0	1	0.025	2.5
1	14	0.350	35.0
2	14	0.350	35.0
3	8	0.200	20.0
4	3	0.075	7.5

d. $35.0 + 20.0 + 7.5 = 62.5\%$.

2.35 **a.** & **b.**

수리비용(달러)	도수	상대도수	백분율
1 ~ 1400	11	0.367	36.7
1401 ~ 2800	10	0.333	33.3
2801 ~ 4200	3	0.100	10.0
4201 ~ 5600	2	0.067	6.7
5601 ~ 7000	4	0.133	13.3

d. \$4200.50 ~ \$5600.50.

2.37 점도표

3장

3.5 $\bar{x} = 29.4$, 중앙값 $= 9$, 최빈값 $= 23$.

3.7 $n_1 = 10,\ n_2 = 8,\ \bar{x}_1 = 9500,\ \bar{x}_2 = 104{,}000$
결합평균 $= 51{,}500$.

3.9 자료1 ; $\bar{x}_1 = 9.4$,
자료2 ; $\bar{x}_2 = 18.8 = 9.4 \times 2$.

3.11 절사평균 $= 4323/12 = 306.25$.

3.13 기하평균 $= (x_1 \cdot x_2 \cdot \cdots \cdot x_n)^{1/n}$
$= \sqrt[n]{x_1 \cdot x_2 \cdot \cdots \cdot x_n}$
$= \sqrt[5]{1.04 \cdot 1.03 \cdot 1.05 \cdot 1.06 \cdot 1.08} = 1.05$
따라서 기하평균은 $1.05 - 1 = 0.05$.

3.17 **a.** $\bar{x} = 72/8 = 9$

b.

좀도둑 수	편차
7	$7 - 9 = -2$
10	$10 - 9 = 1$
8	$8 - 9 = -1$
3	$3 - 9 = -6$
15	$15 - 9 = 6$
12	$12 - 9 = 3$
6	$6 - 9 = -3$
11	$11 - 9 = 2$
	합 $= 0$

c. 범위 $= 15 - 3 = 12$, $s^2 = 14.2857$,
$s = 3.78$.

3.19 $\Sigma x = 180,\ \Sigma x^2 = 3666,\ n = 10$,
범위 $= 32 - 8 = 24$,
$s^2 = 47.333,\ s = 6.88$.

3.21 $CV_1 = 10.94\%$,
$CV_2 = 13.33\%$.

3.23 자료1 ; $s_1 = 14.64$,
자료2 ; $s_2 = 14.64$.

3.27

체중(파운드)	f	m	mf	m^2f
3 이상 5 미만	5	4	20	80
5 이상 7 미만	30	6	180	1080
7 이상 9 미만	40	8	320	2560
9 이상 11 미만	20	10	200	2000
11 이상 13 미만	5	12	60	720

$\bar{x} = 7.80$, $\sigma^2 = 3.56$, $\sigma = 1.89$.

3.31 68%, 95%.

3.33 **a.** 1. 75% 2. 89%,
b. 1515 ~ 3215.

3.34 **a.** 68% **b.** 95% **c.** 99.7%

3.35 **a.** 1. 68% 2. 95%,
b. 45 ~ 165.

3.39 **a.** $Q_1 = 5.5$, $Q_2 = 8$, Q_3 10.5, $IQR = 5$
b. 5번째 값 $P_{25} = 5$. **c.** 65%

3.41 **a.** $Q_1 = 33$, $Q_2 = 45$, $Q_3 = 60$,
$IQR = 27$, $1.5 \times IQR = 40.5$,
아래쪽 안 울타리 $= -7.5$,
위쪽 안 울타리 $= 100.5$
두 안 울타리에 사이에 있는 가장 작은 값과 큰 값이 22와 98이므로 이상점이 없다.

3.43 $Q_1 = 9$, $Q_2 = 17$, $Q_3 = 24$, $IQR = 15$,
$1.5 \times IQR = 22.5$,
아래쪽 안 울타리 $= -13.5$,
위쪽 안 울타리 $= 46.5$
두 안 울타리에 사이에 있는 가장 작은 값과 큰 값이 3와 34이므로 이상점이 없다.

3.45 $Q_1 = 5.5$, $Q_2 = 8$, $Q_3 = 10.5$, $IQR = 5$,
$1.5 \times IQR = 1.5 \times 5 = 7.5$,
아래쪽 안 울타리 $= -2$,
위쪽 안 울타리 $= 18$
두 안 울타리에 사이에 있는 가장 작은 값과 큰 값이 3과 16이므로 이상점이 없다.

3.47 **a.** $\bar{x} = 7.33$, 중앙값 $= 7.5$,
최빈값 $= 4, 7, 8$
b. $R = 14$, $s^2 = 17.1515$, $s = 4.14$.

3.49 **a.** 1. 75% 2. 89%,
b. 160 ~ 240.

3.51 **a.** $Q_1 = 44$, $Q_2 = 56.5$, $Q_3 = 68$,
$IQR = 24$, 40은 하위 25%에 속한다.
b. $P_{70} = 59$. **c.** 제 30백분위수

4장

4.3 $S = \{WR, WB, RW, RB, BW, BR\}$

4.7 (1) 사건의 확률은 항상 0과 1 사이에 있다.
(2) 실험에 대한 단순사건(표본점)의 확률을 모두 합하면 항상 1이 된다.

4.9 사건의 확률 값이 될 수 없는 것 :
-0.55, 1.56, 5/3, $-2/7$
이유 : 임의의 사건 A에 대해서,
$0 \le P(A) \le 1$.

4.11 (*a*) 18/40 = 9/20 (*b*) 22/40 = 11/20

4.13 1200/2000 = 3/5

4.15 29/50

4.17 (*a*) 77/820 (*b*) 410/820 = 41/82

4.23 $6^4 = 1296$

4.25 (*a*) 아니다 (*b*) 아니다
(*c*) $\bar{A} = \{1, 3, 4, 6, 8\}$, $P(\bar{A}) = 5/8$
$\bar{B} = \{3, 4, 6, 7, 8\}$, $P(\bar{B}) = 5/8$

4.27 $4 \times 8 \times 12 = 384$

4.29 $8 \times 6 \times 5 = 240$

4.31 **a.** **i.** 0.3475 **ii.** 0.5425
iii. 0.2727 **iv.** 0.4545
b. "남자"와 "찬성"은 서로 배반이 아님.
"찬성"과 "반대"는 서로 배반.

c. P(여자) = 0.55 ≠ (여자 | 의견없음) = 0.5454이므로 독립이 아님.

4.33 P(여자 | 소아과) = 0.2667 ≠ P(여자) = 0.4688이므로 독립이 아님.
소아과 여의사가 있으므로 서로 배반이 아님.

4.35 독립도 아니고 배반도 아님

4.37 $P(A) = 1/2$, $P(\overline{A}) = 1/2$

4.43 a. 0.1 b. 0.234

4.45 a. 0.023 b. 0.049923

4.47 0.6923

4.49 0.725

4.51 a. i. 0.3 ii. 0.15

4.53 0.4390

4.55 0.343

4.57 0.4

4.61 A와 B가 서로 배반인 경우

4.63 a. 0.79 b. 0.75

4.65 a. 0.85 b. 0.70

4.67 a. 0.78 b. 0.55 c. 0.79

4.69 0.52

4.71 a. 0.2571 b. 0.1429

4.73 첫 번째가 3학년일 사건을 A, 두 번째가 1학년일 사건을 B라 하면
$P(A \text{ and } B) = 9/35 \times 5/34 = 0.0378$

4.74 a. 0.5 b. 1/3
c. 옳지 않음. 여섯 번째는 앞의 다섯 번 던지기와 독립임. a문항의 과정과 일치함.

4.75 a. 0.03 b. 0.15

4.76 a. 0.5177 b. 동의하지 않음.
$1 - (35/36)^{24} = 0.4914$

4.77 a. 0.50 b. 0.50
c. 공 배치에 관계없이 확률은 일정함.

5장

5.3 a. 이산형 b. 연속형 c. 연속형
d. 이산형 e. 이산형 f. 연속형

5.5 이산형 확률변수

5.9 a. 만족하지 않음.
b. 모두 만족.
c. 만족하지 않음.

5.11 a. 0.17 b. 0.20 c. 0.58 d. 0.42
e. 0.42 f. 0.27 g. 0.68

5.13 b. i. 0.25 ii. 0.90 iii. 0.51 iv. 0.69

5.15 b. 근사 확률.
c. i. 0.30 ii. 0.65 iii. 0.75 iv. 0.65

5.17

$X = x$	$P(X = x)$
0	0.3025
1	0.4950
2	0.2025

5.19

$X = x$	$P(X = x)$
0	0.0841
1	0.4118
2	0.5041

5.21

$X = x$	$P(X = x)$
0	0.4789
1	0.4422
2	0.0789

5.23 a. $\mu = 1.590$, $\sigma = 0.960$
b. $\mu = 7.070$, $\sigma = 1.061$

5.25 $\mu = 0.4740$, $\sigma = 0.852$

5.27 $\mu = 2.94$, $\sigma = 1.441$

5.29 $\mu = 1.00$, $\sigma = 0.707$

5.31 $\mu = 1.896$, $\sigma = 1.079$

5.33 $\mu = 0.10$, $\sigma = 0.308$

5.35 $\mu = 3.9$, $\sigma = 3.015$

5.37 $\mu = 0.50$, $\sigma = 0.584$

5.41 ${}_9C_2 = 36$, ${}_9P_2 = 72$

5.43 ${}_{12}C_3 = 220,\ {}_{12}P_3 = 1{,}320$

5.45 ${}_{20}C_6 = 38{,}760,\ {}_{20}P_6 = 27{,}907{,}200$

5.47 ${}_{20}C_9 = 167{,}960$

5.51 **a.** 이항실험이 아니다.
b. 이항실험 **c.** 이항실험

5.53 **a.** 0.2541 **b.** 0.1536 **c.** 0.3241

5.55 **b.** $\mu = np = 2.100,\ \sigma = \sqrt{npq} = 1.212$

5.59 **a.** $\{0, 1, 2, \cdots, 10\}$
b. 0.2394

5.61 **a.** 0.1423 **b.** 0.5271 **c.** 0.6912

5.63 **a.** 0.0981 **b.** 0.0000 **c.** 0.2241

5.65 **a.** 0.2725 **b.** 0.0839

5.67 **a.** $\mu = 5.6$(명), $\sigma = 1.058$(명)
b. 0.1147

5.69 **a.** $\mu = 5.6$(명), $\sigma = 1.296$(명)
b. 0.0467

5.71 **a.** 0.4286 **b.** 0.0714 **c.** 0.5000

5.73 **a.** 0.3818 **b.** 0.0030 **c.** 0.5303

5.75 **a.** 0.4747 **b.** 0.0440 **c.** 0.3407

5.77 **a.** 0.2545 **b.** 0.2787 **c.** 0.2121

5.81 **a.** 0.0404 **b.** 0.2565

5.83 **a.** $\mu = \lambda = 1.3,\ \sigma = \sqrt{\lambda} = 1.140$
b. $\mu = \lambda = 2.1,\ \sigma = \sqrt{\lambda} = 1.449$

5.85 0.1496

5.87 0.1185

5.89 **a.** 0.1162
b. i. 0.6625 **ii.** 0.1699 **iii.** 0.4941

5.91 **a.** 0.3033
b. i. 0.0900 **ii.** 0.0018 **iii.** 0.9098

5.93 **a.** 0.0031
b. i. 0.0039 **ii.** 0.4911

5.95 **a.** 0.2466
c. $\mu = 1.4,\ \sigma^2 = 1.4,\ \sigma = \sqrt{\lambda} = 1.183$

5.97 **a.** 0.0446
b. i. 0.0390 **ii.** 0.2580 **iii.** 0.0218

6장

6.3 $P(X = a) = P(X = b) = 0$이므로.

6.7 폭은 좁아지고, 높이는 높아진다.

6.9 z값은 평균 μ로부터의 거리를 표준편차 σ로 나눠준 것을 의미한다.

6.11 0.8664

6.13 0.9876

6.15 **a.** 0.4744 **b.** 0.4678 **c.** 0.1162
d. 0.0610 **e.** 0.9452

6.17 **a.** 0.0594 **b.** 0.0244
c. 0.9798 **d.** 0.9686

6.19 **a.** 0.5 **b.** 0.5 **c.** 0 **d.** 0

6.21 **a.** 0.9613 **b.** 0.4783
c. 0.4767 **d.** 0.0694

6.23 **a.** 0.9838 **b.** 0.2450
c. 0.1570 **d.** 0.9625

6.25 **a.** 0.8365 **b.** 0.8762 **c.** 0.5
d. 0.5 **e.** 0 **f.** 0

6.27 **a.** 1.80 **b.** −2.60
c. −1.60 **d.** 2.40

6.29 **a.** 0.4599 **b.** 0.1210 **c.** 0.2223

6.31 **a.** 0.3336 **b.** 0.9564
c. 0.9564 **d.** 0

6.33 **a.** 0.2178 **b.** 0.5997

6.35 **a.** 0.8212 **b.** 0.3085
c. 0.0401 **d.** 0.7486

6.37 **a.** 0.0287 **b.** 0.2345

6.39 **a.** 0.1093 **b.** 0.6902

6.41 **a.** 93.32% **b.** 14.65%

6.43 **a.** 0.0344 **b.** 93.79%

6.45 **a.** 0.7357 **b.** 15.64%

6.47 **a.** 11.90% **b.** 4.75%

6.49 **a.** 9.51% **b.** 3.59%
c. 84.69% **d.** 18.81%

6.51 2.64%

6.53 **a.** $z = 2.00$ **b.** $z = -2.02$
c. $z = -0.37$ **d.** $z = 1.02$

6.55 **a.** $z = 1.65$ **b.** $z = -1.96$
c. $z = -2.33$ **d.** $z = 2.58$

6.57 **a.** 208.50 **b.** 241.25 **c.** 178.50
d. 145.75 **e.** 158.25 **f.** 251.25

6.59 최대 약 19분

6.61 약 2060 kwh

6.63 약 82달러

6.65 $np > 5$이고, $np > 5$

6.67 **a.** 0.7688 **b.** 0.7697

6.69 **a.** $\mu = 72$, $\sigma = 5.3666$
b. 0.5359 **c.** 0.4564

6.71 **a.** 0.0764 **b.** 0.6793
c. 0.8413 **d.** 0.8238

6.73 0.1692

6.75 **a.** 0.0381 **b.** 0.1039 **c.** 0.7013

6.77 **a.** 0.0454 **b.** 0.0516 **c.** 0.8646

6.79 **a.** 0.7549 **b.** 0.2451

7장

7.3 표본조사 또는 센서스에서 모두 발생.

7.7 **a.** $\bar{X}$의 평균 $= \mu$
b. $\bar{X}$의 표준편차 $= \sigma/\sqrt{n}$

7.11 **a.** 100 **b.** 256

7.13 **a.** $\Sigma \bar{x} P(\bar{x}) = 80.60$.
b. $\sigma_{\bar{x}} = 3.302$
c. $\sigma/\sqrt{n} = 8.09/\sqrt{3} = 4.67$, $\sigma_{\bar{x}} = 3.30$.
d. $\sigma_{\bar{x}} = \frac{\sigma}{\sqrt{n}} = \sqrt{\frac{N-n}{N-1}}$
$= \frac{8.09}{\sqrt{3}}\sqrt{\frac{5-3}{5-1}} = 3.302$

7.15 $n \geqq 30$이므로 a와 c는 중심극한 정리를 적용할 수 있다.

7.17 $\mu_{\bar{x}} = \mu = 6.7$,
$\sigma_{\bar{x}} = \sigma/\sqrt{n} = 2.1/\sqrt{16} = 0.525$.

7.19 **a.** 1.53 **b.** −1.57
c. −2.37 **d.** 2.68

7.21 **a.** 0.91775 **b.** 0.1828

7.23 $p = 640/1000 = 0.64$, $\hat{p} = 24/40 = 0.60$

7.25 표본오차 $= \hat{p} - p = 0.66 - 0.71 = -0.05$

7.27 **a.** $p = 4/6 = 0.667$ **b.** $\binom{6}{5} = 6$

7.29 **a.** 0.2592 **b.** 0.1515

8장

8.1 추정량 : 모수의 추정에 사용되는 표본통계량
추정값 : 표본통계량의 값을 갖고 모수에 할당한 값

8.3 $\hat{\mu} = \bar{X}$, $E = z\sigma_{\bar{x}}$

8.5 표본크기가 증가함에 따라 신뢰구간의 너비는 좁아진다.

8.7 신뢰수준: 신뢰구간에 실질모수를 포함하는 것을 얼마나 많이 신뢰하는가의 확률정도
신뢰구간: 신뢰수준에 근거를 두고 설정된 구간

8.9 주어진 크기의 모든 가능한 표본을 뽑아 각 표본으로부터 μ의 99% 신뢰구간을 만든다면, 이들 신뢰구간의 적어도 99%가 μ를 포함하고 있을 것이라고 기대할 수 있다.

8.11 $n = 20,\ \bar{x} = 24.5,\ \sigma = 3.1$
a. $\hat{\mu} = \bar{x} = 24.5$
b. 24.5 ± 1.788
c. 1.788

8.13 **a.** 81.90 ± 4.06 **b.** 81.90 ± 3.64
c. 81.90 ± 3.25 **d.** 너비도 감소한다.

8.15 **a.** 167 **b.** 65

8.17 $269{,}720 \pm 4573.2$

8.19 31.94 ± 0.077, 기계의 수정이 필요하지 않다.

8.21 167

8.25 정규분포 : 평균(μ)과 분산(σ^2).
t-분포 : 자유도

8.27 표본이 추출된 모집단이 정규분포를 따르나 분산을 모르는 경우.

8.29 **a.** $t = -1.325$ **b.** $t = 2.160$
c. $t = 3.281$ **d.** $t = -2.715$

8.31 **a.** $t = 2.650$ **b.** $t = 1.690$
c. $t = 1.337$

8.33 **a.** 44.1 **b.** 44.1 ± 5.50 **c.** 5.50
c. $t = 1.337$

8.35 **a.** 25.5 ± 1.43 **b.** 25.5 ± 1.91
c. 25.5 ± 1.77

8.37 41.2 ± 1.16

8.39 22 ± 3.36

8.41 74.2 ± 3.08

8.45 **a.** 0.32 ± 0.0255 **b.** 0.36 ± 0.0263
c. 0.30 ± 0.025

8.47 **a.** 0.31 ± 0.026 **b.** 0.31 ± 0.041
c. 0.31 ± 0.102 **d.** 증가한다.

8.49 **a.** 1842 **b.** 601 **c.** 6766

8.51 **a.** 0.37 ± 0.079
b. ① 신뢰수준을 낮춤
② 표본크기를 증가시킴

8.53 **a.** 0.38 ± 0.178
b. ① 신뢰수준을 낮춤
② 표본크기를 증가시킴

8.55 **a.** $\hat{p} = 0.33$ **b.** 0.33 ± 0.248

8.57 1084

9장

9.1 **a.** 왼쪽 꼬리검정 **b.** 오른쪽 꼬리검정
c. 양측검정

9.3 **a.** 양측 **b.** 오른쪽 **c.** 양측
d. 왼쪽 **e.** 오른쪽

9.5 **a.** 0.0166 **b.** 기각할 수 없다.
c. 귀무가설 기각.

9.7 "통계적으로 유의하지 않다"

9.9 **a.** 임계값 $= -2.33,\ z = -6.61$
b. 임계값은 -2.58과 $2.58,\ z = -6.61$

9.11 **a.** $z = -2.67 < -1.96$이므로 귀무가설을 기각.
b. $z = -1.00 < -1.96$이므로 귀무가설을 기각할 수 없다.

9.13 **a.** p-값 $= 0.0170 < 0.025$이므로 귀무가설을 기각.
b. $z = -2.12 < -1.96$이므로 귀무가설을 기각.

9.15 **a.** $p = 0.2583 > 0.01$이므로 귀무가설을 기각한다.
$z = -0.68 > -2.33$이므로 귀무가설을 기각할 수 없다.
b. $p = 0.2583 > 0.025$이므로 귀무가설을 기각한다.
$z = -0.68 > -1.96$이므로 귀무가설을 기각한다.

9.17 **a.** $0.025 < p$-값 $< 0.05,\ t = -1.800$,
임계값 $= -1.753$
b. $0.05 < p$-값 $< 0.10,\ t = -1.800$,

임계값 = -2.131과 2.131

9.19 **a.** $t = 4.800$, 임계값 $= 1.998$, 기각

b. $t = 1.143$, 임계값 $= 1.998$, 기각할 수 없다.

9.21 $t = -2.257$, $\alpha = 0.01$에서는 임계값 $= -2.397$, 감소했다고 할 수 없다.

$\alpha = 0.025$에서의 임계값 $= -2.005$으로 감소하였다고 할 수 있다.

9.23 **a.** $0.025 < p$-값 < 0.05으로 $\alpha = 0.01$보다 크므로 귀무가설을 귀각할 수 없다.

$t = -1.964$이고 $\alpha = 0.01$에서 임계값은 -2.492이므로 귀무가설을 기각할 수 없다.

b. $\alpha = 0.01$.

9.25 $t = 0.889$로 $\alpha = 0.01$에서의 임계값 2.718보다 작으므로 귀무가설을 기각할 수 없다.

9.27 **a.**

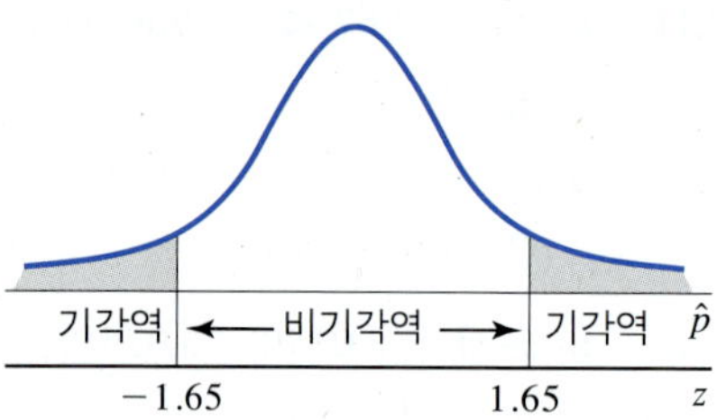

b.

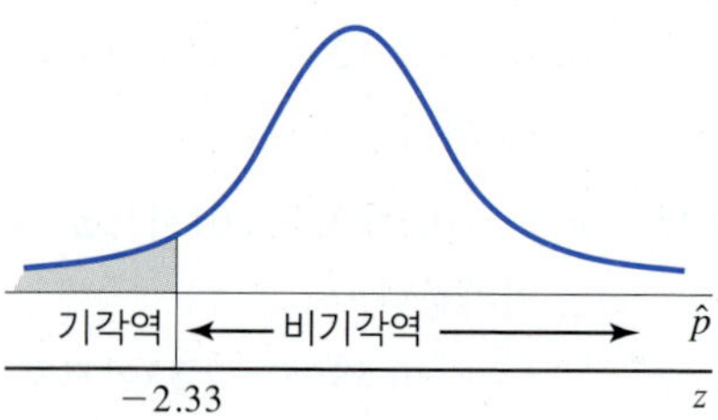

c.

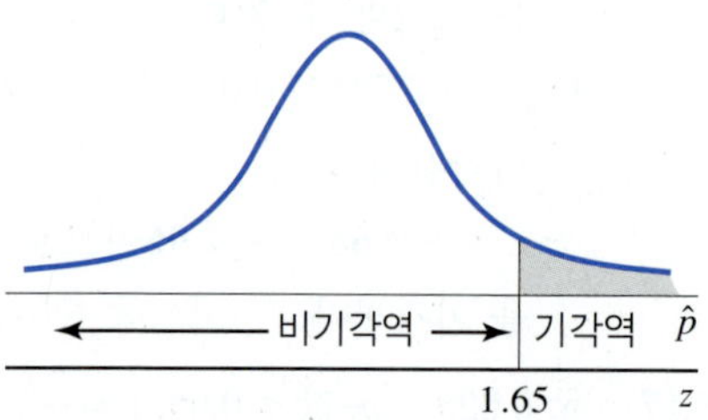

9.29 **a.** z의 기각치는 -1.65이다. z값이 -1.65보다 크면 비기각역이다. z값이 -1.65보다 작으면 기각역으로 귀무가설을 기각한다.

b. z의 기각치는 -1.96과 1.96이다. z값이 -1.96과 1.96 사이에 있으면 비기각역이고 -1.96보다 작거나 1.96보다 크면 기각역으로 귀무가설을 기각한다.

c. z의 기각치는 1.65이다. z값이 1.65보다 작으면 비기각역이다. z값이 1.65보다 크면 기각역으로 귀무가설을 기각한다.

9.31 **a.** $z = 0.80 < 1.65$이므로 귀무가설을 기각할 수 없다.

b. $z = -4.71 < -1.65$이므로 귀무가설을 기각한다.

c. $z = 0.93 < 2.33$이므로 귀무가설을 기각할 수 없다.

9.33 **a.** $z = 0.71 < 2.05$이므로 귀무가설 기각할 수 없다.

b. $\alpha = 0.02$.

c. p-값 $= 0.2389 > 0.02$이므로 귀무가설 기각할 수 없다.

9.35 **a.** $z = 2.27 > 1.96$이므로 귀무가설을 기각한다. 즉 생산을 중단하고 기계수리를 해야 한다.

b. $\alpha = 0.01$에서 $z = 2.27 < 2.33$이므로 귀무가설을 기각할 수 없다.

10장

10.1 **a.** $\widehat{\mu_1 - \mu_2} = \bar{x}_1 - \bar{x}_2$

$= 5.56 - 4.80 = 0.76$

b. $-0.41 - 1.93$,

오차의 한계 $= 1.17$이다.

10.3 검정통계량 $1.67 < 2.33$이므로, μ_1이 μ_2보다 크다고 할 수 없다.

10.5 **a.** -3 ± 3.87이므로 신뢰구간은 -6.87

에서 0.87이다.

b. $H_0 : \mu_1 - \mu_2 = 0$ vs $H_1 : \mu_1 - \mu_2 < 0$
$z = -1.81 > -2.33$이므로 귀무가설을 기각하지 못한다. 즉, 평균 칼로리 함량이 적다고 할 수 없다.

c. p값은 0.0352로 $\alpha = 0.005$과 $\alpha = 0.025$에서 모두 $\alpha < p$이므로 귀무가설을 기각하지 못한다.

10.7 $H_0 : \mu_1 - \mu_2 = 0$ vs $H_1 : \mu_1 - \mu_2 \neq 0$
$t = -2.013 > -2.017$ 귀무가설을 기각할 만한 충분한 근거가 없다.

10.9 **a.** 4.12
b. $-0.13 \sim 8.37$
c. $H_0 : \mu_1 - \mu_2 = 0$ vs $H_1 : \mu_1 - \mu_2 > 0$
$t = 2.426 < 2.5$이므로 귀무가설을 기각할 만한 충분한 근거가 없다.

10.11 **a.** $2.29 \sim 5.71$
b. $5.658 > 2.416$이므로 귀무가설을 기각한다.

10.13 $-5.21 \sim 1.01$

10.15 $H_0 : \mu_1 - \mu_2 = 0$ vs $H_1 : \mu_1 - \mu_2 < 0$
$t = -1.387 > -2.479$이므로 귀무가설을 기각할 만한 충분한 근거가 없다.

10.17 **a.** $2.23 \sim 5.77$
b. $H_0 : \mu_1 - \mu_2 = 0$ vs $H_1 : \mu_1 - \mu_2 > 0$
$t = 5.513 > 2.445$이므로 귀무가설을 기각한다.

10.19 **a.** $11.85 \sim 23.15$ **b.** $50.08 \sim 61.72$
c. $25.66 \sim 32.94$

10.21 **a.** $-2.98 \sim 9.84$
b. $H_0 : \mu_d = 0$ vs $H_1 : \mu_d > 0$
$t = 1.983 < 2.447$이므로 귀무가설을 기각할만한 충분한 근거가 없다.

10.23 **a.** $-5.43 \sim 2.17$
b. $H_0 : \mu_d = 0$ vs $H_1 : \mu_d \neq 0$
$t = -1.287 > -2.365$이므로 귀무가설을 기각할만한 충분한 근거가 없다.

10.25 $H_0 : p_1 - p_2 = 0$ vs $H_1 : p_1 - p_2 \neq 0$
$z = 0.76 < 1.96$이므로 귀무가설을 기각할만한 충분한 근거가 없다.

10.27 **a.** $\hat{p}_1 - \hat{p}_2 = 0.29 - 0.33 = -0.04$.
b. $-0.086 \sim 0.006$
c. $H_0 : p_1 - p_2 = 0$ vs $H_1 : p_1 - p_2 < 0$
기각역은 $z < -2.33$이고, 비기각역은 $z > -2.33$이다.
d. $z = -2.02$
e. $z = -2.02 > -2.33$이므로 귀무가설을 기각할 수 없다.

10.29 **a.** $\hat{p}_1 - \hat{p}_2 = 0.133 - 0.109 = 0.024$.
b. $-0.020 \sim 0.068$
c. $H_0 : p_1 - p_2 = 0$ vs $H_1 : p_1 - p_2 \neq 0$
(1) $z = 1.09 < 1.96$이므로 귀무가설을 기각할 수 없다.
(2) p-값 $= 0.2758 > 0.05$이므로 귀무가설을 기각할만한 충분한 근거가 없다.

11장

11.3 $\chi^2 = 41.337$

11.5 $\chi^2 = 41.638$

11.7 **a.** $\chi^2 = 5.009$ **b.** $\chi^2 = 3.565$

11.11 $E = np$, 자유도는 $k - 1$, k는 범주의 수.

11.13 H_0 : 주사위가 공평하다.

$$(p_1 = p_2 = \cdots = p_6 = \frac{1}{6})$$

H_1 : 주사위가 공평하지 않다.
$\chi^2 = 5.2 < \chi^2_{0.05,\,5} = 11.07$이므로 H_0을 기각할 수 없다.

11.15 H_0 : 국립학교에서 부여한 등급의 현재의 분포가 2004년의 분포와 동일하다.

H_1 : 국립학교에서 부여한 등급의 현재의 분포가 2004년의 분포와 다르다.

$\chi^2 = 5.663 < \chi^2_{5,\ 0.01} = 15.09$이므로 유의수준 1%에서 가설을 기각할 수 없다.

11.17 H_0 : 주문건수가 요일마다 동일하다.

H_1 : 주문건수는 요일마다 다르다

$\chi^2 = 6.752 < \chi^2_{4,\ 0.05} = 9.49$이므로 유의수준 5%에서 가설을 기각할 수 없다.

11.19 H_0 : 월별 자동차 판매대수가 같다.

H_1 : 월별 자동차 대수가 다르다.

$\chi^2 = 25.209 > \chi^2_{11,\ 0.10} = 17.28$이므로 유의수준 10%에서 귀무가설을 기각.

11.21 H_0 : 기존제품과 새로 설계된 제품사용자의 백분비분포가 같다.

H_1 : 기존제품과 새로 설계된 제품사용자의 백분비분포가 다르다.

$\chi^2 = 65.087 > \chi^2_{3,\ 0.025} = 9.35$이므로 유의수준 2.5%에서 가설을 기각.

11.25 5.

11.27 **a.** H_0 : 각 행에 속하는 비율이 4개의 모집단이 모두 같다.

H_1 : 각 행에 속하는 비율이 4개의 모집단이 모두 같지 않다.

c. 임계값 $= 14.45$

d. $\chi^2 = 52.451$

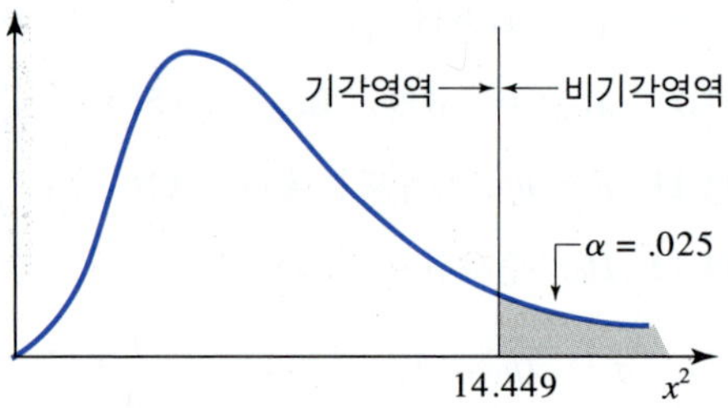

e. $\chi^2 = 52.45 > \chi^2_{4,\ 0.025} = 14.25$이므로 귀무가설을 기각한다.

11.29 H_0 : 성별과 좌석벨트에 대한 번거로움의 관계는 독립이다.

H_1 : 성별과 좌석벨트에 대한 번거로움의 관계는 독립이 아니다.

$\chi^2 = 0.952 < \chi^2_{1,\ 0.025} = 5.02$이므로 귀무가설을 기각할 수 없다.

11.31 H_0 : 성별과 돈에 관한 걱정과는 아무런 연관이 없다.

H_1 : 성별과 돈에 관한 걱정과 연관이 있다.

$\chi^2 = 3.205 < \chi^2_{1,\ 0.05} = 3.84$이므로 귀무가설을 기각할 수 없다.

11.33 H_0 : 화재의 원인과 지역은 연관이 없다.

H_1 : 화재의 원인과 지역은 연관이 없다.

$\chi^2 = 2.5823 < \chi^2_{3,\ 0.05} = 7.81$이므로 귀무가설을 기각할 수 없다.

11.35 H_0 : 투여한 약과 환자치료여부와는 아무런 연관이 없다.

H_1 : 투여한 약과 환자치료여부와 연관이 있다.

$\chi^2 = 8.178 > \chi^2_{1,\ 0.01} = 6.63$이므로 귀무가설을 기각한다.

11.37 H_0 : 근로자의 봉급의 변동은 성별에 관계없이 비슷하다.

H_1 : 근로자의 봉급의 변동은 성별에 따라 다르다.

$\chi^2 = 28.943 > \chi^2_{2,\ 0.01} = 9.21$이므로 귀무가설을 기각한다.

11.39 H_0 : 기술직과 사무직 근로자의 의견분포는 동질적이다.

H_1 : 기술직과 사무직 근로자의 의견분포는 동질적이 아니다.

$\chi^2 = 2.44 < \chi^2_{2,\ 0.025} = 7.378$이므로 귀무가설을 기각할 수 없다.

11.41 **a.** 18.437 ~ 84.969

b. 21.339 ~ 67.736

c. 23.067 ~ 60.659

11.43 **a.** $H_0 : \sigma^2 \le 0.80,\ H_1 : \sigma^2 > 0.80$

b. $\chi^2 > \chi^2_{15,\ 0.01} = 30.578$

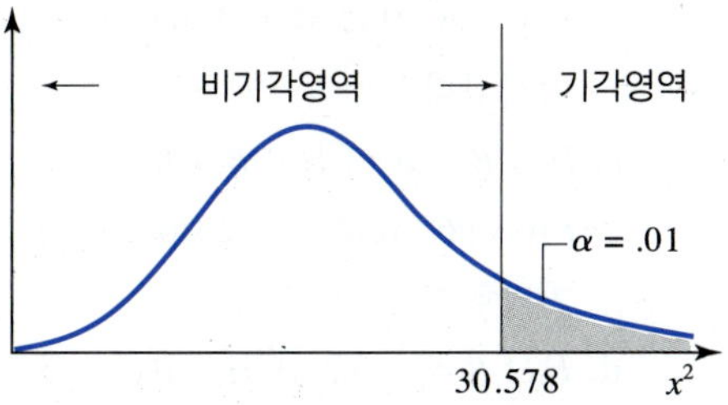

d. $\chi^2 = 20.625 < \chi^2_{15,\ 0.01} = 30.578$이므로 귀무가설을 기각할 수 없다.

11.45 **a.** H_0 ; $\sigma^2 = 2.2$, H_1 ; $\sigma^2 \neq 2.2$

b. 기각역 : $\chi^2 > \chi^2_{17,\ 0.025} = 30.191$,
$\chi^2 < \chi^2_{17,\ 0.975} = 7.564$

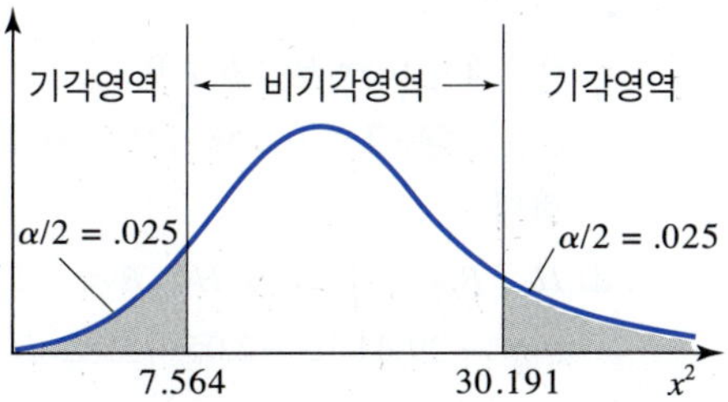

c. $\chi^2 = 35.545$

d. 귀무가설을 기각한다.

$s^2 = 0.014$

오른쪽꼬리의 0.025 면적에 대한

$\chi^2 = 32.852$

기각역 : $\chi^2 > \chi^2_{19,\ 0.025} = 32.852$

검정통계량 :

$$\chi^2 = \frac{(n-1)s^2}{\sigma^2} = \frac{(20-1)(0.014)}{0.01}$$

$= 26.6$

가설판정 : 유의수준 2.5%에서 $\chi^2 = 26.6$이 임계값 $\chi^2_{19,\ 0.025} = 32.852$보다 작으므로 비기각영역에 속한다. 따라서 H_0를 기각할 수 없으므로 모분산이 0.01보다 더 크다고 말할 수 없다.

11.47 **a.** 1.474 ~ 6.225, 1.214 ~ 2.495

b. $H_0 : \sigma^2 \leq 2$, $H_1 : \sigma^2 > 2$

$\chi^2 = 29.7$이 임계치 $\chi^2_{22,\ 0.01} = 40.289$보다 작으므로 H_0를 기각할 수 없다.

11.49 **a.** 2739.3 ~ 12623.9, 52.34 ~ 12.36

b. $H_0 : \sigma^2 = 4200$, $H_1 : \sigma^2 \neq 4200$

$\chi^2 = 29.71$이 12.401과 39.364 사이에 있으므로 H_0를 기각할 수 없다.

12장

12.3 **a.** F = 3.73 **b.** F = 3.61 **c.** F = 5.37

12.5 **a.** F = 2.39 **b.** F = 2.27 **c.** F = 3.28

12.7 **a.** F = 9.96 **b.** F = 6.57

12.9 **a.** F = 4.85 **b.** F = 3.22

12.11 1. 표본이 추출된 모집단들은 정규분포를 따른다.

2. 표본이 추출된 모집단들은 동일한 분산(표준편차)을 갖는다.

3. 서로 다른 모집단에서 추출된 표본들은 독립이다.

12.13 **a.**

요인	자유도	제곱합	평균제곱	검정통계량의 값
표본간	2	38.5626	19.2813	$F = \frac{19.28}{8.94}$
표본내	10	89.3677	8.9367	= 2.156
총 합	12	127.9303		

b. 2.156 < 7.56이므로 귀무가설을 기각할 수 없다.

12.15 **a.** $H_0 : \mu_1 = \mu_2 = \mu_3$,

H_1 : 세 모집단 평균들이 모두 동일한 것은 아니다.

b. 분자의 자유도 = 2,

분모의 자유도 = 22

c. $SSB = 243.1844$

$SSW = 561.0556$

$SST = 804.2400$

e. $MSB = 121.5922$

$MSW = 25.5025$

f. 5.72.

g. $F = 4.77$

h. 분산분석표

요인	자유도	제곱합	평균제곱	검정통계량의 값
표본간	2	243.184	121.592	$F = 4.77$
표본내	22	561.056	25.503	
총 합	24	804.240		

i. $4.77 < 5.72$이므로 귀무가설을 기각하지 않는다.

12.17 **a.** 5그룹, 표본크기 $= 10$

b. 36

13장

13.17 $\mu_{y|x} = -5.5815 + 0.2886x$

13.19 $\hat{y} = -83.7140 + 10.5714x$

13.21 **a.** 60 **b.** 같은 액수 **c.** 확정적

13.23 **b.** $\hat{y} = 150.4136 - 16.6264x$

e. 34.0288

f. -148.8616

13.25 **a.** $\mu_{y|x} = 38.0933 + 0.1751x$

b. 모회귀직선

d. 48.59%

13.27 $df = n - 2$이다.

13.31 $\sigma_\varepsilon = 7.0756$, $\rho^2 = 0.04$

13.33 $s_e = 4.7117$, $r^2 = 0.99$

13.35 **a.** $SS_{xx} = 1587.87$, $SS_{yy} = 5591.50$, $SS_{xy} = 2842.75$

b. $s_e = 9.1481$

c. $SST = 5591.50$, $SSE = 502.165$, $SSR = 5089.335$

d. $r^2 = 0.91$

13.37 **a.** $s_e = 57.4124$

b. $r^2 = 0.8950$

13.41 **a.** $-3.89 \sim -3.65$

b. $H_0 : B = 0$ *vs* $H_1 : B < 0$,

$t = -67.082 < -2.500$이므로 H_0를 기각한다.

c. $H_0 : B = 0$ *vs* $H_1 : B \neq 0$,

$t = -67.082 < -2.069$이므로 H_0를 기각한다.

d. $H_0 : B = -5.2$ *vs* $H_1 : B \neq -5.2$

$t = 25.445 > 2.807$이므로 H_0를 기각한다.

13.43 **a.** $-2.81 \sim -2.59$

b. $H_0 : B = 0$ *vs* $H_1 : B < 0$,

$z = -54.77 < -2.33$이므로 H_0를 기각한다.

c. $H_0 : B = 0$ *vs* $H_1 : B \neq 0$,

$z = -54.77 < -2.58$이므로 H_0를 기각한다.

d. $H_0 : B = -1.25$ *vs* $H_1 : B < -1.25$,

$z = -29.41 < -2.05$이므로 H_0를 기각한다.

13.45 **a.** $\hat{y} = -0.9780 + 0.0467x$

b. $-0.0046 \sim 0.0980$

c. $H_0 : B = 0$ *vs* $H_1 : B > 0$,

$t = 3.052 > 2.896$이므로 H_0를 기각한다.

13.47 **a.** $1.5719 \sim 13.3029$

b. $H_0 : B = 0$ *vs* $H_1 : B \neq 0$,

$t = 5.838 > 4.604$이므로 H_0를 기각한다.

13.49 **a.** $\hat{y} = 95.0355 + 1.7903x$

b. $1.3442 \sim 2.2364$

c. $H_0 : B = 1.75$ *vs* $H_1 : B \neq 1.75$,

$t = 0.176 < 2.447$이므로 H_0를 기각하지 않는다.

13.51 모상관계수, 표본상관계수

13.53 가질 수 없다.

13.55 b

13.57 **a.** 양수 **b.** 양수 **c.** 양수

13.57 **a.** 양수 **b.** 양수 **c.** 양수
d. 0 **e.** 음수

13.59 $\rho = 0.25$

13.61 **a.** $r = 0.88$
b. $H_0 : \rho = 0$ *vs* $H_1 : \rho \neq 0$,
$t = 5.240 > 2.896$이므로 H_0를 기각한다.

13.63 **a.** 음의 관계
b. $r = -0.92$
c. $H_0 : \rho = 0$ *vs* $H_1 : \rho < 0$,
$t = -5.750 < -2.447$이므로 H_0를 기각한다.

13.65 **a.** 양의 관계
c. $r = 0.86$
d. $H_0 : \rho = 0$ *vs* $H_1 : \rho > 0$,
$t = 3.768 > 3.365$이므로 H_0를 기각한다.

13.67 **a.** $r = 0.95$
b. $H_0 : \rho = 0$ *vs* $H_1 : \rho \neq 0$,
$t = 7.452 > 3.707$이므로 H_0를 기각한다.

13.69 **a.** 음의 관계
b. $SS_{xx} = 123.5$, $SS_{yy} = 37.875$,
$SS_{xy} = -63.25$
c. $\hat{y} = 73.6545 - 0.5121x$
f. $r = -0.927$, $r^2 = 0.86$
g. $s_e = 0.9561$
h. 36
i. $-0.8309 \sim -0.1933$
j. $H_0 : B = 0$ *vs* $H_1 : B < 0$,
$t = -5.956 < -1.943$이므로 H_0를 기각한다.
k. $H_0 : \rho = 0$ *vs* $H_1 : \rho < 0$,
$t = -5.750 < -3.143$이므로 H_0를 기각한다.

13.71 **a.** $SS_{xx} = 340.33$, $SS_{yy} = 591.33$,
$SS_{xy} = -56.83$
b. $\hat{y} = 64.398 - 0.1670x$
d. $r = -0.13$, $r^2 = 0.016$
e. $s_e = 12.0607$
f. $-1.5570 \sim 1.2230$
g. $H_0 : B = 0$ *vs* $H_1 : B < 0$,
$t = -0.255 < -2.776$이므로 H_0를 기각하지 않는다.
h. $H_0 : \rho = 0$ *vs* $H_1 : \rho < 0$,
$t = -0.262 < -2.776$이므로 H_0를 기각하지 않는다.

13.73 **a.** $13.8708 \sim 16.6292$, $11.7648 \sim 18.7352$
b. $62.3590 \sim 67.7210$, $56.3623 \sim 73.7177$

13.75 $112.9148 \sim 124.0182$,
$102.8425 \sim 134.0905$

찾아보기

강원대학교 자연과학대학 정보통계

김영주 · 김정일 · 유영호 · 이영경 · 이승수
주상열 -가나다순-

통계학 개론 제6판

|저 자 Prem S. Mann
|편 역 자 김영주 · 김정일 · 유영호 · 이영경
이승수 · 주상열
|펴 낸 이 주정희
|펴 낸 곳 자유아카데미
|주 소 경기도 파주시 회동길 37-42
파주출판도시
|전 화 031-955-1321
|팩 스 031-955-1322
|전자우편 main@freeaca.com(대표)
editor@freeaca.com(편집)
|홈페이지 www.freeaca.com
|등 록 제406-2003-017호, 1980. 7. 12
|제6판1쇄 2009년 2월 28일 발행
|정 가 35,000원

Printed in Korea
ISBN 978-89-7338-758-8 93310

Table V The *t* Distribution Table

The entries in this table give the critical values of *t* for the specified number of degrees of freedom and areas in the right tail.

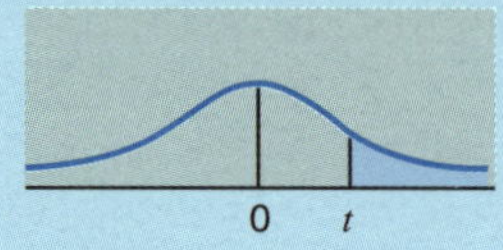

df	.10	.05	.025	.01	.005	.001
	Area in the Right Tail under the *t* Distribution Curve					
1	3.078	6.314	12.706	31.821	63.657	318.309
2	1.886	2.920	4.303	6.965	9.925	22.327
3	1.638	2.353	3.182	4.541	5.841	10.215
4	1.533	2.132	2.776	3.747	4.604	7.173
5	1.476	2.015	2.571	3.365	4.032	5.893
6	1.440	1.943	2.447	3.143	3.707	5.208
7	1.415	1.895	2.365	2.998	3.499	4.785
8	1.397	1.860	2.306	2.896	3.355	4.501
9	1.383	1.833	2.262	2.821	3.250	4.297
10	1.372	1.812	2.228	2.764	3.169	4.144
11	1.363	1.796	2.201	2.718	3.106	4.025
12	1.356	1.782	2.179	2.681	3.055	3.930
13	1.350	1.771	2.160	2.650	3.012	3.852
14	1.345	1.761	2.145	2.624	2.977	3.787
15	1.341	1.753	2.131	2.602	2.947	3.733
16	1.337	1.746	2.120	2.583	2.921	3.686
17	1.333	1.740	2.110	2.567	2.898	3.646
18	1.330	1.734	2.101	2.552	2.878	3.610
19	1.328	1.729	2.093	2.539	2.861	3.579
20	1.325	1.725	2.086	2.528	2.845	3.552
21	1.323	1.721	2.080	2.518	2.831	3.527
22	1.321	1.717	2.074	2.508	2.819	3.505
23	1.319	1.714	2.069	2.500	2.807	3.485
24	1.318	1.711	2.064	2.492	2.797	3.467
25	1.316	1.708	2.060	2.485	2.787	3.450
26	1.315	1.706	2.056	2.479	2.779	3.435
27	1.314	1.703	2.052	2.473	2.771	3.421
28	1.313	1.701	2.048	2.467	2.763	3.408
29	1.311	1.699	2.045	2.462	2.756	3.396
30	1.310	1.697	2.042	2.457	2.750	3.385
31	1.309	1.696	2.040	2.453	2.744	3.375
32	1.309	1.694	2.037	2.449	2.738	3.365
33	1.308	1.692	2.035	2.445	2.733	3.356
34	1.307	1.691	2.032	2.441	2.728	3.348
35	1.306	1.690	2.030	2.438	2.724	3.340

Table V The *t* Distribution Table(continued)

	Area in the Right Tail under the *t* Distribution Curve					
df	.10	.05	.025	.01	.005	.001
36	1.306	1.688	2.028	2.434	2.719	3.333
37	1.305	1.687	2.026	2.431	2.715	3.326
38	1.304	1.686	2.024	2.429	2.712	3.319
39	1.304	1.685	2.023	2.426	2.708	3.313
40	1.303	1.684	2.021	2.423	2.704	3.307
41	1.303	1.683	2.020	2.421	2.701	3.301
42	1.302	1.682	2.018	2.418	2.698	3.296
43	1.302	1.681	2.017	2.416	2.695	3.291
44	1.301	1.680	2.015	2.414	2.692	3.286
45	1.301	1.679	2.014	2.412	2.690	3.281
46	1.300	1.679	2.013	2.410	2.687	3.277
47	1.300	1.678	2.012	2.408	2.685	3.273
48	1.299	1.677	2.011	2.407	2.682	3.269
49	1.299	1.677	2.010	2.405	2.680	3.265
50	1.299	1.676	2.009	2.403	2.678	3.261
51	1.298	1.675	2.008	2.402	2.676	3.258
52	1.298	1.675	2.007	2.400	2.674	3.255
53	1.298	1.674	2.006	2.399	2.672	3.251
54	1.297	1.674	2.005	2.397	2.670	3.248
55	1.297	1.673	2.004	2.396	2.668	3.245
56	1.297	1.673	2.003	2.395	2.667	3.242
57	1.297	1.672	2.002	2.394	2.665	3.239
58	1.296	1.672	2.002	2.392	2.663	3.237
59	1.296	1.671	2.001	2.391	2.662	3.234
60	1.296	1.671	2.000	2.390	2.660	3.232
61	1.296	1.670	2.000	2.389	2.659	3.229
62	1.295	1.670	1.999	2.388	2.657	3.227
63	1.295	1.669	1.998	2.387	2.656	3.225
64	1.295	1.669	1.998	2.386	2.655	3.223
65	1.295	1.669	1.997	2.385	2.654	3.220
66	1.295	1.668	1.997	2.384	2.652	3.218
67	1.294	1.668	1.996	2.383	2.651	3.216
68	1.294	1.668	1.995	2.382	2.650	3.214
69	1.294	1.667	1.995	2.382	2.649	3.213
70	1.294	1.667	1.994	2.381	2.648	3.211
71	1.294	1.667	1.994	2.380	2.647	3.209
72	1.293	1.666	1.993	2.379	2.646	3.207
73	1.293	1.666	1.993	2.379	2.645	3.206
74	1.293	1.666	1.993	2.378	2.644	3.204
75	1.293	1.665	1.992	2.377	2.643	3.202
∞	1.282	1.645	1.960	2.326	2.576	3.090